数字信号处理

王俊　王祖林　高飞　万国龙

高等教育出版社·北京

内容提要

本书共分 11 章，第 1 章介绍数字信号处理的发展和应用；第 2 至 4 章分别介绍了离散时间信号与系统，离散时间傅里叶变换（DTFT）、离散傅里叶级数（DFS）、z 变换的基本概念和性质以及离散系统变换域分析；第 5 至 7 章分别讨论了信号的采样与重建、离散傅里叶变换（DFT）快速傅里叶变换；第 8 至 9 章分别介绍了数字滤波器的设计方法和实现方法；第 10 至 11 章分别给出了信号的频域分析方法、多速率信号处理方法等工程实例。

本书可作为普通高等院校电子信息类、计算机类、自动化类、电气类等专业本科教材，也可作为科技工作者参考资料。

图书在版编目（CIP）数据

数字信号处理/王俊等主编. --北京：高等教育出版社，2019.8（2022.1 重印）

ISBN 978-7-04-052233-4

Ⅰ. ①数… Ⅱ. ①王… Ⅲ. ①数字信号处理-高等学校-教材 Ⅳ. ①TN911.72

中国版本图书馆 CIP 数据核字（2019）第 141028 号

策划编辑 吴陈滨　　责任编辑 王 楠　　封面设计 赵 阳　　版式设计 杜微言
责任校对 陈 杨　　责任印制 耿 轩

出版发行	高等教育出版社	咨询电话	400-810-0598
社 址	北京市西城区德外大街 4 号	网 址	http://www.hep.edu.cn
邮政编码	100120		http://www.hep.com.cn
印 刷	固安县铭成印刷有限公司	网上订购	http://www.hepmall.com.cn
			http://www.hepmall.com
开 本	787mm×1092mm 1/16		http://www.hepmall.cn
印 张	22.5	版 次	2019 年 8 月第 1 版
字 数	510 千字	印 次	2022 年 1 月第 3 次印刷
购书热线	010-58581118	定 价	46.30 元

本书如有缺页、倒页、脱页等质量问题，请到所购图书销售部门联系调换

物 料 号 52233-00

前　言

随着数字电子技术的发展，如今大部分信号的分析与综合均采用数字信号处理。如通信、导航、雷达、图像、医学等领域广泛使用数字信号处理技术。

本书主要讲解数字信号处理的原理、理论与实现方法。其先修课程包括高等数学、线性代数、复变函数、电路分析、信号与系统等。同时为学习后续专业课程（如通信原理、雷达原理、导航原理、图像处理和医学信号处理等）打下基础。

“数字信号处理”是一门理论性强、实践要求高的专业基础课程。作者参考国内外优秀教材，结合多年教学实践和经验，从音频信号处理实例入手，以信号分解、系统描述为主线，同时结合计算机、DSP、FPGA 等数字系统实现，讲解数字信号处理的基本理论，同时培养工程应用能力。在本书的编写过程中，力求做到知识体系的完整性、行文结构的易懂性、内容实例的前沿性。

本书注重与先修课程“信号与系统”的联系，注重知识点的关联性。对照“信号与系统”相关内容，分析连续、离散、数字信号的差别与联系。从离散时间序列的单位脉冲表示，引出 LTI 系统的卷积表示。从离散时间序列的复指数表示，引出傅里叶级数、傅里叶变换和 z 变换。从 LTI 系统的特征函数，引出 LTI 系统的频率响应。从傅里叶变换与 z 变换的关系，引出有理系统函数零极点与频率响应之间的关系。从连续与离散、周期与非周期，引出离散傅里叶变换（DFT）。从 z 变换与 s 变换的关系，引出 IIR 滤波器设计方法。从傅里叶变换性质，引出 FIR 滤波器设计方法。从差分方程，引出滤波器结构与实现方法。最后给出信号的频谱分析方法、多速率信号处理的基础、实时信号处理等数字信号处理的工程应用。

本书注重实验与实践，以音频信号处理作为实例，配备信号频谱分析、滤波设计、滤波器实现、课程综合实验等模块化实验。实例包括模拟滤波器、MATLAB/FPGA/DSP 数字滤波器等。模拟滤波器实例将“电子线路”“信号与系统”等课程相关内容联系起来，增加知识的连续性。数字滤波器实例强化“数字信号处理”和“信号与系统”之间的联系与区别。模块化课程实验包括信号频谱分析、滤波设计、滤波器实现、课程综合实验等，培养学生理论分析、系统仿真、系统实现的能力。

本书用 MATLAB 等工具绘制了大量图片，提高内容的可读性。精选例题及课后习题，加深学生对理论知识的理解。

“数字信号处理”与先修课程“信号与系统”所讲的连续时间信号与系统知识点联系紧密，因此学习本教材时，可比对“信号与系统”相关内容。例如，数字信号处理中的卷积和、离散傅里叶变换、z 变换、差分方程等，分别对应于“信号与系统”的卷积积分、傅里叶变换、s 变换、微分方程。比较数字信号处理和连续信号处理的异同，有助于掌握相关知识。

“数字信号处理”相关知识点之间存在相关性，可对比课程相关章节。例如，时域采样与频域采样、时域周期与频域周期、DFS 与 DTFT 及 DFT 知识点之间存在内在相似性和内在联系，对比学习，可提高学习效率。

“数字信号处理”是一门理论和实际紧密结合的专业基础课程，因此学习时，需要注意理论联系工程实际。本书以声音信号频谱分析、滤波器设计、性能仿真、硬件实现的工程实例贯穿始终，培养学生系统分析、系统设计、系统实现能力。

本书由北京航空航天大学王俊教授主编，编写组包括北京航空航天大学王祖林教授、高飞副教授、万国龙副教授。王俊编写第 1 至 5 章、第 9 至 11 章；王祖林编写第 6 章；高飞编写第 7 章；万国龙编写第 8 章及习题。王俊统稿，王祖林、高飞、万国龙校阅。此外，本书的文字录入、程序编写和实例制作等工作由北京航空航天大学电子信息工程学院雷鹏老师完成，插图绘制和部分内容校正得到了秦兆涛博士的帮助。

北京交通大学电子信息工程学院陈后金教授审阅本书，提出了宝贵的修改意见和建议，在此表示诚挚的感谢。同时感谢高等教育出版社对本书编写、出版的帮助和支持。

本书虽然做了多次修改，但限于编者水平，本书中可能还有疏漏和不妥之处，恳请读者批评指正，以便提高本书水平。编者邮箱：Wangj203@ buaa. edu. cn。

王　俊

2018 年 12 月

目　　录

第1章　绪　论

数字信号处理(digital signal processing,DSP)是20世纪中叶发展起来的工程和科学技术,是在连续时间信号处理基础上发展起来的,以微积分、差分方程、线性表示等数学知识为基础,用离散序列的方式表征信号,采用数字系统处理信号(如滤波、变换、压缩、增强、估计、识别等),以提取信号中携带的有用信息的学科。尤其是近年来,随着集成电路、计算机等数字技术的飞速发展,数字信号处理得到了广泛应用。

本章将介绍信息、信号、系统的概念,信号与系统的分类,数字信号处理的理论范畴、系统的构成与应用领域等内容。

1.1　信　号

从远古先民的结绳记事、烽火狼烟、鸿雁传书,到现代社会的无线通信、互联网+,人们一直在寻求有效的信息传递方法。四书五经、《史记》《左传》《梦溪笔谈》等通过文字传递着中华民族历史的信息;日常生活中人们通过语音信号进行信息交流;照片、视频等图像信号传递着景物的信息;心电图、血压等生物信号传递着身体健康状况的信息;股票行情曲线传递着股票涨跌的信息。也就是说,信号是信息的载体。那信息是什么? 信息论奠基人香农(Shannon)给出的定义是:信息是用来消除随机不确定性的东西。

用来表示信息的信号多种多样,常见的有:声信号、光信号、电信号、磁信号等。随着电子信息技术的发展,一般将非电信号转换为电信号进行传输、分析和处理。

信号通常表现为某种物理量的变化,如电压、电流等,因此可由图形法、表格法、函数法描述信号,即信号可定义为表达某种物理现象特性的函数。其中,由自变量和函数值绘制的曲线即为信号的波形。

根据信号的维度、函数值的确定性以及自变量和函数值的取值特点,可对信号进行分类。

(1) 根据自变量的个数可分为不同维度的信号。如一个自变量 x 的函数 $f(x)$ 为一维信号,两个自变量 x_0,x_1 的函数 $f(x_0,x_1)$ 为两维信号,N 个自变量 $x_0,x_1,\cdots,x_{N-1}$ 的函数 $f(x_0,x_1,\cdots,x_{N-1})$ 为 N 维信号。

(2) 根据函数值的确定性可分为随机信号(又称为不确定性信号)和确定性信号。可用明确的数学关系表示的信号称为确定性信号;不能给出确切函数关系,只可能知道其统计特性(如均值、方差)的信号称为随机信号。

(3) 根据自变量和函数值取值的特点还可将信号分为以下几种:自变量为连续值的信号称为连续信号,自变量为离散值的信号称为离散信号,自变量和函数值均为连续值的信号称为模拟信号,自变量和函数值均为离散值的信号称为数字信号。如图 1.1 所示。

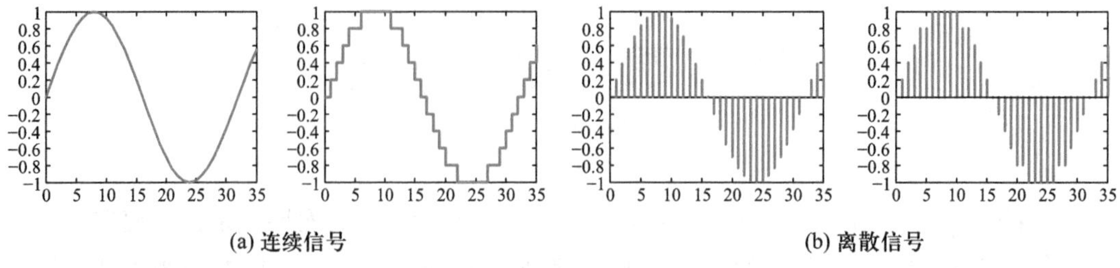

图 1.1　信号分类

自然界中的信号可能是连续信号,也可能是离散信号或数字信号。如语音、音乐、连续测量的温度曲线、连续测量的不同海拔高度的气压值都是连续信号;气象台定时测量的气温、黄河每天携带的泥沙量、我国小麦的年产量等都是离散信号;首都机场每日进出港人数、数字信号处理课每节课的上课人数等都是数字信号。

信号的自变量可以是时间、高度、速度、电压、电流、年月、数字等,我们将自变量为时间的一类信号称为时间信号。本书主要研究一维确定性时间信号。

1.2　系　　统

系统是对信号进行一定处理以实现某一功能的物理设备。按照所处理信号种类和方法的不同可分为连续时间系统、离散时间系统和数字系统。

连续时间系统是指输入输出均为连续时间信号,且内部并未转换为离散时间信号的系统。连续时间系统可用微分方程描述信号处理系统(输入输出法、状态空间法),可在时域或变换域分析系统特性。连续时间信号的变换包括傅里叶变换、拉普拉斯变换、傅里叶级数。

电阻、电容、电感组成的电路系统就是一个连续时间系统,如图 1.2 所示。该连续时间系统是一个低通滤波电路,能抑制高频信号。

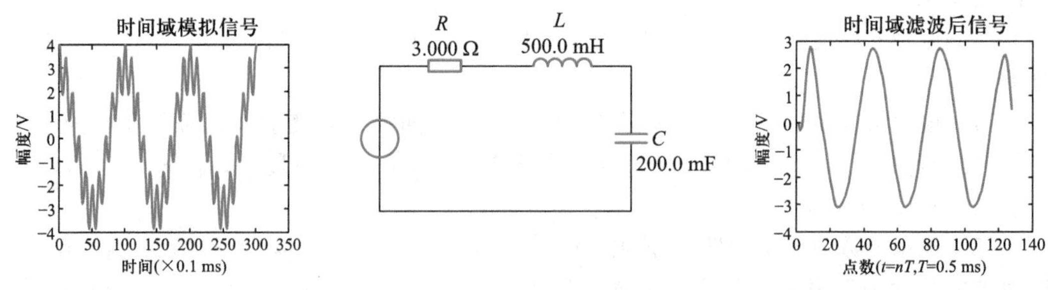

图 1.2　连续时间系统

离散时间系统是指输入输出均为离散时间信号的系统。离散时间系统可用差分方程描述信号处理系统(输入输出法、状态空间法),可在时域或变换域分析系统特性。离散时间信号的变换包括离散时间序列傅里叶变换、离散时间序列傅里叶级数、z 变换、离散傅里叶变换及其快速算法等。

数字系统是指处理数字信号的系统。数字系统一般由计算机、DSP、FPGA 等数字电路组成,如图 1.3 所示。数字系统通过 MATLAB、C 语言、硬件描述语言(VHDL、VerilogHDL)编程,便可完成各种信号处理功能。数字系统与离散系统的差别在于信号幅度连续与离散的差别,对离散信号进行幅度量化便可得到数字信号。此过程称为量化,量化会引入量化误差。也就是说,只要考虑了量化误差,便可用离散时间系统的理论分析数字系统,也可用数字系统实现离散时间系统。大多数情况下,"离散信号与系统"多用于理论问题的分析讨论,"数字信号与系统"多用于系统设计、软硬件实现。

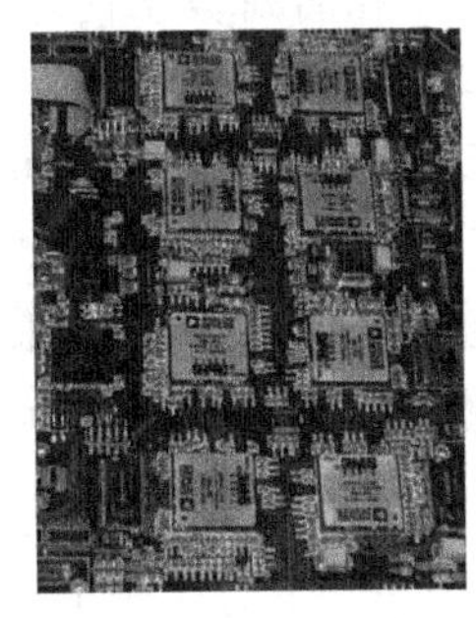

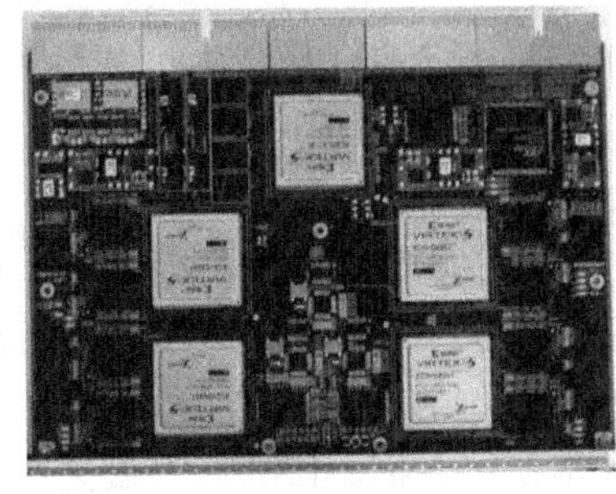

图 1.3 数字系统

1.3 数字信号处理的发展

数字信号处理技术起源很早。16 世纪发展起来的经典数值分析技术,17 世纪牛顿提出的有限差分法,18 世纪欧拉、伯努利、拉格朗日等人建立的数值积分和内插法等数值分析技术以及拉普拉斯发展的 z 变换奠定了离散时间信号处理的数学基础;1805 年高斯给出了快速傅里叶变换(FFT)的基本原理,为快速离散时间信号计算提供了基本思想。

二战后不久,人们就开始探讨用数字元器件构成数字滤波器的问题。20 世纪 50 年代,采样的概念及其频谱效应已被人们充分了解,z 变换理论已普及到电子工程领域。1958 年,Ragazzini 等人的《Sampled Data Control System》是有关数字信号处理的第一本近代著作,但限于当时的工艺水平,人们只能对一些低频的控制或地震信号的数字处理问题做一些实践性的尝试。直到 20 世纪 60 年代中期,才开始出现较为定型的数字信号处理理论,但绝大部分信号处理还属于连续时间信号处理。

数字信号处理的重大进展之一是 1965 年 Cooley 和 Turkey 发表的 FFT 算法,它使数字信号处理从理论概念到应用实现发生了重大转折。FFT 的出现使得数字信号处理的计算量缩小了几个数量级,从而使数字信号处理技术得到广泛应用。随后出现了一些新的算法,如利用数论变换进行卷积运算的方法、WFTA 算法、沃尔什变换(WT)及其快速算法(FWT)等。

数字信号处理发展过程中的另一个重大进展是有限冲激响应（FIR）滤波器和无限冲激响应（IIR）滤波器地位的相对变化。在早期人们只看重信号的幅度信息，而 IIR 数字滤波器可用较少的阶数达到与 FIR 数字滤波器相同的滤波效果，因此人们认为 IIR 数字滤波器更为优越。后来人们认识到信号的相位也同样包含着信息，而且不易受到干扰，能更好地实现信息的无失真传输。但 IIR 滤波器不能保证相位不失真，而 FIR 数字滤波器在满足一定的限制条件时具有严格的线性相位。为了提取相位信息，人们宁可付出阶数的代价也要采用 FIR 数字滤波器。另外，可以用 FFT 实现高阶 FIR 滤波运算。因此，人们不再单纯地认为 IIR 数字滤波器比 FIR 数字滤波器优越，而是根据具体应用需要进行选择。随着研究的深入，FIR 数字滤波器越来越得到重视。

20 世纪 70 年代以来，许多科学工作者对数字信号处理中的有限字长效应进行了研究，解释了数字信号处理中出现的许多现象，使数字信号处理的基本理论进入了成熟阶段。1975 年，A. V. Oppenheim 与 T. W. Schafer 所著的《Digital Signal Processing》一书是数字信号处理理论的代表作。

从数字处理技术的实现上看，大规模集成电路技术是推动数字信号处理发展的重要因素。由于大规模集成电路的出现，数字信号处理不仅可以在计算机上实现，而且还出现了专用 DSP 芯片及相应的电路芯片。DSP 产品已经发展成为一个庞大的家族，其体系结构也从早期的 Harvard 结构，发展到现在的 SHARC、VLIW 等复杂的体系结构，其运算速度从早期的 200 ns 指令周期发展到今天的 2～3 ns 指令周期，使得数字信号处理的速度有了更大的提高。

1.4 数字信号处理的应用

随着计算机，尤其是 DSP、FGPA 等专门用于信号处理的数字系统的发展以及数字信号处理理论的发展，使得数字信号处理得到广泛应用。其中最常用的是利用数字系统实现模拟信号处理的功能，其处理过程如图 1.4 所示。首先将连续时间信号转换为数字信号，进行数字信号处理，然后将处理得到的数字信号转换为连续时间信号输出。

数字信号处理的实现方式比较灵活，可通过三种方式实现：

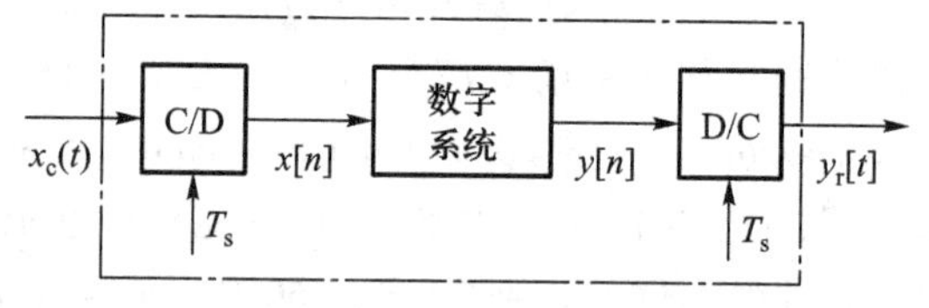

图 1.4　数字系统处理连续信号

（1）软件实现，通过编程在通用计算机上实现各种信号处理功能。软件实现的优点是功能灵活，开发周期短，成本较低，但处理的速度较慢，一般用于对处理速度要求不高的任务中，例如上述的系统仿真技术即可由此方法实现。但在很多应用场合往往希望信号处理系统能够实时工作，也就是要求数字系统要按照连续信号的采样速率输出样本，这对数字系统的处理速度提出了更高要求，需要有处理速度更快的实现方法。

（2）专用硬件实现，采用由加法器、乘法器和延迟器构成的数字电路来实现某种专用的功能。例如 FFT 芯片、数字滤波芯片等。特定功能的算法被固化在芯片内，用户无须编程，只要给定输入数据就能在输出端得到结果。专用硬件的优点是处理速度快，但功能不灵活，开发周期较长，适用于要求高速处理的任务中。

(3) 软硬件结合实现，采用通用单片机、可编程 DSP 或 FPGA 等可编程逻辑器件，并开发相应程序来实现。这种信号处理方式不仅处理速度快，而且可通过改变程序来改变系统的功能，因此又具有功能灵活的优点，是目前众多数字信号处理任务的主流处理方式。如图 1.5 所示，一个由 FPGA 构成的语音信号实时处理系统，通过编程可实时进行各种语音信号处理。

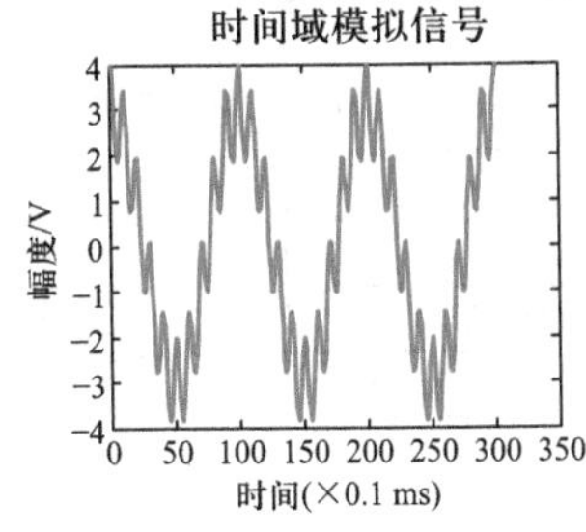

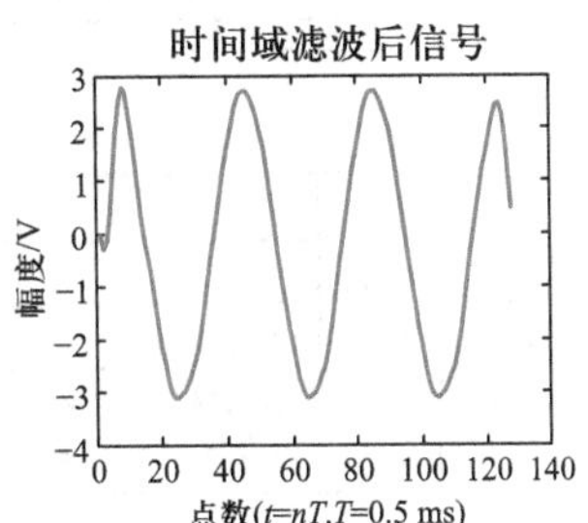

图 1.5　数字系统

数字信号处理由数字系统完成，与传统的模拟系统信号处理方法相比，数字系统具有以下优点：精度高、稳定性好、可靠性高、便于大规模集成、具有信号存储和编程能力、灵活性好、抗干扰能力强、可时分复用、能达到高性能指标、可实现多维信号处理。随着数字信号处理理论的发展与完善，数字信号处理已广泛应用到语音、图像、通信、雷达、声呐、导航、控制、地震预报、生物医学、遥感遥测、地质勘探、航空航天、故障检测、工业自动化、消费电子、经济预测、股市分析等领域，对社会经济发展、科技进步等都发挥了巨大的推动作用。

1.5　课程内容结构

综上所述，数字信号处理是在连续信号处理基础上发展起来的，对实际系统进行理论分析、系统设计和实现的工程科学技术。经过半个世纪的发展，数字信号处理已经成为一门独立的学科体系。其内容主要包括离散时间信号与系统理论基础、数字滤波器和数字频谱分析三大部分，如图 1.6 所示。

离散时间信号与系统理论基础包括：离散时间信号时域/频域表示方法、离散时间傅里叶变换理论、离散时间线性时不变系统的时域和变换域分析方法、时域/频域采样理论、离散傅里叶变换。

信号的采样与重建是理解连续时间信号与系统、离散时间信号与系统的桥梁，量化误差分析是离散时间系统和数字系统之间的纽带。

数字信号处理的两个典型应用是数字滤波器设计与实现、数字频谱分析。快速傅里叶变换是数字信号处理的里程碑事件，由于大幅度提高了运算速度，因此在数字滤波器、频谱分析等领域大量应用。

本书章节结构按照先时域后频域，先离散后数字的顺序开展，注重时域与频域的对偶

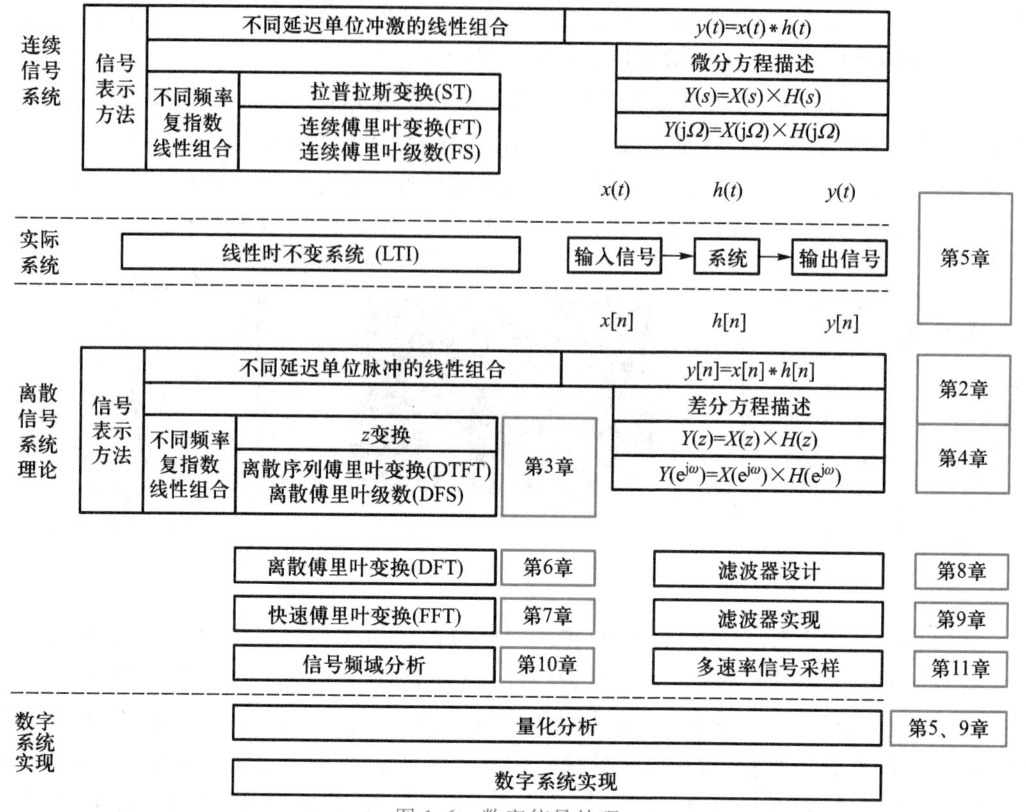

图 1.6　数字信号处理

关系，深入浅出讲解理论知识。以信号滤波处理为实例，从滤波的卷积实现、滤波器设计、滤波器实现到信号频谱分析，从简单到复杂、逐层深入讲解数字系统的理论分析、性能仿真、系统实现，培养工程应用能力。

由于离散时间系统的分析方法在许多方面与连续时间系统的分析方法相似，因此学习“数字信号处理”课程时，可对比“信号与系统”课程的相关内容，以提高学习效率。例如：连续时间系统可由微分方程描述，离散时间系统可由差分方程描述；连续时间信号可分解为单位冲激信号加权积分和的形式，离散时间信号可分解为单位脉冲序列加权累加和的形式；线性时不变连续时间系统可由卷积表示，线性时不变离散时间系统可由卷积和表示；连续时间信号有傅里叶变换、傅里叶级数、拉普拉斯变换，离散时间信号有离散时间序列傅里叶变换、离散傅里叶级数、z 变换。

1.6　小　　结

本章介绍了信息、信号、系统的概念，信号与系统的分类，数字信号处理的理论范畴、DSP 系统的构成与应用领域等内容。数字信号处理包括：离散时间信号与系统理论、数字滤波器和数字频谱分析。

第 2 章　离散时间信号与系统

离散时间信号与系统是数字信号处理的基础,本章到第 4 章将从时域表示、频域表示、系统变换域分析等方面介绍离散时间信号与系统的基本概念和分析方法。本章介绍离散时间信号和系统的时域表示方法等基本知识,首先介绍离散时间信号的表示方法、序列的分类、常用序列以及序列的相互关系,接着给出离散时间系统的表示方法、系统的分类、线性时不变(linear time-invariant,LTI)系统的特点、系统的卷积表示、系统的差分方程表示等内容。离散时间信号与系统的时域表示相关知识,可对照“信号与系统”课程中连续时间信号与系统相关章节内容学习,以提高学习效率。

2.1　离散时间序列

离散时间信号是一个有序的时间集合,因此离散时间信号也称作离散时间序列。本节首先给出离散时间序列的表示、分类,然后介绍在离散时间信号与系统中起重要作用的几个常用基本序列,最后表述序列的分解,为后续离散时间系统的分析提供一种有力工具。

2.1.1　序列的表示

离散时间序列一般用集合、解析表达式和图形这三种方式表示。

集合表示法:$x[n]=\{x_n, n\in\mathbf{Z}\}$,$\mathbf{Z}$ 表示整数集合。

例如,$x[n]=\{1,2,3,4,5;n=0,1,2,3,4\}$,一般简单表示为 $x[n]=\{\underline{1},2,3,4,5\}$,集合中下划线的元素表示 $n=0$ 时的值 $x[0]$。

解析表达式:如 $x[n]=\sin\left(\dfrac{\pi}{5}n\right)$,$-\infty<n<\infty$。

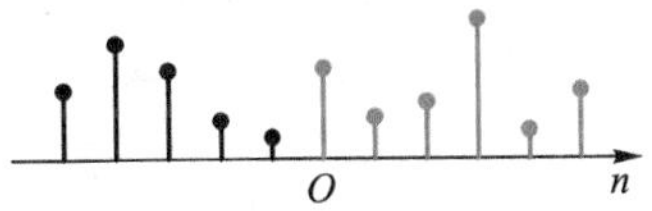

图形表示法:离散时间序列 $x[n]$ 如图 2.1 所示,横轴为整数 n,纵坐标为信号函数值。

图 2.1　离散时间序列图形表示法

注意:对于离散时间序列 $x[n]$,只有 n 为整数时才有定义,n 为非整数时无定义。

2.1.2　序列的分类

离散时间序列根据其特定特性可以分成不同的类型,按序列长度可以分为有限长度序列和无限长度序列,按序列的周期性可分为周期序列和非周期序列,按序列的取值可分为实数序列和复数序列,还可分为能量序列和功率序列。

如果序列 $x[n]$ 仅在区间 $n\in[N_1,N_2)$ 内有非零值,则该序列称为有限长序列,否则称为无限长序列。如果无限长序列 $x[n]$ 的非零值位于区间 $n\in(-\infty,\infty)$,则称该序列为双边序列；如果无限长序列 $x[n]$ 的非零值位于区间 $n\in(-\infty,N_1]$，则称该序列为左边序列；如果无限长序列 $x[n]$ 的非零值位于区间 $n\in[N_2,\infty)$，则称该序列为右边序列；如果右边序列 $x[n]$ 的非零值位于区间 $n\in[0,\infty)$，则称该序列为因果序列。

如果存在不为 0 的整数 N，使得序列满足 $x[n]=x[n+N]$，则称 $x[n]$ 为周期序列，否则称为非周期序列。对于周期序列，称整数 N 为**周期**。如果在所有正周期中有一个最小值，称其为最小正周期（就是我们通常说的周期）。如果 N 为最小正周期，则任一常数 rN（r 为非零整数）均是周期。

如果序列 $x[n]$ 的函数值为实数，则称 $x[n]$ 为实数序列，如果序列 $x[n]$ 的函数值为复数，则称 $x[n]$ 为复数序列。复数序列可用代数表示为 $x[n]=x_{\mathrm{Re}}[n]+\mathrm{j}x_{\mathrm{Im}}[n]$，其中 $x_{\mathrm{Re}}[n]$ 为序列的实部、$x_{\mathrm{Im}}[n]$ 为序列的虚部；也可用极坐标表示为 $x[n]=|x[n]|\mathrm{e}^{\mathrm{j}\angle x[n]}$，其中 $|x[n]|$ 为序列的模、$\angle x[n]$ 为序列的相位。

如果信号的能量 $E=\sum\limits_{n=-\infty}^{\infty}|x[n]|^2<\infty$，则称 $x[n]$ 为能量有限序列（简称能量序列），否则称为能量无限序列。对于能量无限序列，如果序列的功率 $P=\lim\limits_{N\to\infty}\dfrac{1}{2N+1}\sum\limits_{n=-N}^{N}|x[n]|^2<\infty$，则称 $x[n]$ 为功率有限序列（简称功率序列），否则称为功率无限序列。

周期序列是无限长序列，因此一般都是功率序列。周期序列的功率定义为 $P=\lim\limits_{N\to\infty}\dfrac{1}{N}\sum\limits_{n=0}^{N-1}|x[n]|^2$。

2.1.3 常用时间序列

下面介绍几种在离散时间信号与系统的分析和设计中起重要作用的基本序列，它们在今后的讨论中有着广泛的应用。最常用的基本序列为单位脉冲序列、单位阶跃序列、矩形序列和指数序列。

1. 单位脉冲序列定义为

$$\delta[n]=\begin{cases}1, & n=0\\0, & n\neq 0\end{cases}\tag{2.1}$$

单位脉冲序列 $\delta[n]$ 如图 2.2 所示，在 $n=0$ 处值为 1，其余均为 0。

单位脉冲序列是最简单也是最常用的序列，其在离散时间系统中的作用和单位冲激信号 $\delta(t)$ 在连续时间系统中的作用类似。

2. 单位阶跃序列定义为

$$\mathrm{u}[n]=\begin{cases}1, & n\geqslant 0\\0, & n<0\end{cases}\tag{2.2}$$

单位阶跃序列 $\mathrm{u}[n]$ 如图 2.3 所示，当 $n\geqslant 0$ 时值为 1，当 $n<0$ 时值为 0。$\mathrm{u}[n]$ 在离散时间系统中的作用与单位阶跃信号 $\mathrm{u}[t]$ 在连续时间系统中的作用类似。

（1）单位脉冲序列 $\delta[n]$ 可表示为单位阶跃序列 $\mathrm{u}[n]$ 的“一阶后向差分”，即单位阶跃序列 $\mathrm{u}[n]$ 与单位阶跃序列延迟 $\mathrm{u}[n-1]$ 之差，有

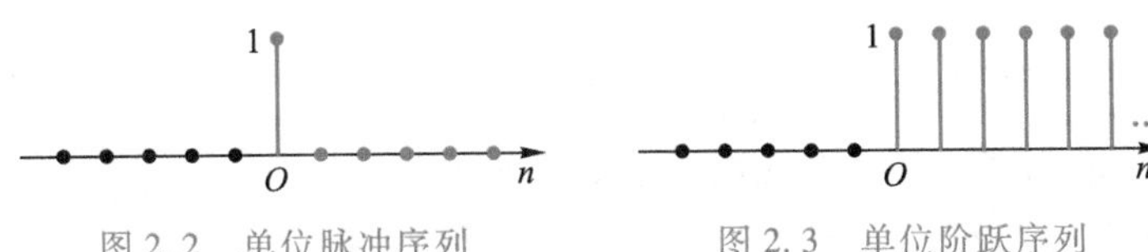

图 2.2　单位脉冲序列　　　　图 2.3　单位阶跃序列

$$\delta[n]=u[n]-u[n-1] \tag{2.3}$$

上述关系如图 2.4 所示。

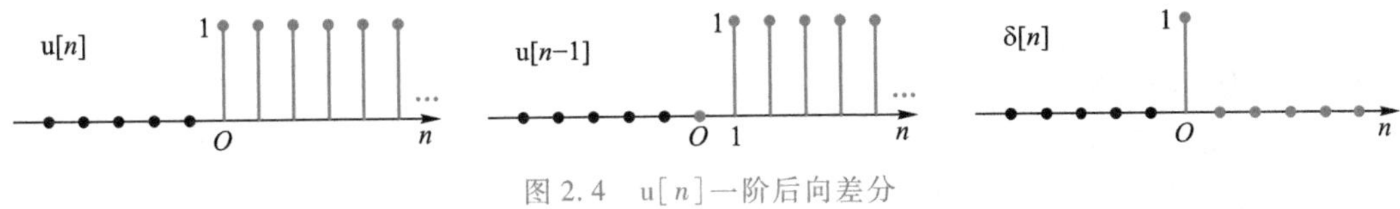

图 2.4　u[n]一阶后向差分

(2) 单位阶跃序列 u[n]的 n 时刻函数值等于单位脉冲序列 δ[n]从∞到 n 时刻的函数值累加和,称作“动求和”,即

$$u[n]=\sum_{m=-\infty}^{n}\delta[m] \tag{2.4}$$

上述关系如图 2.5 所示。

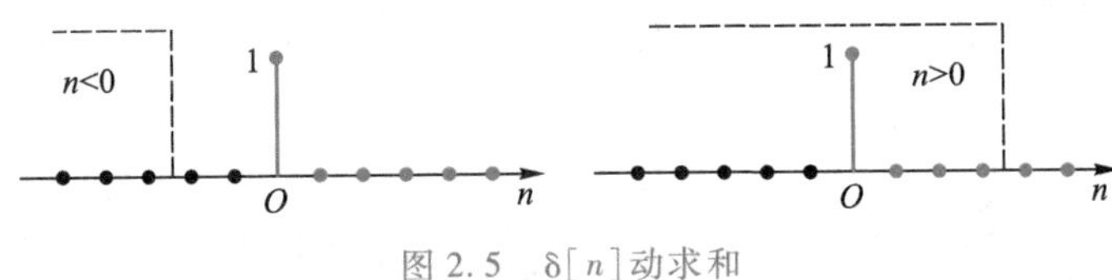

图 2.5　δ[n]动求和

(3) 单位阶跃序列 u[n]也可表示为单位脉冲序列 δ[n]的延迟序列累加和,即

$$u[n]=\sum_{k=0}^{\infty}\delta[n-k] \tag{2.5}$$

上述关系如图 2.6 所示。

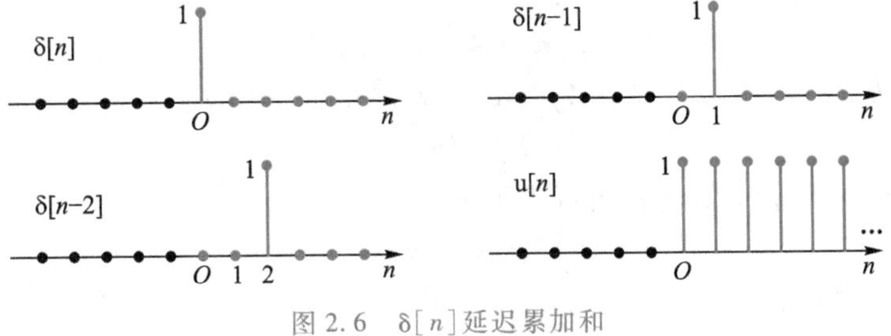

图 2.6　δ[n]延迟累加和

3. 矩形序列,长度为 N 的矩形序列定义为

$$R_N[n]=\begin{cases}1, & 0\leqslant n\leqslant N-1\\ 0, & \text{其他}\end{cases} \tag{2.6}$$

矩形序列 $R_N[n]$ 如图 2.7 所示,当 $0\leqslant n\leqslant N-1$ 时值为 1,当 n 取其余值时值为 0。$R_N[n]$ 可表示为单位阶跃序列差分或单位脉冲序列延迟累加和,即

$$R_N[n] = u[n] - u[n-N] = \sum_{k=0}^{N-1} \delta[n-k] \tag{2.7}$$

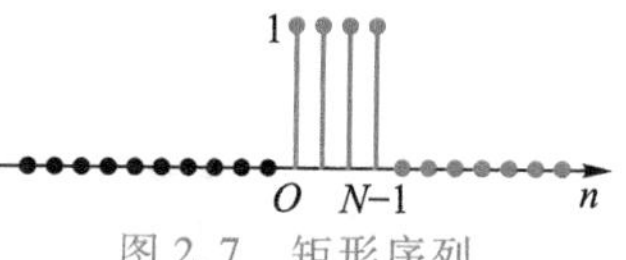

图 2.7　矩形序列

该序列的一个应用就是将一个无限长或非常长的序列 $x[n]$ 与 $R_N[n]$ 相乘，从 $x[n]$ 中提取出在 $0 \leqslant n \leqslant N-1$ 范围内的所有样本，并且把在此取值范围之外的所有样本值置 0，该运算称为加窗，加窗在数字滤波器设计时具有重要作用。

4. 指数序列定义为

$$x[n] = A\alpha^n \tag{2.8}$$

其中，A，α 为实数或复数。

（1）实指数序列。

若 A，α 均为实数，$x[n]$ 称为实指数序列。

如图 2.8 所示，当 $\alpha > 1$ 时，随着 n 的增加序列值是递增的；当 $0 < \alpha < 1$ 时，随着 n 的增加序列值是递减的；当 $-1 < \alpha < 0$ 时，序列值正负交替变换，随着 n 的增加序列值模值是递减的；当 $\alpha < -1$ 时，序列值正负交替变换，随着 n 的增加序列值模值仍然是递增的。

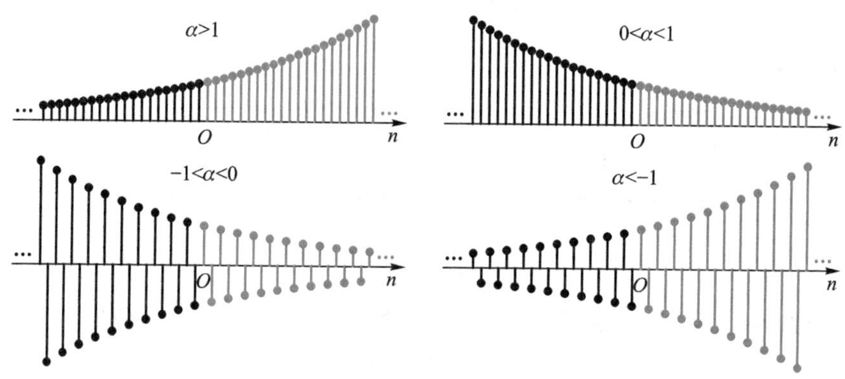

图 2.8　实指数序列

当 α 为负数时，式(2.8)可表示为

$$x[n] = A(-1)^n |\alpha|^n \tag{2.9}$$

由 $e^{j\pi} + 1 = 0$，可得 $e^{j\pi} = -1$，即 $(-1)^n = e^{jn\pi}$，故 $x[n]$ 可表示为

$$x[n] = Ae^{jn\pi} |\alpha|^n \tag{2.10}$$

且 $(-1)^n = e^{jn\pi} = \cos(n\pi)$，故 $x[n]$ 也可表示为

$$x[n] = A\cos(n\pi) |\alpha|^n \tag{2.11}$$

（2）复指数序列。

若 A、α 为复数，$x[n]$ 称为复指数序列。

令 $A = |A| e^{j\varphi}$，$\alpha = |\alpha| e^{j\omega_0}$，其中 φ、ω_0 为实数，则 $x[n]$ 可表示为

$$x[n] = A\alpha^n = |A| e^{j\varphi} (|\alpha| e^{j\omega_0})^n \tag{2.12}$$

上式可进一步表示为

$$x[n] = |A| |\alpha|^n e^{j(\omega_0 n + \varphi)} \tag{2.13}$$

令 $r = |\alpha|$，则式(2.13)可表示为

$$x[n]=|A|r^n e^{j(\omega_0 n+\varphi)} \tag{2.14}$$

当 $0<r<1$ 时，指数序列的模值随着 n 的增加呈指数衰减，如图 2.9 所示；当 $r>1$ 时，指数序列的模值随着 n 的增加呈指数递增，如图 2.10 所示；当 $r=1$ 时，指数序列的模值保持恒定，下面将重点介绍。

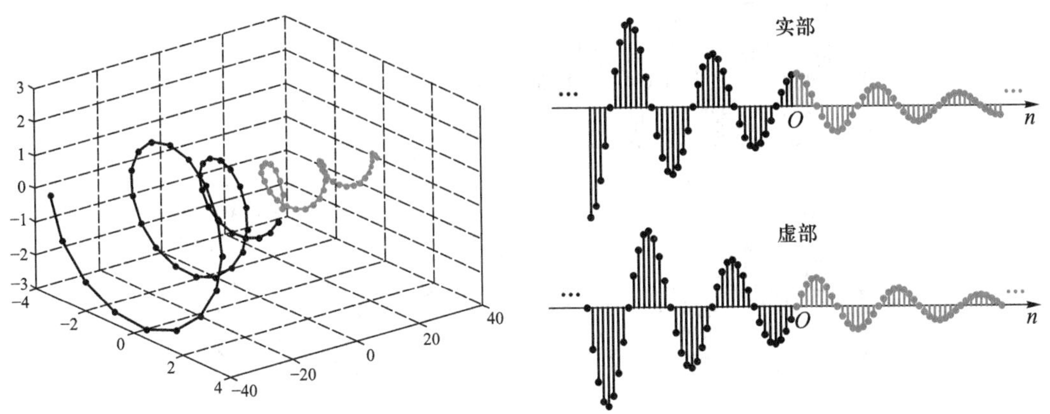

▶ 扫一扫 2-1 复指数序列

图 2.9　复指数序列（$0<r<1$）

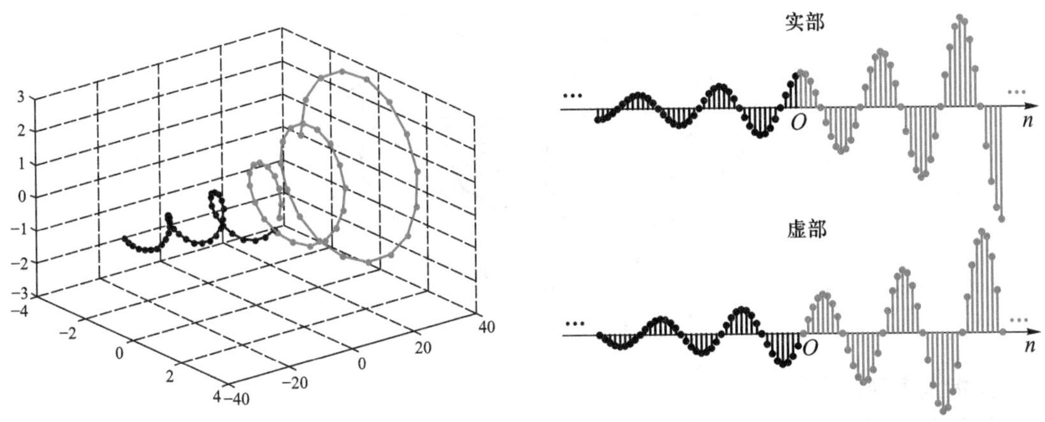

图 2.10　复指数序列（$r>1$）

当 $r=1$ 时，复指数序列可表示为

$$x[n]=|A|e^{j(\omega_0 n+\varphi)} \tag{2.15}$$

式中，$|A|$，ω_0，φ 分别表示复指数序列的幅度、频率和初始相位。

式（2.15）为复指数序列极坐标表达式，根据欧拉公式，式（2.15）可表示为

$$x[n]=|A|e^{j(\omega_0 n+\varphi)}=|A|\cos(\omega_0 n+\varphi)+j|A|\sin(\omega_0 n+\varphi) \tag{2.16}$$

式（2.16）为复指数序列的代数表达式 $x[n]=x_{\mathrm{Re}}[n]+jx_{\mathrm{Im}}[n]$，其中实部为 $x_{\mathrm{Re}}[n]=|A|\cos(\omega_0 n+\varphi)$，虚部为 $x_{\mathrm{Im}}[n]=|A|\sin(\omega_0 n+\varphi)$。

复指数序列 $x[n]$ 某一自变量 n_0 的序列值 $x[n_0]$ 可用复平面上的向量表示，向量的模值和幅角分别为 $|x[n_0]|$ 和 $\angle x[n_0]$，即三角表示法 $x[n_0]=|x[n_0]|e^{j\angle x[n_0]}$；向量在实轴和虚轴的投影分别为 $x_{\mathrm{Re}}[n_0]$ 和 $x_{\mathrm{Im}}[n_0]$，即代数表示法 $x[n_0]=x_{\mathrm{Re}}[n_0]+jx_{\mathrm{Im}}[n_0]$。向量 $x[n]$

随着自变量 n 变化而变化的曲线可用极坐标表示,在实轴和虚轴上的投影即为直角坐标表示,如图 2.11 所示。其中,序列 $x[n]$ 的模 $|A|$ 表示序列幅度的大小,频率 ω_0 表示序列变换快慢程度,初始相位 φ 表示 $n=0$ 时的相位。

▶ 扫一扫 2-2 单位复指数序列

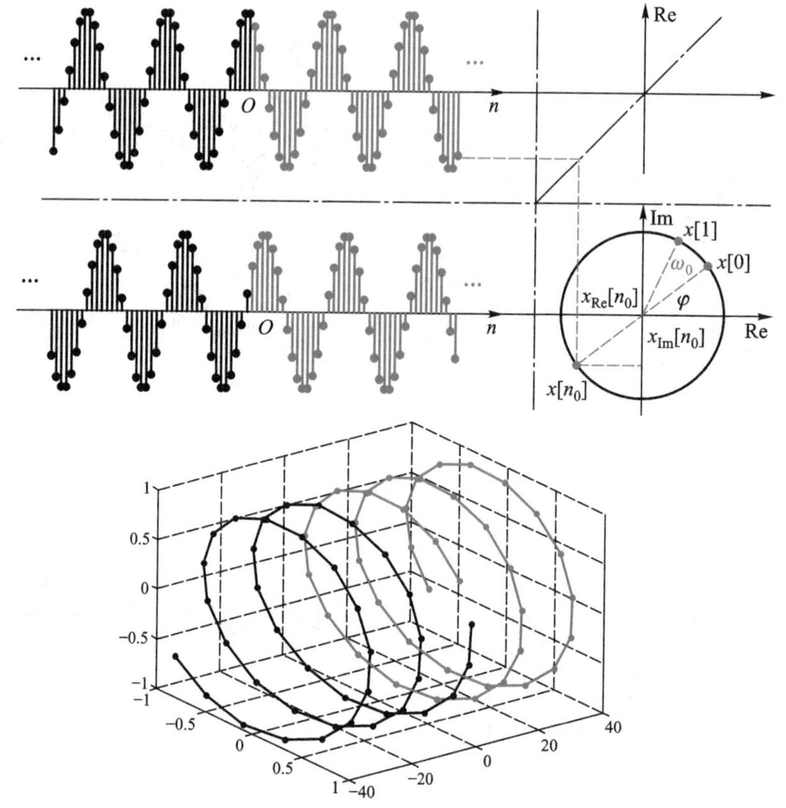

图 2.11　单位复指数序列($r=1$)

复指数序列的周期性

如前所述,当 $r=1$ 时,复指数序列的模值保持恒定,因此可讨论其周期性。由于序列的幅度 $|A|$、初相 φ 均不影响序列的周期性,可令 $|A|=1$、$\varphi=0$,则式(2.15)可简化为 $x[n]=e^{j\omega_0 n}$。

如果复指数序列 $x[n]=e^{j\omega_0 n}$ 是周期的,则满足

$$x[n]=x[n+N] \tag{2.17}$$

即

$$e^{j\omega_0 n}=e^{j\omega_0(n+N)} \tag{2.18}$$

由 $e^{j\omega_0 n}$ 的性质可知,要使上式成立,需满足

$$\omega_0 N=2\pi m,\quad m\in\mathbf{Z} \tag{2.19}$$

即

$$\frac{\omega_0}{2\pi}=\frac{m}{N} \tag{2.20}$$

由于式(2.20)中 N、m 均为整数,故当且仅当 $\frac{\omega_0}{2\pi}$ 为有理数时,$x[n]$ 才为周期序列,其周

期为

$$N=\frac{2\pi m}{\omega_0} \tag{2.21}$$

例 2.1　请判断 $x_1[n]=e^{j\frac{\pi}{5}n}$、$x_2[n]=e^{j\frac{6\pi}{31}n}$、$x_3[n]=e^{j\frac{3}{5}n}$、$x_4[n]=e^{j\pi n}$是否为离散时间周期序列，如果是周期序列，请计算该序列的周期。

解：四个序列的数字频率分别为 $\omega_1=\frac{\pi}{5}$、$\omega_2=\frac{6\pi}{31}$、$\omega_3=\frac{3}{5}$、$\omega_4=\pi$。

（1）将其带入式（2.20），$\frac{\omega_1}{2\pi}=\frac{\frac{\pi}{5}}{2\pi}=\frac{1}{10}$、$\frac{\omega_2}{2\pi}=\frac{\frac{6\pi}{31}}{2\pi}=\frac{3}{31}$、$\frac{\omega_3}{2\pi}=\frac{\frac{3}{5}}{2\pi}=\frac{3}{10\pi}$、$\frac{\omega_4}{2\pi}=\frac{\pi}{2\pi}=\frac{1}{2}$，故 $x_1[n]=e^{j\frac{\pi}{5}n}$、$x_2[n]=e^{j\frac{6\pi}{31}n}$、$x_4[n]=e^{j\pi n}$为周期序列，$x_3[n]=e^{j\frac{3}{5}n}$为非周期序列。

（2）将 $\omega_1=\frac{\pi}{5}$、$\omega_2=\frac{6\pi}{31}$、$\omega_4=\pi$ 带入式（2.21），$N_1=\frac{2\pi m}{\omega_1}=10m$、$N_2=\frac{2\pi m}{\omega_2}=\frac{31}{3}m$、$N_4=\frac{2\pi m}{\omega_2}=2m$，故 $x_1[n]=e^{j\frac{\pi}{5}n}$的周期为 10，$x_2[n]=e^{j\frac{6\pi}{31}n}$的周期为 31，$x_4[n]=e^{j\pi n}$的周期为 2。如图 2.12 所示。

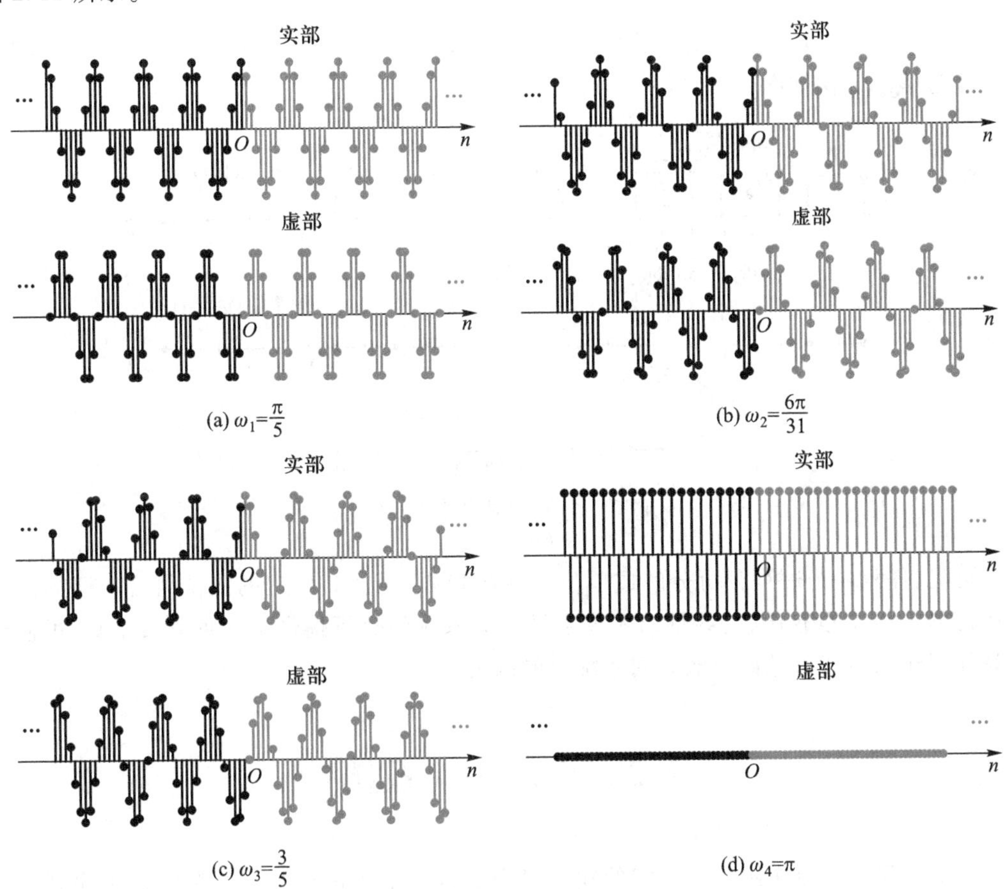

图 2.12　复指数序列的周期性

复指数序列的频率

无论复指数序列 $x[n]=|A|\mathrm{e}^{\mathrm{j}(\omega_0 n+\varphi)}$ 是否为周期序列，ω_0 都称为该序列的数字频率。数字频率 ω_0 表示信号振荡的快慢程度。连续时间信号随着频率的增加信号振荡不断加快，但离散时间信号 ω_0 从 0 增加到 π 振荡越来越快，但从 π 增加到 2π 振荡越来越慢，并且 $(2k\pi+\omega_0)$ 的信号与 ω_0 的信号相同，也就是说复指数序列的数字频率是以 2π 为周期的。

对复指数序列 $x[n]=|A|\mathrm{e}^{\mathrm{j}(\omega_0 n+\varphi)}=|A|\cos(\omega_0 n+\varphi)+\mathrm{j}|A|\sin(\omega_0 n+\varphi)$，当 $\omega_0>0$ 时，表示 $x[n]$ 在如图 2.11 所示的复平面内逆时针方向旋转；当 $\omega_0<0$ 时，表示 $x[n]$ 在如图 2.11 所示的复平面内顺时针方向旋转。

2.1.4 序列的分解

时域中，任意离散时间序列都能表示为某些基本序列及其延迟的加权和，最常用的基本序列为单位脉冲序列，任意离散时间序列 $x[n]$ 都可由单位脉冲序列 $\delta[n]$ 表示，如下式所示：

$$x[n]=\sum_{k=-\infty}^{\infty}x[k]\delta[n-k] \tag{2.22}$$

$$x[n]=\cdots x[-1]\delta[n+1]+x[0]\delta[n]+x[1]\delta[n-1]+\cdots \tag{2.23}$$

上述表示方法如图 2.13 所示。

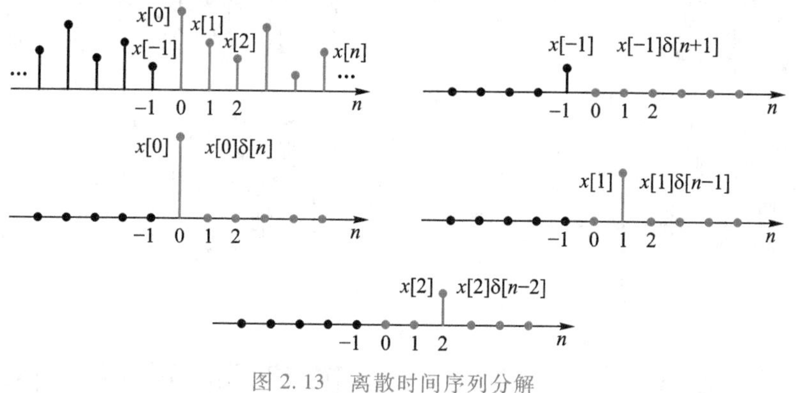

图 2.13 离散时间序列分解

可见，任意一个序列都可分解成单位脉冲序列 $\delta[n]$ 及其延迟的线性组合。序列的分解在信号分析中很有用，为线性时不变离散时间系统的分析提供了一种有力工具，可便于计算任意输入序列通过该离散时间系统后的输出。

2.2 离散时间系统

离散时间系统的作用是将给定的输入序列通过一定的运算处理转变为输出序列。本节首先给出离散时间系统的表示、分类，然后介绍具有独特重要性的线性时不变系统，并研究线性时不变系统的性质，最后讨论离散时间系统的差分方程的描述。

2.2.1 系统的表示

离散时间系统可由数学算子或变换 T[·]表示，即系统的输出序列 $y[n]$ 与系统输入序列 $x[n]$ 之间的关系可表示为

$$y[n]=T[x[n]] \tag{2.24}$$

离散时间系统的示意图如图 2.14 所示。

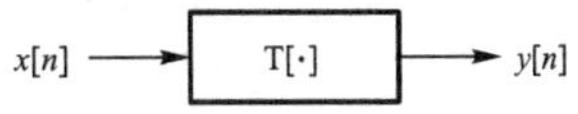

x[n] → T[·] → y[n]

图 2.14 离散时间系统示意图

2.2.2 系统的分类

系统的主要属性包括：记忆性、线性、时不变性、因果性和稳定性。据此可将系统分为：有记忆系统与无记忆系统、线性系统与非线性系统、时变系统与时不变系统、因果系统与非因果系统、稳定系统与非稳定系统等，其中最重要的是线性时不变（linear time-invariant，LTI）系统。

1. 无记忆系统

如果系统在任意时刻 n_0 的输出 $y[n_0]$ 只与当前时刻 n_0 的输入 $x[n_0]$ 有关，则称该系统为无记忆系统。无记忆离散时间系统在实现时不需要存储设备。

例 2.2 判断系统 $y[n]=x^2[n]$ 是否为记忆系统。

解：该系统输入输出如图 2.15 所示，其输出只与同一时刻的输入有关，故为无记忆系统。

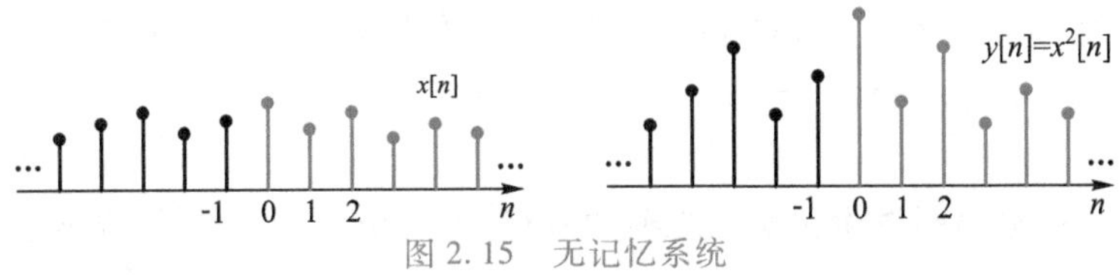

图 2.15 无记忆系统

2. 线性系统

线性系统是使用最广泛的离散时间系统。满足叠加原理的系统称为线性系统。具体地说，如果输入序列为 $x_1[n]$ 时系统的输出序列为 $y_1[n]$，输入序列为 $x_2[n]$ 时系统输出为 $y_2[n]$，当输入序列为 $ax_1[n]+bx_2[n]$ 时，线性系统的输出序列为 $ay_1[n]+by_2[n]$，即

$$y_1[n]=T[x_1[n]] \tag{2.25}$$

$$y_2[n]=T[x_2[n]] \tag{2.26}$$

$$ay_1[n]+by_2[n]=T[ax_1[n]+bx_2[n]] \tag{2.27}$$

其中，a，b 为任意实数。

例 2.3 判断以下系统是否为线性系统。

（1）$y[n]=2x[n]$

（2）$y[n]=2x[n]+3$

解：（1）输入序列为 $x_1[n]$、$x_2[n]$ 时系统的输出分别为 $y_1[n]=T[x_1[n]]=2x_1[n]$、$y_2[n]=T[x_2[n]]=2x_2[n]$，输入序列为 $ax_1[n]+bx_2[n]$ 时系统的输出为 $T[ax_1[n]+$

$bx_2[n]]=2(ax_1[n]+bx_2[n])$，即 $ay_1[n]+by_2[n]=T[ax_1[n]+bx_2[n]]$，故 $y[n]=2x[n]$ 为线性系统。

（2）输入序列为 $x_1[n]$、$x_2[n]$ 时系统的输出分别为 $y_1[n]=T[x_1[n]]=2x_1[n]+3$、$y_2[n]=T[x_2[n]]=2x_2[n]+3$，输入序列为 $ax_1[n]+bx_2[n]$ 时系统的输出为 $T[ax_1[n]+bx_2[n]]=2(ax_1[n]+bx_2[n])+3$，即 $ay_1[n]+by_2[n]\neq T[ax_1[n]+bx_2[n]]$，故 $y[n]=2x[n]+3$ 为非线性系统，该类系统称为增量线性系统。

3. 时不变系统

如果序列 $x[n]$ 输入系统，系统的输出为 $y[n]$，而序列 $x[n-n_0]$ 输入系统，系统的输出为 $y[n-n_0]$，则称该系统为时不变系统。时不变系统的输出与输入信号所加入的时刻无关，即时不变系统满足下式：

$$y[n]=T[x[n]] \tag{2.28}$$

$$y[n-n_0]=T[x[n-n_0]] \tag{2.29}$$

例 2.4 判断以下系统是否为时不变系统。

（1）$y[n]=2x[n]$

（2）$y[n]=2x[n]+3$

解：（1）输入序列为 $x[n]$ 时系统的输出 $y[n]=T[x[n]]=2x[n]$，输入序列为 $x[n-n_0]$ 时系统的输出为 $T[x[n-n_0]]=2x[n-n_0]$；$y[n]$ 右移 n_0，得 $y[n-n_0]=2x[n-n_0]$，即 $y[n-n_0]=T[x[n-n_0]]$，故 $y[n]=2x[n]$ 为时不变系统。

（2）输入序列为 $x[n]$ 时系统的输出为 $y[n]=T[x[n]]=2x[n]+3$，输入序列为 $x[n-n_0]$ 时系统的输出为 $T[x[n-n_0]]=2x[n-n_0]+3$；$y[n]$ 右移 n_0，得 $y[n-n_0]=2x[n-n_0]+3$，即 $y[n-n_0]=T[x[n-n_0]]$，故 $y[n]=2x[n]+3$ 为时不变系统。

4. 因果系统

因果系统是指输出不发生在输入之前的系统，即系统在 n_0 时刻的输出 $y[n_0]$ 只取决于 $n\leqslant n_0$ 时刻（即当前时刻及以前时刻）的输入 $x[n_0]$、$x[n_0-1]$、$x[n_0-2]$、…，而与 $n>n_0$ 时刻（即以后时刻）的输入 $x[n_0+1]$、$x[n_0+2]$、…无关，否则为非因果系统。系统的因果性指系统的可实现性。

例 2.5 判断以下系统是否为因果系统。

（1）$y_1[n]=\dfrac{1}{3}\{x[n-1]+x[n]+x[n+1]\}$

（2）$y_2[n]=\dfrac{1}{3}\{x[n-2]+x[n-1]+x[n]\}$

解：（1）因为 $y_1[n]=\dfrac{1}{3}\{x[n-1]+x[n]+x[n+1]\}$ 系统的输出与以后时刻的输入 $x[n+1]$ 有关，故该系统是非因果系统。如图 2.16 所示。

（2）因为 $y_2[n]=\dfrac{1}{3}\{x[n-2]+x[n-1]+x[n]\}$ 系统的输出只与当前时刻的输入 $x[n]$ 及以前时刻的输入 $x[n-2]$、$x[n-1]$ 相关，故该系统是因果系统。如图 2.17 所示。

可证明上述两系统的幅频响应相同，但 $y_1[n]$ 为非因果系统，而 $y_2[n]$ 为因果系统。

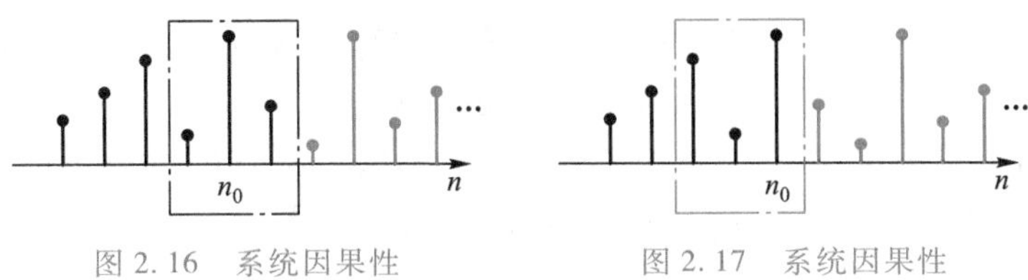

图 2.16　系统因果性　　　图 2.17　系统因果性

5. 稳定系统

如果任意有界的输入序列 $x[n]$ 进入系统都会产生有界的输出序列 $y[n]$，则称该系统为稳定系统，也可称为有界输入有界输出（bounded-input bounded-output，BIBO）系统。

也就是说，如果输入序列 $x[n]$ 有界，存在一个不变的有限值 B_x，在任意时刻 n 都有

$$x[n] \leqslant B_x < \infty \tag{2.30}$$

且系统的输出序列 $y[n]$ 也有界，即存在一个不变的有限值 B_y，在任意时刻 n 都有

$$y[n] \leqslant B_y < \infty \tag{2.31}$$

则称该系统是 BIBO 稳定的。

例 2.6　判断累加器系统 $y[n] = \sum_{k=-\infty}^{n} x[k]$ 是否为稳定系统。

解：当输入有界序列 $x[n] = \mathrm{u}[n]$ 时，显然 $B_x = 1$，则输出序列为

$$y[n] = \sum_{k=-\infty}^{n} \mathrm{u}[k] = \begin{cases} n+1, & n \geqslant 0 \\ 0, & n < 0 \end{cases} \tag{2.32}$$

此时，输入序列与输出序列如图 2.18 所示。

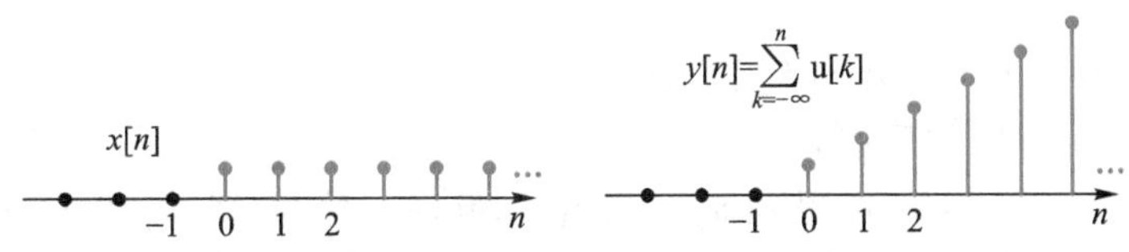

图 2.18　累加器系统输入序列与输出序列

显然，对所有时刻 n 不存在 B_y 使得 $n+1 \leqslant B_y < \infty$，故该系统为非稳定系统。

2.2.3　LTI 系统的卷积表示

▶ 扫一扫 2-3 LTI 系统的卷积表示

离散 LTI 系统同时满足线性和时不变性，这类系统可用数学形式分析和描述。离散 LTI 系统的输出序列可以表示成单位脉冲响应与输入序列的卷积和的形式，下面对此进行详细介绍。

离散时间系统的输入序列 $x[n]$ 和输出序列 $y[n]$，可表示为 $y[n] = \mathrm{T}[x[n]]$。

当输入为单位脉冲序列 $\delta[n]$ 时，系统的输出称为系统的单位脉冲响应，记作 $h[n]$，即

$$h[n] = \mathrm{T}[\delta[n]] \tag{2.33}$$

根据式(2.22)可知，任意序列 $x[n]$ 均可由单位脉冲序列表示，即

$$x[n] = \sum_{k=-\infty}^{\infty} x[k]\delta[n-k] \tag{2.34}$$

如果系统为时不变系统，根据式(2.28)和式(2.29)，当输入为 $\delta[n-k]$ 时，系统输出为

$$h[n-k]=\mathrm{T}[\delta[n-k]] \tag{2.35}$$

如果系统还具有齐次性(即齐次时不变系统)，当输入为 $x[k]\delta[n-k]$ 时，系统输出为

$$x[k]h[n-k]=\mathrm{T}[x[k]\delta[n-k]] \tag{2.36}$$

如果系统还具有叠加性(即 LIT 系统)，当输入为 $x[n]=\sum_{k=-\infty}^{\infty}x[k]\delta[n-k]$ 时，系统输出为

$$\sum_{k=-\infty}^{\infty}x[k]h[n-k]=\mathrm{T}\Big[\sum_{k=-\infty}^{\infty}x[k]\delta[n-k]\Big] \tag{2.37}$$

$$\sum_{k=-\infty}^{\infty}x[k]h[n-k]=\mathrm{T}[x[n]] \tag{2.38}$$

$$y[n]=\sum_{k=-\infty}^{\infty}x[k]h[n-k] \tag{2.39}$$

$\sum_{k=-\infty}^{\infty}x[k]h[n-k]$ 称作 $x[n]$ 和 $h[n]$ 的卷积和，记作 $x[n]*h[n]$，即

$$y[n]=\sum_{k=-\infty}^{\infty}x[k]h[n-k]=x[n]*h[n] \tag{2.40}$$

式(2.40)表明，LTI 系统输出可表示为单位脉冲响应 $h[n]$ 与输入序列 $x[n]$ 的线性卷积和。线性卷积在数字信号处理过程中是一类非常重要的计算。已知系统的单位脉冲响应时，利用式(2.40)就可以计算相应输入序列下的输出序列。

线性卷积的计算过程包括翻转、移位、相乘和求和 4 个步骤。按照式(2.40)具体表示为：

(1) 利用变量 k 表示序列 $x[k]$ 和 $h[k]$；

(2) 计算序列 $h[k]$ 的反褶 $h[-k]$；

(3) 将序列 $h[-k]$ 移位 n_0 得 $h[n_0-k]$，当 $n_0>0$ 时，序列右移；$n_0<0$ 时，序列左移；

(4) 根据卷积公式，将 $x[k]$ 和 $h[n_0-k]$ 按照相同 k 的序列值对应相乘，将相乘结果再相加，计算 n_0 时刻的输出 $y[n_0]$；重复(2)到(4)直至计算出所有的输出 $y[n]$。

常用方法有四种：图解法、列表法、解析法和利用 MATLAB 语言的工具箱函数计算法。下面结合例题具体介绍一下线性卷积的计算。

例 2.7 已知输入序列 $x[n]=[\underset{\uparrow}{1},1,1,1,0,0,0,0]$，LTI 系统的单位脉冲响应 $h[n]=[\underset{\uparrow}{0},3,6,5,4,3,2,1]$，求 $y[n]=x[n]*h[n]$。

解：采用图解法表示卷积和的计算过程。

按照上述线性卷积具体的 4 个计算步骤，分别画出长度为 8 的 $h[k]$ 和 $h[-k]$，将 $h[-k]$ 移位 n_0（n_0 分别等于 $0,1,2,\cdots$）得到 $h[1-k]$、$h[2-k]$、$\cdots$，然后分别与 $x[k]$ 相同 k 的序列值对应相乘后再相加即可得到 $y[n]$。求解过程如图 2.19 所示。

$y[n]=x[n]*h[n]=[\underset{\uparrow}{0},3,9,14,18,18,14,10,6,3,1,0,0,0,0]$

例 2.8 已知输入序列 $x[n]=[\underset{\uparrow}{1},1,1]$，LTI 系统的单位脉冲响应 $h[n]=[\underset{\uparrow}{0},3,6]$，求 $y[n]=x[n]*h[n]$。

解：采用列表法表示卷积和的计算过程，见表 2.1。

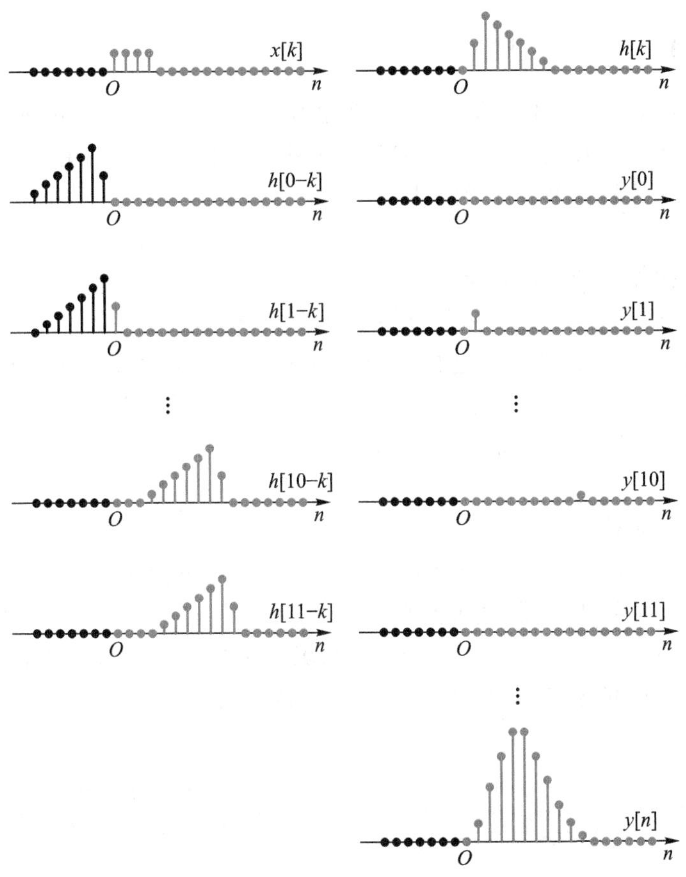

图 2.19　LTI 系统卷积

表 2.1　列　表　法

k	−3	−2	−1	0	1	2	3	4	5	$y[n]$
$x[k]$				1	1	1				
$h[k]$				0	3	6				
$h[-k]$		6	3	0						$y[0]=0\times1=0$
$h[1-k]$			6	3	0					$y[1]=1\times3+1\times0=3$
$h[2-k]$				6	3	0				$y[2]=1\times6+1\times3+1\times0=9$
$h[3-k]$					6	3	0			$y[3]=1\times6+1\times3=9$
$h[4-k]$						6	3	0		$y[4]=1\times6=6$
$h[5-k]$							6	3	0	$y[5]=0$

如果已知两个卷积信号的解析表达式,则可以直接按照卷积式进行计算。同时,在 MATLAB 中提供了一个内部函数 conv 来计算两个有限长度序列的卷积。conv 函数假定两个序列都从 $n=0$ 开始,调用方式为 $y=\text{conv}(x,h)$。

2.2.4 LTI 系统的性质

LTI 系统可由式(2.40)的卷积和描述,因此 LTI 系统的性质可由离散时间序列的卷积性质描述。卷积运算具有交换律、结合律和分配律三个性质。由系统的单位脉冲响应,可以从时域上判断系统的因果性和稳定性。

1. 交换律

卷积的交换律如式(2.41)所示。

$$x[n]*h[n]=h[n]*x[n] \tag{2.41}$$

由卷积交换律可知,两个序列进行卷积和运算时与次序无关。对于 LTI 系统,当输入为 $x[n]$,单位脉冲响应为 $h[n]$,系统的输出为 $y[n]$;当输入为 $h[n]$,单位脉冲响应为 $x[n]$,系统的输出仍为 $y[n]$。如图 2.20 所示。

2. 结合律

卷积的结合律如式(2.42)所示。

$$\{x[n]*h_1[n]\}*h_2[n]=x[n]*\{h_1[n]*h_2[n]\} \tag{2.42}$$

由卷积的结合律可知,离散时间序列 $x[n]$ 依次经过 $h_1[n]$、$h_2[n]$ 两个 LTI 系统,与经过单位脉冲响应为 $h[n]=h_1[n]*h_2[n]$ 的系统输出相同。也可认为,单位脉冲响应为 $h[n]=h_1[n]*h_2[n]$ 的系统,可分解为两个单位脉冲响应分别为 $h_1[n]$、$h_2[n]$ 系统的级联,如图 2.21 所示。

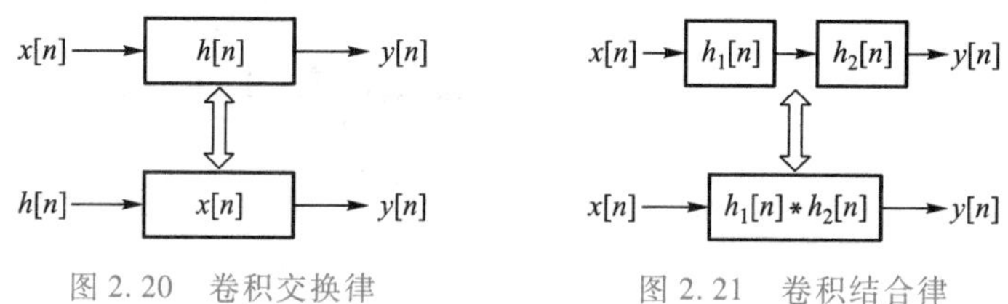

图 2.20 卷积交换律　　图 2.21 卷积结合律

由于 LTI 系统满足交换律,则

$$\{x[n]*h_1[n]\}*h_2[n]=\{x[n]*h_2[n]\}*h_1[n] \tag{2.43}$$

由卷积结合律和交换律可知,离散时间序列 $x[n]$ 依次经过 $h_1[n]$、$h_2[n]$ 两个 LTI 系统,与依次经过 $h_2[n]$、$h_1[n]$ 两个 LTI 系统的输出相同,如图 2.22 所示。级联的 LTI 系统响应与级联顺序无关。

3. 分配律

卷积的分配律如式(2.44)所示。

$$x[n]*\{h_1[n]+h_2[n]\}=x[n]*h_1[n]+x[n]*h_2[n] \tag{2.44}$$

由卷积分配律可知,离散时间序列 $x[n]$ 分别经过 $h_1[n]$、$h_2[n]$ 两系统后序列的叠加,与 $x[n]$ 经过单位脉冲响应为 $h[n]=h_1[n]+h_2[n]$ 系统的输出相同。也可认为单位脉冲响应为 $h[n]=h_1[n]+h_2[n]$ 的 LTI 系统,可分解为两个单位脉冲响应分别为 $h_1[n]$、$h_2[n]$ 系统的并联,如图 2.23 所示。

4. LTI 系统因果的充要条件

LTI 系统为因果系统的充要条件是该 LTI 系统的单位脉冲响应满足

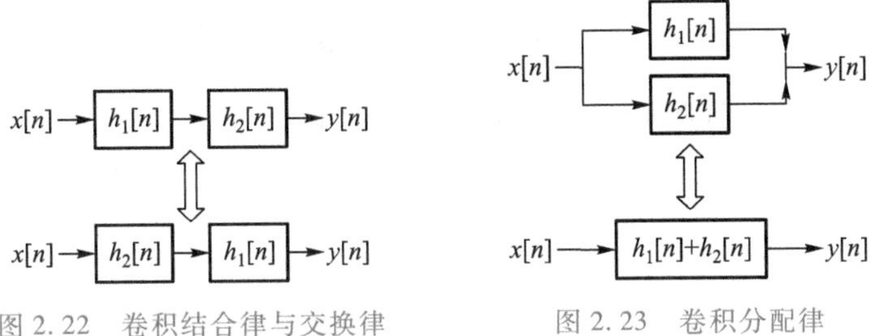

图 2.22 卷积结合律与交换律　　图 2.23 卷积分配律

$$h[n]=0,\quad n<0 \tag{2.45}$$

即因果 LTI 系统的单位脉冲响应 $h[n]$ 一定是因果序列。

证明：

LTI 系统响应为

$$y[n]=\sum_{k=-\infty}^{\infty}x[n-k]h[k]=\sum_{k=-\infty}^{-1}x[n-k]h[k]+\sum_{k=0}^{\infty}x[n-k]h[k] \tag{2.46}$$

充分性

当系统的单位脉冲响应满足式(2.45)时，则式(2.46)可表示为

$$y[n]=\sum_{k=0}^{\infty}x[n-k]h[k] \tag{2.47}$$

即

$$y[n]=x[n]h[0]+x[n-1]h[1]+x[n-2]h[2]+\cdots \tag{2.48}$$

可见，$y[n]$ 只与 $x[n]$，$x[n-1]$，$x[n-2]$，…有关，因此该 LTI 系统为因果系统。

必要性

利用反证法来证明。已知该 LTI 系统为因果系统，假设 $n<0$ 时，$h[n]\neq 0$，则式(2.46)可表示为

$$y[n]=\sum_{k=-\infty}^{-1}x[n-k]h[k]+\sum_{k=0}^{\infty}x[n-k]h[k] \tag{2.49}$$

在假设条件下，第一项求和式中至少有一项 $h[k]$ 不为零，不妨设为 $h[-1]\neq 0$，则式(2.49)可表示为

$$y[n]=\cdots+x[n+1]h[-1]+x[n]h[0]+x[n-1]h[1]+\cdots \tag{2.50}$$

可见，$y[n]$ 不仅与 $x[n]$，$x[n-1]$，…有关，还与 $x[n+1]$，$x[n+2]$，…有关，这不符合 LTI 系统为因果系统的条件，因此假设不成立。

故 $n<0$ 时，$h[n]=0$ 是 LTI 系统为因果系统的必要条件。

一般地，$n<0$ 时等于 0 的序列 $x[n]$ 称为因果序列，此名称源于因果系统 $h[n]$ 的特性。

非因果系统与足够长延迟单元的因果系统相级联，就可构成一个可实现的因果系统。对于 $h[n]$ 为有限长的非因果系统，所构成的因果系统与它的差别，只是有一定的延迟，其他完全相同。对于 $h[n]$ 为无限长的非因果系统，则只能是“逼近”，即除了延迟外，还有 $h[n]$ 截断后的误差。

5. LTI 系统稳定的充要条件

LTI 系统为稳定系统的充要条件是该 LTI 系统的单位脉冲响应满足

$$S=\sum_{k=-\infty}^{\infty}|h[k]|<\infty \tag{2.51}$$

即稳定 LTI 系统的单位脉冲响应 $h[n]$ 一定是绝对可和序列。

证明：

LTI 系统响应为

$$y[n]=\sum_{k=-\infty}^{\infty}x[n-k]h[k] \tag{2.52}$$

充分性

由式(2.52)得

$$|y[n]|=\left|\sum_{k=-\infty}^{\infty}x[n-k]h[k]\right|\leqslant\sum_{k=-\infty}^{\infty}|x[n-k]||h[k]| \tag{2.53}$$

如果输入序列有界，设 m 为一个有界的数，即

$$|x[n-k]|\leqslant m \tag{2.54}$$

则

$$|y[n]|\leqslant m\sum_{k=-\infty}^{\infty}|h[k]| \tag{2.55}$$

如果单位脉冲响应满足式(2.51)，则

$$|y[n]|<\infty \tag{2.56}$$

即 LTI 系统输出 $y[n]$ 一定是有界的，也就是说 LTI 系统是稳定的。

必要性

利用反证法来证明。已知该 LTI 系统为稳定系统，假设单位脉冲响应不是绝对可和的，即

$$S=\sum_{k=-\infty}^{\infty}|h[k]|=\infty \tag{2.57}$$

总可以找到一个或若干个有界的输入信号，产生无界的输出信号。例如

$$x[n]=\begin{cases}\dfrac{h^*[-n]}{|h[-n]|}, & h[n]\neq 0\\ 0, & h[n]=0\end{cases} \tag{2.58}$$

此时，LTI 系统的输出为

$$y[n]=\sum_{k=-\infty}^{\infty}x[n-k]h[k]=\sum_{k=-\infty}^{\infty}\frac{h^*[n+k]}{|h[n+k]|}h[k] \tag{2.59}$$

当 $n=0$ 时

$$y[0]=\sum_{k=-\infty}^{\infty}\frac{h^*[k]}{|h[k]|}h[k]=\sum_{k=-\infty}^{\infty}\frac{|h[k]|^2}{|h[k]|}=\sum_{k=-\infty}^{\infty}|h[k]|=S=\infty \tag{2.60}$$

上式表明，在 $n=0$ 时刻，输出是无界的，这不符合 LTI 系统为稳定系统的条件，因此假设不成立。

故单位脉冲响应 $h[n]$ 绝对可和是 LTI 系统为稳定系统的必要条件。

2.2.5 线性常系数差分方程

描述一个系统，可不考虑其内部结构，只需关注系统的输入、输出及系统参数之间的关

系即可。连续时间系统可用微分方程描述,对于离散时间系统则可用差分方程描述。本节首先给出线性常系数差分方程的表示,然后介绍线性常系数差分方程的求解方法。

1. 线性常系数差分方程的表示

连续时间线性时不变系统通常用线性常系数微分方程表示,而离散时间线性时不变系统通常用线性常系数差分方程表示。微分方程包含连续自变量函数及各阶导数,如 $x(t)$、$\frac{\mathrm{d}x(t)}{\mathrm{d}t}$、$\frac{\mathrm{d}^2x(t)}{\mathrm{d}t^2}$、…、$y(t)$、$\frac{\mathrm{d}y(t)}{\mathrm{d}t}$、$\frac{\mathrm{d}^2y(t)}{\mathrm{d}t^2}$、…,而差分方程中函数自变量是离散的,方程包含离散变量函数及移序,如 $x[n]$、$x[n+1]$、$x[n+2]$、…、$x[n-1]$、$x[n-2]$、…、$y[n]$、$y[n+1]$、…、$y[n-1]$、$y[n-2]$等。

输入序列为 $x[n]$,输出序列为 $y[n]$的系统可表示为

$$\sum_{k=0}^{N} a_k y[n-k] = \sum_{k=0}^{M} b_k x[n-k] \tag{2.61}$$

其中,输入序列 $x[n]$的阶次为 M,输出序列 $y[n]$的阶次为 N,通常 $N>M$,称为 N 阶差分方程。当 a_k、b_k 为常数时,称为常系数差分方程。

式(2.61)中各序列的序号从 n 开始递减排列,称为后向差分方程;当各序列的序号从 n 开始递增排列时,称为前向差分方程,如式(2.62)所示。

$$\sum_{k=0}^{N} a_k y[n+k] = \sum_{k=0}^{M} b_k x[n+k] \tag{2.62}$$

后向差分方程通常表示为如下形式:

$$y[n] = \sum_{k=1}^{N} a_k y[n-k] + \sum_{k=0}^{M} b_k x[n-k] \tag{2.63}$$

例 2.9 试用差分方程表示如下累加器

$$y[n] = \sum_{k=-\infty}^{n} x[k] \tag{2.64}$$

解:据式(2.64)得

$$y[n-1] = \sum_{k=-\infty}^{n-1} x[k] \tag{2.65}$$

$$y[n] = x[n] + \sum_{k=-\infty}^{n-1} x[k] \tag{2.66}$$

即

$$y[n] = x[n] + y[n-1] \tag{2.67}$$

一般记作

$$y[n] = y[n-1] + x[n] \tag{2.68}$$

2. 线性常系数差分方程的求解

求解线性常系数差分方程的方法一般包括:**时域经典法、变换域法、递推迭代法**。

(1) 时域经典法。线性常系数差分方程的求解与微分方程类似。① 由输入序列确定特解形式,带入差分方程得到特解;② 由差分方程齐次部分确定特征方程,求解特征根,得到齐次解的表达式;③ 由齐次解表达式和特解确定完全解表达式;④ 利用初始条件,确定

差分方程的完全解。系统的完全解称为系统的完全响应，齐次解称为系统的自由响应，特解称为系统的强迫响应。

（2）变换域法。可利用 z 变换求解差分方程，将在后面章节介绍。

（3）递推迭代法。根据 n_0 时刻输出序列的值和输入序列，计算当前时刻的 $y[n_0]$，然后依次计算所有 $y[n]$。

时域经典法便于从物理概念理解各响应之间的关系，但求解过程较为复杂，实际中很少采用。z 变换法有很多优点，在实际应用中简便有效。递推迭代法概念清楚，方法简单，适于计算机等数字系统求解。本节仅介绍递推迭代法，并通过示例说明如何用该法求解差分方程。

例 2.10　已知系统可由如下的二阶线性常系数差分方程描述

$$y[n]-ay[n-1]=x[n] \tag{2.69}$$

且该系统的初始条件为 $y[-1]=A$。

（1）求输入序列为 $x[n]=B\delta[n]$时的系统响应 $y[n]$；

（2）分析系统的线性性；

（3）分析系统的因果性；

（4）分析系统是因果的 LTI 系统的条件。

解：

（1）递推迭代法求解系统响应。

① 由 $y[-1]=A$ 初始值开始，计算所有 $n>-1$ 的输出。

式(2.69)表示为后向差分方程，即

$$y[n]=ay[n-1]+x[n] \tag{2.70}$$

则

$$y[0]=ay[-1]+B\delta[0]=aA+B \tag{2.71}$$

$$y[1]=ay[0]+0=a^2A+aB \tag{2.72}$$

$$y[2]=ay[1]+0=a^3A+a^2B \tag{2.73}$$

$$y[n]=ay[n-1]+0=a^{n+1}A+a^nB \tag{2.74}$$

当 $n>-1$ 时

$$y[n]=(a^{n+1}A+a^nB)\mathrm{u}[n] \tag{2.75}$$

② 由 $y[-1]=A$ 初始值开始，计算所有 $n<-1$ 的输出。

式(2.69)表示为前向差分方程，即

$$y[n-1]=\frac{1}{a}(y[n]-x[n]) \tag{2.76}$$

或

$$y[n]=\frac{1}{a}(y[n+1]-x[n+1]) \tag{2.77}$$

则

$$y[-2]=\frac{1}{a}(y[-1]-0)=\frac{A}{a}=Aa^{-1} \tag{2.78}$$

$$y[-3]=\frac{1}{a}(y[-2]-0)=\frac{A}{a^2}=Aa^{-2} \tag{2.79}$$

$$y[n]=\frac{1}{a}(y[n-1]-0)=Aa^{n+1} \tag{2.80}$$

当 $n<-1$ 时

$$y[n]=Aa^{n+1}\mathrm{u}[-n-1] \tag{2.81}$$

综上，当 $n\in\mathbf{Z}$ 时

$$y[n]=Aa^{n+1}+Ba^{n}\mathrm{u}[n] \tag{2.82}$$

(2) 系统线性分析。

系统的线性性可通过线性系统性质进行分析，首先给出该性质及其证明，然后利用该性质分析系统的线性性，若系统不满足该性质，则显然不是线性系统。

线性系统性质：线性系统的输入序列 $x[n]=0(n\in\mathbf{Z})$ 时，其输出序列 $y[n]=0(n\in\mathbf{Z})$。

▶ 扫一扫 2-4 线性系统性质的证明

若初始条件改为 $y[-1]=1$，当输入 $x[n]=0$ 时，向前向、后向两个方向递推的结果都不为零，最终输出为 $y[n]=a^{n+1}$，由线性系统性质可知线性系统全部输入为零时全部输出也为零，所以该系统不是线性系统。

(3) 系统因果性分析。

当 $B=1$ 时，$x[n]=\delta[n]$，此时 $y[n]=Aa^{n+1}+a^{n}\mathrm{u}[n]$ 即为该系统的单位脉冲响应 $h[n]$。注意当 $n<0$ 时，$h[n]=Aa^{n+1}$。也就是说，当 $A\neq0$ 时，$h[n]\neq0$，该系统为**非因果系统**；当 $A=0$ 时，$h[n]=0$，该系统为**因果系统**。

(4) 系统为因果的 LTI 系统的条件。

如果序列 $x[n]=0(n<n_0)$ 输入系统，输出序列满足 $y[n]=0(n<n_0)$，则称该系统满足初始松弛**(起始状态为零)条件。此时，线性常系数差分方程描述的系统是**因果的 LTI 系统。

对于 N 阶差分方程，如果输入序列 $x[n]=0(n<0)$，则初始松弛条件为 $y[-1]=y[-2]=\cdots=y[-N]=0$。如果在 n_0 时刻输入信号，即输入序列 $x[n]=0(n<n_0)$，则初始松弛条件为 $y[n_0-1]=y[n_0-2]=\cdots=y[n_0-N]=0$。

如果本系统满足初始松弛条件，则 $A=0$。此时，输入为 $x[n]=B\delta[n]$ 时，输出为 $y[n]=Ba^{n}\mathrm{u}[n]$；输入为 $x[n]=B\delta[n-n_{\mathrm{d}}]$ 时，输出为 $y[n]=Ba^{n-n_{\mathrm{d}}}\mathrm{u}[n-n_{\mathrm{d}}]$；且 $n<0$ 时，$h[n]=a^{n}\mathrm{u}[n]=0$。故该系统为因果的线性时不变系统。

因此，在系统满足初始松弛条件，即 $A=0$ 时，该系统是因果的 LTI 系统。

一般地，差分方程的全解由零状态响应和零输入响应两部分组成。当系统状态为零时，由输入信号引起的响应称为**零状态响应**；当输入为零时，由系统状态(即初始储能)引起的响应称为**零输入响应**。即**初始松弛条件**等价于**系统零状态**。

当线性常系数差分方程描述的系统满足初始松弛条件时，该系统响应仅包含**零状态响应**，且该线性常系数差分方程描述的系统为**因果的 LTI 系统**。

故本书只关注**初始松弛**条件下的线性常系数差分方程描述的因果的 LTI 系统。

2.3 小　　结

本章介绍了离散信号的表示方法、序列分类、常用序列、序列的相互关系。单位脉冲序

列 $\delta[n]$ 和复指数序列 $x[n]=|A||\alpha|^{n}\mathrm{e}^{\mathrm{j}(\omega_0 n+\varphi)}$ 是两类重要的基本序列。其中，任意序列 $x[n]$ 均可表示为单位脉冲序列 $\delta[n]$ 及其延迟的线性组合，即 $x[n]=\sum\limits_{k=-\infty}^{\infty}x[k]\delta[n-k]$；第 3 章将介绍序列 $x[n]$ 也可用复指数序列的线性组合表示。

介绍了系统的表示方法、系统的分类、LTI 系统的卷积表示、系统的差分方程描述等。其中 LTI 系统非常重要，因为 LTI 系统可用成熟的数学方法分析，同时在分析和处理非线性、时变系统时也可借鉴 LTI 系统的方法。LTI 系统的输入序列 $x[n]$、输出序列 $y[n]$ 和单位脉冲响应 $h[n]$ 可用卷积和表示，即 $y[n]=\sum\limits_{k=-\infty}^{\infty}x[k]h[n-k]$。据离散时间 LTI 系统卷积和的性质，可推导出系统级联、并联结构，也可得到 LTI 系统因果、稳定性的判据。同时需注意，只有常系数差分方程描述的离散时间系统满足初始松弛条件时，该系统才是因果的 LTI 系统。

本章研究的单位脉冲序列、单位脉冲响应、卷积和表示是 LTI 系统分析的基础，复指数序列是第 3 章傅里叶变换、傅里叶级数和 z 变换的基础。掌握上述内容是学习后续章节的基础。

习　　题

2.1 请说明连续时间冲激信号 $\delta(t-t_0)$ 与离散时间单位脉冲序列 $\delta[n-n_0]$ 的差别。

2.2 已知离散时间序列 $x[n]=\{-4,5,1,\underline{-2},-3,0,2\}$、$y[n]=\{6,\underline{-3},-1,0,8,7,-2\}$、$w[n]=\{\underline{0},0,3,2,2,-1,0,-2,5\}$ 在给定区间以外的样本值都为零。请计算下列序列：

（1）$c[n]=x[-n+2]$

（2）$d[n]=y[-n-3]$

（3）$e[n]=w[-n]$

（4）$u[n]=x[n]+y[n-2]$

（5）$v[n]=x[n]w[n+4]$

（6）$s[n]=y[n]-w[n+4]$

2.3 分析下面哪个离散时间序列与其他序列不同。

（1）$x_{\mathrm{a}}[n]=\mathrm{u}[n+1]-\mathrm{u}[n-2]$

（2）$x_{\mathrm{b}}[n]=\sum\limits_{k=-1}^{1}\delta[n-k]$

（3）$x_{\mathrm{c}}[n]=\begin{cases}1, & n\in[-1,1]\\ 0, & 其他\end{cases}$

（4）$x_{\mathrm{d}}[n]=\delta[n+1]+\delta[n]+\delta[n-1]+\delta[n-2]$

2.4 写出 MATLAB 程序，生成 $\mathrm{u}[n-4]-\mathrm{u}[n-10]$ 在 $0\leqslant n\leqslant 15$ 时的图形。

2.5 序列 $x[n]$ 如图 P2.5 所示，试将它表示成单位脉冲序列及其移位形式的线性组合。

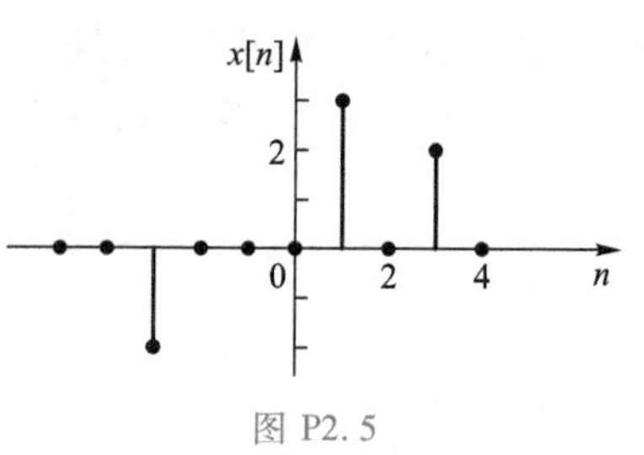

图 P2.5

2.6 请判断以下序列的周期性，并计算周期序列的周期。

（1）$x[n]=\mathrm{e}^{\mathrm{j}\left(\frac{\pi n}{6}\right)}$

(2) $x[n]=\dfrac{\sin\left(\dfrac{\pi n}{5}\right)}{\pi n}$

(3) $x[n]=\mathrm{e}^{\mathrm{j}\left(\frac{\pi n}{\sqrt{2}}\right)}$

(4) $x[n]=10\cos\left(\dfrac{13}{17}\pi n+\dfrac{5}{8}\pi\right)$

(5) $x[n]=22\mathrm{e}^{\mathrm{j}\left(\frac{1}{8}n-\pi\right)}$

(6) $x[n]=\mathrm{j}^{2n}$

(7) $x[n]=\mathrm{mod}(n,10)$

(8) $x[n]=\cos(\pi n/2)+1$

2.7 请判断以下系统的稳定性、因果性、线性性、时不变性和记忆性。

(1) $\mathrm{T}[x[n]]=g[n]x[n]$ ($g[n]$已知)

(2) $\mathrm{T}[x[n]]=\sum\limits_{k=n_0}^{n}x[k]$

(3) $\mathrm{T}[x[n]]=\sum\limits_{k=n_0}^{n+n_0}x[k]$

(4) $\mathrm{T}[x[n]]=x[n-n_0]$

(5) $\mathrm{T}[x[n]]=\mathrm{e}^{x[n]}$

(6) $\mathrm{T}[x[n]]=ax[n]+b$

(7) $\mathrm{T}[x[n]]=x[-n]$

(8) $\mathrm{T}[x[n]]=x[n]+3\mathrm{u}[n+1]$

2.8 请判断以下序列是否有界。

(1) $x[n]=Aa^n$,其中 A 和 a 是复数,且 $|a|<1$。

(2) $y[n]=Aa^n\mathrm{u}[n]$,其中 A 和 a 是复数,且 $|a|<1$。

(3) $h[n]=C\beta^n\mathrm{u}[n]$,其中 C 和 β 是复数,且 $|\beta|>1$。

(4) $g[n]=4\cos(\omega_a n)$

(5) $v[n]=\left(1-\dfrac{1}{n^2}\right)\mathrm{u}[n-1]$

2.9 请判断以下系统的线性性、因果性和时不变性。

(1) $y[n]=(n+a)^2x[n+4]$

(2) $y[n]=ax[n+1]$

(3) $y[n]=x[n+1]+x^3[n-1]$

(4) $y[n]=x[n]\sin(\omega n)$

(5) $y[n]=x[n]+\sin(\omega n)$

(6) $y[n]=\dfrac{x[n]}{x[n+3]}$

(7) $y[n]=y[n-1]+8x[n-3]$

(8) $y[n]=2ny[n-1]+3x[n-5]$

(9) $y[n]=y[n-1]+x[n+5]+x[n-5]$

(10) $y[n]=(2\mathrm{u}[n-3]-1)y[n-1]+x[n]+x[n-1]$

2.10 如果某系统输入输出关系为 $y[n]=x[Mn]$,其中 M 为大于 1 的正整数。试判断该系统是否为非时变系统。

2.11 系统 A、系统 B 的输入输出关系如图 P2.11(a)所示,图(b)为 A、B 系统的两种级联形式。如果输入序列 $x_1[n]=x_2[n]$,$w_1[n]$ 和 $w_2[n]$ 一定相等吗?请说明理由,并给出实例。

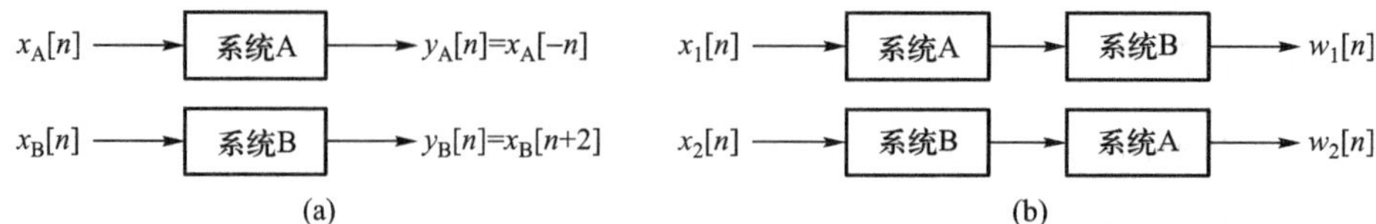

图 P2.11

2.12 如果某离散时间 LTI 系统的单位脉冲响应 $h[n]=a^{-n}u[-n]$ $(0<a<1)$,请计算该系统的阶跃响应。

2.13 如果某离散时间 LTI 系统的单位脉冲响应 $h[n]$ 的非零值在区间 $N_0\leqslant n\leqslant N_1$ 内,已知输入序列 $x[n]$ 的非零值在区间 $N_2\leqslant n\leqslant N_3$ 内,该系统输出序列 $y[n]$ 的非零值在区间 $N_4\leqslant n\leqslant N_5$ 内,请用 N_0,N_1,N_2,N_3 表示 N_4,N_5。

2.14 如果 $g[n]$ 是定义在 $-3\leqslant n\leqslant 4$ 上的有限长序列,$h[n]$ 是定义在 $2\leqslant n\leqslant 6$ 上的有限长序列,$y[n]=g[n]*h[n]$。那么

(1) $y[n]$ 的长度为多少?

(2) $y[n]$ 的时间序号 n 的定义范围是多少?

2.15 如果某线性系统的输入序列为 $x[n]$、输出序列为 $y[n]$,请证明:如果 $x[n]=0$ $(n\in\mathbf{Z})$,则 $y[n]=0$ $(n\in\mathbf{Z})$。

2.16 如果某离散时间 LTI 系统的单位脉冲响应 $h[n]$ 和输入序列 $x[n]$ 如图 P2.16 所示,请确定每个系统的响应。

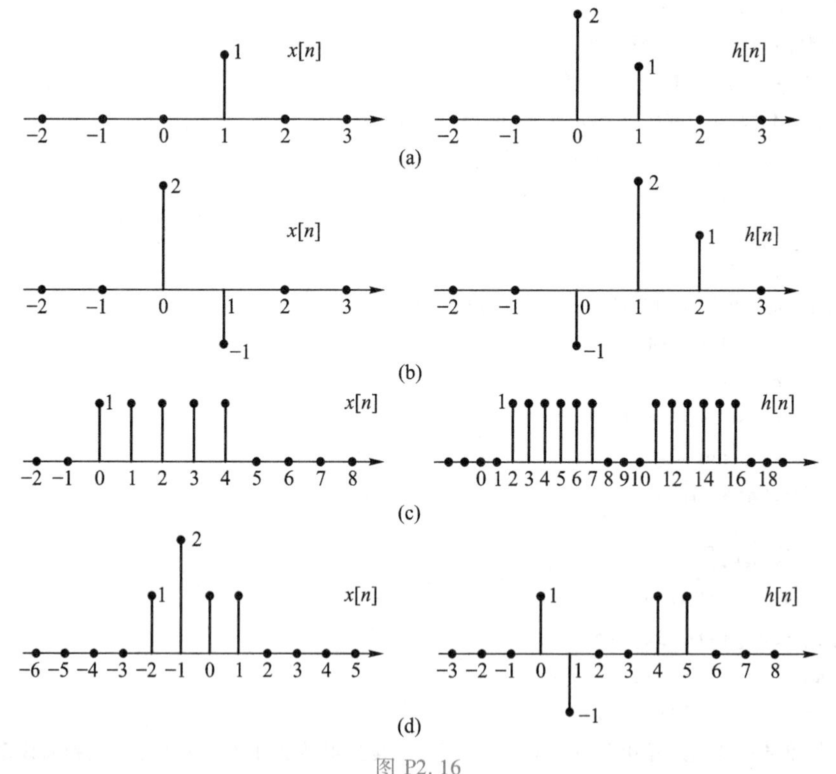

图 P2.16

2.17 某离散时间 LTI 系统的单位脉冲响应如图 P2.17 所示，求输入序列 $u[n]=u[n-4]$ 的响应，并作图。

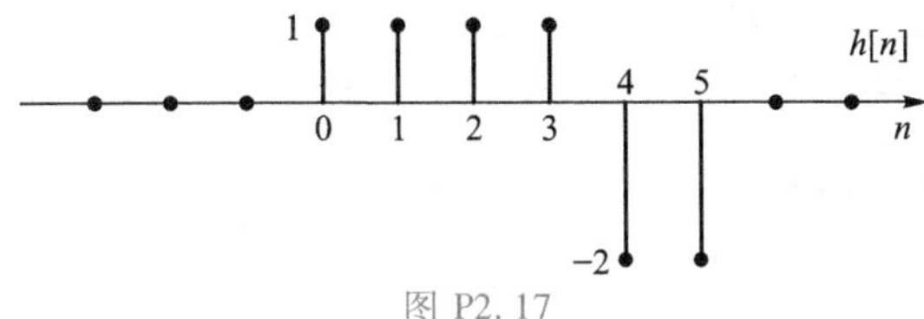

图 P2.17

2.18 如果系统 T 为时不变系统，当输入序列分别为 $x_1[n]$、$x_2[n]$ 和 $x_3[n]$ 时，系统的响应为 $y_1[n]$、$y_2[n]$ 和 $y_3[n]$，如图 P2.18 所示。

(1) 该系统 T 是线性系统吗？

(2) 如果系统 T 的输入序列 $x[n]$ 为 $\delta[n]$ 时，系统 T 的响应 $y[n]$ 是什么？

(3) 对于任意的输入序列 $x[n]$，系统 T 的响应 $y[n]$ 唯一吗？

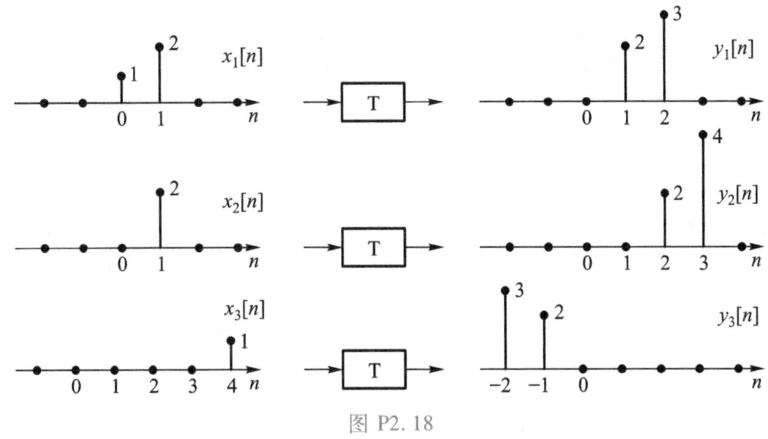

图 P2.18

2.19 如果系统 L 为线性系统，当输入序列分别为 $x_1[n]$、$x_2[n]$ 和 $x_3[n]$ 时，系统的响应为 $y_1[n]$、$y_2[n]$ 和 $y_3[n]$，如图 P2.19 所示。

(1) 该系统 L 是时不变系统吗？

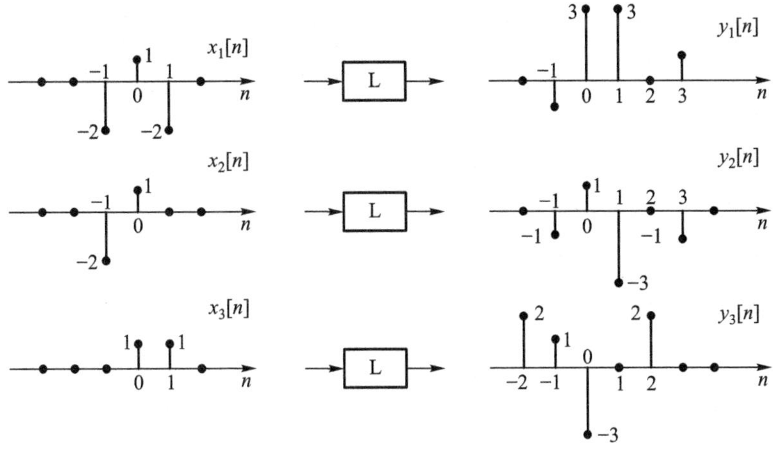

图 P2.19

(2) 如果系统 L 的输入序列 $x[n]$ 为 $\delta[n]$ 时,系统 L 的响应 $y[n]$ 是什么?

(3) 对于任意的输入序列 $x[n]$,系统 L 的响应 $y[n]$ 唯一吗?

2.20 利用线性卷积的定义,证明理想延迟系统和滑动平均系统均为线性系统。

2.21 利用线性卷积的定义,证明对于任意信号 $h[n]$,有 $h[n]*\delta[n]=h[n]$。

2.22 某离散时间 LTI 系统的单位脉冲响应为 $h[n]=\mathrm{u}[n]=\begin{cases}1, & n\geqslant 0\\ 0, & n<0\end{cases}$,求输入 $x[n]$ 时系统的响应。

如果 $x[n]=\begin{cases}0, & n<0\\ a^n, & 0\leqslant n\leqslant N_1\\ 0, & N_1<n<N_2\\ a^{n-N_2}, & N_2\leqslant n\leqslant N_2+N_1\\ 0, & N_1+N_2<n\end{cases}$ $(0<a<1)$;如图 P2.22 所示,求此时系统的响应。

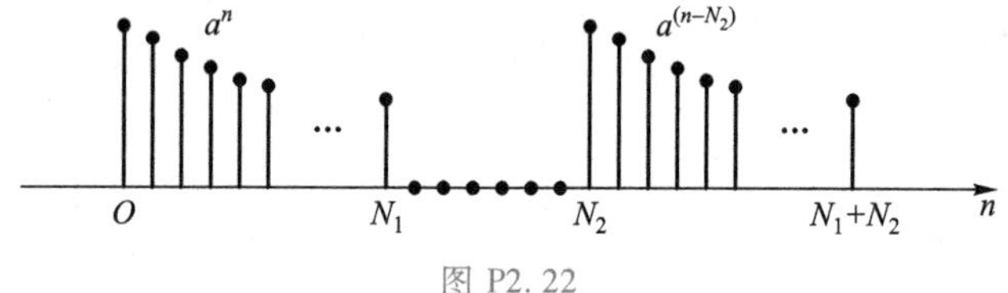

图 P2.22

2.23 设 $y[n]=x_1[n]*x_2[n]$ 和 $v[n]=x_1[n-N_1]*x_2[n-N_2]$,请用 $y[n]$ 表示 $v[n]$。

2.24 某离散时间 LTI 系统的单位脉冲响应为 $h[n]$,如果输入序列 $x[n]$ 为一个周期为 N 的周期序列,即 $x[n]=x[n+N]$,请证明输出序列 $y[n]$ 也是一个周期为 N 的周期序列,即 $y[n]=y[n+N]$。

第3章　DTFT、DFS、z 变换

第2章介绍了利用单位脉冲序列表示任意序列的方法，本章将介绍利用复指数序列表示信号的方法，即离散时间傅里叶变换(discrete time Fourier transform，DTFT)、离散时间傅里叶级数(discrete time Fourier series，DFS)和 z 变换，分别介绍 DTFT、DFS、z 变换的定义、存在条件、性质等内容。变换域表示是进行信号分析、系统分析、系统实现的重要工具，本章与第2章构成了时域和频域分析的基础。本章可对照信号与系统中傅里叶变换、傅里叶级数和拉普拉斯变换等章节学习，学习时请注意比较 DTFT、DFS、z 变换之间的关系与异同。

3.1　离散时间傅里叶变换

1807年，傅里叶在法国科学学会上发表的《热的解析理论》中运用正弦曲线描述温度分布，从而提出“任意周期函数可用三角级数表示”的想法，由于当时此想法缺乏严格的论证，拉格朗日拒绝了这篇论文的发表。直到1822年，该理论正式得到发表，1829年，狄利赫里(Dirichlet)给出了傅里叶变换的收敛条件，从而奠定了傅里叶级数和傅里叶变换的基础，傅里叶变换也成为通信与信息处理领域的重要分析方法。

在“信号与系统”课程中学习过连续时间信号傅里叶变换(Fourier transform，FT)、连续时间信号傅里叶级数(Fourier series，FS)：满足狄利赫里条件的连续时间信号 $x_c(t)$，可由不同 Ω 的连续时间信号$\frac{1}{2\pi}e^{j\Omega t}d\Omega$ 的线性组合表示，即 $x_c(t)=\frac{1}{2\pi}\int_{-\infty}^{+\infty}X(j\Omega)e^{j\Omega t}d\Omega$；满足狄利赫里条件的连续时间周期信号 $\tilde{x}_c(t)$，可由谐波信号 $e^{jk\Omega_0 t}(k\in(-\infty,\infty))$ 的线性组合表示，即 $\tilde{x}_c(t)=\sum_{k=-\infty}^{\infty}X(jk\Omega_0)e^{jk\Omega_0 t}$。

3.1.1　DTFT 定义

1. DTFT 定义

如果离散时间序列 $x[n]$ 可表示为如下傅里叶积分的形式，也就是说序列 $x[n]$ 可表示为离散时间序列$\frac{1}{2\pi}e^{j\omega n}d\omega$ 的线性组合，有

$$x[n]=\frac{1}{2\pi}\int_{-\pi}^{\pi}X(e^{j\omega})e^{j\omega n}d\omega \tag{3.1}$$

则离散时间序列$\frac{1}{2\pi}e^{j\omega n}d\omega$ 的加权值可表示为

$$X(e^{j\omega}) = \sum_{n=-\infty}^{\infty} x[n]e^{-j\omega n} \tag{3.2}$$

证明：

式(3.2)两边乘以 $e^{j\omega m}$，并求积分，得

$$\int_{-\pi}^{\pi} X(e^{j\omega})e^{j\omega m}d\omega = \int_{-\pi}^{\pi} \sum_{n=-\infty}^{\infty} x[n]e^{-j\omega n}e^{j\omega m}d\omega \tag{3.3}$$

根据线性性质，交换累加与积分的次序，得

$$\int_{-\pi}^{\pi} X(e^{j\omega})e^{j\omega m}d\omega = \sum_{n=-\infty}^{\infty} x[n]\int_{-\pi}^{\pi} e^{-j\omega n}e^{j\omega m}d\omega \tag{3.4}$$

根据 $e^{j\omega n}$ 的正交性，即 $\int_{-\pi}^{\pi} e^{-j\omega n}e^{j\omega m}d\omega = \begin{cases} 2\pi, & m=n \\ 0, & m \neq n \end{cases} = 2\pi\delta[m-n]$，可得式(3.1)。

式(3.1)为综合式，称为离散时间序列傅里叶反变换(inverse discrete time Fourier transform, IDTFT)；式(3.2)为分析式，称为离散时间序列傅里叶变换(discrete time Fourier transform, DTFT)。

DTFT 和 IDTFT 称为离散时间序列傅里叶变换对，记作

$$x[n] \underset{\text{TDTFT}}{\overset{\text{DTFT}}{\rightleftarrows}} X(e^{j\omega}) \tag{3.5}$$

$$\text{DTFT}\ X(e^{j\omega}) = \sum_{n=-\infty}^{\infty} x[n]e^{-j\omega n} \tag{3.6}$$

$$\text{IDTFT}\ x[n] = \frac{1}{2\pi}\int_{-\pi}^{\pi} X(e^{j\omega})e^{j\omega n}d\omega \tag{3.7}$$

积分也是一种求和，综合式(3.7)表明：如果离散时间序列 $x[n]$ 的 DTFT 存在，则 $x[n]$ 可由若干个数字频率 ω 不同的离散时间序列 $\frac{1}{2\pi}e^{j\omega n}d\omega$ 的线性组合表示(其中 $\omega \in [-\pi, \pi)$)，而 $X(e^{j\omega})$ 是频率为 ω 的序列 $\frac{1}{2\pi}e^{j\omega n}d\omega$ 的加权值。如图 3.1 所示。

▶ 扫一扫
3-1 DTFT
原理讲解

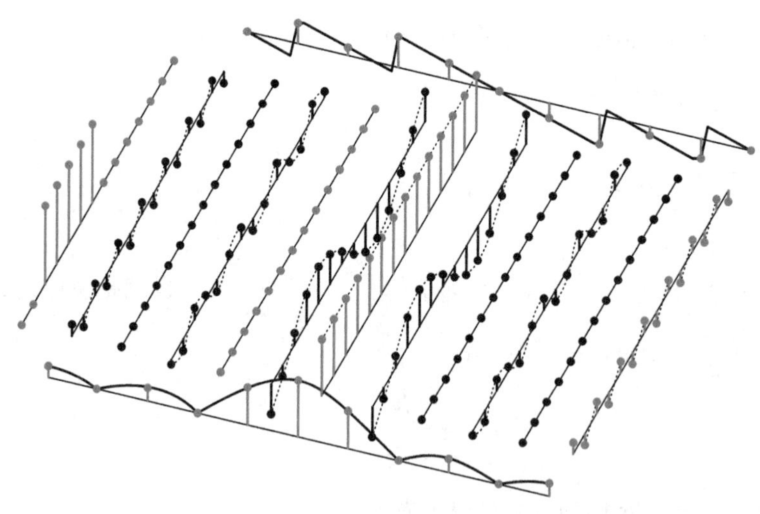

图 3.1 DTFT 示意图

根据积分的定义可知，每个 ω 不同的序列$\frac{1}{2\pi}e^{j\omega n}d\omega$ 在 ω 轴上的宽度为 $d\omega$，即 $X(e^{j\omega})$ 表示单位宽度 $d\omega$ 内频率分量$\frac{1}{2\pi}e^{j\omega n}d\omega$ 的相对大小，因此称为频谱密度函数（简称频谱函数）。另外两个不同频率序列$\frac{1}{2\pi}e^{j\omega n}d\omega$ 的数字频率最小间隔为 $d\omega\to 0$，也就是说 ω 的取值是连续的，即 $X(e^{j\omega})$是自变量为 ω 的连续函数。

频谱密度函数 $X(e^{j\omega})$一般为复数，其三角表达式为 $X(e^{j\omega})=|X(e^{j\omega})|e^{j\angle X(e^{j\omega})}$。$|X(e^{j\omega})|$称为序列 $x[n]$的幅度谱或者幅度，反映序列的幅频特性；$\angle X(e^{j\omega})$称为序列 $x[n]$的相位谱或者相位，反映序列的相频特性。

此外，对于每个序列$\frac{1}{2\pi}e^{j\omega n}d\omega$，$\frac{1}{2\pi}d\omega\to 0$，即序列 $x[n]$可表示为无穷个 ω 不同的无穷小离散时间序列$\frac{1}{2\pi}e^{j\omega n}d\omega$ 的线性组合。

▶ 扫一扫 3－2 DTFT 周期性的证明

2. DTFT 的周期性

由于 $X(e^{j\omega})$是周期为 2π 的周期函数，因此可取任意一个 2π 区间的序列$\frac{1}{2\pi}e^{j\omega n}d\omega$ 表示序列 $x[n]$，即综合式(3.1)的积分限可任取某一个 2π 区间。

3. $e^{j\omega n}$的正交性

单位复指数序列 $e^{j\omega n}$ 组成的集合$\{e^{j\omega n}\}$（$n=0,\pm1,\pm2,\cdots$）是正交完备集。可证明 $\int_{-\pi}^{\pi}e^{-j\omega n}e^{j\omega m}d\omega=\begin{cases}2\pi, & m=n\\0, & m\neq n\end{cases}=2\pi\delta[m-n]$。

▶ 扫一扫 3－3 $e^{j\omega n}$ 正交性的证明

另外，由于单位复指数序列 $e^{j\omega n}$是以 2π 为周期的函数，即 $e^{j\omega n}=e^{j(\omega+2k\pi)n}$。因此 ω 取任意 2π 区间均可构成正交完备集，$\int_{\omega_0-\pi}^{\omega_0+\pi}e^{-j\omega n}e^{j\omega m}d\omega=\begin{cases}2\pi, & m=n\\0, & m\neq n\end{cases}=2\pi\delta[m-n]$。

3.1.2 DTFT 存在的条件

DTFT 分析式 $X(e^{j\omega})=\sum_{n=-\infty}^{\infty}x[n]e^{-j\omega n}$是无穷级数，如果该无穷级数在一定意义上收敛，则认为该序列 $x[n]$的 DTFT $X(e^{j\omega})$存在，即 $X(e^{j\omega})$为有限值（$|X(e^{j\omega})|<\infty$），或者 $X(e^{j\omega})$可明确唯一表示。为了讨论方便，令

$$X_M(e^{j\omega})=\sum_{n=-M}^{M}x[n]e^{-j\omega n} \tag{3.8}$$

1. 一致收敛

根据 DTFT 分析式 $X(e^{j\omega})=\sum_{n=-\infty}^{\infty}x[n]e^{-j\omega n}$，可得

$$|X(e^{j\omega})|=\left|\sum_{n=-\infty}^{\infty}x[n]e^{-j\omega n}\right|\leqslant\sum_{n=-\infty}^{\infty}|x[n]||e^{-j\omega n}|=\sum_{n=-\infty}^{\infty}|x[n]| \tag{3.9}$$

如果离散时间序列 $x[n]$ 绝对可和，即 $\sum_{n=-\infty}^{\infty}|x[n]|<\infty$，则 $|X(\mathrm{e}^{\mathrm{j}\omega})|<\infty$，即该序列的 DTFT $X(\mathrm{e}^{\mathrm{j}\omega})$ 存在。注意：序列绝对可和是 DTFT 存在的充分而非必要条件。

此条件下，对于任意 $\omega\in(-\infty,\infty)$ 都有

$$\lim_{M\to\infty}|X(\mathrm{e}^{\mathrm{j}\omega})-X_M(\mathrm{e}^{\mathrm{j}\omega})|=0 \tag{3.10}$$

由式(3.7)计算无穷级数 $\sum_{n=-\infty}^{\infty}x[n]\mathrm{e}^{-\mathrm{j}\omega n}$ 得到的 $X_M(\mathrm{e}^{\mathrm{j}\omega})$（也就是分析式(3.6)得到的 $X(\mathrm{e}^{\mathrm{j}\omega})$）与综合式(3.7)中的 $X(\mathrm{e}^{\mathrm{j}\omega})$，两者的误差趋近零，称作 $\sum_{n=-\infty}^{\infty}x[n]\mathrm{e}^{-\mathrm{j}\omega n}$ 一致收敛于 $X(\mathrm{e}^{\mathrm{j}\omega})$。

例 3.1　求以下离散时间序列的 DTFT。

(1) $x[n]=R_5[n]$

(2) $x[n]=\delta[n]$

解：两个离散时间序列如图 3.2 所示。

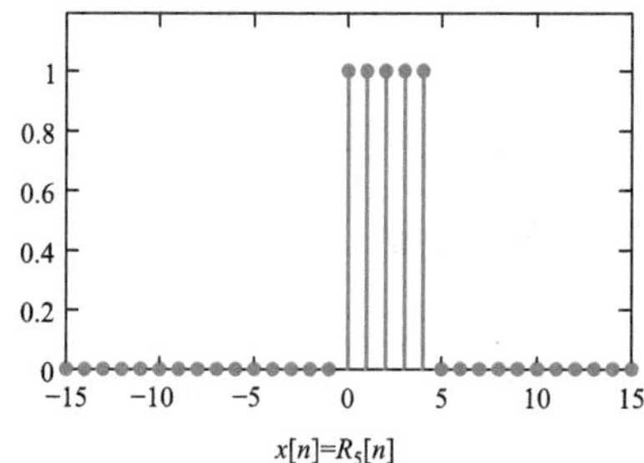

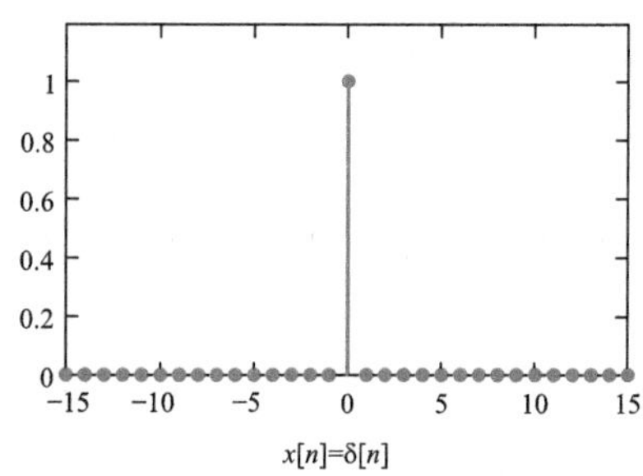

图 3.2　离散时间序列

(1) 根据式(3.6)，得

$$X(\mathrm{e}^{\mathrm{j}\omega})=\sum_{n=-\infty}^{\infty}R_5[n]\mathrm{e}^{-\mathrm{j}\omega n} \tag{3.11}$$

$$X(\mathrm{e}^{\mathrm{j}\omega})=\sum_{n=0}^{4}\mathrm{e}^{-\mathrm{j}\omega n}=\frac{1-\mathrm{e}^{-\mathrm{j}4\omega}\mathrm{e}^{-\mathrm{j}\omega}}{1-\mathrm{e}^{-\mathrm{j}\omega}}=\frac{\left(\dfrac{\mathrm{e}^{\mathrm{j}2.5\omega}-\mathrm{e}^{-\mathrm{j}2.5\omega}}{2}\right)\mathrm{e}^{-\mathrm{j}2.5\omega}}{\left(\dfrac{\mathrm{e}^{\mathrm{j}0.5\omega}-\mathrm{e}^{-\mathrm{j}0.5\omega}}{2}\right)\mathrm{e}^{-\mathrm{j}0.5\omega}}=\frac{\sin(2.5\omega)}{\sin(0.5\omega)}\mathrm{e}^{-\mathrm{j}2\omega} \tag{3.12}$$

离散时间序列 $R_5[n]$ 的 DTFT 如图 3.3 所示。

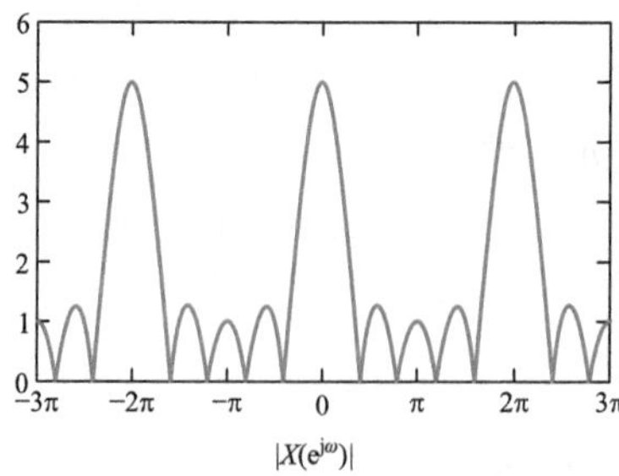

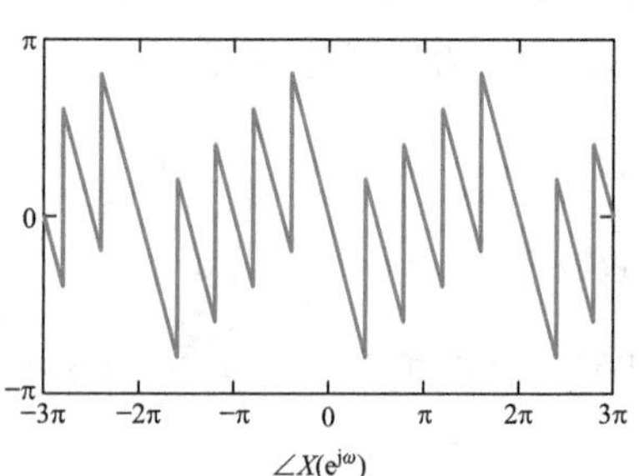

图 3.3　离散时间序列 $R_5[n]$ 的 DTFT

(2) 根据式(3.6),得

$$X(e^{j\omega})=\sum_{n=-\infty}^{\infty}\delta[n]e^{-j\omega n} \tag{3.13}$$

$$X(e^{j\omega})=1 \tag{3.14}$$

离散时间序列 $\delta[n]$的 DTFT 如图 3.4 所示。

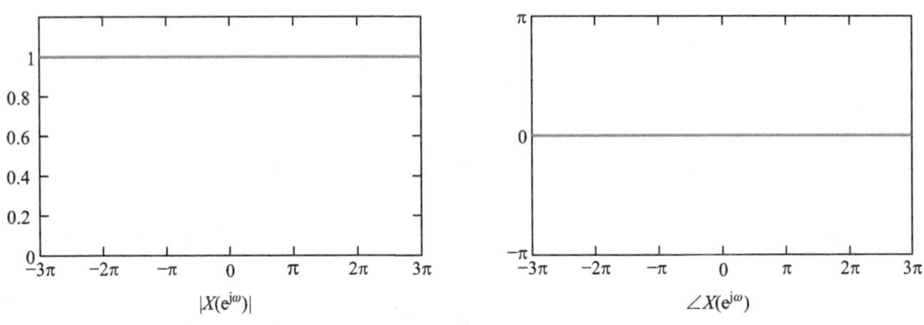

图 3.4 离散时间序列 $\delta[n]$的 DTFT

$x[n]=R_5[n]$、$x[n]=\delta[n]$为有限长序列,满足绝对可和条件,因此其 DTFT 一定存在,且是一致收敛的。

2. 均方收敛

对于有些非绝对可和的序列,如果序列 $x[n]$能量有限,即 $\sum_{n=-\infty}^{\infty}|x[n]|^2<\infty$,对于任意 $\omega\in(-\infty,\infty)$都有

$$\lim_{M\to\infty}\frac{1}{2\pi}\int_{-\pi}^{\pi}|X(e^{j\omega})-X_M(e^{j\omega})|^2 d\omega=0 \tag{3.15}$$

由式(3.7)计算无穷级数 $\sum_{n=-\infty}^{\infty}x[n]e^{-j\omega n}$得到的 $X_M(e^{j\omega})$(也就是分析式(3.6)得到的 $X(e^{j\omega})$)与综合式(3.7)中的 $X(e^{j\omega})$,虽然两者的误差不趋于零,但两者误差的总能量趋于零,因此称 $\sum_{n=-\infty}^{\infty}x[n]e^{-j\omega n}$均方收敛于 $X(e^{j\omega})$。

同样,序列能量有限也是 DTFT 存在的充分条件。

例 3.2 某序列 $h_{lp}[n]$的 DTFT 为 $H_{lp}(e^{j\omega})=\begin{cases}1, & |\omega|\leqslant\omega_c\\0, & 其他\end{cases}$,如图 3.5 所示,求其离散时间序列 $h_{lp}[n]$,并讨论离散时间序列 $h_{lp}[n]$傅里叶变换 $H_{lp}(e^{j\omega})$的收敛情况。

解:由综合式(3.7)可得

$$h_{lp}[n]=\frac{1}{2\pi}\int_{-\omega_c}^{\omega_c}e^{j\omega n}d\omega=\frac{1}{2\pi jn}(e^{j\omega_c n}-e^{-j\omega_c n})=\frac{\sin(\omega_c n)}{\pi n} \tag{3.16}$$

离散时间序列 $h_{lp}[n]$如图 3.6 所示。

将离散时间序列 $h_{lp}[n]$代入 DTFT 分析式(3.6)可计算得到 $H(e^{j\omega})$。

$$\sum_{n=-\infty}^{\infty}h_{lp}[n]e^{-j\omega n}=\sum_{n=-\infty}^{\infty}\frac{\sin(\omega_c n)}{\pi n}e^{-j\omega n}=H(e^{j\omega}) \tag{3.17}$$

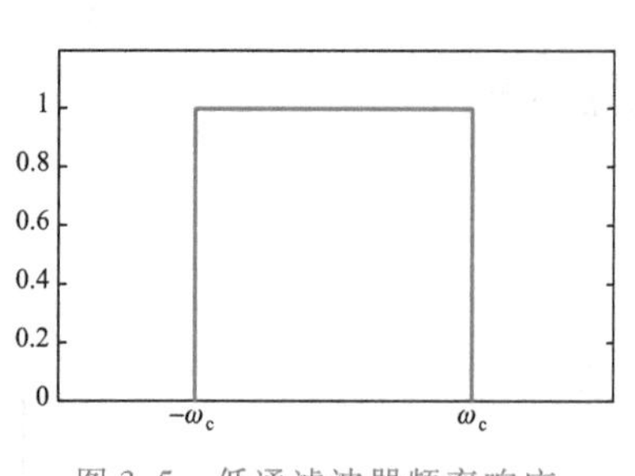

图 3.5　低通滤波器频率响应

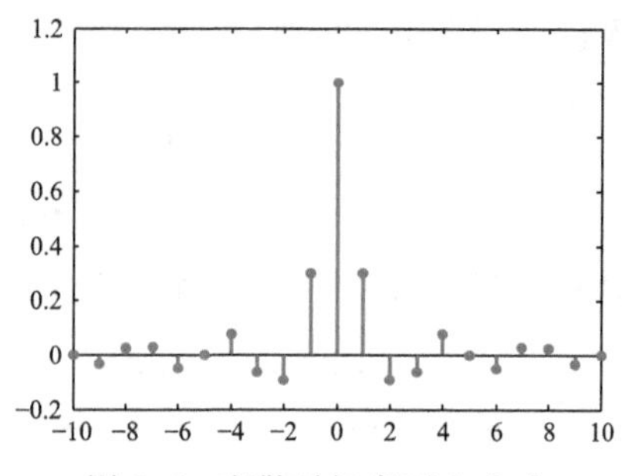

图 3.6　离散时间序列 $h_{lp}[n]$

由于 $h_{lp}[n]$ 在 $n\in(-\infty,\infty)$ 区间上均有值，且 $\sin(\omega_c n)$ 是有界的，即当 $n\to\infty$ 时，$h_{lp}[n]$ 以 $\frac{1}{n}$ 趋近于 0。可证明调和级数 $\frac{1}{n}$ 是平方可和而非绝对可和，故 $h_{lp}[n]$ 不是绝对可和序列，也就是说 $\sum\limits_{n=-\infty}^{\infty}\frac{\sin(\omega_c n)}{\pi n}e^{-j\omega n}$ 对所有的 ω 不是一致收敛的。即 $H(e^{j\omega})$ 并不一致收敛于 $H_{lp}(e^{j\omega})$。但 $h_{lp}[n]$ 是平方可和序列，对于所有 ω 值，$H(e^{j\omega})$ 都在均方意义下收敛于 $H_{lp}(e^{j\omega})$。为了分析以上现象，首先考虑有限项的累加和 $H_M(e^{j\omega})$，即

$$H_M(e^{j\omega})=\sum_{n=-M}^{M}\frac{\sin(\omega_c n)}{\pi n}e^{-j\omega n} \tag{3.18}$$

当 $M=10$、30、100 时，式(3.18)对应的频谱密度函数如图 3.7 所示。从图中可以看出，在 $\omega=\omega_c$ 处存在振荡，称为吉布斯(Gibbs)现象。随着 M 的增加，振荡频率逐渐增加，但振荡的最大幅度并不变化。随着 $M\to\infty$，振荡位置朝 ω_c 收拢，但振荡的大小不会改变。

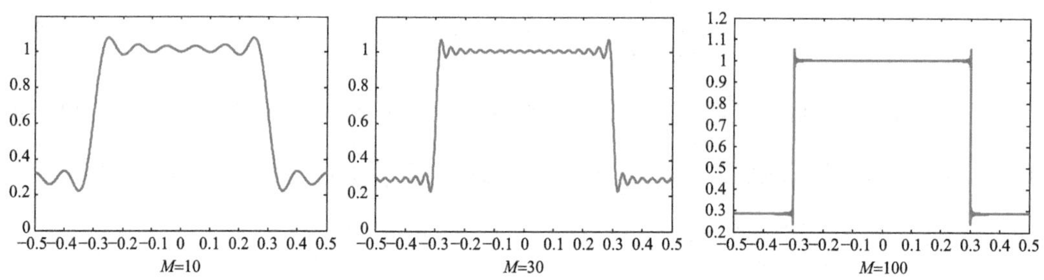

图 3.7　对不同 M 值的频谱密度函数

对于如同题中 $H_{lp}(e^{j\omega})$ 的不连续函数，虽然 $H(e^{j\omega})$ 并不一致收敛于 $H_{lp}(e^{j\omega})$，但两函数仅在 $\omega=\omega_c$ 处存在差别，且两者误差的总能量趋于零。

在第 8 章滤波器设计中，我们将再次看到 Gibbs 现象的影响及傅里叶级数收敛问题。

3. 冲激函数表示

对于有些既非绝对可和、也非绝对均方可和的序列，借助于狄拉克(Dirac)函数 $\delta(\omega)$，依然可以表示其 DTFT。例如单位阶跃序列 $u[n]$、复指数序列 $e^{j\omega_0 n}$ 的 DTFT。

$$u[n]\xrightleftharpoons[\text{IDTFT}]{\text{DTFT}}\frac{1}{1-e^{-j\omega}}+\sum_{r=-\infty}^{\infty}\pi\delta(\omega+2\pi r) \tag{3.19}$$

$$e^{j\omega_0 n}\xrightleftharpoons[\text{IDTFT}]{\text{DTFT}}\sum_{r=-\infty}^{\infty}2\pi\delta(\omega-\omega_0+2\pi r) \tag{3.20}$$

狄拉克函数 δ(ω)(也称为理想冲激函数)是 ω 的函数,具有"幅度无限高、宽度无限小、线下积分面积为 1"的特点,即

$$\int_{-\infty}^{\infty} \delta(\omega)\, d\omega = 1 \tag{3.21}$$

例 3.3　证明如图 3.8 所示的复指数序列 $x[n]=e^{j\omega_0 n}$,其中 ω_0 为实数。其 DTFT 为

$$X(e^{j\omega}) = \sum_{k=-\infty}^{\infty} 2\pi\delta(\omega-\omega_0+2\pi k) \tag{3.22}$$

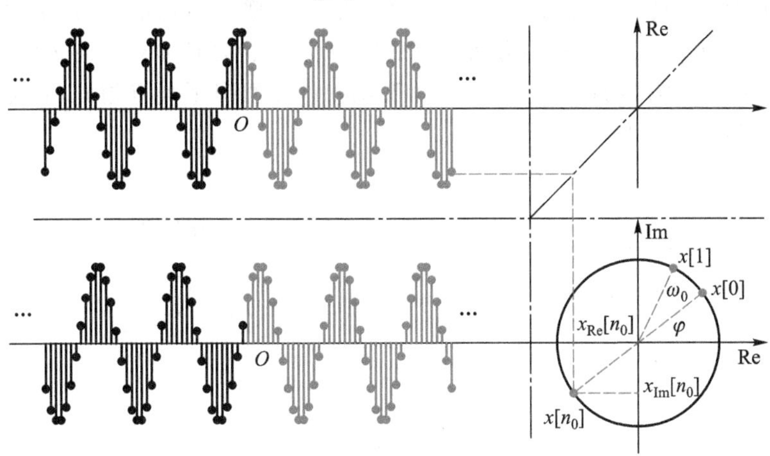

图 3.8　复指数序列

如图 3.9 所示,其中 δ(ω)是 ω 的冲激函数,且 $-\pi \leqslant \omega_0 \leqslant \pi$。式(3.22)等号右边的函数是关于 ω 的周期为 2π 的周期函数,称其为周期冲激串。注意:周期冲激串 $X(e^{j\omega})$的每个冲激的线下积分面积(也称为强度)为 2π。

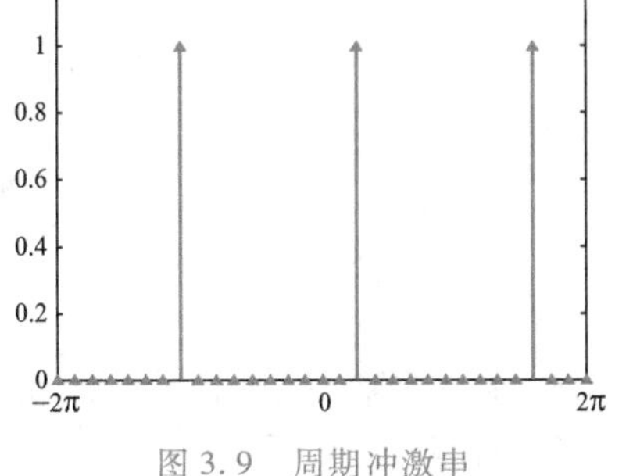

图 3.9　周期冲激串

证明:

将式(3.22)代入 DTFT 的综合式,可得

$$x[n] = \frac{1}{2\pi}\int_{-\pi}^{\pi} \sum_{k=-\infty}^{\infty} 2\pi\delta(\omega-\omega_0+2\pi k)\, e^{j\omega n}\, d\omega \tag{3.23}$$

注意:$-\pi \leqslant \omega_0 \leqslant \pi$ 在综合式积分区间内,故

$$x[n] = \frac{1}{2\pi}\int_{-\pi}^{\pi} 2\pi\delta(\omega-\omega_0)\, e^{j\omega n}\, d\omega \tag{3.24}$$

根据$\int_{-\pi}^{\pi}\delta(\omega-\omega_0)e^{j\omega n}d\omega = e^{j\omega_0 n}$,可得

$$x[n] = e^{j\omega_0 n} \tag{3.25}$$

即 $x[n]=e^{j\omega_0 n}$的 DTFT 为 $X(e^{j\omega}) = \sum_{k=-\infty}^{\infty} 2\pi\delta(\omega-\omega_0+2\pi k)$,也可表示为

$$\sum_{n=-\infty}^{\infty} e^{j\omega_0 n} e^{-j\omega n} = \sum_{k=-\infty}^{\infty} 2\pi\delta(\omega-\omega_0+2\pi k) \tag{3.26}$$

上式同时说明了 $x[n]=e^{j\omega n}$的正交性,即

$$\sum_{n=-\infty}^{\infty} e^{j\omega_0 n} e^{-j\omega n} = \begin{cases} 2\pi, & \omega = \omega_0 - 2\pi k \\ 0, & \omega \neq \omega_0 - 2\pi k \end{cases} \tag{3.27}$$

3.1.3 DTFT 的性质和定理

DTFT 的定义建立了时间序列 $x[n]$ 与频谱函数 $X(e^{j\omega})$ 之间的对应关系。DTFT 是离散信号频谱分析、离散时间系统分析、数字滤波器设计的重要理论基础，在数字信号处理领域应用广泛。而 DTFT 具有一些重要的性质，涉及信号处理中的基本关系，常用来化简傅里叶变换的计算，可减少实际应用中分析问题的复杂度，是离散信号处理的重要内容。

DTFT 的性质与连续时间信号的傅里叶变换在许多情况下具有相似性，可对照信号与系统的相关内容进行学习。

1. 线性性质

如果 $x[n] \xrightleftharpoons[\text{IDTFT}]{\text{DTFT}} X(e^{j\omega})$、$y[n] \xrightleftharpoons[\text{IDTFT}]{\text{DTFT}} Y(e^{j\omega})$，则 $ax[n]+by[n] \xrightleftharpoons[\text{IDTFT}]{\text{DTFT}} aX(e^{j\omega})+bY(e^{j\omega})$，其中 a,b 为常数。

证明：

根据 DTFT 定义，得

$$X(e^{j\omega}) = \sum_{n=-\infty}^{\infty} x[n] e^{-j\omega n} \tag{3.28}$$

$$Y(e^{j\omega}) = \sum_{n=-\infty}^{\infty} y[n] e^{-j\omega n} \tag{3.29}$$

即

$$\begin{aligned} aX(e^{j\omega})+bY(e^{j\omega}) &= a\sum_{n=-\infty}^{\infty} x[n] e^{-j\omega n} + b\sum_{n=-\infty}^{\infty} y[n] e^{-j\omega n} \\ &= \sum_{n=-\infty}^{\infty} \{ax[n] e^{-j\omega n} + by[n] e^{-j\omega n}\} \\ &= \sum_{n=-\infty}^{\infty} \{ax[n]+by[n]\} e^{-j\omega n} \end{aligned} \tag{3.30}$$

▶ 扫一扫 3-4 DTFT 线性性质示意

线性性质包括叠加性与齐次性。

2. 时域移位性质

如果 $x[n] \xrightleftharpoons[\text{IDTFT}]{\text{DTFT}} X(e^{j\omega})$，则 $x[n-n_d] \xrightleftharpoons[\text{IDTFT}]{\text{DTFT}} e^{-j\omega n_d} X(e^{j\omega})$。

证明：

设 $x[n-n_d]$ 的 DTFT 为 $X_1(e^{j\omega})$，即

$$X_1(e^{j\omega}) = \sum_{n=-\infty}^{\infty} x[n-n_d] e^{-j\omega n} \tag{3.31}$$

令 $n-n_d=m$，则

$$X_1(e^{j\omega}) = \sum_{m+n_d=-\infty}^{\infty} x[m] e^{-j\omega(m+n_d)} \tag{3.32}$$

$$X_1(e^{j\omega}) = \sum_{m+n_d=-\infty}^{\infty} x[m] e^{-j\omega m} e^{-j\omega n_d} \tag{3.33}$$

即

$$X_1(e^{j\omega}) = e^{-j\omega n_d}X(e^{j\omega}) \tag{3.34}$$

因此序列 $x[n-n_d]$ 的 DTFT 为 $e^{-j\omega n_d}X(e^{j\omega})$。

由式(3.34)可知，$|X_1(e^{j\omega})| = |X(e^{j\omega})|$，即序列时域移位不会影响其幅频谱；$\angle X_1(e^{j\omega}) = \angle X(e^{j\omega}) - \omega n_d$，即时域移位引起相频的线性变化，其斜率为 $-n_d$。由于相频变化，因此频谱密度函数的实部、虚部也会变化。

例如 $\delta[n]$ 的 DTFT 为 1，$\delta[n-n_d]$ 的 DTFT 为 $e^{-j\omega n_d}$，如图 3.10 所示。

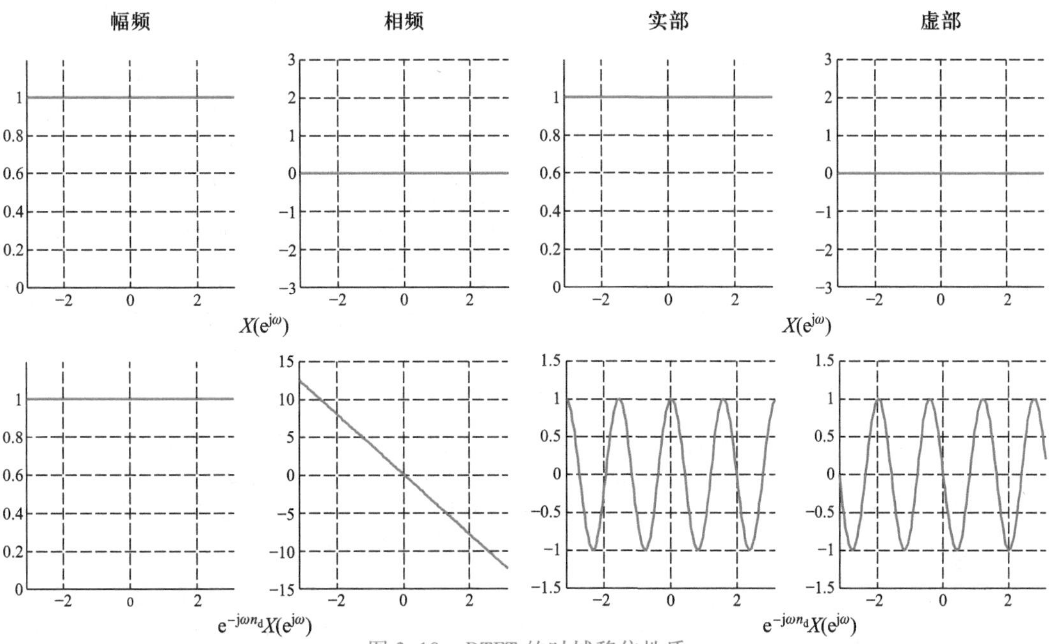

图 3.10　DTFT 的时域移位性质

3. 频域移位性质

如果 $x[n] \xrightleftharpoons[\text{IDTFT}]{\text{DTFT}} X(e^{j\omega})$，则 $e^{j\omega_0 n}x[n] \xrightleftharpoons[\text{IDTFT}]{\text{DTFT}} X(e^{j(\omega-\omega_0)})$。

▶ 扫一扫
3-5 DTFT 时间倒置性质的证明与示意

证明：

将 $\omega-\omega_0$ 代入 DTFT 定义式(3.6)，得

$$X(e^{j(\omega-\omega_0)}) = \sum_{n=-\infty}^{\infty} x[n]e^{-j(\omega-\omega_0)n} = \sum_{n=-\infty}^{\infty} x[n]e^{-j\omega n}e^{j\omega_0 n} = \sum_{n=-\infty}^{\infty} (e^{j\omega_0 n}x[n])e^{-j\omega n} \tag{3.35}$$

即序列 $e^{j\omega_0 n}x[n]$ 的 DTFT 为 $X(e^{j(\omega-\omega_0)})$。也就是说，频谱密度函数 $X(e^{j\omega})$ 频域移位 ω_0，等效于离散时间序列 $x[n]$ 乘以复指数序列 $e^{j\omega_0 n}$，如图 3.11 所示。

4. 时间倒置性质

如果 $x[n] \xrightleftharpoons[\text{IDTFT}]{\text{DTFT}} X(e^{j\omega})$，则序列 $x[-n] \xrightleftharpoons[\text{IDTFT}]{\text{DTFT}} X(e^{-j\omega})$。

$x[-n]$ 的频谱密度函数 $X(e^{-j\omega})$ 与 $x[n]$ 的频谱密度函数 $X(e^{j\omega})$ 互为对称关系。

▶ 扫一扫
3-6 DTFT 频域微分性质的证明与示意

5. 频域微分性质

如果 $x[n] \xrightleftharpoons[\text{IDTFT}]{\text{DTFT}} X(e^{j\omega})$，则 $nx[n] \xrightleftharpoons[\text{IDTFT}]{\text{DTFT}} j\dfrac{dX(e^{j\omega})}{d\omega}$。

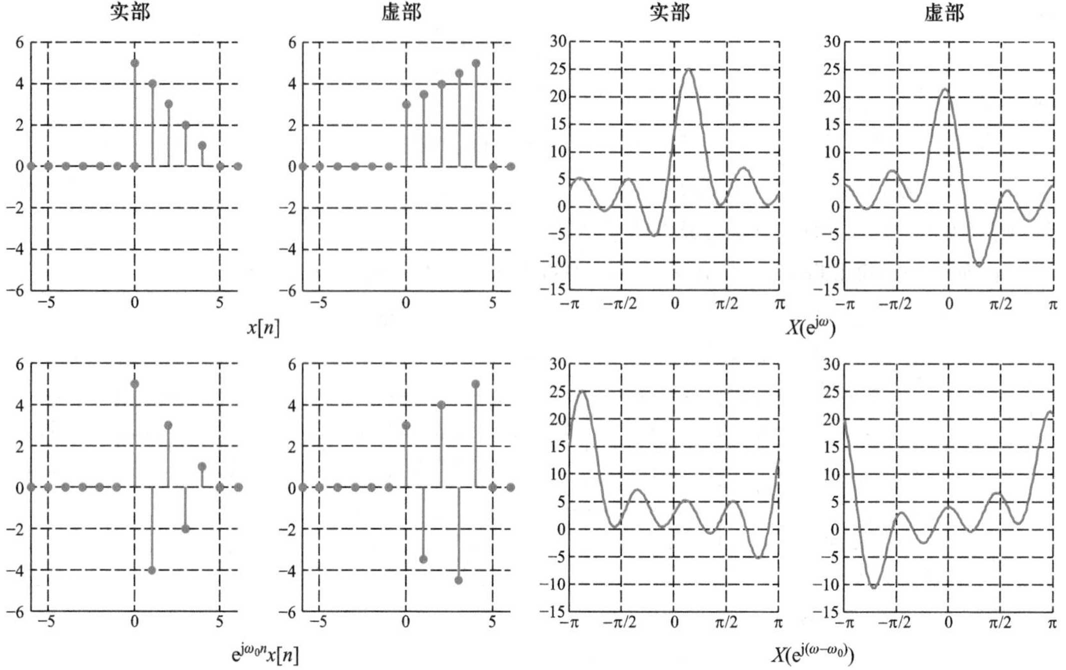

图 3.11　DTFT 的频域移位性质

6. 时域卷积定理

如果 $x[n]\xrightleftharpoons[\text{IDTFT}]{\text{DTFT}}X(e^{j\omega})$、$h[n]\xrightleftharpoons[\text{IDTFT}]{\text{DTFT}}H(e^{j\omega})$，则 $x[n]*h[n]\xrightleftharpoons[\text{IDTFT}]{\text{DTFT}}X(e^{j\omega})H(e^{j\omega})$。

证明：

设 $y[n]=x[n]*h[n]$，即

$$y[n]=\sum_{k=-\infty}^{+\infty}x[k]h[n-k]=x[n]*h[n] \tag{3.36}$$

由 DTFT 定义式(3.6)，得

$$Y(e^{j\omega})=\sum_{n=-\infty}^{+\infty}y[n]e^{-j\omega n} \tag{3.37}$$

将式(3.36)代入，得

$$Y(e^{j\omega})=\sum_{n=-\infty}^{+\infty}\left(\sum_{k=-\infty}^{+\infty}x[k]h[n-k]\right)e^{-j\omega n} \tag{3.38}$$

根据 DTFT 的线性性质，可交换求和次序，得

$$Y(e^{j\omega})=\sum_{k=-\infty}^{+\infty}\left(\sum_{n=-\infty}^{+\infty}x[k]h[n-k]e^{-j\omega n}\right) \tag{3.39}$$

根据 DTFT 的齐次性，得

$$Y(e^{j\omega})=\sum_{k=-\infty}^{+\infty}x[k]\left(\sum_{n=-\infty}^{+\infty}h[n-k]e^{-j\omega n}\right) \tag{3.40}$$

根据 DTFT 的时域移位性，得

$$Y(e^{j\omega})=\sum_{k=-\infty}^{+\infty}x[k]e^{-j\omega k}H(e^{j\omega}) \tag{3.41}$$

根据 DTFT 的线性性质，得

$$Y(e^{j\omega})=\left(\sum_{k=-\infty}^{+\infty}x[k]e^{-j\omega k}\right)H(e^{j\omega}) \tag{3.42}$$

即

$$Y(e^{j\omega})=X(e^{j\omega})H(e^{j\omega}) \tag{3.43}$$

DTFT 卷积定理表明：序列的时域卷积对应于频域相乘。

对于 LTI 系统，可用 DTFT 的卷积定理求解系统的响应，如图 3.12 所示。首先计算输入序列 $x[n]$的 DTFT 得到 $X(e^{j\omega})$；接着计算单位脉冲响应 $h[n]$的 DTFT 得到 $H(e^{j\omega})$；然后计算两者的乘积，即为输出序列 $y[n]$的 DTFT $Y(e^{j\omega})$；最后计算 $Y(e^{j\omega})$的 IDTFT 得到输出序列 $y[n]$。在某些应用中，尤其是序列长度无限时，基于傅里叶变换的方法比直接计算更方便。

7. 帕塞瓦尔（Parseval）定理

如果 $x[n]\xrightleftharpoons[\text{IDTFT}]{\text{DTFT}}X(e^{j\omega})$、$y[n]\xrightleftharpoons[\text{IDTFT}]{\text{DTFT}}Y(e^{j\omega})$，则

$$\sum_{n=-\infty}^{\infty}x[n]y^*[n]=\frac{1}{2\pi}\int_{-\pi}^{\pi}X(e^{j\omega})Y^*(e^{j\omega})d\omega \tag{3.44}$$

▶ 扫一扫 3－7 DTFT 帕塞瓦尔（Parseval）定理的证明

当 $x[n]=y[n]$即可表示为

$$\sum_{n=-\infty}^{\infty}|x[n]|^2=\frac{1}{2\pi}\int_{-\pi}^{\pi}|X(e^{j\omega})|^2d\omega \tag{3.45}$$

式(3.45)左边表示的是序列在时域中的能量$\sum\limits_{n=-\infty}^{\infty}|x[n]|^2$，等式右边表示的是序列在频域中的能量$\frac{1}{2\pi}\int_{-\pi}^{\pi}|X(e^{j\omega})|^2d\omega$。帕塞瓦尔定理说明，信号在时域中的能量等于频域中的能量。所以，帕塞瓦尔定理又称为能量守恒定理。当然，此定理仅适用于能量有限信号。

函数$|X(e^{j\omega})|^2$ 称为 $x[n]$的能量谱密度，代表能量在频域的分布。频域总能量等于一个$[-\pi,\pi)$周期内的积分，且积分号前面有$\frac{1}{2\pi}$。由于频谱函数具有周期性，因此任意 2π 长度的区间内均可求出能量。

8. 频域卷积定理

如果 $x[n]\xrightleftharpoons[\text{IDTFT}]{\text{DTFT}}X(e^{j\omega})$、$w[n]\xrightleftharpoons[\text{IDTFT}]{\text{DTFT}}W(e^{j\omega})$，则 $x[n]w[n]\xrightleftharpoons[\text{IDTFT}]{\text{DTFT}}\frac{1}{2\pi}\int_{-\pi}^{\pi}X(e^{j\theta})\cdot W(e^{j(\omega-\theta)})d\theta$。

证明：

设 $y[n]=x[n]w[n]$，由 DTFT 定义式(3.6)，得

$$Y(e^{j\omega})=\sum_{n=-\infty}^{+\infty}y[n]e^{-j\omega n} \tag{3.46}$$

则

$$Y(e^{j\omega})=\sum_{n=-\infty}^{+\infty}x[n]w[n]e^{-j\omega n} \tag{3.47}$$

根据 IDTFT 定义式(3.7)，得

$$x[n]=\frac{1}{2\pi}\int_{-\pi}^{\pi}X(e^{j\omega})e^{j\omega n}d\omega \tag{3.48}$$

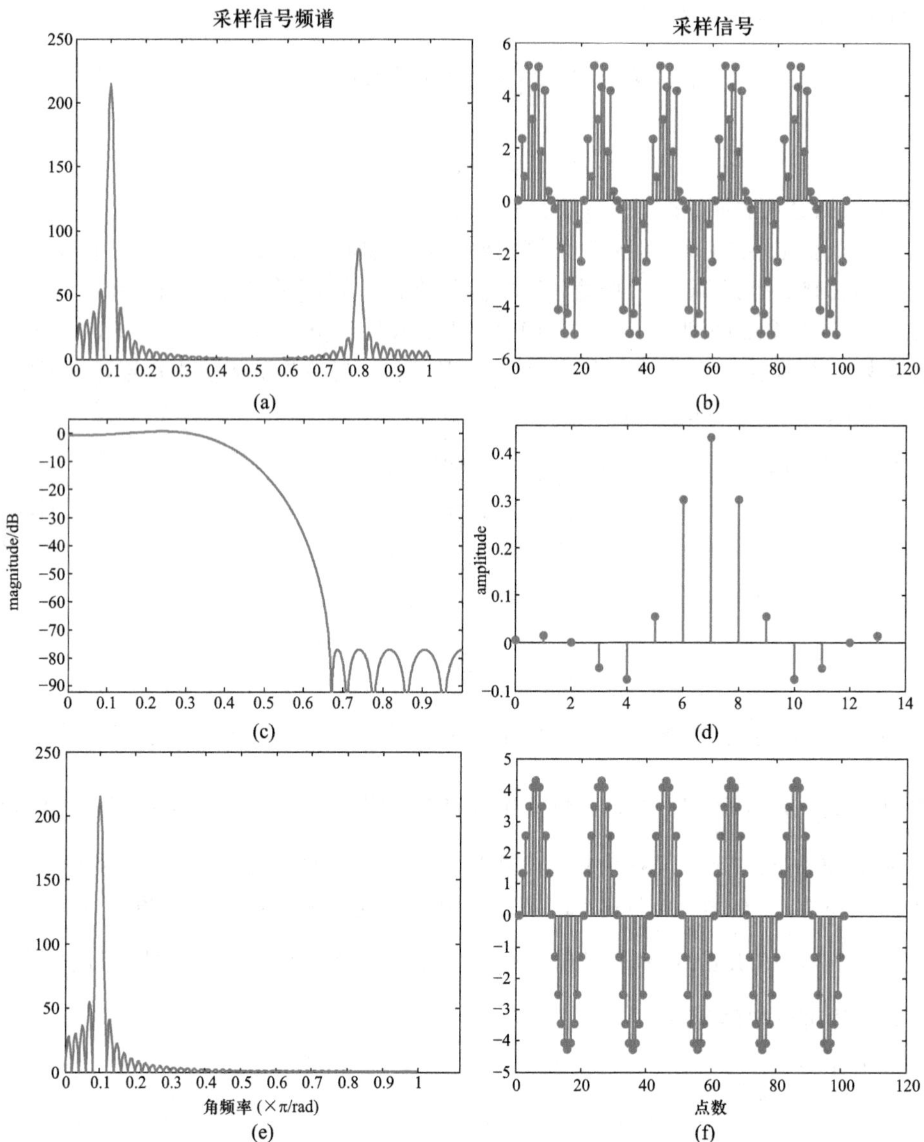

图 3.12　DTFT 卷积定理的应用

$$w[n]=\frac{1}{2\pi}\int_{-\pi}^{\pi} W(\mathrm{e}^{\mathrm{j}\theta})\mathrm{e}^{\mathrm{j}\theta n}\mathrm{d}\theta \tag{3.49}$$

将式(3.49)代入式(3.47),得

$$Y(\mathrm{e}^{\mathrm{j}\omega})=\sum_{n=-\infty}^{+\infty} x[n]\left[\frac{1}{2\pi}\int_{-\pi}^{\pi} W(\mathrm{e}^{\mathrm{j}\theta})\mathrm{e}^{\mathrm{j}\theta n}\mathrm{d}\theta\right]\mathrm{e}^{-\mathrm{j}\omega n} \tag{3.50}$$

利用 DTFT 线性性质,得

$$\begin{aligned}Y(\mathrm{e}^{\mathrm{j}\omega})&=\frac{1}{2\pi}\int_{-\pi}^{\pi}\sum_{n=-\infty}^{+\infty} x[n]W(\mathrm{e}^{\mathrm{j}\theta})\mathrm{e}^{\mathrm{j}\theta n}\mathrm{e}^{-\mathrm{j}\omega n}\mathrm{d}\theta\\&=\frac{1}{2\pi}\int_{-\pi}^{\pi} W(\mathrm{e}^{\mathrm{j}\theta})\left[\sum_{n=-\infty}^{+\infty}(\mathrm{e}^{\mathrm{j}\theta n}x[n])\mathrm{e}^{-\mathrm{j}\omega n}\right]\mathrm{d}\theta\end{aligned} \tag{3.51}$$

根据 DTFT 的频域移位性，得

$$X(\mathrm{e}^{\mathrm{j}(\omega-\theta)})=\sum_{n=-\infty}^{+\infty}(\mathrm{e}^{\mathrm{j}\theta n}x[n])\mathrm{e}^{-\mathrm{j}\omega n} \tag{3.52}$$

即

$$Y(\mathrm{e}^{\mathrm{j}\omega})=\frac{1}{2\pi}\int_{-\pi}^{\pi}W(\mathrm{e}^{\mathrm{j}\theta})X(\mathrm{e}^{\mathrm{j}(\omega-\theta)})\mathrm{d}\theta \tag{3.53}$$

DTFT 频域卷积定理表明：序列的时域相乘对应于频域卷积。

注意：此处的卷积为 $[-\pi,\pi)$ 区间内的卷积，且积分号前面有 $\frac{1}{2\pi}$。由于频谱函数具有周期性，因此式中的积分可在任意 2π 长度的区间上进行。

在通信、导航、雷达等无线系统中，两信号相乘称为调制，因此本定理也称为调制定理。

序列 $x[n]$ 乘以窗函数 $w[n]$ 得到有限长序列 $y[n]$，即 $y[n]=x[n]w[n]$。其频谱密度函数同样符合调制定理，如图 3.13 所示。

为了方便查阅，将本节有关 DTFT 的性质和定理总结在表 3.1 中。

3.1.4 DTFT 的对称性

我们知道，复数 x 可用其实部 x_{Re} 和虚部 x_{Im} 表示，称为代数表达式 $x=x_{\mathrm{Re}}+\mathrm{j}x_{\mathrm{Im}}$。其中，$x_{\mathrm{Re}}$ 和 x_{Im} 可由复数 x 和其共轭 x^* 表示，即 $x_{\mathrm{Re}}=\frac{1}{2}(x+x^*)$、$\mathrm{j}x_{\mathrm{Im}}=\frac{1}{2}(x-x^*)$。

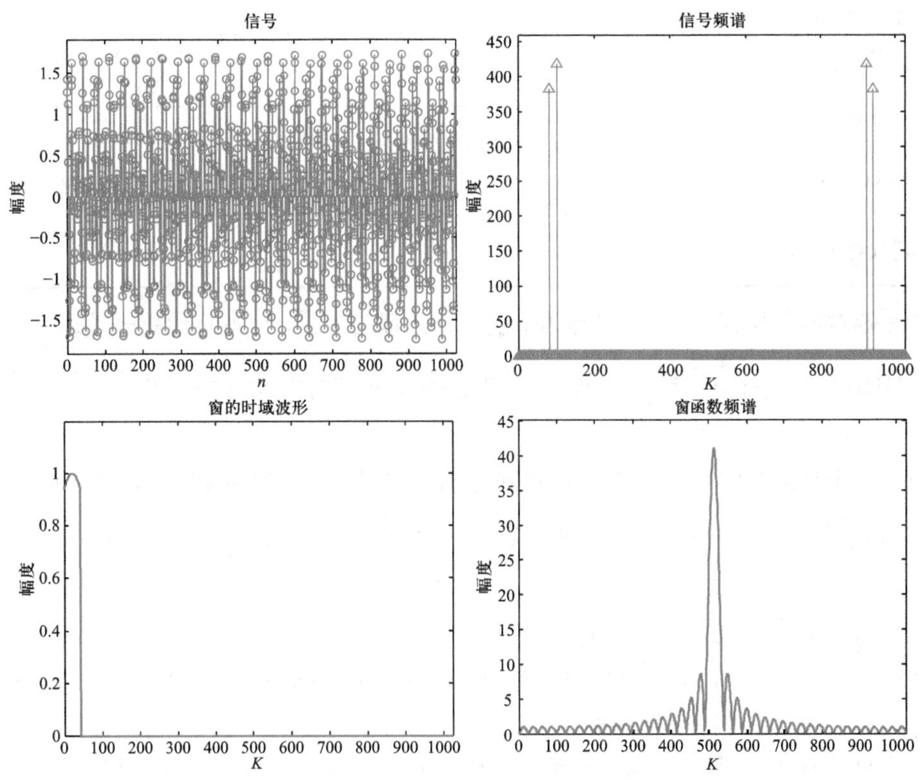

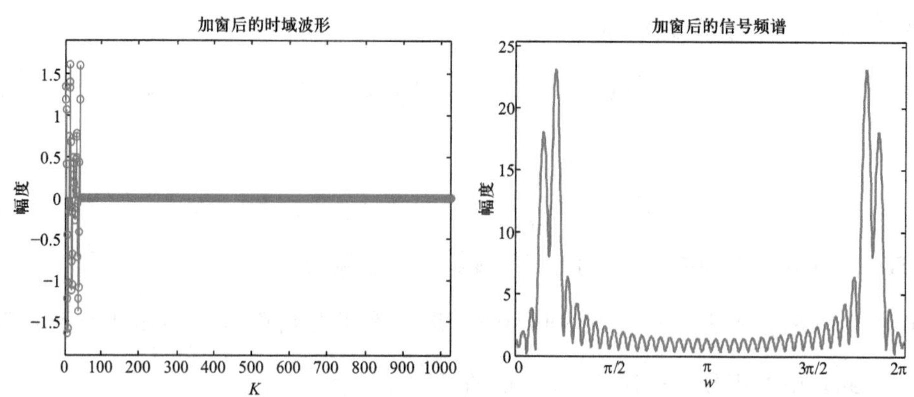

图 3.13　调制定理用于信号截取

表 3.1　DTFT 的性质和定理

DTFT 的性质和定理	序列	DTFT
	$x[n]$	$X(e^{j\omega})$
	$h[n]$	$H(e^{j\omega})$
	$w[n]$	$W(e^{j\omega})$
	$y[n]$	$Y(e^{j\omega})$
线性性质	$ax[n]+by[n]$	$aX(e^{j\omega})+bY(e^{j\omega})$
时域移位性质	$x[n-n_d]$	$e^{-j\omega n_d}X(e^{j\omega})$
频域移位性质	$e^{j\omega_0 n}x[n]$	$X(e^{j(\omega-\omega_0)})$
时间倒置性质	$x[-n]$	$X(e^{-j\omega})$
频域微分性质	$nx[n]$	$j\dfrac{dX(e^{j\omega})}{d\omega}$
时域卷积定理	$x[n]*h[n]$	$X(e^{j\omega})H(e^{j\omega})$
帕塞瓦尔(Parseval)定理	$\sum\limits_{n=-\infty}^{\infty}\|x[n]\|^2$	$\dfrac{1}{2\pi}\int_{-\pi}^{\pi}\|X(e^{j\omega})\|^2d\omega$
频域卷积定理	$x[n]w[n]$	$\dfrac{1}{2\pi}\int_{-\pi}^{\pi}X(e^{j\theta})W(e^{j(\omega-\theta)})d\theta$

如果离散时间序列 $x[n]$ 的实部为 $x_{Re}[n]$、虚部为 $x_{Im}[n]$，则其代数表达式为 $x[n]=x_{Re}[n]+jx_{Im}[n]$，且 $x_{Re}[n]=\frac{1}{2}(x[n]+x^*[n])$、$jx_{Im}[n]=\frac{1}{2}(x[n]-x^*[n])$，其中 $x^*[n]=x_{Re}[n]-jx_{Im}[n]$。

引入一个离散时间序列 $x^*[-n]$，将其与 $x[n]$ 组合，可得到共轭对称序列、共轭反对称分量，分别记作 $x_e[n]$、$x_o[n]$，具体表示为 $x_e[n]=\frac{1}{2}(x[n]+x^*[-n])$，$x_o[n]=\frac{1}{2}(x[n]-x^*[-n])$。

1. 共轭对称分量和共轭反对称分量

共轭对称分量 $x_e[n]$ 具有共轭对称性，即 $x_e[n]=x_e^*[-n]$；共轭反对称分量 $x_o[n]$ 具有共轭反对称性，即 $x_o[n]=-x_o^*[-n]$。

任意离散时间序列 $x[n]$ 均可表示为共轭对称分量 $x_e[n]$ 与共轭反对称分量 $x_o[n]$ 之

和，即 $x[n]=x_e[n]+x_o[n]$。

同样，对于连续函数，比如频谱函数 $X(e^{j\omega})$，也可分解为共轭对称分量 $X_e(e^{j\omega})$ 和共轭反对称分量 $X_o(e^{j\omega})$ 之和，即 $X(e^{j\omega})=X_e(e^{j\omega})+X_o(e^{j\omega})$，其中 $X_e(e^{j\omega})=\frac{1}{2}[X(e^{j\omega})+X^*(e^{-j\omega})]$ 满足共轭对称性，即 $X_e(e^{j\omega})=X_e^*(e^{-j\omega})$；$X_o(e^{j\omega})=\frac{1}{2}[X(e^{j\omega})-X^*(e^{-j\omega})]$ 满足共轭反对称性，即 $X_o(e^{j\omega})=-X_o^*(e^{-j\omega})$。

2. DTFT 的对称性

离散时间序列 $x[n]$、$x^*[n]$、$x^*[-n]$ 的傅里叶变换之间的关系为：如果 $x[n]\underset{\text{IDTFT}}{\overset{\text{DTFT}}{\rightleftharpoons}}X(e^{j\omega})$，则 $x^*[n]\underset{\text{IDTFT}}{\overset{\text{DTFT}}{\rightleftharpoons}}X^*(e^{-j\omega})$、$x^*[-n]\underset{\text{IDTFT}}{\overset{\text{DTFT}}{\rightleftharpoons}}X^*(e^{j\omega})$。（该性质可自行证明）

依据上述性质与 DTFT 的线性性质，可得离散时间序列 $x[n]$ 及其频谱函数 $X(e^{j\omega})$ 的实部、虚部与共轭对称、共轭反对称分量之间的关系，如下所示。

$$x_{Re}[n]=\frac{1}{2}\left(x[n]+x^*[n]\right)\qquad jx_{Im}[n]=\frac{1}{2}\left(x[n]-x^*[n]\right)$$

$$\updownarrow\quad\updownarrow\quad\updownarrow\qquad\updownarrow\quad\updownarrow\quad\updownarrow$$

$$X_e(e^{j\omega})=\frac{1}{2}\left(X(e^{j\omega})+X^*(e^{-j\omega})\right)\qquad X_o(e^{j\omega})=\frac{1}{2}\left(X(e^{j\omega})-X^*(e^{-j\omega})\right)$$

$$x_e[n]=\frac{1}{2}\left(x[n]+x^*[-n]\right)\qquad x_o[n]=\frac{1}{2}\left(x[n]-x^*[-n]\right)$$

$$\updownarrow\quad\updownarrow\quad\updownarrow\qquad\updownarrow\quad\updownarrow\quad\updownarrow$$

$$X_{Re}(e^{j\omega})=\frac{1}{2}\left(X(e^{j\omega})+X^*(e^{j\omega})\right)\qquad jX_{Im}(e^{j\omega})=\frac{1}{2}\left(X(e^{j\omega})-X^*(e^{j\omega})\right)$$

离散时间序列 $x[n]$ 的实部 $x_{Re}[n]$ 的 DTFT 为 $X(e^{j\omega})$ 的共轭对称分量 $X_e(e^{j\omega})$，$x[n]$ 的 j 乘以虚部所得 $jx_{Im}[n]$ 的 DTFT 为 $X(e^{j\omega})$ 的共轭反对称分量 $X_o(e^{j\omega})$。

离散时间序列 $x[n]$ 的共轭对称分量 $x_e[n]$ 的 DTFT 为 $X(e^{j\omega})$ 的实部 $X_{Re}(e^{j\omega})$，$x[n]$ 的共轭反对称分量 $x_o[n]$ 的 DTFT 为 $X(e^{j\omega})$ 的 j 乘以虚部所得的 $jX_{Im}(e^{j\omega})$。

此外，共轭对称序列和共轭反对称序列有如下两个特殊的性质：

性质 1　共轭对称序列 $x_e[n]$ 的实部 $x_{eRe}[n]$ 为偶函数、虚部 $x_{eIm}[n]$ 为奇函数。

若将共轭对称序列 $x_e[n]$ 的实部记作 $x_{eRe}[n]$、虚部记作 $x_{eIm}[n]$，则 $x_e[n]=x_{eRe}[n]+jx_{eIm}[n]$、$x_e^*[-n]=x_{eRe}[-n]-jx_{eIm}[-n]$。根据共轭对称序列的特点 $x_e[n]=x_e^*[-n]$，可得 $x_{eRe}[n]+jx_{eIm}[n]=x_{eRe}[-n]-jx_{eIm}[-n]$。也就是说 $x_{eRe}[n]=x_{eRe}[-n]$、$x_{eIm}[n]=-x_{eIm}[-n]$。

性质 2　共轭反对称序列 $x_o[n]$ 的实部 $x_{oRe}[n]$ 为奇函数、虚部 $x_{oIm}[n]$ 为偶函数。

若将共轭反对称序列 $x_o[n]$ 的实部记作 $x_{oRe}[n]$、虚部记作 $x_{oIm}[n]$，则 $x_o[n]=x_{oRe}[n]+jx_{oIm}[n]$、$x_o^*[-n]=x_{oRe}[-n]-jx_{oIm}[-n]$。根据共轭反对称序列的特点 $x_o[n]=-x_o^*[-n]$，可得 $x_{oRe}[n]+jx_{oIm}[n]=-x_{oRe}[-n]+jx_{oIm}[-n]$。也就是说 $x_{oRe}[n]=-x_{oRe}[-n]$、$x_{oIm}[n]=x_{oIm}[-n]$。

各序列与函数之间的关系如图 3.14 所示。对照图表，应用共轭对称、共轭反对称函数的特点，可分析上述各时间序列的对称性和各频谱函数幅频、相频的对称性。

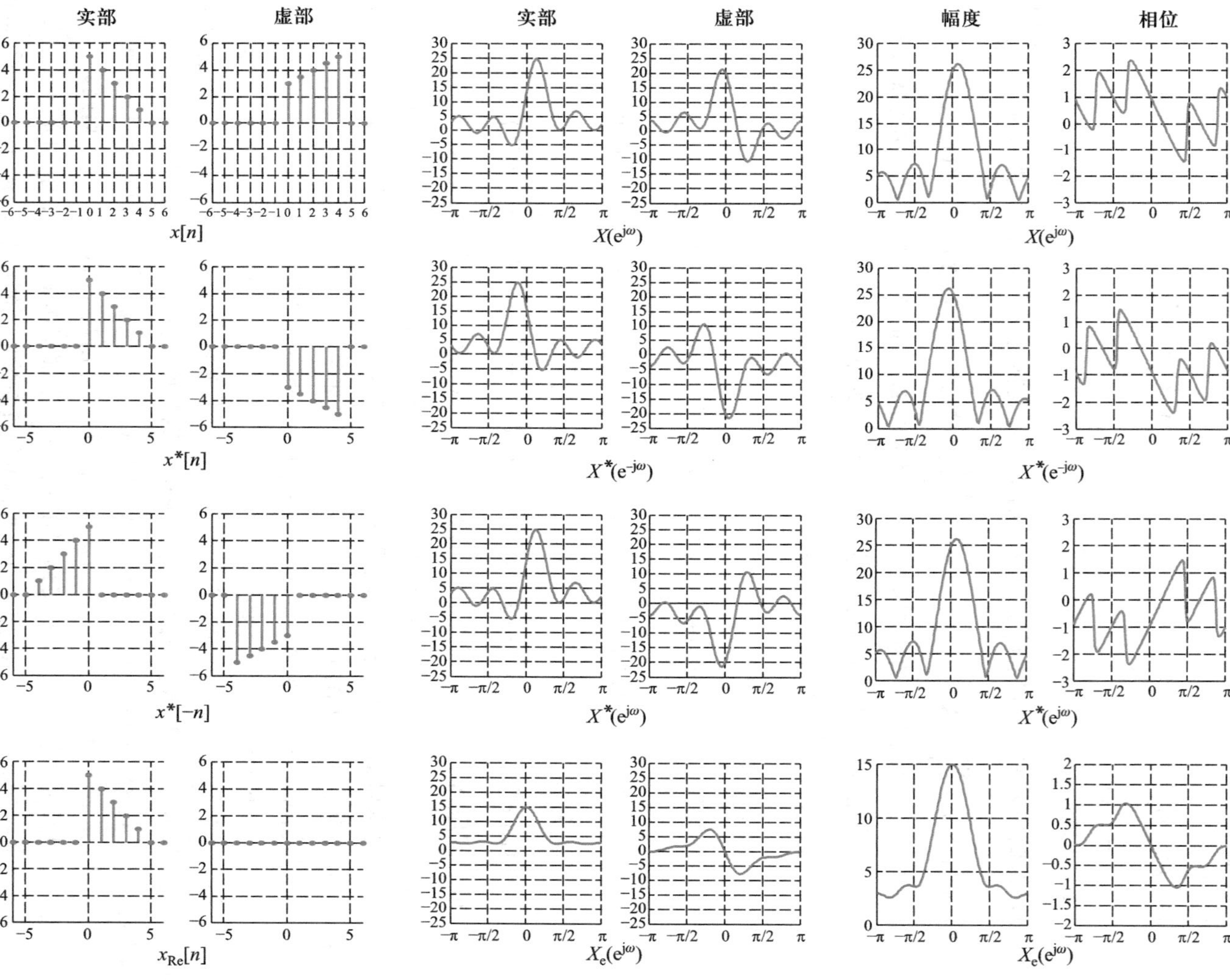

实部
虚部
实部
虚部
幅度
相位
x[n]
X(e^{jω})
X(e^{jω})
x*[n]
X*(e^{-jω})
X*(e^{-jω})
x*[-n]
X*(e^{jω})
X*(e^{jω})
x_Re[n]
X_e(e^{jω})
X_e(e^{jω})

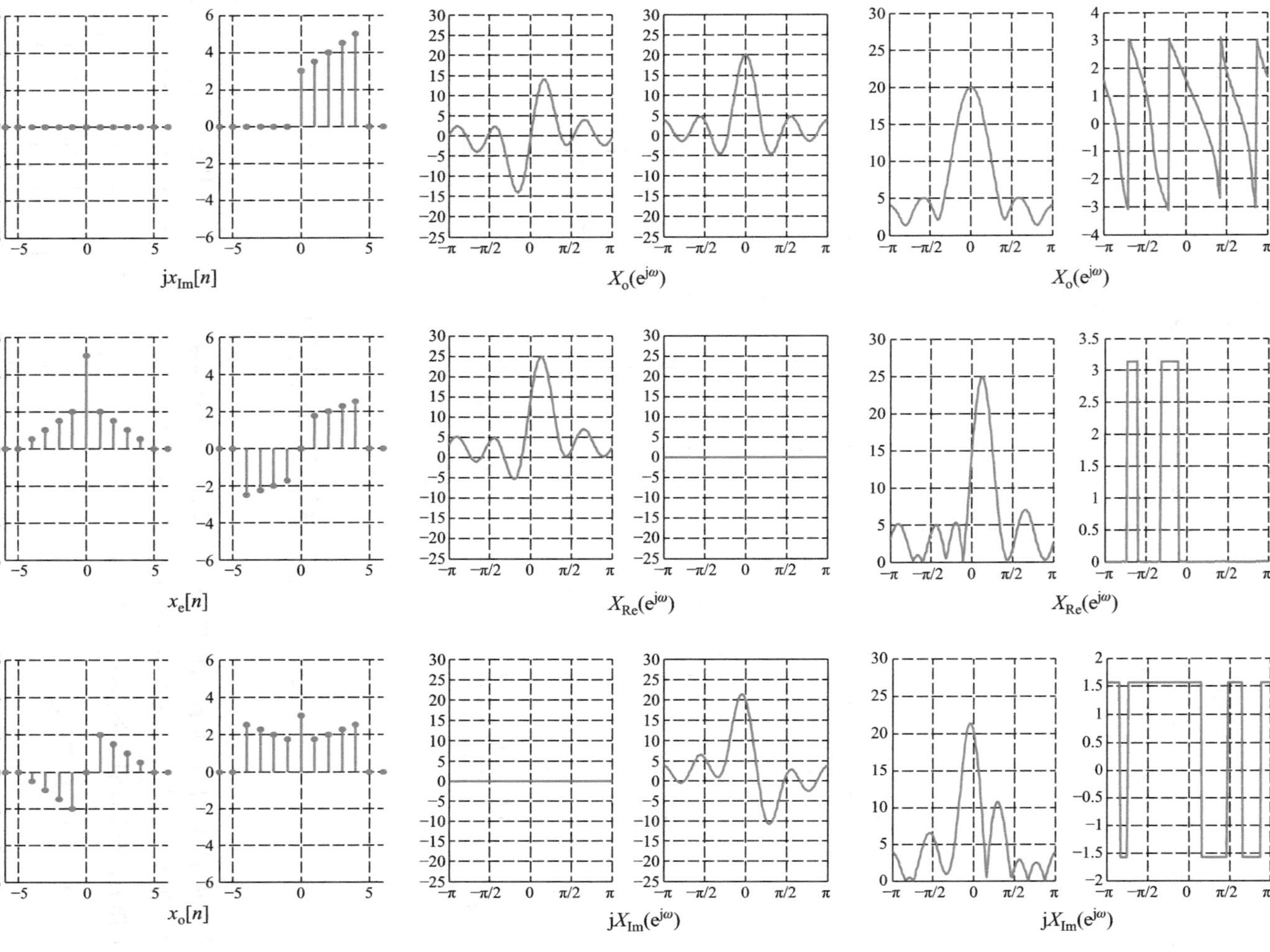

$jx_{Im}[n]$
$X_o(e^{j\omega})$
$X_o(e^{j\omega})$
$x_e[n]$
$X_{Re}(e^{j\omega})$
$X_{Re}(e^{j\omega})$
$x_o[n]$
$jX_{Im}(e^{j\omega})$
$jX_{Im}(e^{j\omega})$

图 3.14　序列对称性

3. 实序列 DTFT 的特点

针对实序列 $x[n]$，有 $x[n]=x^*[n]$。由 $x[n]\xrightleftharpoons[\text{IDTFT}]{\text{DTFT}}X(\mathrm{e}^{\mathrm{j}\omega})$、$x^*[n]\xrightleftharpoons[\text{IDTFT}]{\text{DTFT}}X^*(\mathrm{e}^{-\mathrm{j}\omega})$ 可知，$X(\mathrm{e}^{\mathrm{j}\omega})$ 是共轭对称的，即 $X(\mathrm{e}^{\mathrm{j}\omega})=X^*(\mathrm{e}^{-\mathrm{j}\omega})$。其代数表达式为 $X_{\mathrm{Re}}(\mathrm{e}^{\mathrm{j}\omega})+\mathrm{j}X_{\mathrm{Im}}(\mathrm{e}^{\mathrm{j}\omega})=X_{\mathrm{Re}}(\mathrm{e}^{-\mathrm{j}\omega})-\mathrm{j}X_{\mathrm{Im}}(\mathrm{e}^{-\mathrm{j}\omega})$，即 $X_{\mathrm{Re}}(\mathrm{e}^{\mathrm{j}\omega})=X_{\mathrm{Re}}(\mathrm{e}^{-\mathrm{j}\omega})$、$X_{\mathrm{Im}}(\mathrm{e}^{\mathrm{j}\omega})=-X_{\mathrm{Im}}(\mathrm{e}^{-\mathrm{j}\omega})$。也就是说，实序列 $x[n]$ 的频谱函数 $X(\mathrm{e}^{\mathrm{j}\omega})$ 的实部 $X_{\mathrm{Re}}(\mathrm{e}^{\mathrm{j}\omega})$ 为偶函数、虚部 $X_{\mathrm{Im}}(\mathrm{e}^{\mathrm{j}\omega})$ 为奇函数，幅度谱 $|X(\mathrm{e}^{\mathrm{j}\omega})|$ 为偶函数、相位谱 $\angle X(\mathrm{e}^{\mathrm{j}\omega})$ 为奇函数。如图 3.15 所示。

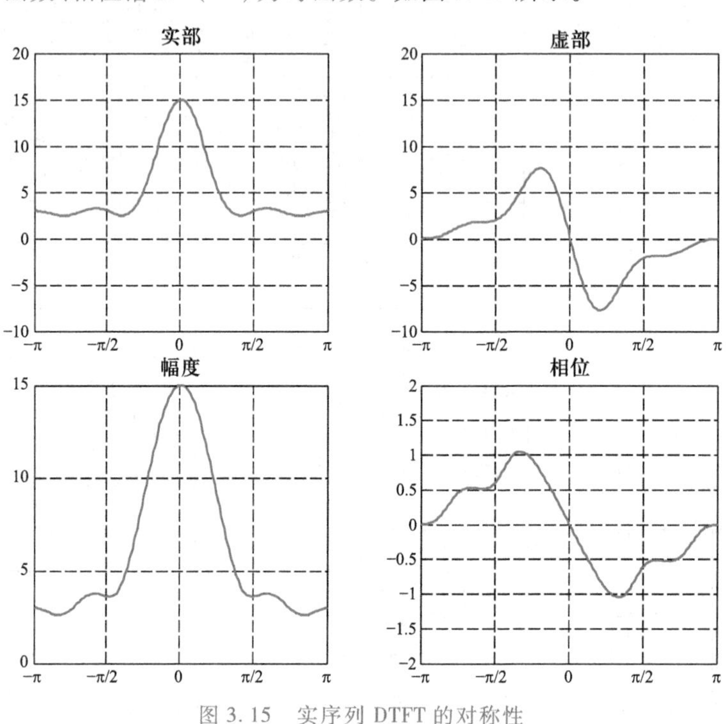

图 3.15 实序列 DTFT 的对称性

3.2 离散傅里叶级数

第 2 章给出了离散时间周期序列的定义，为了与非周期序列区分，将其记作 $\tilde{x}[n]$。如果序列周期为 N，则 $\tilde{x}[n]=\tilde{x}[n+rN]\ (r\in\mathbf{Z})$，其数字频率记作 ω，离散周期序列如图 3.16 所示。

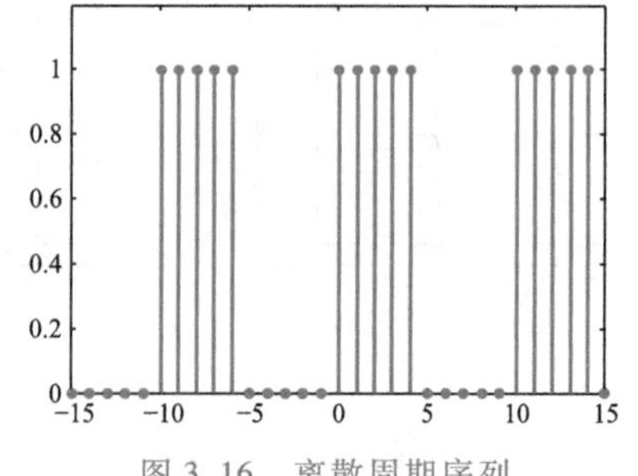

图 3.16 离散周期序列

3.2.1 DFS 的定义

1. DFS 定义

根据“信号与系统”课程所学知识，连续时间周期信号基于 $\mathrm{e}^{\mathrm{j}k\Omega_0 t}$ 的正交分解定义了傅里叶级数，同样的，离散时间周期序列基于 $\mathrm{e}^{\mathrm{j}\frac{2\pi kn}{N}}$ 的正交分解可以定义离散傅里叶级数(discrete time Fourier series,DFS)。

如果周期为 N 的离散时间周期序列 $\tilde{x}[n]$ 可表示为如下累加和的形式,也就是说周期序列 $\tilde{x}[n]$ 可表示为离散时间序列$\frac{1}{N}e^{j\frac{2\pi kn}{N}}$的线性组合,有

$$\tilde{x}[n]=\frac{1}{N}\sum_{k=0}^{N-1}\tilde{X}[k]e^{j\frac{2\pi kn}{N}} \tag{3.54}$$

则离散时间序列$\frac{1}{N}e^{j\frac{2\pi kn}{N}}$的加权值可表示为

$$\tilde{X}[k]=\sum_{n=0}^{N-1}\tilde{x}[n]e^{j\frac{-2\pi kn}{N}} \tag{3.55}$$

证明:

式(3.54)两边乘以 $e^{j\frac{-2\pi ln}{N}}$,并求累加和,得

$$\sum_{n=0}^{N-1}e^{j\frac{-2\pi ln}{N}}\tilde{x}[n]=\frac{1}{N}\sum_{n=0}^{N-1}e^{j\frac{-2\pi ln}{N}}\sum_{k=0}^{N-1}\tilde{X}[k]e^{j\frac{2\pi kn}{N}} \tag{3.56}$$

根据线性性质,交换累加与积分的次序,得

$$\sum_{n=0}^{N-1}e^{j\frac{-2\pi ln}{N}}\tilde{x}[n]=\frac{1}{N}\sum_{k=0}^{N-1}\tilde{X}[k]\sum_{n=0}^{N-1}e^{j\frac{-2\pi ln}{N}}e^{j\frac{2\pi kn}{N}} \tag{3.57}$$

根据 $e^{j\frac{2\pi kn}{N}}$ 的正交性,即 $\sum_{n=0}^{N-1}e^{j\frac{2\pi kn}{N}}e^{j\frac{-2\pi ln}{N}}=\begin{cases}N, & k=l\\0, & k\neq l\end{cases}=N\delta[k-l]$,得

$$\sum_{n=0}^{N-1}e^{j\frac{-2\pi ln}{N}}\tilde{x}[n]=\frac{1}{N}\sum_{k=0}^{N-1}\tilde{X}[k]N\delta[k-l] \tag{3.58}$$

根据单位脉冲序列累加和性质,得

$$\sum_{n=0}^{N-1}e^{j\frac{-2\pi ln}{N}}\tilde{x}[n]=\tilde{X}[l] \tag{3.59}$$

即

$$\tilde{X}[k]=\sum_{n=0}^{N-1}\tilde{x}[n]e^{j\frac{-2\pi kn}{N}} \tag{3.60}$$

其中,式(3.54)为综合式,称为离散傅里叶级数反变换(inverse discrete time Fourier series,IDFS);式(3.55)为分析式,称为离散傅里叶级数(discrete time Fourier series,DFS)。

DFS 和 IDFS 称为离散傅里叶级数变换对,记作

$$\tilde{x}[n]\underset{\text{IDFS}}{\overset{\text{DFS}}{\rightleftharpoons}}\tilde{X}[k] \tag{3.61}$$

$$\text{DFS}\ \tilde{X}[k]=\sum_{n=0}^{N-1}\tilde{x}[n]e^{j\frac{-2\pi kn}{N}} \tag{3.62}$$

$$\text{IDFS}\tilde{x}[n]=\frac{1}{N}\sum_{k=0}^{N-1}\tilde{X}[k]e^{j\frac{2\pi kn}{N}} \tag{3.63}$$

式(3.54)表明:离散周期序列 $\tilde{x}[n]$ 可由 N 个 k 不同的离散时间序列$\frac{1}{N}e^{j\frac{2\pi kn}{N}}$,$k\in[0,N)$ 的线性组合表示。而 DFS 系数 $\tilde{X}[k]$ 为 k 不同的序列$\frac{1}{N}e^{j\frac{2\pi kn}{N}}$的加权值,如图 3.17 所示。

▶ 扫一扫
3-8 DFS 原理讲解

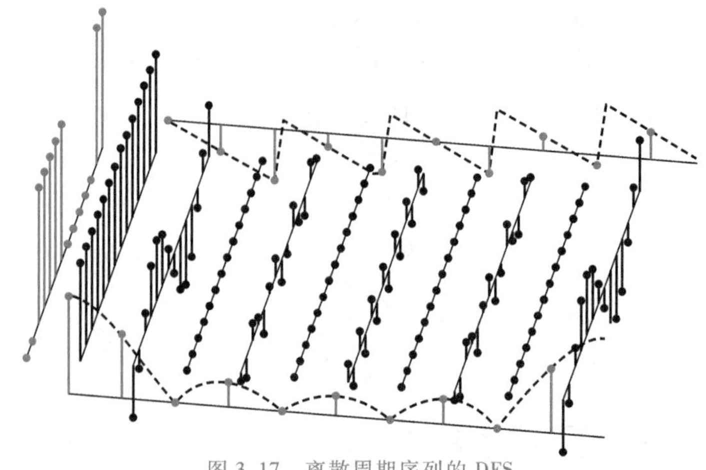

图 3.17　离散周期序列的 DFS

$\tilde{X}[k]$中 k 代表的数字频率为 $\omega=\dfrac{2\pi k}{N}$,即 $\tilde{X}[k]$表示每个频率为 $\omega=\dfrac{2\pi k}{N}$的分量$\dfrac{1}{N}\mathrm{e}^{\mathrm{j}\frac{2\pi kn}{N}}$的相对大小,因此也称为频谱函数。由于 $\tilde{X}[k]$是自变量为 k 的离散函数,即周期序列的频谱函数仅在 $\omega=\dfrac{2\pi k}{N}$的离散点上取值,因此也称为线谱。

DFS 系数 $\tilde{X}[k]$一般为复数,其三角表达式为 $\tilde{X}[k]=|\tilde{X}[k]|\mathrm{e}^{\mathrm{j}\angle\tilde{X}[k]}$。$|\tilde{X}[k]|$称为序列 $\tilde{x}[n]$的幅度谱或者幅度,反映序列的幅频特性;$\angle\tilde{X}[k]$称为序列 $\tilde{x}[n]$的相位谱或者相位,反映序列的相频特性。

周期序列 $\tilde{x}[n]$可表示为 N 个 k 不同、幅度为$\dfrac{1}{N}$的离散时间周期序列$\dfrac{1}{N}\mathrm{e}^{\mathrm{j}\frac{2\pi kn}{N}}$的线性组合。

2. DFS 的周期性

▶ 扫一扫
3-9 DFS 周期性的证明

由于 $\tilde{X}[k]$是周期为 N 的周期函数,即 $\tilde{X}[N+k]=\tilde{X}[k]$,因此可取任意一个 N 区间的序列 $\mathrm{e}^{\mathrm{j}\frac{2\pi kn}{N}}$表示序列 $\tilde{x}[n]$,综合式(3.54)的累加区间可任取一个 N 区间。

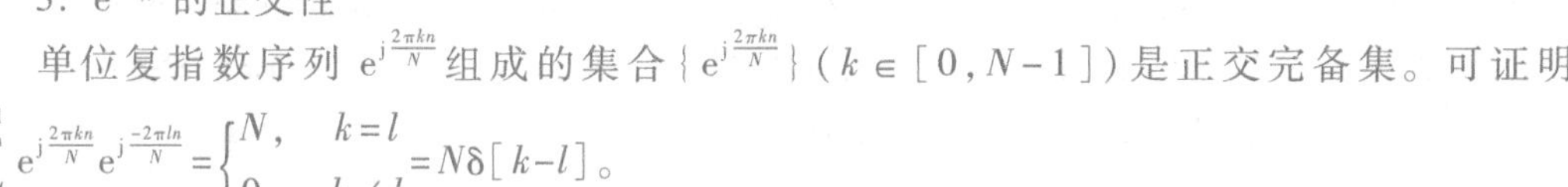

3. $\mathrm{e}^{\mathrm{j}\frac{2\pi kn}{N}}$的正交性

单位复指数序列 $\mathrm{e}^{\mathrm{j}\frac{2\pi kn}{N}}$组成的集合$\{\mathrm{e}^{\mathrm{j}\frac{2\pi kn}{N}}\}$($k\in[0,N-1]$)是正交完备集。可证明 $\sum\limits_{n=0}^{N-1}\mathrm{e}^{\mathrm{j}\frac{2\pi kn}{N}}\mathrm{e}^{\mathrm{j}\frac{-2\pi ln}{N}}=\begin{cases}N, & k=l\\0, & k\neq l\end{cases}=N\delta[k-l]$。

▶ 扫一扫
3-10 $\mathrm{e}^{\mathrm{j}\frac{2\pi kn}{N}}$正交性的证明

另外,由于单位复指数序列 $\mathrm{e}^{\mathrm{j}\frac{2\pi kn}{N}}$是以 N 为周期的函数,有 $\mathrm{e}^{\mathrm{j}\frac{2\pi kn}{N}}=\mathrm{e}^{\mathrm{j}\frac{2\pi(k+rN)n}{N}}$。因此 k 取任意 N 区间均可构成正交完备集,即$\dfrac{1}{N}\sum\limits_{n=0}^{N-1}\mathrm{e}^{\mathrm{j}\frac{2\pi kn}{N}}\mathrm{e}^{\mathrm{j}\frac{-2\pi ln}{N}}=\begin{cases}1, & k-l=rN\\0, & k-l\neq rN\end{cases}=\delta[k-l-rN]$。

例 3.4　求如图 3.18 所示离散时间周期序列的 DFS。

解:(1) 根据式(3.62),得

$$\tilde{X}[k]=\sum_{n=0}^{9}\delta[n]\mathrm{e}^{-\mathrm{j}(2\pi nk/10)}=1 \tag{3.64}$$

其幅频特性如图 3.19 所示。

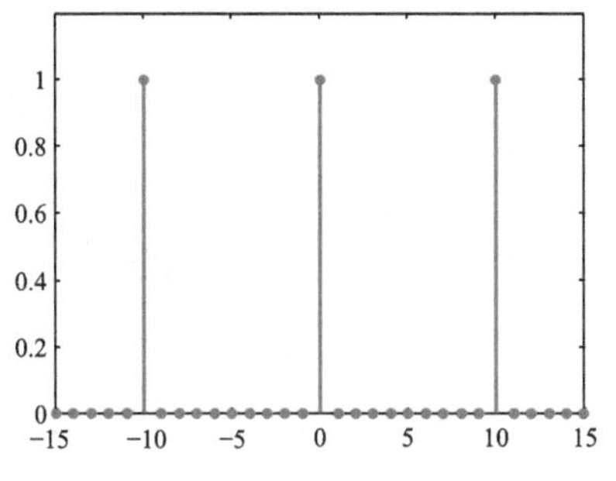
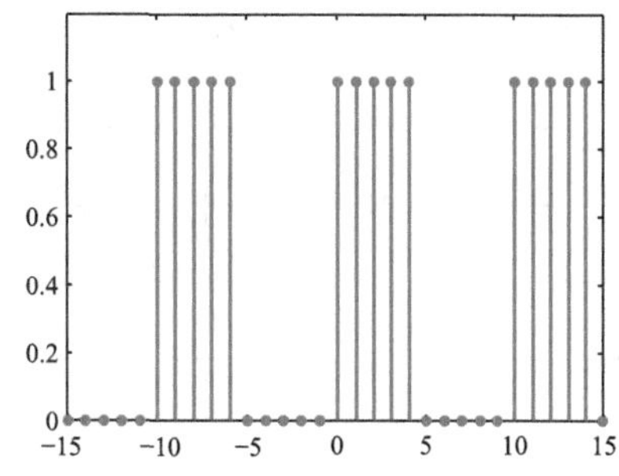

图 3.18　离散周期序列

(2) 根据式(3.62),得

$$\tilde{X}[k]=\sum_{n=0}^{4}\mathrm{e}^{-\mathrm{j}(2\pi/10)kn}=\frac{1-\mathrm{e}^{-\mathrm{j}(2\pi5k/10)}}{1-\mathrm{e}^{-\mathrm{j}(2\pi k/10)}}=\mathrm{e}^{-\mathrm{j}(4\pi k/10)}\frac{\sin(\pi k/2)}{\sin(\pi k/10)}\tag{3.65}$$

其 DFS 的幅频特性如图 3.20 所示。

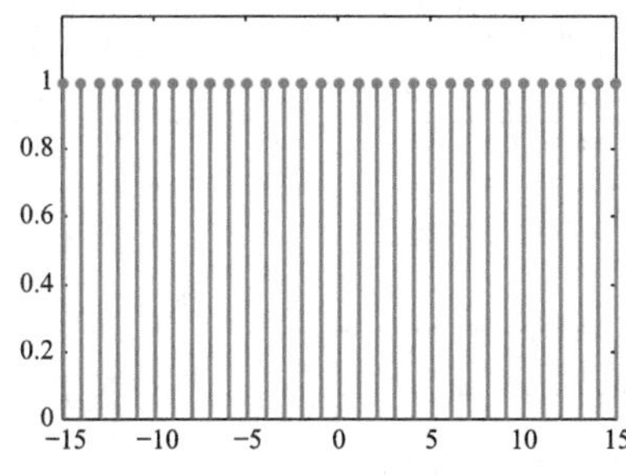

图 3.19　周期冲激串的 DFS 幅频特性

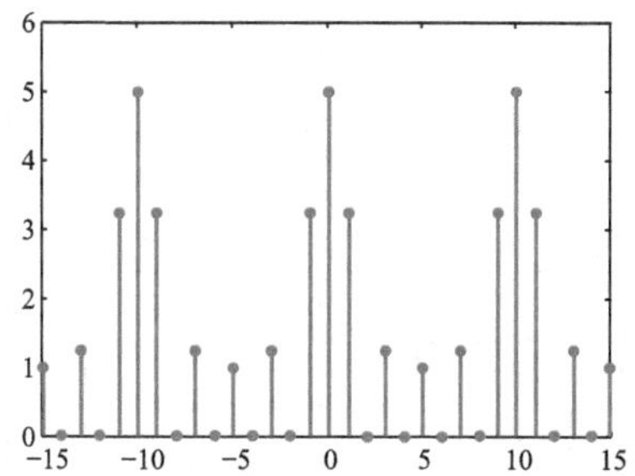

图 3.20　周期矩形脉冲串的 DFS 幅频特性

3.2.2　DFS 的性质和定理

DFS 的性质与连续周期信号的傅里叶级数在许多情况下具有相似性,是信号分析研究过程中最重要的内容之一。

1. 线性性质

如果周期相同的两个序列 $\tilde{x}[n]$、$\tilde{y}[n]$,$\tilde{x}[n]\xrightleftharpoons[\text{IDFS}]{\text{DFS}}\tilde{X}[k]$、$\tilde{y}[n]\xrightleftharpoons[\text{IDFS}]{\text{DFS}}\tilde{Y}[k]$,则周期序列 $a\tilde{x}[n]+b\tilde{y}[n]\xrightleftharpoons[\text{IDFS}]{\text{DFS}}a\tilde{X}[k]+b\tilde{Y}[k]$,其中 a,b 为常数。

▶ 扫一扫 3－11 DFS 线性性质证明与示意

线性性质包括叠加性与齐次性。

2. 时域移位性质

如果周期序列 $\tilde{x}[n]\xrightleftharpoons[\text{IDFS}]{\text{DFS}}\tilde{X}[k]$,则周期序列 $\tilde{x}[n-n_{\mathrm{d}}]\xrightleftharpoons[\text{IDFS}]{\text{DFS}}\mathrm{e}^{-\mathrm{j}(2\pi kn_{\mathrm{d}}/N)}\tilde{X}[k]$。

▶ 扫一扫 3－12 DFS 时域移位性质的证明与示意

$|\tilde{X}_1[k]|=|\tilde{X}[k]|$,即时域移位不会影响幅频;$\angle\tilde{X}_1[k]=\angle\tilde{X}[k]-\dfrac{2\pi kn_{\mathrm{d}}}{N}$,即时域移位引起相频的线性变化。由于相频发生了变化,因此频谱密度函数的实部、虚部也会变化。

例如,单位脉冲串序列 $\tilde{x}[n-n_{\mathrm{d}}]$ 的 DFS 为 $\tilde{X}[k]\mathrm{e}^{-\mathrm{j}k(2\pi/N)n_{\mathrm{d}}}$,单位脉冲串序列 $\tilde{x}[n]$ 的 DFS 为 1,如图 3.21 所示。

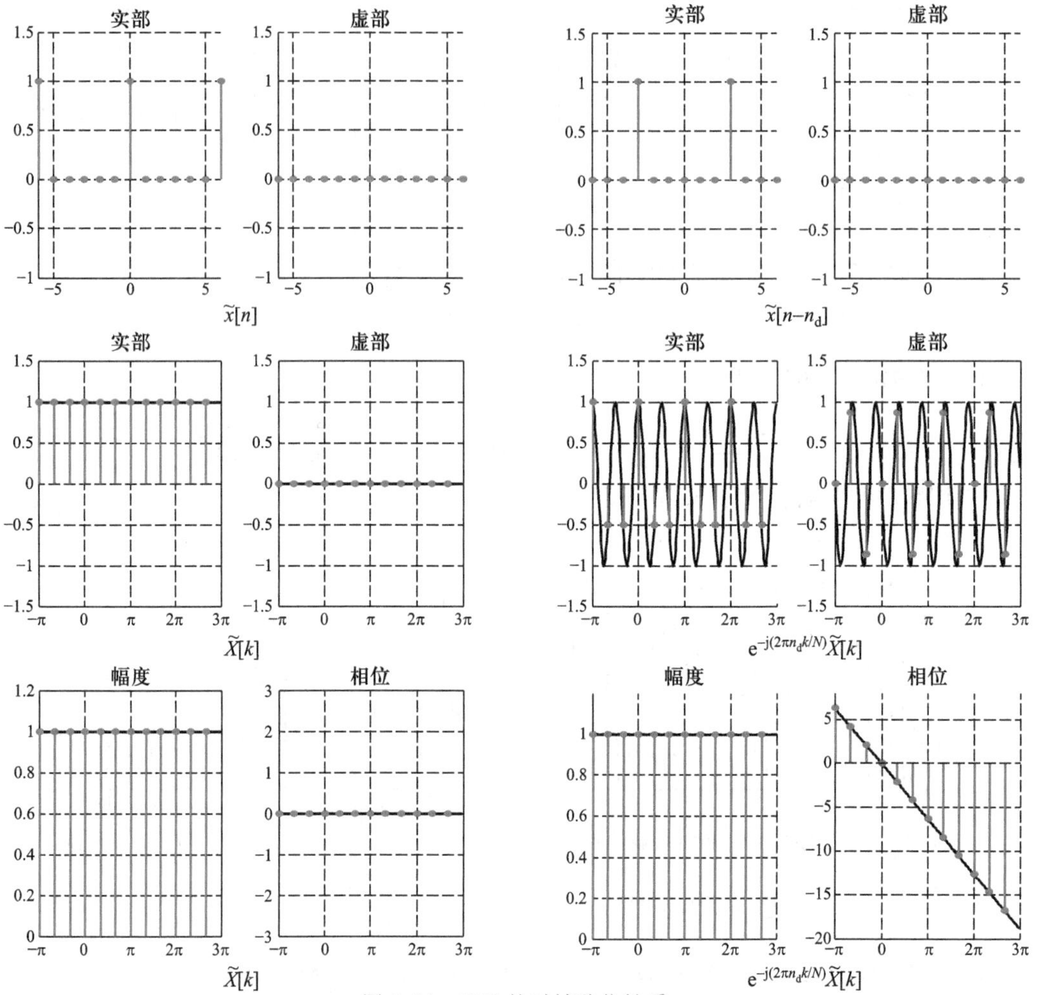

图 3.21　DFS 的时域移位性质

▶ 扫一扫　3－13 DFS 频域移位性质的证明与示意

3．频域移位性质

如果周期序列 $\tilde{x}[n]\xleftrightarrow[\text{IDFS}]{\text{DFS}}\tilde{X}[k]$，则周期序列 $\mathrm{e}^{\mathrm{j}(2\pi nl/N)}\tilde{x}[n]\xleftrightarrow[\text{IDFS}]{\text{DFS}}\tilde{X}[k-l]$。序列 $\mathrm{e}^{\mathrm{j}(2\pi nl/N)}\tilde{x}[n]$ 的 DFS 为 $\tilde{X}[k-l]$，即 $\tilde{X}[k-l]$ 为 $\tilde{X}[k]$ 的频域右移 l，等效于离散时间序列 $\tilde{x}[n]$ 乘以复指数序列 $\mathrm{e}^{\mathrm{j}(2\pi nl/N)}$，如图 3.22 所示。

▶ 扫一扫　3－14 DFS 时间倒置性质的证明与示意

4．时间倒置性质

如果周期序列 $\tilde{x}[n]\xleftrightarrow[\text{IDFS}]{\text{DFS}}\tilde{X}[k]$，则周期序列 $\tilde{x}[-n]\xleftrightarrow[\text{IDFS}]{\text{DFS}}\tilde{X}[-k]$。也就是说，$\tilde{x}[-n]$ 的 DFS 的系数 $\tilde{X}[-k]$ 与 $\tilde{x}[n]$ 的 DFS 的系数 $\tilde{X}[k]$ 互为对称关系。

5．时域周期卷积定理

如果周期相同的序列 $\tilde{x}[n]$、$\tilde{h}[n]$，$\tilde{x}[n]\xleftrightarrow[\text{IDFS}]{\text{DFS}}\tilde{X}[k]$、$\tilde{h}[n]\xleftrightarrow[\text{IDFS}]{\text{DFS}}\tilde{H}[k]$，则周期序列 $\tilde{x}[n]*\tilde{h}[n]\xleftrightarrow[\text{IDFS}]{\text{DFS}}\tilde{X}[k]\tilde{H}[k]$。

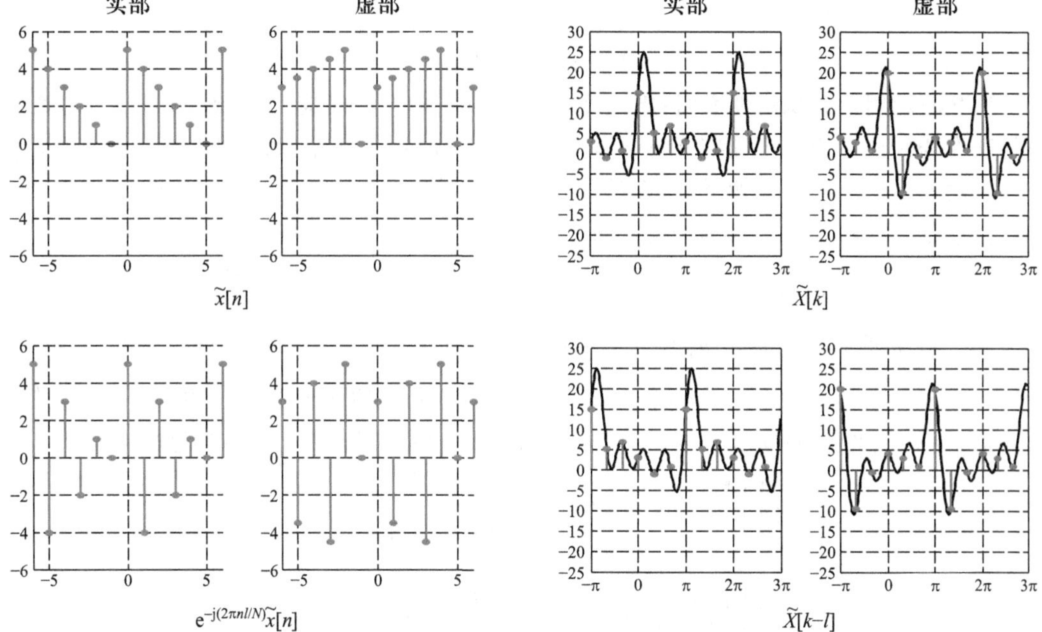

图 3.22 DFS 的频域移位性质

证明：

设 $\tilde{y}[n]=\tilde{x}[n]*\tilde{h}[n]$，即

$$\tilde{y}[n]=\sum_{l=0}^{N-1}\tilde{x}[l]\tilde{h}[n-l]=\tilde{x}[n]*\tilde{h}[n] \tag{3.66}$$

根据 DFS 定义，得

$$\tilde{Y}[k]=\sum_{n=0}^{N-1}\tilde{y}[n]e^{-j(2\pi nk/N)} \tag{3.67}$$

将式(3.66)代入，得

$$\tilde{Y}[k]=\sum_{n=0}^{N-1}\left(\sum_{l=0}^{N-1}\tilde{x}[l]\tilde{h}[n-l]\right)e^{-j(2\pi nk/N)} \tag{3.68}$$

根据 DFS 的线性性质，可交换求和次序，得

$$\tilde{Y}[k]=\sum_{l=0}^{N-1}\left(\sum_{n=0}^{N-1}\tilde{x}[l]\tilde{h}[n-l]e^{-j(2\pi nk/N)}\right) \tag{3.69}$$

根据 DFS 的齐次性，得

$$\tilde{Y}[k]=\sum_{l=0}^{N-1}\tilde{x}[l]\left(\sum_{n=0}^{N-1}\tilde{h}[n-l]e^{-j(2\pi nk/N)}\right) \tag{3.70}$$

根据 DFS 的时域移位性，得

$$\tilde{Y}[k]=\sum_{l=0}^{N-1}\tilde{x}[l]e^{-j(2\pi kl/N)}\tilde{H}[k] \tag{3.71}$$

根据 DFS 的线性性质，得

$$\tilde{Y}[k]=\left(\sum_{l=0}^{N-1}\tilde{x}[l]e^{-j(2\pi kl/N)}\right)\tilde{H}[k] \tag{3.72}$$

即

$$\tilde{Y}[k]=\tilde{X}[k]\tilde{H}[k] \tag{3.73}$$

DFS 时域周期卷积定理表明：周期序列的时域周期卷积对应于频域的乘积。注意：时域周期卷积和区间为一个周期 N（一般取 $[0,N)$），而时域线性卷积和区间为 $(-\infty,\infty)$。

周期卷积的计算步骤如下，计算过程如图 3.23 所示。

（1）利用变量 m 表示序列 $\tilde{x}[m]$ 和 $\tilde{h}[m]$；

（2）计算序列 $\tilde{h}[m]$ 反褶 $\tilde{h}[-m]$；

（3）将序列 $\tilde{h}[-m]$ 移位 n_0 得 $\tilde{h}[n_0-m]$，当 $n_0>0$ 时，序列右移；$n_0<0$ 时，序列左移；

（4）根据卷积公式，将 $\tilde{x}[m]$ 和 $\tilde{h}[n_0-m]$ 按照相同 m 的序列值对应相乘，将相乘结果再相加，计算 n_0 时刻的输出 $\tilde{y}[n_0]$；重复步骤（2）～（4）直至计算出所有的输出 $\tilde{y}[n]$。

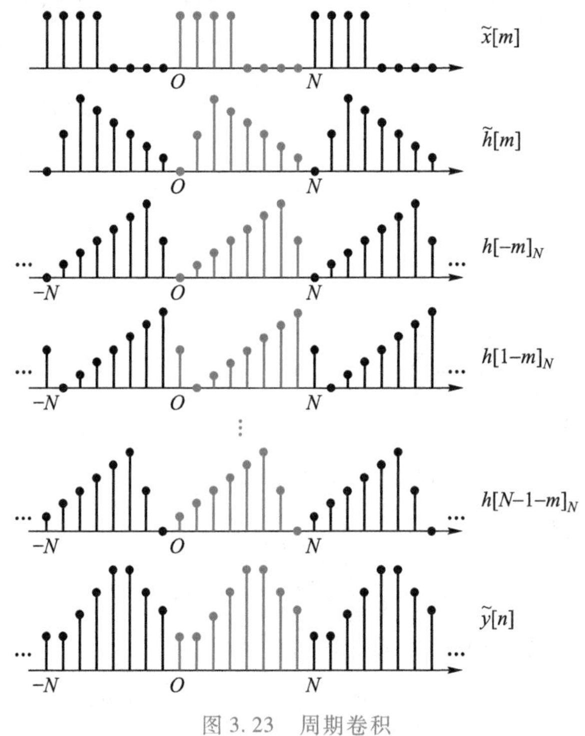

图 3.23　周期卷积

6. 频域周期卷积定理

如果周期相同的序列 $\tilde{x}[n]$、$\tilde{w}[n]$，$\tilde{x}[n]\xrightleftharpoons[\text{IDFS}]{\text{DFS}}\tilde{X}[k]$、$\tilde{w}[n]\xrightleftharpoons[\text{IDFS}]{\text{DFS}}\tilde{W}[k]$，则周期序列 $\tilde{x}[n]\cdot\tilde{w}[n]\xrightleftharpoons[\text{IDFS}]{\text{DFS}}\frac{1}{N}\sum_{l=0}^{N-1}\tilde{X}[l]\tilde{W}[k-l]$。

证明：

设 $\tilde{y}[n]=\tilde{x}[n]\tilde{w}[n]$，根据 DFS 定义，得

$$\tilde{Y}[k]=\sum_{n=0}^{N-1}\tilde{y}[n]\mathrm{e}^{-\mathrm{j}(2\pi nk/N)} \tag{3.74}$$

则

$$\tilde{Y}[k]=\sum_{n=0}^{N-1}\tilde{x}[n]\tilde{w}[n]\mathrm{e}^{-\mathrm{j}(2\pi nk/N)} \tag{3.75}$$

根据 IDFS 定义式(3.62),得

$$\tilde{x}[n]=\frac{1}{N}\sum_{n=0}^{N-1}\tilde{X}[k]\mathrm{e}^{\mathrm{j}(2\pi nk/N)} \tag{3.76}$$

$$\tilde{w}[n]=\frac{1}{N}\sum_{l=0}^{N-1}\tilde{W}[l]\mathrm{e}^{\mathrm{j}(2\pi nl/N)} \tag{3.77}$$

将式(3.77)代入式(3.75),可得

$$\tilde{Y}[k]=\sum_{n=0}^{N-1}\tilde{x}[n]\left(\frac{1}{N}\sum_{l=0}^{N-1}\tilde{W}[l]\mathrm{e}^{\mathrm{j}(2\pi nl/N)}\right)\mathrm{e}^{-\mathrm{j}(2\pi nk/N)} \tag{3.78}$$

利用 DFS 线性性质,得

$$\tilde{Y}[k]=\frac{1}{N}\sum_{l=0}^{N-1}\tilde{W}[l]\sum_{n=0}^{N-1}\tilde{x}[n]\mathrm{e}^{-\mathrm{j}(2\pi nk/N)}\mathrm{e}^{\mathrm{j}(2\pi nl/N)} \tag{3.79}$$

$$\tilde{Y}[k]=\frac{1}{N}\sum_{l=0}^{N-1}\tilde{W}[l]\sum_{n=0}^{N-1}(\mathrm{e}^{\mathrm{j}(2\pi nl/N)}\tilde{x}[n])\mathrm{e}^{-\mathrm{j}(2\pi nk/N)} \tag{3.80}$$

根据 DFS 的频域移位性质,可知

$$\tilde{X}[k-l]=\sum_{n=0}^{N-1}(\mathrm{e}^{\mathrm{j}(2\pi nl/N)}\tilde{x}[n])\mathrm{e}^{-\mathrm{j}(2\pi nk/N)} \tag{3.81}$$

即

$$\tilde{Y}[k]=\frac{1}{N}\sum_{l=0}^{N-1}\tilde{W}[l]\tilde{X}[k-l] \tag{3.82}$$

频域周期卷积定理表明:序列时域的乘积对应于频域的周期卷积。

7. 对偶性质

如果周期序列 $\tilde{x}[n]\underset{\text{IDFS}}{\overset{\text{DFS}}{\rightleftharpoons}}\tilde{X}[k]$,则周期序列 $\tilde{X}[n]\underset{\text{IDFS}}{\overset{\text{DFS}}{\rightleftharpoons}}N\tilde{x}[-k]$。

证明:

据 DFS 分析式,可得

$$\tilde{X}[k]=\sum_{n=0}^{N-1}\tilde{x}[n]\mathrm{e}^{\mathrm{j}\frac{-2\pi kn}{N}} \tag{3.83}$$

交换上式中的 n 和 k,即

$$\tilde{X}[n]=\sum_{k=0}^{N-1}\tilde{x}[k]\mathrm{e}^{\mathrm{j}\frac{-2\pi nk}{N}} \tag{3.84}$$

而 DFS 综合式为

$$\tilde{x}[n]=\frac{1}{N}\sum_{n=0}^{N-1}\tilde{X}[k]\mathrm{e}^{\mathrm{j}\frac{2\pi nk}{N}} \tag{3.85}$$

式(3.85)说明 $\tilde{x}[n]$的傅里叶级数为 $\tilde{X}[k]$,即 $\tilde{x}[n]\underset{\text{IDFS}}{\overset{\text{DFS}}{\rightleftharpoons}}\tilde{X}[k]$。

式(3.84)可表示为

$$\tilde{X}[n]=\frac{1}{N}\sum_{k=0}^{N-1}N\tilde{x}[-k]\mathrm{e}^{\mathrm{j}\frac{2\pi nk}{N}} \tag{3.86}$$

式(3.86)说明 $\tilde{X}[n]$的傅里叶级数为 $N\tilde{x}[-k]$,即 $\tilde{X}[n]\underset{\text{IDFS}}{\overset{\text{DFS}}{\rightleftharpoons}}N\tilde{x}[-k]$。

8. 帕塞瓦尔(Parseval)定理

如果 $\tilde{x}[n] \underset{\text{IDFS}}{\overset{\text{DFS}}{\rightleftharpoons}} \tilde{X}[k]$、$\tilde{y}[n] \underset{\text{IDFS}}{\overset{\text{DFS}}{\rightleftharpoons}} \tilde{Y}[k]$,则

$$\sum_{n=0}^{N-1} \tilde{x}[n]\tilde{y}^*[n] = \frac{1}{N}\sum_{n=0}^{N-1} \tilde{X}[k]\tilde{Y}^*[k] \tag{3.87}$$

▶ 扫一扫 3-15 DFS 帕塞瓦尔(Parseval)定理的证明

当 $\tilde{x}[n]=\tilde{y}[n]$,可表示为

$$\sum_{n=0}^{N-1} |\tilde{x}[n]|^2 = \frac{1}{N}\sum_{k=0}^{N-1} |\tilde{X}[k]|^2 \tag{3.88}$$

本节有关 DFS 的定理和性质如表 3.2 所示。

表 3.2　DFS 的定理和性质

DFS 的性质和定理	周期序列	DFS
	$\tilde{x}[n]$	$\tilde{X}[k]$
	$\tilde{h}[n]$	$\tilde{H}[k]$
	$\tilde{w}[n]$	$\tilde{W}[k]$
	$\tilde{y}[n]$	$\tilde{Y}[k]$
线性性质	$a\tilde{x}[n]+b\tilde{y}[n]$	$a\tilde{X}[k]+b\tilde{Y}[k]$
时域移位性质	$\tilde{x}[n-n_d]$	$e^{-j(2\pi k/N)n_d}\tilde{X}[k]$
频域移位性质	$e^{j(2\pi l/N)n}\tilde{x}[n]$	$\tilde{X}[k-l]$
时间倒置性质	$\tilde{x}[-n]$	$\tilde{X}[-k]$
时域周期卷积定理	$\tilde{x}[n] * \tilde{h}[n]$	$\tilde{X}[k]\tilde{Y}[k]$
频域周期卷积定理	$\tilde{x}[n]\tilde{w}[n]$	$\frac{1}{N}\sum_{l=0}^{N-1}\tilde{X}[l]\tilde{W}[k-l]$
对偶性质	$\tilde{X}[n]$	$N\tilde{x}[-k]$
帕塞瓦尔(Parseval)定理	$\sum_{n=0}^{N-1}\|\tilde{x}[n]\|^2$	$\frac{1}{N}\sum_{k=0}^{N-1}\|\tilde{X}[k]\|^2$

3.2.3　DFS 的对称性

1. 周期共轭对称序列和周期共轭反对称序列

3.1.4 节介绍了离散时间非周期序列的共轭对称和共轭反对称特性,离散周期序列也有类似的性质。

引入离散周期时间序列 $\tilde{x}^*[-n]$,将其与 $\tilde{x}[n]$ 组合,可得到周期共轭对称序列 $\tilde{x}_e[n]=\frac{1}{2}(\tilde{x}[n]+\tilde{x}^*[-n])$、共轭反对称序列 $\tilde{x}_o[n]=\frac{1}{2}(\tilde{x}[n]-\tilde{x}^*[-n])$。且 $\tilde{x}[n]=\tilde{x}_e[n]+\tilde{x}_o[n]$,即任意离散时间周期序列 $\tilde{x}[n]$ 均可表示为周期共轭对称序列 $\tilde{x}_e[n]$ 与共轭反对称序列 $\tilde{x}_o[n]$ 之和。

注意:由于 $\tilde{x}[n]$ 的周期为 N,$\tilde{x}[n]=\tilde{x}[n+rN]$ $(r\in Z)$,则

$$\tilde{x}_e[n]=\tilde{x}_e^*[rN-n] \tag{3.89}$$

$$\tilde{x}_o[n] = -\tilde{x}_o^*[rN-n] \tag{3.90}$$

与非周期序列相同，周期共轭对称序列 $\tilde{x}_e[n]$ 具有共轭对称性，即 $\tilde{x}_e[n]=\tilde{x}_e^*[-n]$；周期共轭反对称序列 $x_o[n]$ 具有共轭反对称性，即 $\tilde{x}_o[n]=-\tilde{x}_o^*[-n]$。

2. DFS 的对称性

离散时间周期序列 $\tilde{x}[n]$、$\tilde{x}^*[n]$、$\tilde{x}^*[-n]$ 的傅里叶级数之间的关系为：如果 $\tilde{x}[n]\underset{\text{IDFS}}{\overset{\text{DFS}}{\rightleftharpoons}}\tilde{X}[k]$，则 $\tilde{x}^*[n]\underset{\text{IDFS}}{\overset{\text{DFS}}{\rightleftharpoons}}\tilde{X}^*[-k]$、$\tilde{x}^*[-n]\underset{\text{IDFS}}{\overset{\text{DFS}}{\rightleftharpoons}}\tilde{X}^*[k]$。（该性质可自行证明）

依据上述性质与 DFS 的线性性质，可得离散周期时间序列 $\tilde{x}[n]$ 及其傅里叶级数 $\tilde{X}[k]$ 的实部、虚部、共轭对称、共轭反对称分量之间的关系，如下所示。

$$\begin{array}{ll}
\tilde{x}_{Re}[n]=\dfrac{1}{2}(\tilde{x}[n]+\tilde{x}^*[n]) & \mathrm{j}\tilde{x}_{Im}[n]=\dfrac{1}{2}(\tilde{x}[n]-\tilde{x}^*[n]) \\
\updownarrow \qquad \updownarrow \qquad \updownarrow & \updownarrow \qquad \updownarrow \qquad \updownarrow \\
\tilde{X}_e[k]=\dfrac{1}{2}(\tilde{X}[k]+\tilde{X}^*[-k]) & \tilde{X}_o[k]=\dfrac{1}{2}(\tilde{X}[k]-\tilde{X}^*[-k]) \\
\tilde{x}_e[n]=\dfrac{1}{2}(\tilde{x}[n]+\tilde{x}^*[-n]) & \tilde{x}_o[n]=\dfrac{1}{2}(\tilde{x}[n]-\tilde{x}^*[-n]) \\
\updownarrow \qquad \updownarrow \qquad \updownarrow & \updownarrow \qquad \updownarrow \qquad \updownarrow \\
\tilde{X}_{Re}[k]=\dfrac{1}{2}(\tilde{X}[k]+\tilde{X}^*[k]) & \mathrm{j}\tilde{X}_{Im}[k]=\dfrac{1}{2}(\tilde{X}[k]-\tilde{X}^*[k])
\end{array}$$

离散时间周期序列 $\tilde{x}[n]$ 的实部 $\tilde{x}_{Re}[n]$ 的 DFS 为 $\tilde{X}[k]$ 的周期共轭对称分量 $\tilde{X}_e[k]$，$\tilde{x}[n]$ 的 j 乘以虚部所得 $\mathrm{j}\tilde{x}_{Im}[n]$ 的 DFS 为 $\tilde{X}[k]$ 的周期共轭反对称分量 $\tilde{X}_o[k]$。

离散时间周期序列 $\tilde{x}[n]$ 的周期共轭对称分量 $\tilde{x}_e[n]$ 的 DFS 为 $\tilde{X}[k]$ 的实部 $\tilde{X}_{Re}[k]$，$\tilde{x}[n]$ 的周期共轭反对称分量 $\tilde{x}_o[n]$ 的 DFS 为 $\tilde{X}[k]$ 的 j 乘以虚部所得的 $\mathrm{j}\tilde{X}_{Im}[k]$。

此外，周期共轭对称序列和共轭反对称序列有如下两个特殊的性质：

性质 1　周期共轭对称序列 $\tilde{x}_e[n]$ 的实部 $\tilde{x}_{eRe}[n]$ 为偶函数、虚部 $\tilde{x}_{eIm}[n]$ 为奇函数。

若将周期共轭对称序列 $\tilde{x}_e[n]$ 的实部记作 $\tilde{x}_{eRe}[n]$、虚部记作 $\tilde{x}_{eIm}[n]$，则 $\tilde{x}_e[n]=\tilde{x}_{eRe}[n]+\mathrm{j}\tilde{x}_{eIm}[n]$、$\tilde{x}_e^*[-n]=\tilde{x}_{eRe}[-n]-\mathrm{j}\tilde{x}_{eIm}[-n]$。根据共轭对称序列的特点 $\tilde{x}_e[n]=\tilde{x}_e^*[-n]$，可得 $\tilde{x}_{eRe}[n]+\mathrm{j}\tilde{x}_{eIm}[n]=\tilde{x}_{eRe}[-n]-\mathrm{j}\tilde{x}_{eIm}[-n]$。也就是说 $\tilde{x}_{eRe}[n]=\tilde{x}_{eRe}[-n]$、$\tilde{x}_{eIm}[n]=-\tilde{x}_{eIm}[-n]$。

性质 2　周期共轭反对称序列 $\tilde{x}_o[n]$ 的实部 $\tilde{x}_{oRe}[n]$ 为奇函数、虚部 $\tilde{x}_{oIm}[n]$ 为偶函数。

若将周期共轭反对称序列 $\tilde{x}_o[n]$ 的实部记作 $\tilde{x}_{oRe}[n]$、虚部记作 $\tilde{x}_{oIm}[n]$，则 $\tilde{x}_o[n]=\tilde{x}_{oRe}[n]+\mathrm{j}\tilde{x}_{oIm}[n]$、$\tilde{x}_o^*[-n]=\tilde{x}_{oRe}[-n]-\mathrm{j}\tilde{x}_{oIm}[-n]$。根据共轭反对称序列的特点 $\tilde{x}_o[n]=-\tilde{x}_o^*[-n]$，可得 $\tilde{x}_{oRe}[n]+\mathrm{j}\tilde{x}_{oIm}[n]=-\tilde{x}_{oRe}[-n]+\mathrm{j}\tilde{x}_{oIm}[-n]$。也就是说 $\tilde{x}_{oRe}[n]=-\tilde{x}_{oRe}[-n]$、$\tilde{x}_{oIm}[n]=\tilde{x}_{oIm}[-n]$。

周期序列对称性如图 3.24 所示。对照图表，应用共轭对称、共轭反对称函数的特点，可分析上述各时间序列的对称性和各频谱函数幅频、相频的对称性。

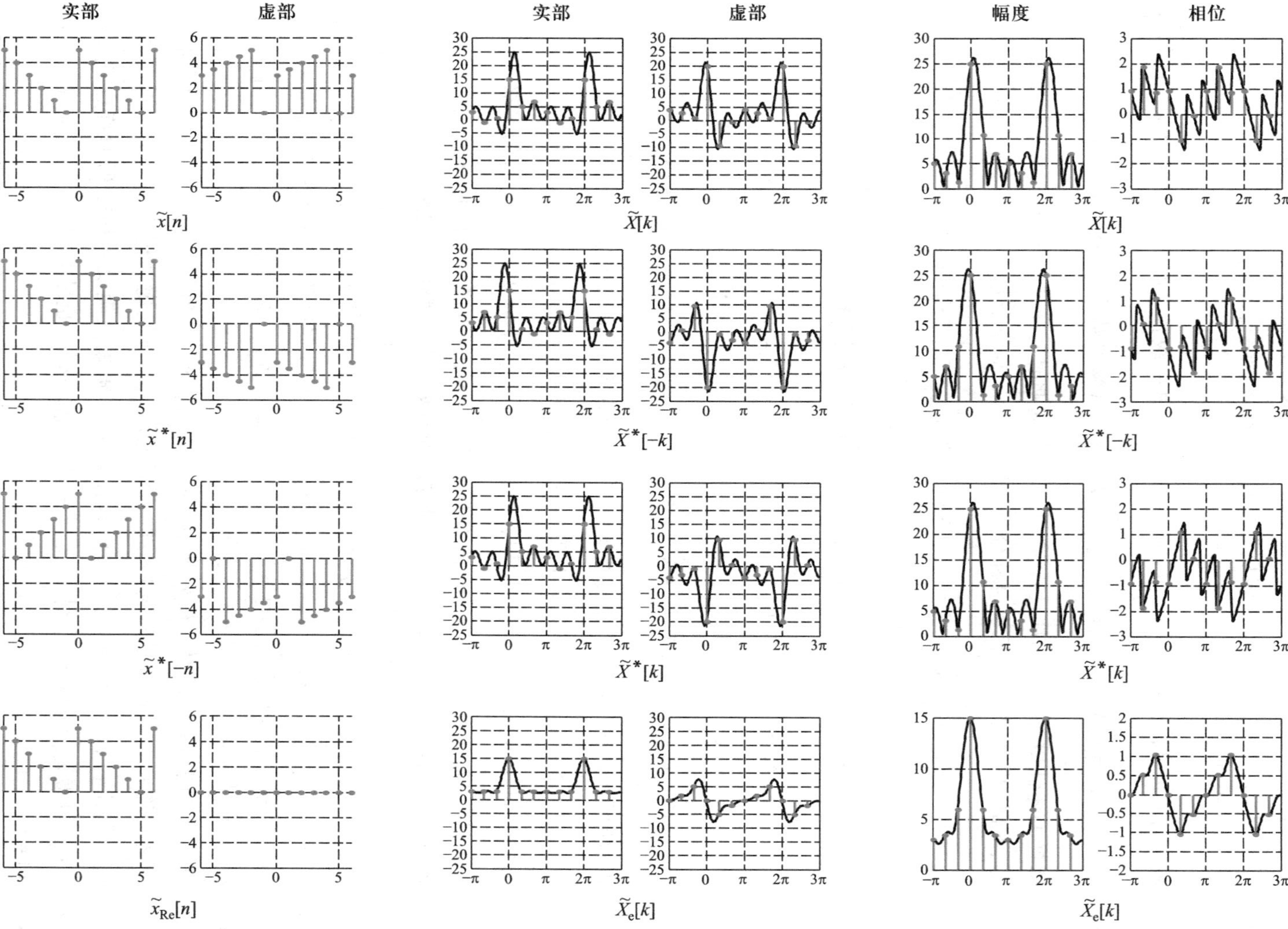

实部
虚部
$\tilde{x}[n]$
$\tilde{x}^*[n]$
$\tilde{x}^*[-n]$
$\tilde{x}_{Re}[n]$
实部
虚部
$\tilde{X}[k]$
$\tilde{X}^*[-k]$
$\tilde{X}^*[k]$
$\tilde{X}_e[k]$
幅度
相位
$\tilde{X}[k]$
$\tilde{X}^*[-k]$
$\tilde{X}^*[k]$
$\tilde{X}_e[k]$

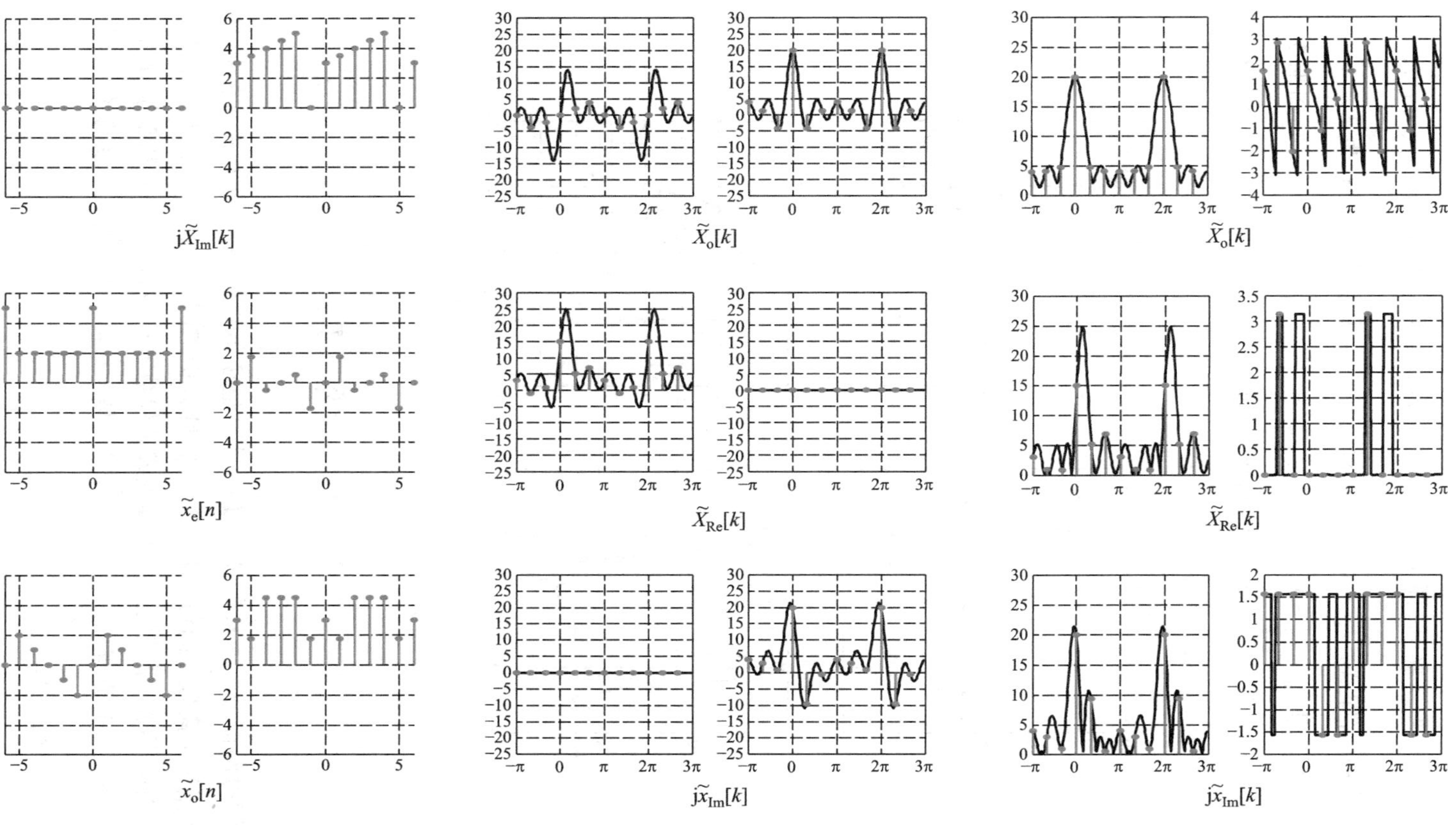

图 3.24 周期序列对称性

3. 实序列 DFS 的特点

如果 $\tilde{x}[n]$ 是周期实序列，即 $\tilde{x}[n]=\tilde{x}^*[n]$，由 $\tilde{x}[n]\overset{\text{DFS}}{\underset{\text{IDFS}}{\rightleftarrows}}\tilde{X}[k]$、$\tilde{x}^*[n]\overset{\text{DFS}}{\underset{\text{IDFS}}{\rightleftarrows}}\tilde{X}^*[-k]$ 可知，$\tilde{X}[k]=\tilde{X}^*[-k]$，即 $\tilde{X}[k]$ 是周期共轭对称序列。其代数表达式为 $\tilde{X}_{\text{Re}}[k]+\text{j}\tilde{X}_{\text{Im}}[k]=\tilde{X}_{\text{Re}}[-k]-\text{j}\tilde{X}_{\text{Im}}[-k]$，即 $\tilde{X}_{\text{Re}}[k]=\tilde{X}_{\text{Re}}[-k]$、$\tilde{X}_{\text{Im}}[k]=-\tilde{X}_{\text{Im}}[-k]$。也就是说，周期实序列 $\tilde{x}[n]$ 的傅里叶级数 $\tilde{X}[k]$ 的实部 $\tilde{X}_{\text{Re}}[k]$ 为偶函数、虚部 $\tilde{X}_{\text{Im}}[k]$ 为奇函数，幅度谱 $|\tilde{X}[k]|$ 为偶函数、相位谱 $\angle\tilde{X}[k]$ 为奇函数，如图 3.25 所示。

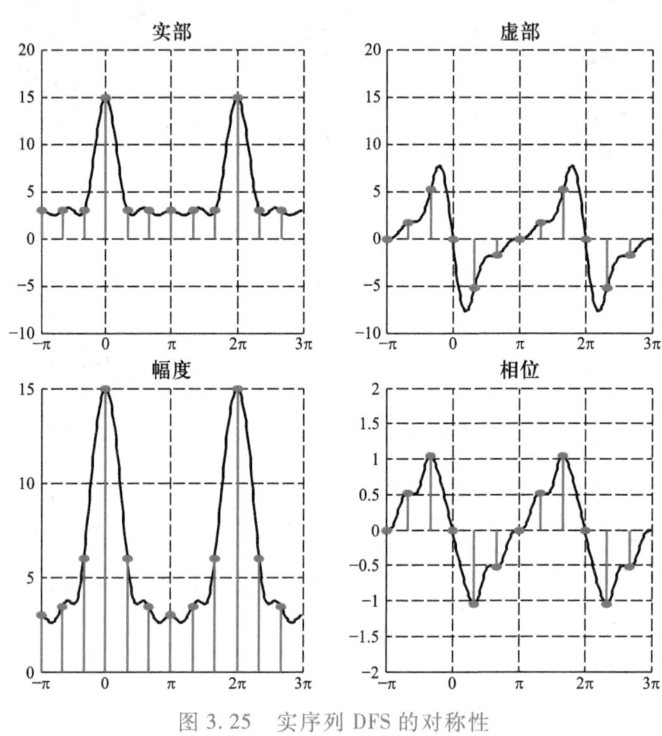

图 3.25　实序列 DFS 的对称性

3.3　z 变换

如同连续时间信号中的拉普拉斯变换是对连续傅里叶变换的扩展，z 变换是对 DTFT 的扩展，也就拓展了离散时间信号和系统的频域分析范围。通过 z 变换，时域离散信号的卷积运算变成了乘法运算、系统的差分方程变成了代数方程，从而使信号和系统分析更加容易，可用于求解常系数差分方程以及设计滤波器等，是分析离散时间信号与系统的有用工具。

3.3.1　z 变换的定义

1. z 变换定义

离散时间序列 $x[n]$ 的 z 变换定义为

$$X(z)=\sum_{n=-\infty}^{\infty} x[n]z^{-n} \tag{3.91}$$

其中,z 为复变量,它所在的平面称为复平面或 z 平面。

式(3.91)表示离散时间序列 $x[n]$ 变换到复平面表达式 $X(z)$ 的过程,因此也称为 z 的正变换。其反过程是从 $X(z)$ 得到 $x[n]$ 的变换,称为 z 的反变换。

$$x[n]=\frac{1}{2\pi \mathrm{j}}\int_{c} X(z)z^{n-1}\mathrm{d}z \tag{3.92}$$

将 z 变换和 z 的反变换,记作

$$x[n]\underset{z^{-1}}{\overset{z}{\rightleftarrows}}X(z) \tag{3.93}$$

与 DTFT 类似,z 变换也是一个无穷幂级数求和的形式,即 $\sum_{n=-\infty}^{\infty} x[n]z^{-n}$。使幂级数收敛的所有 z 值集合称为 z 变换的收敛域(region of convergence,ROC)。$X(z)$ 仅在其收敛域中存在,即 $X(z)<\infty$ 时,z 变换才存在。式(3.91)收敛的充分条件是 $\sum_{n=-\infty}^{\infty} |x[n]z^{-n}|<\infty$,即 $\sum_{n=-\infty}^{\infty} |x[n]||z^{-n}|<\infty$。讨论 z 变换时,收敛域是不可缺少的,这部分内容将在 3.3.2 节详细分析。

2. z 平面与单位圆

将复变量 z 表示为代数形式 $z=\mathrm{Re}(z)+\mathrm{jIm}(z)$,以 z 的实部为横坐标,虚部为纵坐标,可得到如图 3.26 所示的 z 平面。z 变换是对 DTFT 的推广,为了说明这种关系,现将复变量 z 表示成极坐标形式。

$$z=r\mathrm{e}^{\mathrm{j}\omega} \tag{3.94}$$

研究点 z 在 z 平面上的位置,可以给出 z 变换的几何解释。对于固定的 r 和 ω,复 z 平面上的点 $z=r\mathrm{e}^{\mathrm{j}\omega}$ 在一个长为 r 的向量的顶端,该向量起点为 $z=0$,且与实轴的夹角为 ω。如果某序列 $x[n]$ 的 z 变换收敛域包含 $z=\mathrm{e}^{\mathrm{j}\omega}$,即 $r=1$,则可通过 z 变换求得 DTFT。令式(3.91)中的 $z=\mathrm{e}^{\mathrm{j}\omega}$,则

$$X(z)\big|_{z=\mathrm{e}^{\mathrm{j}\omega}}=\sum_{n=-\infty}^{\infty} x[n]\mathrm{e}^{-\mathrm{j}\omega n}=X(\mathrm{e}^{\mathrm{j}\omega}) \tag{3.95}$$

式(3.95)表明,离散时间序列 $x[n]$ 的傅里叶变换 $X(\mathrm{e}^{\mathrm{j}\omega})$ 是其 z 变换 $X(z)$ 在 $z=\mathrm{e}^{\mathrm{j}\omega}$ 时的取值。$z=\mathrm{e}^{\mathrm{j}\omega}$ 表示在 z 平面上半径 $r=1$ 的圆,该圆称为单位圆,如图 3.26 所示。单位圆上的 z 变换取值即为序列的 DTFT。注意 ω 是单位圆上某点 z 的向量与复平面实轴之间的角度。若沿着 z 平面单位圆上从 $z=1$(即 $\omega=0$)开始,经过 $z=\mathrm{j}(\omega=\pi/2)$ 到 $z=-1(\omega=\pi)$ 对 $X(z)$ 求值,就得到了 $0\leqslant\omega\leqslant\pi$ 的 DTFT;继续沿着单位圆从 $\omega=\pi$ 到 $\omega=2\pi$ 考察其 DTFT,结果等效于从 $\omega=-\pi$ 到 $\omega=0$。在 3.1 节中,DTFT 是在一个线性频率上展开的,把 DTFT 解释为在 z 平面单位圆上的 z 变换,

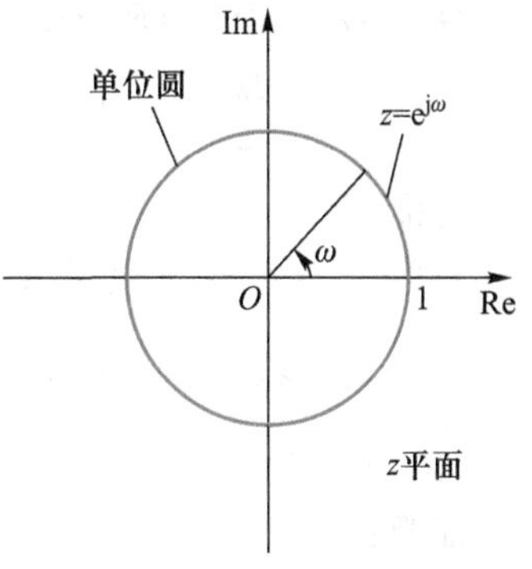

图 3.26　z 平面与单位圆

也就相当于在概念上把线性频率轴缠绕在单位圆上，其中$\omega=0$对应 $z=1$，$\omega=\pi$ 对应 $z=-1$。因此 DTFT 在频率上的固有周期性就得到了体现，因为在 z 平面上 2π rad 的改变相当于绕单位圆一次，然后又重新回到原来同一点上。

3.3.2 常用 z 变换及收敛域特点

z 变换仅在收敛域内存在，下面讨论 z 变换收敛域的特点。假定 z 变换的代数表达式是一个有理函数，且序列 $x[n]$除了可能在 $n=\infty$ 或 $n=-\infty$ 外，都是有限的幅度。我们仅讨论一致收敛这种情况。

为了方便讨论收敛域，将复变量 z 表示为极坐标形式，即 $z=re^{j\omega}$，则

$$X(z)\big|_{z=re^{j\omega}}=\sum_{n=-\infty}^{\infty}x[n](re^{j\omega})^{-n} \tag{3.96}$$

$$|X(z)|=\left|\sum_{n=-\infty}^{\infty}x[n]r^{-n}e^{-j\omega n}\right|\leqslant\sum_{n=-\infty}^{\infty}|x[n]r^{-n}|<\infty \tag{3.97}$$

式(3.97)表明：当 $x[n]r^{-n}$绝对可和时，$|X(z)|<\infty$，即无穷级数 $\sum\limits_{n=-\infty}^{\infty}x[n](re^{j\omega})^{-n}$一致收敛于 $X(z)$。因此求 $X(z)$收敛域，就是求离散时间序列满足$\sum\limits_{n=-\infty}^{\infty}|x[n]r^{-n}|<\infty$ 时 r 的取值范围。

1. 无限长序列 z 变换及其收敛域

为论述方便，按照幂级数 r^{-n}幂次的正、负，将式(3.97)表示为正幂次项、非正幂次项两部分，如下式所示：

$$|X(z)|\leqslant\sum_{n=-\infty}^{\infty}|x[n]r^{-n}|=\underbrace{\sum_{n=-\infty}^{-1}|x[n]r^{|n|}|}_{\text{第一项}}+\underbrace{\sum_{n=0}^{\infty}|x[n]r^{-n}|}_{\text{第二项}} \tag{3.98}$$

当序列 $x[n]$ 的 z 变换仅包含正幂次项时（即第一项），如能找到一个正值 R_{x+}，使$\sum\limits_{n=-\infty}^{-1}|x[n]R_{x+}^{|n|}|<\infty$，则当 $r<R_{x+}$时均满足$\sum\limits_{n=-\infty}^{-1}|x[n]r^{|n|}|<\infty$。即其收敛域$|z|\leqslant R_{x+}$，是半径为 R_{x+}的圆的内部。

证明：

令 $r=kR_{x+}$，当 $r=kR_{x+}<R_{x+}$时，即 $k<1$，$|k^{|n|}|<1$，则

$$\sum_{n=-\infty}^{-1}|x[n]r^{|n|}|\leqslant\sum_{n=-\infty}^{-1}|x[n]R_{x+}^{|n|}||k^{|n|}|<\sum_{n=-\infty}^{-1}|x[n]R_{x+}^{|n|}|<\infty \tag{3.99}$$

得证。

当序列 $x[n]$ 的 z 变换仅包含非正幂次项时（即第二项），如能找到一个正值 R_{x-}，使$\sum\limits_{n=0}^{\infty}|x[n]R_{x-}^{-n}|<\infty$，则当 $r>R_{x-}$时均满足$\sum\limits_{n=0}^{\infty}|x[n]R_{x-}^{-n}|<\infty$。即其收敛域$|z|\geqslant R_{x-}$，是半径为 R_{x-}的圆的外部。

证明：

令 $r=kR_{x-}$，当 $r=kR_{x-}>R_{x-}$时，即 $k>1$，由于 n 为正数，则$|k^{-n}|<1$，进而可得

$$\sum_{n=0}^{\infty}\left|x[n]r^{-n}\right| \leqslant \sum_{n=0}^{\infty}\left|x[n]R_{x-}^{-n}\right|\left|k^{-n}\right| < \sum_{n=0}^{\infty}\left|x[n]R_{x-}^{-n}\right| < \infty \tag{3.100}$$

得证。

如果离散时间序列 $x[n]$ 非零值的范围为 $n\in(-\infty,-1]$，即 $X(z)$ 的无穷级数 $\sum_{n=-\infty}^{\infty}x[n]z^{-n}$ 仅包含正幂次项，则其收敛域是半径为 R_{x+} 的圆的内部；如果离散时间序列 $x[n]$ 非零值的范围为 $n\in[0,\infty)$，即 $X(z)$ 的无穷级数 $\sum_{n=-\infty}^{\infty}x[n]z^{-n}$ 仅包含非正幂次项，则其收敛域是半径为 R_{x-} 圆的外部；如果离散时间序列 $x[n]$ 非零值的范围为 $n\in(-\infty,\infty)$，可看作上面两种情况的组合，即 $X(z)$ 的无穷级数 $\sum_{n=-\infty}^{\infty}x[n]z^{-n}$ 既包含正幂次项、又包含非正幂次项，则其收敛域是两者的交集，当 $R_{x-}<R_{x+}$ 时，收敛域的交集是圆环；当 $R_{x-}>R_{x+}$ 时，收敛域的交集是空集，该序列的收敛域不存在。上述收敛域如表 3.3 所示，阴影区域表示 $X(z)$ 的收敛域。

表 3.3　无限长序列 z 变换的收敛域

名称	序列	收敛域	
无限长因果序列	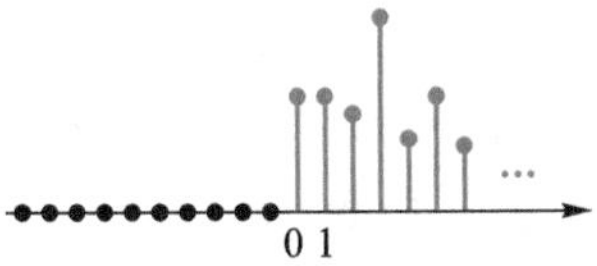	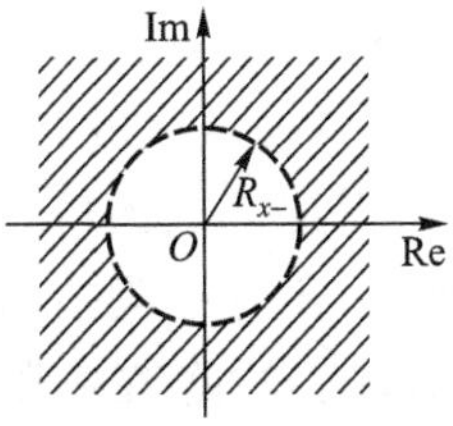	$\|z\|>R_{x-}$
无限长反因果序列	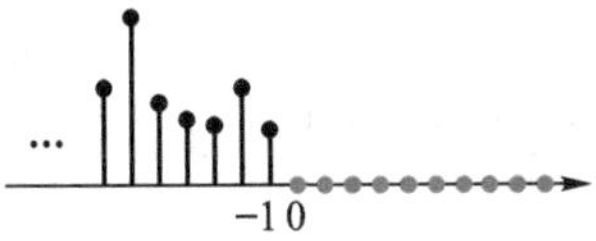	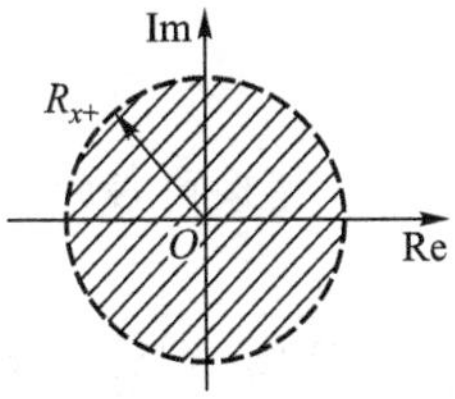	$\|z\|<R_{x+}$
无限长双边序列	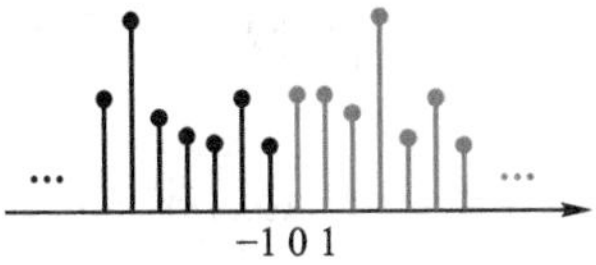	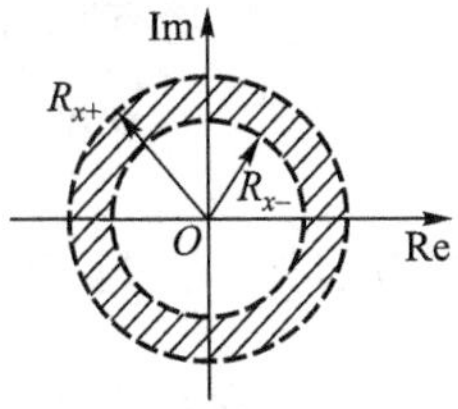	$R_{x-}<\|z\|<R_{x+}$ $R_{x-}<R_{x+}$
	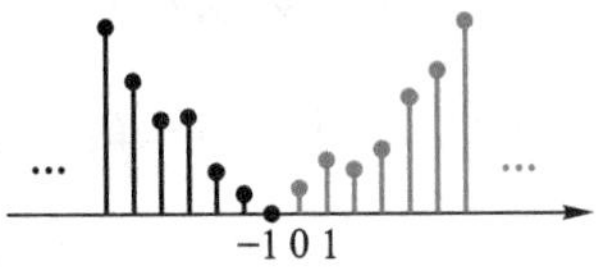	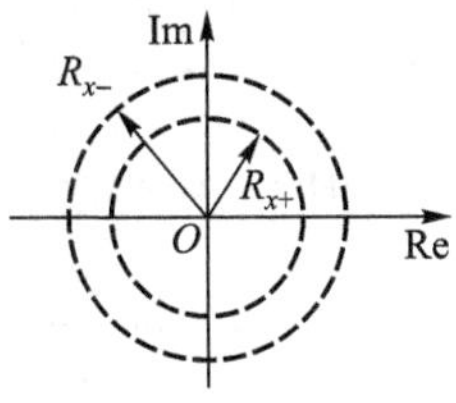	$R_{x-}<\|z\|<R_{x+}$ $R_{x-}>R_{x+}$

以上讨论的序列 $x[n]$ 非零值的范围为 $n\in(-\infty,-1]$、$n\in[0,\infty)$ 或者 $n\in(-\infty,\infty)$，称为无限长序列。其中，非零值范围为 $n\in[0,\infty)$ 的序列是因果序列，非零值范围为 $n\in(-\infty,-1]$ 的序列称为反因果序列，非零值范围为 $n\in(-\infty,\infty)$ 的序列称为双边序列。

需要特别注意的是，从以上分析可知，因果序列不包含正幂次项，其收敛域是某个圆的外部，即收敛域包含 $z=\infty$。

2. 有理 z 变换的零极点及其收敛域

当 z 变换表达式 $X(z)$ 是有理函数的 z 变换，即 z^{-1}（或 z）的多项式的比值，称为有理 z 变换。

$$X(z)=\frac{B(z)}{A(z)}=\frac{b_0+b_0z^{-1}+\cdots+b_0z^{-M}}{a_0+a_0z^{-1}+\cdots+a_0z^{-N}}=\frac{\sum\limits_{k=0}^{M}b_kz^{-k}}{\sum\limits_{k=0}^{N}a_kz^{-k}} \tag{3.101}$$

使得 $X(z)=0$ 的 z 值，称为有理 z 变换 $X(z)$ 的零点。在复平面上用圆"∘"表示零点的位置。使得 $X(z)=\infty$ 的 z 值，称为有理 z 变换 $X(z)$ 的极点。在复平面上用叉"×"表示极点的位置，如图 3.27 所示。

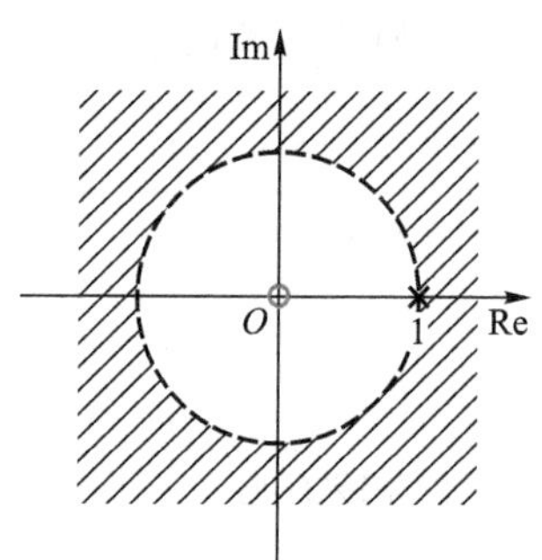

图 3.27　z 变换的零极点图及收敛域

注意：在收敛域内 $X(z)\neq\infty$，也就是说有理 z 变换的收敛域中不包含极点，其收敛域是以极点为界的。

3. 有限长序列 z 变换及其收敛域

除了无限长序列外，还有一类有限长序列。如果序列 $x[n]$ 仅在区间 $n\in[N_1,N_2)$ 内存在有限个非零值，N_1,N_2 均为有限值，则序列 $x[n]$ 称为有限长序列。有限长序列的 z 变换都属于有理 z 变换。

有限长序列 $x[n]$ 的 z 变换可表示为 $X(z)=\sum\limits_{n=N_1}^{N_2-1}x[n]z^{-n}$，是有限个级数之和。当级数 $\sum\limits_{n=N_1}^{N_2-1}x[n]z^{-n}$ 的每项有界（即 $|x[n]z^{-n}|<\infty$）时，则可保证 $X(z)$ 收敛。对于有界的序列（即 $|x[n]|<\infty$），除 $z=\infty$、$z=0$ 外，均有 $|x[n]z^{-n}|<\infty$。也就是说，有限长有界序列的收敛域包含除 $z=\infty$、$z=0$ 外的整个 z 平面，即 $0<|z|<\infty$。对于有限长有界序列，当 $z=\infty$、$z=0$ 时，$X(z)$ 可能收敛。

我们分以下三种情况讨论有限长序列在 $z=\infty$、$z=0$ 处的收敛情况。

（1）当 $N_1\geqslant 0$ 时（因果序列），$\sum\limits_{n=N_1}^{N_2-1}x[n]z^{-n}$ 中 z^{-n} 为非正幂次项。因此，当 $z=\infty$ 时，$X(z)=x[0]$ 或 $X(z)=0$；当 $z=0$ 时，$X(z)=\infty$。即 $z=0$ 是极点，其收敛域为 $0<|z|\leqslant\infty$，如表 3.4 所示。

（2）当 $N_2<0$ 时（反因果序列），$\sum\limits_{n=N_1}^{N_2-1}x[n]z^{-n}$ 中 z^{-n} 均为正幂次项。因此，当 $z=\infty$ 时，$X(z)=\infty$；当 $z=0$ 时，$X(z)=0$。即 $z=\infty$ 是极点、$z=0$ 是零点，其收敛域为 $0\leqslant|z|<\infty$，如表 3.4 所示。

（3）当 $N_1<0, N_2\geqslant 0$ 时（双边序列），$\sum_{n=N_1}^{N_2-1} x[n]z^{-n}$ 中 z^{-n} 既包含正幂次项，也包含零和负幂次项。因此，当 $z=\infty$ 时，$X(z)=\infty$；当 $z=0$ 时，$X(z)=\infty$。即 $z=\infty$、$z=0$ 是极点。其收敛域为 $0<|z|<\infty$，见表 3.4。

表 3.4　有限长序列 z 变换的收敛域

名称	序列	收敛域	
有限长因果序列	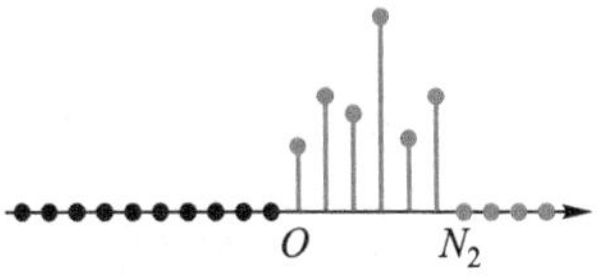	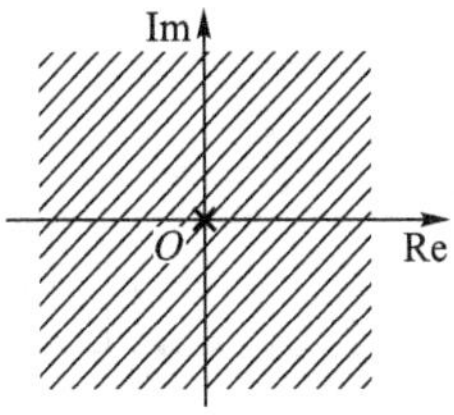	$0<\lvert z\rvert\leqslant\infty$
有限长反因果序列	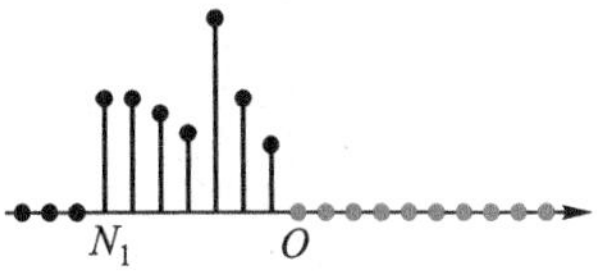	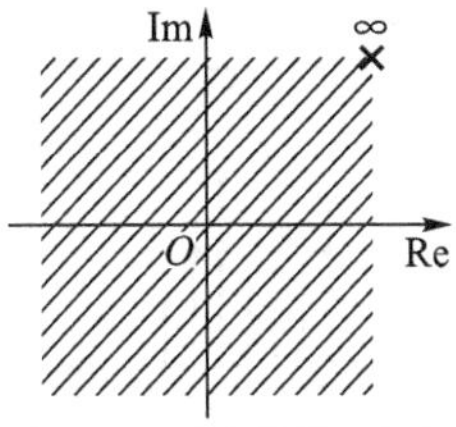	$0\leqslant\lvert z\rvert<\infty$
有限长双边序列	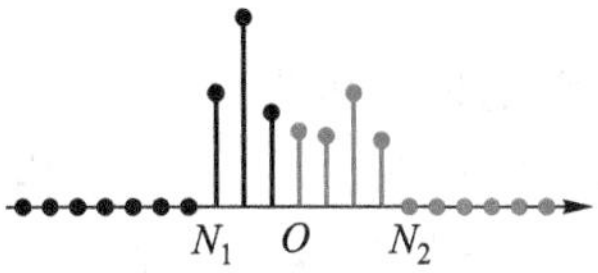	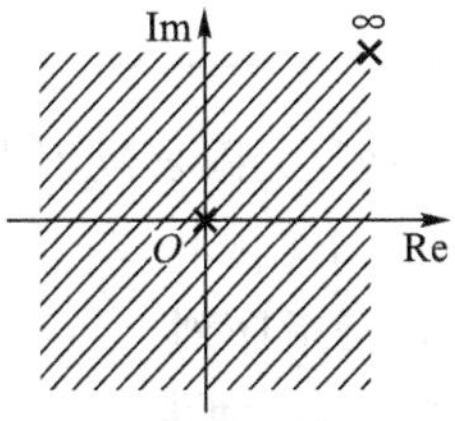	$0<\lvert z\rvert<\infty$

4. 典型序列 z 变换的收敛域

以上介绍了 3 种无限长因果序列、无限长反因果序列、无限长双边序列以及 3 种有限长因果序列、有限长反因果序列、有限长双边序列，可以发现无限长双边序列实质是由无限长因果序列和无限长反因果序列组成的，且有限长双边序列是由有限长因果序列和有限长反因果序列组成的。我们将无限长因果序列、无限长反因果序列、有限长因果序列和有限长反因果序列称为基本序列。表 3.5 总结了这 4 种基本序列 z 变换的收敛域。

表 3.5　基本序列 z 变换的收敛域

名称	序列	收敛域	
无限长因果序列	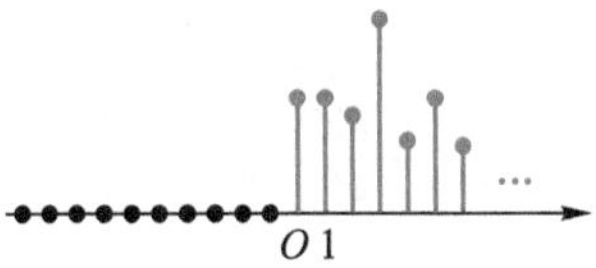	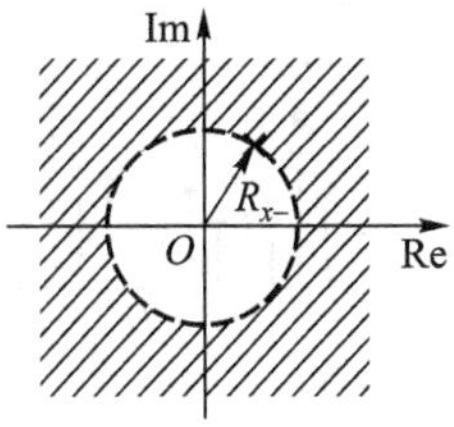	$\lvert z\rvert>R_{x-}$

续表

名称	序列	收敛域	
无限长反因果序列	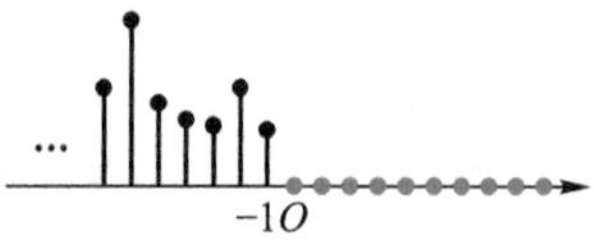	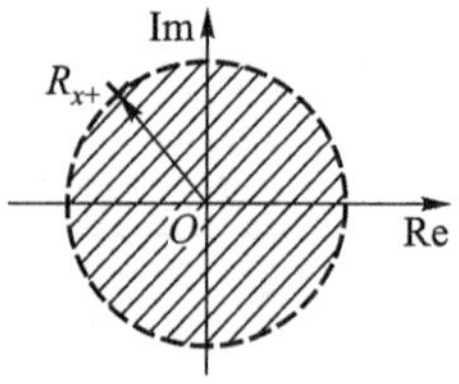	$\lvert z\rvert<R_{x+}$
有限长因果序列	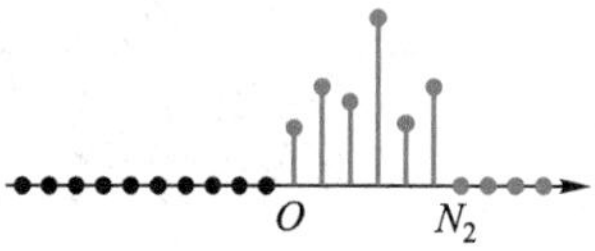	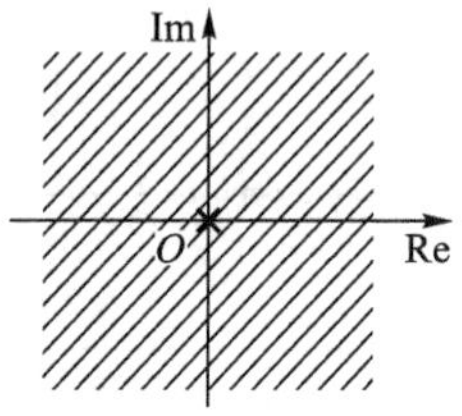	$0<\lvert z\rvert\leqslant\infty$
有限长反因果序列	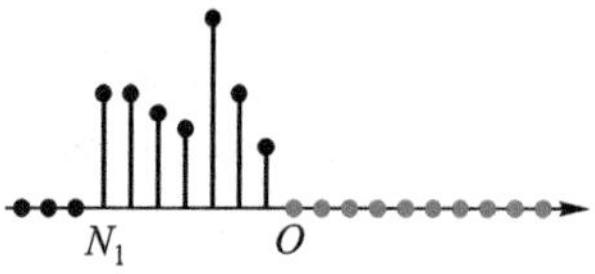	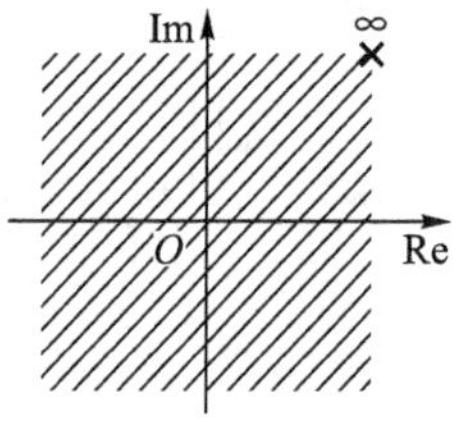	$0\leqslant\lvert z\rvert<\infty$

通过无限长因果序列、无限长反因果序列、有限长因果序列、有限长反因果序列这 4 种基本序列不仅可以构造出无限长双边序列、有限长双边序列，还能构造出右边序列和左边序列等。其中右边序列是指序列 $x[n]$ 在区间 $n\in[N_1,\infty)$ 内存在非零值（N_1 为有限值）；当 $N_1\geqslant 0$ 时，右边序列退化为无限长因果序列，其收敛域与无限长因果序列相同；当 $N_1<0$ 时，右边序列可看成由有限长反因果序列与无限长因果序列的组合，其收敛域为两者交集，见表 3.6。左边序列是指序列 $x[n]$ 仅在区间 $n\in(-\infty,N_2]$ 内存在非零值（N_2 是有限值）；当 $N_2\leqslant 0$ 时，左边序列退化为无限长反因果序列，其收敛域与无限长反因果序列相同；当 $N_2>0$ 时，左边序列可看成由有限长因果序列与无限长反因果序列的组合，其收敛域为两者交集，如表 3.6 所示。同理通过采用 4 种序列的两两组合，可以获得无限长双边序列和有限长双边序列等典型序列，其收敛域如表 3.6 所示。

表 3.6　典型序列 z 变换的收敛域

名称	序列	收敛域	
无限长左边序列	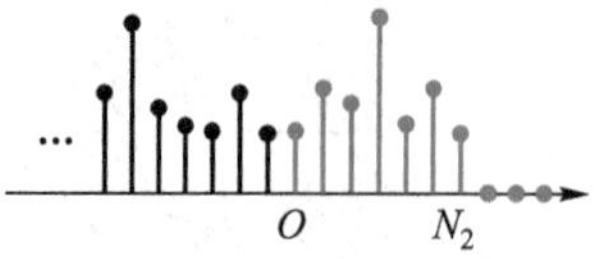	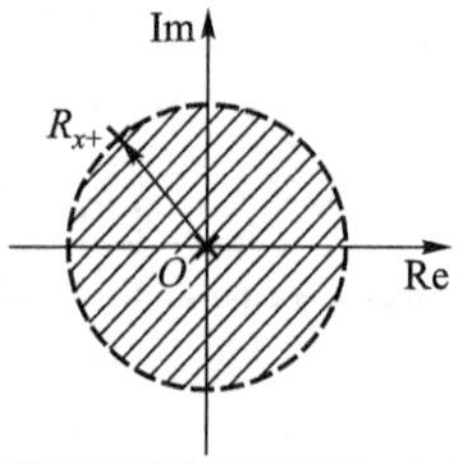	$0<\lvert z\rvert<R_{x+}$ $N_2>0$

续表

名称	序列	收敛域	
无限长右边序列	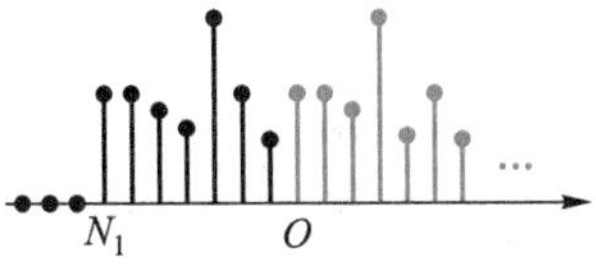 N_1 O …	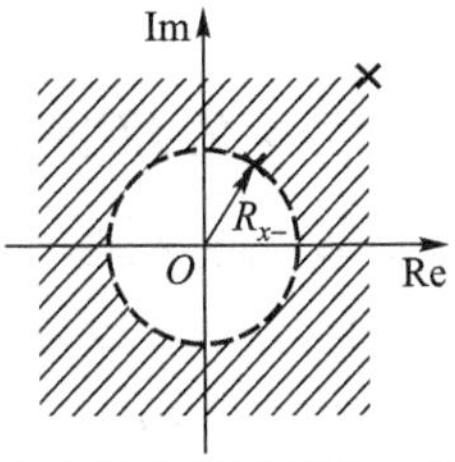 Im R_{x-} O Re	$R_{x-}<\|z\|<\infty$ $N_1<0$
无限长双边序列	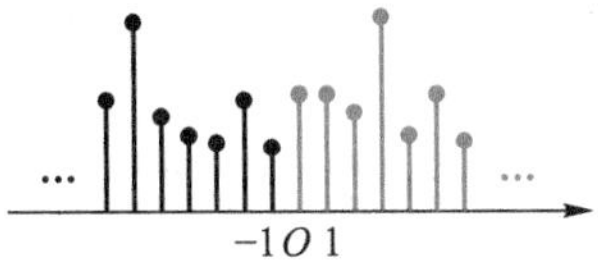 … −1 O 1 …	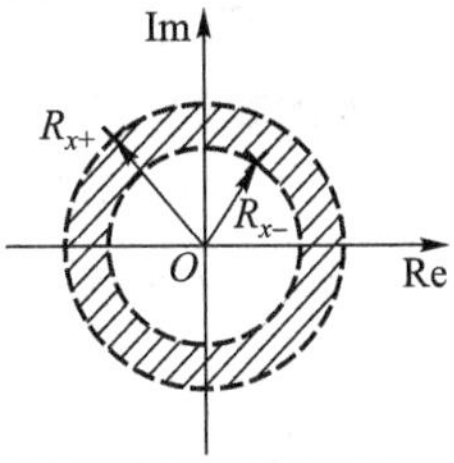 Im R_{x+} R_{x-} O Re	$R_{x-}<\|z\|<R_{x+}$
有限长双边序列	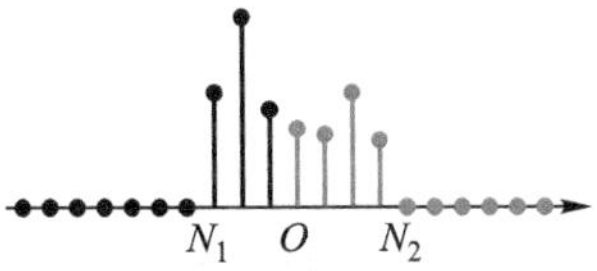 N_1 O N_2	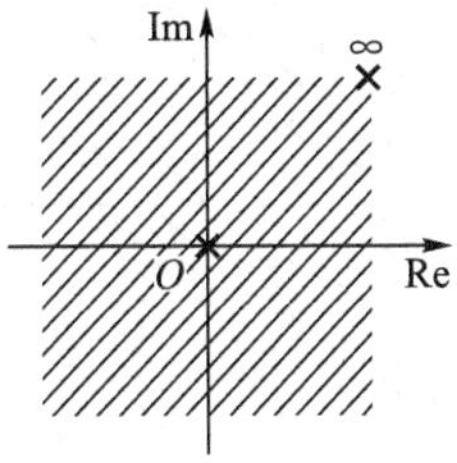 Im ∞ O Re	$0<\|z\|<\infty$

注意:因果序列是右边序列的特例。

几乎所有实际运行中的物理系统,都具有输入信号作用下才有输出信号的性质,所以都满足因果性,都是因果系统。因果性在系统分析中具有重要意义。因果序列满足 $n<0$ 时 $x[n]=0$,表示这个因果序列可以作为一个因果系统的单位脉冲响应,对于研究实际物理系统具有重要价值。观察其收敛域可以发现,当其为有限长因果序列时,其收敛域是除 $z=0$ 外的整个 z 平面,收敛域包括 $z=\infty$。当其为无限长因果序列时,其收敛域是半径为 R_{x-} 的圆的外部,收敛域仍然包括 $z=\infty$。显然,无论是有限长因果序列还是无限长因果序列,其收敛域都包括 $z=\infty$。

下面将通过三个例题分别求解有限长序列、左边序列和右边序列的 z 变换和收敛域,以加深对 z 变换及其收敛域的理解。

例 3.5 有限长序列 $x[n]=\begin{cases}a^n, & 0\leqslant n\leqslant N-1\\ 0, & 其他\end{cases}$ 如图 3.28 所示,求其 z 变换。

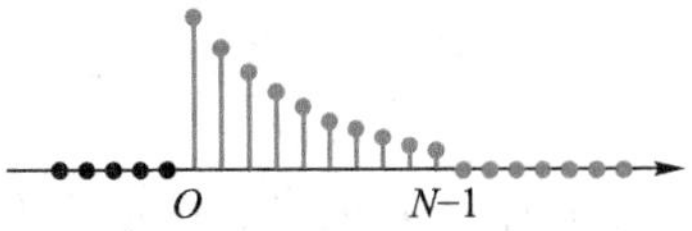

O $N-1$

图 3.28 有限长序列 $x[n]$

解:根据 z 变换定义,得

$$X(z)=\sum_{n=-\infty}^{\infty}a^nz^{-n}=\sum_{n=0}^{N-1}(az^{-1})^n \tag{3.102}$$

展开得

$$X(z)=1+az^{-1}+a^2z^{-2}+\cdots+a^{N-1}z^{-(N-1)} \tag{3.103}$$

依据等比数列公式，得

$$X(z)=\frac{1-(az^{-1})^N}{1-az^{-1}}=\frac{1}{z^{N-1}}\frac{z^N-a^N}{z-a} \tag{3.104}$$

其 ROC 由满足 $\sum_{n=0}^{N-1}(az^{-1})^n<\infty$ 的 z 值所决定。因为只有有限个非零项，所以只要 $|az^{-1}|$ 是有限的，其和就一定有限。这就仅要求 $|a|<\infty$ 和 $z\neq 0$。因此，假定 $|a|$ 是有限的，ROC 除原点 $(z=0)$ 外包括整个 z 平面，如图 3.29 所示。分子多项式的 N 个根为

$$z_k=a\mathrm{e}^{\mathrm{j}(2\pi k/N)},\quad k=0,1,\cdots,N-1 \tag{3.105}$$

注意：式(3.105)的值都满足 $z^N=a^N$。但 $k=0$ 时的零点抵消了 $z=a$ 的极点，结果除了原点外没有任何极点。因此在原点处共有 $N-1$ 重极点。$N-1$ 重零点为

$$z_k=a\mathrm{e}^{\mathrm{j}(2\pi k/N)},\quad k=1,\cdots,N-1 \tag{3.106}$$

例 3.6 右边序列 $x[n]=a^n\mathrm{u}[n]$ 如图 3.30 所示，求其 z 变换。

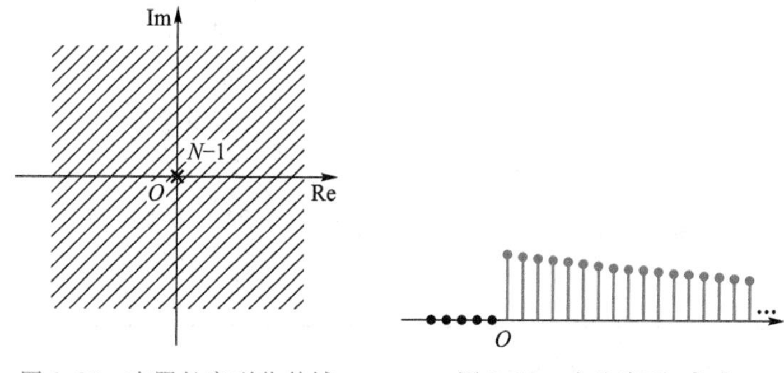

图 3.29 有限长序列收敛域　　图 3.30 右边序列 $x[n]$

解：根据 z 变换定义，得

$$X(z)=\sum_{n=-\infty}^{\infty}a^n\mathrm{u}[n]z^{-n} \tag{3.107}$$

对其求和可得

$$X(z)=\sum_{n=0}^{\infty}(az^{-1})^n=\frac{1}{1-az^{-1}}=\frac{z}{z-a} \tag{3.108}$$

只有当级数 $\sum_{n=0}^{\infty}(az^{-1})^n$ 收敛，式(3.108)才成立，因此其收敛域为

$$\sum_{n=0}^{\infty}(a^{-1}z)^n<\infty\Leftrightarrow|a^{-1}z|<1\Leftrightarrow|z|>|a| \tag{3.109}$$

所以，序列 $x[n]$ 的 z 变换及其收敛域，如图 3.31 所示。

$$X(z)=\frac{1}{1-az^{-1}},\ |z|>|a| \tag{3.110}$$

例 3.7 左边序列 $x[n]=-a^n\mathrm{u}[-n-1]$ 如图 3.32 所示，求其 z 变换。

解：根据 z 变换定义，得

$$X(z)=-\sum_{n=-\infty}^{\infty}a^n\mathrm{u}[-n-1]z^{-n} \tag{3.111}$$

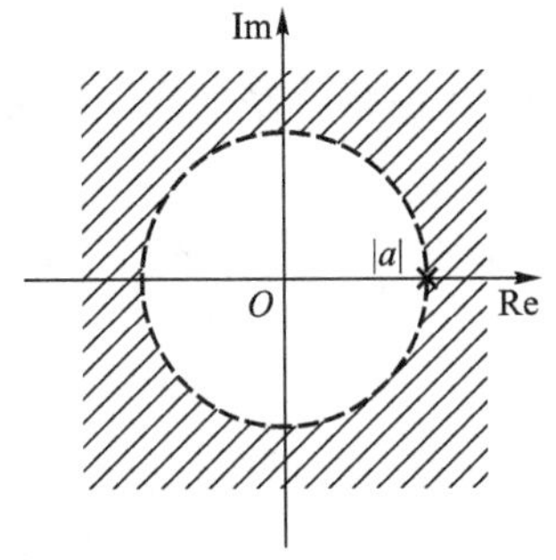

图 3.31　右边序列收敛域

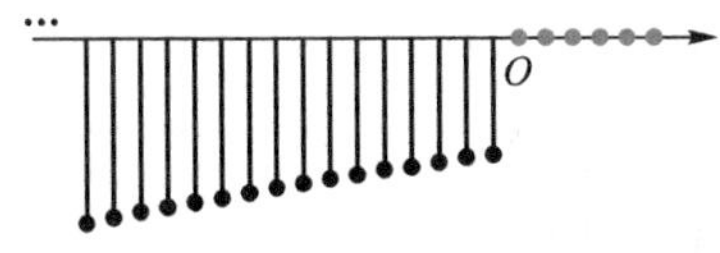

图 3.32　左边序列 $x[n]$

对其求和可得

$$X(z)=-\sum_{n=-\infty}^{-1}(az^{-1})^{n}=-\sum_{n=1}^{\infty}(az^{-1})^{-n}=1-\sum_{n=0}^{\infty}(a^{-1}z)^{n}$$

$$=1-\frac{1}{1-a^{-1}z}=\frac{1}{1-az^{-1}} \tag{3.112}$$

只有当级数 $\sum_{n=0}^{\infty}(a^{-1}z)^{n}$ 收敛,式(3.112)才成立,因此其收敛域为

$$\sum_{n=0}^{\infty}(a^{-1}z)^{n}<\infty \Leftrightarrow |a^{-1}z|<1 \Leftrightarrow |z|<|a| \tag{3.113}$$

所以,序列 $x[n]$ 的 z 变换及其收敛域为

$$X(z)=\frac{1}{1-az^{-1}},\ |z|<|a| \tag{3.114}$$

显然,其零点为 0,极点为 a,收敛域如图 3.33 所示。

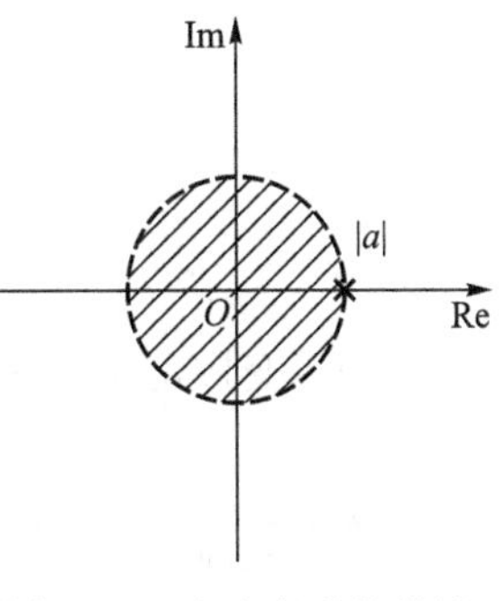

图 3.33　左边序列收敛域

需要注意的是:对比左边序列和右边序列,可发现两者的 z 变换相同,都是$\frac{1}{1-az^{-1}}$,a 是 $X(z)$ 的一个极点,然而两者的收敛域却不同。

3.3.3　z 变换的性质和定理

z 变换是离散时间信号和系统中非常有用的工具,z 变换的性质定理有助于理解、分析、设计、实现离散时间信号和系统。此外,z 变换的性质与连续域的拉普拉斯变换具有相似性,与离散时间序列的傅里叶变换有着一定的联系,因此可对照学习。

1. 线性性质

如果 $x[n]\underset{z^{-1}}{\overset{z}{\rightleftharpoons}}X(z)$ (ROC $=R_x$)、$y[n]\underset{z^{-1}}{\overset{z}{\rightleftharpoons}}Y(z)$ (ROC $=R_y$),则 $ax[n]+by[n]\underset{z^{-1}}{\overset{z}{\rightleftharpoons}}aX(z)+bY(z)$,ROC 包含 $R_x\cap R_y$,其中 a,b 为常数。

上式可由 z 变换的定义直接求得,其收敛域至少是两个单一收敛域的交集,即 $R_x\cap R_y$。对于有理 z 变换的序列,若没有任何零极点对消情况,则 $aX(z)+bY(z)$ 的极点由全部 $X(z)$ 和 $Y(z)$ 的极点所组成,那么收敛域一定完全等于两个单一收敛域的重叠部分,即 $R_x\cap R_y$;若线性组合使得引入的某些零点抵消了极点,那么收敛域则可能增大,但是收敛域仍包含

$R_x \cap R_y$ 的部分。

先用一个例子说明在没有任何零极点对消情况下，线性组合序列的 z 变换及收敛域的特点。

例 3.8　已知 $x[n]=(0.95)^n \mathrm{u}[n]-(-1.05)^n \mathrm{u}[-n-1]$，如图 3.34 所示，求其 z 变换及收敛域。

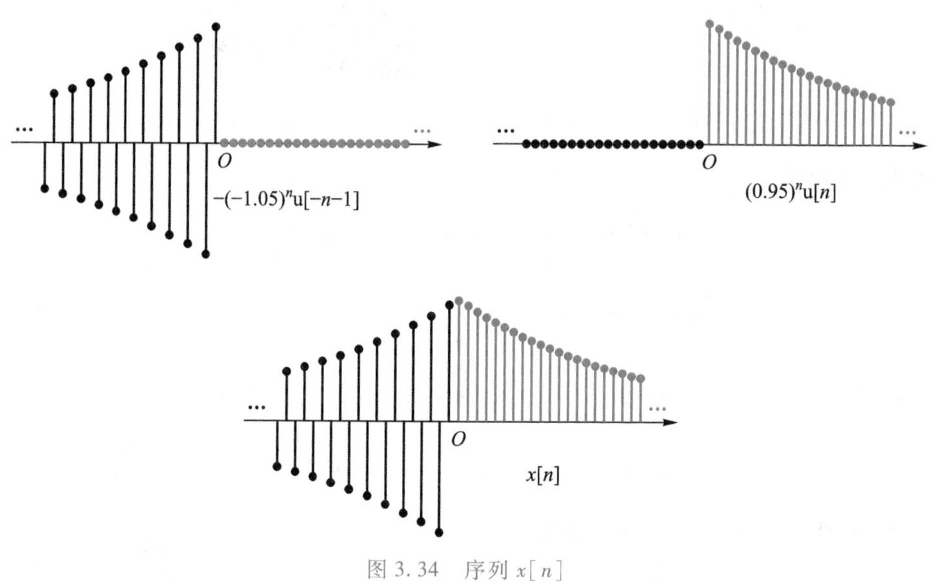

图 3.34　序列 $x[n]$

解：由 z 变换定义可得表 3.7。

表 3.7　左边序列和右边序列形式及其收敛域

序列	$x[n]$	收敛域
右边序列	$a^n \mathrm{u}[n]$	$\|z\|>\|a\|$
左边序列	$-a^n \mathrm{u}[-n-1]$	$\|z\|<\|a\|$

右边序列 $(0.95)^n \mathrm{u}[n]$ 的 z 变换为

$$(0.95)^n \mathrm{u}[n] \underset{z^{-1}}{\overset{z}{\rightleftarrows}} \frac{1}{1-0.95z^{-1}} \tag{3.115}$$

左边序列 $(-1.05)^n \mathrm{u}[-n-1]$ 的 z 变换为

$$(-1.05)^n \mathrm{u}[-n-1] \underset{z^{-1}}{\overset{z}{\rightleftarrows}} \frac{1}{1+1.05z^{-1}} \tag{3.116}$$

根据线性性质，$X(z)$ 的 z 变换为 $X_1(z)$ 和 $X_2(z)$ 的 z 变换之和。$X(z)$ 的收敛域为 $X_1(z)$ 和 $X_2(z)$ 收敛域的交集，如图 3.35 所示，图(a)为右边序列收敛域，图(b)为左边序列收敛域，图(c)为序列 $x[n]$ 的收敛域，为圆环。

下面再用一个例子说明存在零极点对消情况下，线性组合序列的 z 变换及其收敛域的特点，以加深对 z 变换线性性质的理解。

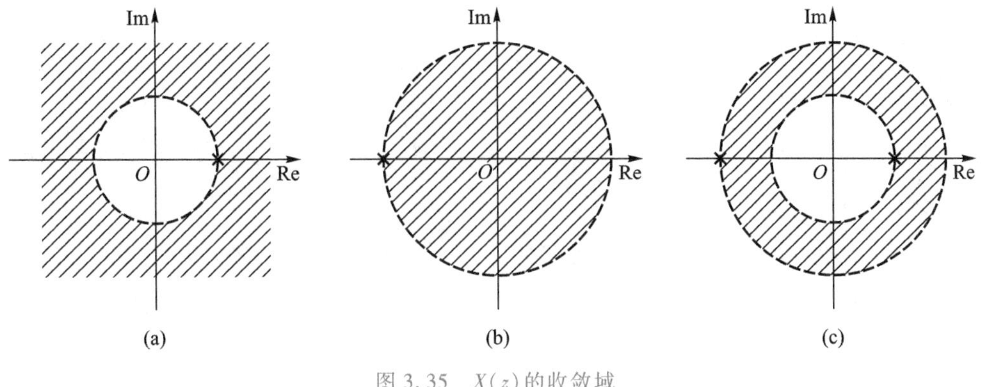

图 3.35　$X(z)$的收敛域

例 3.9　已知 $x[n]=\mathrm{u}[n]-\mathrm{u}[n-3]$，如图 3.36 所示，求其 z 变换及收敛域。

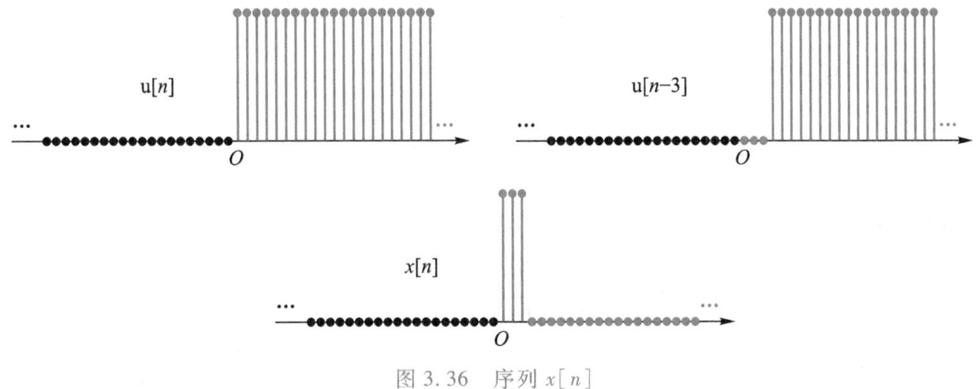

图 3.36　序列 $x[n]$

解：$\mathrm{u}[n]$为右边序列，它的 z 变换为

$$\mathrm{u}[n] \underset{z^{-1}}{\overset{z}{\rightleftharpoons}} \frac{1}{1-z^{-1}} \tag{3.117}$$

$-\mathrm{u}[n-3]$为右边序列，可由时域移位性质求出它的 z 变换为

$$\mathrm{u}[n-3] \underset{z^{-1}}{\overset{z}{\rightleftharpoons}} \frac{z^{-3}}{1-z^{-1}} \tag{3.118}$$

序列 $\mathrm{u}[n]$在 1 处有一个极点。序列$-\mathrm{u}[n-3]$在零点处有两重极点，在 1 处有一个极点。收敛域为两者的交集，根据立方差公式，可得

$$X(z)=\frac{1}{1-z^{-1}}-\frac{z^{-3}}{1-z^{-1}}=\frac{(1-z^{-1})(z^{-2}+z^{-1}+1)}{1-z^{-1}}=z^{-2}+z^{-1}+1 \tag{3.119}$$

可发现组合序列出现一个新的零点，与极点相消，出现零极点对消的情况。所以它的收敛域扩大了，包含原来两个序列的交集，如图 3.37 所示，图(a)(b)分别为 $\mathrm{u}[n]$和$-\mathrm{u}[n-3]$的收敛域，图(c)为序列 $x[n]$的收敛域，为除零点外的整个 z 平面。

▶ 扫一扫
3-16 z 变换时域移位性质的证明

2. 时域移位性质

如果 $x[n] \underset{z^{-1}}{\overset{z}{\rightleftharpoons}} X(z)$（$\mathrm{ROC}=R_x$），则 $x[n-n_\mathrm{d}] \underset{z^{-1}}{\overset{z}{\rightleftharpoons}} z^{-n_\mathrm{d}}X(z)$（$\mathrm{ROC}=R_x$）（ROC 可能加上或除掉 $z=0$ 或 $z=\infty$）。

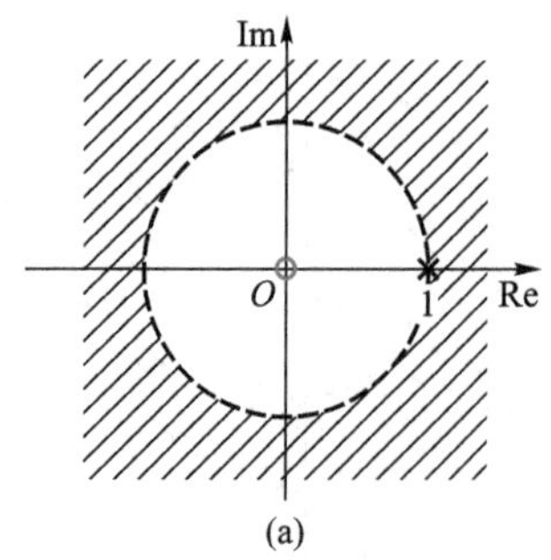

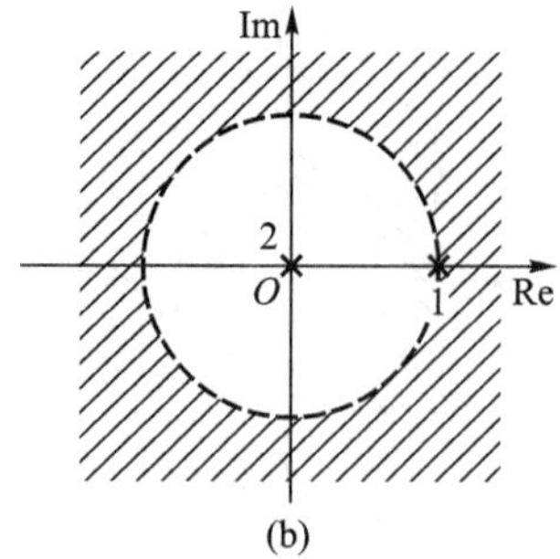

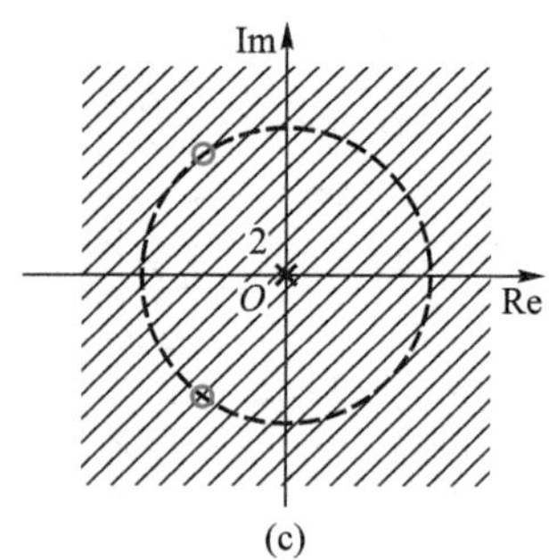

图 3.37　零极点对消

由于 z^{-n_d} 因子的存在，$z=0$ 或 $z=\infty$ 处极点的数目可能变化，收敛域也随之变化。时域移位性质在求解一些序列的 z 变换时非常有用。现用一个例子进行说明。

例 3.10　已知 $x[n]=(0.95)^{n-1}\mathrm{u}[n-1]$，如图 3.38 所示，求其 z 变换。

解：由于 $a^n\mathrm{u}[n]\underset{z^{-1}}{\overset{z}{\rightleftharpoons}}\dfrac{1}{1-az^{-1}}(|z|>|a|)$，因此

$$(0.95)^n\mathrm{u}[n]\underset{z^{-1}}{\overset{z}{\rightleftharpoons}}\frac{1}{1-0.95z^{-1}},\quad |z|>0.95 \tag{3.120}$$

由时域移位性质 $x[n-n_d]\underset{z^{-1}}{\overset{z}{\rightleftharpoons}}z^{-n_d}X(z)$ 可得

$$X(z)=\frac{z^{-1}}{1-0.95z^{-1}},\quad |z|>0.95 \tag{3.121}$$

▶ 扫一扫 3-17 z 变换指数序列相乘性质的证明

3. 指数序列相乘性质

如果 $x[n]\underset{z^{-1}}{\overset{z}{\rightleftharpoons}}X(z)(\mathrm{ROC}=R_x)$，则 $z_0^n x[n]\underset{z^{-1}}{\overset{z}{\rightleftharpoons}}X(z/z_0)(\mathrm{ROC}=|z_0|R_x)$，其中 z_0 为任何常数，无论是实数或复数。

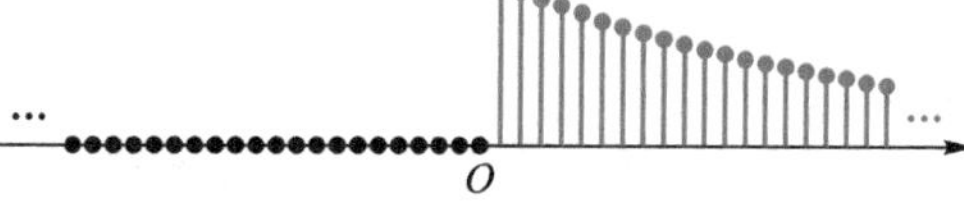

图 3.38　序列 $x[n]$

$\mathrm{ROC}=|z_0|R_x$ 表示收敛域是 R_x，但用 $|z_0|$ 改变了尺度；也就是说，如果 R_x 是 $r_R<|z|<r_L$ 的 z 值集合，那么 $|z_0|R_x$ 就是 $|z_0|r_R<|z|<|z_0|r_L$ 的 z 值集合。

例 3.11　求序列 $x[n]=r^n\cos(\omega_0 n)\mathrm{u}[n]$ 的 z 变换。

解：由欧拉公式可得

$$x[n]=r^n\left(\frac{1}{2}\mathrm{e}^{\mathrm{j}\omega_0 n}+\frac{1}{2}\mathrm{e}^{-\mathrm{j}\omega_0 n}\right)\mathrm{u}[n]=\frac{1}{2}(r\mathrm{e}^{\mathrm{j}\omega_0})^n\mathrm{u}[n]+\frac{1}{2}(r\mathrm{e}^{-\mathrm{j}\omega_0})^n\mathrm{u}[n] \tag{3.122}$$

由于序列 $\mathrm{u}[n]$ 的 z 变换为 $\dfrac{1}{1-z^{-1}}(|z|>1)$，根据指数序列相乘性质可得

$$X(z)=\frac{1/2}{1-r\mathrm{e}^{\mathrm{j}\omega_0}z^{-1}}+\frac{1/2}{1-r\mathrm{e}^{-\mathrm{j}\omega_0}z^{-1}}=\frac{1-r\cos\omega_0 z^{-1}}{1+r^2z^{-2}-2r\cos\omega_0 z^{-1}},\quad |z|>r \tag{3.123}$$

4. 微分性质

如果 $x[n]\underset{z^{-1}}{\overset{z}{\rightleftharpoons}}X(z)(\mathrm{ROC}=R_x)$，则 $nx[n]\underset{z^{-1}}{\overset{z}{\rightleftharpoons}}-z\dfrac{\mathrm{d}X(z)}{\mathrm{d}z}(\mathrm{ROC}=R_x)$。注意：等号两边

的变换具有相同的收敛域。

证明：

由 z 变换定义，得

$$X(z)=\sum_{n=-\infty}^{\infty}x[n]z^{-n} \tag{3.124}$$

等式两端同时求微分，并乘以 $-z$，可得

$$\begin{aligned}-z\frac{\mathrm{d}X(z)}{\mathrm{d}z}&=-z\sum_{n=-\infty}^{\infty}(-nx[n]z^{-n-1})\\&=\sum_{n=-\infty}^{\infty}nx[n]z^{-n}\end{aligned} \tag{3.125}$$

显然性质得证。利用 z 变换微分性质，可求某些特殊函数的 z 变换。下面通过两个例子来说明微分性质的应用。

例 3.12　已知非有理式 $X(z)=\log(1+az^{-1})$，其收敛为 $|z|>|a|$，求其 z 反变换。

解：对非有理式两端同时求微分，得

$$\frac{\mathrm{d}X(z)}{\mathrm{d}z}=\frac{-az^{-2}}{1+az^{-1}} \tag{3.126}$$

等式两端同时乘以 $-z$，得

$$-z\frac{\mathrm{d}X(z)}{\mathrm{d}z}=\frac{az^{-1}}{1+az^{-1}} \tag{3.127}$$

由于序列 $(-a)^n\mathrm{u}[n]\underset{z^{-1}}{\overset{z}{\rightleftharpoons}}\frac{1}{1+az^{-1}}(|z|>|a|)$，根据时域移位性质，得

$$(-a)^{n-1}\mathrm{u}[n-1]\underset{z^{-1}}{\overset{z}{\rightleftharpoons}}\frac{z^{-1}}{1+az^{-1}},\quad |z|>|a| \tag{3.128}$$

由齐次性，得

$$a(-a)^{n-1}\mathrm{u}[n-1]\underset{z^{-1}}{\overset{z}{\rightleftharpoons}}-z\frac{\mathrm{d}X(z)}{\mathrm{d}z}=\frac{az^{-1}}{1+az^{-1}},\quad |z|>|a| \tag{3.129}$$

而 $-z\frac{\mathrm{d}X(z)}{\mathrm{d}z}=\frac{az^{-1}}{1+az^{-1}}$，由 z 变换微分性质得

$$nx[n]=a(-a)^{n-1}\mathrm{u}[n-1] \tag{3.130}$$

化简得

$$x[n]=(-1)^{n+1}\frac{a^n}{n}\mathrm{u}[n-1] \tag{3.131}$$

例 3.13　求 $\frac{-az^{-1}}{(1-az^{-1})^2}$ 的 z 反变换。

解：由于

$$x[n]=a^n\mathrm{u}[n]\underset{z^{-1}}{\overset{z}{\rightleftharpoons}}\frac{1}{1-az^{-1}},\quad |z|>|a| \tag{3.132}$$

求其微分得

$$\frac{\mathrm{d}X(z)}{\mathrm{d}z}=\frac{az^{-2}}{(1-az^{-1})^2} \tag{3.133}$$

等式两端同时乘以$-z$,得

$$-z\frac{\mathrm{d}X(z)}{\mathrm{d}z}=\frac{-az^{-1}}{(1-az^{-1})^2} \tag{3.134}$$

由微分性质,得

$$\frac{-az^{-1}}{(1-az^{-1})^2}\longleftrightarrow x[n]=na^n\mathrm{u}[n] \tag{3.135}$$

所以在 a 处有两重极点,其序列如图 3.39 所示。

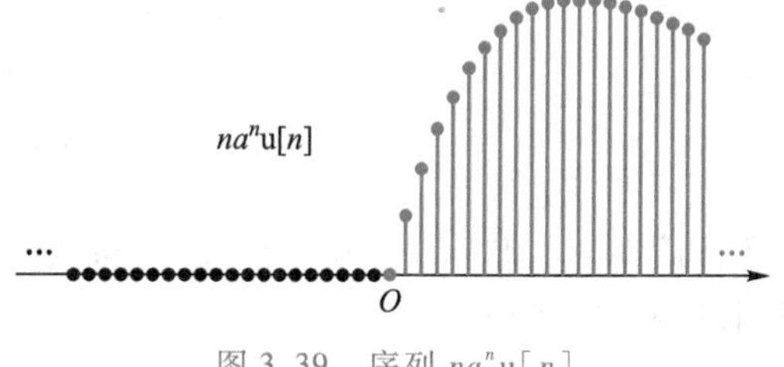

图 3.39 序列 $na^n\mathrm{u}[n]$

5. 共轭性质

如果 $x[n]\underset{z^{-1}}{\overset{z}{\rightleftarrows}}X(z)$ (ROC $=R_x$),则 $x^*[n]\underset{z^{-1}}{\overset{z}{\rightleftarrows}}X^*(z^*)$ (ROC$=R_x$)。

证明:

根据 z 变换定义,得

$$X(z)=\sum_{n=-\infty}^{\infty}x[n]z^{-n} \tag{3.136}$$

等式两端求共轭,得

$$X^*(z)=\sum_{n=-\infty}^{\infty}x^*[n](z^*)^{-n} \tag{3.137}$$

令 $z=z^*$,得

$$X^*(z^*)=\sum_{n=-\infty}^{\infty}x^*[n]z^{-n} \tag{3.138}$$

z 是 $X(z)$的一个极点,那么 $x^*[n]$对应的极点是 z^*,两者模值不变,都是 r,因此收敛域不变。

6. 时间倒置性质

如果 $x[n]\underset{z^{-1}}{\overset{z}{\rightleftarrows}}X(z)$ (ROC$=R_x$),则 $x^*[-n]\underset{z^{-1}}{\overset{z}{\rightleftarrows}}X^*(1/z^*)$ (ROC$=1/R_x$)。

证明:

$$X^*(z^*)=\sum_{n=-\infty}^{\infty}x^*[n]z^{-n}=\sum_{n=\infty}^{-\infty}x^*[n]z^{n}=\sum_{n=-\infty}^{\infty}x^*[-n]\left(\frac{1}{z}\right)^{-n} \tag{3.139}$$

$$X^*\left(\frac{1}{z^*}\right)=\sum_{n=-\infty}^{\infty}x^*[-n](z)^{-n} \tag{3.140}$$

▶ 扫一扫
3-18 z 变换卷积性质的证明

ROC$=1/R_x$ 表示 R_x 的倒数,如果 R_x 是在 $r_\mathrm{R}<|z|<r_\mathrm{L}$ 内 z 值的集合,那么 ROC 就是在 $1/r_\mathrm{L}<|z|<1/r_\mathrm{R}$ 内 z 值的集合。

7. 卷积性质

如果 $x[n]\underset{z^{-1}}{\overset{z}{\rightleftarrows}}X(z)$ (ROC$=R_x$),并且 $h[n]\underset{z^{-1}}{\overset{z}{\rightleftarrows}}H(z)$ (ROC$=R_h$),则 $y[n]=x[n]*h[n]\underset{z^{-1}}{\overset{z}{\rightleftarrows}}Y(z)=X(z)H(z)$,ROC 包含 $R_x\cap R_h$。

$Y(z)$的 ROC 包含 $R_x \cap R_h$；如果 $X(z)$和 $H(z)$之一的 ROC 有一个界定的极点与另一个的零点对消，那么 $Y(z)$的收敛域就可能增大。作为这个性质的结果，这就是 LTI 系统输出的 z 变换等于输入的 z 变换和系统单位脉冲响应 z 变换的乘积。一个 LTI 系统单位脉冲响应的 z 变换就称为系统函数。下面通过两个例子进行说明。

例 3.14 当输入序列为 $x[n]=\mathrm{u}[n]$时，对于一个单位脉冲响应为 $h[n]=a^n\mathrm{u}[n]$的 LTI 系统，请通过 z 变换计算出 LTI 系统的输出 $y[n]=x[n]*h[n]$，即单位阶跃响应。

解：根据 z 变换定义，得

$$x[n]=\mathrm{u}[n]\underset{z^{-1}}{\overset{z}{\rightleftharpoons}}X(z)=\frac{1}{1-z^{-1}},\quad |z|>1$$

$$h[n]=a^n\mathrm{u}[n]\underset{z^{-1}}{\overset{z}{\rightleftharpoons}}H(z)=\frac{1}{1-az^{-1}},\quad |z|>|a| \tag{3.141}$$

进而可得

$$Y(z)=H(z)X(z)=\frac{1}{1-az^{-1}}\frac{1}{1-z^{-1}}=\frac{z^2}{(z-a)(z-1)},\quad |z|>\max\{1,|a|\} \tag{3.142}$$

部分分式展开，得

$$Y(z)=\frac{1}{1-a}\left(\frac{1}{1-z^{-1}}-\frac{a}{1-az^{-1}}\right),\quad |z|>\max\{1,|a|\} \tag{3.143}$$

所以

$$y[n]=\frac{1}{1-a}(\mathrm{u}[n]-a^n\mathrm{u}[n]) \tag{3.144}$$

当$|a|<1$ 时，序列 $\mathrm{u}[n]$和 $a^n\mathrm{u}[n]$卷积的 z 变换零极点图如图 3.40 所示。

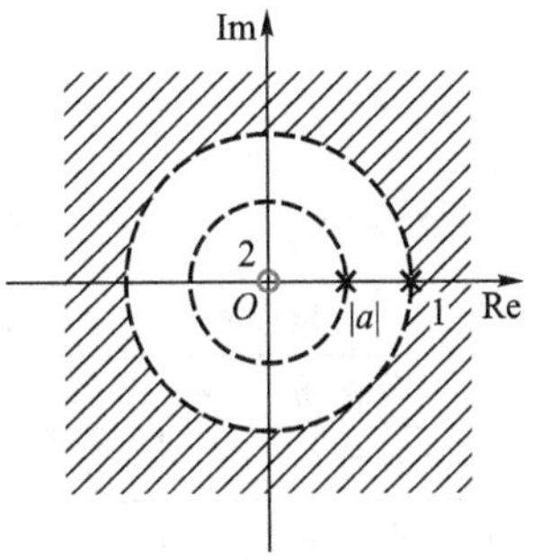

图 3.40 序列 $\mathrm{u}[n]$和 $a^n\mathrm{u}[n]$卷积的 z 变换零极点图

例 3.15 对于一个单位脉冲响应为 $h[n]=\delta[n]-\delta[n-1]$的 LTI 系统，当输入序列为 $x[n]=\mathrm{u}[n]$时，请通过 z 变换计算出 LTI 系统的输出 $y[n]=x[n]*h[n]$，即单位阶跃响应。

解：根据 z 变换定义，得

$$h[n]=\mathrm{u}[n]\underset{z^{-1}}{\overset{z}{\rightleftharpoons}}H(z)=\frac{1}{1-z^{-1}},\quad |z|>1 \tag{3.145}$$

$$x[n]=\delta[n]-\delta[n-1]\underset{z^{-1}}{\overset{z}{\rightleftharpoons}}X(z)=1-z^{-1},\quad |z|>0 \tag{3.146}$$

进而可得

$$Y(z)=H(z)X(z)=1,\quad \text{ROC:整个 } z \text{ 平面} \tag{3.147}$$

可发现组合出现零极点对消，所以它的收敛域扩大了，包含原来两个序列的交集，如图 3.41 所示，图(a)(b)分别为 $h[n]$和 $x[n]$的零极点图，图(c)为序列 $y[n]$的零极点图，为整个 z 平面。

8. 初值定理

如果 $x[n]$是因果的，即当 $n<0$ 时，$x[n]=0$，则 $x[0]=\lim\limits_{z\to\infty}X(z)$。

证明：

$$X(z)=\sum_{n=0}^{\infty}x[n]z^{-n} \tag{3.148}$$

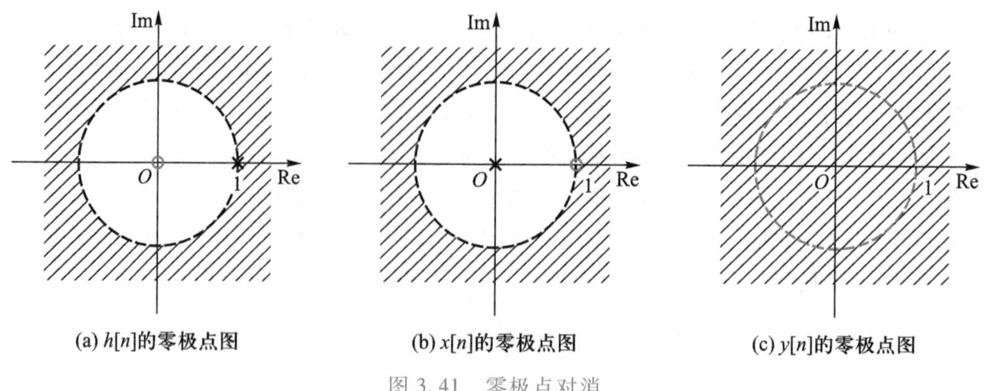

图 3.41 零极点对消

$$\lim_{z\to\infty}X(z)=\lim_{z\to\infty}\sum_{n=0}^{\infty}x[n]z^{-n}=\lim_{z\to\infty}\{x[0]+x[1]z^{-1}+x[2]z^{-2}+\cdots\}=x[0] \tag{3.149}$$

为便于参考，z 变换的性质和定理归纳见表 3.8。

表 3.8 z 变换的性质和定理

性质和定理	序列	z 变换	ROC
	$x[n]$ $y[n]$ $h[n]$	$X(z)$ $Y(z)$ $H(z)$	R_x R_y R_h
线性性质	$ax[n]+by[n]$	$aX(z)+bY(z)$	至少是 R_x 与 R_y 的相交
时域移位性质	$x[n-n_d]$	$z^{-n_d}X(z)$	R_x (可能加上或除掉 $z=0$ 或 $z=\infty$)
指数序列相乘性质	$z_0^n x[n]$	$X(z/z_0)$	$\|z_0\|R_x$
微分性质	$nx[n]$	$-z\mathrm{d}X(z)/\mathrm{d}z$	R_x
共轭性质	$x^*[n]$	$X^*(z^*)$	R_x
时间倒置性质	$x^*[-n]$	$X^*(1/z^*)$	$1/R_x$
卷积性质	$x[n]*h[n]$	$X(z)H(z)$	至少是 R_x 与 R_h 的相交
初值定理	若 $n<0, x[n]=0$，则 $x[0]=\lim\limits_{z\to\infty}X(z)$		

3.3.4 z 的反变换

虽然式(3.92)提供了由序列 z 反变换求解序列 $x[n]$ 的表达式，但是求解过程比较复杂。由于本书只处理在 z 域上具有有理 z 变换的信号和系统，因此实现的 z 反变换的方法通常采用以下三种方法：观察法、部分分式分解法和幂级数展开法。

1. 观察法

根据 z 变换的常用变换对，可通过观察的形式获得 $X(z)$ 的反变换。

例 3.16 给定 $X(z)=\dfrac{1}{1-0.95z^{-1}}$，求其 z 反变换。

解：根据 z 变换定义，得

$$a^n\mathrm{u}[n]\underset{z^{-1}}{\overset{z}{\rightleftarrows}}\frac{1}{1-az^{-1}},\quad |z|>|a| \tag{3.150}$$

$$-a^n u[-n-1] \underset{z^{-1}}{\overset{z}{\rightleftarrows}} \frac{1}{1-az^{-1}}, \quad |z|<|a| \tag{3.151}$$

当 $|z|>0.95$，由观察法，得

$$x[n]=(0.95)^n u[n] \tag{3.152}$$

当 $|z|<0.95$，由观察法，得

$$x[n]=-(0.95)^n u[-n-1] \tag{3.153}$$

由于题目未给出收敛域，因此分析时需要在不同收敛域条件下对 z 反变换进行分析。

2. 部分分式展开法

对于序列 $x[n]$ 的 z 变换 $X(z)$ 可写为

$$X(z)=\frac{b_0\prod_{k=1}^{M}(1-c_k z^{-1})}{a_0\prod_{k=1}^{N}(1-d_k z^{-1})} \tag{3.154}$$

其中，c_k 为 $X(z)$ 的非零值零点，d_k 为 $X(z)$ 的非零值极点。若 $M<N$，则

$$X(z)=\sum_{k=1}^{N}\frac{A_k}{1-d_k z^{-1}} \tag{3.155}$$

对 $X(z)$ 的每一项通过观察法获取 z 的反变换，最终相加求得 $X(z)$ 的反变换，其中 A_k 的取值为

$$A_k=(1-d_k z^{-1})X(z)\big|_{z=d_k} \tag{3.156}$$

若 $M\geqslant N$，则 $X(z)$ 可写为

$$X(z)=\sum_{r=0}^{M-N}B_r z^{-r}+\sum_{k=1}^{N}\frac{A_k}{1-d_k z^{-1}} \tag{3.157}$$

对于 B_r 的求解，可通过长除法得到。若 $X(z)$ 有多重极点，则 $X(z)$ 可写为

$$X(z)=\sum_{r=0}^{M-N}B_r z^{-r}+\sum_{k=1,k\neq i}^{N}\frac{A_k}{1-d_k z^{-1}}+\sum_{m=1}^{s}\frac{c_m}{(1-d_i z^{-1})^m} \tag{3.158}$$

其中，c_m 取值为

$$c_m=\frac{1}{(s-m)!\;(-d_i)^{s-m}}\left\{\frac{\mathrm{d}^{s-m}}{\mathrm{d}\omega^{s-m}}[(1-d_i\omega)^s X(\omega^{-1})]\right\}_{\omega=d_i^{-1}} \tag{3.159}$$

需要注意的是，若 $X(z)$ 的收敛域为 $r_R<|z|<r_L$，则对于$\frac{A_k}{1-d_k z^{-1}}$的极点 d_k，若 $|d_k|<r_R$，则对应 z 的反变换为右边序列；反之，则为左边序列。

例 3.17　求 $X(z)=\frac{1}{(1-0.95z^{-1})(1-1.05z^{-1})}$（$|z|>1.05$）的 z 反变换。

解：$X(z)$ 可表示为

$$X(z)=\frac{A_1}{1-0.95z^{-1}}+\frac{A_2}{1-1.05z^{-1}} \tag{3.160}$$

根据部分分式求解法，有

$$A_1=(1-0.95z^{-1})X(z)\big|_{z=0.95}=-9.5 \tag{3.161}$$

$$A_2=(1-1.05z^{-1})X(z)\big|_{z=1.05}=10.5 \tag{3.162}$$

可得

$$X(z)=\frac{-9.5}{1-0.95z^{-1}}+\frac{10.5}{1-1.05z^{-1}},\quad |z|>1.05 \tag{3.163}$$

所以

$$x[n]=-9.5(0.95)^n\mathrm{u}[n]+10.5(1.05)^n\mathrm{u}[n] \tag{3.164}$$

例 3.18 求 $X(z)=\dfrac{1+2z^{-1}+z^{-2}}{1-\dfrac{3}{2}z^{-1}+\dfrac{1}{2}z^{-2}}(|z|>1)$ 的 z 反变换。

解：

$$X(z)=\frac{(1+z^{-1})^2}{\left(1-\dfrac{1}{2}z^{-1}\right)(1-z^{-1})}=B_0+\frac{A_1}{\left(1-\dfrac{1}{2}z^{-1}\right)}+\frac{A_2}{(1-z^{-1})} \tag{3.165}$$

用长除法，有

$$\begin{array}{r}
2\phantom{+2z^{-1}+1}\\
1/2z^{-2}-3/2z^{-1}+1\overline{)z^{-2}+2z^{-1}+1}\\
\underline{z^{-2}-3z^{-1}+2}\\
5z^{-1}-1
\end{array}$$

可得 $B_0=2$，则

$$X(z)=2+\frac{-1+5z^{-1}}{\left(1-\dfrac{1}{2}z^{-1}\right)(1-z^{-1})},\quad |z|>1 \tag{3.166}$$

使用部分分式展开法，有

$$A_1=\left(1-\frac{1}{2}z^{-1}\right)X(z)\big|_{z=1/2}=-9 \tag{3.167}$$

$$A_2=(1-z^{-1})X(z)\big|_{z=1}=8 \tag{3.168}$$

即

$$X(z)=2+\frac{-9}{\left(1-\dfrac{1}{2}z^{-1}\right)}+\frac{8}{(1-z^{-1})} \tag{3.169}$$

由于 $|z|>1$，所以

$$x[n]=2\delta[n]-9\left(\frac{1}{2}\right)^n\mathrm{u}[n]+8\mathrm{u}[n] \tag{3.170}$$

若收敛域由 $|z|>1$ 变为 $\dfrac{1}{2}<|z|<1$，则存在左边序列和右边序列，有

$$x[n]=2\delta[n]-9\left(\frac{1}{2}\right)^n\mathrm{u}[n]-8\mathrm{u}[-n-1] \tag{3.171}$$

当 $|z|>1$，序列如图 3.42(a)所示；当 $\dfrac{1}{2}<|z|<1$，序列如图 3.42(b)所示。显然，收敛域不同，求得 $X(z)$ 的 z 反变换完全不同。

3. 幂级数展开法

z 变换的定义本身就为幂级数形式。

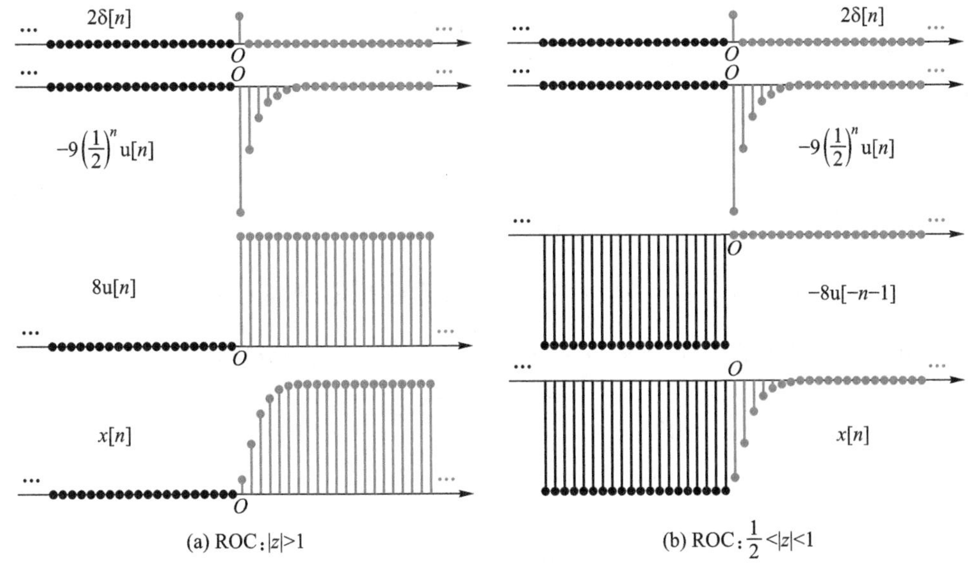

图 3.42　序列 $x[n]$ 及组成序列

$$X(z)=\sum_{n=-\infty}^{\infty}x[n]z^{-n}=\cdots+x[-2]z^{2}+x[-1]z+x[0]z^{0}+x[1]z^{-1}+x[2]z^{-2}+\cdots \quad (3.172)$$

在给定的收敛域内，把 $X(z)$ 展开为幂级数，其系数就是序列 $x[n]$。若收敛域为 $|z|>R_{x-}$，$x[n]$ 为因果序列，则 $X(z)$ 可展开成 z 的负幂级数；若收敛域为 $|z|<R_{x+}$，$x[n]$ 为反因果序列，则 $X(z)$ 可展开成 z 的正幂级数。

例 3.19　已知 $X(z)=z^{2}\left(1-\frac{1}{2}z^{-1}\right)(1-z^{-1})(1+z^{-1})$，求其 z 的反变换。

解：由于其极点在 0 处，无法用部分分式展开，化简可得

$$X(z)=z^{2}-\frac{1}{2}z^{1}-1+\frac{1}{2}z^{-1} \quad (3.173)$$

通过幂级数展开法，观察可得

$$x[n]=\begin{cases}1, & n=-2\\ -\frac{1}{2}, & n=-1\\ -1, & n=0\\ \frac{1}{2}, & n=1\\ 0, & 其他\end{cases} \quad (3.174)$$

即

$$x[n]=\delta[n+2]-\frac{1}{2}\delta[n+1]-\delta[n]+\frac{1}{2}\delta[n-1] \quad (3.175)$$

用幂级数展开法可求解一些特殊函数的 z 反变换，下面通过三个例子说明。

例 3.20　已知 $X(z)=\log(1+az^{-1})\ (|z|>a)$，求其 z 的反变换。

解：由于 $X(z)$ 的幂级数展开为

$$X(z)=\sum_{n=1}^{\infty}\frac{(-1)^{n+1}a^{n}z^{-n}}{n} \tag{3.176}$$

所以

$$x[n]=\begin{cases}(-1)^{n+1}\dfrac{a^{n}}{n}, & n\geqslant 1\\ 0, & n\leqslant 0\end{cases} \tag{3.177}$$

例 3.21 已知 $X(z)=\dfrac{1}{1-az^{-1}}(|z|>|a|)$,用长除法求其 z 的反变换。

解:由于 $X(z)$ 为右边序列,当 $n<0,x[n]=0$,可采用长除法幂级数展开,分母降幂排列为

$$\begin{array}{r|l}
 & 1+az^{-1}+a^{2}z^{-2}+a^{3}z^{-3}+\cdots \\ \hline
1-az^{-1} & 1 \\
 & 1-az^{-1} \\ \hline
 & az^{-1} \\
 & az^{-1}-a^{2}z^{-2} \\ \hline
 & a^{2}z^{-2} \\
 & a^{2}z^{-2}-a^{3}z^{-3} \\ \hline
 & a^{3}z^{-3} \\
 & a^{3}z^{-3}-a^{4}z^{-4} \\
 & \vdots
\end{array} \tag{3.178}$$

得到

$$\frac{1}{1-az^{-1}}=1+az^{-1}+a^{2}z^{-2}+\cdots \tag{3.179}$$

所以

$$x[n]=a^{n}\mathrm{u}[n] \tag{3.180}$$

例 3.22 已知 $X(z)=\dfrac{1}{1-az^{-1}}(|z|<|a|)$,用长除法求其 z 的反变换。

解:由于 $X(z)$ 为左边序列,当 $n>0,x[n]=0$,可采用长除法幂级数展开,分母升幂排列为

$$\begin{array}{r|l}
 & -a^{-1}z-a^{-2}z^{2}-a^{-3}z^{3}-a^{-4}z^{4}-\cdots \\ \hline
-az^{-1}+1 & 1 \\
 & 1-a^{-1}z \\ \hline
 & a^{-1}z \\
 & a^{-1}z-a^{-2}z^{2} \\ \hline
 & a^{-2}z^{2} \\
 & a^{-2}z^{2}-a^{-3}z^{3} \\ \hline
 & a^{-3}z^{3} \\
 & a^{-3}z^{3}-a^{-4}z^{4} \\
 & \vdots
\end{array} \tag{3.181}$$

得到

$$\frac{1}{-az^{-1}+1}=-a^{-1}z-a^{-2}z^2-a^{-3}z^3-\cdots \tag{3.182}$$

所以

$$x[n]=-a^n\mathrm{u}[-n-1] \tag{3.183}$$

3.4 小　　结

本章介绍了离散非周期序列的复指数序列 $\mathrm{e}^{\mathrm{j}\omega n}$ 的线性组合，即离散时间傅里叶变换（DTFT）。给出了 DTFT 的定义、DTFT 存在的充分条件、DTFT 的性质。

介绍了离散周期序列的复指数序列 $\mathrm{e}^{\mathrm{j}\frac{2\pi kn}{N}}$ 的线性组合，即离散时间傅里叶级数（DFS）。给出了 DFS 的定义、DFS 的性质。

介绍了离散周期序列的指数序列 $r^n\mathrm{e}^{\mathrm{j}\omega n}$ 的线性组合，即 z 变换。给出了 z 变换的定义、z 变换的收敛域、z 变换的性质、z 的反变换。

DTFT 是分析信号频谱和分析系统频率响应的重要工具，是学习第 4、5、8、9 章的基础。由 DTFT、DFS 可推导离散傅里叶变换（DFT），是学习第 6 章的基础。z 变换可分析零极点对滤波器性能的影响，也可得到滤波器的结构和实现方法，是学习第 4、8、9 章的基础。DTFT、DFS、z 变换及 DFT 之间的关系，将在第 6 章中讲解。

习　　题

3.1　用解析方法求以下序列的 DTFT，并画出 $X(\mathrm{e}^{\mathrm{j}\omega})$ 的幅度和相位。

(1) $x[n]=3(0.9)^n\mathrm{u}[n]$

(2) $x[n]=2(0.8)^{n+2}\mathrm{u}[n-2]$

(3) $x[n]=n(0.5)^n\mathrm{u}[n]$

(4) $x[n]=(n+2)(-0.7)^{n-1}\mathrm{u}[n-2]$

(5) $x[n]=5(-0.9)^n\cos(0.1\pi n)\mathrm{u}[n]$

(6) $x[n]=\delta[n-n_0]$

(7) $x[n]=n(0.9)^n(\mathrm{u}[n]-\mathrm{u}[n-50])$

(8) $x[n]=2(0.8)^{n+2}\mathrm{u}[n-2]$

(9) $x[n]=\begin{cases}1-\dfrac{|n|}{N}, & -N\leqslant n\leqslant N\\ 0, & \text{其他}\end{cases}$

(10) $x[n]=\begin{cases}\alpha^{|n|}, & |n|\leqslant M\\ 0, & \text{其他}\end{cases}$

3.2　证明：序列 $\mathrm{u}[n]$ 的 DTFT 为 $\dfrac{1}{1-\mathrm{e}^{-\mathrm{j}\omega}}+\sum\limits_{k=-\infty}^{\infty}\pi\delta(\omega+2\pi k)$。

3.3　证明：序列 $x[n]=1(-\infty<n<\infty)$ 的 DTFT 为 $X(\mathrm{e}^{\mathrm{j}\omega})=\sum\limits_{k=-\infty}^{\infty}2\pi\delta(\omega+2\pi k)$。

3.4 计算双边序列 $y[n]=\alpha^{|n|}(|\alpha|<1)$ 的 DTFT。

3.5 求因果序列 $x[n]=A\alpha^n\sin(\omega_0 n+\phi)\mathrm{u}[n]$ 的 DTFT，其中 A,α,ω_0 和 ϕ 是实数，$|\alpha|<1$。

3.6 请判断以下序列的奇偶性。

(a) $x_1[n]=3\mathrm{u}[n-2]$　　(b) $x_2[n]=n$

(c) $x_3[n]=(0.7)^{|n|}$　　(d) $x_4[n]=3+(0.7)^n+(0.7)^{-n}$

(e) $x_5[n]=\cos(n)$　　(f) $x_6[n]=\cos\left(n-\dfrac{\pi}{6}\right)$

(1) 画出序列的草图并验证结果。

(2) 计算每个序列的奇分量和偶分量。

3.7 请判断以下序列的对称性，并确定对称序列的对称点。

(1) $x[n]=(2n+5)^2$

(2) $x[n]=(n-1.7)^2-3$

3.8 利用 MATLAB 画出以下序列，并判断对称条件。

(1) $x[n]=A\cos\left(\dfrac{2\pi}{N}n\right)R_N[n]$（$N$ 为正整数，$N>10,A>0$）

(2) $x[n]=A\cos\left(\dfrac{2\pi}{N-1}n\right)R_N[n]$（$N$ 为正整数，$N>10,A>0$）

(3) $x[n]=\dfrac{1}{2}\left(1-\cos\dfrac{2\pi}{N-1}n\right)R_N[n]$（$N$ 为正整数，$N>10$）

(4) $x[n]=A\sin\left(\dfrac{2\pi}{N}n\right)R_N[n]$（$N$ 为正整数，$N>10,A>0$）

(5) $x[n]=A\sin\left(\dfrac{2\pi}{N-1}n\right)R_N[n]$（$N$ 为正整数，$N>10,A>0$）

(6) $x[n]=\left(1-\dfrac{|n|}{N}\right)R_N[n]$（$N$ 为正整数，$N>10$）

3.9 (1) 证明：因果实序列 $x[n]$ 可由其偶部 $x_e[n]$ 恢复出 $x[n]$ 所有 $n\geqslant 0$ 的值，而由其奇部 $x_o[n]$ 仅能恢复出 $x[n]$ 中 $n>0$ 的值。

(2) 因果复序列 $y[n]$，能从其共轭反对称部分 $y_o[n]$ 恢复出 $y[n]$ 吗？能从其共轭对称部分 $y_e[n]$ 恢复出 $y[n]$ 吗？证明你的结论。

3.10 已知因果序列 $x[n]$ 的偶部为 $x_e[n]=\cos(\omega_o n)$，请确定序列 $x[n]$。

3.11 设实序列 $x[n]$ 的 DTFT 为 $X(\mathrm{e}^{\mathrm{j}\omega})$。

(1) 证明：若 $x[n]$ 是偶序列，则可用 $x[n]=\dfrac{1}{\pi}\displaystyle\int_0^{\pi}X(\mathrm{e}^{\mathrm{j}\omega})\cos(\omega n)\mathrm{d}\omega$ 计算。

(2) 证明：若 $x[n]$ 是奇序列，则可用 $x[n]=\dfrac{\mathrm{j}}{\pi}\displaystyle\int_0^{\pi}X(\mathrm{e}^{\mathrm{j}\omega})\sin(\omega n)\mathrm{d}\omega$ 计算。

3.12 研究偶对称序列傅里叶变换的特点。

(1) 令 $x[n]=1(n=-N,\cdots,0,\cdots,N)$，求 $X(\mathrm{e}^{\mathrm{j}\omega})$。

(2) 令 $x_1[n]=1(n=0,1,\cdots,N)$，求 $X_1(\mathrm{e}^{\mathrm{j}\omega})$。

(3) 令 $x_2[n]=1(n=-N,-N+1,\cdots,-1)$，求 $X_2(\mathrm{e}^{\mathrm{j}\omega})$。

(4) 显然，$x[n]=x_1[n]+x_2[n]$，试分析 $X(\mathrm{e}^{\mathrm{j}\omega})$、$X_1(\mathrm{e}^{\mathrm{j}\omega})$、$X_2(\mathrm{e}^{\mathrm{j}\omega})$ 之间的关系。

3.13 设 $x[n]$ 和 $h[n]$ 为实序列，$h[n]=\begin{cases}\dfrac{1-(-1)^n}{n\pi}, & n\neq 0\\ 0, & n=0\end{cases}$，可证明 $h[n]*h[-n]=\delta[n]$。如果 $y[n]=x[n]*h[n]$，证明：$y[n]*y[-n]=x[n]*x[-n]$。

3.14 请用频域移位性质证明正弦脉冲 $x[n]=\cos(\omega_0 n)R_N[n]$ 的 DTFT 为

$$X(e^{j\omega})=\frac{1}{2}\frac{\sin\frac{(\omega-\omega_0)N}{2}}{\sin\frac{(\omega-\omega_0)}{2}}+\frac{1}{2}\frac{\sin\frac{(\omega+\omega_0)N}{2}}{\sin\frac{(\omega+\omega_0)}{2}}$$

3.15 $x[n]$ 的 DTFT 为 $X(e^{j\omega})$，$x[n]$ 如图 P3.15 所示。试在不计算 $X(e^{j\omega})$ 的情况下，完成下列计算。

(1) 求 $X(e^{j\omega})\big|_{\omega=0}$。

(2) 求 $\phi_X(\omega)$。

(3) 求 $\int_{-\pi}^{\pi}X(e^{j\omega})d\omega$。

(4) 求 DTFT 为 $\mathrm{Re}\{X(e^{j\omega})\}$ 的序列，并作图。

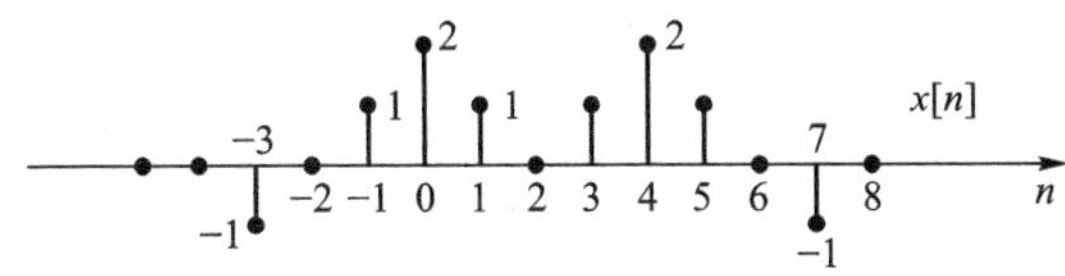

图 P3.15

3.16 用解析方法求以下序列的 DFS。

(1) $\tilde{x}_1[n]=\{\underline{2},0,2,0\}$，$N=4$

(2) $\tilde{x}_2[n]=\{\underline{0},0,1,0,0\}$，$N=5$

(3) $\tilde{x}_4[n]=\{\underline{j},j,-j,-j\}$，$N=4$

(4) $\tilde{x}_5[n]=\{\underline{1},j,j,1\}$，$N=4$

(5) $\tilde{x}[n]=\{\underline{2+j3},-4-j2,\ 1-j,2\}$，$N=4$

(6) $\tilde{x}[n]=\{\underline{4},\ 3-j,\ 1.2+j2,\ 1.2-j2,\ 3+j\}$，$N=4$

3.17 已知周期序列的 DFS 系数如下，求对应的周期序列。

(1) $\tilde{X}_1[k]=\{\underline{5},-2j,3,2j\}$，$N=4$

(2) $\tilde{X}_2[k]=\{\underline{4},-5,3,-5\}$，$N=4$

(3) $\tilde{X}_3[k]=\{\underline{1},2,3,4,5\}$，$N=5$

(4) $\tilde{X}_4[k]=\{\underline{0},0,2,0\}$，$N=4$

3.18 周期序列 $x_p[n]$ 如图 P3.18 所示，其周期 $N=4$，试求其 DFS$X_p[k]$。

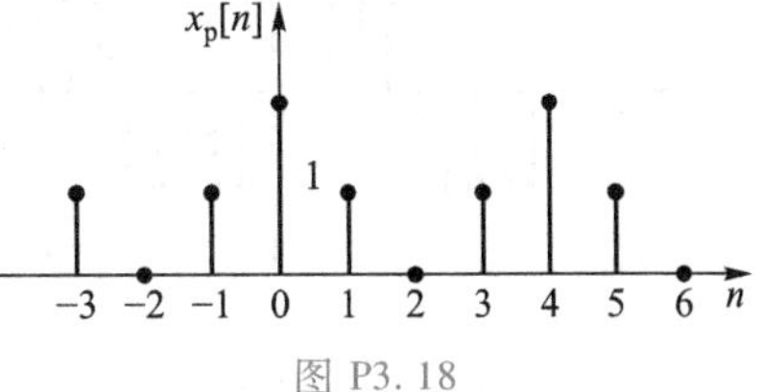

图 P3.18

3.19 请计算正弦序列 $\tilde{x}[n]=\sin\left(\frac{5}{8}\pi n\right)$（周期 $N=16$）的 DFS $\tilde{X}[k]$。

3.20 请计算正弦序列 $\tilde{x}[n]=8\sin\left[\frac{2\pi}{9}(n-3)-\frac{\pi}{6}\right]$（周期 $N=18$）的 DFS $\tilde{X}[k]$。

3.21 如果离散周期序列 $\tilde{x}[n]$ 的 DFS 为 $\tilde{X}[k]$，试计算序列 $\tilde{X}[n]$ 的 DFS。

3.22 证明周期卷积的交换性，即 $\tilde{x}[n]*\tilde{y}[n]=\tilde{y}[n]*\tilde{x}[n]$。

3.23 证明周期卷积的移位性，即 $\tilde{x}[n-m]*\tilde{y}[n]\big|_{n=j}=\tilde{x}[n]*\tilde{y}[n]\big|_{n=j-m}$。

3.24 证明周期卷积的单位脉冲移位不变性，即 $\tilde{x}[n]*\delta[n-m]=\tilde{x}[n-m]$。

3.25 三个周期序列 $\tilde{x}[n]$ 如图 P3.25 所示，可用傅里叶级数表示 $\tilde{x}[n]=\frac{1}{N}\sum_{k=0}^{N-1}\tilde{X}[k]\mathrm{e}^{\mathrm{j}\frac{2\pi}{N}kn}$。

（1）哪个序列通过选择时间起始点，使 $\tilde{X}[k]$ 为实数？

（2）哪个序列通过选择时间起始点，使 $\tilde{X}[k]$ 都为虚数（k 为 N 的整数倍除外）？

（3）哪个序列在 $k=\pm2,\pm4,\pm6,\cdots$ 时可使 $\tilde{X}[k]=0$？

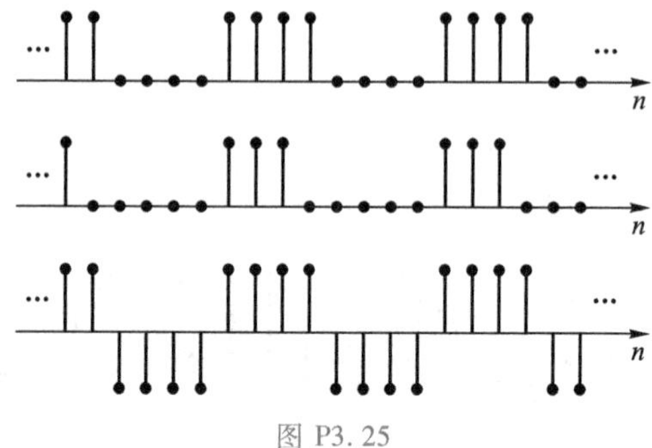

图 P3.25

3.26 周期序列 $\tilde{x}[n]$ 如图 P3.26 所示，在不计算 DFS 的情况下，试判断下式的正确性。

（1）$\tilde{X}[k]=\tilde{X}[k+10]\quad(-\infty<k<+\infty)$

（2）$\tilde{X}[k]=\tilde{X}[k-1]\quad(-\infty<k<+\infty)$

（3）$\tilde{X}[k]\mathrm{e}^{-\mathrm{j}\frac{2\pi}{5}k}\quad(-\infty<k<+\infty)$ 为实数

（4）$X_{\mathrm{p}}[0]=0$

3.27 设 $\tilde{x}[n]$ 是一周期为 N 的周期序列，则 $\tilde{x}[n]$ 也是周期为 $3N$ 的周期序列。如果 $\tilde{x}[n]$ 的 N 周期 DFS 为 $\tilde{X}[k]$、$\tilde{x}[n]$ 的 $3N$ 周期 DFS 为 $\tilde{X}_3[k]$。

（1）请用 $\tilde{X}[k]$ 表示 $\tilde{X}_3[k]$。

（2）当 $\tilde{x}[n]$ 如图 P3.27 所示时，证明（1）中得到的结论。

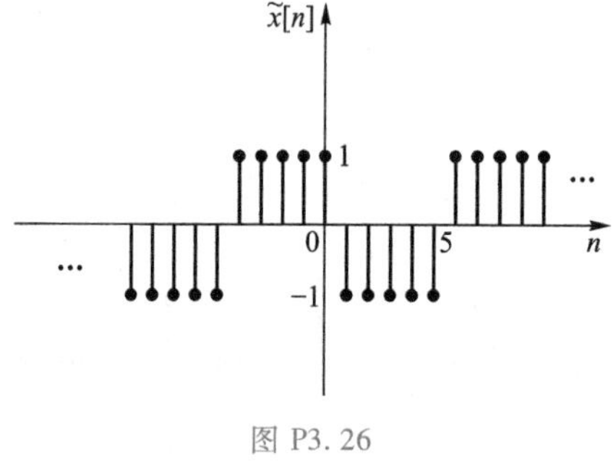

图 P3.26

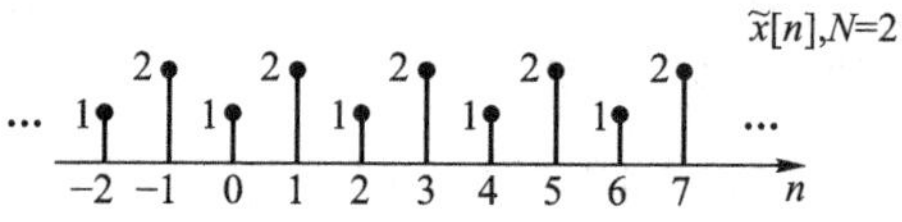

$\tilde{x}[n], N=2$

… 1 2 1 2 1 2 1 2 1 2 …

−2 −1 0 1 2 3 4 5 6 7 n

图 P3.27

3.28 求以下序列的 z 变换及其收敛域。

（1）$\left(\frac{1}{2}\right)^{n}\mathrm{u}[n]$

（2）$-\left(\frac{1}{2}\right)^{n}\mathrm{u}[-n-1]$

（3）$\left(\frac{1}{2}\right)^{n}\mathrm{u}[-n]$

（4）$\delta[n]$

(5) $\delta[n-1]$

(6) $\delta[n+1]$

(7) $\left(\frac{1}{2}\right)^n(\mathrm{u}[n]-\mathrm{u}[n-10])$

(8) n^3

(9) $r^n\sin(\omega_0 n)\mathrm{u}[n]$

(10) $na^n\mathrm{u}[n]$

3.29 求以下序列的 z 变换及其收敛域,并画出零极点图。

(1) $x_a[n]=\alpha^{|n|},0<|\alpha|<1$

(2) $x_b[n]=\begin{cases}1, & 0\leqslant n\leqslant N-1\\0, & n\geqslant N\\0, & n<0\end{cases}$

(3) $x_c[n]=\begin{cases}n, & 0\leqslant n\leqslant N\\2N-n, & N+1\leqslant n\leqslant 2N\\0, & 2N\leqslant n\\0, & n<0\end{cases}$

3.30 如果 $x[n]$ 的 z 变换 $X(z)=(1+2z^{-1})(|z|\neq 0)$。求以下序列的 z 变换及其收敛域。

(1) $x_1[n]=x[3-n]+x[n-3]$

(2) $x_2[n]=(1+n+n^2)x[n]$

(3) $x_3[n]=\left(\frac{1}{2}\right)^n x[n-2]$

(4) $x_4[n]=x[n+2]*x[n-2]$

3.31 求以下序列的 z 变换及其收敛域。

(1) $x_1[n]=a^n\mathrm{u}[n-2]$

(2) $x_2[n]=-a^n\mathrm{u}[-n-3]$

(3) $x_3[n]=a^n\mathrm{u}[n+4]$

(4) $x_4[n]=a^n\mathrm{u}[-n]$

3.32 判断下面哪些序列的 z 变换相同。

(1) $x_1[n]=(0.4)^n\mathrm{u}[n]+(-0.6)^n\mathrm{u}[n]$

(2) $x_2[n]=(0.4)^n-(-0.6)^n\mathrm{u}[-n-1]$

(3) $x_3[n]=-(0.4)^n\mathrm{u}[-n-1]-(-0.6)^n\mathrm{u}[-n-1]$

(4) $x_4[n]=-(0.4)^n\mathrm{u}[-n-1]+(-0.6)^n\mathrm{u}[n]$

3.33 已知离散时间序列 $x[n]=a^n\mathrm{u}[n]-b^n\mathrm{u}[-n-1]$。

(1) 请确定 $x[n]$ 的 z 变换存在时,a、b 取值范围。

(2) 如果 $x[n]$ 的 z 变换存在,请计算其 z 变换及收敛域。

3.34 按下面给定的方法求(1) ~ (3)的 z 反变换,(4)可采用任意方法求解。

(1) 长除法:$X(z)=\dfrac{1-\frac{1}{3}z^{-1}}{1+\frac{1}{3}z^{-1}}$,$x[n]$ 为右边序列。

(2) 部分分式法:$X(z)=\dfrac{3}{z-\frac{1}{4}-\frac{1}{8}z^{-1}}$,$x[n]$ 为稳定序列。

(3) 幂级数法：$X(z)=\ln(1-4z)$，$|z|<\dfrac{1}{4}$。

(4) $X(z)=\dfrac{1}{1-\dfrac{1}{3}z^{-3}}$，$|z|>(3)^{-1/3}$。

3.35 用部分分式展开法求 z 反变换。

(1) $X_1(z)=\dfrac{1-z^{-1}-4z^{-2}+4z^{-3}}{1-\dfrac{11}{4}z^{-1}+\dfrac{13}{8}z^{-2}-\dfrac{1}{4}z^{-3}}$，序列是右边序列。

(2) $X_2(z)=\dfrac{1-z^{-1}-4z^{-2}+4z^{-3}}{1-\dfrac{11}{4}z^{-1}+\dfrac{13}{8}z^{-2}-\dfrac{1}{4}z^{-3}}$，序列是绝对可和的。

(3) $X_3(z)=\dfrac{z^3-3z^2+4z+1}{z^3-4z^2+z-0.16}$，序列是左边序列。

(4) $X_4(z)=\dfrac{z}{z^3+2z^2+1.25z+0.25}$，$|z|>1$。

(5) $X_5(z)=\dfrac{z}{(z^2-0.25)^2}$，$|z|<0.5$。

3.36 求不同收敛域时，$X(z)=\dfrac{0.6z}{(z-1)(z-0.6)}$的 z 反变换。

(1) $|z|<0.6$

(2) $|z|>1$

(3) $0.6<|z|<1$

3.37 请确定 $X(z)=\dfrac{2z}{z-1}+\dfrac{4z}{z-0.9}-\dfrac{z}{z-0.85}$所有可能的收敛域，并计算不同收敛域情况下的 z 反变换。

3.38 如果某系统的单位脉冲响应为 $h[n]=A_1\alpha_1^n u[n]+A_2\alpha_2^n u[n]$，其系统函数为 $H(z)=\dfrac{1}{1-\dfrac{1}{4}z^{-2}}$，请确定 A_1，A_2，α_1 和 α_2 的值。

3.39 设某序列 $x[n]$的 z 变换为 $X(z)$，其零极点图如图 P3.39 所示。

(1) 如果 $x[n]$的傅里叶变换存在，请确定 $X(z)$的收敛域，并确定 $x[n]$是右边、左边还是双边序列。

(2) 有多少种双边序列的零极点如图 P3.39 所示？

(3) 是否存在既稳定又因果的序列 $x[n]$，其零极点如图 P3.39 所示？如果有，请给出该序列的收敛域。

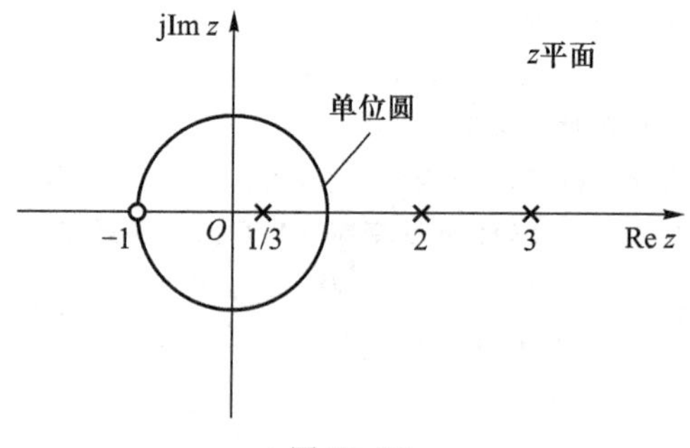

图 P3.39

3.40 请分别用部分分式展开法和幂级数展开法计算下式的 z 反变换，并判断对应序列傅里叶变换是否存在。

(1) $X(z)=\dfrac{1}{1+\dfrac{1}{2}z^{-1}}, |z|>\dfrac{1}{2}$

(2) $X(z)=\dfrac{1}{1+\dfrac{1}{2}z^{-1}}, |z|<\dfrac{1}{2}$

3.41 在不计算 $X(z)$ 的情况下,求以下序列 z 变换的收敛域,并判断傅里叶变换是否存在。

(1) $x[n]=\left[\left(\dfrac{1}{2}\right)^n+\left(\dfrac{3}{4}\right)^n\right]\mathrm{u}[n-10]$

(2) $x[n]=\begin{cases}1, & -10\leqslant n\leqslant 10\\ 0, & \text{其他}\end{cases}$

(3) $x[n]=2^n\mathrm{u}[-n]$

(4) $x[n]=\left[\left(\dfrac{1}{4}\right)^{n+4}-(\mathrm{e}^{\mathrm{j}\pi/3})^n\right]\mathrm{u}[n-1]$

3.42 如果序列 $x[n]$ 的 z 变换为 $X(z)=\dfrac{10(z-2)^2(z+1)^3}{(z-0.8)^2(z-1)(z-0.2)^2}$,在不计算 $X(z)$ 反变换的情况下,求 $x[0]$ 和 $x[\infty]$。

3.43 以下给出的四个 z 变换,确定哪些可能是一个因果序列的 z 变换。不用求出 z 变换,凭观察就应该能够给出答案,请针对每种情况陈述理由。

(1) $\dfrac{(1-z^{-1})^2}{\left(1-\dfrac{1}{2}z^{-1}\right)}$

(2) $\dfrac{(z-1)^2}{\left(z-\dfrac{1}{2}\right)}$

(3) $\dfrac{\left(z-\dfrac{1}{4}\right)^5}{\left(z-\dfrac{1}{2}\right)^6}$

(4) $\dfrac{\left(z-\dfrac{1}{4}\right)^6}{\left(z-\dfrac{1}{2}\right)^5}$

第4章 离散系统变换域分析

第2章学习了LTI离散时间系统的时域卷积和表示，第3章学习了DTFT、DFS、z变换等信号的变换域表示，本章将讨论利用DTFT和z变换进行系统变换域分析的方法。首先介绍LTI系统的特征函数、频率响应、幅频响应、相频响应、群延迟，接着给出线性常系数差分方程表示的LTI系统、有理系统函数的z变换分析、有理系统函数的频率响应，然后介绍有理系统函数的全通分解、全通系统、最小相位系统、补偿系统，最后分析线性相位、因果广义线性相位系统等内容。本章是第8、9章进行系统设计和实现的理论基础。本章可对照"信号与系统"中连续时间系统变换域分析相关章节学习。

4.1 LTI系统的表示

LTI系统同时满足线性和时不变性，这类系统很容易用数学形式分析和描述。在过去几十年里，利用LTI系统研究出了诸多实用的信号处理方法。

第2章证明了LTI系统的输出$y[n]$可表示为输入$x[n]$和单位脉冲响应$h[n]$的卷积和，也就是说，当某LTI系统的单位脉冲响应$h[n]$确定后，可由任意输入得到系统的输出，即LTI系统可由其单位脉冲响应$h[n]$完全表征，如下式所示：

$$y[n]=\sum_{k=-\infty}^{\infty}x[k]h[n-k] \tag{4.1}$$

根据第3章DTFT的时域卷积定理可知，如果$X(e^{j\omega})$、$Y(e^{j\omega})$、$H(e^{j\omega})$分别为输入序列$x[n]$、输出序列$y[n]$、单位脉冲响应$h[n]$的DTFT，且均存在，则LTI系统输出序列$y[n]$的频谱函数$Y(e^{j\omega})$可表示为输入序列$x[n]$的频谱函数$X(e^{j\omega})$与单位脉冲响应$h[n]$的频谱函数$H(e^{j\omega})$的乘积，如下式所示：

$$Y(e^{j\omega})=X(e^{j\omega})H(e^{j\omega}) \tag{4.2}$$

因为$H(e^{j\omega})$与$h[n]$构成唯一变换对，所以LTI系统的特性也可由其频率响应函数$H(e^{j\omega})$完全表征。

根据第3章z变换的时域卷积定理可知，如果$X(z)$、$Y(z)$、$H(z)$分别为输入序列$x[n]$、输出序列$y[n]$、单位脉冲响应$h[n]$的z变换，且均存在，则LTI系统输出序列$y[n]$的z变换$Y(z)$可表示为输入序列$x[n]$的z变换$X(z)$与单位脉冲响应$h[n]$的z变换$H(z)$的乘积，如下式所示。

$$Y(z)=X(z)H(z) \tag{4.3}$$

$H(z)$与$h[n]$构成唯一变换对，因此LTI系统的特性可由系统函数$H(z)$完全表征。即LTI系统的特性可由$h[n]$、$H(e^{j\omega})$、$H(z)$完全表征。

4.2　LTI 系统的频域表示

系统的频率响应 $H(e^{j\omega})$ 表明了 LTI 系统对不同频率输入信号的作用。第 3 章中 DTFT 的定义说明，如果序列 $x[n]$ 的 DTFT 存在，则 $x[n]$ 可表示为不同频率复指数序列 $e^{j\omega n}$ 的线性组合。假如已知 LTI 系统对每个频率信号 $e^{j\omega n}$ 的响应，则可利用 LTI 系统的线性性质求出系统对输入 $x[n]$ 的响应。

4.2.1　特征函数与频率响应

对于单位脉冲响应为 $h[n]$ 的 LTI 系统，当输入复指数序列为 $x[n]=e^{j\omega n}(-\infty<n<\infty)$ 时，根据 LTI 系统的输入输出关系，可求出输出序列 $y[n]$ 为

▶ 扫一扫 4-1 特征函数与频率响应

$$y[n]=\sum_{k=-\infty}^{\infty}e^{j\omega(n-k)}h[k]=e^{j\omega n}\sum_{k=-\infty}^{\infty}h[k]e^{-j\omega k}=e^{j\omega n}H(e^{j\omega}) \tag{4.4}$$

其中，$H(e^{j\omega})=\sum_{k=-\infty}^{\infty}h[k]e^{-j\omega k}$ 为 LTI 系统单位脉冲响应 $h[n]$ 的傅里叶变换，称为 LTI 系统的频率响应。注意 $H(e^{j\omega})$ 是关于 ω 的函数，而非 n 的函数，因此当 ω 确定后，$H(e^{j\omega})$ 的值便随之确定。

频率响应 $H(e^{j\omega})$ 的三角表达式为

$$H(e^{j\omega})=|H(e^{j\omega})|e^{j\angle H(e^{j\omega})} \tag{4.5}$$

则系统的输出序列可表示为 $|H(e^{j\omega})|e^{j\angle H(e^{j\omega})}e^{j\omega n}$。可以看出，当频率为 ω 的单频复指数序列 $e^{j\omega n}$ 输入 LTI 系统时，输出序列 $|H(e^{j\omega})|e^{j\angle H(e^{j\omega})}e^{j\omega n}$ 的频率仍为 ω，即 LTI 系统不改变输入序列的频率，只会对输入序列的幅度和相位产生影响。因此 $H(e^{j\omega})$ 描述了 LTI 系统对不同频率下复指数序列 $e^{j\omega n}$ 幅度、相位的影响，这也是 $H(e^{j\omega})$ 称为频率响应的原因。其中 $|H(e^{j\omega})|$ 称为系统的幅度响应函数（简称幅频响应），$\angle H(e^{j\omega})$ 则称为系统的相位响应函数（简称相频响应）。

LTI 系统的一个重要性质是：对某些特定的输入序列，输出序列为输入序列与某个复常数的乘积。该特定的输入序列称作系统的特征函数，复常数称作系统的特征值。

式(4.4)表明当输入为单频复指数序列 $e^{j\omega n}$ 时，输出序列为输入序列 $e^{j\omega n}$ 与复常数 $H(e^{j\omega})$ 的乘积，即 $e^{j\omega n}$ 为 LTI 系统的特征函数、$H(e^{j\omega})$ 为系统的特征值，如图 4.1 所示。

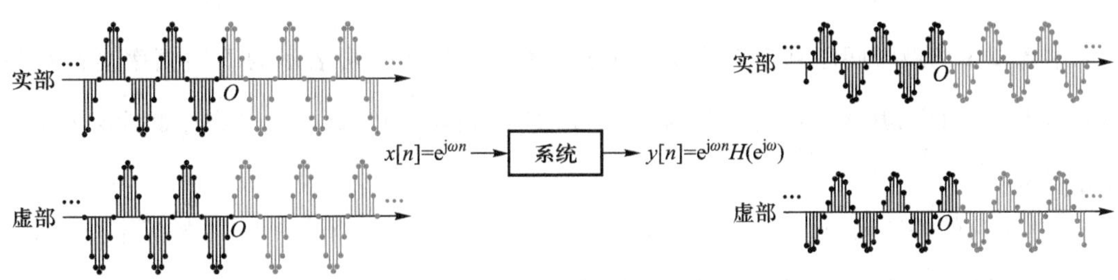

图 4.1　特征值与特征函数

注意到特征函数 $e^{j\omega n}$ 中 n 的取值范围为 $-\infty<n<\infty$，即输入序列在 $n=-\infty$ 时已经存在，显然这不是一个可实现的信号。实际中输入序列往往从某一时刻开始，如因果序列 $e^{j\omega n}u[n]$，此时系统的输出将包含一个稳态分量和一个瞬态分量。

例 4.1 求序列 $x[n]=e^{j\omega n}u[n]$ 经过一个因果的 LTI 系统后的输出 $y[n]$。

解：对于 LTI 系统，由于 $n<0$ 时输入序列 $x[n]=0$，故此时输出序列 $y[n]=0$。

当 $n\geqslant 0$ 时，根据 $y[n]=\sum\limits_{k=-\infty}^{\infty}h[k]x[n-k]$，得

$$y[n]=\sum_{k=-\infty}^{\infty}h[k]e^{j\omega(n-k)}u[n-k] \tag{4.6}$$

由因果系统可知，当 $k<0$ 时，$h[k]=0$，故

$$y[n]=\sum_{k=0}^{\infty}h[k]e^{j\omega(n-k)}u[n-k] \tag{4.7}$$

当 $k>n$ 时，$u[n-k]=0$，故

$$y[n]=\sum_{k=0}^{n}h[k]e^{j\omega(n-k)} \tag{4.8}$$

即

$$\begin{aligned}y[n]&=\sum_{k=0}^{n}h[k]e^{j\omega(n-k)}\\&=\sum_{k=0}^{\infty}h[k]e^{j\omega(n-k)}-\sum_{k=n+1}^{\infty}h[k]e^{j\omega(n-k)}\\&=H(e^{j\omega})e^{j\omega n}-\sum_{k=n+1}^{\infty}h[k]e^{j\omega(n-k)}\end{aligned} \tag{4.9}$$

式中，第一项与式(4.4)一致，称为稳态响应，第二项称为瞬态响应，当该系统稳定时 $\left(\text{即}\sum\limits_{k=-\infty}^{\infty}|h[k]|<0\right)$，该瞬态响应随着 n 的增加而衰减。当 $n\to\infty$ 时瞬态响应为 0，所以可以通过求 $\lim\limits_{x\to\infty}(x[n]*h[n])$ 得到稳态响应。

上例说明：如果 LTI 系统稳定，输入为阶跃函数，理论上当 $n\to\infty$ 时瞬态响应一定结束，系统达到稳定状态，后续会证明；不同系统达到稳定状态的时间不相同。在工程应用中，一般当瞬态响应的影响小于 1% 时，即认为系统已经达到稳定状态。

4.2.2 LTI 系统的频域表示

第 3 章中离散时间序列傅里叶变换表明：输入序列 $x[n]$ 可表示为不同频率复指数序列 $e^{j\omega n}$ 的线性组合，其线性组合系数为 $X(e^{j\omega})$，即 $x[n]=\frac{1}{2\pi}\int_{-\pi}^{\pi}X(e^{j\omega})e^{j\omega n}d\omega$，如图 4.2 左半部分所示。

LTI 系统的特征函数和特征值表明：特征函数 $e^{j\omega n}$ 对应的特征值 $H(e^{j\omega})$ 描述了稳定 LTI 系统对不同频率复指数序列 $e^{j\omega n}$ 的影响，即输入序列 $x[n]$ 的每个频率分量 $\frac{1}{2\pi}X(e^{j\omega})e^{j\omega n}$ 经

过 LTI 系统后，输出为$\frac{1}{2\pi}H(e^{j\omega})X(e^{j\omega})e^{j\omega n}$。根据 LTI 系统的线性性质可知，系统输出可表示为不同频率分量$\frac{1}{2\pi}H(e^{j\omega})X(e^{j\omega})e^{j\omega n}$的叠加，即 $y[n]=\frac{1}{2\pi}\int_{-\pi}^{\pi}H(e^{j\omega})X(e^{j\omega})e^{j\omega n}d\omega$，如图 4.2 右半部分所示。求其 DTFT 可得 $Y(e^{j\omega})=X(e^{j\omega})H(e^{j\omega})$。这就从特征函数的角度解释了 DTFT 的卷积定理。

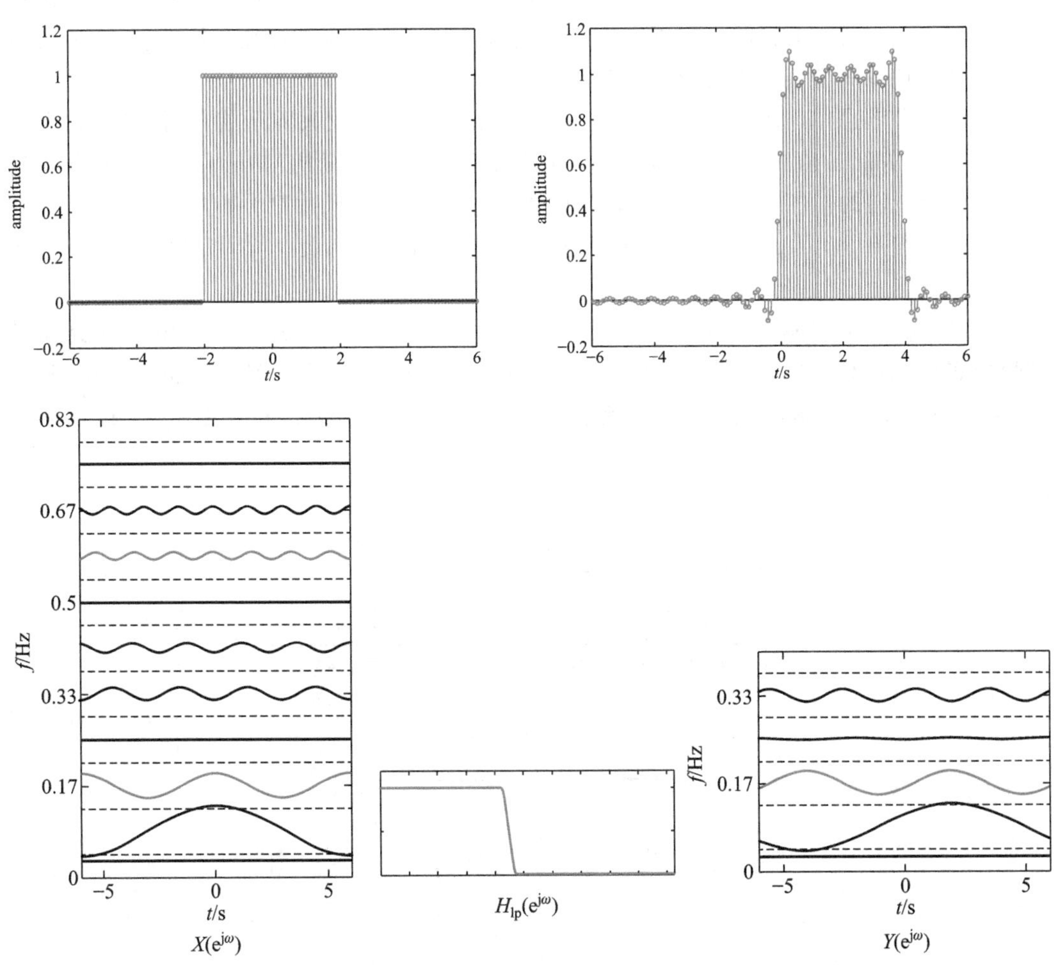

图 4.2　LTI 系统的频域表示

为了分析系统的幅频响应和相频响应与输入输出信号间的关系，将 $Y(e^{j\omega})=X(e^{j\omega})H(e^{j\omega})$写成三角表达式：

$$|Y(e^{j\omega})|e^{j\angle Y(e^{j\omega})}=|H(e^{j\omega})|e^{j\angle H(e^{j\omega})}|X(e^{j\omega})|e^{j\angle X(e^{j\omega})} \tag{4.10}$$

其中

$$|Y(e^{j\omega})|=|H(e^{j\omega})||X(e^{j\omega})| \tag{4.11}$$

$$\angle Y(e^{j\omega})=\angle H(e^{j\omega})+\angle X(e^{j\omega}) \tag{4.12}$$

输出序列 $y[n]$频谱函数的模$|Y(e^{j\omega})|$为系统幅频响应$|H(e^{j\omega})|$与输入序列 $x[n]$频

谱函数的模 $|X(e^{j\omega})|$ 之积。

输出序列 $y[n]$ 频谱函数的相位 $\angle Y(e^{j\omega})$ 为系统相频响应 $\angle H(e^{j\omega})$ 与输入序列 $x[n]$ 频谱函数的相位 $\angle X(e^{j\omega})$ 之和。

1. LTI 系统的幅频响应

滤波器的种类繁多,大致可分为经典滤波器和现代滤波器。经典滤波器用于分离加性组合的信号,要求有用信号的频谱和干扰信号的频谱不能重叠。这样就可通过一个合适的选频滤波器达到滤波的目的。例如一个心电信号经时域离散后进行数字处理(如去除工频干扰),即可使用一个经典低通滤波器完成。

当信号和干扰的频谱相互重叠时,经典滤波器就无法有效去除干扰信号,此时可采用现代滤波器(如胎音监测)。现代滤波器把信号和噪声都视为随机信号,利用它们的统计特性导出一套最佳的估值算法,从含有噪声的数据记录(又称时间序列)中估计出信号的某些特征或信号本身,估计出的信号将比原信号具有更高的信噪比。本书主要介绍经典滤波器。

经典滤波器从功能上可分为低通、高通、带通和带阻四类,图 4.3 给出了四类离散时间理想滤波器的幅频响应。其中 ω_c、ω_{c_1}、ω_{c_2} 分别为对应滤波器的截止频率。满足 $|H(e^{j\omega})|=1$ 的频率范围,称作滤波器的通带;满足 $|H(e^{j\omega})|=0$ 的频率范围,称作滤波器的阻带。

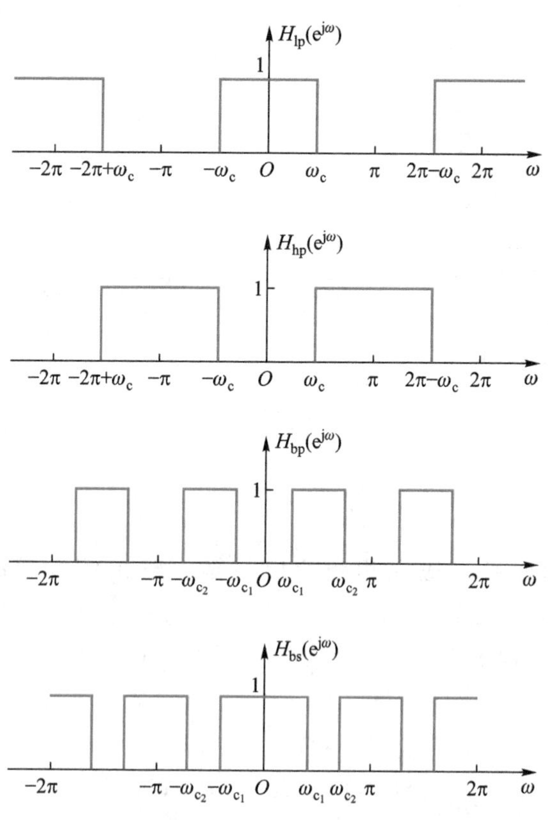

图 4.3　四类离散时间理想滤波器的幅频响应

低通滤波器只允许低频信号通过而抑制高频信号。例如，可利用低通滤波器消除旧音乐录音带中的背景噪声，因为音乐主要集中在低、中频频率分量中，因而可用低通滤波器减少高频的噪声分量。

高通滤波器只允许高频信号通过而抑制低频信号。例如，对于声呐系统，可用高通滤波器消除信号中船和海浪的低频噪声，保留目标特性。

带通滤波器只允许某一频带的信号通过。例如，在无线通信系统中，由于空间无线电信号很多，要获得需要的信号，接收端可以通过一个带通滤波器选取需要的信号，并把不需要的信号滤除。

带阻滤波器不允许某一频带的信号通过。例如，从复合电视信号中滤除频分复用的色度信号，以便得到亮度信号。

与连续时间系统不同，离散时间序列的傅里叶变换是以 2π 为周期的函数，因此离散时间系统的频率响应函数 $H(\mathrm{e}^{\mathrm{j}\omega})$ 也是以 2π 为周期的。在 $\omega\in(-\infty,\infty)$ 区间上，"低频"处于 $\omega=2k\pi$ 处，"高频"处于 $\omega=(2k+1)\pi$ 处，其中 $k\in\mathbf{Z}$。由系统频率响应的周期特性，只需分析 $\omega\in[-\pi,\pi)$ 区间上的频率特性即可，其中"低频"处于 $\omega=0$ 处，"高频"处于 $\omega=\pm\pi$ 处。

四类理想滤波器的幅频响应如下式所示。可以看出，理想滤波器保留了输入序列中通带内的频率分量，抑制了阻带内的频率分量。

$$|H_{\mathrm{lp}}(\mathrm{e}^{\mathrm{j}\omega})|=\begin{cases}1, & |\omega|\leqslant\omega_{\mathrm{c}}\\0, & \omega_{\mathrm{c}}<|\omega|<\pi\end{cases}\tag{4.13}$$

$$|H_{\mathrm{hp}}(\mathrm{e}^{\mathrm{j}\omega})|=\begin{cases}0, & |\omega|\leqslant\omega_{\mathrm{c}}\\1, & \omega_{\mathrm{c}}<|\omega|<\pi\end{cases}\tag{4.14}$$

$$|H_{\mathrm{bp}}(\mathrm{e}^{\mathrm{j}\omega})|=\begin{cases}0, & |\omega|\leqslant\omega_{\mathrm{c}_1}\\1, & \omega_{\mathrm{c}_1}<|\omega|\leqslant\omega_{\mathrm{c}_2}\\0, & \omega_{\mathrm{c}_2}<|\omega|<\pi\end{cases}\tag{4.15}$$

$$|H_{\mathrm{bs}}(\mathrm{e}^{\mathrm{j}\omega})|=\begin{cases}1, & |\omega|\leqslant\omega_{\mathrm{c}_1}\\0, & \omega_{\mathrm{c}_1}<|\omega|\leqslant\omega_{\mathrm{c}_2}\\1, & \omega_{\mathrm{c}_2}<|\omega|<\pi\end{cases}\tag{4.16}$$

根据 DTFT 的对称性可知，当离散时间序列 $x[n]$、单位脉冲响应 $h[n]$ 为实数时，其频谱函数的 $|X(\mathrm{e}^{\mathrm{j}\omega})|$、幅频响应的 $|H(\mathrm{e}^{\mathrm{j}\omega})|$ 为偶函数。此时，一般仅给出 $\omega\in[0,\pi)$ 区间内的频率分量，如图 4.2 所示。图中的理想低通滤波器仅让通带 $\omega\in[-\omega_{\mathrm{c}},\omega_{\mathrm{c}}]$ 内的频率分量通过，而通带外的频率分量被抑制。

2. LTI 系统的相频响应

图 4.2 中的理想滤波器对各频率分量的相位没有影响，这样的系统称为零相移系统，即该系统的频率响应 $H(\mathrm{e}^{\mathrm{j}\omega})$ 为实数，此时系统的单位脉冲响应 $h[n]$ 为偶函数，所以 $n<0$ 时 $h[n]\neq0$，不是一个因果系统。例如，理想低通滤波器的单位脉冲响应为 $h_{\mathrm{lp}}[n]=\dfrac{\sin\omega_{\mathrm{c}}n}{\pi n}$ $(-\infty<n<\infty)$，$h_{\mathrm{lp}}[n]$ 既不是因果的，也不是绝对可和的，因此理想低通滤波器是一个非因

果、非稳定的系统，在物理上是不可实现的。由式(4.12)可知，LTI 系统的相频响应会影响输出序列对应频率分量的相位。复指数序列 $e^{j\omega n}$ 的相位变化，等效于序列的时间移位，根据 $e^{j(\omega n+\varphi)}=e^{j\omega\left(n+\frac{\varphi}{\omega}\right)}$，相位增加 φ 等效于序列 $e^{j\omega n}$ 右移$\dfrac{\varphi}{\omega}$。

图 4.4 所示 LTI 系统的幅频响应与图 4.2 相同，其相频响应为 $\angle H_{lp}(e^{j\omega})=\dfrac{\pi}{4}$，即系统对每个频率分量 $e^{j\omega n}$ 的相位均增加$\dfrac{\pi}{4}$，由 $e^{j\left(\omega n+\frac{\pi}{4}\right)}=e^{j\omega\left(n+\frac{\pi}{4\omega}\right)}$，可知输出序列的时域延迟为$\dfrac{\pi}{4\omega}$。由于系统相频响应对输入序列中不同频率分量造成的时域延迟不同，虽然图 4.4 与图 4.2 中系统的幅频响应相同，但两个系统的输出序列并不相同。

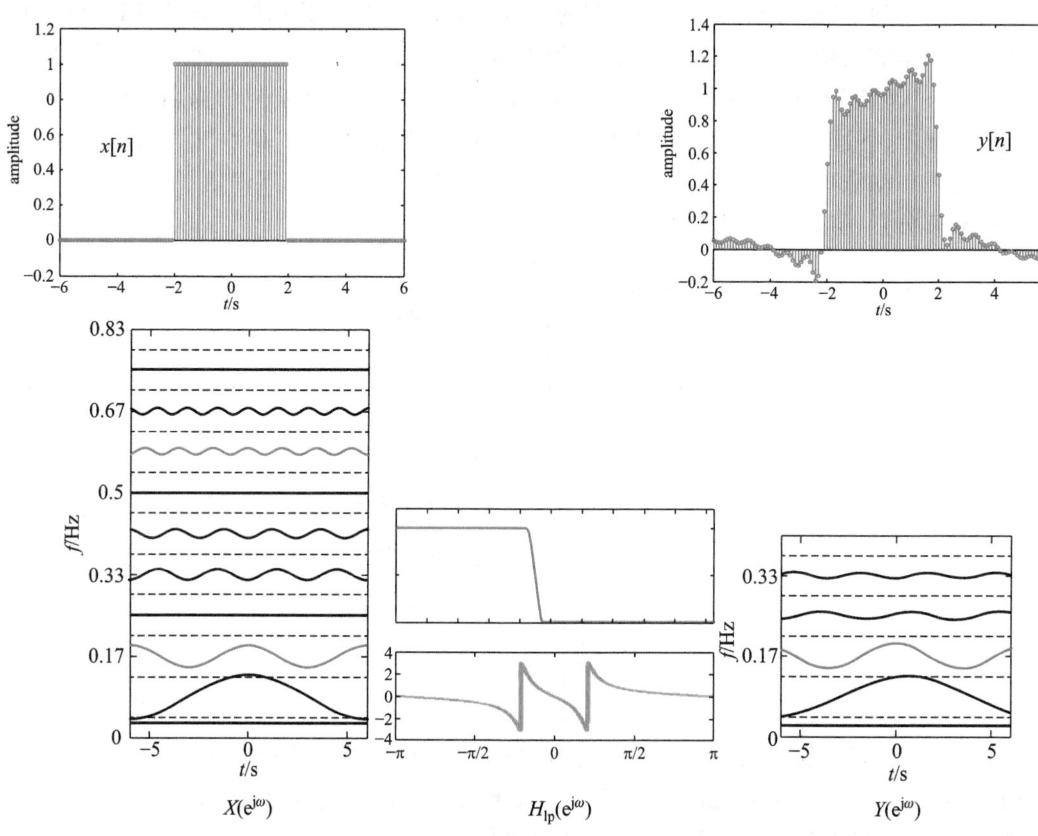

图 4.4　低通滤波器非线性相频特性

如果 LTI 系统的相频响应 $\angle H(e^{j\omega})=-\omega n_d$，即对输入序列所有频率分量 $e^{j\omega n}$ 的延迟均为 n_d，则把这种形式的相频响应称为**线性相位系统**。

图 4.5 所示 LTI 系统的相频响应为 $\angle H_{lp}(e^{j\omega})=-\omega n_d$，即系统对每个频率分量的相位增加 $-\omega n_d$，根据 $e^{j(\omega n-\omega n_d)}=e^{j\omega(n-n_d)}$，可知等效频率分量的时域延迟为 n_d。

线性相位系统和零相位系统输出信号的包络相同，两者相差一个延迟 n_d。选择合适的延迟 n_d，可将一个非因果系统转换为一个因果系统。

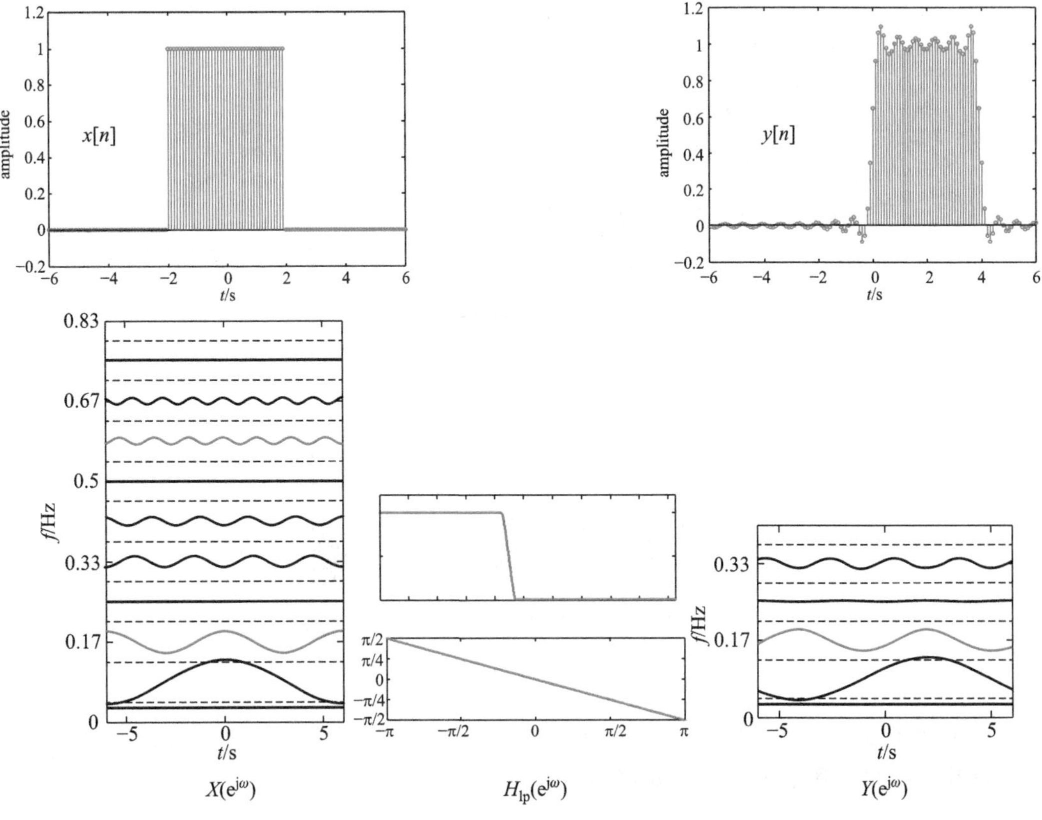

图 4.5 低通滤波器线性相频特性

一般用系统群延迟衡量相位变化对信号的影响，系统群延迟定义为

$$\tau(\omega)=-\frac{\mathrm{d}}{\mathrm{d}\omega}\{\angle H(\mathrm{e}^{\mathrm{j}\omega})\} \tag{4.17}$$

$\tau(\omega)$存在的条件是相位响应是连续函数，这里忽略了$\angle H(\mathrm{e}^{\mathrm{j}\omega})$中间隔为$2\pi$的不连续段及对其求导所造起的冲激函数。线性相位系统群延迟为

$$\tau(\omega)=-\frac{\mathrm{d}}{\mathrm{d}\omega}\{-\omega n_{\mathrm{d}}\}=n_{\mathrm{d}} \tag{4.18}$$

因此，群延迟表明了系统相频响应的线性程度。

若群延迟为常数，表明系统对不同频率分量的时域信号延迟相同；反之，系统对不同频率分量的时域信号会产生不同的延迟。对含有多种频率分量的信号，若不同频率分量的时域信号延迟不同，会导致输出信号失真，也称为色散。

下面通过例子分析系统群延迟不同对信号处理造成的影响。

例 4.2 线性调频(liner frequency modulation, LFM)信号是一种频率随时间线性变化的信号，也叫作 chirp 信号。如果该信号通过群延迟如图 4.6 所示的系统，使不同频率分量在同一时刻输出，则该处理过程称为脉冲压缩，达到了能量聚集的目的。LFM 在雷达、通信和导航系统中应用广泛。

▶ 扫一扫 4-2 例题讲解

解：详细解题过程请扫描二维码查看。

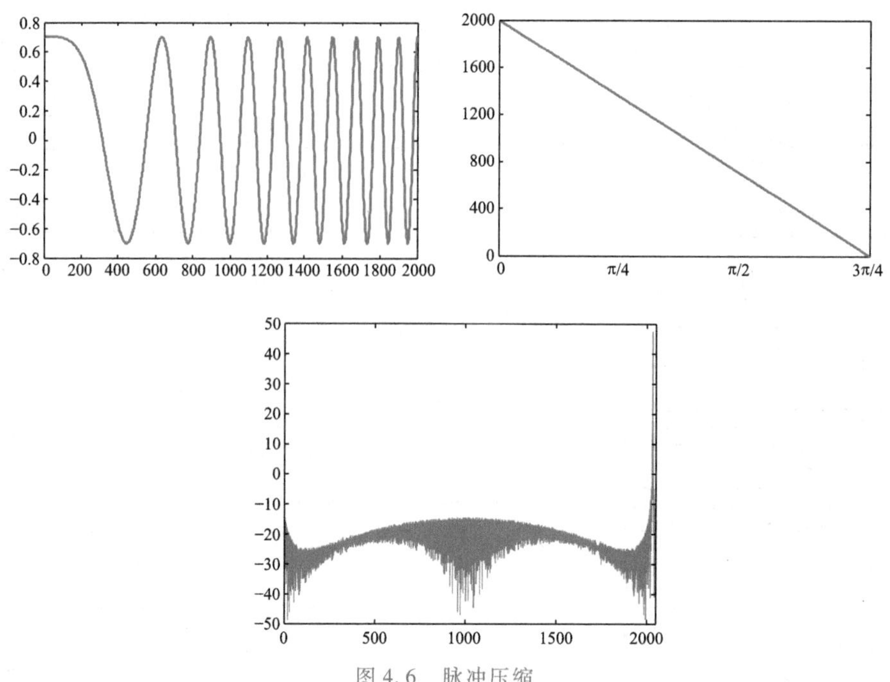

图 4.6 脉冲压缩

上述例子说明：非线性相位系统可能会给信号处理带来不利影响，但是只要应用得当，非线性相位也可以用于改善信号处理的结果。

4.3 LTI 系统的 z 变换分析

4.3.1 线性常系数差分方程表示的 LTI 系统

考虑输入输出满足式(4.19)线性常系数差分方程的一类系统。

$$y[n]=\sum_{k=1}^{N}a_ky[n-k]+\sum_{k=0}^{M}b_kx[n-k] \tag{4.19}$$

若假定系统是因果的，则可以使用该差分方程递推系统的输出。当系统满足初始松弛条件时，可知该系统是因果的 LTI 系统，此时线性常系数差分方程描述的系统才满足 LTI 系统的性质。

将式(4.19)两边进行 z 变换，并利用线性性质和时不变性质，可得

$$\left(1-\sum_{k=1}^{N}a_kz^{-k}\right)Y(z)=\left(\sum_{k=0}^{M}b_kz^{-k}\right)X(z) \tag{4.20}$$

进而将系统函数写成多项式之比的形式：

$$H(z)=\frac{Y(z)}{X(z)}=\frac{\sum_{k=0}^{M}b_kz^{-k}}{1-\sum_{k=1}^{N}a_kz^{-k}} \tag{4.21}$$

为了便于分析，将有理函数 $H(z)$ 表示为因式形式，即

$$H(z)=\left(\frac{b_0}{a_0}\right)\frac{\prod_{m=1}^{M}(1-c_m z^{-1})}{\prod_{n=1}^{N}(1-d_n z^{-1})}=z^{(N-M)}\left(\frac{b_0}{a_0}\right)\frac{\prod_{m=1}^{M}(z-c_m)}{\prod_{n=1}^{N}(z-d_n)} \tag{4.22}$$

其中，c_m 为零点，d_n 为极点。

$H(z)$ 有 M 个零点 c_m，N 个极点 d_n（如果出现零极点对消，则零极点的个数会减少）。当 $N>M$ 时，在 $z=0$ 处另有 $N-M$ 个零点；当 $N<M$ 时，在 $z=0$ 处另有 $M-N$ 个极点。

4.3.2 有理系统的 z 变换分析

1. 因果性

LTI 系统是因果系统的充分必要条件为其收敛域包含 $|z|=\infty$。

必要性：在时域上，一个 LTI 系统是因果系统的充分必要条件是其单位脉冲响应为因果序列。因果序列是右边序列，其 z 变换的收敛域为 $R<|z|<\infty$，其中 R 为非负实数。系统的极点不应在收敛域中，即极点均在半径为 R 的圆内。对于因果序列，当 $n<0$ 时，$h[n]=0$，其 z 变换中只含 z 的零次幂和负幂次项，不含正幂次项，因此收敛域包含 $|z|=\infty$。

充分性：如果 LTI 系统 z 变换的收敛域包含 $|z|=\infty$，则其 z 变换中必定不包含正幂次项，即满足 $n<0$ 时，$h[n]=0$，$h[n]$ 是因果序列，该系统是因果系统。

2. 稳定性

在时域上，LTI 系统稳定的充要条件是 $\sum_{n=-\infty}^{\infty}|h[n]|=S<+\infty$，由此可知 $\sum_{n=-\infty}^{\infty}|h[n]z^{-n}|$ 在单位圆 $|z|=1$ 上是收敛的，根据收敛域的定义，单位圆在 $H(z)=\sum_{n=-\infty}^{\infty}h[n]z^{-n}$ 的收敛域内，因此 LTI 系统稳定的必要条件是系统函数 $H(z)$ 的收敛域包含单位圆。

综上所述，因果稳定的 LTI 系统的收敛域是包含单位圆在内的某个圆的外部，由于收敛域中不能含有极点，因此系统函数 $H(z)$ 的所有极点分布在单位圆内。

图 4.7 所示的三种收敛域对应的系统都是稳定的。其中，第一个系统序列为右边序列，所有极点位于单位圆内，收敛域包含单位圆，因此系统是因果稳定的；第二个系统序列为左边序列，所有极点位于单位圆外，收敛域包含单位圆，因此系统是非因果但稳定的；第三个系统序列为双边序列，其收敛域为一个圆环且包含单位圆，因此系统也是非因果但稳定的。

3. 有理系统函数的单位脉冲响应

对有理系统函数 $H(z)$，如果仅存在一阶极点，可用部分分式法分解为

$$H(z)=\sum_{r=0}^{M-N}B_r z^{-r}+\sum_{k=1}^{N}\frac{A_k}{1-d_k z^{-1}} \tag{4.23}$$

其中，仅当 $M\geqslant N$ 时，第一项 $\sum_{r=0}^{M-N}B_r z^{-r}$ 存在。如果 $H(z)$ 存在多重极点，则可分解为式（3.158）的形式。

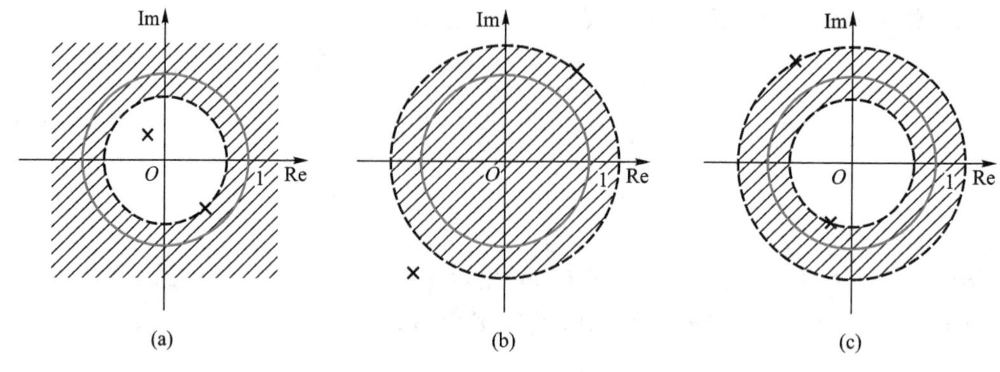

图 4.7 稳定性与单位圆

当该系统为因果系统时,其单位脉冲响应为

$$h[n]=\sum_{r=0}^{M-N}B_r\delta[n-r]+\sum_{k=1}^{N}A_kd_k^n\mathrm{u}[n] \tag{4.24}$$

单位脉冲响应 $h[n]$ 中包含 $\sum_{r=0}^{M-N}B_r\delta[n-r]$ 和 $\sum_{k=1}^{N}A_kd_k^n\mathrm{u}[n]$ 两部分。其中 $\sum_{r=0}^{M-N}B_r\delta[n-r]$ 为有限长序列,即该部分单位脉冲响应延续的长度是有限的,称为有限冲激响应(finite impulse response,FIR);$\sum_{k=1}^{N}A_kd_k^n\mathrm{u}[n]$ 为无限长序列,即该部分单位脉冲响应是无限延续的,称为无限冲激响应(infinite impulse response,IIR)。如图 4.8 所示。

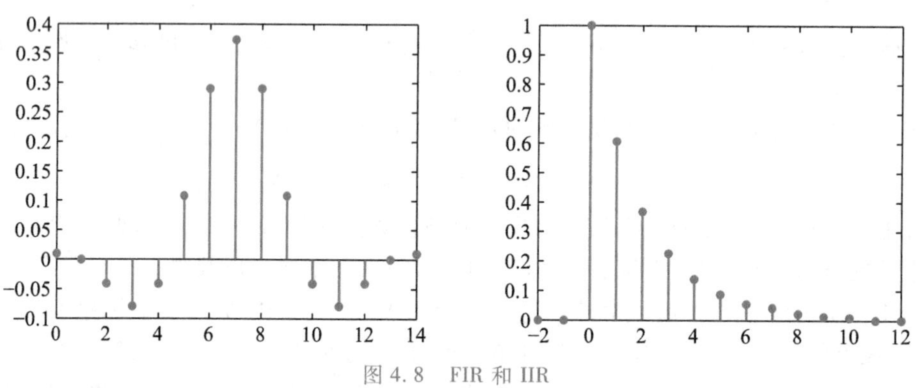

图 4.8 FIR 和 IIR

由式(4.24)可知,FIR 系统的单位脉冲响应为

$$h[n]=\sum_{k=0}^{M}b_k\delta[n-k] \tag{4.25}$$

系统的差分方程为

$$y[n]=\sum_{k=0}^{M}b_kx[n-k] \tag{4.26}$$

而 IIR 系统的差分方程表达式可写为

$$y[n]=\sum_{k=1}^{N}a_ky[n-k]+\sum_{k=0}^{M}b_kx[n-k] \tag{4.27}$$

由式(4.27)可知,在求 IIR 系统的输出时需将各 $y[n-k]$ 反馈回来,用系数 a_k 加权后与各加权输入项 $b_k x[n-k]$ 相加,因而构成反馈回路,这种结构称为“递归型”结构,其输出不仅取决于过去和现在的输入,也取决于过去的输出。而由式(4.26)可知,FIR 系统的输出只取决于有限个过去和现在的输入 $x[n-k]$,没有反馈回路,这种结构称为“非递归型”结构;若采用零点、极点互相抵消的方法,也可以采用含有递归结构的电路实现 FIR 系统。

4.3.3 有理系统的频率响应

1. 有理系统的频率响应

如果一个稳定的 LTI 离散时间系统的系统函数 $H(z)$ 是有理函数,则该系统的频率响应可表示为

$$H(\mathrm{e}^{\mathrm{j}\omega})=H(z)\big|_{z=\mathrm{e}^{\mathrm{j}\omega}}=\frac{\sum_{k=0}^{M} b_k \mathrm{e}^{-\mathrm{j}\omega k}}{\sum_{k=0}^{N} a_k \mathrm{e}^{-\mathrm{j}\omega k}} \tag{4.28}$$

或

$$H(\mathrm{e}^{\mathrm{j}\omega})=H(z)\big|_{z=\mathrm{e}^{\mathrm{j}\omega}}=\left(\frac{b_0}{a_0}\right)\frac{\prod_{k=1}^{M}(1-c_k \mathrm{e}^{-\mathrm{j}\omega})}{\prod_{k=1}^{N}(1-d_k \mathrm{e}^{-\mathrm{j}\omega})} \tag{4.29}$$

(1) 幅频响应

$$|H(\mathrm{e}^{\mathrm{j}\omega})|=\left|\frac{b_0}{a_0}\right|\frac{\prod_{k=1}^{M}|1-c_k \mathrm{e}^{-\mathrm{j}\omega}|}{\prod_{k=1}^{N}|1-d_k \mathrm{e}^{-\mathrm{j}\omega}|} \tag{4.30}$$

从式(4.30)中可以看出,$|H(\mathrm{e}^{\mathrm{j}\omega})|$ 就是 $H(z)$ 中全部零点因式在单位圆上求值的幅度乘积除以全部极点因式在单位圆上求值的幅度乘积。实际应用中常把这些乘积项变换为累加和的形式,因此幅频响应常以对数形式给出,如下式所示。

$$G(\mathrm{e}^{\mathrm{j}\omega})=20\lg|H(\mathrm{e}^{\mathrm{j}\omega})| \tag{4.31}$$

其中,$G(\mathrm{e}^{\mathrm{j}\omega})$ 称为增益函数,单位为分贝(dB)。将增益函数的负数,即 $A(\mathrm{e}^{\mathrm{j}\omega})=-G(\mathrm{e}^{\mathrm{j}\omega})$ 称为衰减函数或者损失函数。对于以式(4.30)表示的 $H(\mathrm{e}^{\mathrm{j}\omega})$ 有

$$20\lg|H(\mathrm{e}^{\mathrm{j}\omega})|=20\lg\left|\frac{b_0}{a_0}\right|+\sum_{k=1}^{M}20\lg|1-c_k \mathrm{e}^{-\mathrm{j}\omega}|-\sum_{k=1}^{N}20\lg|1-d_k \mathrm{e}^{-\mathrm{j}\omega}| \tag{4.32}$$

为了计算方便,有时采用幅度平方响应

$$|H(\mathrm{e}^{\mathrm{j}\omega})|^2=H(\mathrm{e}^{\mathrm{j}\omega})H^*(\mathrm{e}^{\mathrm{j}\omega}) \tag{4.33}$$

其中,* 表示复数共轭,对于以式(4.30)表示的 $H(\mathrm{e}^{\mathrm{j}\omega})$ 有

$$|H(\mathrm{e}^{\mathrm{j}\omega})|^2=\left(\frac{b_0}{a_0}\right)^2\frac{\prod_{k=1}^{M}(1-c_k \mathrm{e}^{-\mathrm{j}\omega})(1-c_k^* \mathrm{e}^{\mathrm{j}\omega})}{\prod_{k=1}^{N}(1-d_k \mathrm{e}^{-\mathrm{j}\omega})(1-d_k^* \mathrm{e}^{\mathrm{j}\omega})} \tag{4.34}$$

(2) 相频响应

$$\angle H(e^{j\omega}) = \angle\left[\frac{b_0}{a_0}\right] + \sum_{k=1}^{M} \angle[1 - c_k e^{-j\omega}] - \sum_{k=1}^{N} \angle[1 - d_k e^{-j\omega}] \tag{4.35}$$

(3) 群延迟

$$\text{grd}[H(e^{j\omega})] = -\sum_{k=1}^{M} \frac{d}{d\omega}(\arg[1 - c_k e^{-j\omega}]) + \sum_{k=1}^{N} \frac{d}{d\omega}(\arg[1 - d_k e^{-j\omega}]) \tag{4.36}$$

由于群延迟是对相位函数的微分,所以由相位函数计算群延迟时需要用到连续相位 $\arg[H(e^{j\omega})]$。

相频响应可由下式计算:

$$\angle H(e^{j\omega}) = \arctan\left(\frac{H_{\text{Im}}(e^{j\omega})}{H_{\text{Re}}(e^{j\omega})}\right) \tag{4.37}$$

计算结果通常为$[-\pi, \pi)$区间内的相位主值,称主值相位,记作 $\text{ARG}[H(e^{j\omega})]$,即

$$\text{ARG}[H(e^{j\omega})] = \arctan\left(\frac{H_{\text{Im}}(e^{j\omega})}{H_{\text{Re}}(e^{j\omega})}\right) \tag{4.38}$$

如图 4.9 所示,主值相位往往在某些点出现$-\pi$ 与 π 之间的跳变,去除 2π 相差便可使该点相位连续,此过程称为相位展开,也叫相位解缠绕(unwrapping)。连续相位记作 $\arg[H(e^{j\omega})]$。

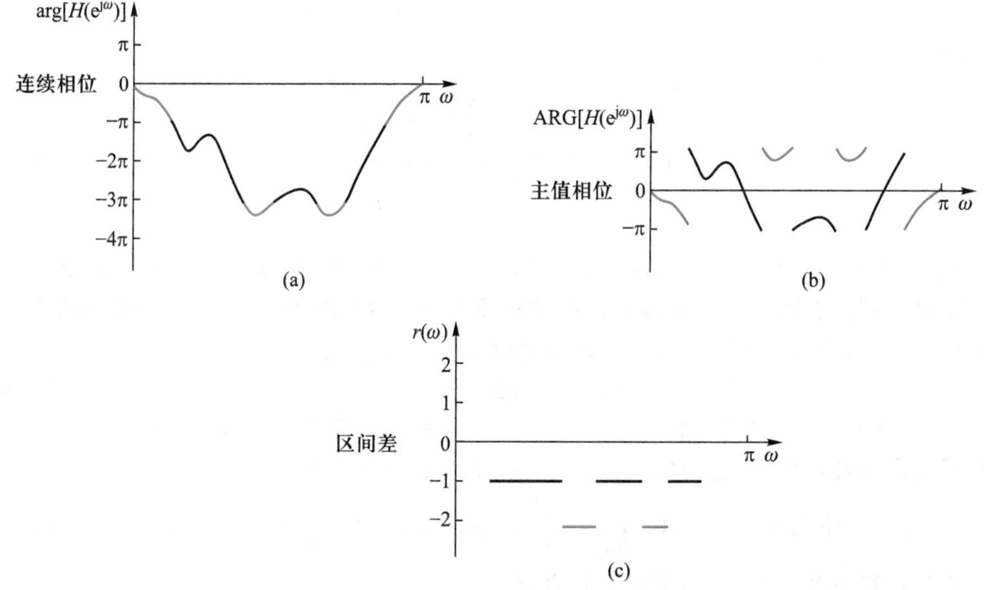

图 4.9 连续相位与主值相位

2. 单零点的频率响应

单零点 $a = re^{j\theta}$的系统函数为

$$H(z) = 1 - az^{-1} \tag{4.39}$$

频率响应为

$$H(e^{j\omega}) = 1 - re^{j\theta}e^{-j\omega} \tag{4.40}$$

幅度平方响应为

$$|1-re^{j\theta}e^{-j\omega}|^2=(1-re^{j\theta}e^{-j\omega})(1-re^{-j\theta}e^{j\omega})=1+r^2-2r\cos(\omega-\theta) \tag{4.41}$$

对数幅度响应为

$$20\lg|1-re^{j\theta}e^{-j\omega}|=10\lg[1+r^2-2r\cos(\omega-\theta)] \tag{4.42}$$

主值相位响应为

$$\mathrm{ARG}[1-re^{j\theta}e^{-j\omega}]=\arctan\left[\frac{r\sin(\omega-\theta)}{1-r\cos(\omega-\theta)}\right] \tag{4.43}$$

群延迟为

$$\mathrm{grd}[1-re^{j\theta}e^{-j\omega}]=\frac{r^2-r\cos(\omega-\theta)}{1+r^2-2r\cos(\omega-\theta)}=\frac{r^2-r\cos(\omega-\theta)}{|1-re^{j\theta}e^{-j\omega}|^2} \tag{4.44}$$

系统频率响应也可用如图 4.10 所示图解法求解。设 $\boldsymbol{v}_1$ 为绕单位圆旋转的单位向量；$\boldsymbol{v}_2$ 为指向零点的向量；$\boldsymbol{v}_3$ 为零点指向单位圆的向量，称为零点向量。

由式(4.39)可得

$$H(z)=1-re^{j\theta}z^{-1}=\frac{z-re^{j\theta}}{z} \tag{4.45}$$

则

$$H(e^{j\omega})=H(z)|_{z=e^{j\omega}}=1-re^{j\theta}e^{-j\omega}=\frac{e^{j\omega}-re^{j\theta}}{e^{j\omega}}=\frac{\boldsymbol{v}_3}{\boldsymbol{v}_1} \tag{4.46}$$

$$|H(e^{j\omega})|=\frac{|\boldsymbol{v}_3|}{|\boldsymbol{v}_1|}=|\boldsymbol{v}_3| \tag{4.47}$$

$$\angle H(e^{j\omega})=\angle\boldsymbol{v}_3-\angle\boldsymbol{v}_1=\phi_3-\omega \tag{4.48}$$

图 4.10　图解法求单个零点的系统响应

单个零点系统的幅频响应为 $|\boldsymbol{v}_3|$，相频响应为向量 $\boldsymbol{v}_3$ 与 $\boldsymbol{v}_1$ 的幅角之差。

如图 4.11 所示，当 $\omega=\theta$ 时，幅频响应 $|H(e^{j\omega})|$ 为极小值，相位为零，群延迟为最小；当 $\omega=\theta+\pi$ 时，幅频响应 $|H(e^{j\omega})|$ 为极大值。零点越靠近单位圆，幅频响应的极小值越小。当零点在单位圆上时，幅频响应的极小值为 0，且在 $\omega=\theta+\pi$ 处会产生相位突变。

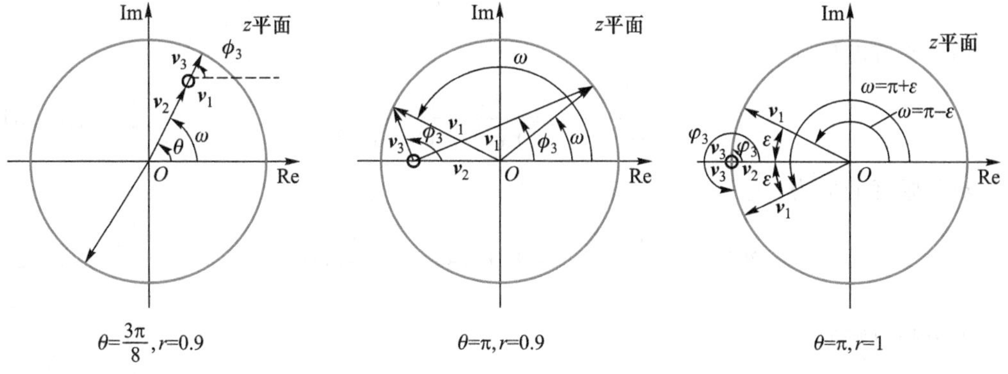

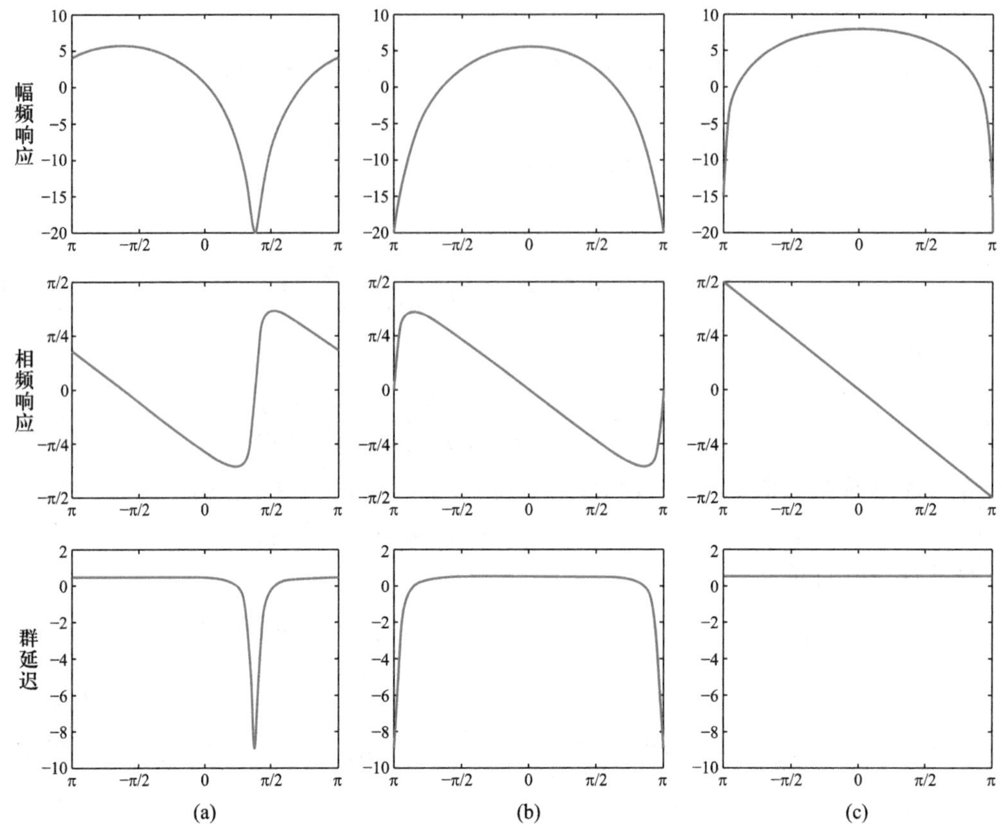

图 4.11　不同 θ,r 取值的频率特性曲线

3. 单极点的频率响应

单极点 $a=re^{j\theta}$的系统函数为

$$H(z)=\frac{1}{1-az^{-1}} \tag{4.49}$$

频率响应为

$$H(e^{j\omega})=\frac{1}{1-re^{j\theta}e^{-j\omega}} \tag{4.50}$$

幅度平方响应为

$$\frac{1}{|1-re^{j\theta}e^{-j\omega}|^2}=\frac{1}{1+r^2-2r\cos(\omega-\theta)} \tag{4.51}$$

对数幅度响应为

$$20\lg\frac{1}{|1-re^{j\theta}e^{-j\omega}|}=-10\lg[1+r^2-2r\cos(\omega-\theta)] \tag{4.52}$$

主值相位响应为

$$\mathrm{ARG}\left[\frac{1}{1-r\mathrm{e}^{\mathrm{j}\theta}\mathrm{e}^{-\mathrm{j}\omega}}\right]=\arctan\left[-\frac{r\sin(\omega-\theta)}{1-r\cos(\omega-\theta)}\right] \tag{4.53}$$

群延迟为

$$\mathrm{grd}[1-r\mathrm{e}^{\mathrm{j}\theta}\mathrm{e}^{-\mathrm{j}\omega}]=-\frac{r^2-r\cos(\omega-\theta)}{1+r^2-2r\cos(\omega-\theta)}=-\frac{r^2-r\cos(\omega-\theta)}{|1-r\mathrm{e}^{\mathrm{j}\theta}\mathrm{e}^{-\mathrm{j}\omega}|^2} \tag{4.54}$$

由式(4.49)可得

$$H(z)=\frac{1}{1-r\mathrm{e}^{\mathrm{j}\theta}z^{-1}}=\frac{z}{z-r\mathrm{e}^{\mathrm{j}\theta}} \tag{4.55}$$

则

$$H(\mathrm{e}^{\mathrm{j}\omega})=H(z)\big|_{z=\mathrm{e}^{\mathrm{j}\omega}}=\frac{1}{1-r\mathrm{e}^{\mathrm{j}\theta}\mathrm{e}^{-\mathrm{j}\omega}}=\frac{\mathrm{e}^{\mathrm{j}\omega}}{\mathrm{e}^{\mathrm{j}\omega}-r\mathrm{e}^{\mathrm{j}\theta}}=\frac{\boldsymbol{v}_1}{\boldsymbol{v}_3} \tag{4.56}$$

$$|H(\mathrm{e}^{\mathrm{j}\omega})|=\frac{|\boldsymbol{v}_1|}{|\boldsymbol{v}_3|}=\frac{1}{|\boldsymbol{v}_3|} \tag{4.57}$$

$$\angle H(\mathrm{e}^{\mathrm{j}\omega})=\angle\boldsymbol{v}_1-\angle\boldsymbol{v}_3=\omega-\phi_3 \tag{4.58}$$

单个极点系统的幅频响应为$\frac{1}{|\boldsymbol{v}_3|}$，相频响应为向量 $\boldsymbol{v}_1$ 与 $\boldsymbol{v}_3$ 的幅角之差，求解示意图如图 4.12 所示。

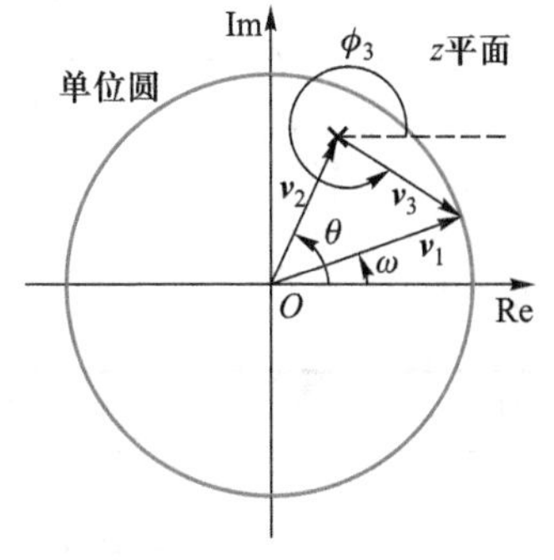

图 4.12　图解法求单个极点的系统响应

如图 4.13 所示，当 $\omega=\theta$ 时，幅频响应 $|H(\mathrm{e}^{\mathrm{j}\omega})|$ 为极大值，相位为零，群延迟为最大；当 $\omega=\theta+\pi$ 时，幅频响应 $|H(\mathrm{e}^{\mathrm{j}\omega})|$ 为极小值。极点越靠近单位圆，幅频响应的极大值越大。当极点在单位圆上时，幅频响应的极大值为 ∞，且在 $\omega=\theta+\pi$ 处会产生相位突变。

单个零极点系统的频率响应总结如表 4.1 所示。

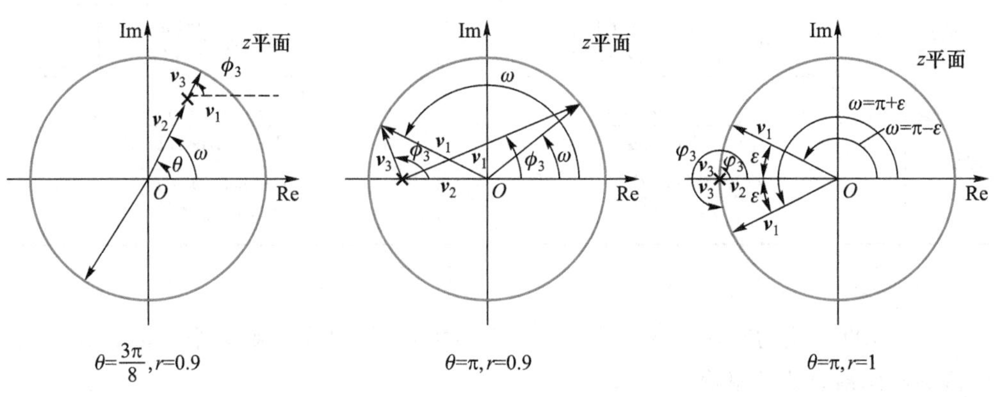

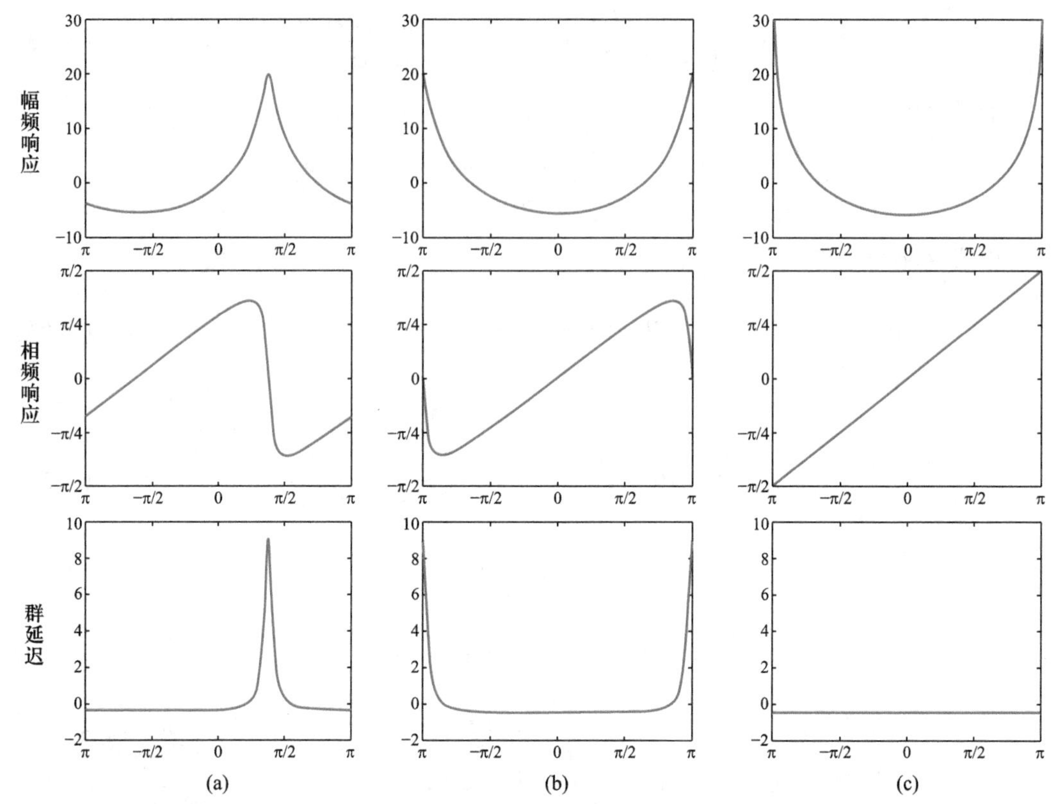

图 4.13　不同 θ, r 取值的频率特性曲线

表 4.1　单个零极点系统频率响应

项目	单个零点	单个极点
系统函数	$H(z)=1-az^{-1}$ $H(\mathrm{e}^{\mathrm{j}\omega})=1-r\mathrm{e}^{\mathrm{j}\theta}\mathrm{e}^{-\mathrm{j}\omega}$	$H(z)=\dfrac{1}{1-az^{-1}}$ $H(\mathrm{e}^{\mathrm{j}\omega})=\dfrac{1}{1-r\mathrm{e}^{\mathrm{j}\theta}\mathrm{e}^{-\mathrm{j}\omega}}$
幅度平方	$1+r^2-2r\cos(\omega-\theta)$	$\dfrac{1}{1+r^2-2r\cos(\omega-\theta)}$
主值相位	$\arctan\left[\dfrac{r\sin(\omega-\theta)}{1-r\cos(\omega-\theta)}\right]$	$\arctan\left[-\dfrac{r\sin(\omega-\theta)}{1-r\cos(\omega-\theta)}\right]$
群延迟	$\dfrac{r^2-r\cos(\omega-\theta)}{1+r^2-2r\cos(\omega-\theta)}$ $=\dfrac{r^2-r\cos(\omega-\theta)}{\lvert 1-r\mathrm{e}^{\mathrm{j}\theta}\mathrm{e}^{-\mathrm{j}\omega}\rvert^2}$	$-\dfrac{r^2-r\cos(\omega-\theta)}{1+r^2-2r\cos(\omega-\theta)}$ $=-\dfrac{r^2-r\cos(\omega-\theta)}{\lvert 1-r\mathrm{e}^{\mathrm{j}\theta}\mathrm{e}^{-\mathrm{j}\omega}\rvert^2}$

4. 多个零极点的频率响应

当一个 LTI 系统的有理系统函数包含多个零极点时，可先求解单个零极点频率响应，从而得到整体系统的频率响应。

例 4.3 求由两极点 $d_1=re^{j\theta}$，$d_2=re^{-j\theta}$（其中 $r=0.95$，$\theta=3\pi/8$）组成的稳定 LTI 系统的频率响应。

▶ 扫一扫 4-3 因果系统的瞬态响应

解：根据其极点分布，可得该系统函数为

$$H(z)=\frac{1}{(1-d_1z^{-1})(1-d_2z^{-1})}=\frac{1}{[1-0.95e^{j(3\pi/8)}z^{-1}][1-0.95e^{j(-3\pi/8)}z^{-1}]} \tag{4.59}$$

分别绘制单极点系统 $H_1(z)=\frac{1}{1-d_1z^{-1}}$、$H_2(z)=\frac{1}{1-d_2z^{-1}}$的频率响应，由此可得 $H(z)$ 系统的频率响应，如图 4.14 所示。

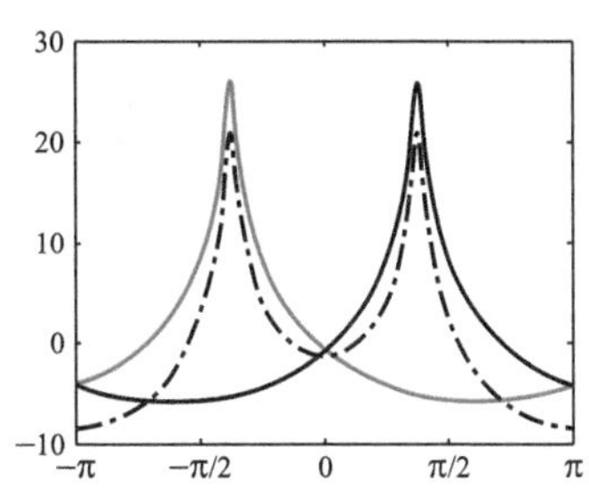

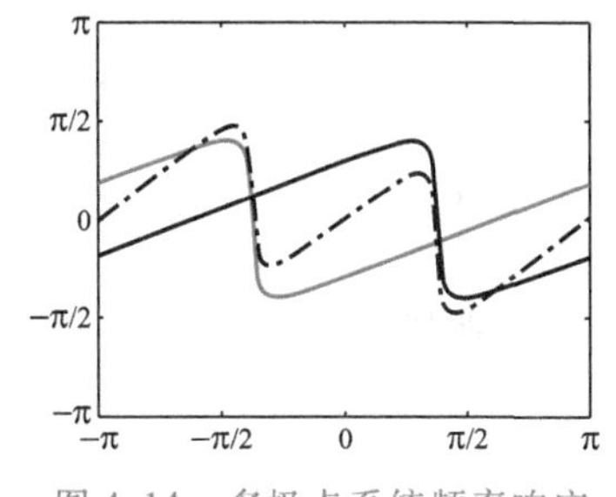

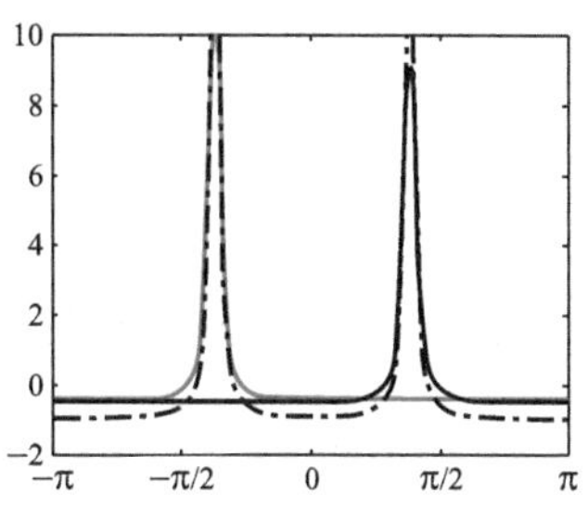

图 4.14　多极点系统频率响应

综上，系统的零极点分布对幅频特性的影响为：① 系统函数的极点主要影响幅频响应的极大值，极点越靠近单位圆，极大值越大、形状越尖锐。当极点在单位圆上时，幅频响应的极大值为∞，极点在单位圆上或单位圆外时系统不稳定。② 系统函数的零点主要影响幅频响应的极小值，零点越靠近单位圆，极小值越接近 0。当零点在单位圆上时，幅频响应的极小值为 0，零点可在单位圆上或单位圆外，不受稳定性约束。③ 位于坐标原点的零点和极点不影响幅频特性。

4.4 有理系统的全通分解

4.4.1 幅频特性相同的系统

前文已经介绍，系统的幅频响应记作 $|H(e^{j\omega})|$。为了计算方便，一般以平方形式给出，如下式所示：

$$|H(e^{j\omega})|^2=H(e^{j\omega})H^*(e^{j\omega}) \tag{4.60}$$

注意：$H(e^{j\omega})$、$H^*(e^{j\omega})$ 两系统的频率响应互为共轭，因此其幅频响应相同。

根据 DTFT 的对称性质 2：如果频率响应为 $H(e^{j\omega})$ 的系统的单位脉冲响应记作 $h[n]$，则频率响应为 $H^*(e^{j\omega})$ 的系统的单位脉冲响应为 $h^*[-n]$，即

$$h[n]\underset{\text{IDTFT}}{\overset{\text{DTFT}}{\rightleftharpoons}}H(e^{j\omega}),\quad h^*[-n]\underset{\text{IDTFT}}{\overset{\text{DTFT}}{\rightleftharpoons}}H^*(e^{j\omega}) \tag{4.61}$$

根据 z 变换的时间倒置性质：如果单位脉冲响应为 $h[n]$ 的系统函数为 $H(z)$，则单位脉

冲响应为 $h^*[-n]$ 的系统函数为 $H^*\left(\frac{1}{z^*}\right)$，即

$$h[n]\xleftrightarrow{z}H(z),\quad H^*[-n]\xleftrightarrow{z}H^*\left(\frac{1}{z^*}\right) \tag{4.62}$$

也就是说系统函数为 $H(z)$ 和 $H^*\left(\frac{1}{z^*}\right)$ 的两系统的幅频响应相同。

下面将对有理系统函数 $H(z)$ 和 $H^*\left(\frac{1}{z^*}\right)$ 的零极点分布进行讨论。

将 $H(z)$ 用零极点的形式展开为

$$H(z)=\left(\frac{b_0}{a_0}\right)\frac{\prod_{m=1}^{M}(1-c_m z^{-1})}{\prod_{n=1}^{N}(1-d_n z^{-1})}=z^{(N-M)}\left(\frac{b_0}{a_0}\right)\frac{\prod_{m=1}^{M}(z-c_m)}{\prod_{n=1}^{N}(z-d_n)} \tag{4.63}$$

则与之幅频响应相同的 $H^*\left(\frac{1}{z^*}\right)$ 的系统函数为

$$H^*\left(\frac{1}{z^*}\right)=\frac{b_0^*}{a_0^*}\frac{\prod_{m=1}^{M}(1-c_m^* z)}{\prod_{n=1}^{N}(1-d_n^* z)} \tag{4.64}$$

其中，$H(z)$ 的零点为 c_m，极点为 d_n，而 $H^*\left(\frac{1}{z^*}\right)$ 的零点为$\frac{1}{c_m^*}$，极点为$\frac{1}{d_n^*}$，即 $H(z)$ 的零极点与 $H^*\left(\frac{1}{z^*}\right)$ 的零极点以共轭倒数关系成对出现，一个在单位圆内，一个在关于单位圆的反演位置上，其模值互为倒数，相位相同，如图 4.15 所示。

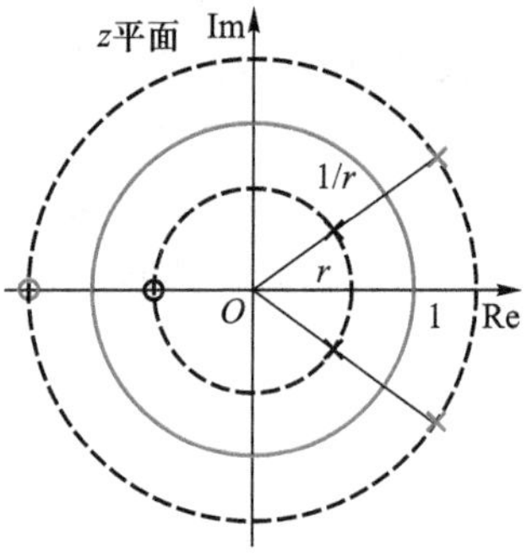

图 4.15　$H(z)$ 与 $H^*\left(\frac{1}{z^*}\right)$ 的零极点关系

最终得到结论：若两个系统的零极点分布图中，有若干对零极点互为共轭倒数，则两者的幅频特性相同。与之等价的说法：若有一个有理实系统，则可以将其中的若干个零点或极点，用它的共轭倒数代替，则新系统的幅频特性与原系统相同。

由以上讨论可得，系统幅频响应的平方可以表示为

$$|H(e^{j\omega})|^2=H(e^{j\omega})H^*(e^{j\omega})=\left(H(z)H^*\left(\frac{1}{z^*}\right)\right)\Big|_{z=e^{j\omega}} \tag{4.65}$$

为了讨论的方便，引入 $C(z)=H(z)H^*\left(\frac{1}{z^*}\right)$，$|H(e^{j\omega})|^2=C(z)|_{z=e^{j\omega}}$，对于有理系统函数，代入式(4.63)，可得

$$C(z)=H(z)H^*\left(\frac{1}{z^*}\right)=\left(\frac{b_0}{a_0}\right)^2\frac{\prod_{m=1}^{M}(1-c_m z^{-1})(1-c_m^* z)}{\prod_{n=1}^{N}(1-d_n z^{-1})(1-d_n^* z)} \tag{4.66}$$

在设计滤波器的时候，往往首先给出的是幅频特性的要求 $|H(e^{j\omega})|$ 或 $|H(e^{j\omega})|^2$，设计者据此设计出符合要求的 $C(z)$，之后对 $C(z)$ 的零极点进行合理的分解，得到 $H(z)$，使 $H(z)$ 满足其他要求。

例 4.4 如果两稳定系统的系统函数如下式所示，请计算两系统的 $C(z)$。

$$H_1(z)=\frac{2(1-z^{-1})(1+0.5z^{-1})}{(1-0.8e^{j\pi/4}z^{-1})(1-0.8e^{-j\pi/4}z^{-1})},\quad H_2(z)=\frac{(1-z^{-1})(1+2z^{-1})}{(1-0.8e^{j\pi/4}z^{-1})(1-0.8e^{-j\pi/4}z^{-1})} \tag{4.67}$$

解：

$$C_1(z)=\frac{2(1-z^{-1})(1+0.5z^{-1})2(1-z)(1+0.5z)}{(1-0.8e^{j\pi/4}z^{-1})(1-0.8e^{-j\pi/4}z^{-1})(1-0.8e^{-j\pi/4}z)(1-0.8e^{j\pi/4}z)} \tag{4.68}$$

$$C_2(z)=\frac{(1-z^{-1})(1+2z^{-1})(1-z)(1+2z)}{(1-0.8e^{j\pi/4}z^{-1})(1-0.8e^{-j\pi/4}z^{-1})(1-0.8e^{-j\pi/4}z)(1-0.8e^{j\pi/4}z)} \tag{4.69}$$

因为 $2(1+0.5z^{-1})2(1+0.5z)=(1+2z^{-1})(1+2z)$，所以 $C_1(z)=C_2(z)$，即两系统的幅频响应相同。

$H_1(z)$、$H_2(z)$ 和 $C_1(z)=C_2(z)$ 的零极点如图 4.16 所示。

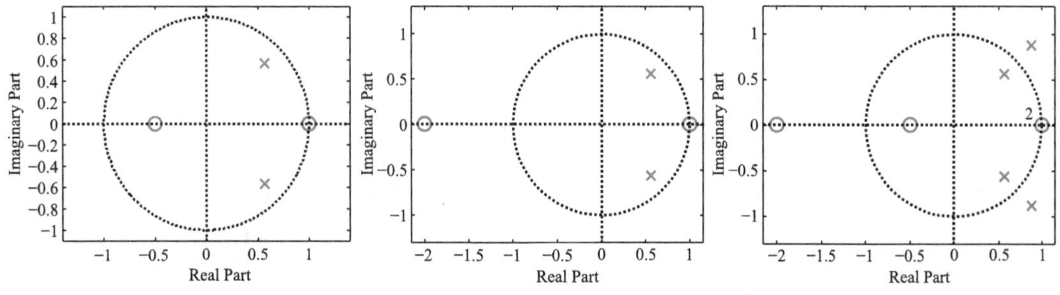

图 4.16 $H_1(z)$、$H_2(z)$ 和 $C_1(z)=C_2(z)$ 的零极点

$H(z)$ 和 $H^*\left(\frac{1}{z^*}\right)$ 的乘积为 $C(z)$，而 $C(z)$ 零极点两两成对（共轭倒数对）地出现，因此选择合适的零极点，便可构造出多种与 $H(z)$ 幅频响应相同的系统。

由此产生了一个推论：如果设计好一个系统的幅频特性，一定存在满足要求的因果稳定的系统，其极点全部在单位圆内。

与之等价的说法：如果有一个非稳定的有理系统，则可以通过级联一个新系统，将其变为一个稳定系统，并保持幅频特性不变而仅改变相频特性。级联的这个新系统就称为全通系统（详细介绍见 4.4.2 节）。

以上，完成了对两个幅频特性相同的系统的零极点的讨论，而对相频特性的讨论，将在其中寻找最特殊的一类系统——最小相位系统，进行详细研究（详见 4.4.3 节）。

4.4.2 全通系统

如果系统的幅频特性在所有频率 ω 处都为 1，仅有相频特性随频率发生变化，即 $|H_{ap}(e^{j\omega})|\equiv 1$，则该系统称为全通系统。全通系统的频率响应为

$$H_{\mathrm{ap}}(\mathrm{e}^{\mathrm{j}\omega})=\mathrm{e}^{\mathrm{j}\angle H_{\mathrm{ap}}(\mathrm{e}^{\mathrm{j}\omega})} \tag{4.70}$$

1. 一阶全通系统

一阶全通系统的系统函数为

$$H_{\mathrm{ap}}(z)=\frac{z^{-1}-a^*}{1-az^{-1}},\quad 0<|a|<1 \tag{4.71}$$

其幅频响应为

$$|H_{\mathrm{ap}}(\mathrm{e}^{\mathrm{j}\omega})|=\left|H_{\mathrm{ap}}(z)\Big|_{z=\mathrm{e}^{\mathrm{j}\omega}}\right|=\left|\frac{\mathrm{e}^{-\mathrm{j}\omega}-a^*}{1-a\mathrm{e}^{-\mathrm{j}\omega}}\right|=\left|\mathrm{e}^{-\mathrm{j}\omega}\frac{1-a^*\mathrm{e}^{\mathrm{j}\omega}}{1-a\mathrm{e}^{-\mathrm{j}\omega}}\right|=\left|\frac{1-a^*\mathrm{e}^{\mathrm{j}\omega}}{1-a\mathrm{e}^{-\mathrm{j}\omega}}\right| \tag{4.72}$$

由于 $(1-a^*\mathrm{e}^{\mathrm{j}\omega})$ 与 $(1-a\mathrm{e}^{-\mathrm{j}\omega})$ 互为共轭，显然可得 $|H_{\mathrm{ap}}(\mathrm{e}^{\mathrm{j}\omega})|\equiv1$，即系统为全通系统。

观察系统的系统函数，其零点为 $1/a^*$、极点为 a，零极点成共轭倒数关系，即零极点出现在关于单位圆反演的位置上（一对零极点幅角相同，模值互为倒数），如图 4.17 所示。

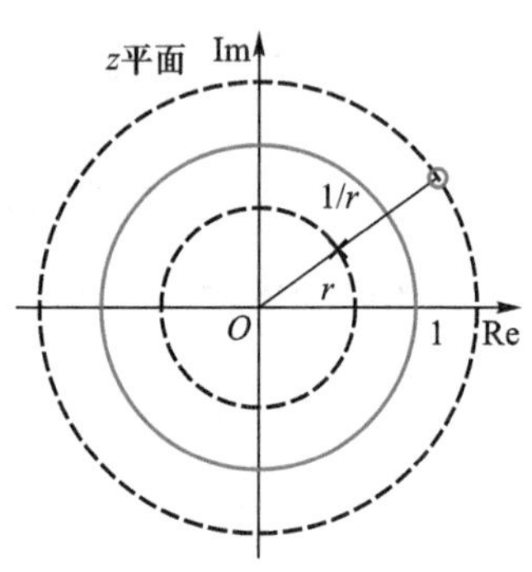

图 4.17　一阶全通系统的零极点

一阶全通系统的对数幅频响应、相频响应和群延迟如图 4.18 所示。

2. 高阶全通系统

对于有理实系数的二阶全通系统，可以分解为两个一阶全通系统，复数零极点必然共轭成对出现，如下式所示：

▶ 扫一扫
4-4 一阶全通系统分析

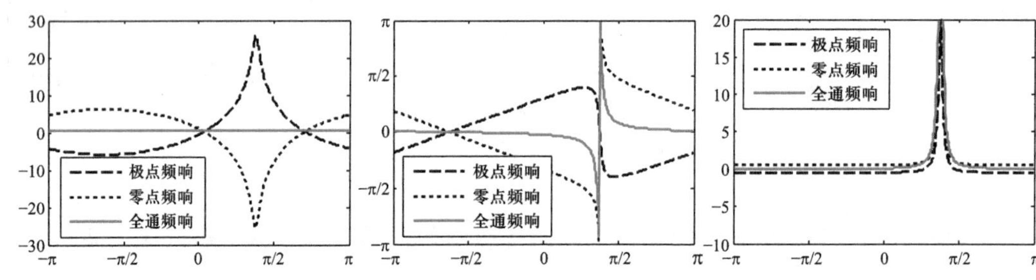

图 4.18　一阶全通系统的对数幅频响应、相频响应和群延迟

$$H_{\mathrm{ap}}(\mathrm{e}^{\mathrm{j}\omega})=\frac{z^{-1}-a^*}{1-az^{-1}}\,\frac{z^{-1}-a}{1-a^*z^{-1}}=\frac{c_2+c_1z^{-1}+z^{-2}}{1+c_1z^{-1}+c_2z^{-2}} \tag{4.73}$$

其中，$c_1=-2\mathrm{Re}[a]$，$c_2=|a|^2$。两个一阶系统的零点分别为 $\frac{1}{a^*}$ 和 $\frac{1}{a}$，极点分别为 a 和 a^*。

对于多阶的有理实系数全通系统，则可以分解为若干个一阶全通系统和二阶全通系统的级联，系统函数分解如下：

$$H_{\mathrm{ap}}(z)=\prod_{k=1}^{M_{\mathrm{r}}}\frac{z^{-1}-d_k}{1-d_kz^{-1}}\prod_{k=1}^{M_{\mathrm{c}}}\frac{(z^{-1}-\mathrm{e}_k^*)(z^{-1}-\mathrm{e}_k)}{(1-\mathrm{e}_kz^{-1})(1-\mathrm{e}_k^*z^{-1})} \tag{4.74}$$

其中，d_k 为实极点，e_k、e_k^* 为复极点，M_{r} 为实零极点的个数，$2M_{\mathrm{c}}$ 为复零极点的个数。由于极点和零点 e_k、e_k^* 互为共轭关系，因此该系统 $H_{\mathrm{ap}}(z)$ 为实系数有理系统。由式(4.74)可

知，一个多阶实系数全通系统的频率响应能用一阶全通系统的频率响应来表示。

根据前面的分析可知，全通系统的零极点具有以下特性：若 $p_i=a_i=r_i e^{j\varphi_i}$ 为系统的极点，则 $z_i=\frac{1}{a_i}=\frac{1}{r_i}e^{j\varphi_i}$ 必然为系统的零点，即零点和极点以共轭倒数对形式出现；对于有理实系统函数，p_i 和 z_i 本身还是共轭成对的，这样全通系统的零、极点相对单位圆是镜像共轭成对的。因此，对于因果稳定的全通系统，其极点都在单位圆内（$r<1$），又因为全通系统的零、极点具有共轭成对的特性，所以其零点全部都在单位圆外。

3. 全通系统的性质

（1）因果稳定的全通系统的相位特性 $\theta(\omega)$ 随频率单调下降，即

$$\frac{d\theta(\omega)}{d\omega}<0 \tag{4.75}$$

为了证明该性质，先考虑由式（4.71）所示的一阶全通系统的频率响应为

$$H_{ap}(e^{j\omega})=\frac{e^{-j\omega}-re^{-j\varphi}}{1-re^{j\varphi}e^{-j\omega}}=e^{-j\left(\omega+2\arctan\left[\frac{r\sin(\omega-\varphi)}{1-r\cos(\omega-\varphi)}\right]\right)}=e^{j\theta_1(\omega)} \tag{4.76}$$

其相位特性如下：

$$\theta_1(\omega)=-\omega-2\arctan\left[\frac{r\sin(\omega-\varphi)}{1-r\cos(\omega-\varphi)}\right] \tag{4.77}$$

对其求导可得

$$\frac{d\theta_1(\omega)}{d\omega}=-1-2\,\frac{1-r^2}{|1-re^{j(\omega-\varphi)}|^2} \tag{4.78}$$

因为 $r<1$，故对于任何频率 $\frac{d\theta_1(\omega)}{d\omega}<0$ 恒成立。对于 N 阶系统，可以分解为 N 个一阶全通系统的级联，其相位特性等于各一阶系统的相位特性之和，仍然满足 $\frac{d\theta(\omega)}{d\omega}<0$。

由于系统的群延迟 $\tau(\omega)=-\frac{d\theta(\omega)}{d\omega}$，故系统的群延迟始终为正值。实系数因果稳定的全通系统的相频响应在 $\omega\in[0,\pi)$ 区间内是非正的。

$$\arg[H_{ap}(e^{j\omega})]=-\int_0^{\omega}\text{grd}[H_{ap}(e^{j\varphi})]\,d\phi+\arg[H_{ap}(e^{j0})] \tag{4.79}$$

如果为实系数，则

$$H_{ap}(e^{j0})=\prod_{k=1}^{M_r}\frac{1-d_k}{1-d_k}\prod_{k=1}^{M_c}\frac{(1-e_k^*)(1-e_k)}{(1-e_k)(1-e_k^*)}=1 \tag{4.80}$$

也就是

$$\arg[H_{ap}(e^{j0})]=0 \tag{4.81}$$

根据式（4.79），可知在 $\omega\in[0,\pi)$ 区间内，$\arg[H_{ap}(e^{j\omega})]$ 为从 $\arg[H_{ap}(e^{j0})]$ 起始对 $\text{grd}[H_{ap}(e^{j\omega})]$ 的积分，且 $\arg[H_{ap}(e^{j0})]=0$，$\text{grd}[H_{ap}(e^{j\omega})]>0$，故

$$\arg[H_{ap}(e^{j\omega})]\leqslant 0 \tag{4.82}$$

（2）全通系统的总能量不变性质：对于全通系统而言，输入信号 $x[n]$ 和输出信号 $y[n]$ 的能量相同，即

$$\sum_{n=-\infty}^{+\infty}|x[n]|^2=\sum_{n=-\infty}^{+\infty}|y[n]|^2 \tag{4.83}$$

(3) 对实稳定全通系统，当频率 ω 从 0 变化到 π，N 阶全通系统的相位的改变为 $N\pi$。先考虑一阶系统：

$$H_{ap}(z)=\frac{z^{-1}-a}{1-az^{-1}},\quad 0<|a|<1, a\text{ 为实数} \tag{4.84}$$

该系统的零、极点为实数，此时极点 $p=a=re^{j\varphi}$，$\varphi=0$。由式(4.77)可知，当频率 ω 从 0 变化到 π 时，其相位的改变为

$$\Delta\theta_1(\omega)=\theta_1(0)-\theta_1(\pi)=\pi \tag{4.85}$$

再考虑由式(4.73)所示的二阶系统，其零、极点共轭成对，其相位响应为

$$\theta_2(\omega)=-2\omega-2\arctan\left[\frac{r\sin(\omega-\varphi)}{1-r\cos(\omega-\varphi)}\right]-2\arctan\left[\frac{r\sin(\omega+\varphi)}{1-r\cos(\omega+\varphi)}\right] \tag{4.86}$$

当频率 ω 从 0 变化到 π 时，其相位的改变为

$$\Delta\theta_2(\omega)=\theta_2(0)-\theta_2(\pi)=2\pi \tag{4.87}$$

由式(4.74)可知，任何实系数全通系统都可化为若干个一阶函数和二阶函数之积，其相位为这些一阶系统和二阶系统的相位之和，所以，当频率 ω 从 0 变化到 π 时，N 阶全通系统的相位的改变为 $N\pi$。

4. 全通系统的应用

首先，全通系统可以用作相位校正网络，即相位均衡器。由于全通系统的幅频特性恒为常数，所以级联全通系统不会影响系统的幅频特性。在视频传输等许多应用中，希望系统具有线性相位。假设系统 $H_b(z)$ 的相位特性不符合要求，需要补偿，可以级联一个全通系统 $H_{ap}(z)$ 进行校正，级联后的系统函数为 $H(z)=H_b(z)H_{ap}(z)$，其频率响应为

$$H(e^{j\omega})=H_b(e^{j\omega})H_{ap}(e^{j\omega})=|H_b(e^{j\omega})||H_{ap}(e^{j\omega})|e^{j[\theta_b(\omega)+\theta_{ap}(\omega)]}=|H_b(e^{j\omega})|e^{j[\theta_b(\omega)+\theta_{ap}(\omega)]} \tag{4.88}$$

其相位响应为

$$\theta(\omega)=\theta_b(\omega)+\theta_{ap}(\omega) \tag{4.89}$$

$\theta(\omega)$ 是所希望的相位特性，如果希望系统具有线性相位，则

$$\tau(\omega)=-\frac{d\theta(\omega)}{d\omega}=C \tag{4.90}$$

其中，C 为不随 ω 变化的常数(实际中，在通带内满足这一要求即可)，利用均方误差最小准则可以求出全通系统的有关参数。

此外，如 4.4.1 节所述，如果系统是不稳定的，还可以通过级联全通系统的方法，将其变为稳定系统，而不改变系统的幅频特性。例如不稳定系统有一极点 $p=re^{j\varphi}(r>1)$，在单位圆外，级联一个如下的全通系统就可以将其变为稳定系统。

$$H_{ap}(z)=\frac{z^{-1}-a^*}{1-az^{-1}} \tag{4.91}$$

式中，$a=\frac{1}{r}e^{j\varphi}$，这样可以抵消一个单位圆外的极点，使得系统稳定，且不改变原系统的幅频特性。

4.4.3 最小相位系统

1. 最小相位系统、混合相位系统和最大相位系统

前文已经指出,对于一个具有有理系统函数的 LTI 系统,其频率响应的幅度不能唯一表征该系统,若系统是因果稳定的,则系统函数的极点必须位于单位圆内,但对零点并没有限制。而某些情况下,需要保证稳定系统的逆系统也是因果稳定的,这样系统函数的零极点都被限制在单位圆内,称这样的系统为最小相位系统。

为了便于分析,将有理函数 $H(z)$ 表示为因式形式,即

$$H(z)=\left(\frac{b_0}{a_0}\right)\frac{\prod_{m=1}^{M}(1-c_m z^{-1})}{\prod_{n=1}^{N}(1-d_n z^{-1})} \tag{4.92}$$

其中,c_m 为零点,d_n 为极点。

具体定义如下:对于离散时间因果稳定系统 $H(z)$,其极点 d_n 均在单位圆内,若满足零点 c_m 也均在单位圆内,则称该系统为最小相位系统。如果零点 c_m 均在单位圆外,则称该系统为最大相位系统。如果单位圆内、外均有零点 c_m,则称为混合相位系统。

2. 最小相位和全通分解

4.4.2 节已经表明,仅由频率响应的幅度平方不能唯一确定系统函数 $H(z)$,因为给定频率响应幅度的任何选择都能够与任意全通因子级联而不影响幅度。因此,对于任何有理系统函数均可分解为最小相位系统 $H_{\min}(z)$ 和全通系统 $H_{\mathrm{ap}}(z)$ 级联的形式,称为有理系统的全通分解。

$$H(z)=H_{\min}(z)H_{\mathrm{ap}}(z) \tag{4.93}$$

由于全通系统不改变系统的幅频特性,在设计系统函数时,可以分为两步,第一步先设计系统的幅频特性,并生成对应的最小相位系统;第二步再加入全通系统,修改系统的零点位置,从而对系统的相频特性进行修正,最终得到所需要的系统函数。

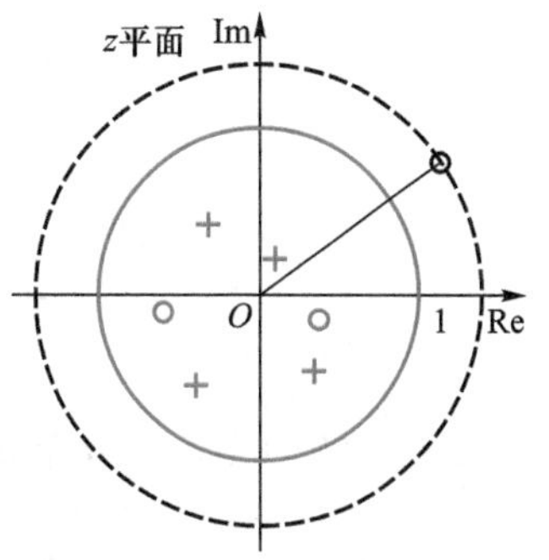

图 4.19　系统零极点分布图

下面举例说明全通分解的方法,假设 $H(z)$ 只有一个单位圆外的零点 $1/c^*$ ($|c|<1$),系统零极点分布如图 4.19 所示。即系统函数可表示为

$$H(z)=H_1(z)(z^{-1}-c^*) \tag{4.94}$$

其中,$H_1(z)$ 为最小相位系统,零极点均在单位圆内。上式可表示为

$$H(z)=H_1(z)(z^{-1}-c^*)\frac{1-cz^{-1}}{1-cz^{-1}}=H_1(z)(1-cz^{-1})\frac{z^{-1}-c^*}{1-cz^{-1}} \tag{4.95}$$

其中,$\frac{z^{-1}-c^*}{1-cz^{-1}}$为全通系统,记作 $H_{\mathrm{ap}}(z)$。由于 $|c|<1$,所以 $H_1(z)(1-cz^{-1})$ 为最小相位系统,记作 $H_{\min}(z)$。系统的分解过程如图 4.20 所示。

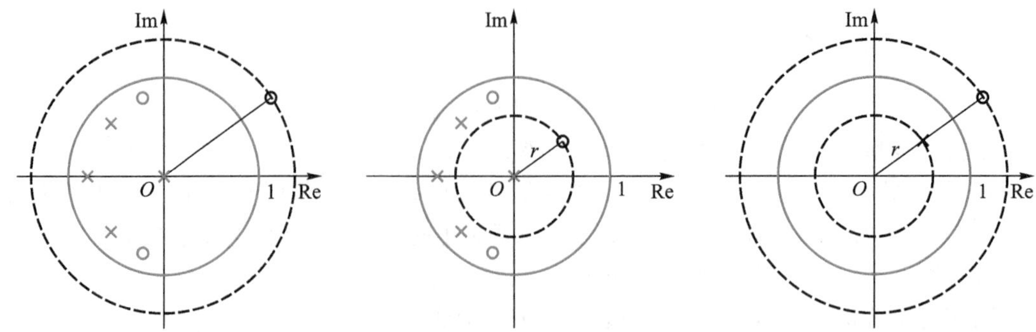

图 4.20　系统分解为最小相位系统和全通系统的级联

上述方法是在单位圆外零点 $1/c^*$ 的共轭倒数 c 的位置(单位圆内)放置一个零点和一个极点。放置在单位圆内的极点 c,与单位圆外的零点 $1/c^*$ 构成了全通系统 $H_{ap}(z)$。放置在单位圆内的零点与原来在单位圆内的零极点构成了最小相位系统 $H_{min}(z)$。由全通系统的性质可知,两系统 $H(z)$ 和 $H_{min}(z)$ 的幅频响应相同。

当系统函数 $H(z)$ 有多个零点在单位圆外时,可通过上述方法一一处理。另外,该方法也可将单位圆外的极点,搬移到单位圆内。

下面以一个简单的例子说明有理系统的全通分解。

例 4.5　请将下式所示的一个因果稳定的系统分解为最小相位系统和全通系统。

$$H(z)=\frac{(1-3z^{-1})}{\left(1+\frac{1}{2}z^{-1}\right)} \tag{4.96}$$

解:该系统有 $z=-1/2$ 的极点、$c_1=3$ 的零点,则

$$H(z)=-3\left(\frac{z^{-1}-\frac{1}{3}}{1+\frac{1}{2}z^{-1}}\right)\left(\frac{1-\frac{1}{3}z^{-1}}{1-\frac{1}{3}z^{-1}}\right)=-3\left(\frac{1-\frac{1}{3}z^{-1}}{1+\frac{1}{2}z^{-1}}\right)\left(\frac{z^{-1}-\frac{1}{3}}{1-\frac{1}{3}z^{-1}}\right) \tag{4.97}$$

其中

$$H_{ap}(z)=\frac{z^{-1}-\frac{1}{3}}{1-\frac{1}{3}z^{-1}},\quad H_{min}=-3\,\frac{1-\frac{1}{3}z^{-1}}{1+\frac{1}{2}z^{-1}} \tag{4.98}$$

各个系统的零极点分布如图 4.21 所示。

3. 最小相位系统的性质

(1) 在所有幅频响应相同的因果稳定系统中,最小相位系统的相位延迟最小。

由于任意混合相位系统都可以分解为最小相位系统与全通系统的级联,取 $H(z)=H_{min}(z)H_{ap}(z)$ 两端连续相位关系有

$$\arg[H(e^{j\omega})]=\arg[H_{min}(e^{j\omega})]+\arg[H_{ap}(e^{j\omega})] \tag{4.99}$$

根据全通系统的连续相位 $\arg[H_{ap}(e^{j\omega})]\leqslant 0$,则 $H(z)$ 的连续相位函数 $\arg[H(e^{j\omega})]$ 比最小相位系统 $H_{min}(z)$ 的连续相位函数 $\arg[H_{min}(e^{j\omega})]$ 多了一个负相位 $\arg[H_{ap}(e^{j\omega})]$。即 $H(e^{j\omega})$ 相比 $H_{min}(e^{j\omega})$ 相位滞后,即 $H_{min}(z)$ 为最小相位滞后系统。

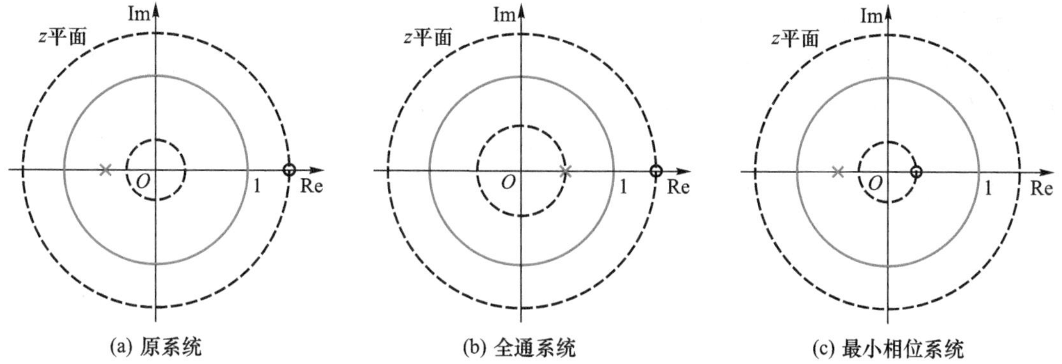

图 4.21　例 4.5 所示各系统的零极点分布

(2) 在所有幅频响应相同的实系数因果稳定系统中，最小相位系统的群延迟最小。

由式(4.99)，可求得群延迟的关系为

$$\text{grd}[H(\mathrm{e}^{\mathrm{j}\omega})]=\text{grd}[H_{\min}(\mathrm{e}^{\mathrm{j}\omega})]+\text{grd}[H_{\mathrm{ap}}(\mathrm{e}^{\mathrm{j}\omega})] \tag{4.100}$$

由于全通系统的群延迟满足 $\text{grd}[H_{\mathrm{ap}}(\mathrm{e}^{\mathrm{j}\omega})]>0$，所以幅度响应相同的各系统中，最小相位系统 $H_{\min}(z)$ 的群延迟最小，因此最小相位系统又称为最小群延迟系统。

在所有幅频响应相同的实系数因果稳定系统中，最小相位系统的能量延迟最小。

由于幅频响应相同，按照帕塞瓦尔定理，其总能量是相同的，即

$$\sum_{n=-\infty}^{+\infty}|h[n]|^{2}=\frac{1}{2\pi}\int_{-\pi}^{\pi}|H(\mathrm{e}^{\mathrm{j}\omega})|^{2}\mathrm{d}\omega=\frac{1}{2\pi}\int_{-\pi}^{\pi}|H_{\min}(\mathrm{e}^{\mathrm{j}\omega})|^{2}\mathrm{d}\omega=\sum_{n=-\infty}^{+\infty}|h_{\min}[n]|^{2} \tag{4.101}$$

其中，$h[n]$ 和 $h_{\min}[n]$ 分别对应 $H(\mathrm{e}^{\mathrm{j}\omega})$ 和 $H_{\min}(\mathrm{e}^{\mathrm{j}\omega})$ 的单位冲激响应。可以证明，单位冲激响应的部分能量满足以下不等式：

$$\sum_{n=0}^{m}|h_{\min}[n]|^{2}>\sum_{n=0}^{m}|h[n]|^{2} \tag{4.102}$$

因而又常称最小相位系统为最小能量延迟系统，简称最小延迟系统。

(3) 最小相位系统的逆系统也是最小相位系统。

由于最小相位系统函数的零极点都分布在单位圆以内，而逆系统的系统函数为 $H_{\mathrm{c}}(z)=\dfrac{1}{H_{\min}(z)}$，因而逆系统函数的零极点也分布在单位圆内，则最小相位系统的逆系统也是最小相位系统。这一性质在信号的解卷积中，即幅度失真的校正以及信号预测中起着主要作用。

4.4.4　系统补偿方法

以无线通信系统中的多径效应为例，发送信号 $s(t)$ 在传输过程中经过时域延迟不同的多条路径到达接收端，即接收端接收的信号 $s_{\mathrm{d}}(t)=\sum_{k=1}^{M}s(t+\tau_{\mathrm{d}k})$，其中 M 为传输路径个数，$\tau_{\mathrm{d}k}$ 为每条路径的时域延迟。这种非期望系统对信号的影响将导致信号失真。

在离散时间信号处理中，把离散序列 $s[n]$ 经过某个不合要求的离散时间系统后输出序列 $s_{\mathrm{d}}[n]$ 的过程称为失真，造成序列失真的系统称为失真系统，记作 $H_{\mathrm{d}}(z)$。如果某一系统能将 $s_{\mathrm{d}}[n]$ 恢复为 $s[n]$，即补偿系统的输出 $s_{\mathrm{c}}[n]=s[n]$，则称该系统为 $H_{\mathrm{d}}(z)$ 的补偿系统，记作 $H_{\mathrm{c}}(z)$。

如图 4.22 所示，原系统和补偿系统级联后的总响应 $G(z)=H_d(z)H_c(z)=1$，其单位脉冲响应 $g[n]=h_d[n]*h_c[n]=\delta[n]$，即补偿系统和原系统互为逆系统。

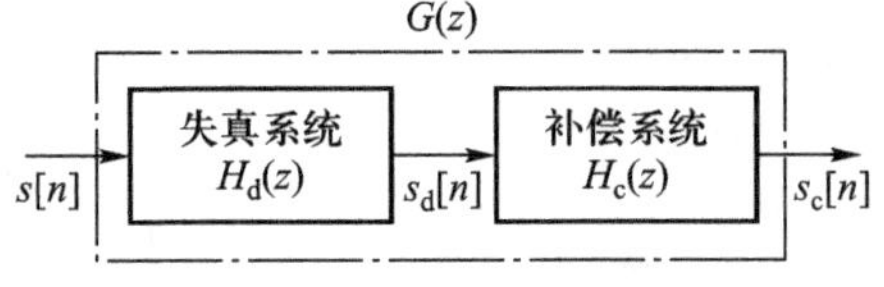

图 4.22　频率响应补偿示意图

系统的有理系统函数为

$$H_d(z)=\left(\frac{b_0}{a_0}\right)\frac{\prod_{k=1}^{M}(1-c_kz^{-1})}{\prod_{k=1}^{N}(1-d_kz^{-1})} \tag{4.103}$$

其补偿系统为

$$H_c(z)=\frac{1}{H_d(z)}=\left(\frac{a_0}{b_0}\right)\frac{\prod_{k=1}^{N}(1-d_kz^{-1})}{\prod_{k=1}^{M}(1-c_kz^{-1})} \tag{4.104}$$

从上式可以看出，补偿系统 $H_c(z)$ 的零点是原系统 $H_d(z)$ 的极点，补偿系统 $H_c(z)$ 的极点是原系统 $H_d(z)$ 的零点。

然而，只有当失真系统 $H_d(z)$ 是最小相位系统，并且其逆系统是因果稳定的可实现系统时，完全补偿才有可能实现。即只有最小相位系统才可用一个因果稳定的系统进行完全补偿。当失真系统不是最小相位系统时，只能通过全通分解后对最小相位部分进行补偿，即

$$H_d(z)=H_{\mathrm{dmin}}(z)H_{\mathrm{ap}}(z) \tag{4.105}$$

其中，$H_{\mathrm{dmin}}(z)$ 与 $H_d(z)$ 具有相同的幅度响应，选取补偿系统 $H_c(z)=1/H_{\mathrm{dmin}}(z)$，则级联后的总系统函数为

$$G(z)=H_d(z)H_c(z)=H_{\mathrm{dmin}}(z)H_{\mathrm{ap}}(z)\frac{1}{H_{\mathrm{dmin}}(z)}=H_{\mathrm{ap}}(z) \tag{4.106}$$

级联后的系统等效于一个全通系统 $H_{\mathrm{ap}}(z)$，补偿后的信号 $s_c[n]$ 等于原信号 $s[n]$ 经过系统函数为 $H_{\mathrm{ap}}(z)$ 的全通系统的输出。即失真系统 $H_d(z)$ 的幅频失真被完全补偿，但输出信号 $s_c[n]$ 附加了 $\angle H_{\mathrm{ap}}(z)$ 的相位变化。

例 4.6　考虑带阻 FIR 滤波器，其系统函数为

$$H_d(z)=(1-0.9e^{j0.6\pi}z^{-1})(1-0.9e^{-j0.6\pi}z^{-1})(1-1.25e^{j0.8\pi}z^{-1})(1-1.25e^{-j0.8\pi}z^{-1}) \tag{4.107}$$

解：该系统的零极点如图 4.23 所示，只包含 $z=0$ 的极点，所以是因果稳定的 FIR 系统。

该 FIR 滤波器包含两个单位圆外的共轭零点 $z=1.25e^{\pm j0.6\pi}$，分解为最小相位系统和全通系统，即

$$H_{\mathrm{dmin}}(z)=1.25^2(1-0.9e^{j0.6\pi}z^{-1})(1-0.9e^{-j0.6\pi}z^{-1})(1-0.8e^{-j0.8\pi}z^{-1})(1-0.8e^{j0.8\pi}z^{-1}) \tag{4.108}$$

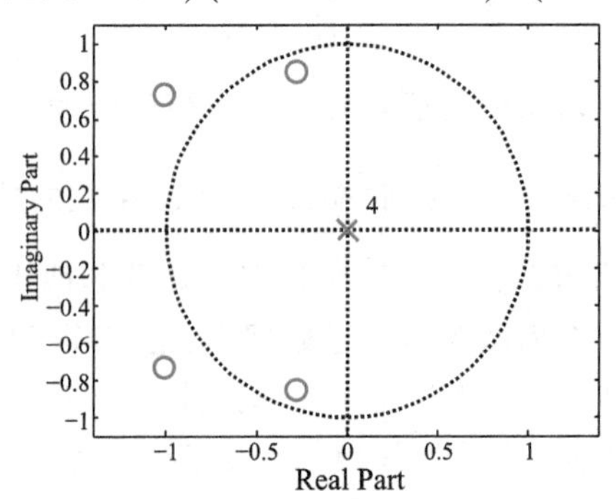

图 4.23　FIR 滤波器零极点

$$H_{\mathrm{ap}}(z)=\left(\frac{z^{-1}-0.8\mathrm{e}^{\mathrm{j}0.8\pi}}{1-0.8\mathrm{e}^{\mathrm{j}0.8\pi}z^{-1}}\right)\left(\frac{z^{-1}-0.8\mathrm{e}^{-\mathrm{j}0.8\pi}}{1-0.8\mathrm{e}^{-\mathrm{j}0.8\pi}z^{-1}}\right) \tag{4.109}$$

其补偿系统为 $H_{\mathrm{c}}(z)=1/H_{\mathrm{dmin}}(z)$，补偿后系统总响应为 $H_{\mathrm{ap}}(z)$。

FIR 系统 $H_{\mathrm{d}}(z)$、最小相位系统 $H_{\mathrm{dmin}}(z)$、全通系统 $H_{\mathrm{ap}}(z)$ 的对数幅频响应、相频响应和群延迟如图 4.24 所示。

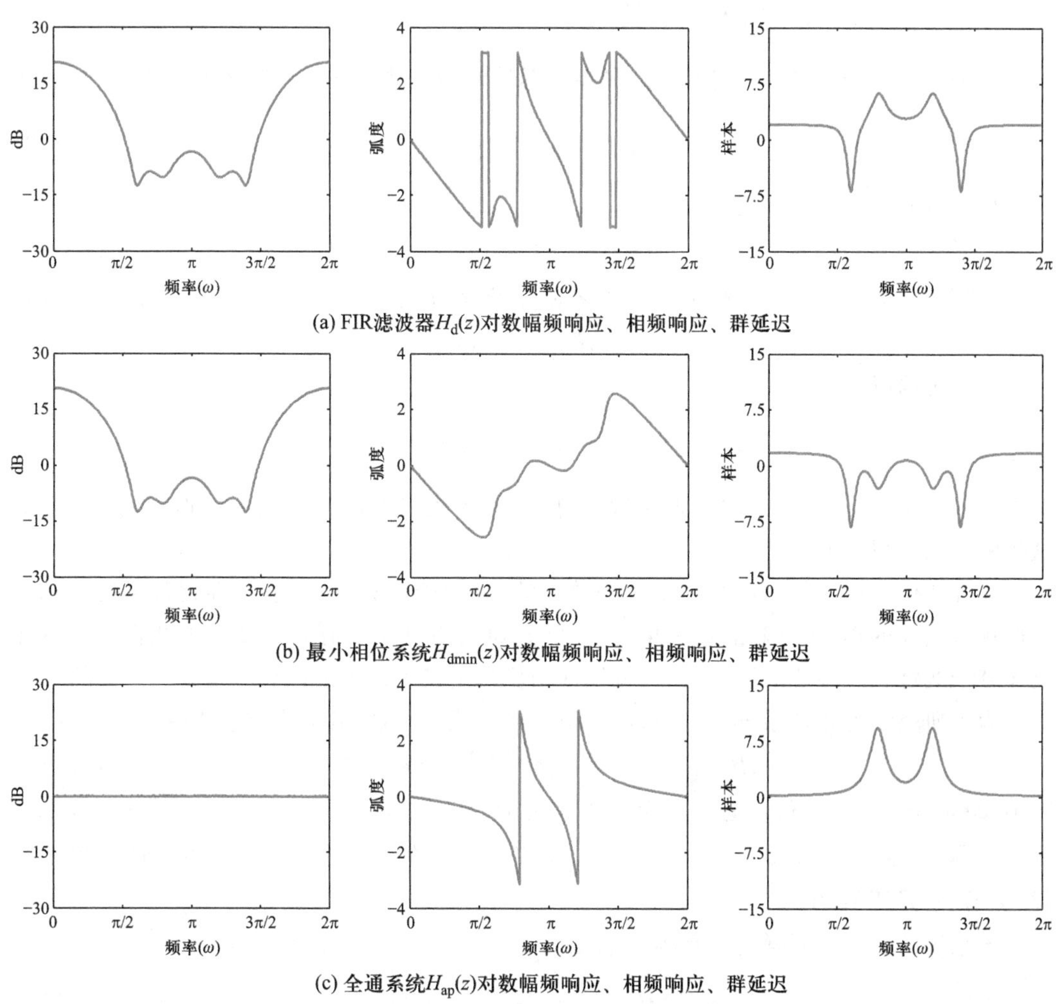

(a) FIR滤波器$H_{\mathrm{d}}(z)$对数幅频响应、相频响应、群延迟

(b) 最小相位系统$H_{\mathrm{dmin}}(z)$对数幅频响应、相频响应、群延迟

(c) 全通系统$H_{\mathrm{ap}}(z)$对数幅频响应、相频响应、群延迟

图 4.24　FIR 滤波器的补偿

非最小相位失真系统补偿后的系统响应为全通型，补偿后的输出信号与原输入信号仅存在相频的差异。对于包含不同频率的输入信号，这种影响表现为不同频率分量的时域信号延迟不同。

4.5　广义线性相位系统

在设计滤波器和其他信号处理系统中，设计者希望在某一频带范围内具有近似的恒定频率响应幅度和零相位特性,以使信号通过这部分频带时不失真。FIR 系统的最主要特征之一是幅度特性可任意设计,且可保证严格线性相位特性。所谓线性相位特性,是指滤波器对不同频率的正弦信号所产生的相移与正弦信号的频率呈线性关系。因此,信号通过滤波器后,除了由相频特性的斜率决定的延迟外,可不失真地保留通带内的全部信号。

4.5.1 广义线性相位系统的特点

对于长度为 $M+1$ 的 FIR 滤波器,其单位脉冲响应记作 $h(n)$,则频率响应 $H(e^{j\omega})$ 为

$$H(e^{j\omega}) = \sum_{n=0}^{M} h(n) e^{-j\omega n} \tag{4.110}$$

$H(e^{j\omega})$ 的三角表达式为

$$H(e^{j\omega}) = |H(e^{j\omega})| e^{\angle H(e^{j\omega})} \tag{4.111}$$

当相频响应 $\angle H(e^{j\omega})$ 随频率线性变化时,称该系统为线性相位系统。其相位可表示为

$$\angle H(e^{j\omega}) = -\alpha\omega \tag{4.112}$$

该系统的群延迟为

$$\text{grd}(H(e^{j\omega})) = -\frac{d}{d\omega}\angle H(e^{j\omega}) = \alpha \tag{4.113}$$

其中,grd(group delay)表示群延迟函数。可见,该系统对各频率分量的延迟相同,均为 α,这是由该系统引入的延迟。

线性相位系统对信号的影响是一种单纯的、相同的延迟,然而非线性相位系统对信号的形状有很大的影响。因此,很多情况下,特别希望设计出具有真正或近似线性相位的系统。鉴于线性相位系统的诸多优点,把线性相位的定义和概念加以推广是很有意义的。

为了研究线性相位系统的时域特点,引入广义线性相位,其频率响应 $H(e^{j\omega})$ 可表示为

$$H(e^{j\omega}) = |H(e^{j\omega})| e^{\angle H(e^{j\omega})} = A(e^{j\omega}) e^{j\varphi(\omega)} \tag{4.114}$$

其中,$\varphi(\omega)=\beta-\alpha\omega$,$\alpha$ 和 β 是与 ω 无关的常数,$\beta-\alpha\omega$ 称为广义线性相位;$A(e^{j\omega})$ 为 ω 的实函数(可取负数),称为广义幅频响应。$A(e^{j\omega})$ 为 ω 的实函数,可正可负,而幅频响应 $|H(e^{j\omega})|$ 总是正值。

该系统的群延迟同样可表示为

$$\text{grd}(H(e^{j\omega})) = -\frac{d}{d\omega}\angle H(e^{j\omega}) = \alpha \tag{4.115}$$

根据 $H(e^{j\omega})$ 的欧拉表示和 DTFT 的定义可得到广义线性相位系统单位脉冲响应的时域特点,进而得到 α 和 β 的约束条件。

根据欧拉公式,由式(4.114),可得

$$H(e^{j\omega}) = A(e^{j\omega})\cos(\beta-\alpha\omega) + jA(e^{j\omega})\sin(\beta-\alpha\omega) \tag{4.116}$$

同时,由 DTFT 的定义,可得

$$H(e^{j\omega}) = \sum_{n=-\infty}^{\infty} h[n] e^{-j\omega n} = \sum_{n=-\infty}^{\infty} h[n]\cos\omega n - j\sum_{n=-\infty}^{\infty} h[n]\sin\omega n \tag{4.117}$$

如果 $h[n]$ 为实数,则由式(4.116)和(4.117)可得

$$\frac{\sin(\beta-\alpha\omega)}{\cos(\beta-\alpha\omega)}=\frac{-\sum_{n=-\infty}^{\infty}h[n]\sin\omega n}{\sum_{n=-\infty}^{\infty}h[n]\cos\omega n} \tag{4.118}$$

对上式交叉相乘，并用三角恒等式合并有关项，可以得到

$$\sum_{n=-\infty}^{\infty}h[n]\cos\omega n\sin(\beta-\alpha\omega)=-\sum_{n=-\infty}^{\infty}h[n]\sin\omega n\cos(\beta-\alpha\omega) \tag{4.119}$$

$$\sum_{n=-\infty}^{\infty}h[n]\cos\omega n\sin(\beta-\alpha\omega)+\sum_{n=-\infty}^{\infty}h[n]\sin\omega n\cos(\beta-\alpha\omega)=0 \tag{4.120}$$

$$\sum_{n=-\infty}^{\infty}h[n]\sin(\omega(n-\alpha)+\beta)=0 \tag{4.121}$$

即广义线性相位系统的频域和时域分别满足

$$\varphi(\omega)=\beta-\alpha\omega \tag{4.122}$$

$$\sum_{n=-\infty}^{\infty}h[n]\sin(\omega(n-\alpha)+\beta)=0 \tag{4.123}$$

式(4.123)是广义线性相位系统的必要条件。可找到满足式(4.123)的两组解如下：

$$\beta=0\text{ 或 }\pi,\quad 2\alpha=M=\text{整数},\quad h[2\alpha-n]=h[n] \tag{4.124}$$

$$\beta=\frac{\pi}{2}\text{或}\frac{3\pi}{2},\quad 2\alpha=M=\text{整数},\quad h[2\alpha-n]=-h[n] \tag{4.125}$$

也就是说，当单位脉冲响应 $h[n]$ 为实系数，且满足式(4.124)和(4.125)时，则该系统为广义线性相位系统。若单位脉冲响应 $h[n]$ 关于 α 偶对称，即 $h[2\alpha-n]=h[n]$，则其相频响应 $\varphi(\omega)=\beta-\alpha\omega=-\frac{M}{2}\omega$ 或 $\varphi(\omega)=\pi-\frac{M}{2}\omega$；若单位脉冲响应 $h[n]$ 关于 α 奇对称，即 $h[2\alpha-n]=-h[n]$，则其相频响应为 $\varphi(\omega)=\beta-\alpha\omega=\frac{\pi}{2}-\frac{M}{2}\omega$ 或 $\varphi(\omega)=\frac{3\pi}{2}-\frac{M}{2}\omega$。

4.5.2 因果广义线性相位系统的频率响应

如果广义线性相位系统为因果系统，即 $n<0$ 时，$h[n]=0$。又因为 $h[n]$ 为对称序列，所以当 $n<0$ 或 $n>M$ 时，$h[n]=0$。则式(4.123)可表示为

$$\sum_{n=0}^{M}h[n]\sin(\omega(n-\alpha)+\beta)=0 \tag{4.126}$$

根据单位脉冲响应 $h[n]$ 的对称性和 M 的奇偶性，可将广义线性相位系统分为 4 类，如图 4.25 所示。每类广义线性相位系统的频率响应 $H(e^{j\omega})$、广义相频响应 $\varphi(\omega)$ 和幅频响应 $A(e^{j\omega})$ 不尽相同。下面分为四种情况讨论。

1. 第Ⅰ类广义线性相位系统

该类系统单位脉冲响应满足 $h[M-n]=h[n]$，即 $h[n]$ 关于 $\frac{M}{2}$ 呈偶对称，且 M 为偶数，其单位脉冲响应如图 4.25(a)所示。

根据 DTFT 的定义，其频率响应为

$$
\begin{aligned}
H(\mathrm{e}^{\mathrm{j}\omega}) &= \sum_{n=0}^{M} h[n]\mathrm{e}^{-\mathrm{j}\omega n} = \sum_{n=0}^{\frac{M}{2}-1} h[n]\mathrm{e}^{-\mathrm{j}\omega n} + h\left[\frac{M}{2}\right]\mathrm{e}^{-\mathrm{j}\omega\frac{M}{2}} + \sum_{n=\frac{M}{2}+1}^{M} h[n]\mathrm{e}^{-\mathrm{j}\omega n} \\
&= \sum_{n=0}^{\frac{M}{2}-1} h[n]\mathrm{e}^{-\mathrm{j}\omega n} + h\left[\frac{M}{2}\right]\mathrm{e}^{-\mathrm{j}\omega\frac{M}{2}} + \sum_{n=0}^{\frac{M}{2}-1} h[n]\mathrm{e}^{-\mathrm{j}\omega(M-n)} \\
&= \sum_{n=0}^{\frac{M}{2}-1} h[n](\mathrm{e}^{-\mathrm{j}\omega n} + \mathrm{e}^{-\mathrm{j}\omega(M-n)}) + h\left[\frac{M}{2}\right]\mathrm{e}^{-\mathrm{j}\omega\frac{M}{2}} \\
&= \sum_{n=0}^{\frac{M}{2}-1} h[n]\mathrm{e}^{-\mathrm{j}\omega\frac{M}{2}} \times 2 \times \frac{1}{2}(\mathrm{e}^{\mathrm{j}\omega\left(\frac{M}{2}-n\right)} + \mathrm{e}^{-\mathrm{j}\omega\left(\frac{M}{2}-n\right)}) + h\left[\frac{M}{2}\right]\mathrm{e}^{-\mathrm{j}\omega\frac{M}{2}} \\
&= \mathrm{e}^{-\mathrm{j}\omega\frac{M}{2}}\left(\sum_{n=0}^{\frac{M}{2}-1} 2h[n]\cos\left(\omega\left(n-\frac{M}{2}\right)\right) + h\left[\frac{M}{2}\right]\right)
\end{aligned}
\tag{4.127}
$$

注意式(4.127)括号以内为实数。对比式(4.127)与广义线性相位定义式(4.114)可知,第Ⅰ类广义线性相位系统的广义相频响应 $\varphi(\omega)$ 和广义幅频响应 $A(\mathrm{e}^{\mathrm{j}\omega})$ 分别为

$$
\varphi(\omega)=\beta-\alpha\omega,\quad \alpha=\frac{M}{2},\quad \beta=0 \text{ 或 } \pi \tag{4.128}
$$

$$
A(\mathrm{e}^{\mathrm{j}\omega})=\sum_{n=0}^{\frac{M}{2}-1} 2h[n]\cos\left(\omega\left(n-\frac{M}{2}\right)\right)+h\left[\frac{M}{2}\right] \tag{4.129}
$$

(1) 第Ⅰ类广义线性相位系统相频响应特点

第Ⅰ类广义线性相位系统的广义相频响应为 $\varphi(\omega)=-\frac{M}{2}\omega$ 或 $\varphi(\omega)=\pi-\frac{M}{2}\omega$。第Ⅰ类广义线性相位系统的相频响应是严格的线性相位,为过零点的线性函数,其斜率为 $-\frac{M}{2}$,即群延迟为 $\frac{M}{2}$,如图 4.25(m)所示。注意在广义幅频响应 $A(\mathrm{e}^{\mathrm{j}\omega})$ 定义中,$A(\mathrm{e}^{\mathrm{j}\omega})$ 为实数,可为负数、整数和零。而经典幅频响应 $|H(\mathrm{e}^{\mathrm{j}\omega})|$ 中,$|H(\mathrm{e}^{\mathrm{j}\omega})|$ 为大于或等于零的值,即 $A(\mathrm{e}^{\mathrm{j}\omega})=\pm|H(\mathrm{e}^{\mathrm{j}\omega})|$。对比 $H(\mathrm{e}^{\mathrm{j}\omega})=A(\mathrm{e}^{\mathrm{j}\omega})\mathrm{e}^{\mathrm{j}\varphi(\omega)}=|H(\mathrm{e}^{\mathrm{j}\omega})|\mathrm{e}^{\mathrm{j}\angle H(\mathrm{e}^{\mathrm{j}\omega})}$,可知广义相频响应与经典相频响应在某些点上相位会相差 π,如图 4.25(u)所示。

(2) 第Ⅰ类广义线性相位系统幅频响应特点

第Ⅰ类广义线性相位系统的广义幅频响应如式(4.129)所示,$A(\mathrm{e}^{\mathrm{j}\omega})$ 是不同余弦函数的累加和,如图 4.25(e)所示。

由于余弦函数 $\cos(\omega)$ 是偶函数,即 $\cos(\omega)=\cos(-\omega)$,所以 $A(\mathrm{e}^{\mathrm{j}\omega})=A(\mathrm{e}^{-\mathrm{j}\omega})$,即 $A(\mathrm{e}^{\mathrm{j}\omega})$ 关于 $\omega=0$ 偶对称。

又因 $\cos(\omega)$ 是周期为 2π 的函数,即 $\cos(\omega)=\cos(2m\pi-\omega)\ (m\in\mathbf{Z})$,所以 $A(\mathrm{e}^{\mathrm{j}\omega})=A(\mathrm{e}^{\mathrm{j}(2m\pi-\omega)})$ 也是周期为 2π 的函数,即 $A(\mathrm{e}^{\mathrm{j}\omega})$ 关于 $\omega=2m\pi$ 偶对称。

$A(\mathrm{e}^{\mathrm{j}\omega})$ 是周期为 2π 的函数,即 $A(\mathrm{e}^{\mathrm{j}\omega})=A(\mathrm{e}^{\mathrm{j}(2m\pi-\omega)})\ (m\in\mathbf{Z})$,即

$$A(\mathrm{e}^{\mathrm{j}(2\pi-\omega)})=\sum_{n=0}^{\frac{M}{2}-1}2h[n]\cos\left[(2\pi-\omega)\left(n-\frac{M}{2}\right)\right]+h\left[\frac{M}{2}\right]$$

$$=\sum_{n=0}^{\frac{M}{2}-1}2h[n]\cos\left[2\pi\left(n-\frac{M}{2}\right)-\omega\left(n-\frac{M}{2}\right)\right]+h\left[\frac{M}{2}\right] \tag{4.130}$$

当 M 为偶数时，$2\pi\left(n-\frac{M}{2}\right)$ 可表示为 $2k\pi(k\in\mathbf{Z})$，即

$$A(\mathrm{e}^{\mathrm{j}(2\pi-\omega)})=\sum_{n=0}^{\frac{M}{2}-1}2h[n]\cos\left[2k\pi-\omega\left(n-\frac{M}{2}\right)\right]+h\left[\frac{M}{2}\right] \tag{4.131}$$

故 $A(\mathrm{e}^{\mathrm{j}\omega})=A(\mathrm{e}^{\mathrm{j}(2\pi-\omega)})$，即 $A(\mathrm{e}^{\mathrm{j}\omega})$ 关于 $\omega=\pi$ 偶对称。又因 $A(\mathrm{e}^{\mathrm{j}\omega})=A(\mathrm{e}^{\mathrm{j}(2m\pi-\omega)})$ 也是周期为 2π 的函数，即 $A(\mathrm{e}^{\mathrm{j}\omega})$ 关于 $\omega=(2m+1)\pi$ 偶对称。

广义幅频响应 $A(\mathrm{e}^{\mathrm{j}\omega})$ 关于 $\omega=m\pi(m\in\mathbf{Z})$ 偶对称，如图 4.25(i)所示。

(3) 第Ⅰ类广义线性相位系统的特点

相位曲线是经过原点的直线。频率响应函数 $H(\mathrm{e}^{\mathrm{j}\omega})$ 关于 $\omega=0$、π 偶对称；因此幅度函数在 $\omega=0$、π 处不一定为零，所以该型滤波器可用作低通、高通、带通和带阻等滤波器。

2. 第Ⅱ类广义线性相位系统

该类系统单位脉冲响应满足 $h[M-n]=h[n]$，即 $h[n]$ 关于 $\frac{M}{2}$ 呈偶对称，且 M 为奇数，其单位脉冲响应如图 4.25(b)所示。

根据 DTFT 的定义，其频率响应为

$$H(\mathrm{e}^{\mathrm{j}\omega})=\sum_{n=0}^{M}h[n]\mathrm{e}^{-\mathrm{j}\omega n}=\sum_{n=0}^{\frac{M-1}{2}}h[n]\mathrm{e}^{-\mathrm{j}\omega n}+\sum_{n=\frac{M+1}{2}}^{M}h[n]\mathrm{e}^{-\mathrm{j}\omega n}$$

$$=\sum_{n=0}^{\frac{M-1}{2}}h[n]\mathrm{e}^{-\mathrm{j}\omega n}+\sum_{n=0}^{\frac{M-1}{2}}h[n]\mathrm{e}^{-\mathrm{j}\omega(M-n)}$$

$$=\sum_{n=0}^{\frac{M-1}{2}}h[n](\mathrm{e}^{-\mathrm{j}\omega n}+\mathrm{e}^{-\mathrm{j}\omega(M-n)})$$

$$=\sum_{n=0}^{\frac{M-1}{2}}h[n]\mathrm{e}^{-\mathrm{j}\omega\frac{M}{2}}\times 2\times\frac{1}{2}\left(\mathrm{e}^{\mathrm{j}\omega\left(\frac{M}{2}-n\right)}+\mathrm{e}^{-\mathrm{j}\omega\left(\frac{M}{2}-n\right)}\right)$$

$$=\mathrm{e}^{-\mathrm{j}\omega\frac{M}{2}}\left(\sum_{n=0}^{\frac{M-1}{2}}2h[n]\cos\left(\omega\left(\frac{M}{2}-n\right)\right)\right) \tag{4.132}$$

注意式(4.132)括号以内为实数。对比式(4.132)与广义线性相位定义式(4.114)可知，第Ⅱ类广义线性相位系统，其广义相频响应 $\varphi(\omega)$ 和广义幅频响应 $A(\mathrm{e}^{\mathrm{j}\omega})$ 分别为

$$\varphi(\omega)=\beta-\alpha\omega,\quad a=\frac{M}{2},\quad \beta=0\text{ 或 }\pi \tag{4.133}$$

$$A(e^{j\omega})=\sum_{n=0}^{\frac{M-1}{2}}2h[n]\cos\left(\omega\left(n-\frac{M}{2}\right)\right) \tag{4.134}$$

（1）第Ⅱ类广义线性相位系统相频响应特点

第Ⅱ类广义线性相位系统的广义相频响应为 $\varphi(\omega)=-\frac{M}{2}\omega$ 或 $\varphi(\omega)=\pi-\frac{M}{2}\omega$。第Ⅱ类广义线性相位系统的相频响应是严格的线性相位，为过零点的线性函数，其斜率为 $-\frac{M}{2}$，即群延迟为 $\frac{M}{2}$，如图 4.25(n)所示。经典相频响应如图 4.25(v)所示。

（2）第Ⅱ类广义线性相位系统幅频响应特点

第Ⅱ类广义线性相位系统的广义幅频响应如式(4.134)所示，$A(e^{j\omega})$是不同余弦函数的累加和，如图 4.25(f)所示。

由于余弦函数 $\cos(\omega)$ 是偶函数，即 $\cos(\omega)=\cos(-\omega)$，所以 $A(e^{j\omega})=A(e^{-j\omega})$，即 $A(e^{j\omega})$关于 $\omega=0$ 偶对称。

又因 $\cos(\omega)$是周期为 2π 的函数，即 $\cos(\omega)=\cos(2m\pi-\omega)$ $(m\in\mathbf{Z})$，所以 $A(e^{j\omega})=A(e^{j(2m\pi-\omega)})$也是周期为 2π 的函数，即 $A(e^{j\omega})$关于 $\omega=2m\pi$ 偶对称。

$A(e^{j\omega})$是周期为 2π 的函数，即 $A(e^{j\omega})=A(e^{j(2m\pi-\omega)})$ $(m\in\mathbf{Z})$，即

$$\begin{aligned}A(e^{j(2\pi-\omega)})&=\sum_{n=0}^{\frac{M}{2}-1}2h[n]\cos\left((2\pi-\omega)\left(n-\frac{M}{2}\right)\right)+h\left[\frac{M}{2}\right]\\&=\sum_{n=0}^{\frac{M}{2}-1}2h[n]\cos\left(2\pi\left(n-\frac{M}{2}\right)-\omega\left(n-\frac{M}{2}\right)\right)+h\left[\frac{M}{2}\right]\end{aligned} \tag{4.135}$$

当 M 为奇数时，$2\pi\left(n-\frac{M}{2}\right)$ 可表示为 $(2k+1)\pi$ $(k\in\mathbf{Z})$，即

$$A(e^{j(2\pi-\omega)})=\sum_{n=0}^{\frac{M}{2}-1}2h[n]\cos\left((2k+1)\pi-\omega\left(n-\frac{M}{2}\right)\right)+h\left[\frac{M}{2}\right] \tag{4.136}$$

故 $A(e^{j(2\pi-\omega)})=-A(e^{j\omega})$，即 $A(e^{j\omega})$关于 $\omega=\pi$ 奇对称。又因 $A(e^{j\omega})=A(e^{j(2m\pi-\omega)})$ $(m\in\mathbf{Z})$ 也是周期为 2π 的函数，即 $A(e^{j\omega})$关于 $\omega=(2m+1)\pi$ 奇对称。

故广义幅频响应 $A(e^{j\omega})$关于 $\omega=2m\pi$ $(m\in\mathbf{Z})$偶对称，关于 $\omega=(2m+1)\pi$ $(m\in\mathbf{Z})$奇对称，如图 4.25(j)所示。

（3）第Ⅱ类广义线性相位系统的特点

第Ⅱ类广义线性相位系统的相位曲线是经过原点的直线。频率响应函数 $H(e^{j\omega})$关于 $\omega=0$ 偶对称、关于 $\omega=\pi$ 奇对称，因此幅度函数在 $\omega=\pi$ 处为零，所以该型滤波器不适合用作高通和带阻滤波器。

3. 第Ⅲ类广义线性相位系统

该类系统单位脉冲响应满足 $h[M-n]=-h[n]$，即 $h[n]$关于 $\frac{M}{2}$ 呈奇对称，且 M 为偶数，

其单位脉冲响应如图 4.25(c)所示。

根据 DTFT 的定义,其频率响应为

$$
\begin{aligned}
H(\mathrm{e}^{\mathrm{j}\omega}) &= \sum_{n=0}^{M} h[n]\mathrm{e}^{-\mathrm{j}\omega n} = \sum_{n=0}^{\frac{M}{2}-1} h[n]\mathrm{e}^{-\mathrm{j}\omega n} + h\left[\frac{M}{2}\right]\mathrm{e}^{-\mathrm{j}\omega\frac{M}{2}} + \sum_{n=\frac{M}{2}+1}^{M} h[n]\mathrm{e}^{-\mathrm{j}\omega n} \\
&= \sum_{n=0}^{\frac{M-1}{2}} h[n]\mathrm{e}^{-\mathrm{j}\omega n} + \sum_{n=0}^{\frac{M-1}{2}} h[n]\mathrm{e}^{-\mathrm{j}\omega(M-n)} \\
&= \sum_{n=0}^{\frac{M}{2}-1} h[n]\left(\mathrm{e}^{-\mathrm{j}\omega n} - \mathrm{e}^{-\mathrm{j}\omega(M-n)}\right) \\
&= \sum_{n=0}^{\frac{M}{2}-1} h[n]\mathrm{e}^{-\mathrm{j}\omega\frac{M}{2}} 2\mathrm{j}\,\frac{1}{2\mathrm{j}}\left(\mathrm{e}^{\mathrm{j}\omega\left(\frac{M}{2}-n\right)} - \mathrm{e}^{-\mathrm{j}\omega\left(\frac{M}{2}-n\right)}\right) \\
&= \mathrm{e}^{\mathrm{j}\left(\frac{\pi}{2}-\omega\frac{M}{2}\right)}\left(\sum_{n=0}^{\frac{M}{2}-1} 2h[n]\sin\left(\omega\left(\frac{M}{2}-n\right)\right)\right)
\end{aligned}
\tag{4.137}
$$

注意式(4.137)括号以内为实数,对比式(4.137)与广义线性相位定义式(4.114)可知,第Ⅲ类广义线性相位系统,其广义相频响应 $\varphi(\omega)$、广义幅频响应 $A(\mathrm{e}^{\mathrm{j}\omega})$ 分别为

$$
\varphi(\omega)=\beta-\alpha\omega, \quad a=\frac{M}{2}, \quad \beta=\frac{\pi}{2}\text{或}\frac{3\pi}{2} \tag{4.138}
$$

$$
A(\mathrm{e}^{\mathrm{j}\omega})=\sum_{n=0}^{\frac{M}{2}-1} 2h[n]\sin\left(\omega\left(n-\frac{M}{2}\right)\right) \tag{4.139}
$$

(1) 第Ⅲ类广义线性相位系统相频响应特点

该类系统的广义相频响应为 $\varphi(\omega)=\frac{\pi}{2}-\frac{M}{2}\omega$ 或 $\varphi(\omega)=\frac{3\pi}{2}-\frac{M}{2}\omega$。第Ⅲ类广义线性相位系统的相频响应是严格的线性相位,为过零点的线性函数,其斜率为 $-\frac{M}{2}$,即群延迟为 $\frac{M}{2}$,如图 4.25(o)所示。广义相频响应与经典相频响应在某些点上相位会相差 π,如图 4.25(w)所示。

(2) 第Ⅲ类广义线性相位系统幅频响应特点

该类系统的广义幅频响应如式(4.139)所示,$A(\mathrm{e}^{\mathrm{j}\omega})$ 是不同余弦函数的累加和,如图 4.25(g)所示。

由于正弦函数 $\sin(\omega)$ 为奇函数,即 $\sin(\omega)=-\sin(-\omega)$,所以 $A(\mathrm{e}^{\mathrm{j}\omega})=-A(\mathrm{e}^{-\mathrm{j}\omega})$,即 $A(\mathrm{e}^{\mathrm{j}\omega})$ 关于 $\omega=0$ 奇对称。

又因 $\sin(\omega)$ 是周期为 2π 的函数,即 $\sin(\omega)=\sin(2m\pi-\omega)\ (m\in\mathbf{Z})$,所以 $A(\mathrm{e}^{\mathrm{j}\omega})=-A(\mathrm{e}^{\mathrm{j}(2\pi-\omega)})$ 也是周期为 2π 的函数,即 $A(\mathrm{e}^{\mathrm{j}\omega})$ 关于 $\omega=2m\pi$ 奇对称。

$A(\mathrm{e}^{\mathrm{j}\omega})$ 是周期为 2π 的函数,即 $A(\mathrm{e}^{\mathrm{j}\omega})=A(\mathrm{e}^{\mathrm{j}(2m\pi-\omega)})\ (m\in\mathbf{Z})$,即

$$
\begin{aligned}
A(\mathrm{e}^{\mathrm{j}(2\pi-\omega)}) &= \sum_{k=\frac{M}{2}}^{1} 2h\left[\frac{M}{2}-k\right]\sin((2\pi-\omega)k) \\
&= \sum_{k=\frac{M}{2}}^{1} 2h\left[\frac{M}{2}-k\right]\sin(2k\pi-\omega k)
\end{aligned}
\tag{4.140}
$$

故 $A(\mathrm{e}^{\mathrm{j}(2\pi-\omega)})=-A(\mathrm{e}^{\mathrm{j}\omega})$，即 $A(\mathrm{e}^{\mathrm{j}\omega})$ 关于 $\omega=\pi$ 奇对称。又因 $A(\mathrm{e}^{\mathrm{j}\omega})=A(\mathrm{e}^{\mathrm{j}(2m\pi-\omega)})(m\in\mathbf{Z})$ 也是周期为 2π 的函数，即 $A(\mathrm{e}^{\mathrm{j}\omega})$ 关于 $\omega=(2m+1)\pi$ 奇对称。

故广义幅频响应 $A(\mathrm{e}^{\mathrm{j}\omega})$ 关于 $\omega=m\pi(m\in\mathbf{Z})$ 奇对称，如图 4.25(k)所示。

(3) 第Ⅲ类广义线性相位系统的特点

第Ⅲ类广义线性相位系统的相位曲线是经过 $\left(0,\frac{\pi}{2}\right)$ 点的直线。频率响应函数 $H(\mathrm{e}^{\mathrm{j}\omega})$ 关于 $\omega=0$、π 奇对称，因此幅度函数在 $\omega=0$、π 处一定为零，所以该型滤波器不适合用作高通、低通和带阻滤波器。

4. 第Ⅳ类广义线性相位系统

该类系统单位脉冲响应满足 $h[M-n]=-h[n]$，即 $h[n]$ 关于 $\frac{M}{2}$ 呈奇对称，且 M 为奇数，其单位脉冲响应如图 4.25(d)所示。

根据 DTFT 的定义，其频率响应为

$$
\begin{aligned}
H(\mathrm{e}^{\mathrm{j}\omega}) &= \sum_{n=0}^{M} h[n]\mathrm{e}^{-\mathrm{j}\omega n} = \sum_{n=0}^{\frac{M-1}{2}} h[n]\mathrm{e}^{-\mathrm{j}\omega n} + \sum_{n=\frac{M+1}{2}}^{M} h[n]\mathrm{e}^{-\mathrm{j}\omega n} \\
&= \sum_{n=0}^{\frac{M-1}{2}} h[n]\mathrm{e}^{-\mathrm{j}\omega n} - \sum_{n=0}^{\frac{M-1}{2}} h[n]\mathrm{e}^{-\mathrm{j}\omega(M-n)} \\
&= \sum_{n=0}^{\frac{M-1}{2}} h[n](\mathrm{e}^{-\mathrm{j}\omega n}-\mathrm{e}^{-\mathrm{j}\omega(M-n)}) \\
&= \sum_{n=0}^{\frac{M-1}{2}} h[n]\mathrm{e}^{-\mathrm{j}\omega\frac{M}{2}}2\mathrm{j}\times\frac{1}{2\mathrm{j}}\left(\mathrm{e}^{\mathrm{j}\omega\left(\frac{M}{2}-n\right)}-\mathrm{e}^{-\mathrm{j}\omega\left(\frac{M}{2}-n\right)}\right) \\
&= \mathrm{e}^{\mathrm{j}\left(\frac{\pi}{2}-\omega\frac{M}{2}\right)}\left(\sum_{n=0}^{\frac{M-1}{2}} 2h[n]\sin\left(\omega\left(\frac{M}{2}-n\right)\right)\right)
\end{aligned}
\tag{4.141}
$$

注意式(4.141)括号以内为实数，对比式(4.141)与广义线性相位定义式(4.114)可知，第Ⅳ类广义线性相位系统，其广义相频响应 $\varphi(\omega)$、广义幅频响应 $A(\mathrm{e}^{\mathrm{j}\omega})$ 分别为

$$
\varphi(\omega)=\beta-\alpha\omega,\quad a=\frac{M}{2},\quad \beta=\frac{\pi}{2}\text{或}\frac{3\pi}{2}
\tag{4.142}
$$

$$
A(\mathrm{e}^{\mathrm{j}\omega})=\sum_{n=0}^{\frac{M-1}{2}} 2h[n]\sin\left(\omega\left(n-\frac{M}{2}\right)\right)
\tag{4.143}
$$

(1) 第Ⅳ类广义线性相位系统相频响应特点

该类系统的广义相频响应为 $\varphi(\omega)=\frac{\pi}{2}-\frac{M}{2}\omega$ 或 $\varphi(\omega)=\frac{3\pi}{2}-\frac{M}{2}\omega$。第Ⅳ类广义线性相位系统的相频响应是严格的线性相位，为过零点的线性函数，其斜率为 $-\frac{M}{2}$，即群延迟为 $\frac{M}{2}$，如图 4.25(x)所示。经典相频响应如图 4.25(p)所示。

(2) 第Ⅳ类广义线性相位系统幅频响应特点

该类系统的广义幅频响应如式(4.143)所示，$A(e^{j\omega})$是不同余弦函数的累加和，如图 4.25(h)所示。

由于正弦函数 $\sin(\omega)$ 为奇函数，即 $\sin(\omega)=-\sin(-\omega)$，所以 $A(e^{j\omega})=-A(e^{-j\omega})$，即 $A(e^{j\omega})$关于 $\omega=0$ 奇对称。

又因 $\sin(\omega)$ 是周期为 2π 的函数，即 $\sin(\omega)=\sin(2m\pi-\omega)\ (m\in\mathbf{Z})$，所以 $A(e^{j\omega})=-A(e^{j(2\pi-\omega)})$ 也是周期为 2π 的函数，即 $A(e^{j\omega})$关于 $\omega=2m\pi$ 奇对称。

$A(e^{j\omega})$是周期为 2π 的函数，因此 $A(e^{j\omega})=A(e^{j(2m\pi-\omega)})\ (m\in\mathbf{Z})$，即

$$
\begin{aligned}
A(e^{j(2\pi-\omega)}) &= \sum_{k=\frac{M-1}{2}}^{0} 2h\left[\frac{M-2k-1}{2}\right]\sin\left((2\pi-\omega)\frac{2k+1}{2}\right) \\
&= \sum_{k=\frac{M-1}{2}}^{0} 2h\left[\frac{M-2k-1}{2}\right]\sin\left((2k+1)\pi-\omega\frac{2k+1}{2}\right) \\
&= \sum_{k=\frac{M-1}{2}}^{0} 2h\left[\frac{M-2k-1}{2}\right]\sin\left(\omega\frac{2k+1}{2}\right) \qquad (4.144)
\end{aligned}
$$

故 $A(e^{j(2\pi-\omega)})=A(e^{-j\omega})$，即 $A(e^{j\omega})$关于 $\omega=\pi$ 偶对称。又因 $A(e^{j\omega})=A(e^{j(2m\pi-\omega)})$ 也是周期为 2π 的函数，即 $A(e^{j\omega})$关于 $\omega=(2m+1)\pi$ 偶对称。

故广义幅频响应 $A(e^{j\omega})$关于 $\omega=2m\pi\ (m\in\mathbf{Z})$ 奇对称，关于 $\omega=(2m+1)\pi\ (m\in\mathbf{Z})$ 偶对称，如图 4.25(l)所示。

(3) 第Ⅳ类广义线性相位系统的特点

相位曲线是经过$\left(0,\frac{\pi}{2}\right)$点的直线。频率响应函数 $H(e^{j\omega})$关于 $\omega=0$ 奇对称、关于 $\omega=\pi$ 偶对称，因此幅度函数在 $\omega=0$ 处为零，所以该型滤波器不适合用作低通和带通滤波器。

上文在分析广义线性系统频谱响应时，给出：对于第Ⅰ类、第Ⅱ类广义线性相位系统有 $\beta=0$，对于第Ⅲ类、第Ⅳ类广义线性相位系统有 $\beta=\frac{\pi}{2}$。若将 $A(e^{j\omega})$ 写为$-A(e^{j\omega})$，则 $H(e^{j\omega})$ 可表示为

$$
H(e^{j\omega})=A(e^{j\omega})e^{j(\beta-\alpha\omega)}=-A(e^{j\omega})e^{j\pi}e^{j(\beta-\alpha\omega)}=-A(e^{j\omega})e^{j[(\pi+\beta)-\alpha\omega]} \qquad (4.145)
$$

此时的 β 变为 $\pi+\beta$，即对于第Ⅰ类、第Ⅱ类广义线性相位系统有 $\beta=\pi$，对于第Ⅲ类、第Ⅳ类广义线性相位系统有 $\beta=\frac{3\pi}{2}$。

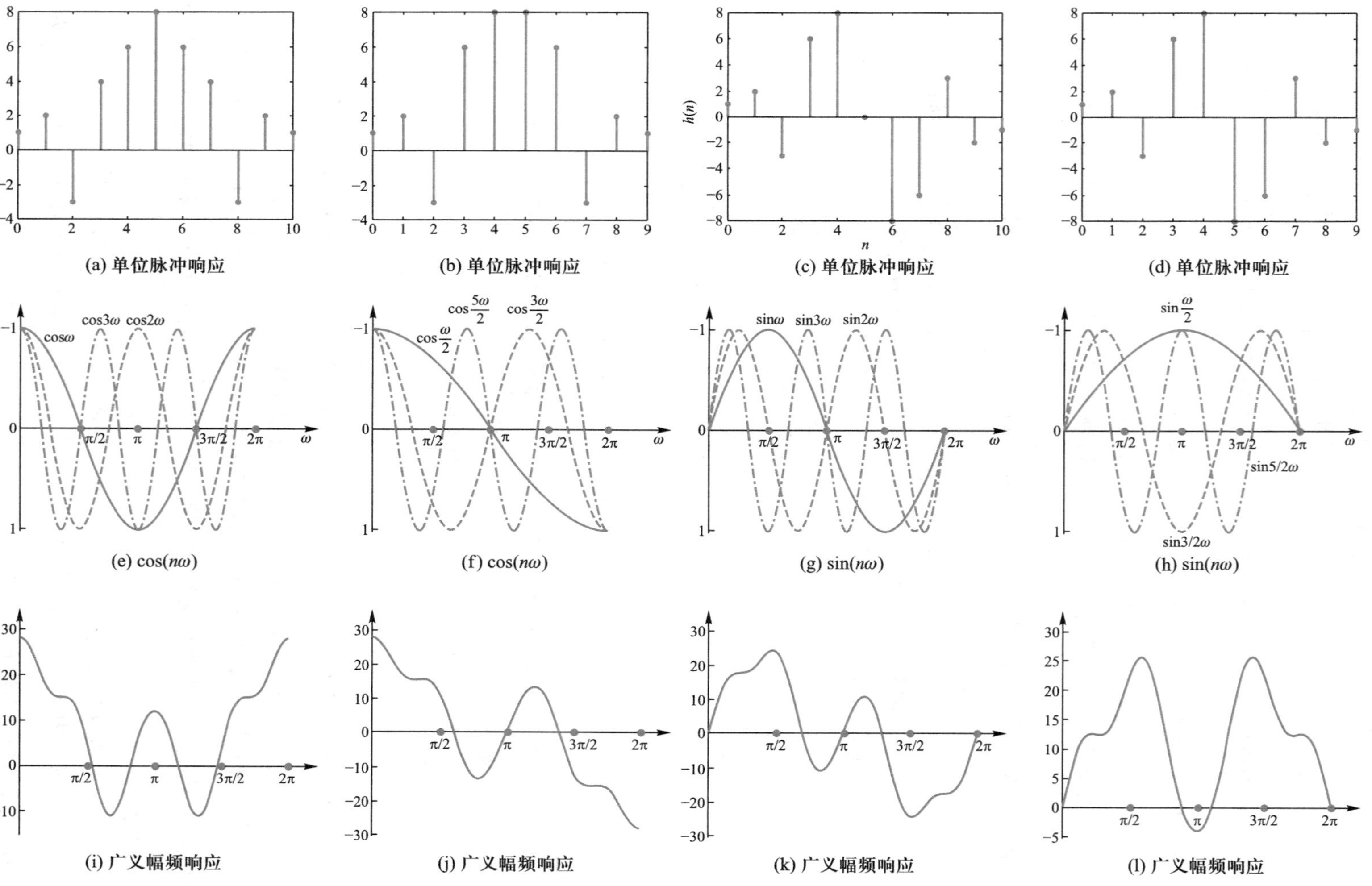

(a) 单位脉冲响应　(b) 单位脉冲响应　(c) 单位脉冲响应　(d) 单位脉冲响应

(e) $\cos(n\omega)$　(f) $\cos(n\omega)$　(g) $\sin(n\omega)$　(h) $\sin(n\omega)$

(i) 广义幅频响应　(j) 广义幅频响应　(k) 广义幅频响应　(l) 广义幅频响应

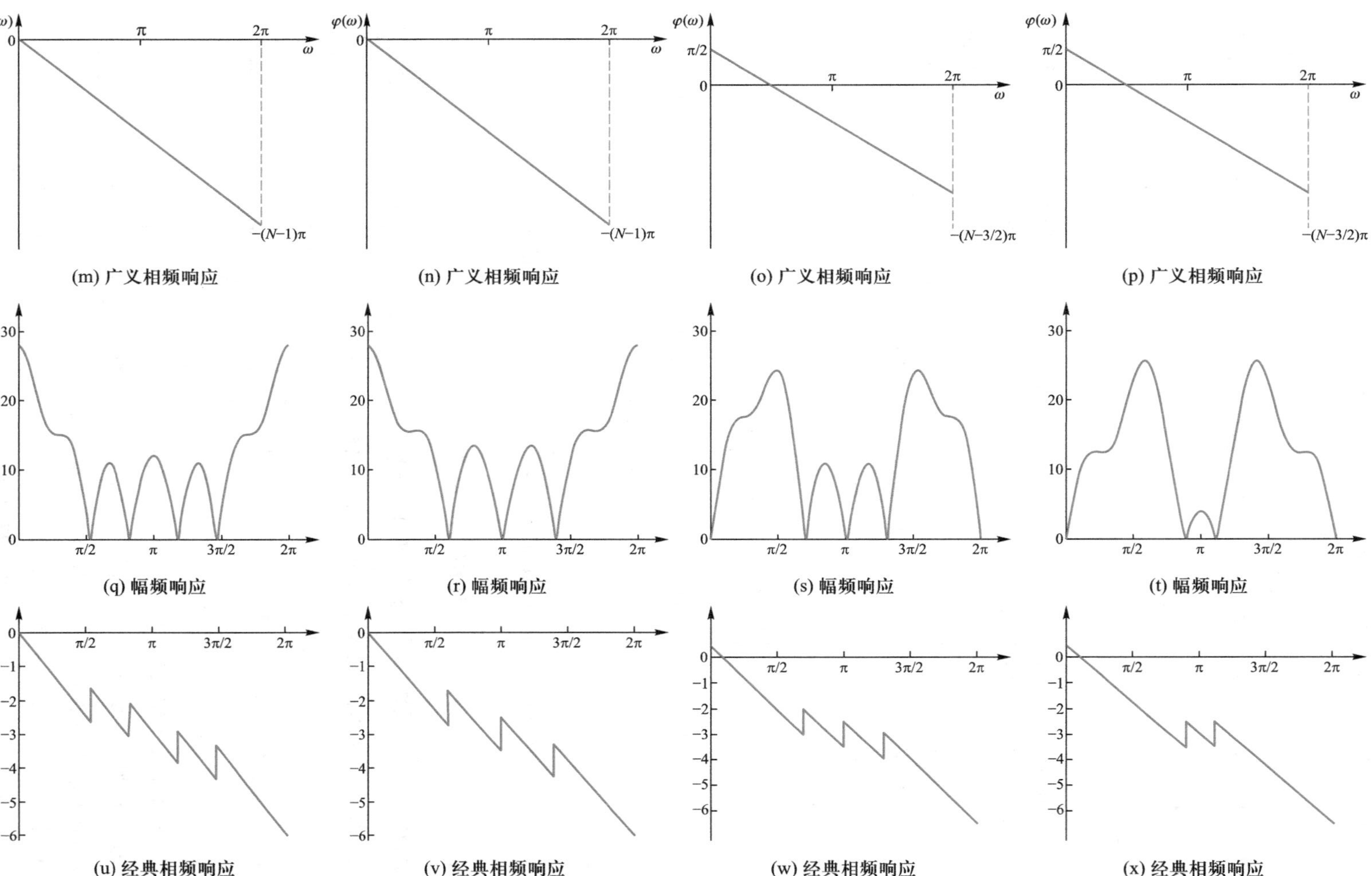

图 4.25　广义线性相位系统特性

另外，也可将单位脉冲响应 $h[n]$ 取为负，$H(\mathrm{e}^{\mathrm{j}\omega})$ 可表示为

$$H(\mathrm{e}^{\mathrm{j}\omega})=\sum_{n=0}^{M}-h[n]\mathrm{e}^{-\mathrm{j}\omega n}=A(\mathrm{e}^{\mathrm{j}\omega})\mathrm{e}^{\mathrm{j}\pi}\mathrm{e}^{\mathrm{j}(\beta-\alpha\omega)} \tag{4.146}$$

同样，此时的 β 变为 $\pi+\beta$，对于第Ⅰ类、第Ⅱ类广义线性相位系统有 $\beta=\pi$，对于第Ⅲ类、第Ⅳ类广义线性相位系统有 $\beta=\dfrac{3\pi}{2}$。

4.5.3 因果广义线性相位系统零点分布

广义幅频响应 $A(\mathrm{e}^{\mathrm{j}\omega})$ 奇对称的对称点幅值一定为零。由图 4.25(i) 可知第Ⅰ类广义线性相位系统不存在奇对称点；由图 4.25(j) 可知第Ⅱ类广义线性相位系统奇对称点在相位 π 处，广义幅频响应为零；由图 4.25(k) 可知第Ⅲ类广义线性相位系统奇对称点在相位 0 和 π 处，广义幅频响应为零；由图 4.25(l) 可知第Ⅳ类广义线性相位系统奇对称点在相位 0 处，广义幅频响应为零。此结论在下文中也可用 $H(z)$ 证明。

(1) 第Ⅰ、Ⅱ类系统，$h[2\alpha-n]=h[n]$，$0\leqslant n\leqslant M$

据 z 变换定义，得

$$H(z)=\sum_{n=0}^{M}h[M-n]z^{-n}\overset{k=M-n}{=}\sum_{k=M}^{0}h[k]z^{k}z^{-M}=z^{-M}H(z^{-1}) \tag{4.147}$$

如果 $z_0=r\mathrm{e}^{\mathrm{j}\theta}$ 是 $H(z)$ 的零点，即 $H(z_0)=z_0^{-M}H(z_0^{-1})=0$，则 $z_0^{-1}=\dfrac{1}{r}\mathrm{e}^{-\mathrm{j}\theta}$ 也是 $H(z)$ 的零点。

(2) 第Ⅲ、Ⅳ类系统，$h[2\alpha-n]=-h[n]$，$0\leqslant n\leqslant M$

据 z 变换定义，得

$$H(z)=\sum_{n=0}^{M}-h[M-n]z^{-n}\overset{k=M-n}{=}-\sum_{k=M}^{0}h[k]z^{k}z^{-M}=-z^{-M}H(z^{-1}) \tag{4.148}$$

如果 $z_0=r\mathrm{e}^{\mathrm{j}\theta}$ 是 $H(z)$ 的零点，即 $H(z_0)=-z_0^{-M}H(z_0^{-1})=0$，则 $z_0^{-1}=\dfrac{1}{r}\mathrm{e}^{-\mathrm{j}\theta}$ 也是 $H(z)$ 的零点。

综上，对于四类广义线性相位系统，如果 $z_0=r\mathrm{e}^{\mathrm{j}\theta}$ 是其零点，那么 $z_0^{-1}=\dfrac{1}{r}\mathrm{e}^{-\mathrm{j}\theta}$ 也是其零点，如图 4.26 所示。

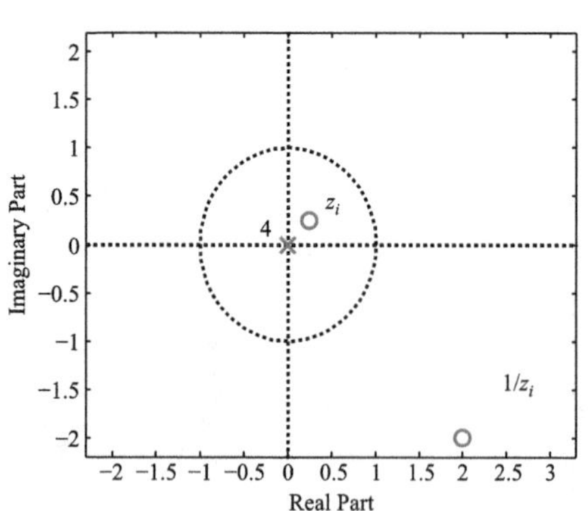

图 4.26 四类广义线性相位系统零点分布规律

由于 $h[n]$ 为实数，所以零点共轭，即 $z_0=r\mathrm{e}^{\mathrm{j}\theta}$、$z_0^{-1}=\dfrac{1}{r}\mathrm{e}^{-\mathrm{j}\theta}$、$z_0^{*}=r\mathrm{e}^{-\mathrm{j}\theta}$、$(z_0^{*})^{-1}=\dfrac{1}{r}\mathrm{e}^{\mathrm{j}\theta}$ 均为系统的零点；如果该系统函数为实系数，且有一个零点在单位圆上，即 $r=1$，则系统零点为 $z_0=(z_0^{*})^{-1}=\mathrm{e}^{\mathrm{j}\theta}$、$z_0^{-1}=z_0^{*}=\mathrm{e}^{-\mathrm{j}\theta}$；如果该系统函数为实系数，且有一个零点在实数轴上，即 $z=z^{*}$，则系统零点为 $z_0=z_0^{*}=(r\mathrm{e}^{\mathrm{j}\theta})_{\mathrm{Re}}$、$z_0^{-1}=(z_0^{*})^{-1}=(r\mathrm{e}^{-\mathrm{j}\theta})_{\mathrm{Re}}$。如图 4.27 所示。

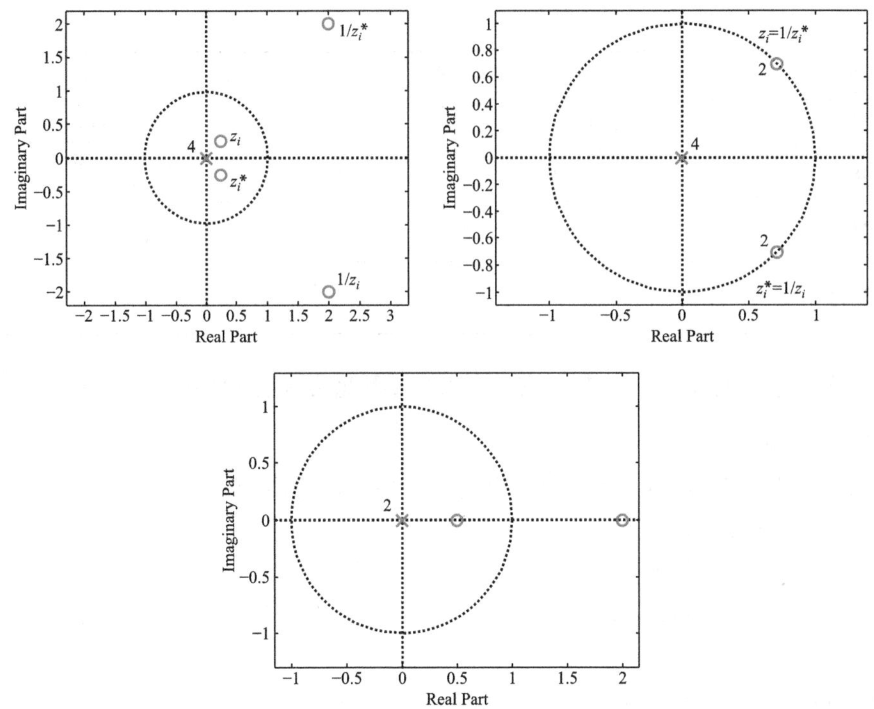

图 4.27　传递函数为实系数时零点分布规律

(3) $z=1$、$z=-1$ 处的零点分布规律

第Ⅰ、Ⅱ类广义线性相位系统的系统函数满足 $H(z)=z^{-M}H(z^{-1})$。

当 $z=1$ 时，$H(1)=(1)^{-M}H(1)$，即 $H(1)=H(1)$，该式恒等，故 $z=1$ 不一定是零点。

当 $z=-1$ 时，$H(-1)=(-1)^{-M}H(-1)$。第Ⅰ类系统 M 为偶数，$H(-1)=H(-1)$，该式恒等，故 $z=-1$ 不一定是零点；第Ⅱ类系统 M 为奇数，$H(-1)=-H(-1)$，即 $H(-1)=0$，所以 $z=-1$ 为零点，即 $|H(e^{j\omega})|_{\omega=\pi}=0$。

第Ⅲ、Ⅳ类广义线性相位系统的系统函数满足 $H(z)=-z^{-M}H(z^{-1})$。

当 $z=1$ 时，$H(1)=-(1)^{-M}H(1)$，$H(1)=-H(1)$，即 $H(1)=0$，所以 $z=1$ 一定为零点，即 $|H(e^{j\omega})|_{\omega=0}=0$。

当 $z=-1$ 时，$H(-1)=-(-1)^{-M}H(-1)$。第Ⅲ类系统 M 为偶数，$H(-1)=-H(-1)$，即 $H(-1)=0$，所以 $z=-1$ 为零点，即 $|H(e^{j\omega})|_{\omega=\pi}=0$；第Ⅳ类系统 M 为奇数，$H(-1)=H(-1)$，所以 $z=-1$ 不一定有零点。

广义线性滤波器特性见表 4.2。

表 4.2　广义线性滤波器特性

线性相位系统	Ⅰ	Ⅱ	Ⅲ	Ⅳ
$M=2\alpha$	偶数	奇数	偶数	奇数
(1,-1)零点		-1	1,-1	1
使用范围	低通、高通、带阻、带通	低通、带通	带通、微分器、希尔伯特变换器	高通、带通、微分器、希尔伯特变换器

续表

线性相位系统	Ⅰ	Ⅱ	Ⅲ	Ⅳ
对称性	$h[2\alpha-n]=h[n],0\leqslant n\leqslant M$		$h[2\alpha-n]=-h[n],0\leqslant n\leqslant M$	
β	0 或 π		$\beta=\frac{\pi}{2}$或$\frac{3\pi}{2}$	
相位	$-\alpha\omega$		$\frac{\pi}{2}-\alpha\omega$	
群延迟	$\alpha=\frac{M}{2}$			

第Ⅲ、Ⅳ类系统对所有频率都具有$\frac{\pi}{2}$的相移，因此第Ⅲ、Ⅳ类系统可作为微分器、离散希尔伯特变换器使用。

例 4.7 求以下四类 FIR 系统的幅频响应、相频响应和群延迟。

(1) $h_1[n]=\begin{cases}1, & 0\leqslant n\leqslant 4\\0, & 其他\end{cases}$

(2) $h_2[n]=\begin{cases}1, & 0\leqslant n\leqslant 5\\0, & 其他\end{cases}$

(3) $h_3[n]=\delta[n]-\delta[n-2]$

(4) $h_4[n]=\delta[n]-\delta[n-1]$

解：四类广义线性相位系统如图 4.28 所示。

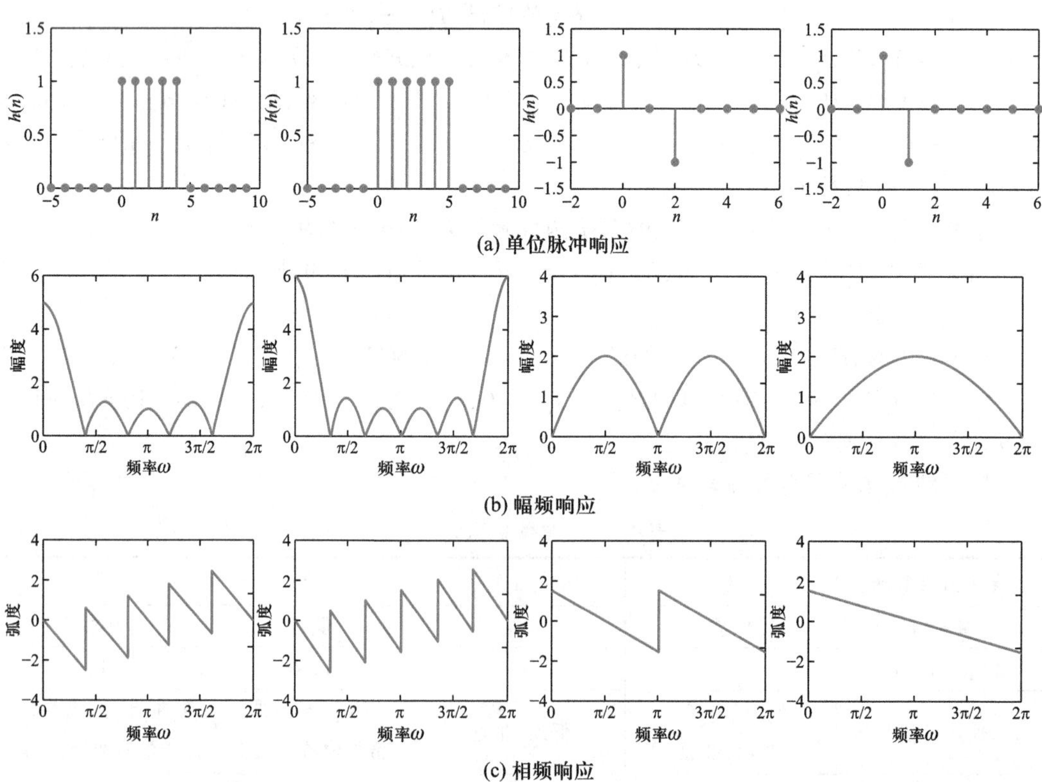

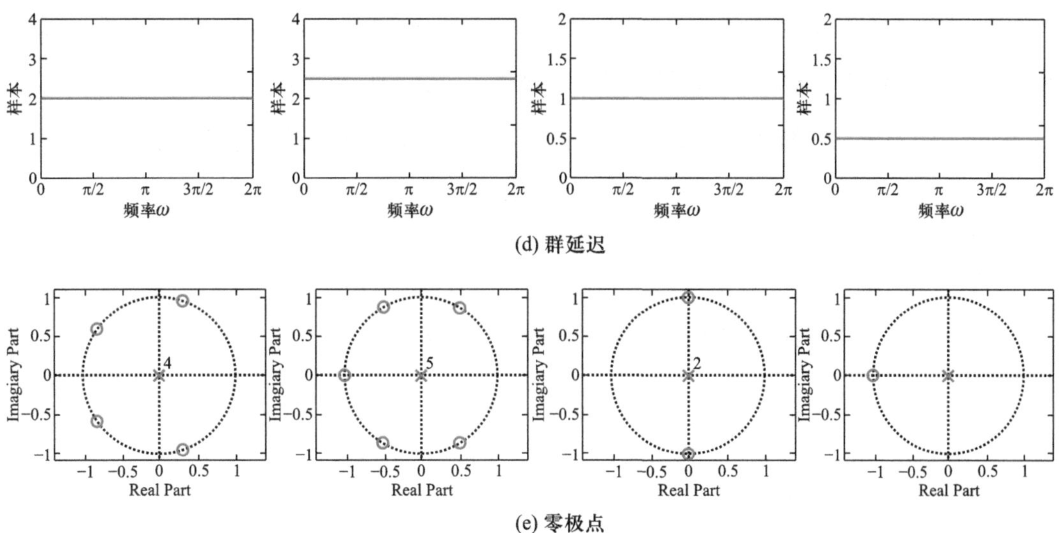

图 4.28　四类广义线性相位系统

4.6 小　　结

本章首先介绍了 LTI 系统的特征函数。其中 $e^{j\omega n}$ 为 LTI 的特征函数之一，当输入序列为 $e^{j\omega n}$ 时，系统的响应为 $y[n]=e^{j\omega n}H(e^{j\omega})$，即 LTI 系统只改变输入信号 $e^{j\omega n}$ 的幅度与初相，并不改变其复包络与频率，也就是说 LTI 系统不会产生新的频率分量。

介绍了系统的频率响应 $H(e^{j\omega})=\sum_{n=-\infty}^{\infty}h[n]e^{-j\omega n}$。其中幅频响应 $|H(e^{j\omega})|$ 描述系统对不同频率 ω 复指数信号 $e^{j\omega n}$ 幅度的影响，相频响应描述系统对不同频率 ω 复指数信号 $e^{j\omega n}$ 相位的影响，用群延迟 $\tau(\omega)=-\dfrac{d}{d\omega}\{\angle H(e^{j\omega})\}$ 描述系统对信号相位的影响。

介绍了 z 域分析法。z 平面上的单位圆对应于傅里叶变换，即 $H(e^{j\omega})=H(z)\big|_{z=e^{j\omega}}$。也就是说，由离散系统传递函数 $H(z)$ 可得到系统的 $H(e^{j\omega})$。给出了 LTI 系统因果性、稳定性与系统零极点之间的关系，分析了有理系统函数零极点对输出信号幅度和相位的影响。

介绍了幅频响应相同系统、全通系统、最小相位系统。$H(e^{j\omega})$ 和 $H^*(e^{j\omega})$ 的幅频响应相同，其零极点关于单位圆共轭对称。$H_{ap}(z)=\dfrac{z^{-1}-a^*}{1-az^{-1}}$ 为全通系统，其零点和极点关于单位圆共轭对称。零极点都在单位圆内部的系统为最小相位系统，最小相位系统的逆系统也是因果稳定的。有理系统函数的 LTI 系统均可分解为最小相位系统和全通系统级联的形式，补偿后的系统的响应为全通系统的响应。

介绍了广义线性相位系统。线性相位因为斜率不变，因此不会引起失真，只会影响信号的延迟。如系统单位脉冲响应 $h[n]$ 是对称的，则该系统一定是广义线性相位系统。根据对称性不同、系统长度不同，广义线性相位系统分为Ⅰ、Ⅱ、Ⅲ、Ⅳ类。上述四类线性相位滤波器的特点有助于根据需要设计合适的滤波器。例如，Ⅲ、Ⅳ类所有频率都存在$\frac{\pi}{2}$相移，可用于希尔伯特变换器（90°移相器）；Ⅰ、Ⅱ类可以构造低通或者带通等选频滤波器。

习　　题

4.1　指出下列离散时间序列中哪些是稳定离散时间 LTI 系统的特征函数。

（1）$e^{j2\pi n/3}$

（2）$\cos(\omega_0 n)$

（3）$(1/4)^n$

（4）$(1/4)^n u[n]+4^n u[-n-1]$

（5）5^n

（6）$5^n u[n]$

（7）$5^n u[-n-1]$

（8）$5^n e^{j2\omega n}$

4.2　某离散时间 LTI 系统的频率响应为 $H(e^{j\omega})=\dfrac{1-e^{-j2\omega}}{1+\frac{1}{2}e^{-j4\omega}}(-\pi<\omega\leqslant\pi)$，请给出输入 $x[n]=\sin\left(\dfrac{\pi n}{4}\right)$ 时系统的输出 $y[n]$。

4.3　某离散时间 LTI 系统的频率响应为 $H(e^{j\omega})=e^{-j\left(\omega-\frac{\pi}{4}\right)}\left(\dfrac{1+e^{-j2\omega}+4e^{-j4\omega}}{1+\frac{1}{2}e^{-j2\omega}}\right)(-\pi<\omega\leqslant\pi)$，请给出输入 $x[n]=\cos\left(\dfrac{\pi n}{2}\right)$ 时系统的输出 $y[n]$。

4.4　某离散时间 LTI 系统的单位脉冲响应为 $h_2[n]=(0.5)^n u[n]$，请计算该系统的频率响应 $H(e^{j\omega})$，并请给出 $\omega=\pm\pi/5$ 处的值。求输入 $x[n]=\sin(\pi n/3)u[n]$ 时，系统的稳态响应 $y[n]$。

4.5　某离散时间 LTI 系统的单位脉冲响应为 $h[n]=5\left(-\dfrac{1}{2}\right)^n u[n]$，用傅里叶变换求输入 $x[n]=\left(\dfrac{1}{3}\right)^n u[n]$ 时，系统的稳态响应 $y[n]$。

4.6　某离散时间 LTI 系统的单位脉冲响应为 $h[n]=\left(\dfrac{j}{2}\right)^n u[n]$，求输入 $x[n]=\cos(\pi n)u[n]$ 时，系统的稳态响应 $y[n]$。

4.7　某离散时间系统的输入序列 $x[n]$ 和输出序列 $y[n]$ 满足差分方程 $y[n]=ny[n-1]+x[n]$，且系统满足初始松弛条件的因果系统，即如果 $n<n_0$ 时 $x[n]=0$，则 $n<n_0$ 时 $y[n]=0$。

（1）若 $x[n]=\delta[n]$，求 $y[n]$。

（2）系统是线性的吗？试证明。

（3）系统是时不变的吗？试证明。

4.8　当输入序列 $x[n]=\left(\dfrac{1}{4}\right)^n u[n]$ 时，离散时间系统的响应为 $y[n]=\left(\dfrac{1}{2}\right)^n$。请判断以下说法的正确性：（1）该系统必然是离散时间 LTI 系统；（2）该系统可能是离散时间 LTI 系统；（3）该系统不可能是离散时间 LTI 系统。如果答案是(1)(2),请给出一种单位脉冲响应。如果答案是(3),请说明理由。

4.9 某因果离散时间 LTI 系统的输入序列 $x[n]$ 和输出序列 $y[n]$ 满足差分方程 $y[n]-\frac{1}{2}y[n-1]=x[n]+2x[n-1]+x[n-2]$,求该系统的频率响应 $H(e^{j\omega})$。

4.10 某离散时间系统的频率响应为 $H(e^{j\omega})=\dfrac{1-\frac{1}{2}e^{-j\omega}+e^{-j3\omega}}{1+\frac{1}{2}e^{-j\omega}+\frac{3}{4}e^{-j2\omega}}$,请写出表征该系统的差分方程。

4.11 某因果离散时间 LTI 系统的输入序列 $x[n]$ 和输出序列 $y[n]$ 满足差分方程 $y[n]+\frac{1}{a}y[n-1]=x[n-1]$,其中 a 为常数。

(1) 求系统的单位脉冲响应 $h[n]$。

(2) 确定系统稳定时,a 值的取值范围。

(3) 求系统的频率响应 $H(e^{j\omega})$,并画出幅度响应 $H(e^{j\omega})$ 和相位响应 $\angle H(e^{j\omega})$。

(4) $H(e^{j\omega})$ 在区间 $0\leqslant\omega<2\pi$ 内有多少幅度峰值和谷值?这些峰值和谷值的位置在何处?

4.12 某因果离散时间 LTI 系统的单位脉冲响应 $h[n]$,其系统函数为 $H(z)=\dfrac{1+z^{-1}}{\left(1-\frac{1}{2}z^{-1}\right)\left(1+\frac{1}{4}z^{-1}\right)}$。

(1) 请确定 $H(z)$ 的收敛域。

(2) 判断系统的稳定性,并证明。

(3) 求系统的单位脉冲响应 $h[n]$。

4.13 某离散时间 LTI 系统的单位脉冲响应为 $h[n]=2\left(\frac{1}{2}\right)^{n}u[n]$,求输入分别为 $x[n]=5\left(\frac{3}{4}\right)^{n}u[n]$、$x[n]=nu[n]$ 时,系统的响应 $y[n]$。并请给出输出序列 $y[n]$ 的 z 变换的收敛域。

4.14 求以下系统的频率响应 $H(e^{j\omega})$,并画出幅频响应和相频响应。

(1) $y[n]=\sum_{m=0}^{3}x[n-m]$

(2) $y[n]=x[n]+2x[n-1]+x[n-2]-0.5y[n-1]-0.25y[n-2]$

(3) $y[n]=2x[n]+x[n-1]-0.25y[n-1]+0.25y[n-2]$

(4) $y[n]=x[n]+x[n-2]-0.81y[n-2]$

(5) $y[n]=x[n]-\sum_{l=1}^{5}(0.5)^{l}y[n-l]$

4.15 某离散时间 LTI 系统的频率响应为 $H(e^{j\omega})$,单位脉冲响应为 $h[n]$。

(1) 如果该系统是因果的,且 $H(e^{j\omega})=H^{*}(e^{-j\omega})$、$h[n+1]$ 的 DTFT 为实函数,请证明 $h[n]$ 为 FIR 系统。

(2) 如果还满足 $\frac{1}{2}\int_{-\pi}^{\pi}|H(e^{j\omega})|^{2}d\omega=2$、$H(e^{j\pi})=0$,该系统是唯一的吗?若是,请求出 $h[n]$。若不是,请给出理由。

4.16 某离散时间低通滤波器系统的频率响应为 $H(e^{j\omega})$,如图 P4.16 所示。要使输出序列 $y[n]$ 如图 P4.16 所示,即 $y[n]=\begin{cases}1, & 0\leqslant n\leqslant 10\\ 0, & 其他\end{cases}$,请确定此时的输入 $x[n]$ 和截止频率 ω_c。

4.17 某因果离散时间 LTI 系统的单位脉冲响应 $h[n]$ 为实函数,系统函数为 $H(z)$,系统频率响应 $H(e^{j\omega})$ 如图 P4.17 所示。

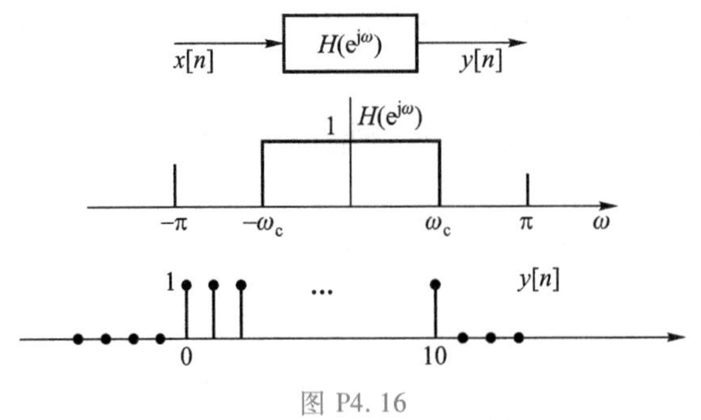

图 P4.16

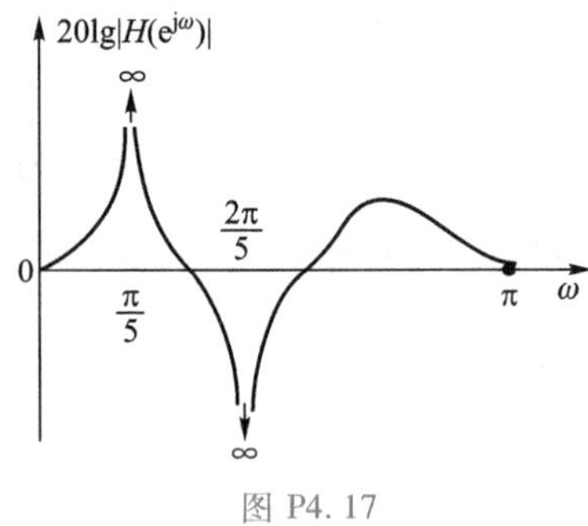

图 P4.17

(1) 请确定零极点的个数和位置，并画出 $H(z)$ 零极点图。

(2) 请确定该系统的单位脉冲响应长度。

(3) 请确定该系统是否为线性相位系统。

(4) 请判断系统的稳定性。

4.18 若 $H(z)$ 为截止频率 $\omega_c=\pi/2$ 的理想低通滤波器，请画出下列系统的频率响应。

(1) $H_1(z)=H(z)$

(2) $H_2(z)=H(z^2)$

(3) $H_3(z)=H(z)H(z^2)$

4.19 某离散时间 LTI 系统输入为 $x[n]=\left(\frac{1}{2}\right)^n u[n]+2^n u[-n-1]$ 时，系统的响应为 $y[n]=6\left(\frac{1}{2}\right)^n u[n]-6\left(\frac{3}{4}\right)^n u[n]$

(1) 求该系统的系统函数 $H(z)$，画出 $H(z)$ 的零极点图并指出收敛域。

(2) 求该系统的单位脉冲响应 $h[n]$。

(3) 写出表征该系统的差分方程。

(4) 判断系统稳定性及因果性。

4.20 由线性常系数差分方程描述的系统满足初始松弛条件，如果该系统的阶跃响应为 $y[n]=\left[\left(\frac{1}{3}\right)^n+\left(\frac{1}{4}\right)^n+1\right]u[n]$。

(1) 请确定该系统的差分方程。

(2) 求系统的单位脉冲响应。

(3) 确定系统的稳定性。

4.21 某因果离散时间 LTI 系统，当输入 $x[n]=-\frac{1}{3}\left(\frac{1}{2}\right)^n u[n]-\frac{4}{3}(2)^n u[-n-1]$ 时，系统的响应的 z 变换为 $Y(z)=\dfrac{1-z^{-2}}{\left(1-\frac{1}{2}z^{-1}\right)(1-2z^{-1})}$。

(1) 求 $x[n]$ 的 z 变换。

(2) 指出 $Y(z)$ 的收敛域。

(3) 系统单位脉冲响应有几种可能？

4.22 一离散时间 LTI 系统的零极点如图 P4.22 所示。判断以下说法的正确性，并说明理由。

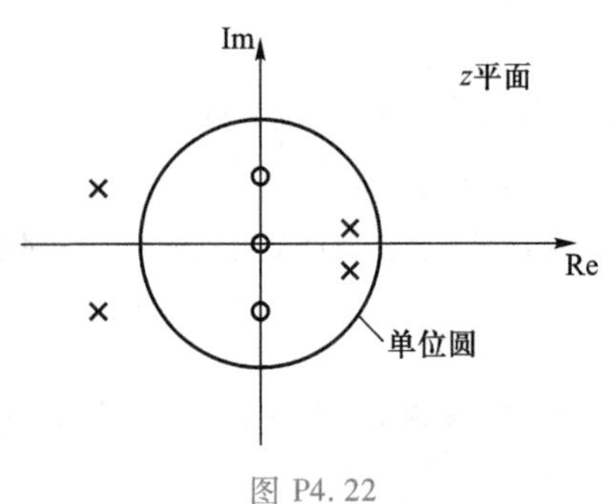

图 P4.22

(1) 系统是稳定的。

(2) 系统是因果的。

(3) 系统如果是因果的,则一定是稳定的。

(4) 如果系统是稳定的,那么单位脉冲响应一定有双边的。

4.23 求具有如下平方幅度函数的所有可能的因果稳定系统的传递函数 $H(z)$。

$$|H(e^{j\omega})|^2=\frac{9(1.0625+0.5\cos\omega)(1.49-1.4\cos\omega)}{(1.36+1.2\cos\omega)(1.64+1.6\cos\omega)}$$

4.24 某因果离散时间系统的系统函数为 $H(z)=\dfrac{(1+0.2z^{-1})(1-9z^{-2})}{(1+0.81z^{-2})}$。

(1) 判断系统的稳定性。

(2) 求一个最小相位系统 $H_1(z)$ 和一个全通系统 $H_{ap}(z)$ 使 $H(z)=H_1(z)H_{ap}(z)$。

4.25 判断以下系统是否为最小相位系统,并陈述理由。

(1) $H_1(z)=\dfrac{(1-2z^{-1})\left(1+\dfrac{1}{2}z^{-1}\right)}{\left(1-\dfrac{1}{3}z^{-1}\right)\left(1+\dfrac{1}{3}z^{-1}\right)}$

(2) $H_2(z)=\dfrac{\left(1+\dfrac{1}{4}z^{-1}\right)\left(1-\dfrac{1}{4}z^{-1}\right)}{\left(1-\dfrac{2}{3}z^{-1}\right)\left(1+\dfrac{2}{3}z^{-1}\right)}$

(3) $H_3(z)=\dfrac{\left(1-\dfrac{1}{3}z^{-1}\right)}{\left(1-\dfrac{j}{2}z^{-1}\right)\left(1+\dfrac{j}{2}z^{-1}\right)}$

(4) $H_4(z)=\dfrac{z^{-1}\left(1-\dfrac{1}{3}z^{-1}\right)}{\left(1-\dfrac{j}{2}z^{-1}\right)\left(1+\dfrac{j}{2}z^{-1}\right)}$

4.26 某因果离散时间 LTI 系统的输入序列 $x[n]$ 和输出序列 $y[n]$ 满足差分方程 $y[n]=p_0x[n]+p_1x[n-1]-d_1y[n-1]$,求其逆系统的差分方程。

4.27 因果离散时间 LTI 系统 $h_1[n]=a\delta[n]+b\delta[n-1]+\delta[n-2]$、$h_2[n]=c^n\mathrm{u}[n]$、$h_3[n]=d^n\mathrm{u}[n]$ 级联后系统的频率响应记作 $H(e^{j\omega})$,请确定 $|H(e^{j\omega})|=1$ 时常数 a,b,c,d 的值,其中 $|c|<1$、$|d|<1$。

4.28 图 P4.28 为不同系统的单位脉冲响应,请确定每个系统的群延迟。

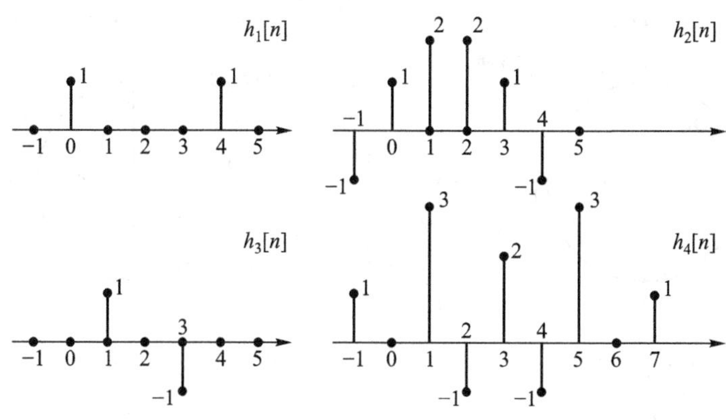

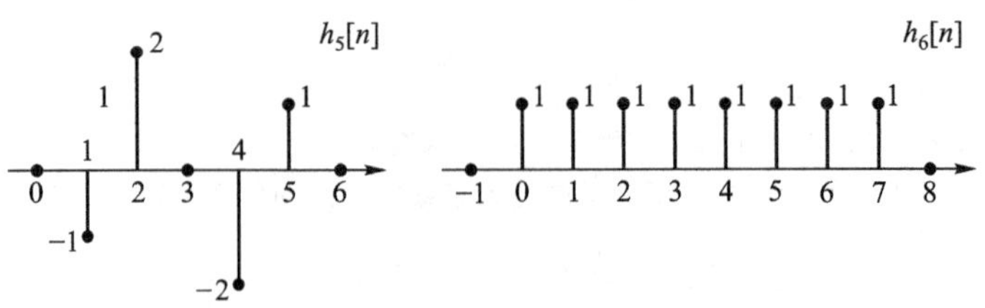

图 P4.28

4.29 图 P4.29 为不同系统的零点位置，请判断各系统是否为实系数线性差分方程，是否为广义线性相位系统，并陈述理由。

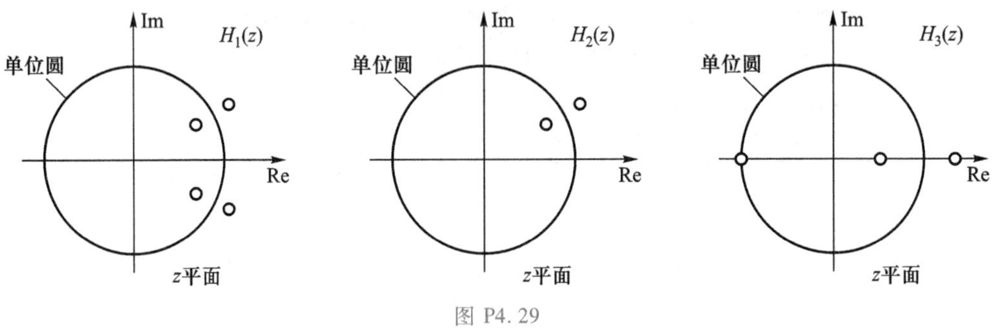

图 P4.29

4.30 某因果离散时间 LTI 系统的系统函数为 $H(z)$，系统零极点如图 P4.30 所示，且当 $z=1$ 时系统函数 $H(z)=6$。

（1）请确定系统函数 $H(z)$。

（2）求输入 $x[n]=\mathrm{u}[n]-0.5\mathrm{u}[n]$ 时系统的响应。

（3）当输入序列 $x[n]$ 是以采样率 $\Omega_s=2\pi(40)\ \mathrm{rad/s}$ 采样自连续时间序列 $x(t)=50+10\cos 20\pi t+30\cos 40\pi t$，求系统函数 $H(z)$。

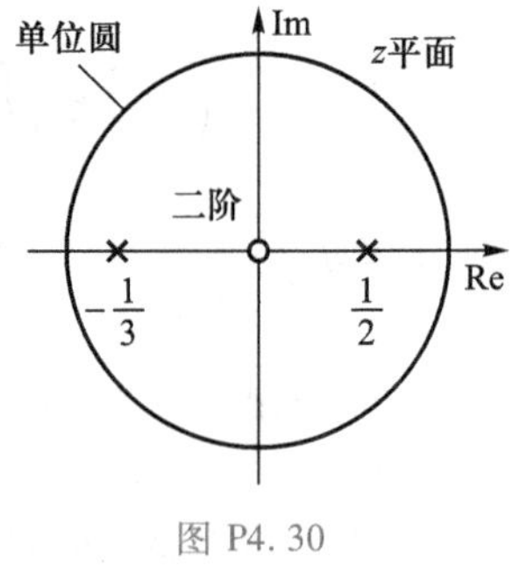

图 P4.30

4.31 因果序列 $x[n]$ 的 z 变换为 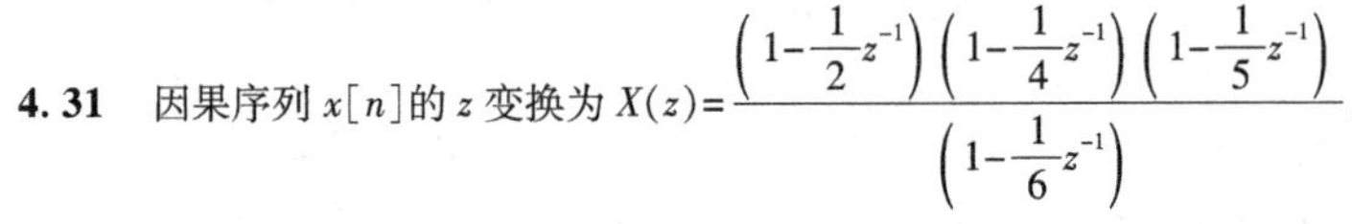 $X(z)=\dfrac{\left(1-\frac{1}{2}z^{-1}\right)\left(1-\frac{1}{4}z^{-1}\right)\left(1-\frac{1}{5}z^{-1}\right)}{\left(1-\frac{1}{6}z^{-1}\right)}$，请确定 α 为何值时，$\alpha^n x[n]$ 为一个实的最小相位序列？

4.32 某离散时间 LTI 系统的系统函数为 $H(z)$，系统零极点及收敛域如图 P4.32 所示。请判断各系统是否为零相位，是否为广义线性相位，是否存在稳定的逆系统。并陈述理由，或给出反例说明回答的正确性。

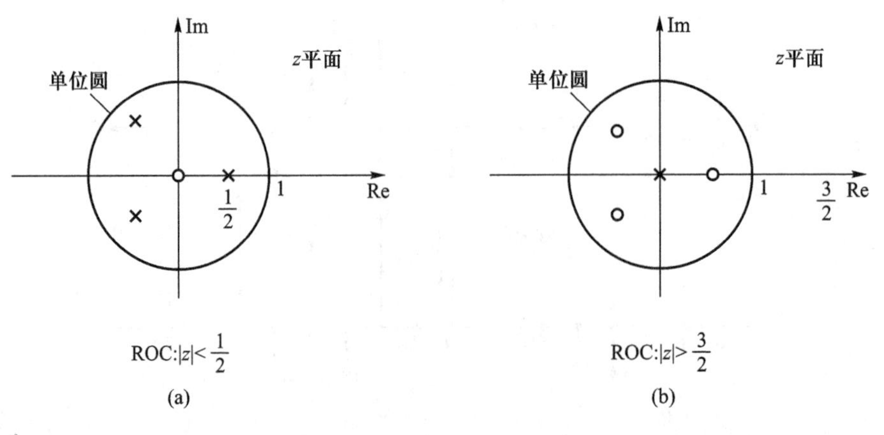

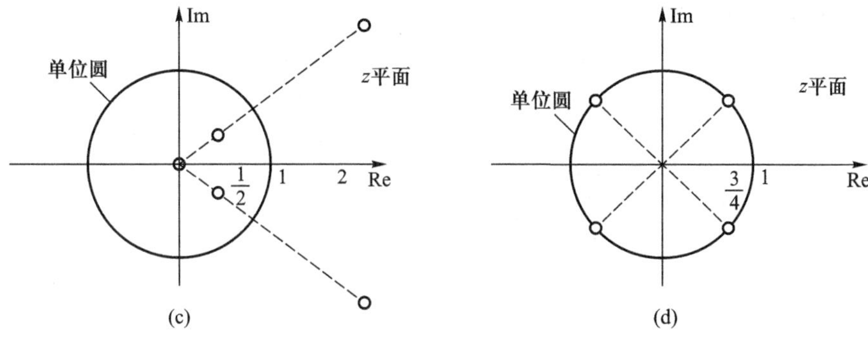

图 P4.32

4.33 某非因果离散时间 LTI FIR 系统的冲激响应为

$$h[n]=a_1\delta[n-2]+a_2\delta[n-1]+a_3\delta[n]+a_4\delta[n+1]$$

（1）请确定频率函数 $H(e^{j\omega})$ 为零相位的条件。

（2）请确定频率函数 $H(e^{j\omega})$ 为线性相位的条件。

4.34 某长度为 4 的 FIR 滤波器的单位脉冲响应 $h[n]$ 为实函数，已知其频率响应 $H(e^{j\omega})$ 的几个采样点的值 $H(e^{j0})=2$，$H(e^{j\pi/2})=7-j3$，$H(e^{j\pi})=0$，请确定 $h[n]$。

4.35 某长度为 4 的 FIR 滤波器的单位脉冲响应记作 $h[n]$，$h[n]$ 为实反对称函数，已知其频率响应 $H(e^{j\omega})$ 的几个采样点的值 $H(e^{j\pi/2})=-2+j2$，$H(e^{j\pi})=8$，请确定 $h[n]$。

4.36 某长度为 4 的 FIR 滤波器的单位脉冲响应记作 $h[n]$，$h[n]$ 为实对称函数，即 $h[n]=h[3-n]$ $(0\leqslant n\leqslant 3)$。其幅度响应满足 $|H(e^{j0.2\pi})|=0.8$，$|H(e^{j0.5\pi})|=0.5$。请确定系统的频率响应 $H(e^{j\omega})$，并画出幅频和相频响应。

4.37 某长度为 3 的 FIR 滤波器的单位脉冲响应记作 $h[n]$，$h[n]$ 为实对称函数，即 $h[n]=h[2-n]$ $(0\leqslant n\leqslant 2)$。其幅度响应在 0.4π 处有陷波频率及 0dB 的 DC 增益。请确定系统的频率响应 $H(e^{j\omega})$，并画出幅频和相频响应。

4.38 某离散时间 LTI 系统的系统函数为 $H(z)$，系统零极点及收敛域如图 P4.38 所示。请判断各系统是 FIR 还是 IIR，是否稳定，是否因果，是否具有线性相位，是否具有最小相位，以及是什么类型（LP、HP、BP、BS）的，并陈述理由，或给出反例说明回答的正确性。

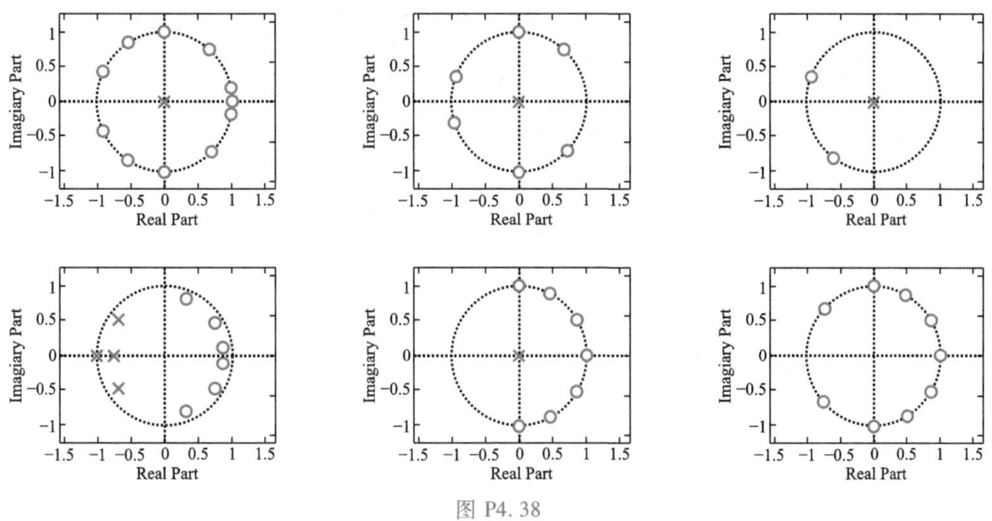

图 P4.38

4.39 如图 P4.39 所示的系统。

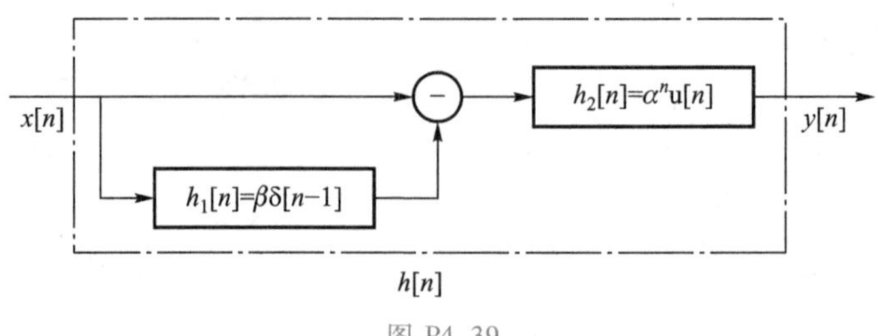

图 P4.39

（1）求系统的单位脉冲响应 $h[n]$。

（2）求系统的频率响应 $H(e^{j\omega})$。

（3）给出描述系统的差分方程。

（4）该系统是因果的吗？在什么条件下该系统是稳定的？

4.40 某离散时间 LTI 系统的单位脉冲响应 $h[n]$ 为复函数，其频率响应为 $H(e^{j\omega})$。请证明：

（1）系统 $h^*[n]$ 的频率响应为 $H^*(e^{-j\omega})$。

（2）如果 $h[n]$ 为实数，则其频率响应共轭对称，即 $H(e^{-j\omega})=H^*(e^{j\omega})$。

4.41 图 P4.41-1 给出了三个离散时间 LTI 系统的单位脉冲响应 $h_1[n]$、$h_2[n]$、$h_3[n]$，由这三个离散时间 LTI 系统可组成如图 P4.41-2 所示的系统 A 和 B。请判断系统 A、B 的相位特性。

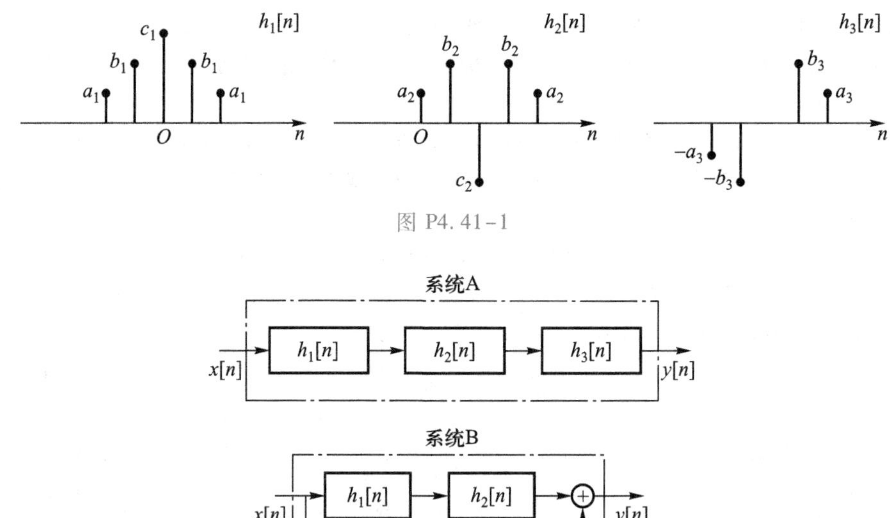

图 P4.41-1

图 P4.41-2

第 5 章 信号的采样与重建

信号可分为连续、离散、数字等形式，对连续时间信号进行采样可将其转换为离散/数字信号，也可将离散/数字信号重建为连续时间信号，这样就可利用离散/数字信号处理的方法处理和分析连续时间信号。本章将介绍连续时间信号采样、连续时间信号重建、模数转换器（ADC）、数模转换器（DAC）等内容。本章将主要分析信号采样和重建的过程中时域和频域的变换关系，因此需清楚掌握第 3 章学习的 DTFT 相关知识。

5.1 连续时间信号的数字处理

本书主要研究离散时间信号处理，而现实生活中会遇到大量连续时间信号，如语音、图像、温度等。随着集成电路技术的发展，利用数字系统处理连续信号成为一种趋势。连续时间信号的数字处理过程包括连续信号采样、数字信号处理和信号重构三部分，如图 5.1 所示。

实现连续时间信号到数字形式转换的接口电路称为模数（A/D）转换器，反过来实现数字信号到连续时间信号转换的接口电路称为数模（D/A）转换器。为了简化分析，我们考虑理想情况，假设 A/D 和 D/A 转换器具有无限精度的字长，连续时间到离散时间（CT-DT 或 C/D）转换器代表理想采样器，离散时间到连续时间（DT-CT 或 D/C）转换器代表理想重构器。

离散处理首先需将连续时间信号 $x_c(t)$ 转换为离散时间信号 $x[n]$，这一过程称为信号的时域采样，由 C/D 转换器完成。离散时间信号 $x[n]$ 经过离散时间系统处理后，得到输出信号 $y[n]$，这一过程称为离散信号处理，如图 5.2 所示。离散时间信号 $y[n]$ 转换为连续时间信号 $y_r(t)$ 的过程称为信号的重构，由 D/C 转换器完成。

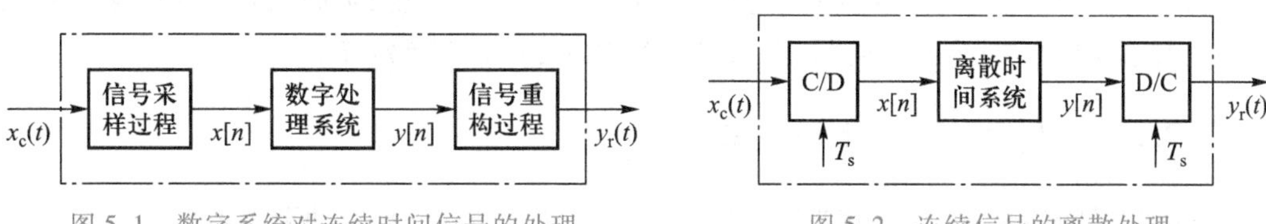

图 5.1 数字系统对连续时间信号的处理

图 5.2 连续信号的离散处理

5.2 连续时间信号的理想采样

信号的时域采样一般采用周期采样技术，将连续信号 $x_c(t)$ 转换为离散时间信号

$x[n]$，由C/D 转换器(理想采样器)完成，如图 5.3 所示。

5.2.1 $x[n]$与$x_c(t)$的关系

实际电路是通过模数转换器(analog to digital converter, ADC)完成连续时间信号到离散时间序列的转换，ADC 的工作过程可用图 5.4 所示的数学模型描述。

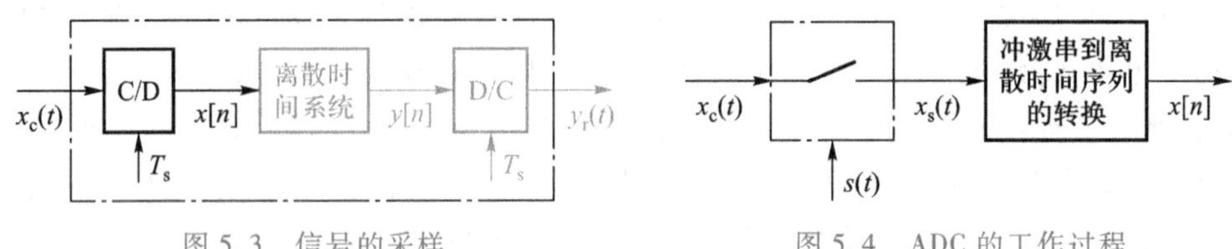

图 5.3 信号的采样　　图 5.4 ADC 的工作过程

ADC 的采样过程可以看作连续信号 $x_c(t)$ 通过一个电子开关 $s(t)$，电子开关每隔周期 T_s 合上一次，每次合上的时间 $\tau \ll T_s$，它的作用等效为一个宽度为 τ、周期为 T_s 的矩形脉冲串。在电子开关的输出端，可以得到经 $s(t)$ 采样后的信号 $x_s(t)$，即

$$x_s(t)=x_c(t)s(t) \tag{5.1}$$

以上采样过程如图 5.5 所示。

当电子开关合上的时间 τ 趋于无限小时，$s(t)$ 等效为周期冲激串信号，即

$$s(t)=\sum_{n=-\infty}^{\infty}\delta(t-nT_s) \tag{5.2}$$

此时为理想采样，采样信号为

$$x_s(t)=x_c(t)s(t)=x_c(t)\sum_{n=-\infty}^{\infty}\delta(t-nT_s) \tag{5.3}$$

采样点时刻 $x_s(t)$ 的冲激强度即为离散时间序列 $x[n]$，即

$$x[n]=x_c(t)\big|_{t=nT_s} \tag{5.4}$$

将 $x_c(t)$ 进行理想采样得到离散时间序列 $x[n]$ 的过程如图 5.6 所示。

$x_s(t)$ 和 $x[n]$ 之间的差别：$x_s(t)$ 为连续时间信号，该信号在 $t\neq nT_s$ 的时刻取值均为 0，即$x_s(t)\big|_{t\neq nT_s}=0$；$x[n]$为离散时间信号，该信号在 $n\notin \mathbf{Z}$ 时没有定义。

5.2.2 $X_s(j\Omega)$和$X_c(j\Omega)$的关系

设连续时间信号 $x_c(t)$ 的 DTFT 为 $X_c(j\Omega)$，$s(t)$ 为连续时间周期冲激串函数，由于 $s(t)=\sum_{n=-\infty}^{\infty}\delta(t-nT_s)$ 是周期函数，可以表示为傅里叶级数，即

$$s(t)=\sum_{k=-\infty}^{\infty}A_k e^{jk\Omega_s t} \tag{5.5}$$

其中，级数的系数 A_k 可以表示为

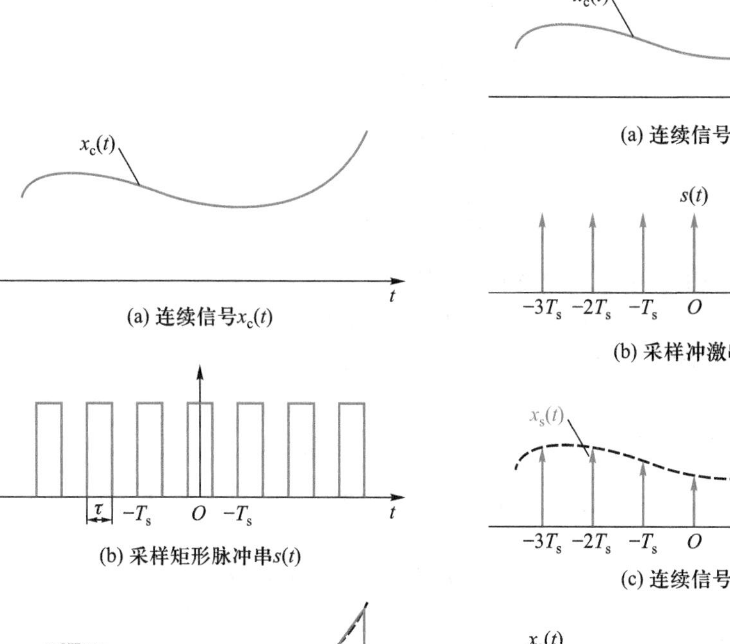

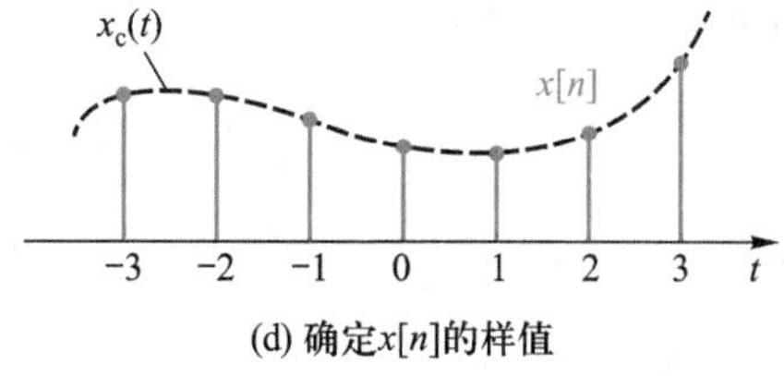

图 5.5　矩形脉冲串信号的采样

图 5.6　周期冲激串信号的采样

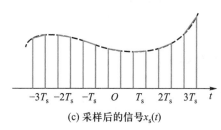

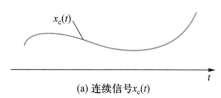

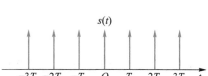

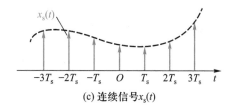

$$
\begin{aligned}
A_k &= \frac{1}{T_s}\int_{-\frac{T_s}{2}}^{\frac{T_s}{2}} s(t)\,\mathrm{e}^{-\mathrm{j}k\Omega_s t}\,\mathrm{d}t \\
&= \frac{1}{T_s}\int_{-\frac{T_s}{2}}^{\frac{T_s}{2}} \sum_{n=-\infty}^{\infty} \delta(t-nT_S)\,\mathrm{e}^{-\mathrm{j}k\Omega_s t}\,\mathrm{d}t \\
&= \frac{1}{T_s}\int_{-\frac{T_s}{2}}^{\frac{T_s}{2}} \delta(t)\,\mathrm{e}^{-\mathrm{j}k\Omega_s t}\,\mathrm{d}t \\
&= \frac{1}{T_s}\mathrm{e}^{0} = \frac{1}{T_s}
\end{aligned}
\tag{5.6}
$$

上式推导过程用到了冲激函数的性质,即

$$
f(0) = \int_{-\infty}^{\infty} f(t)\,\delta(t)\,\mathrm{d}t \tag{5.7}
$$

将式(5.6)代入式(5.5)中,可得

$$
s(t) = \frac{1}{T_s}\sum_{k=-\infty}^{\infty} \mathrm{e}^{\mathrm{j}k\Omega_s t} \tag{5.8}
$$

于是有

$$
\begin{aligned}
S(\mathrm{j}\Omega) &= \mathrm{FT}[s(t)] \\
&= \mathrm{FT}\left[\frac{1}{T_{\mathrm{s}}}\sum_{k=-\infty}^{\infty} \mathrm{e}^{\mathrm{j}k\Omega_{\mathrm{s}}t}\right] \\
&= \frac{1}{T_{\mathrm{s}}}\sum_{k=-\infty}^{\infty} \mathrm{FT}\left[\mathrm{e}^{\mathrm{j}k\Omega_{\mathrm{s}}t}\right] \\
&= \frac{2\pi}{T_{\mathrm{s}}}\sum_{k=-\infty}^{\infty} \delta(\Omega-k\Omega_{\mathrm{s}})
\end{aligned} \tag{5.9}
$$

上式推导过程用到了傅里叶变换的性质，即

$$
\mathrm{FT}\left[\mathrm{e}^{\mathrm{j}k\Omega_{\mathrm{s}}t}\right] = 2\pi\delta(\Omega-k\Omega_{\mathrm{s}}) \tag{5.10}
$$

其中，$\Omega_{\mathrm{s}}=2\pi/T_{\mathrm{s}}$ 为采样频率。经过以上推导可知，时域周期冲激串函数 $s(t)$ 的频谱 $S(\mathrm{j}\Omega)$ 在频域仍然是周期冲激串函数。

根据傅里叶变换的乘积性质，由 $x_{\mathrm{s}}(t)=x_{\mathrm{c}}(t)s(t)$ 可得

$$
\begin{aligned}
X_{\mathrm{s}}(\mathrm{j}\Omega) &= \frac{1}{2\pi}X_{\mathrm{c}}(\mathrm{j}\Omega) * S(\mathrm{j}\Omega) \\
&= \frac{1}{2\pi}X_{\mathrm{c}}(\mathrm{j}\Omega) * \frac{2\pi}{T_{\mathrm{s}}}\sum_{k=-\infty}^{\infty} \delta(\Omega-k\Omega_{\mathrm{s}})
\end{aligned} \tag{5.11}
$$

由冲激函数卷积性质，得

$$
X_{\mathrm{s}}(\mathrm{j}\Omega) = \frac{1}{T_{\mathrm{s}}}\sum_{k=-\infty}^{\infty} X_{\mathrm{c}}(\mathrm{j}\Omega-\mathrm{j}k\Omega_{\mathrm{s}}) \tag{5.12}
$$

即采样信号 $x_{\mathrm{s}}(t)$ 的频谱 $X_{\mathrm{s}}(\mathrm{j}\Omega)$ 是连续时间信号频谱 $X_{\mathrm{c}}(\mathrm{j}\Omega)$ 以采样周期 $\Omega_{\mathrm{s}}=\frac{2\pi}{T_{\mathrm{s}}}$ 的周期延拓，并且以 $\frac{1}{T_{\mathrm{s}}}$ 加权，如图 5.7 所示。

当 $\Omega_{\mathrm{s}}-\Omega_{\mathrm{N}}>\Omega_{\mathrm{N}}$（即 $\Omega_{\mathrm{s}}>2\Omega_{\mathrm{N}}$）时，$X_{\mathrm{c}}(\mathrm{j}\Omega)$ 不会发生混叠，可用一个理想低通滤波器从 $x_{\mathrm{s}}(t)$ 中恢复被采样信号 $x_{\mathrm{c}}(t)$；当 $\Omega_{\mathrm{s}}-\Omega_{\mathrm{N}}\leqslant\Omega_{\mathrm{N}}$（即 $\Omega_{\mathrm{s}}\leqslant 2\Omega_{\mathrm{N}}$）时，$X_{\mathrm{c}}(\mathrm{j}\Omega)$ 会发生混叠，如图 5.8 所示，不能用一个理想低通滤波器从 $x_{\mathrm{s}}(t)$ 中恢复被采样信号 $x_{\mathrm{c}}(t)$。

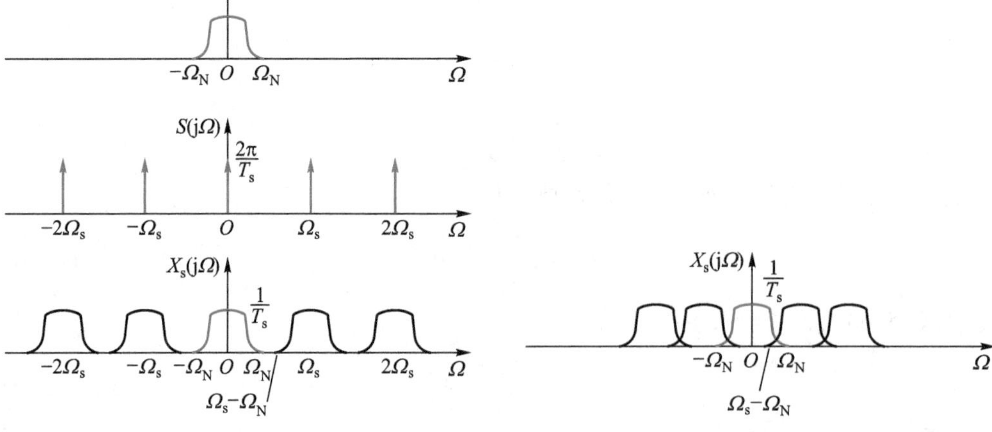

图 5.7　采样后信号 $x_{\mathrm{s}}(t)$ 的频谱

图 5.8　采样频率过低导致频谱混叠

从上述分析可以看出，若要保证能从采样后的信号无失真地恢复出原始信号，采样频率需满足一定的限制，这就是 1928 年美国物理学家奈奎斯特（1889—1976）提出的采样定理。采样定理是信息论（特别是通信与信号处理学科）中的一个重要基本结论。

奈奎斯特采样定理：若 $x_c(t)$ 为频带宽度有限的连续时间信号（也称为带限信号），若要从采样信号 $x[n]$ 中无失真地恢复原信号，则采样频率 Ω_s 应大于等于信号最高频率 Ω_N 的 2 倍，即

$$\Omega_s > 2\Omega_N \tag{5.13}$$

将 $X_c(j\Omega)$ 的最高频率的两倍 $2\Omega_N$ 称为奈奎斯特率，它是能在采样之后无失真恢复出原始信号的最小采样频率；同时将采样频率的一半 $\Omega_s/2$ 称为奈奎斯特频率，由于采样后的信号频谱是基带频谱以此频率做翻折，所以 $\Omega_s/2$ 也称为折叠频率。

若抽样频率高于奈奎斯特率，该抽样运算是过抽样。另一方面，若抽样频率低于奈奎斯特率，则抽样运算称为欠抽样。若抽样频率恰好等于奈奎斯特率，则抽样运算称为临界抽样。

在实际中用到的典型抽样率的例子有：数字电话中的抽样率为 8 kHz，光盘（CD）音乐系统的抽样率为 44.1 kHz。在数字电话中，3.4 kHz 的带宽可以满足电话交谈的需求，因此以 8 kHz 抽样是足够的，因为其大于可接受的 3.4 kHz 带宽的两倍。另一方面，在高品质模拟音乐处理中，为了确保音乐中最重要部分的逼真度，需要 20 kHz 左右的带宽，所以用比最高频率的两倍稍高的 44.1 kHz 对模拟音乐信号进行抽样，可以保证混叠失真可忽略。

5.2.3 $X(e^{j\omega})$ 和 $X_c(j\Omega)$ 的关系

根据连续时间信号的 FT，得

$$X_s(j\Omega) = \int_{t=-\infty}^{\infty} x_s(t)\,e^{-j\Omega t}\,dt \tag{5.14}$$

将式（5.3）代入上式，可得

$$\begin{aligned} X_s(j\Omega) &= \int_{-\infty}^{\infty} \Big(x_c(t) \sum_{n=-\infty}^{\infty} \delta(t-nT_S) \Big) e^{-j\Omega t}\,dt \\ &= \sum_{n=-\infty}^{\infty} x_c(nT_s) \int_{-\infty}^{\infty} \delta(t-nT_s)\,e^{-j\Omega t}\,dt \\ &= \sum_{n=-\infty}^{\infty} x_c(nT_s)\,e^{-j\Omega nT_s} \end{aligned} \tag{5.15}$$

且

$$x[n] = x_c(t)\big|_{t=nT_s} \tag{5.16}$$

故

$$X_s(j\Omega) = \sum_{n=-\infty}^{\infty} x[n]\,e^{-j\Omega nT_s} \tag{5.17}$$

令 $\omega = \Omega T_s$，可得

$$X_s\left(j\frac{\omega}{T_s}\right) = \sum_{n=-\infty}^{\infty} x[n]\,e^{-j\omega n} \tag{5.18}$$

由 DTFT 定义，可知

$$X_s(j\Omega)\big|_{\Omega=\frac{\omega}{T_s}}=X(e^{j\omega}) \tag{5.19}$$

代入式(5.12)，可得

$$X(e^{j\omega})=\frac{1}{T_s}\sum_{k=-\infty}^{\infty}X_c\left(j\frac{\omega}{T_s}-jk\frac{2\pi}{T_s}\right) \tag{5.20}$$

其对应的频谱如图 5.9 所示。

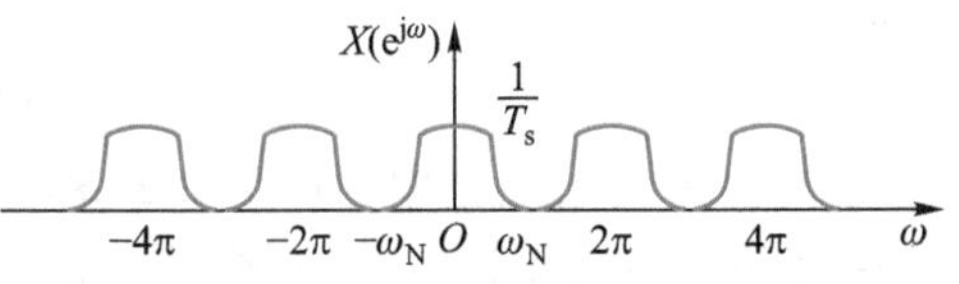

图 5.9　离散时间序列的频谱

由式(5.20)可知离散时间信号 $x[n]$ 频谱 $X(e^{j\omega})$ 与连续时间信号 $x_c(t)$ 频谱 $X_c(j\Omega)$ 的关系：使用 $1/T_s$ 对 $X_c(j\Omega)$ 加权且频率按 $\Omega=\omega/T_s$ 尺度变换，得到函数 $X_c(j\omega/T_s)/T_s$，该函数以 2π 为周期的周期延拓就是频谱 $X(e^{j\omega})$，即离散序列 $x[n]$ 的频谱 $X(e^{j\omega})$ 是连续时间信号 $x_c(t)$ 频谱 $X_c(j\Omega)$ 的周期化。

由上可知，离散时间信号 $x[n]$ 已没有明显的时间信息，但可通过 $t=nT_s$ 获得时间信息；频谱 $X(e^{j\omega})$ 与 $X_c(j\Omega)$ 的尺度因子为 $\omega=\Omega T_s$。

5.3　连续时间信号的理想重建

如图 5.10 所示，在离散时间系统对输入序列 $x[n]$ 进行处理得到输出序列 $y[n]$ 后，将离散时间序列 $y[n]$ 转换为连续信号 $y_r(t)$ 的过程称为信号的重建，可用一个 D/C 转换器(理想重构器)表示。

信号的重建是信号采样的逆过程，可用图 5.11 所示的数学模型描述。首先将离散时间序列 $y[n]$ 转换为连续时间信号 $y_s(t)$，然后让连续时间信号 $y_s(t)$ 经过截止频率为 $\frac{\pi}{T_s}$ 的低通滤波器，即得到重建信号 $y_r(t)$。

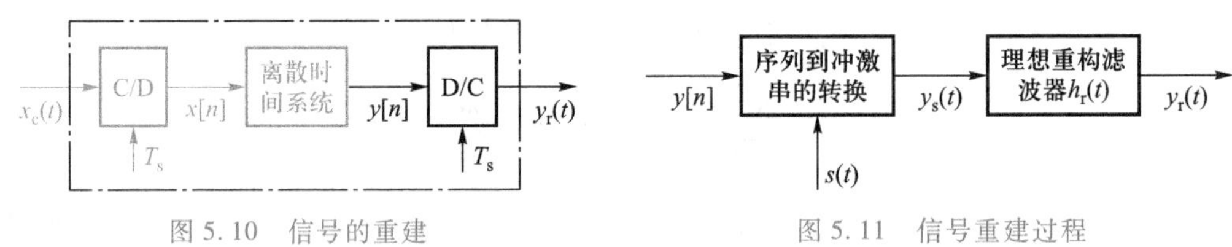

图 5.10　信号的重建

图 5.11　信号重建过程

通过周期为 T_s 的冲激串 $s(t)=\sum_{n=-\infty}^{\infty}\delta(t-nT_s)$，可以为离散时间序列 $y[n]$ 赋予时间信息，将 $y[n]$ 转换为连续时间信号 $y_s(t)$，即

$$y_s(t)=\sum_{n=-\infty}^{\infty}y[n]\delta(t-nT_s) \tag{5.21}$$

如果离散时间序列 $y[n]$ 是由带限连续时间信号 $y_c(t)$ 采样得到的，且采样频率 $\Omega_s=\frac{2\pi}{T_s}$ 满足奈奎斯特定理，则

$$Y(e^{j\omega})=\frac{1}{T_s}\sum_{k=-\infty}^{\infty}Y_c\left(j\frac{\omega}{T_s}-jk\frac{2\pi}{T_s}\right) \tag{5.22}$$

其中，$Y_c(j\Omega)$为连续时间信号$y_c(t)$的傅里叶变换。

由于

$$Y_s(j\Omega)=Y(e^{j\omega})\big|_{\omega=\Omega T_s}=Y(e^{j\Omega T_s}) \tag{5.23}$$

且离散时间序列$y[n]$的频谱函数$Y(e^{j\omega})$与连续时间信号$y_c(t)$的频谱函数$Y_s(j\Omega)$之间存在尺度变换$\Omega=\frac{\omega}{T_s}$，故

$$Y_s(j\Omega)=\frac{1}{T_s}\sum_{k=-\infty}^{\infty}Y_c(j\Omega-jk\Omega_s) \tag{5.24}$$

即$Y_s(j\Omega)$是幅度为$\frac{1}{T_s}$、重复周期为Ω_s的周期函数。

如果重构滤波器$H_r(j\Omega)$的频率响应为

$$H_r(j\Omega)=\begin{cases}T_s, & |\Omega|\leqslant\frac{\Omega_s}{2}\\ 0, & \text{其他}\end{cases} \tag{5.25}$$

则

$$Y_r(j\Omega)=Y_s(j\Omega)H_r(j\Omega)=T_sY_s(j\Omega)\big|_{k=0}=Y_c(j\Omega) \tag{5.26}$$

即重建后信号的频谱$Y_r(j\Omega)$与原连续时间信号的频谱$Y_c(j\Omega)$相同。

重建过程的时域表示如下式所示：

$$y_r(t)=y_s(t)*h_r(t)=\sum_{n=-\infty}^{\infty}y[n]h_r(t-nT_s) \tag{5.27}$$

其中，重构滤波器的单位脉冲响应为

$$h_r(t)=\frac{\sin\pi t/T_s}{\pi t/T_s} \tag{5.28}$$

$$y_r(t)=\sum_{n=-\infty}^{\infty}y[n]\frac{\sin[\pi(t-nT_s)/T_s]}{\pi(t-nT_s)/T_s} \tag{5.29}$$

离散时间序列$y[n]$重建连续时间信号$y_r(t)$的过程如图5.12所示。

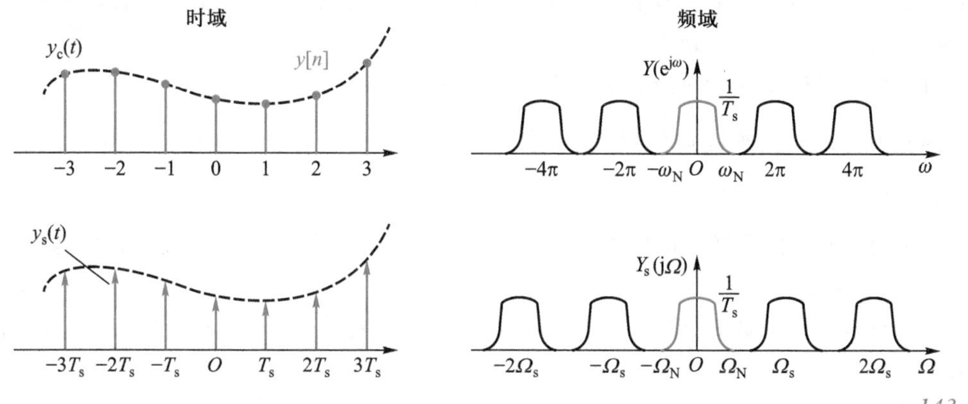

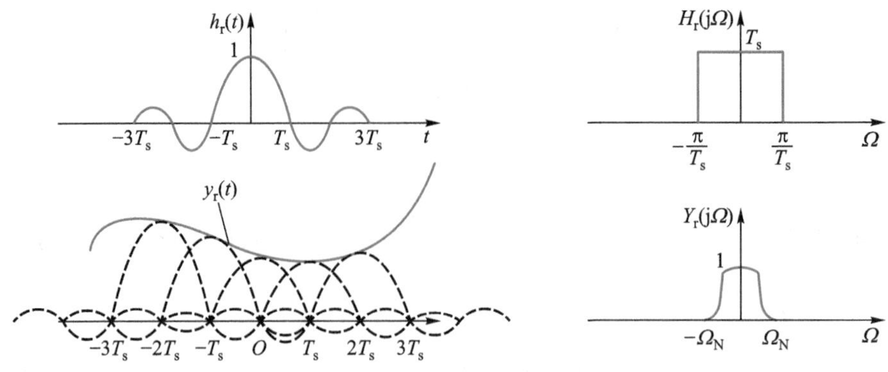

图 5.12　信号的重建过程

重构滤波器的单位脉冲响应 $h_r(t)$ 为 Sa 函数，$n \neq 0$ 时，其过零点为 $t=nT_s$；$n=0$ 时，$h_r(0)=1$。其中，$\frac{\sin[\pi(t-nT_s)/T_s]}{\pi(t-nT_s)/T_s}$称为内插函数，在采样点 $t=nT_s$ 时，函数值为 1，在其余采样点上，函数值为零，不影响其他采样点。也就是说，重建信号 $y_r(t)$ 等于各个 $y(nT_s)$ 乘上对应的内插函数的总和。在每个采样点上，只有该点所对应的内插函数不为零，这使得各采样点上信号值不变；而在每个 T_s 之间，信号由各个加权采样函数的波形延伸叠加而成。所以内插函数既可以体现 $t=nT_s$ 采样点处的幅值，又能在各个采样点之间起到连续插值的功能，因此它可以完全恢复出采样前的连续时间信号而不丢失任何信息。

5.4　余弦信号的采样

余弦信号是一种很重要的单频信号，本小节将通过对其采样来分析采样频率对频谱的影响，并展现采样过程对于频谱的搬移。

余弦信号 $x_c(t)=A\cos(\Omega_0 t+\varphi)$ 的频谱函数为 $X_c(j\Omega)=\pi[\delta(\Omega+\Omega_0)+\delta(\Omega-\Omega_0)]$，如图 5.13 所示。由于其频谱函数为冲激函数，因此对余弦信号的采样与一般信号的采样不同，一般来说余弦信号的采样频率必须满足 $\Omega_s>2\Omega_0$。

以下将讨论采样频率 $\Omega_s=2\Omega_0$ 时，余弦信号采样过程中可能出现的各种情况，从原理上解释由于相位 φ 的不同而导致无法恢复出原信号的原因，以及在实际工程应用中，分析余弦信号采样的最优采样频率。

(1) 如果采样频率 $\Omega_s=2\Omega_0$，则在每个周期内会采样两个点。

(a) 当 $\varphi=\frac{\pi}{2}$时，采样后的序列 $x[n]=0$，不包含原信号的任何信息。其采样情况如图 5.14 所示。

(b) 当 $\varphi=0$ 时，采样后的序列 $x[n]=(-1)^n A$，此时可以由 $x[n]$ 恢复 $x_c(t)$。其采样情况如图 5.15 所示。

(c) 当 φ 为未知数时，恢复的信号不是原信号，不能由 $x[n]$ 恢复 $x_c(t)$。其采样情况如图 5.16 所示。

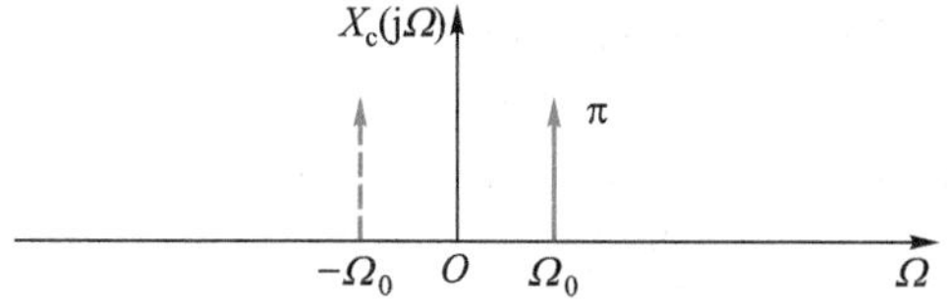

图 5.13　余弦信号频谱图

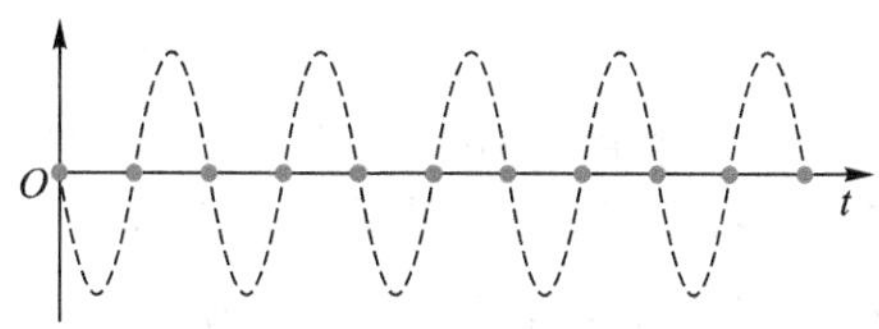

图 5.14　$\varphi=\frac{\pi}{2}$情况的采样

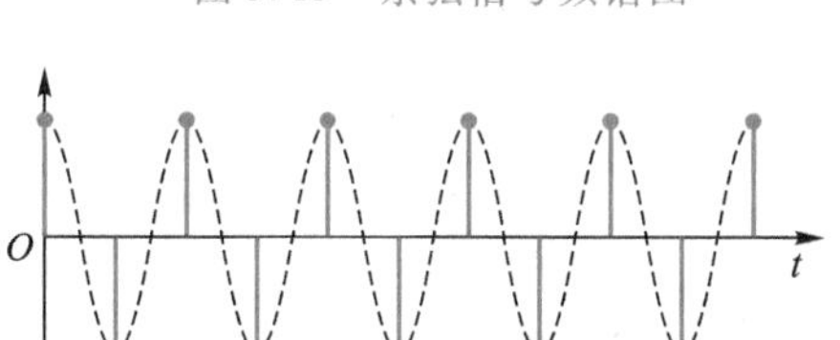

图 5.15　$\varphi=0$ 情况的采样

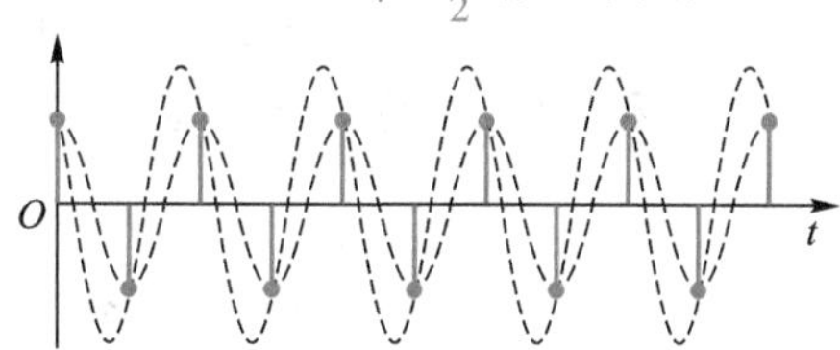

图 5.16　φ 未知时采样信号无法恢复原信号

(d) 当 φ 已知，且 $0<\varphi<\frac{\pi}{2}$时，恢复的不是原信号，但经过变换后可以得到原信号。

(2) 模拟余弦信号有三个未知数 A,φ,Ω_0，只要一个周期内均匀地采样三个样值，即可准确地重建 $x_c(t)$，如图 5.17 所示。

(3) 考虑到作 DFT（离散傅里叶变换）时，当要求数据个数为 $N=2^p$（p 为正整数）时，余弦信号一个周期中最好抽取 4 个点，如图 5.18 所示。

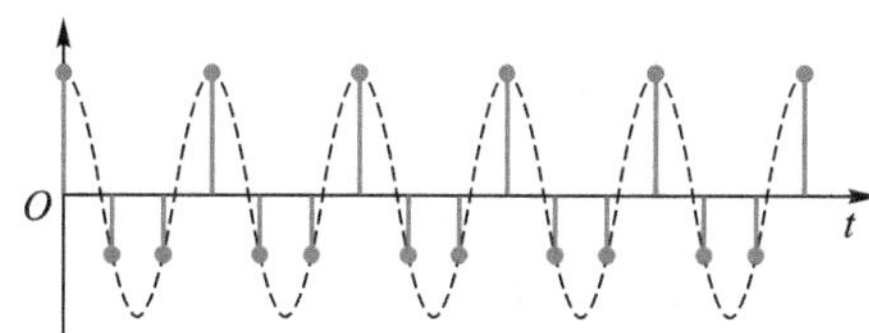

图 5.17　每个周期均匀采样 3 个点可以准确恢复原信号

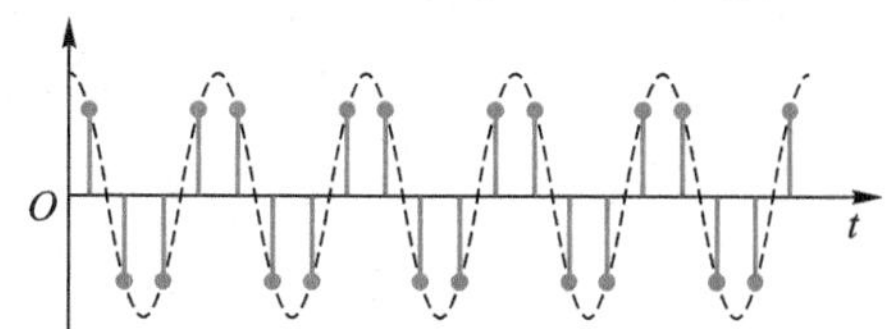

图 5.18　为了快速运算 DFT 在每个周期均匀采样 4 个点

综合上述讨论，如果采样频率 $\Omega_s>2\Omega_0$，采样后的频谱不会混叠，频谱搬移如图 5.19 所示，可用理想滤波器恢复连续时间信号 $x_c(t)=\cos(\Omega_0t+\varphi)$；如果采样频率 $\Omega_s<2\Omega_0$，采样后的频谱会混叠，频谱搬移如图 5.20 所示，此时不能用理想滤波器恢复连续时间信号 $x_c(t)$。

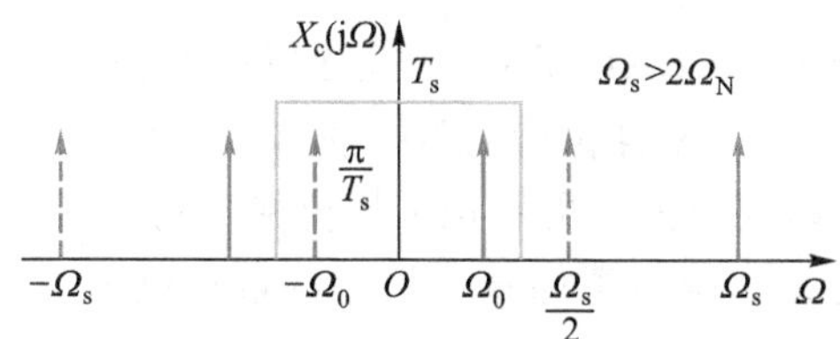

图 5.19　$\Omega_s>2\Omega_0$ 采样的频谱图

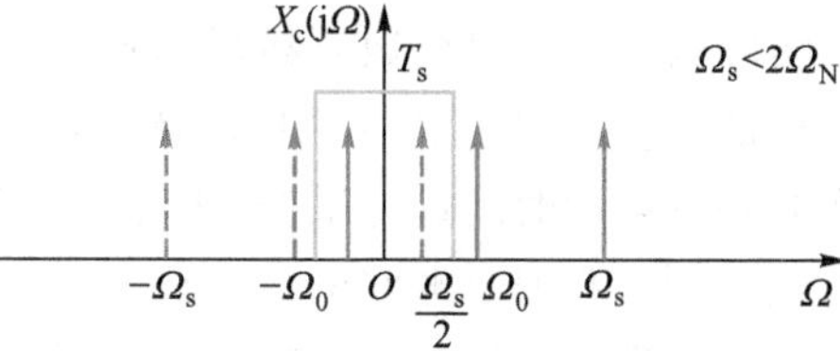

图 5.20　$\Omega_s<2\Omega_0$ 采样的频谱图

考虑另一种情况，两个不同频率的模拟正弦信号，用同一个采样频率对其采样，采样后得到的序列可能是一样的，我们无法判断他们来源于哪一个正弦信号。例如，现有 $f_1=1$ Hz 和 $f_2=4$ Hz 的两个正弦型信号，即

$$x_{c1}(t)=\cos(\Omega_1t)=\cos(2\pi\times1t)=\cos(2\pi t) \tag{5.30}$$

$$x_{c2}(t)=\cos(\Omega_2 t)=\cos(2\pi\times 4t)=\cos(8\pi t) \tag{5.31}$$

若采样频率 $f_s=3\text{Hz}$，则 $x_{c1}(t)$ 满足 $\Omega_s>2\Omega_0$ 的奈奎斯特采样定理，其采样序列 $x_1[n]$ 经处理后可恢复出 $x_{c1}(t)$，而 $x_{c2}(t)$ 不满足采样定理，故采样 $x_2[n]$ 经低通滤波器不能恢复出 $x_{c2}(t)$。

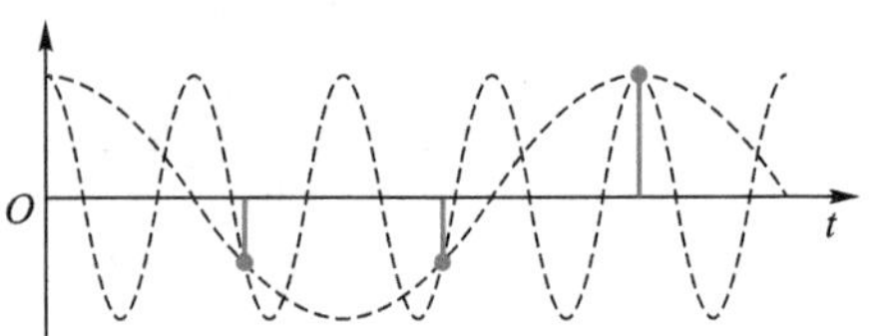

图 5.21　用同样的采样频率对两个不同频率的正弦信号采样

如图 5.21 所示，用 $f_s=3\text{Hz}$ 对两模拟信号采样后的 $x_1[n]$ 和 $x_2[n]$ 的序列是相同的，令 $t=nT_s=n/f_s$，可得

$$x_1[n]=\cos(2\pi n/f_s)=\cos\left(\frac{2\pi}{3}n\right)=\cos(\omega_1 n) \tag{5.32}$$

$$x_2[n]=\cos(8\pi n/f_s)=\cos\left(\frac{8\pi}{3}n\right)=\cos(\omega_2 n) \tag{5.33}$$

由此看出，只要采样后的 $\omega_1=\Omega_1/f_s$ 和 $\omega_2=\Omega_2/f_s$ 之差是 2π 的整数倍，即 $|\omega_2-\omega_1|=2\pi k$（$k$ 为任意整数），则 $x_1[n]$ 和 $x_2[n]$ 的序列是相同的，因而两者的频谱 $X_1(e^{j\omega})$ 和 $X_2(e^{j\omega})$ 是相同的，但是两者的频谱含义是不同的。$X_1(e^{j\omega})$ 是没有混叠失真的频谱，可以恢复出原信号 $x_{c1}(t)$，$X_2(e^{j\omega})$ 是有混叠失真的频谱，不能恢复出原信号 $x_{c2}(t)$。

类似的，对于同一个模拟正弦信号，用两个不同的采样频率采样，只要所得到的数字频率 ω_1、ω_2 之间满足式(5.34)，则仍可得到相同的正弦序列。

$$|\omega_2-\omega_1|=2\pi k,\ k\text{ 为任意正整数} \tag{5.34}$$

5.5　采样与重建的实际问题

本章前面讨论的对于连续时间信号的采样与重建均只考虑了理想情况，即采样后信号用无限精度序列表示、重建时使用理想重构滤波器等。实际的数字系统在进行信号采样与重建时包括了很多实现细节。

5.5.1　ADC 量化误差

实际电路是通过模数转换器（analog to digital converter，ADC）完成连续时间信号到数字信号的转换。ADC 包括采样保持和量化编码两步。采样保持电路的基本任务是：在每个采样时刻对连续时间进行采样（采样往往不是瞬时完成的），并将该采样值保持到下一个采样时刻。量化和编码电路的基本任务是：选择与采样保持电路输出接近的量化电平，并对该量化电平进行编码，从而将连续时间信号转化为数字信号。

ADC 对采样信号 $x_s(t)$ 进行保持，并由量化编码器进行幅度量化和编码，输出数字信号 $x_{\text{ADC}}[n]$。一个理想的 C/D 转换器将一个连续的时间信号转换为离散的时间信号，即 $x[n]=x_c(t)|_{t=nT_s}$，其中每个样本都认为是无限精度的；而对数字信号处理而言，由于用来存储算数运算的数字结果的存储器的字长是有限的，而对于定点制和浮点制中的加法和乘法，运算结束后都会使字长增加。因此，需要对算数运算的结果进行量化处理，使之适合寄

存器指定的字长。也就是说,ADC 将一个连续时间信号转换为一个数字信号,是一个有限精度的序列或量化样本,即对离散序列 $x[n]$ 量化,获得数字信号 $x_{\mathrm{ADC}}[n]=Q[x[n]]$,从而会引起量化误差,本书仅讨论定点制下的量化误差。

如果 ADC 的字长为$(B+1)$bit,则可以表示 2^B 个量化间隔。其中最高位表示数字的符号,其二进制点恰好在符号位的右边,如图 5.22 所示。当 ADC 的输入为单极性信号$x_c(t)$,如果信号的幅度范围为$[0,A]$,则量化步长为 $q=A/2^B=A2^{-B}$,如图 5.23 所示。

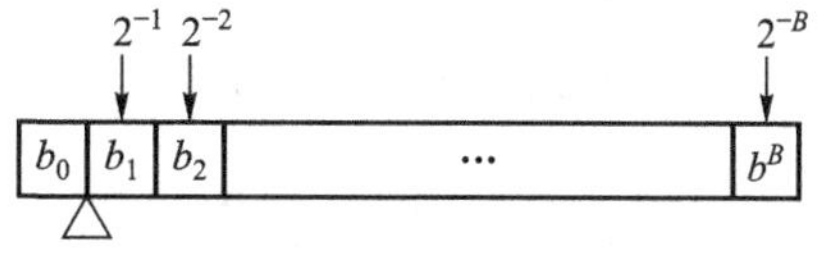

图 5.22 $(B+1)$位定点小数

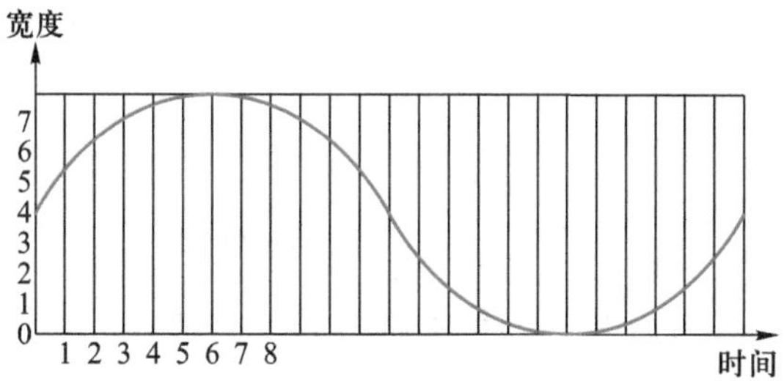

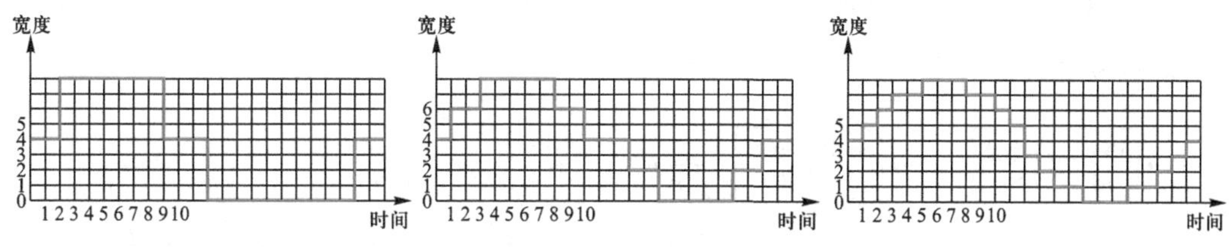

图 5.23 量化间隔

如果无限精度的离散时间信号 $x[n]$可表示为

$$x[n]=A\sum_{i=1}^{\infty}b_i 2^{-i},\quad b_i=0,1 \tag{5.35}$$

则经过字长为$(B+1)$bit 的 ADC 处理获得的数字信号,一般采用舍入(rounding)或截尾(truncation)的量化方法。ADC 的字长每增加 1 bit(量化电平个数加倍),SNR 提高约 6 dB。当量化处理的字长为 8 bit 时,量化噪声的功率比信号的功率低约 59 dB;当量化处理的字长为 16 bit 时,量化噪声的功率比信号的功率低约 106.8 dB。人耳对声音的感觉约为 100 dB,因此高质量的音频系统,量化处理的字长最少应为 16 bit。

▶ 扫一扫 5-1 舍入和截尾量化误差分析

5.5.2 DAC 转换误差

在实际应用的很多场合,例如语音信号处理,需要将处理后的数字信号转化成模拟信号,数模转换器(digital to analog converter,DAC)是完成数字信号到连续时间信号转换的工具。所有 D/A 转换器通过执行某种插值操作连接数字信号中的各个点,其精度依赖 D/A 转换过程的质量。

最简单的 D/A 转换是一个阶梯近似的过程,首先 DAC 对数字信号 $y[n]$进行解码,在每个转换时刻 $t=nT_s$,将数字信号转换为对应的连续时间信号$y_0(t)\big|_{t=nT_s}$,并将该转换值保

持到下一个采样时刻(称为零阶保持器)。接着由重构滤波器完成连续时间信号的滤波,从而将数字信号转化为连续时间信号。DAC 的工作过程可用图 5.24 所示的数学模型描述。首先将离散时间序列 $y[n]$ 转换为连续时间信号 $y_p(t)$,然后让连续时间信号 $y_p(t)$ 经过一截止频率为$\frac{\pi}{T}$的补偿重构滤波器,即得到重建信号 $y_r(t)$。

零阶保持器产生的阶梯型信号 $y_p(t)$ 和理想重建过程中的 $y_s(t)$ 相比,频谱发生了变化。理想重建过程是将数字序列 $y[n]$ 与周期为 T_s 的冲激串 $s(t)=\sum_{n=-\infty}^{\infty}\delta(t-nT_s)$ 相乘,从而为 $y[n]$ 赋予时间信息,$y[n]$ 经过这一过程后转换为连续时间信号,即

$$y_s(t)=\sum_{n=-\infty}^{\infty}y[n]\delta(t-nT_s) \tag{5.36}$$

由 5.3 节的分析可知,此时 $y_s(t)$ 的频谱函数 $Y_s(\mathrm{j}\Omega)$ 为

$$Y_s(\mathrm{j}\Omega)=\frac{1}{T_s}\sum_{k=-\infty}^{\infty}Y_c(\mathrm{j}\Omega-\mathrm{j}k\Omega_s) \tag{5.37}$$

其中,$y_s(t)$ 的频谱函数 $Y_s(\mathrm{j}\Omega)$ 为 $Y_c(\mathrm{j}\Omega)$ 的周期性延拓。理想 DAC 的内插过程是将 $y_s(t)$ 通过截止频率为$\frac{\Omega_s}{2}$的低通滤波器,其输出是无失真的连续信号 $y_c(t)$,它的频谱为 $Y_c(\mathrm{j}\Omega)$。以上理想恢复过程如图 5.25 所示。

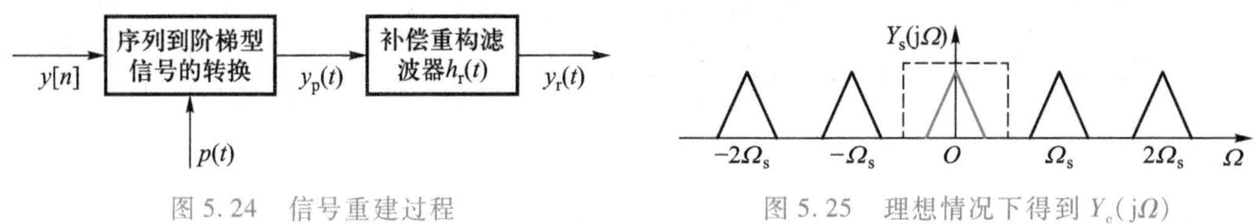

图 5.24 信号重建过程　　图 5.25 理想情况下得到 $Y_c(\mathrm{j}\Omega)$

在实际的重建中,DAC 产生的不是冲激串而是周期矩形脉冲,内插函数的频谱也不是理想的低通滤波器,下面对零阶保持器的工作原理进行分析。离散序列 $y[n]$ 与周期为 T_s 的矩形脉冲串 $p(t)$ 相乘,得到连续时间信号

$$y_p(t)=y[n]p(t) \tag{5.38}$$

其过程如图 5.26 所示。

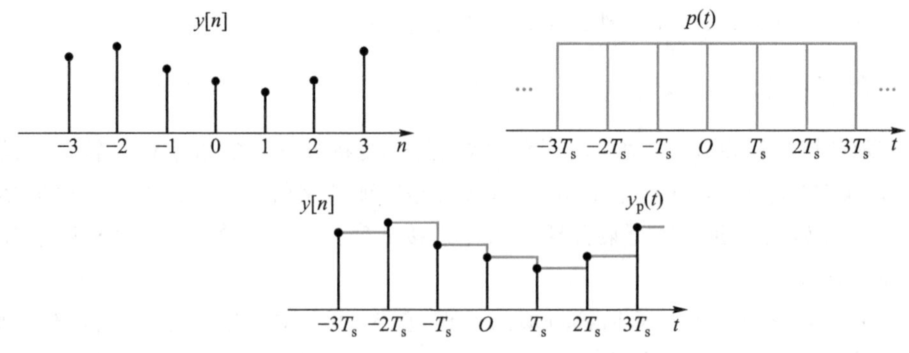

图 5.26 通过矩形脉冲串恢复 $y_p(t)$ 的过程

现在对 $y_p(t)$ 的频谱进行分析。假设矩形脉冲串中的一个单元为

$$p_1(t)=\begin{cases}E, & |t|\leqslant\dfrac{T_s}{2}\\0, & \text{其他}\end{cases} \tag{5.39}$$

$p(t)$ 为 $p_1(t)$ 的周期性延拓,则

$$p(t)=\sum_{n=-\infty}^{\infty}p_1(t-nT_s)=p_1(t)*\sum_{n=-\infty}^{\infty}\delta(t-nT_s) \tag{5.40}$$

所以

$$y_p(t)=y[n]p(t)=y[n]p_1(t)*\sum_{n=-\infty}^{\infty}\delta(t-nT_s) \tag{5.41}$$

交换求和顺序可得

$$y_p(t)=p_1(t)*\sum_{n=-\infty}^{\infty}y[n]\delta(t-nT_s) \tag{5.42}$$

注意到

$$\sum_{n=-\infty}^{\infty}y[n]\delta(t-nT_s)=y_s(t) \tag{5.43}$$

其频谱为

$$Y_s(\mathrm{j}\Omega)=\frac{1}{T_s}\sum_{n=-\infty}^{\infty}Y_c(\mathrm{j}\Omega-\mathrm{j}n\Omega_s) \tag{5.44}$$

已知单矩形脉冲 $p_1(t)$ 的频谱为

$$P_1(\mathrm{j}\Omega)=ET_s\mathrm{Sa}\left(\frac{\Omega T_s}{2}\right) \tag{5.45}$$

所以,阶梯型信号 $y_p(t)$ 的频谱为

$$Y_p(\mathrm{j}\Omega)=P_1(\mathrm{j}\Omega)\times Y_s(\mathrm{j}\Omega)=E\mathrm{Sa}\left(\frac{\Omega T_s}{2}\right)\sum_{n=-\infty}^{\infty}Y_c(\mathrm{j}\Omega-\mathrm{j}n\Omega_s) \tag{5.46}$$

此时,$\Omega_s=\dfrac{2\pi}{T_s}$,并且假设矩形脉冲的幅值 $E=1$,则

$$Y_p(\mathrm{j}\Omega)=\mathrm{Sa}\left(\frac{\Omega T_s}{2}\right)\sum_{n=-\infty}^{\infty}Y_c\left(\mathrm{j}\Omega-\mathrm{j}\frac{2\pi n}{T_s}\right) \tag{5.47}$$

上式中 $Y_c(\mathrm{j}\Omega)$ 是无失真的连续信号 $y_c(t)$ 的频谱。可以看出在这种情况下,由矩形脉冲串恢复出的阶梯型连续信号,其频谱是理想 $y_c(t)$ 的频谱 $Y_c(\mathrm{j}\Omega)$ 以 $\Omega_s=\dfrac{2\pi}{T_s}$ 为周期进行周期延拓形成的,只是 $Y_c(\mathrm{j}\Omega)$ 在以 Ω_s 为周期的重复过程中,其幅度被 $\mathrm{Sa}\left(\dfrac{\Omega T_s}{2}\right)$ 加权。零阶保持器输出阶梯型信号 $y_p(t)$ 的频谱如图 5.27 所示。

由图 5.27 可以看出,零阶保持器具有低通特性,能够起到将时域离散信号恢复成模拟信号的作用。零阶保持器的幅度特性与理想低通滤波器有明显的差别(理想低通滤波器

的幅度特性为$|\Omega| \leqslant \frac{\pi}{T_s}$的矩形窗$\Big)$，主要是在$|\Omega| > \frac{\pi}{T_s}$的区域有较多的高频分量，表现在时域上就是恢复出的模拟信号是台阶形的。因此需要将 $y_p(t)$ 经过一截止频率为$\frac{\pi}{T_s}$的补偿滤波器，得到重建信号 $y_r(t)$。

如图 5.28 所示，要想使整个系统的频率特性等效为理想的截止频率为$\frac{\pi}{T_s}$的低通滤波器，就要在零阶保持系统之后加一个补偿滤波器。

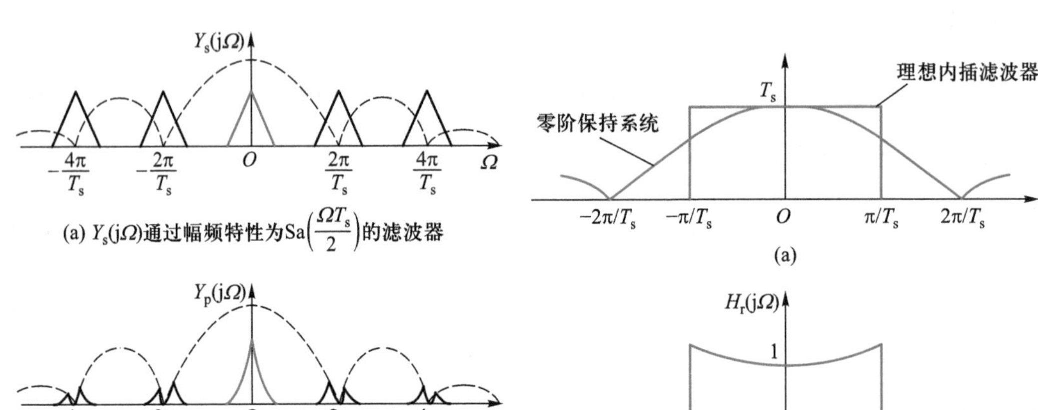

图 5.27　零阶保持器的输出频谱 $Y_p(\mathrm{j}\Omega)$

图 5.28　补偿滤波器 $h_r(t)$ 的频谱特性

该补偿滤波器的频谱特性应为

$$H_r(\mathrm{j}\Omega)=\begin{cases}\dfrac{\Omega T_s}{2\sin(\Omega T_s/2)}, & |\Omega| \leqslant \dfrac{\pi}{T_s}\\[2mm] 0, & \text{其他}\end{cases} \tag{5.48}$$

$y_p(t)$ 通过补偿器后输出的频谱为

$$Y_r(\mathrm{j}\Omega)=Y_p(\mathrm{j}\Omega)H_r(\mathrm{j}\Omega)=\begin{cases}Y_c(\mathrm{j}\Omega), & |\Omega| \leqslant \dfrac{\pi}{T_s}\\[2mm] 0, & \text{其他}\end{cases} \tag{5.49}$$

图 5.29 展示了阶梯型信号 $y_p(t)$ 通过补偿滤波器后，得到的重建信号 $y_r(t)$ 的频谱。由图中可以看出，补偿器实现了从阶梯型信号到连续信号的无失真恢复。

采样定理指出了带限信号的最佳插值，即在时域用一系列 Sa 函数对采样点进行幅度加权，这种理想的插值方式能完美恢复信号在时域的原始状态，而不产生任何失真。然而这种插值类型太复杂，在实际的数模转换过程中并不常用。除了上述讨论的最简单的零阶保持器之外，还可以用线性插值的方法来对插值方式稍作改善。

插值可用直线段连接两个连续样本，如图 5.30 所示，更好的插值可以用更复杂的插值技术得到。

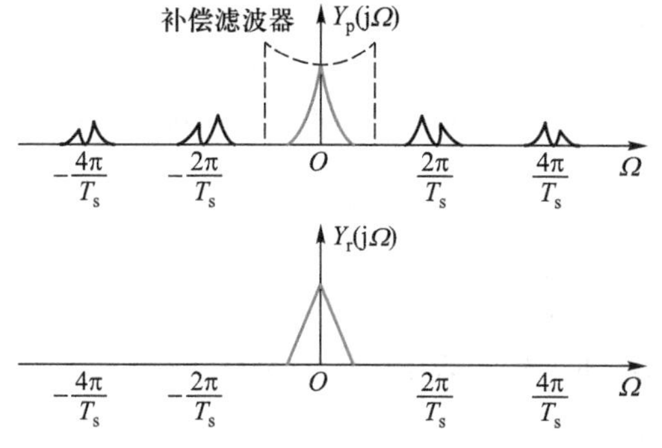

图 5.29 $Y_p(j\Omega)$ 通过补偿滤波器后得到 $Y_r(j\Omega)$

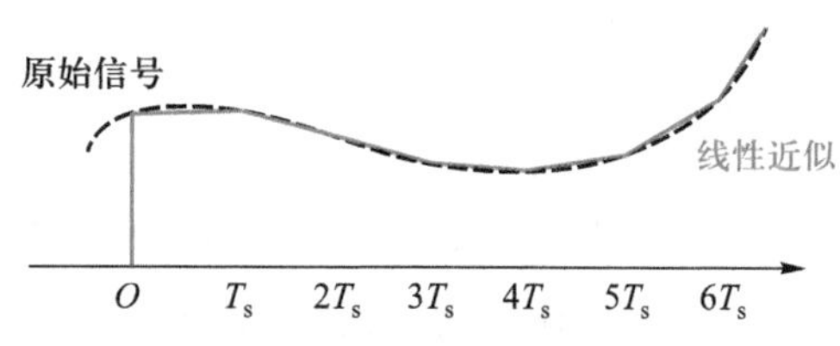

图 5.30 线性插值数模转换的过程

5.6 小 结

本章首先介绍了时域采样的原理和过程,即连续时间信号的时间离散化。带限连续时间信号 $x_c(t)$ 按采样周期 T_s 等间隔采样,可得离散时间序列 $x[n]=x_c(t)\big|_{t=nT_s}$。连续时间信号 $x_c(t)$ 的频谱函数 $X_c(j\Omega)$ 与离散时间序列 $x[n]$ 的频谱函数 $X(e^{j\omega})$ 之间的关系为 $X(e^{j\omega})=\frac{1}{T_s}\sum_{k=-\infty}^{\infty}X_c\left(j\frac{\omega}{T_s}-jk\frac{2\pi}{T_s}\right)$。在介绍时域采样过程之后引出了重要的奈奎斯特采样定理,即若要无失真地从离散时间信号恢复连续时间信号,采样率需满足 $\Omega_s\geqslant 2\Omega_N$。

本章的第三小节介绍了时域插值的原理和过程,即离散信号的时间连续化。离散时间序列 $y[n]$ 以周期 T_s 等间隔重建连续时间信号 $y_s(t)=y[n]s(t)=\sum_{n=-\infty}^{\infty}y[n]\delta(t-nT_s)$。根据连续信号与离散时间序列频谱函数的关系,$y_s(t)$ 通过增益 T_s、带宽 Ω_s 的低通滤波器,可重建连续信号 $y_r(t)$。

在本章的后半部分,以余弦信号的采样过程为例,给出了采样定理应用的一个实例。最后介绍了实际数字系统实现信号采样与重建的部分细节,ADC 在模数转换时存在量化误差问题,DAC 在模数转换时也存在转换精度问题。

习 题

5.1 以 1 000 样本点/秒采样率,采样连续时间信号 $x_c(t)=\cos(\Omega_0 t)\ (-\infty<t<\infty)$,得到离散时间序列 $x[n]=\cos\left(\frac{\pi}{4}n\right)\ (-\infty<n<\infty)$。$\Omega_0$ 取值唯一吗?如不唯一,请给出两种可能值。

5.2 周期为 1 ms 的连续时间信号 $x_c(t)$,如果其傅里叶级数表示为 $x_c(t)=\sum_{k=-9}^{9}a_k e^{j(2\pi kt/10^{-3})}$,且 $|k|>9$ 时傅里叶系数 $a_k=0$。以采样间隔 $T=\frac{1}{6}\times10^{-3}$ s 对 $x_c(t)$ 采样得到 $x[n]=x_c\left(\frac{10^{-3}n}{6}\right)$。

(1) $x[n]$ 是周期的吗?如果是,周期是多少?

（2）该采样率是否高于奈奎斯特采样率？也就是说 T 是否充分小而且可以避免混叠？

（3）用 a_k 表示出 $x[n]$的 DFS 的系数。

5.3 如果用以下采样间隔 T_s，对连续时间信号 $x_c(t)=\sin(1\,000\pi t)$ 进行采样，请分别画出所得离散时间序列的频谱。

（1）$T_s=0.1$ ms

（2）$T_s=1$ ms

（3）$T_s=0.01$ s

5.4 设连续时间信号 $x_c(t)$ 的最高频率分量 $F_{max}=3\,400$ Hz，若采样频率 $f_s=8\,000$ Hz，试计算序列 $x[n]=x_c\left(\frac{n}{f_s}\right)$ 在频率主值区间$[-\pi,\pi]$中最高角频率分量 ω_{max}。

5.5 周期连续时间信号 $x_c(t)=1+\cos(10\pi t)$。

（1）计算 $x_c(t)$ 的幅度谱。

（2）如果以 $f_s=8$ Hz 采样率对信号 $x_c(t)$ 采样，请画出采样后的序列 $x[n]$ 及其频谱函数。

5.6 对周期连续时间信号 $x_c(t)$ 采样得到离散时间序列 $x[n]$，为什么 $x[n]$ 不一定是周期时间序列？请解释原因，并给出该离散时间序列是周期信号的条件。

5.7 以采样周期 T_s 对周期连续时间信号 $x_c(t)=\cos(2\pi B)$ 进行采样，得到离散时间序列 $x[n]=x_c(nT_s)$。

（1）请判断 $T_s=5$ s、$T_s=0.125$ s、$T_s=0.1$ s、$T_s=0.13$ s、$T_s=\frac{4}{3}$ s 时，离散时间序列 $x[n]$ 的周期性。

（2）当 $x[n]$ 为周期序列时，请指出 $x[n]$ 一个周期内包含多少个 $x(t)$ 的周期。

5.8 “以信号最高频率的两倍频率采样可避免混叠”的表示是错误的。请用连续时间信号 $x_c(t)=\sin(2\pi t)$ 进行验证。

（1）连续时间信号 $x_c(t)=\sin(2\pi t)$ 的最高频率为 1 Hz，计算并画出 $x_c(t)$ 的幅频响应。

（2）以 $f_s=2$ Hz 对 $x_c(t)$ 进行采样，得到离散时间序列 $x[n]$。画出 $x[n]$ 的幅频响应，判断是否存在混叠。

（3）采样频率 $f_s=2$ Hz 时，采样值 $x[n]=x_c(nT_s)$，由 $x[n]$ 可重建信号 $x_c(t)$ 吗？

（4）请正确表述采样定理。

5.9 连续时间信号 $x_c(t)$ 的频谱函数 $X_c(j\Omega)$ 如图 P5.9 所示，以采样周期 $T=2\pi/\Omega_0$ 采样 $x_c(t)$ 得到离散时间序列 $x[n]=x_c(nT)$。

（1）设 $x[n]$ 的频谱函数为 $X(e^{j\omega})$，请画出 $|\omega|<\pi$ 范围内的 $X(e^{j\omega})$。

（2）若要由 $x[n]$ 恢复连续时间信号 $x_c(t)$，试画出方框图，并给出恢复系统的系统函数，可采用理想滤波器。

（3）当可恢复 $x_c(t)$ 时，用 Ω_0 表示 T 的取值范围。

5.10 某连续时间带通信号 $x_c(t)$ 的频谱函数如图 P5.10 所示，其中 $\Delta\Omega=\Omega_2-\Omega_1$。以采样周期 T 采样 $x_c(t)$ 得到离散时间序列 $x[n]=x_c(nT)$。

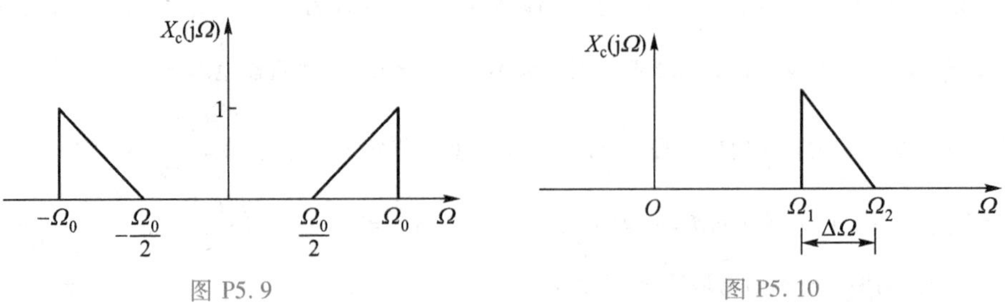

图 P5.9　　　　图 P5.10

(1) 当 $T=\pi/\Omega_2$，画出序列 $x[n]$ 的傅里叶变换 $X(e^{j\omega})$。

(2) 请给出不会产生频谱混叠的最低采样频率。

(3) 如果采样率大于或等于由(2)确定的采样率，试画出由 $x[n]$ 恢复 $x_c(t)$ 的系统方框图，可采用理想低通滤波器。

5.11 如果离散时间信号 $x[n]=e^{-j\omega_0 n}u[n]$ 的量化位数是 Nbit。

(1) 要保证量化台阶小于 0.001，则需多少 bit 的量化位数？

(2) 如果 $N=8$ bit，则量化噪声的平均功率是多少？

5.12 以采样周期 T 采样连续时间信号 $x_c(t)$ 得到离散时间序列 $x[n]=x_c(nT)$，$x_s(t)$ 是由 $x[n]$ 得到的阶梯信号，即 $x_s(t)=x[n]\ (nT_s\leqslant t\leqslant(n+1)T_s)$，如图 P5.12 所示。

(1) 如果 $x_c(t)$ 的频谱函数为 $X_c(j\Omega)$，试求 $x_s(t)$ 的频谱函数 $X_s(j\Omega)$。

(2) 请设计一个模拟低通滤波器 $G_a(j\Omega)$，使得输入 $x_s(t)$ 时，输出为 $x_c(t)$。

5.13 连续时间信号 $x_c(t)$ 的频谱函数 $X_c(j\Omega)$ 如图 P5.13 所示，以采样频率 $\Omega_s=500\pi$ rad/s 采样 $x_c(t)$ 得到离散时间序列 $x[n]=x_c(nT)$。试画出离散时间序列 $x[n]$ 的频谱函数 $X(e^{j\omega})$。

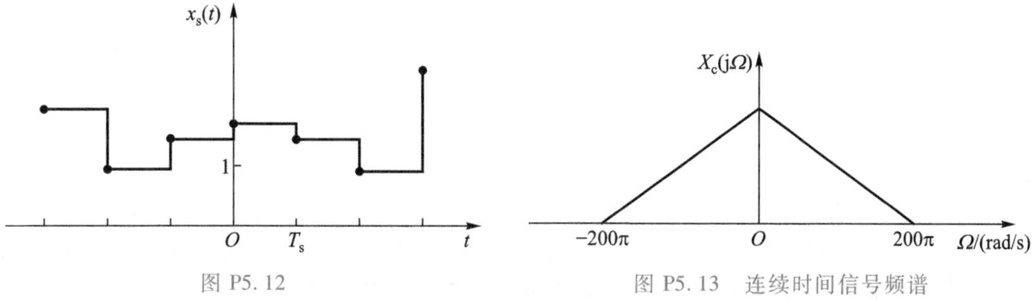

图 P5.12　　图 P5.13　连续时间信号频谱

第 6 章　离散傅里叶变换(DFT)

本书第 3 章给出了 DTFT、DFS 的定义性质,本章将介绍离散傅里叶变换(discrete Fourier transform,DFT)。DFT 在时域和频域均为离散、有限长序列的变换,是一种可在数字系统中实现的重要变换。本章将介绍有限长序列与周期序列、DFT 的定义、周期序列的 DTFT 表示、频域采样与重建、DFT 的性质和定理,并给出 DFT 实现两个有限长序列的线性卷积的方法。本章学习过程中会用到第 3 章 DTFT、DFS 的知识点,并需对照第 5 章的时域采样、“信号与系统”课程中傅里叶变换和傅里叶级数等章节。

6.1　离散傅里叶变换(DFT)

我们学习过连续时间信号傅里叶变换(Fourier transform,FT)、连续时间信号傅里叶级数(Fourier series,FS)、离散时间序列傅里叶变换(discrete time Fourier transform,DTFT)和离散时间序列傅里叶级数(discrete Fourier series,DFS)等四种变换,建立了信号时域与频域之间的关系。在讨论离散傅里叶变换之前,首先回顾并分析以上提到的几种不同形式的傅里叶变换。

1. 连续时间信号傅里叶级数(FS)

如果周期为 T_0 的连续时间周期信号 $\tilde{x}_c(t)$ 满足狄利赫里条件:① 任一周期内仅有有限个间断点,且在间断处不为无穷;② 在任一周期内仅有有限个的极值点;③ 在任一周期内绝对可积(有界的)或任一周期内能量有限,即$\int_{t=t_0}^{t_0+T_0}|x[n]|\mathrm{d}t<\infty$、$\int_{t=t_0}^{t_0+T_0}|x[n]|^2\mathrm{d}t<\infty$,则 $\tilde{x}_c(t)$ 可由其零次谐波 $\mathrm{e}^{\mathrm{j}0\Omega_0t}$、一次谐波 $\mathrm{e}^{\mathrm{j}1\Omega_0t}$、二次谐波 $\mathrm{e}^{\mathrm{j}2\Omega_0t}$……组成的正交基 $\mathrm{e}^{\mathrm{j}k\Omega_0t}(k\in(-\infty,\infty))$ 表示为

$$\tilde{x}_c(t)=\sum_{k=-\infty}^{\infty}X(\mathrm{j}k\Omega_0)\mathrm{e}^{\mathrm{j}k\Omega_0t}\tag{6.1}$$

其中,$X(\mathrm{j}k\Omega_0)(k\in(-\infty,\infty))$ 为正交基的加权值,即傅里叶级数的系数,其值如式(6.2)所示。

$$X(\mathrm{j}k\Omega_0)=\frac{1}{T_0}\int_{-T_0/2}^{T_0/2}\tilde{x}_c(t)\mathrm{e}^{-\mathrm{j}k\Omega_0t}\mathrm{d}t\tag{6.2}$$

式(6.1)和式(6.2)构成连续时间傅里叶级数变换对,记作

$$\tilde{x}_c(t)\underset{\mathrm{IFS}}{\overset{\mathrm{FS}}{\rightleftharpoons}}X(\mathrm{j}k\Omega_0)\tag{6.3}$$

式(6.1)为综合式,式(6.2)为分析式。

$X(\mathrm{j}k\Omega_0)$ 称为连续时间周期信号 $\tilde{x}_c(t)$ 的频谱函数,$X(\mathrm{j}k\Omega_0)$ 是离散谱,如图 6.1 所示。

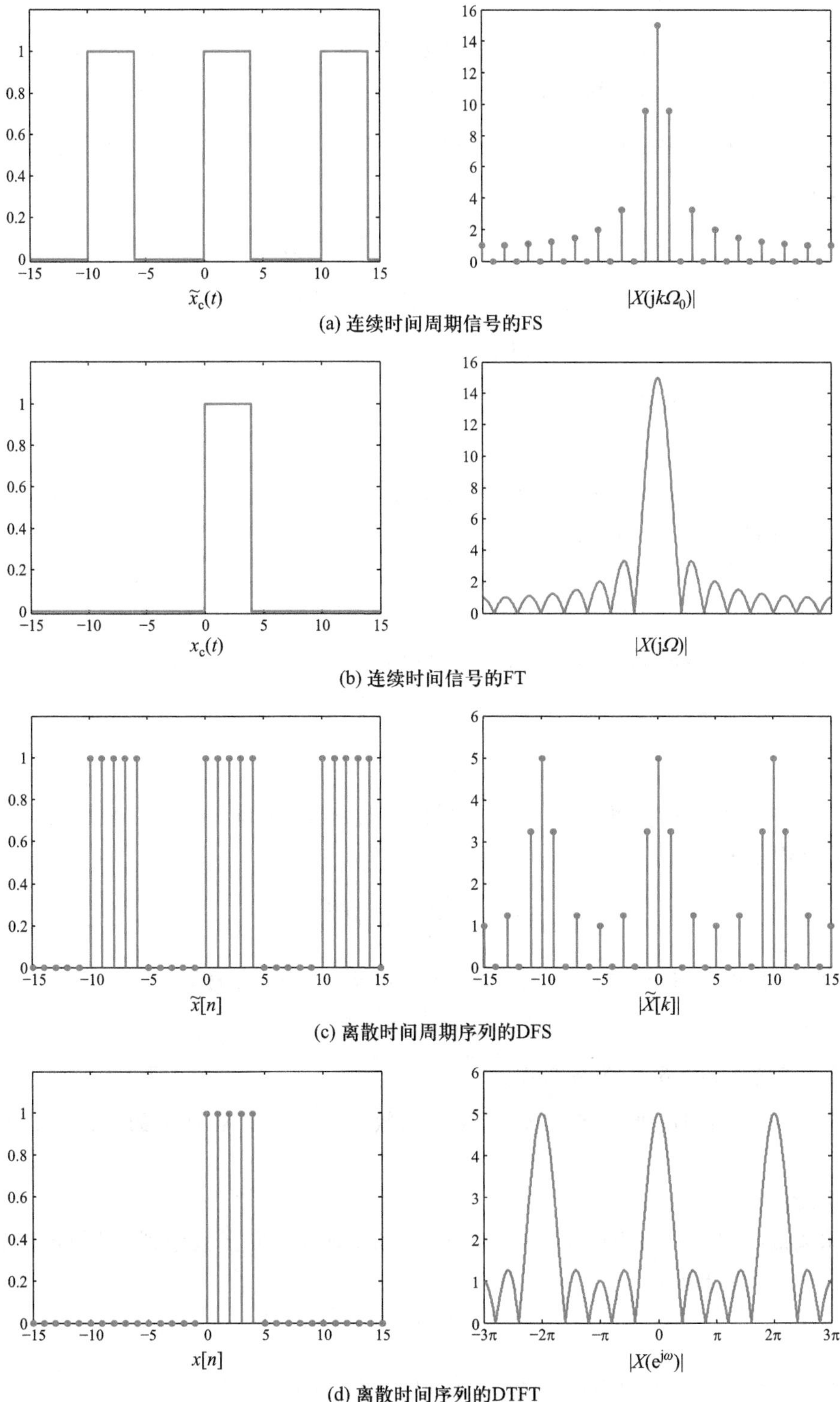

(a) 连续时间周期信号的FS

(b) 连续时间信号的FT

(c) 离散时间周期序列的DFS

(d) 离散时间序列的DTFT

图 6.1　四种傅里叶变换形式的时域、频域图

2. 连续时间信号傅里叶变换(FT)

如果连续时间非周期信号 $x_c(t)$ 满足狄利赫里条件:① 任意有界区间内仅有有限个间断点,且在间断处不为无穷;② 在任意有界区间内仅有有限个的极值点;③ 在区间 $t\in(-\infty,\infty)$ 绝对可积,即 $\int_{t=-\infty}^{\infty}|x[n]|\mathrm{d}t<\infty$,则 $x_c(t)$ 可用不同频率 Ω 的复指数信号 $\mathrm{e}^{\mathrm{j}\Omega t}$ 组成的正交基 $\mathrm{e}^{\mathrm{j}\Omega t}(\Omega\in(-\infty,\infty))$ 表示为

$$x_c(t)=\frac{1}{2\pi}\int_{-\infty}^{+\infty}X(\mathrm{j}\Omega)\mathrm{e}^{\mathrm{j}\Omega t}\mathrm{d}\Omega \tag{6.4}$$

其中,$X(\mathrm{j}\Omega)(\Omega\in(-\infty,\infty))$ 为正交基的加权值,可由式(6.5)计算。

$$X(\mathrm{j}\Omega)=\int_{-\infty}^{\infty}x_c(t)\mathrm{e}^{-\mathrm{j}\Omega t}\mathrm{d}t \tag{6.5}$$

式(6.4)和式(6.5)构成连续时间傅里叶变换对,记作

$$x_c(t)\underset{\mathrm{IFT}}{\overset{\mathrm{FT}}{\rightleftharpoons}}X(\mathrm{j}\Omega) \tag{6.6}$$

式(6.4)为综合式,称为傅里叶反变换(inverse Fourier transform,IFT);式(6.5)为分析式,称为傅里叶变换(Fourier transform,FT)。

$X(\mathrm{j}\Omega)$ 称为连续时间信号 $x_c(t)$ 的频谱密度函数,$X(\mathrm{j}\Omega)$ 是连续谱,如图 6.1 所示。

3. 离散时间序列傅里叶级数(DFS)

周期为 N 的离散时间周期序列 $\tilde{x}[n]$,可用复指数序列正交基 $\mathrm{e}^{\mathrm{j}\frac{2\pi kn}{N}}(k\in[0,N-1])$ 表示为

$$\tilde{x}[n]=\frac{1}{N}\sum_{k=0}^{N-1}\tilde{X}[k]\mathrm{e}^{\mathrm{j}\frac{2\pi kn}{N}} \tag{6.7}$$

其中,$\tilde{X}[k](k\in[0,N-1])$ 为正交基的加权值,也就是离散时间序列傅里叶级数的系数,可由式(6.8)计算。

$$\tilde{X}[k]=\sum_{n=0}^{N-1}\tilde{x}[n]\mathrm{e}^{\mathrm{j}\frac{-2\pi kn}{N}} \tag{6.8}$$

式(6.7)和式(6.8)构成离散时间序列傅里叶级数变换对,记作

$$\tilde{x}[n]\underset{\mathrm{IDFS}}{\overset{\mathrm{DFS}}{\rightleftharpoons}}\tilde{X}[k] \tag{6.9}$$

式(6.7)为综合式,式(6.8)为分析式。

$\tilde{X}[k]$ 为离散时间周期序列 $\tilde{x}[n]$ 的频谱函数,$\tilde{X}[k]$ 是周期为 N 的离散谱,如图 6.1 所示。

4. 离散时间序列傅里叶变换(DTFT)

如果离散时间非周期序列 $x[n]$ 的 DTFT 存在,则可用复指数序列 $\mathrm{e}^{\mathrm{j}\omega n}$ 组成的正交基 $\mathrm{e}^{\mathrm{j}\omega n}(\omega\in[-\pi,\pi))$ 表示为

$$x[n]=\frac{1}{2\pi}\int_{-\pi}^{\pi}X(\mathrm{e}^{\mathrm{j}\omega})\mathrm{e}^{\mathrm{j}\omega n}\mathrm{d}\omega \tag{6.10}$$

其中,$X(\mathrm{e}^{\mathrm{j}\omega})(\omega\in[-\pi,\pi))$ 为正交基的加权值,可由式(6.11)计算。

$$X(\mathrm{e}^{\mathrm{j}\omega})=\sum_{n=-\infty}^{\infty}x[n]\mathrm{e}^{-\mathrm{j}\omega n} \tag{6.11}$$

式(6.10)和式(6.11)构成离散时间傅里叶变换对,记作

$$x[n] \underset{\text{IDTFT}}{\overset{\text{DTFT}}{\rightleftarrows}} X(e^{j\omega}) \tag{6.12}$$

式(6.10)为综合式,称为离散时间傅里叶反变换(inverse discrete time Fourier transform, IDTFT);式(6.11)为分析式,称为离散时间序列傅里叶变换(discrete time Fourier transform, DTFT)。

$X(e^{j\omega})$称为离散时间序列$x[n]$的频谱密度函数,$X(e^{j\omega})$是周期为2π的连续谱,如图6.1所示。

通过对图6.1中四种傅里叶变换形式的观察可知,当信号在时域上是周期的,则变换到频域上为离散的频率函数,相反则为连续的频率函数;当信号在时域上是离散的,则变换到频域上为周期的频率函数,相反则为非周期的频率函数。进而总结出一般规律:一个域的周期延拓对应另一个域的离散,一个域的非周期必定对应另一个域的连续。表6.1总结了四种变换的特点。

表6.1　四种变换的特点

变换	时域		频域	
FT	连续	非周期	连续	非周期
FS	连续	周期	离散	非周期
DTFT	离散	非周期	连续	周期
DFS	离散	周期	离散	周期

根据数字系统只具备处理离散化序列的能力,唯有DFS在时域、频域同时满足这一要求,但同时DFS的时域和频域均为周期的无限长序列,仍然无法在现有的数字系统中实现,因此必须取有限长序列来建立其时域离散和频域离散的对应关系。

式(6.7)和式(6.8)中的表达式求和时都只取N个序列值,这一事实说明一个周期序列虽然是无限长序列,但其一个周期即可表征其他周期,由此可引出有限长序列的离散傅里叶变换。下面首先分析有限长序列与周期序列的转换关系。

6.1.1　有限长序列与周期序列

1. 从周期序列得到有限长序列

设$\tilde{x}[n]$是一个以N为周期的离散时间序列,将$n\in[0,N-1]$的一个周期称为主值区间,主值区间内的序列$x[n]$称为主值序列,即

$$x[n]=\tilde{x}[n]R_N[n] \tag{6.13}$$

其中,$R_N[n]$为窗函数,表达式为

$$R_N[n]=\begin{cases}1, & 0\leqslant n\leqslant N-1\\ 0, & \text{其他}\end{cases} \tag{6.14}$$

主值序列如图6.2所示。

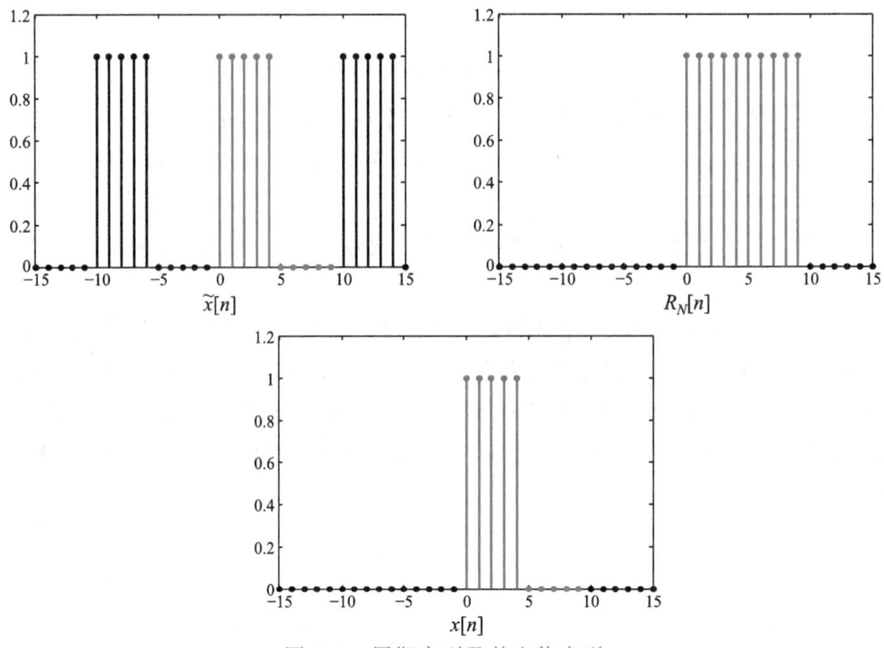

图 6.2　周期序列及其主值序列

因此可将有限长序列 $x[n]$ 看成是周期序列 $\tilde{x}[n]$ 的一个周期，并称 $x[n]$ 是对 $\tilde{x}[n]$ 的主值截取。

2. 从有限长序列得到周期序列

设 $x[n]$ 是长度为 N 的有限长序列，且只在 $0 \leqslant n \leqslant N-1$ 处有值，将该有限长序列以 N 为周期进行延拓，即

$$\tilde{x}[n]=\sum_{r=-\infty}^{\infty} x[n+rN] \tag{6.15}$$

为了表达简洁，$\tilde{x}[n]$ 可用 $x[n]$ 的模运算表示，即

$$\tilde{x}[n]=x[((n))_N] \tag{6.16}$$

式中，$x[((n))_N]$ 是余数运算表达式，或称为“模 N 运算”。设 $n=mN+n_1(0 \leqslant n_1 \leqslant N-1)$，$m$ 为整数，则

$$((n))_N=n_1 \tag{6.17}$$

显然，$\tilde{x}[n]=\tilde{x}[n_1+mN]=\tilde{x}[n_1]$，$\tilde{x}[n]$ 又是由 $x[n]$ 以 N 为周期延拓所得，所以 $\tilde{x}[n]=x[n_1]$，因此 $\tilde{x}[n]=x[((n))_N]$。

综上所述，$\tilde{x}[n]$ 是 $x[n]$ 的周期延拓序列，$x[n]$ 是 $\tilde{x}[n]$ 的主值序列，因此周期序列可以通过加窗函数的办法截取为有限长序列，有限长序列可以通过周期延拓变成周期序列。

至此建立起周期序列和有限长序列相互转换的关系，在此基础上讨论的离散傅里叶变换，都是将有限长序列作为周期序列的一个周期来表示。

6.1.2　DFT 的定义

根据 DFS 的定义，虽然离散时间周期序列 $\tilde{x}[n]$ 及其频谱函数 $\tilde{X}[k]$ 都是周期为 N 的无限长序列，但定义式求和范围限定在主值区间 $[0,N-1]$，因此 $\tilde{x}[n]$ 和 $\tilde{X}[k]$ 的主值序列

$x[n]$和$X[k]$包含周期序列$\tilde{x}[n]$和$\tilde{X}[k]$的信息。

周期序列$\tilde{x}[n]$和$\tilde{X}[k]$可以看作是长度为N的有限长序列$x[n]$和$X[k]$的周期延拓，因此只需计算主值区间$[0,N-1]$中的 DFS,即可对周期序列$\tilde{x}[n]$和$\tilde{X}[k]$进行恢复。

据此，可定义有限长序列$x[n]$的离散傅里叶变换 DFT 为$X[k]$，其变换如下：

$$x[n]=\frac{1}{N}\sum_{k=0}^{N-1}X[k]\mathrm{e}^{\mathrm{j}\frac{2\pi kn}{N}} \tag{6.18}$$

$$X[k]=\sum_{n=0}^{N-1}x[n]\mathrm{e}^{\mathrm{j}\frac{-2\pi kn}{N}} \tag{6.19}$$

式(6.18)和式(6.19)构成离散傅里叶变换对，如图 6.3 所示，记作

$$x[n]\underset{\text{IDFT}}{\overset{\text{DFT}}{\rightleftharpoons}}X[k] \tag{6.20}$$

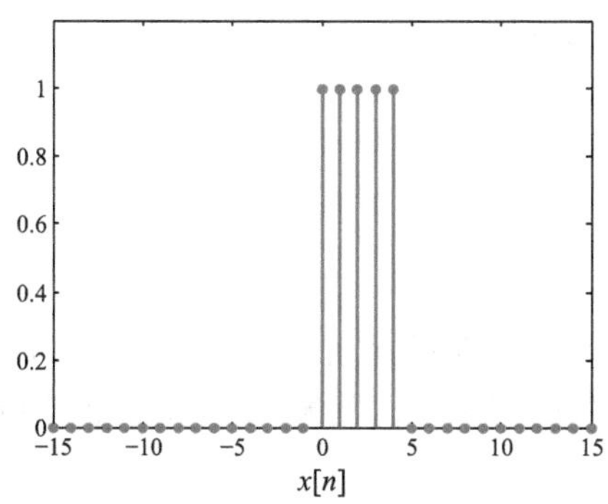

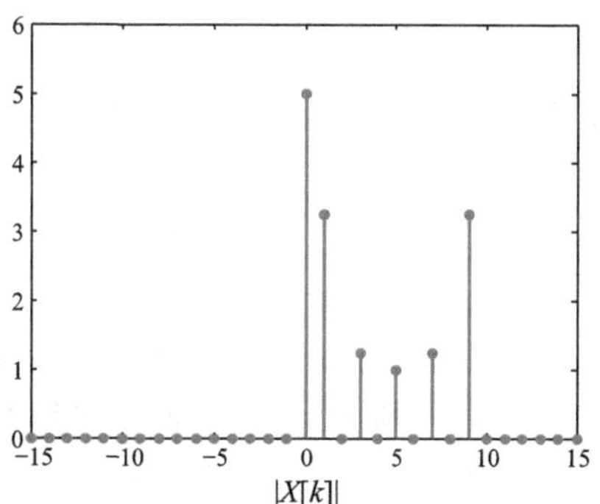

图 6.3　有限长序列的 DFT

式(6.18)为综合式，称为离散傅里叶反变换(inverse discrete Fourier transform, IDFT)；式(6.19)为分析式，称为离散傅里叶变换(discrete Fourier transform, DFT)。

由于 DFT 的时域和频域都是离散有限长的，因此可由数字系统实现 DFT 与 IDFT。

显然 DFT 并不是一个新的傅里叶变换形式，而是 DFS 在时域和频域的主值序列，因此 DFT 的许多性质与 DFS 类似。

1. DFT 的隐含周期性

选取周期序列 DFS 变换对$\tilde{x}[n]$和$\tilde{X}[k]$在时域和频域的主值序列，即为 DFT 变换对$x[n]$和$X[k]$。因此 DFT 中定义的有限长序列$x[n]$和$X[k]$可以用周期序列 DFS 的一个周期来表示，且单位复指数序列$\mathrm{e}^{-\mathrm{j}\frac{2\pi kn}{N}}$对$n$、$k$来说均是以$N$为周期的，因此 DFT 隐含以$N$为周期。即

$$X[k+mN]=\sum_{n=0}^{N-1}x[n]\mathrm{e}^{-\mathrm{j}\frac{2\pi(k+mN)n}{N}}=\sum_{n=0}^{N-1}x[n]\mathrm{e}^{-\mathrm{j}\frac{2\pi kn}{N}}=X[k] \tag{6.21}$$

2. $\mathrm{e}^{\mathrm{j}\frac{2\pi kn}{N}}$的正交性

由单位复指数序列$\mathrm{e}^{\mathrm{j}\frac{2\pi kn}{N}}$组成的集合$\{\mathrm{e}^{\mathrm{j}\frac{2\pi kn}{N}}\}$$(k\in[0,N-1])$是正交完备集。可证明$\sum_{n=0}^{N-1}\mathrm{e}^{\mathrm{j}\frac{2\pi kn}{N}}\mathrm{e}^{\mathrm{j}\frac{-2\pi ln}{N}}=\begin{cases}N, & k=l\\0, & k\neq l\end{cases}=N\delta[k-l]$(详细证明请参见 3.2.1 节)。

▶ 扫一扫 6-1 各变换之间的关系

6.1.3 z 变换、DTFT、DFS、DFT 之间的关系

下面讨论非周期序列的 z 变换、DTFT 与对应周期序列 DFS 及 DFT 几种变换之间的可能关系。为了方便讨论，将几种变换形式总结如下：

非周期序列 $x[n]$ 的 z 变换记作 $X(z)$，表达式为

$$X(z)=\sum_{n=-\infty}^{\infty}x[n]z^{-n} \tag{6.22}$$

非周期序列 $x[n]$ 的 DTFT 记作 $X(\mathrm{e}^{\mathrm{j}\omega})$，表达式为

$$X(\mathrm{e}^{\mathrm{j}\omega})=\sum_{n=-\infty}^{\infty}x[n]\mathrm{e}^{-\mathrm{j}\omega n} \tag{6.23}$$

周期序列 $\tilde{x}_N[n]$ 的 DFS 为 $\tilde{X}[k]$，表达式为

$$\tilde{X}[k]=\sum_{n=0}^{N-1}\tilde{x}_N[n]\mathrm{e}^{\mathrm{j}\frac{-2\pi kn}{N}} \tag{6.24}$$

有限长序列 $x[n]$ 的 DFT 为 $X[k]$，表达式为

$$X[k]=\sum_{n=0}^{N-1}x[n]\mathrm{e}^{-\mathrm{j}\frac{2\pi kn}{N}} \tag{6.25}$$

1. z 变换与 DTFT 之间的关系

如果 $x[n]$ 绝对可和，则其 DTFT 存在且连续，其 z 变换存在且收敛域包含单位圆。下面分析离散时间序列 $x[n]$ 的 z 变换与其 DTFT 之间的关系。比较式(6.22)和式(6.23)，可得 $X(z)$ 与 $X(\mathrm{e}^{\mathrm{j}\omega})$ 的关系如下式：

$$X(\mathrm{e}^{\mathrm{j}\omega})=X(z)\big|_{z=\mathrm{e}^{\mathrm{j}\omega}} \tag{6.26}$$

即 $x[n]$ 的 DTFT 是其 z 变换在单位圆上的采样，其中 $X(\mathrm{e}^{\mathrm{j}\omega})$ 是以 2π 为周期的函数，如图 6.4 所示。

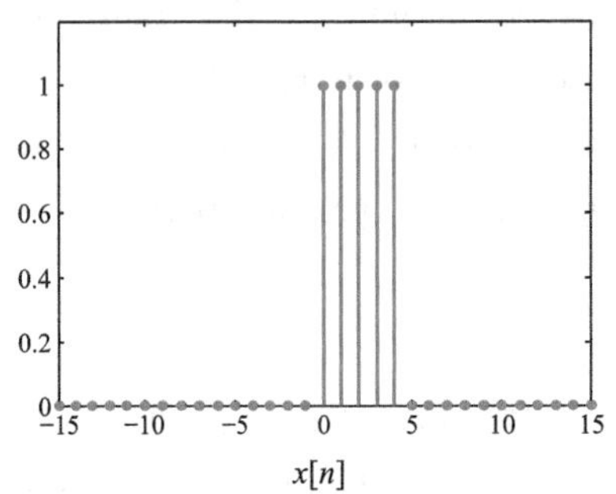

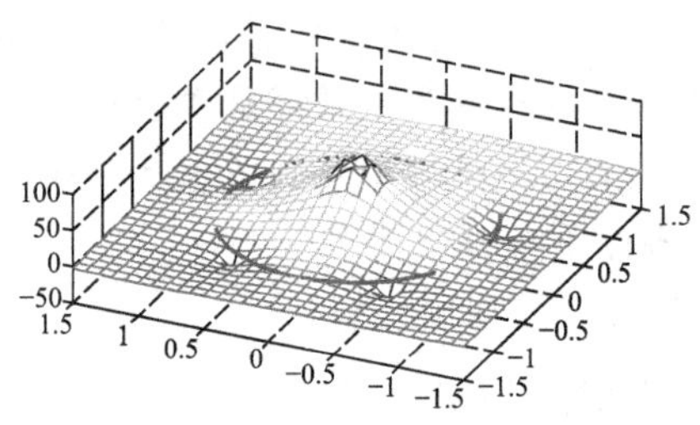

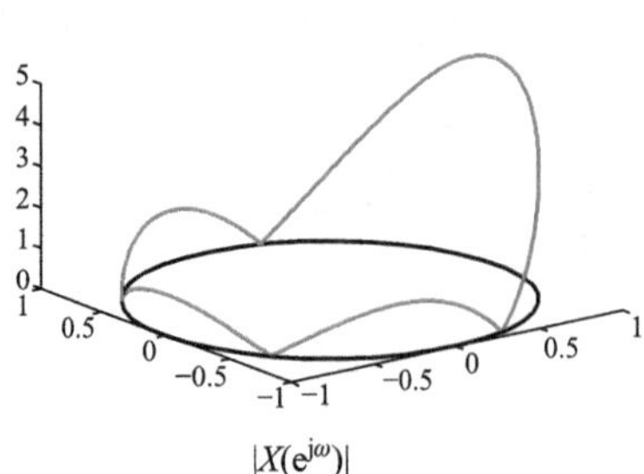

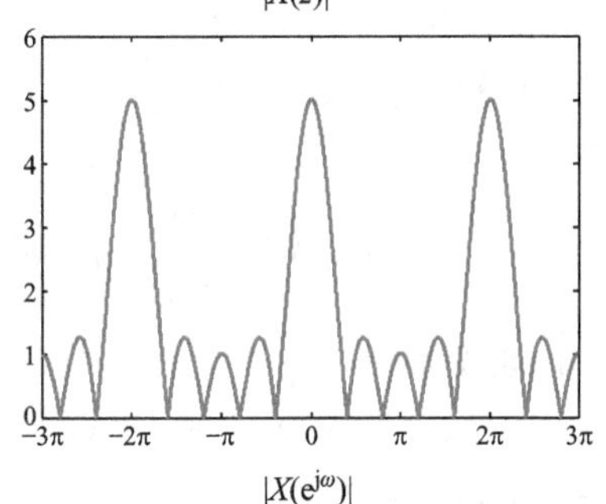

图 6.4 序列的 DTFT

2. DTFT 与 DFS 之间的关系

对 $X(\mathrm{e}^{\mathrm{j}\omega})$ 在 $\omega\in[0,2\pi)$ 的等间隔频率点进行 N 点采样得到周期序列 $\tilde{X}[k]$。由于 $X(\mathrm{e}^{\mathrm{j}\omega})$ 是周期的，因此 $\tilde{X}[k]$ 在区间 $0\leqslant k\leqslant N-1$ 之外随着 k 的变化会重复同样的序列，可得

$$\tilde{X}[k]=X(\mathrm{e}^{\mathrm{j}\omega})\big|_{\omega=\frac{2\pi k}{N}}=\sum_{n=-\infty}^{\infty}x[n]\mathrm{e}^{-\mathrm{j}\frac{2\pi}{N}kn} \tag{6.27}$$

根据离散傅里叶级数的定义，$\tilde{X}[k]$ 可看作序列 $\tilde{x}_N[n]$ 的 DFS。对 $\tilde{X}[k]$ 求 IDFS 可得

$$\tilde{x}_N[n]=\mathrm{IDFS}[\tilde{X}[k]]=\frac{1}{N}\sum_{k=0}^{N-1}\tilde{X}[k]\mathrm{e}^{\mathrm{j}\frac{2\pi}{N}kn} \tag{6.28}$$

为了分析 $X(\mathrm{e}^{\mathrm{j}\omega})$ 与 $\tilde{X}[k]$ 之间的关系，将式(6.27)代入式(6.28)，可得

$$\begin{aligned}\tilde{x}_N[n]&=\frac{1}{N}\sum_{k=0}^{N-1}\left[\sum_{m=-\infty}^{\infty}x[m]\mathrm{e}^{-\mathrm{j}\frac{2\pi}{N}km}\right]\mathrm{e}^{\mathrm{j}\frac{2\pi}{N}kn}\\&=\sum_{m=-\infty}^{\infty}x[m]\left[\frac{1}{N}\sum_{k=0}^{N-1}\mathrm{e}^{-\mathrm{j}\frac{2\pi}{N}k(m-n)}\right]\end{aligned} \tag{6.29}$$

由于复指数函数具有正交性和周期性，即

$$\begin{aligned}\frac{1}{N}\sum_{k=0}^{N-1}\mathrm{e}^{-\mathrm{j}\frac{2\pi}{N}k(m-n)}&=\begin{cases}1, & m=n+rN,\quad r\text{ 为任意整数}\\0, & \text{其他}\end{cases}\\&=\sum_{r=-\infty}^{\infty}\delta[m-n-rN]\end{aligned} \tag{6.30}$$

有

$$\begin{aligned}\tilde{x}_N[n]&=\sum_{m=-\infty}^{\infty}x[m]\left[\sum_{r=-\infty}^{\infty}\delta[m-n-rN]\right]\\&=\sum_{r=-\infty}^{\infty}\sum_{m=-\infty}^{\infty}x[m]\delta[m-n-rN]\\&=\sum_{r=-\infty}^{\infty}x[n+rN]\\&=\cdots+x[n+N]+x[n]+x[n-N]+\cdots\end{aligned} \tag{6.31}$$

这说明 $\tilde{x}_N[n]$ 是由序列 $x[n]$ 的周期移位组成的，定义 $\tilde{x}_N[n]$ 是 $x[n]$ 的周期延拓序列。

概括起来，离散周期序列 $\tilde{x}_N[n]$ 的 DFS 是离散时间序列 $x[n]$ 的 DTFT 在 $\omega=0$ 和 $\omega=2\pi$ 之间以 $2\pi/N$ 为间隔的等周期采样，即时域采样会带来频域的周期延拓，频域采样同样会带来时域的周期延拓。周期延拓序列 $\tilde{x}_N[n]$ 及其 DFS 如图 6.5 所示。

下面根据序列 $x[n]$ 的长度及频域采样点数的不同，分以下几种情况进行讨论：

(1) 如果非周期序列 $x[n]$ 不是有限长序列，则时域周期延拓后，必然会造成混叠现象，因此一定会产生误差。当 n 增加时信号衰减得越快，或频域采样越密(即采样点数 N 越大)，则误差越小，即 $x_N[n]$ 越接近 $x[n]$。

(2) 如果非周期序列 $x[n]$ 是有限长序列，长度为 $L(0\leqslant n\leqslant L-1)$，当频域采样点数 $N<L$ 时，仍会产生时域混叠失真。

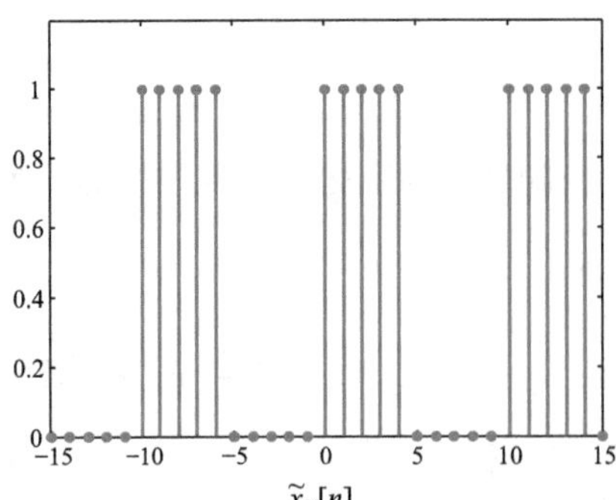

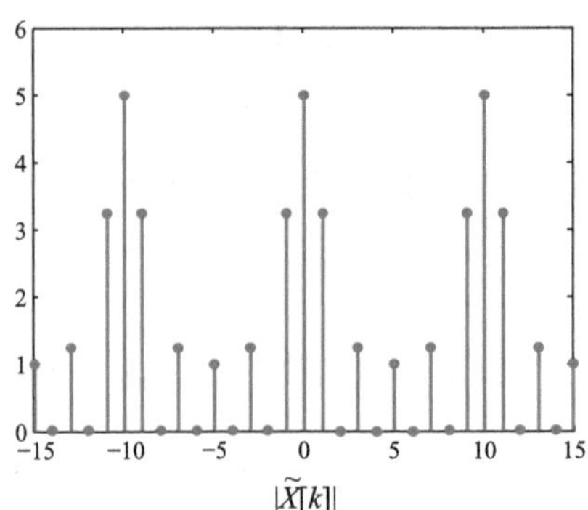

图 6.5　序列的 DFS

(3) 如果非周期序列 $x[n]$ 是有限长序列，长度为 L，则当频域采样点数 $N<L$ 时，可以得到

$$x_N[n]=\tilde{x}_N[n]R_N[n]=\sum_{r=-\infty}^{\infty}x[n+rN]R_N[n]=x[n] \tag{6.32}$$

若序列长度为 L，对 $X(e^{j\omega})$ 在 $\omega\in[0,2\pi)$ 上做 N 点等间隔采样，得到 $\tilde{X}[k]$，只有当采样点数 N 满足 $N\geqslant L$ 时，才能由 $\tilde{X}[k]$ 恢复 $x[n]$，即 $x[n]=\mathrm{IDFT}[\tilde{X}[k]R_N(k)]$，否则将产生时域的混叠失真，不能由 $\tilde{X}[k]$ 不失真地恢复原序列。

3. DFS 与 DFT 之间的关系

如前所述，DFT 和 DFS 的时域和频域都是离散的，因而时域和频域应都是周期的，即本质上都是离散周期的序列。

定义第一个周期中的 DFS 对，就得到 DFT 对，因此在 DFT 中，$x[n]$ 的定义范围为 $0\leqslant n\leqslant N-1$，在 $X[k]$ 的定义范围则为 $0\leqslant k\leqslant N-1$。它们都具有隐周期性，即在 DFT 讨论中，有限长序列都是作为周期序列的一个周期来表示的。对 DFT 的任何处理，都是先把序列值进行周期延拓后作相应的处理，再取主值序列得到处理结果。

$$x[n]=\tilde{x}[n]R_N[n]=\frac{1}{N}\sum_{k=0}^{N-1}X(k)W_N^{-nk},0\leqslant n\leqslant N-1 \tag{6.33}$$

即 $x[n]$ 是 $\tilde{x}[n]$ 的主值序列。同样有

$$X[k]=\tilde{X}[k]R_N(k)=\sum_{n=0}^{N-1}x[n]W_N^{nk},0\leqslant k\leqslant N-1 \tag{6.34}$$

即 $X[k]$ 是 $\tilde{X}[k]$ 的主值序列。由此可以得到 DFS 与 DFT 的关系：$X(k)$ 是周期延拓序列 $\tilde{x}[n]$ 的离散傅里叶级数系数 $X(k)$ 的主值序列。由 DFS 取主值序列得到 DFT 的过程如图 6.5 与图 6.6 所示。

▶ 扫一扫 6-2 频域采样与重建

6.1.4　频域采样与重建

如上分析可知离散时间序列 $x[n]$ 的 z 变换 $X(z)$ 在单位圆上的采样为其 DTFT$X(e^{j\omega})$；对 $X(e^{j\omega})$ 以 $2\pi/N$ 为间隔进行采样得到 $\tilde{X}[k]$ 是 $x[n]$ 周期延拓后所得离散周期性序列 $\tilde{x}[n]$ 的傅里叶级数为 DFS；而 DFT 是 DFS 的主值序列，即 $\tilde{X}[k]R_N[k]$ 是有限长序列 $\tilde{x}[n]$

$R_N[n]$的 DFT。当满足频域采样点数 N 大于或等于时域采样点数 M 时，$\tilde{x}[n]R_N[n]=x[n]$。下面给出由 z 变换直接采样得到 DFT 的方法。

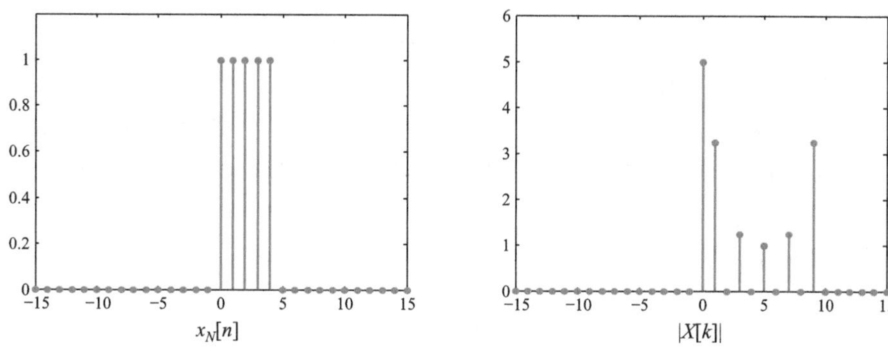

图 6.6 序列的 DFT

1. 频域采样

如果满足频域采样定理，则由频域采样 $X[k]$可恢复原序列 $x[n]$，进而可得到 $x[n]$的 z 变换和 DTFT。也就是说，对于任意一个绝对可和的非周期序列，由于满足狄利赫里条件，其傅里叶变换存在且连续，故其 z 变换收敛域包含单位圆($z=e^{j\omega}$)，可对 $X(z)$在单位圆上，从 $\omega=0$ 到 $\omega=2\pi$ 之间的 N 个均分频率点上作采样，即可得到周期序列 $\tilde{X}[k]$。取 $\tilde{X}[k]$的主值序列即为 $x[n]$的 DFT。直接运用频域采样定理得到 $X[k]$的过程如图 6.7 所示。

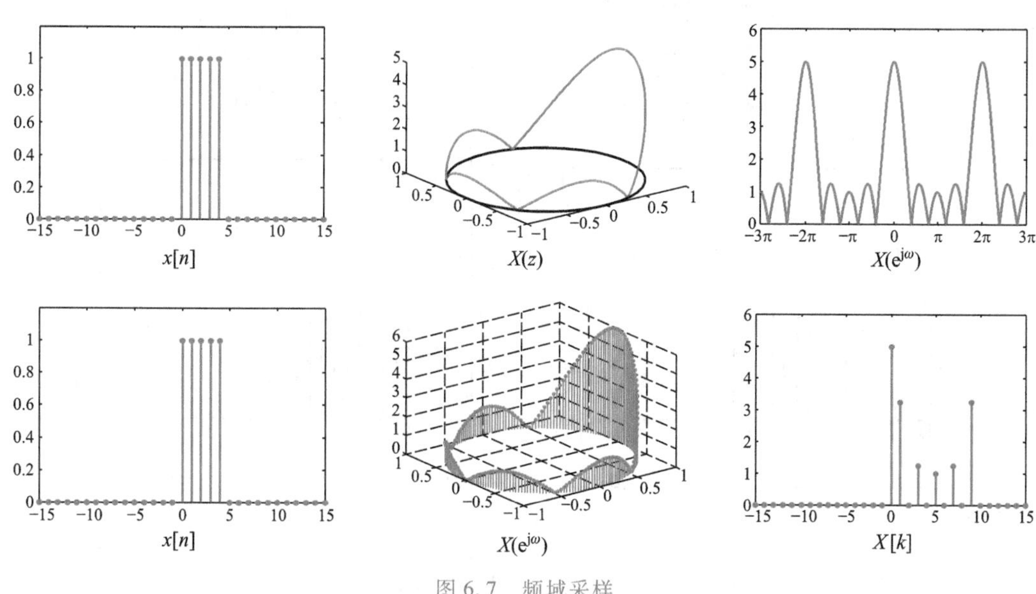

图 6.7 频域采样

例 6.1 已知 $x[n]=R_{10}[n]$是长度为 10 的窗函数，对 $x[n]$的 DTFT$X(e^{j\omega})$按 $X[k]=X(e^{j\omega})\big|_{\omega=\frac{2\pi k}{N}}$进行 8 点采样，如果离散序列 $X[k]$的 IDFT 得 $x_N[n]$，请画出 $x_N[n]$并比较其与 $x[n]$的关系。

解：根据频域采样定理可知

$$x_N[n]=\sum_{m=-\infty}^{\infty}x[n-8m]R_8[n] \tag{6.35}$$

即

$$x_N[n]=(x[n+8]+x[n])R_8[n] \tag{6.36}$$

以 8 为周期的周期延拓如图 6.8 所示。

例 6.2 已知 $x[n]=R_{10}[n]$ 是长度为 10 的序列，对 $x[n]$ 的 DTFT$X(e^{j\omega})$ 按 $X[k]=X(e^{j\omega})\big|_{\omega=\frac{2\pi k}{N}}$ 进行 10 点频域采样。如果离散序列 $X[k]$ 的 IDFT 得 $x_N[n]$，请画出 $x_N[n]$ 并比较其与 $x[n]$ 的关系。

解：根据频域采样定理可知

$$x_N[n]=\sum_{m=-\infty}^{\infty}x[n-10m]R_{10}[n] \tag{6.37}$$

即

$$x_N[n]=x[n] \tag{6.38}$$

$R_{10}[n]$ 以 10 为周期的周期延拓如图 6.9 所示。

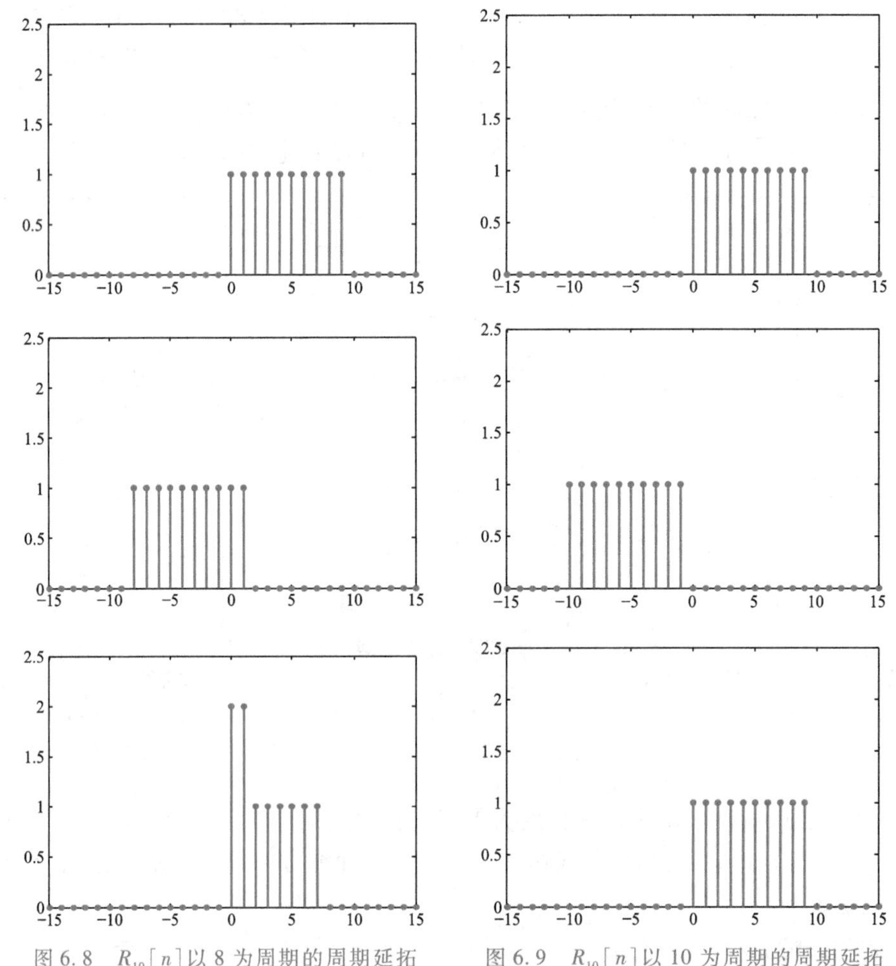

图 6.8 $R_{10}[n]$ 以 8 为周期的周期延拓

图 6.9 $R_{10}[n]$ 以 10 为周期的周期延拓

2. 频域重建

对于长度为 N 的有限长序列 $x[n]$，其 N 点频域采样 $X[k]$ 就足以不失真地代表序列的特性，那么由此 N 个采样值 $X[k]$ 就应该能够完整地表达整个 $X(z)$ 函数及其频率响应。下面推导直接由频域采样 $X[k]$ 表示 $X(\mathrm{e}^{\mathrm{j}\omega})$ 和 $X(z)$ 的方法。

如果非周期序列 $x[n]$ 的长度为 L，在单位圆上 $\omega=0$ 开始对 $X(z)$ 进行间隔为 $2\pi/N$ 的等间隔采样，得到 N 个频率采样点，且 $N\geqslant L$，则

$$X(z)=\sum_{n=-\infty}^{\infty}x[n]z^{-n} \tag{6.39}$$

$$X[((k))_N]=\tilde{X}[k]=X(z)\big|_{z=\mathrm{e}^{\mathrm{j}\frac{2\pi k}{N}}} \tag{6.40}$$

$$x[n]=\frac{1}{N}\sum_{k=0}^{N-1}X[k]\mathrm{e}^{\mathrm{j}\frac{2\pi kn}{N}} \tag{6.41}$$

根据 DFT 的定义，将式(6.41)代入式(6.39)，得

$$\begin{aligned}X(z)&=\sum_{n=0}^{N-1}\frac{1}{N}\sum_{k=0}^{N-1}X[k]\mathrm{e}^{\mathrm{j}\frac{2\pi kn}{N}}z^{-n}\\&=\frac{1}{N}\sum_{k=0}^{N-1}X[k]\sum_{n=0}^{N-1}\mathrm{e}^{\mathrm{j}\frac{2\pi kn}{N}}z^{-n}\\&=\frac{1}{N}\sum_{k=0}^{N-1}X[k]\sum_{n=0}^{N-1}(\mathrm{e}^{\mathrm{j}\frac{2\pi k}{N}}z^{-1})^{n}\\&=\frac{1}{N}\sum_{k=0}^{N-1}X[k]\frac{1-\mathrm{e}^{\mathrm{j}\frac{2\pi Nk}{N}}z^{-N}}{1-\mathrm{e}^{\mathrm{j}\frac{2\pi k}{N}}z^{-1}}\\&=\frac{1-z^{-N}}{N}\sum_{k=0}^{N-1}\frac{X[k]}{1-\mathrm{e}^{\mathrm{j}\frac{2\pi k}{N}}z^{-1}}\end{aligned} \tag{6.42}$$

式(6.42)称为复频域内插公式或 $X(z)$ 的内插公式。

$$\boldsymbol{\Phi}_k(z)=\frac{1}{N}\frac{1-z^{-N}}{1-W_N^{-k}z^{-1}} \tag{6.43}$$

式(6.43)为内插函数，其只在本身采样点 $r=k$ 处不为零，在其他 $N-1$ 个采样点 $r(r=0,1,\cdots,N-1$，但 $r\neq k)$ 上都是零值。另外，它在 $z=0$ 处有 $N-1$ 阶极点。

现在来讨论频率响应，即求单位圆上 $z=\mathrm{e}^{\mathrm{j}\omega}$ 的 z 变换。根据式(6.23)，得

$$\begin{aligned}X(\mathrm{e}^{\mathrm{j}\omega})&=\frac{1-\mathrm{e}^{-\mathrm{j}N\omega}}{N}\sum_{k=0}^{N-1}\frac{X[k]}{1-\mathrm{e}^{\mathrm{j}\frac{2\pi k}{N}}\mathrm{e}^{-\mathrm{j}\omega}}\\&=\frac{1}{N}\sum_{k=0}^{N-1}\frac{1-\mathrm{e}^{-\mathrm{j}N\omega}}{1-\mathrm{e}^{\mathrm{j}\frac{2\pi k}{N}}\mathrm{e}^{-\mathrm{j}\omega}}X[k]\\&=\frac{1}{N}\sum_{k=0}^{N-1}X[k]\frac{\sin\left(\frac{N\omega-2\pi k}{2}\right)}{\sin\left(\frac{N\omega-2\pi k}{2N}\right)}\mathrm{e}^{-\mathrm{j}\left(\omega-\frac{2\pi k}{N}\right)\frac{N-1}{2}}\end{aligned} \tag{6.44}$$

式(6.44)称为频域内插公式或 $X(\mathrm{e}^{\mathrm{j}\omega})$ 公式。

6.2 DFT 的性质和定理

离散傅里叶变换 DFT 的定义源于离散傅里叶级数 DFS，如果有限长序列 $x[n]$ 的 DFT 为 $X[k]$，那么主值序列为 $x[n]$、$X[k]$ 的周期序列 $\tilde{x}[n]$ 的 DFS 即为 $\tilde{X}[k]$。也就是说 DFT 的性质与 DFS 类似，区别在于 DFT 的有限长序列 $x[n]$ 和 $X[k]$ 是 DFS 周期序列 $\tilde{x}[n]$ 和 $\tilde{X}[k]$ 的主值序列，即

$$x[n]=\tilde{x}[n]R_N[n] \tag{6.45}$$

$$X[k]=\tilde{X}[k]R_N[k] \tag{6.46}$$

$$\tilde{x}[n]=x[((n))_N] \tag{6.47}$$

$$\tilde{X}[k]=X[((k))_N] \tag{6.48}$$

根据 DFT 的定义可知，有限长序列及其 DFT 表达式隐含周期性，因此 DFT 的性质即体现了有限长序列的特点，也与周期序列的 DFS 概念有关。同时需要注意的是，有限长序列及其 DFT 变换区间是 $[0,N-1]$（即主值区间），因此其移位及其对称性将和任意长序列的傅里叶变换存在差异。根据式(6.45)、式(6.46)给出的序列之间的对应关系，可得到 DFT 的性质如表 6.1 所示。本节开始介绍 DFT 的这些重要性质，为讨论方便起见，所涉及的均为长度为 N 的有限长序列，如果两序列长度不同，分别为 N_1、N_2，则需要补零值，补到 $N\geqslant\max(N_1,N_2)$，必须在序列周期相同的基础上才有意义，这是由隐含周期性决定的。

▶ 扫一扫 6-3 DFT 线性性质示意

1. 线性性质

如果 $x[n]\xrightleftharpoons[N\text{-IDFT}]{N\text{-DFT}}X[k]$、$y[n]\xrightleftharpoons[N\text{-IDFT}]{N\text{-DFT}}Y[k]$，则

$$ax[n]+by[n]\xrightleftharpoons[N\text{-IDFT}]{N\text{-DFT}}aX[k]+bY[k] \tag{6.49}$$

式中，a，b 为任意常数。线性定理包括叠加性与齐次性。

2. 时域循环移位性质

当 $x[n]$ 作线性移位后再作 DFT 运算时，部分序列值就有可能移出其 DFT 变换区间 $[0,N-1]$。因此引入圆周移位概念，即在作 DFT 运算时，N 点有限长序列的 n_d 点移位，可以看作序列 $x[n]$ 以 N 为周期进行延拓成序列 $\tilde{x}[n]=x[((n))_N]$，将 $\tilde{x}[n]$ 作 n_d 点线性移位后，再对其取主值序列即可得到圆周移位序列 $x[((n-n_d))_N]R_N[n]$。

圆周移位概念可以理解为：在区间中，序列从左边（或右边）移出多少位，则从右边（或左边）移入位数相同的序列值，如图 6.10 所示。

因此，如果序列 $x[n]\xrightleftharpoons[N\text{-IDFT}]{N\text{-DFT}}X[k]$，则

$$x[((n+n_d))_N]R_N[n]\xrightleftharpoons[N\text{-IDFT}]{N\text{-DFT}}e^{j(2\pi kn_d/N)}X[k] \tag{6.50}$$

从上图可以看出，将 $x[n]$ 用圆周表示，顺时针旋转 n_d 位，即可得到序列的主值序列 $x[((n+n_d))_N]R_N[n]$。

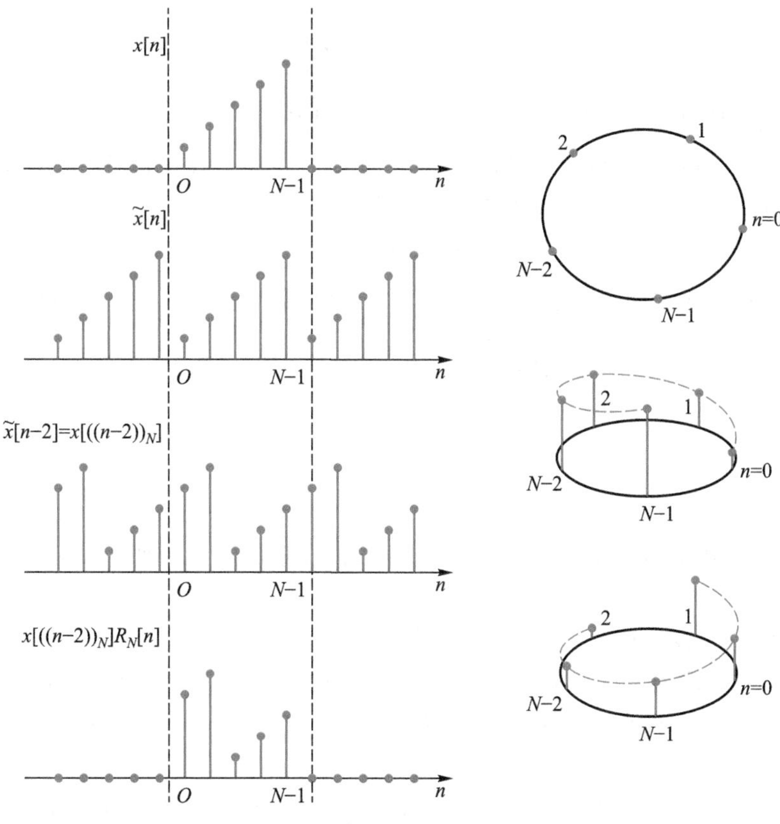

图 6.10　序列的时域循环移位

3. 频域循环移位性质

如果序列 $x[n]\underset{N\text{-IDFT}}{\overset{N\text{-DFT}}{\rightleftarrows}}X[k]$,则

$$\mathrm{e}^{\mathrm{j}(2\pi k/N)ln}x[n]\underset{N\text{-IDFT}}{\overset{N\text{-DFT}}{\rightleftarrows}}X[((k-l))_N]R_N[n] \tag{6.51}$$

4. 时间倒置性质

如果序列 $x[n]\underset{N\text{-IDFT}}{\overset{N\text{-DFT}}{\rightleftarrows}}X[k]$,则

$$x[-n]\underset{N\text{-IDFT}}{\overset{N\text{-DFT}}{\rightleftarrows}}X[-k] \tag{6.52}$$

5. 时域循环卷积定理

根据 DFS 的卷积定理,可得

$$\tilde{y}[n]=\sum_{l=0}^{N-1}\tilde{x}[l]\tilde{h}[n-l]=\tilde{x}[n]*\tilde{h}[n] \tag{6.53}$$

取其主值序列,可得

$$y[((n))_N]R_N[n]=\left(\sum_{l=0}^{N-1}x[((l))_N]h[((n-l))_N]\right)R_N[n] \tag{6.54}$$

根据式(6.13),得

$$y[n]=\left(\sum_{l=0}^{N-1}x[n]h[((n-l))_N]\right)R_N[n] \tag{6.55}$$

由于卷积过程只是在主值区间 $0\leqslant m\leqslant N-1$ 内进行，且 $h[((n-l))_N]$ 实际上是 $h[n]$ 的循环移位，称 $y[n]$ 是 $x[n]$ 与 $h[n]$ 的 N 点循环卷积。习惯上使用符号"N"表示循环卷积，以便区别于线性卷积，其中 N 表示循环周期。记作

$$x[n]Nh[n] \tag{6.56}$$

DFT 的循环卷积定理可表述为：如果 $x[n]\underset{N\text{-IDFT}}{\overset{N\text{-DFT}}{\rightleftharpoons}}X[k]$，$h[n]\underset{N\text{-IDFT}}{\overset{N\text{-DFT}}{\rightleftharpoons}}H[k]$，则

$$x[n]Nh[n]\underset{N\text{-IDFT}}{\overset{N\text{-DFT}}{\rightleftharpoons}}X[k]H[k] \tag{6.57}$$

其中

$$x[n]Nh[n]=\sum_{m=0}^{N-1}x[m]h((n-m))_N R_N[n] \tag{6.58}$$

由式(6.58)可知，求长度为 N_1 的序列 $x[n]$ 和长度为 N_2 的序列 $h[n]$ 的 N 点循环卷积的步骤如下：

(1) 用变量 m 表示有限长序列 $x[m]$、$h[m]$。

(2) 对有限长序列 $x[m]$、$h[m]$ 进行补零或其他操作，使 $x[m]$、$h[m]$ 的长度为 N。

(3) 计算有限长序列 $h[m]$ 的圆周反褶 $h[((-m))_N]R_N[m]=[h[0],h[N-1],h[N-2],\cdots,h[1]]$。

(4) 计算圆周反褶序列 $h[((-m))_N]R_N[m]$ 的圆周移位 $h[((n-m))_N]R_N[m]$。

(5) 计算变量 m 在主值区间 $m\in[0,\ N-1]$ 上，$x[m]$ 与 $h[((n-m))_N]R_N[m]$ 的累加和，即为 n 处的循环卷积值。

(6) 取变量 $n+1$，重复(3)～(5)，计算 $n\in[0,\ N-1]$ 上的所有值。

循环卷积的过程如图 6.11 所示。

6. 频域循环卷积定理

如果 $x[n]\underset{N\text{-IDFT}}{\overset{N\text{-DFT}}{\rightleftharpoons}}X[k]$、$h[n]\underset{N\text{-IDFT}}{\overset{N\text{-DFT}}{\rightleftharpoons}}H[k]$，则

$$x[n]h[n]\underset{N\text{-IDFT}}{\overset{N\text{-DFT}}{\rightleftharpoons}}\frac{1}{N}X[k]NH[k] \tag{6.59}$$

7. 对偶性质

如果序列 $x[n]\underset{N\text{-IDFT}}{\overset{N\text{-DFT}}{\rightleftharpoons}}X[k]$，则

$$X[n]\underset{N\text{-IDFT}}{\overset{N\text{-DFT}}{\rightleftharpoons}}Nx[((-k))_N]R_N[k] \tag{6.60}$$

8. 帕塞瓦尔(Parseval)定理

根据 DFS 的卷积定理，可得

$$\sum_{n=0}^{N-1}|x[n]|^2=\frac{1}{N}\sum_{k=0}^{N-1}|X[k]|^2 \tag{6.61}$$

帕塞瓦尔(Parseval)定理表明：对于有限长序列 $x[n]$ 时域求能量等于其频域求能量。

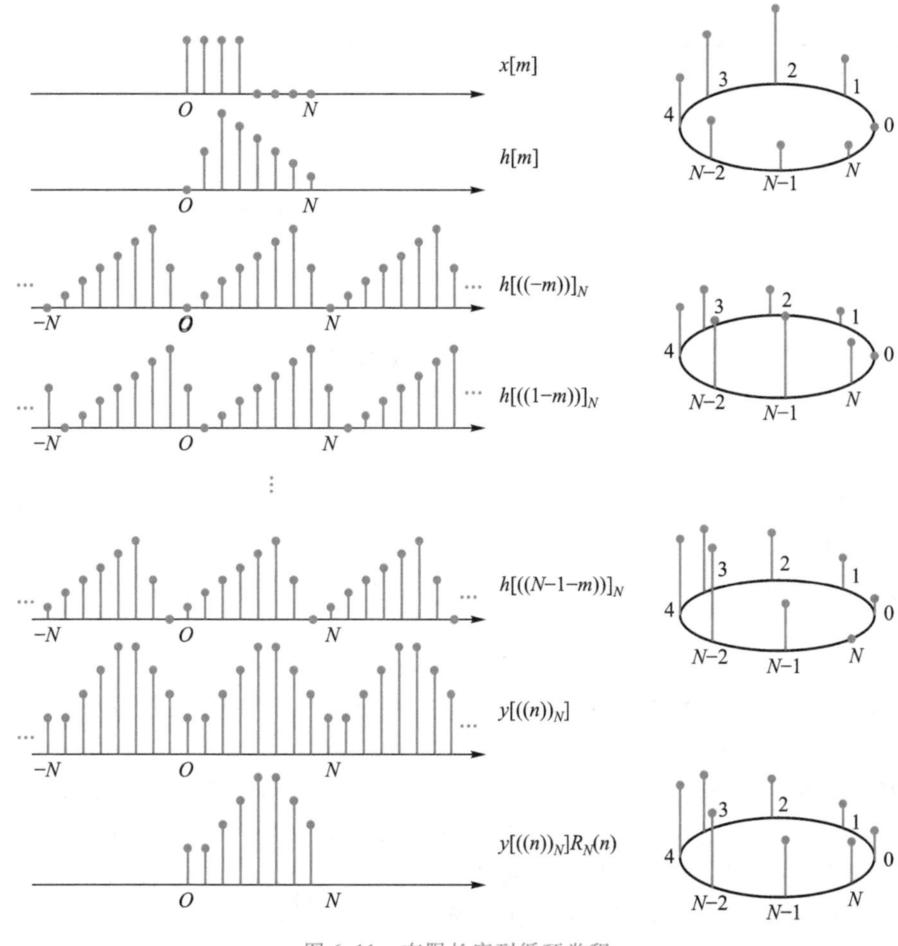

图 6.11　有限长序列循环卷积

综上所述,DFT 的性质总结如表 6.2 所示。

表 6.2　DFT 的性质

DFT 的性质	序列	DFT
	$x[n]$	$X[k]$
	$y[n]$	$Y[k]$
线性性质	$ax[n]+by[n]$	$aX[k]+bY[k]$
时域循环移位性质	$x[((n-m))_N]R_N[n]$	$e^{-j(2\pi k/N)m}X[k]$
频域循环移位性质	$e^{j(2\pi k/N)ln}x[n]$	$X[((k-l))_N]R_N[k]$
时间倒置性质	$x[((-n))_N]$	$X[((-k))_N]$
时域循环卷积定理	$\sum_{m=0}^{N-1}x[m]y[((n-m))_N]R_N[n]$	$X[k]Y[k]$
频域循环卷积定理	$x[n]y[n]$	$\frac{1}{N}\sum_{l=0}^{N-1}X[k]Y[((k-l))_N]$

续表

DFT 的性质	序列	DFT
对偶性质	$X[n]$	$Nx[((-k))_N]R_N[k]$
帕塞瓦尔(Parseval)定理	$\sum_{n=0}^{N-1}\|x[n]\|^2=\frac{1}{N}\sum_{k=0}^{N-1}\|X[k]\|^2$	

6.3 DFT 的对称性

1. 圆周共轭对称序列和圆周共轭反对称序列

3.2.3 节介绍了离散时间周期序列的共轭对称和共轭反对称特性。离散有限长序列也有类似的性质。

引入离散时间序列 $x^*[-n]$，与 $x[n]$ 组合，也可得到圆周共轭对称序列 $x_{ep}[n]=\frac{1}{2}(x[n]+x^*[-n])$、圆周共轭反对称序列 $x_{op}[n]=\frac{1}{2}(x[n]-x^*[-n])$。且 $x[n]=x_{ep}[n]+x_{op}[n]$，即任意有限长离散时间周期序列 $x[n]$ 均可表示为圆周共轭对称序列 $x_{ep}[n]$ 与圆周共轭反对称序列 $x_{op}[n]$ 之和。

与离散周期时间序列相同，圆周共轭对称序列 $x_{ep}[n]$ 具有共轭对称性，即 $x_{ep}[n]=x_{ep}^*[N-n]$；圆周共轭反对称序列 $x_{op}[n]$ 具有共轭反对称性，即 $x_{op}[n]=-x_{op}^*[N-n]$。

根据 DFT 的定义可知，有限长序列及其 DFT 表达式隐含周期性，因而可以将序列排列在 $0\leqslant n\leqslant N-1$（或 $0\leqslant k\leqslant N-1$）的圆周上，将主值序列 $x[n]$ 按逆时针方向排列在 N 等分的圆周上，然后在圆周上进行相应操作，即可得到序列操作后的主值序列，这样能够非常直观地表现 DFT 的对称性。其共轭对称关系如图 6.12 所示。

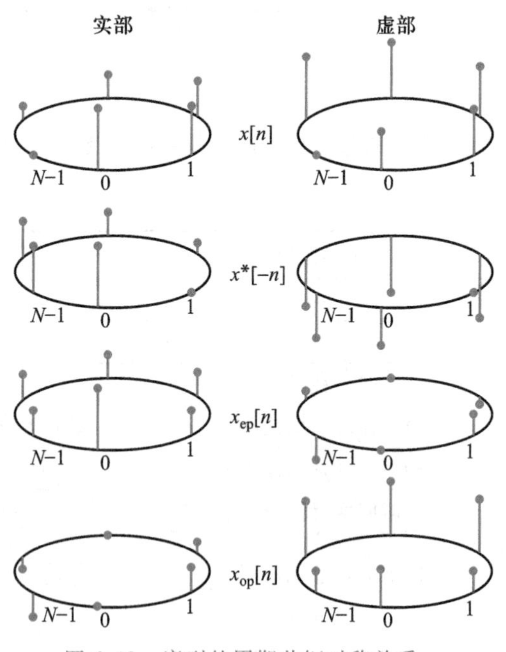

图 6.12　序列的周期共轭对称关系

2. DFT 的对称性

离散时间有限长序列 $x[n]$、$x^*[n]$、$x^*[-n]$ 的傅里叶级数之间的关系：如果 $x[n]\underset{\text{IDFT}}{\overset{\text{DFT}}{\rightleftharpoons}}X[k]$，则 $x^*[n]\underset{\text{IDFT}}{\overset{\text{DFT}}{\rightleftharpoons}}X^*[N-k]$、$x^*[-n]\underset{\text{IDFT}}{\overset{\text{DFT}}{\rightleftharpoons}}X^*[k]$。（该性质可自行证明）

依据上述性质与 DFT 的线性性质，可得离散时间有限长序列 $x[n]$ 及其傅里叶级数 $X[k]$ 的实部、虚部、圆周共轭对称、圆周共轭反对称分量之间的关系，如下所示。

$$x_{\mathrm{Re}}[n]=\frac{1}{2}(x[n]+x^{*}[n]) \qquad \mathrm{j}x_{\mathrm{Im}}[n]=\frac{1}{2}(x[n]-x^{*}[n])$$

$$\updownarrow \qquad \updownarrow \qquad \updownarrow \qquad \updownarrow \qquad \updownarrow \qquad \updownarrow$$

$$X_{\mathrm{ep}}[k]=\frac{1}{2}(X[k]+X^{*}[N-k]) \qquad X_{\mathrm{op}}[k]=\frac{1}{2}(X[k]-X^{*}[N-k])$$

$$x_{\mathrm{ep}}[n]=\frac{1}{2}(x[n]+x^{*}[N-n]) \qquad x_{\mathrm{op}}[n]=\frac{1}{2}(x[n]-x^{*}[N-n])$$

$$\updownarrow \qquad \updownarrow \qquad \updownarrow \qquad \updownarrow \qquad \updownarrow \qquad \updownarrow$$

$$X_{\mathrm{Re}}[k]=\frac{1}{2}(X[k]+X^{*}[k]) \qquad \mathrm{j}X_{\mathrm{Im}}[k]=\frac{1}{2}(X[k]-X^{*}[k])$$

离散时间有限长序列 $x[n]$ 的实部 $x_{\mathrm{Re}}[n]$ 的 DFT 为 $X[k]$ 的圆周共轭对称分量 $X_{\mathrm{ep}}[k]$，$x[n]$ 的 j 乘虚部 $\mathrm{j}x_{\mathrm{Im}}[n]$ 的 DFT 为 $X[k]$ 的圆周共轭反对称分量 $X_{\mathrm{op}}[k]$。

离散时间有限长序列 $x[n]$ 的圆周共轭对称分量 $x_{\mathrm{ep}}[n]$ 的 DFT 为 $X[k]$ 的实部 $X_{\mathrm{Re}}[k]$，$x[n]$ 的圆周共轭反对称分量 $x_{\mathrm{op}}[n]$ 的 DFT 为 $X[k]$ 的 j 乘虚部 $\mathrm{j}X_{\mathrm{Im}}[k]$。

此外，圆周共轭对称序列和圆周共轭反对称序列有如下两个特殊的性质。

性质 1　圆周共轭对称序列 $x_{\mathrm{ep}}[n]$ 的实部 $x_{\mathrm{epRe}}[n]$ 为偶函数、虚部 $x_{\mathrm{epIm}}[n]$ 为奇函数。

若将圆周共轭对称序列 $x_{\mathrm{ep}}[n]$ 的实部记作 $x_{\mathrm{epRe}}[n]$、虚部记作 $x_{\mathrm{epIm}}[n]$，则 $x_{\mathrm{ep}}[n]=x_{\mathrm{epRe}}[n]+\mathrm{j}x_{\mathrm{epIm}}[n]$、$x_{\mathrm{ep}}^{*}[-n]=x_{\mathrm{epRe}}[N-n]-jx_{\mathrm{epIm}}[N-n]$。据圆周共轭对称序列的特点 $x_{\mathrm{ep}}[n]=x_{\mathrm{ep}}^{*}[N-n]$，可得 $x_{\mathrm{epRe}}[n]+\mathrm{j}x_{\mathrm{epIm}}[n]=x_{\mathrm{epRe}}[N-n]-\mathrm{j}x_{\mathrm{epIm}}[N-n]$。也就是说 $x_{\mathrm{epRe}}[n]=x_{\mathrm{epRe}}[N-n]$、$x_{\mathrm{epIm}}[n]=-x_{\mathrm{epIm}}[N-n]$。

性质 2　圆周共轭反对称序列 $x_{\mathrm{op}}[n]$ 的实部 $x_{\mathrm{opRe}}[n]$ 为奇函数、虚部 $x_{\mathrm{opIm}}[n]$ 为偶函数。

若将圆周共轭反对称序列 $x_{\mathrm{op}}[n]$ 的实部记作 $x_{\mathrm{opRe}}[n]$、虚部记作 $x_{\mathrm{opIm}}[n]$，则 $x_{\mathrm{op}}[n]=x_{\mathrm{opRe}}[n]+\mathrm{j}x_{\mathrm{opIm}}[n]$、$x_{\mathrm{op}}^{*}[-n]=x_{\mathrm{opRe}}[N-n]-\mathrm{j}x_{\mathrm{opIm}}[N-n]$。据圆周共轭反对称序列的特点 $x_{\mathrm{op}}[n]=-x_{\mathrm{op}}^{*}[N-n]$，可得 $x_{\mathrm{opRe}}[n]+\mathrm{j}x_{\mathrm{opIm}}[n]=-x_{\mathrm{opRe}}[N-n]+\mathrm{j}x_{\mathrm{opIm}}[N-n]$。也就是说 $x_{\mathrm{opRe}}[n]=-x_{\mathrm{opRe}}[N-n]$、$x_{\mathrm{opIm}}[n]=x_{\mathrm{opIm}}[N-n]$。

各序列与函数之间的关系如图 6.13 所示。对照图表，应用共轭对称、共轭反对称函数特点，可分析上述各时间序列的对称性和各频谱函数幅频、相频的对称性。

3. 实序列 DFT 的特点

如果 $x[n]$ 是实序列，则 $x[n]=x^{*}[n]$。由 $x[n]\underset{\mathrm{IDFT}}{\overset{\mathrm{DFT}}{\rightleftharpoons}}X[k]$、$x^{*}[n]\underset{\mathrm{IDFT}}{\overset{\mathrm{DFT}}{\rightleftharpoons}}X^{*}[N-k]$ 可知 $X[k]=X^{*}[N-k]$，即 $X[k]$ 是圆周共轭对称序列。其代数表示式为 $X_{\mathrm{Re}}[k]+\mathrm{j}X_{\mathrm{Im}}[k]=X_{\mathrm{Re}}[N-k]-\mathrm{j}X_{\mathrm{Im}}[N-k]$，即 $X_{\mathrm{Re}}[k]=X_{\mathrm{Re}}[N-k]$，$X_{\mathrm{Im}}[k]=-X_{\mathrm{Im}}[N-k]$。也就是说，实序列 $x[n]$ 的离散傅里叶变换 $X[k]$ 的实部 $X_{\mathrm{Re}}[k]$ 为偶函数，虚部 $X_{\mathrm{Im}}[k]$ 为奇函数，幅度谱 $|X[k]|$ 为偶函数、相位谱 $\angle X[k]$ 为奇函数，如图 6.14 所示。

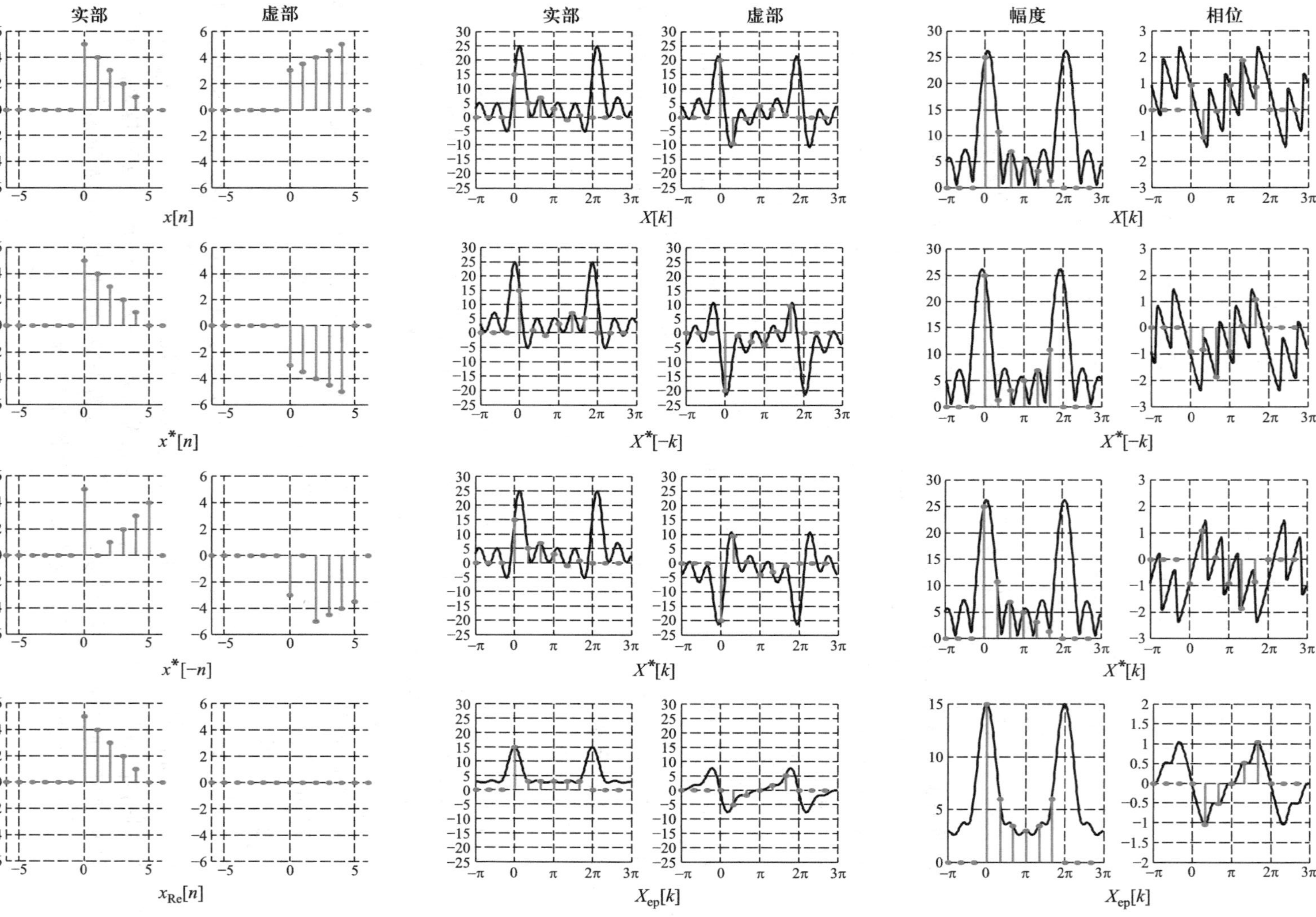
实部
虚部
x[n]
x*[n]
x*[−n]
x_Re[n]
实部
虚部
X[k]
X*[−k]
X*[k]
X_ep[k]
幅度
相位
X[k]
X*[−k]
X*[k]
X_ep[k]

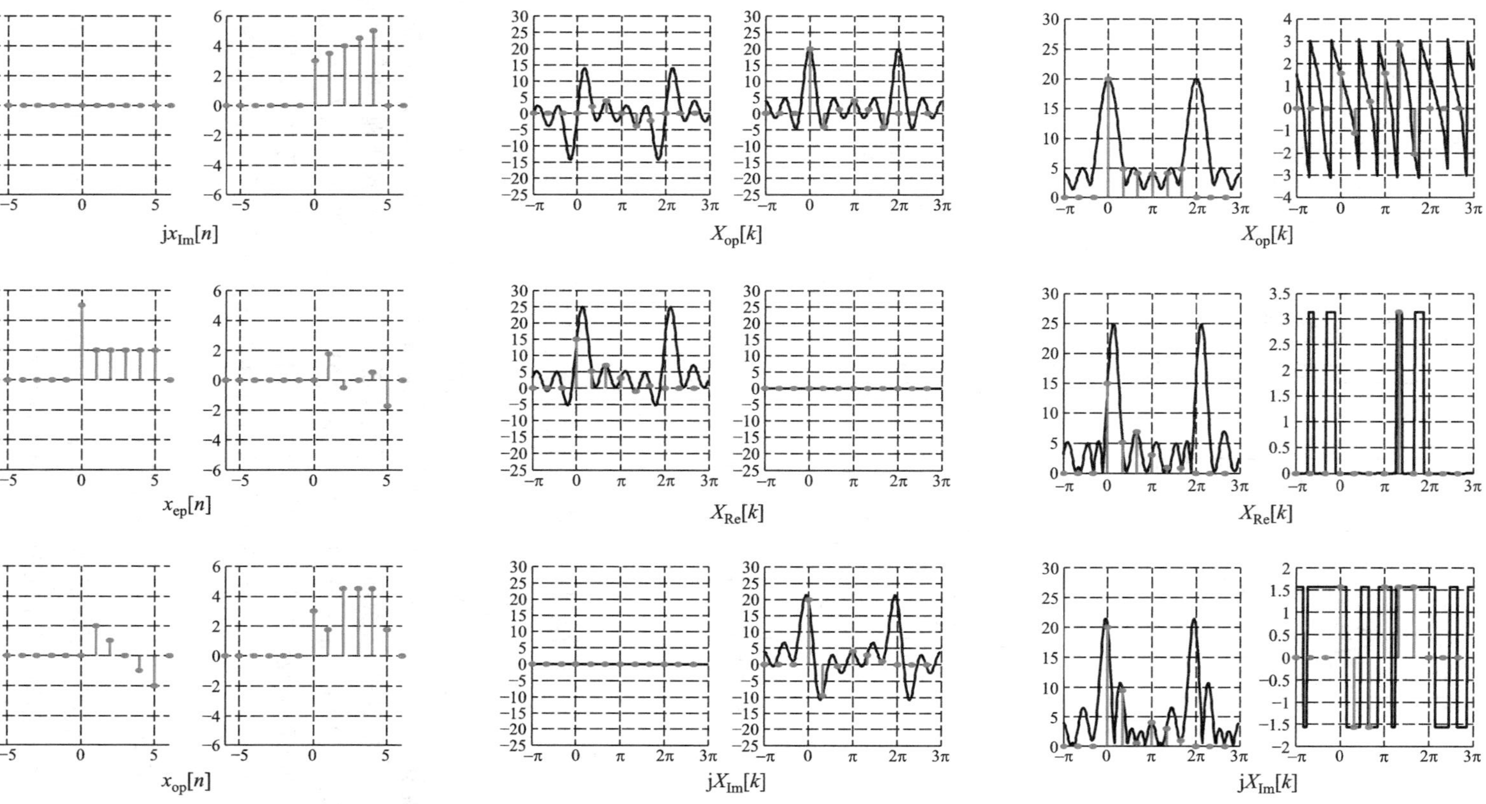

图 6.13　有限长序列对称性

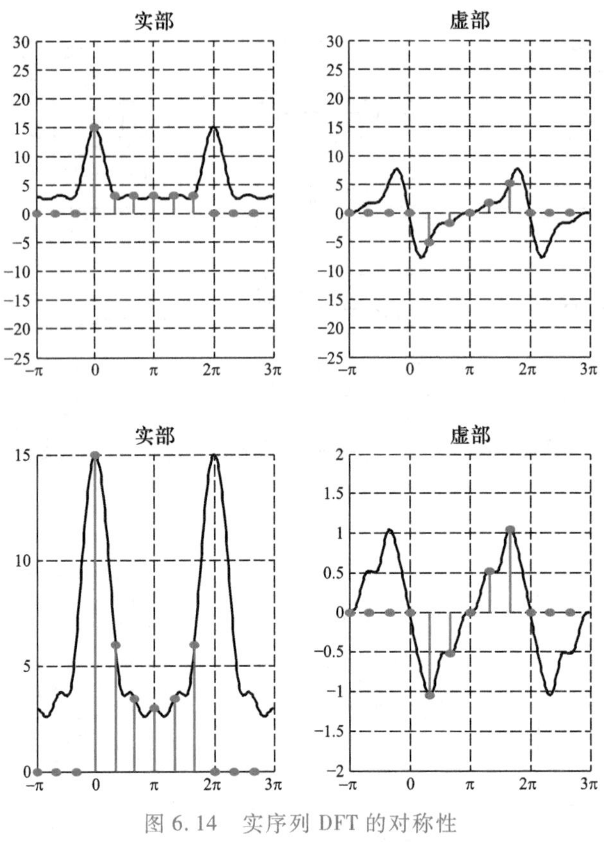

图 6.14　实序列 DFT 的对称性

6.4　DFT 完成线性卷积

对于有限长序列,存在两种形式的卷积,即线性卷积和循环卷积,由于循环卷积可以采用 DFT 的快速算法——快速傅里叶变换进行运算,运算速度上有很大的优越性。然而实际应用中,为了分析时域离散线性时不变系统或者对序列进行滤波处理,都是计算两个序列的线性卷积。而 DFT 只能直接用来计算循环卷积,如能利用循环卷积表示线性卷积,则可在数字系统中快速实现线性卷积。下面先推导出线性卷积和循环卷积之间的关系,以及循环卷积和线性卷积相等的条件,最后总结出用 DFT 计算循环卷积的办法计算线性卷积的条件。

6.4.1　两个有限长序列的线性卷积

对于两个有限长序列 $x[n]$ 和 $h[n]$,其中 $x[n]$ 的长度是 L,$h[n]$ 的长度是 P,则 $x[n]$ 和 $h[n]$ 的线性卷积和循环卷积分别如式(6.62)和式(6.63)所示。

$$y_1[n]=x[n]*h[n]=\sum_{m=-\infty}^{+\infty}h[m]x[n-m] \tag{6.62}$$

$$y_c[n]=x[n]Nh[n]=\left(\sum_{m=0}^{N-1}h[m]x[((n-m))_N]\right)R_N[n] \tag{6.63}$$

线性卷积得到的序列 $y_1[n]$ 的长度是 $L+P-1$，如图 6.15 所示。

将 $x[((n-m))_N]=\sum_{i=-\infty}^{+\infty}x[n-m+iN]$ 代入式(6.63)，可得

$$\begin{aligned}y_c[n]&=\left(\sum_{m=0}^{N-1}x[m]h[((n-m))_N]\right)R_N[n]\\&=\left(\sum_{m=0}^{N-1}h[m]\sum_{i=-\infty}^{+\infty}x[n-m+iN]\right)R_N[n]\\&=\left(\sum_{i=-\infty}^{+\infty}\sum_{m=0}^{N-1}h[m]x[n-m+iN]\right)R_N[n]\\&=\left(\sum_{i=-\infty}^{+\infty}y_1[n+iN]\right)R_N[n]\end{aligned} \tag{6.64}$$

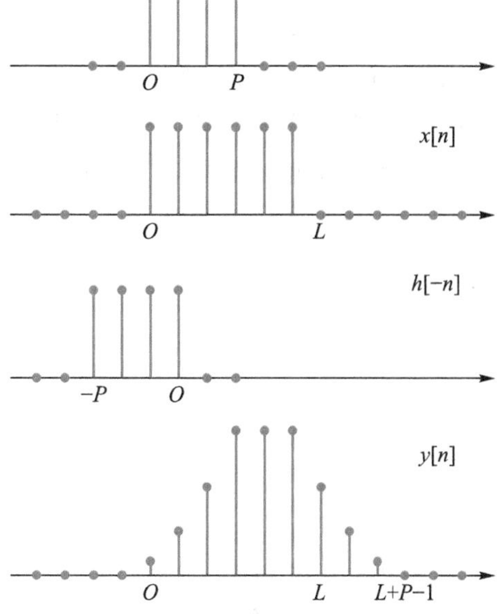

图 6.15　有限长序列的线性卷积

上式说明 $y_c[n]$ 等于 $y_1[n]$ 以 N 为周期的周期延拓序列的主值序列。由于线性卷积所得序列长度为 $L+P-1$，因此只有当循环卷积长度 $N\geqslant L+P-1$ 时，线性卷积 $y_1[n]$ 以 N 为周期进行周期延拓时才无时域混叠现象。此时取其主值序列显然满足 $y_c[n]=y_1[n]$。由此我们得到循环卷积等于线性卷积的条件是 $N\geqslant L+P-1$。在例 6.3 中我们将通过一个实例再次验证这一结论。

6.4.2　DFT 实现有限长序列的线性卷积

根据 DFT 的循环卷积定理可知，循环卷积可以通过频域计算得到，实现流程如图 6.16 所示。

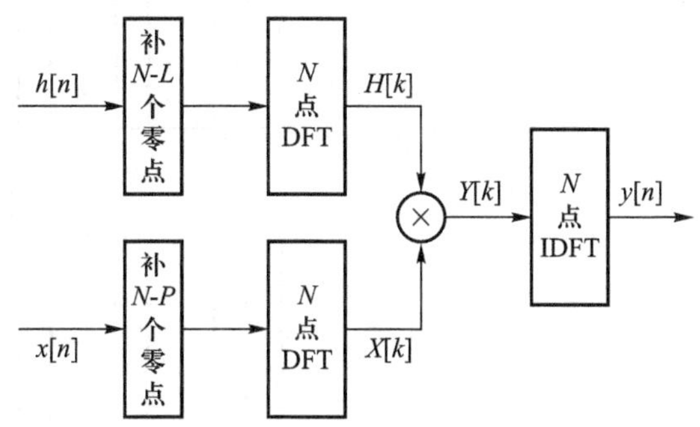

图 6.16　DFT 实现循环卷积

步骤如下：

(1) 对长度为 L 的有限长序列 $x[n]$ 和长度为 P 的单位脉冲响应 $h[n]$ 补零。

(2) 求 $x[n]$ 的 N 点 DFT 得到 $X[k]$，求 $h[n]$ N 点的 DFT 得到 $H[k]$。

(3) 计算 $Y[k]=X[k]H[k]$。

(4) 求 $Y[k]$ 的 N 点 IDFT 得到 $y[n]$，即 $y[n]$ 为 $x[n]$ 与 $h[n]$ 的 N 点循环卷积

$$y[n]=x[n]Nh[n] \tag{6.65}$$

例 6.3 两个长度为 $L=16$ 的有限长序列 $x_1[n]$ 和 $x_2[n]$（$x_1[n]=x_2[n]$），利用 DFT 计算出序列的 N 点循环卷积 $y[n]$。

(1) 计算 16 点 DFT 下循环卷积结果。

(2) 计算 32 点 DFT 下循环卷积结果。

解：(1) 根据条件可知

$$x_1[n]=x_2[n]=\begin{cases}1, & 0\leqslant n\leqslant 15\\ 0, & \text{其他}\end{cases} \tag{6.66}$$

$$X_1[k]=X_2[k]=\sum_{n=0}^{N-1}\mathrm{e}^{-\mathrm{j}2\pi kn/N}=\begin{cases}16, & k=0\\ 0, & \text{其他}\end{cases} \tag{6.67}$$

$$Y[k]=X_1[k]X_2[k]=\begin{cases}256, & k=0\\ 0, & \text{其他}\end{cases} \tag{6.68}$$

$$y[n]=\mathrm{IDFT}(Y[k])=16,\quad 0\leqslant n\leqslant 15 \tag{6.69}$$

结果如图 6.17 所示。

(2) 根据条件可知

$$x_1[n]=x_2[n]=\begin{cases}1, & 0\leqslant n\leqslant 15\\ 0, & \text{其他}\end{cases} \tag{6.70}$$

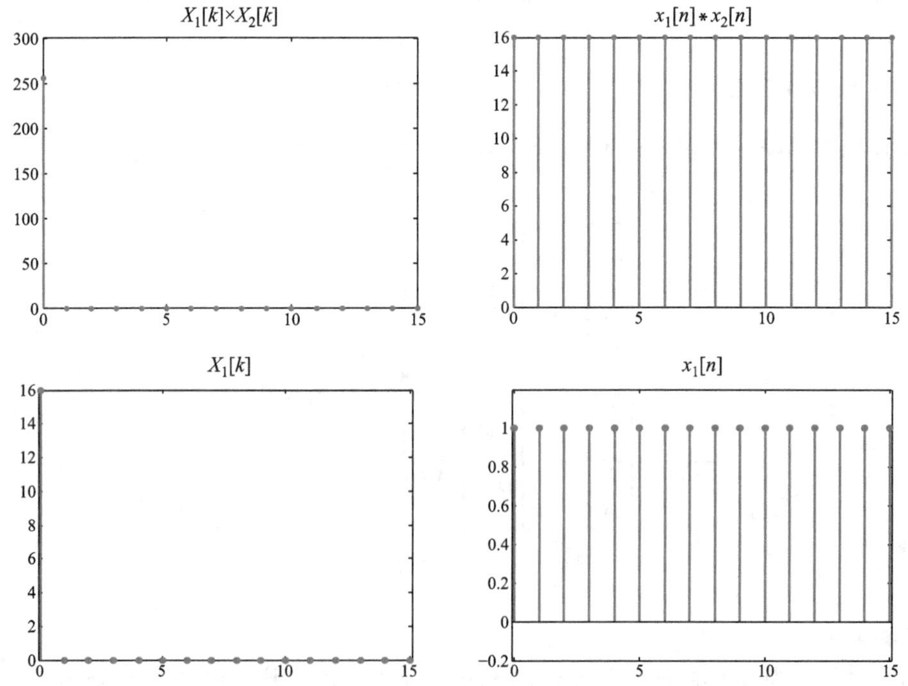

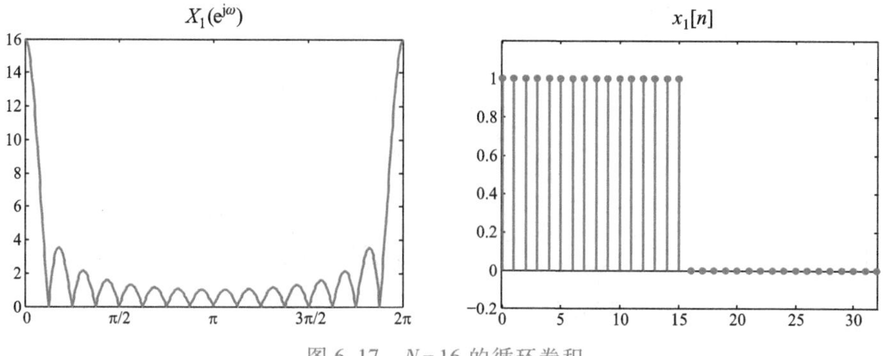

图 6.17　$N=16$ 的循环卷积

$$X_1[k]=X_2[k]=\sum_{n=0}^{N/2-1}e^{-j2\pi kn/N}=\frac{1-e^{-j\pi k}}{1-e^{-j2\pi k/N}} \tag{6.71}$$

$$Y[k]=X_1[k]X_2[k]=\left(\frac{1-e^{-j\pi k}}{1-e^{-j2\pi k/N}}\right)^2 \tag{6.72}$$

$$y[n]=\mathrm{IDFT}(Y[k])=\begin{cases}n+1, & 0\leqslant n\leqslant L-1\\ 2L-1-n, & L<n\leqslant 2L-1\end{cases} \tag{6.73}$$

结果如图 6.18 所示。

通过上面实例可看出,利用 DFT 来实现两个有限长序列循环卷积的结果与 DFT 的计算长度有关。当 $N\geqslant L+P-1$ 时计算出来的循环卷积等于线性卷积。

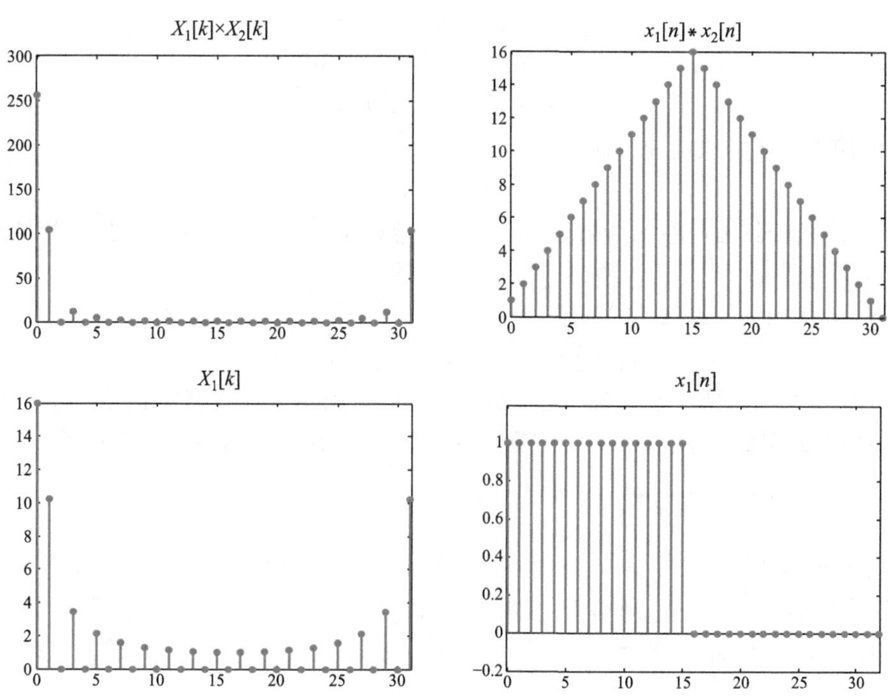

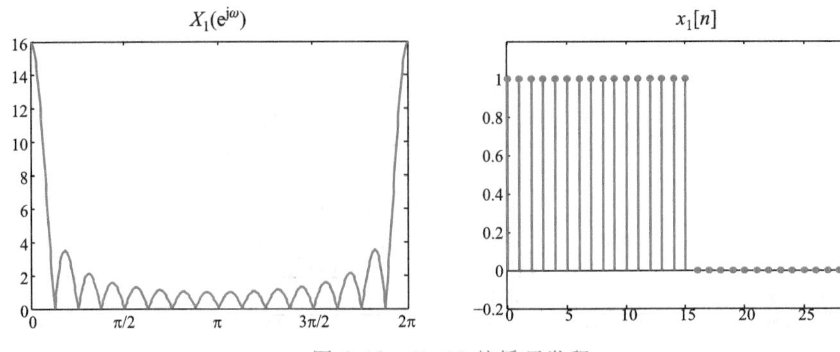

图 6.18 $N=32$ 的循环卷积

设 L 点序列 $x[n]$ 的 DTFT 为 $X(e^{j\omega})$、P 点序列 $h[n]$ 的 DTFT 为 $H(e^{j\omega})$，如果 $y[n]=\sum_{m=-\infty}^{+\infty}x[m]h[n-m]=x[n]*h[n]$，且序列 $y[n]$ 的 DTFT 为 $Y(e^{j\omega})$，根据 DTFT 卷积定理可得

$$Y(e^{j\omega})=X(e^{j\omega})H(e^{j\omega}) \tag{6.74}$$

对 $X(e^{j\omega})$、$H(e^{j\omega})$、$Y(e^{j\omega})$ 进行 N 点采样，得

$$X[k]=X(e^{j\omega})\big|_{\omega=2\pi k/N}R_N[k]=X(e^{j2\pi k/N})R_N[k] \tag{6.75}$$

$$H[k]=H(e^{j\omega})\big|_{\omega=2\pi k/N}R_N[k]=H(e^{j2\pi k/N})R_N[k] \tag{6.76}$$

$$Y[k]=Y(e^{j\omega})\big|_{\omega=2\pi k/N}R_N[k]=Y(e^{j2\pi k/N})R_N[k] \tag{6.77}$$

如果 $x_p[n]$ 的 N 点 DFT 为 $X[k]$、$h_p[n]$ 的 N 点 DFT 为 $H[k]$、$y_p[n]$ 的 N 点 DFT 为 $Y[k]$。据频域采样定理，可得

$$x_p[n]=x[((n))_N]R_N[n] \tag{6.78}$$

$$h_p[n]=h[((n))_N]R_N[n] \tag{6.79}$$

$$y_p[n]=y[((n))_N]R_N[n] \tag{6.80}$$

根据 DFT 循环卷积定理，可得

$$Y[k]=X[k]H[k] \tag{6.81}$$

式(6.80)表明：循环卷积结果 $y_p[n]$ 是线性卷积 $y[n]$ 以 N 为周期延拓后周期序列的主值序列。

当 $N\geqslant L+P-1$ 时，式(6.80)可表示为

$$y_p[n]=y[((n))_N]R_N[n]=y[n] \tag{6.82}$$

当 $N<L+P-1$ 时，循环卷积会产生混叠，如图 6.19 所示。混叠其实就是 $(N,L+P-1)$ 位置的数值叠加到前面 $(0,L+P-1-N)$ 位置上的数值，与该位置原有数据混叠在了一起。

6.4.3 DFT 实现 LTI 系统

在实际应用中，输入序列 $x[n]$ 的长度 L 往往远大于系统响应 $h[n]$ 的长度 P，即 $L\geqslant P$，如果取 $N\geqslant L+P-1$，则短序列需要补很多个零，而且需要等长序列输入完成后才能进行计算，因此存在计算效率低、内存占用多、处理延迟大的缺点，如图 6.20 所示。

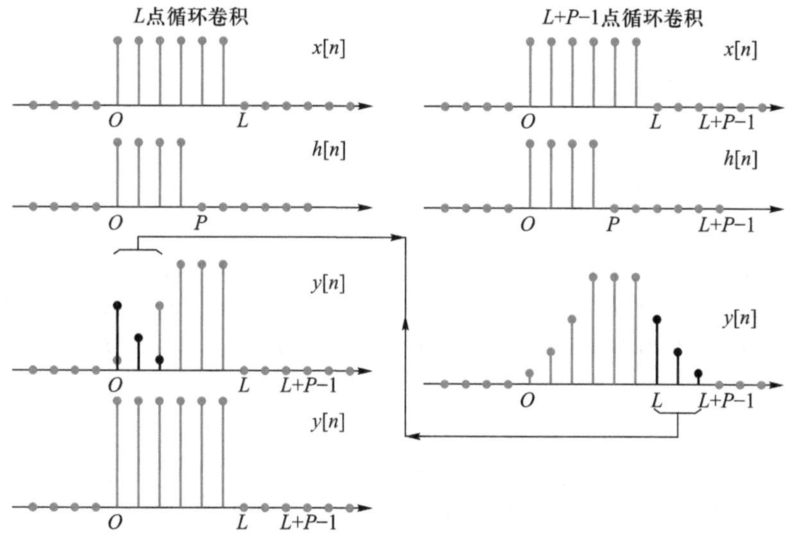

图 6.19 循环卷积的混叠

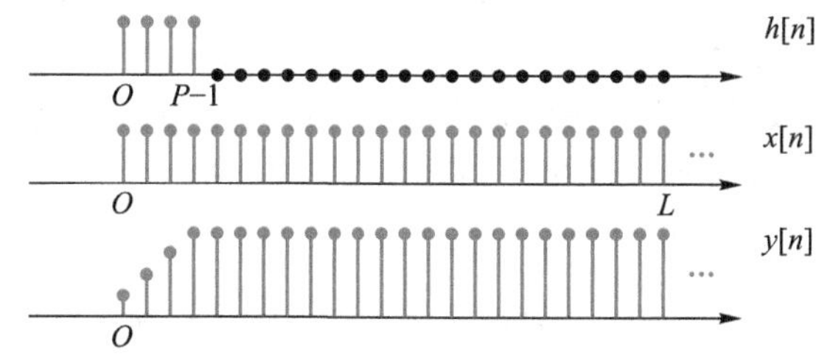

图 6.20 DFT 实际应用中的补零操作

针对上述问题,通常使用分段处理法,就是将输入信号分割为长度为 L 的段,分别计算每段信号的卷积,最后通过适当的方法拼接分段卷积,得到 LTI 系统的输出。该方式称为块卷积方法,主要包括重叠相加法和重叠保留法。

1. 重叠相加法

设某一 LTI 系统的单位脉冲响应函数为长度为 P 的序列 $h[n]$,输入信号为长度未知(但远大于 P)的序列 $x[n]$,且当 $n<0$ 时,$x[n]=0$。

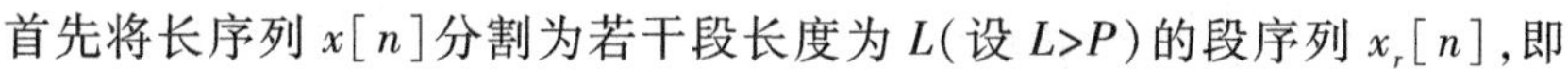

首先将长序列 $x[n]$ 分割为若干段长度为 L(设 $L>P$)的段序列 $x_r[n]$,即

$$x[n]=\sum_{r=0}^{\infty}x_r[n-rL] \tag{6.83}$$

$$x_r[n]=\begin{cases}x[n+rL], & 0\leqslant n\leqslant L-1\\0, & \text{其他}\end{cases} \tag{6.84}$$

将分段信号 $x_r[n]$ 与 $h[n]$ 的卷积记作 $y_r[n]$,即

$$y_r[n]=x_r[n]*h[n] \tag{6.85}$$

将式(6.83)代入线性卷积公式(6.62),得

$$y[n]=x[n]*h[n]=\left(\sum_{r=0}^{\infty}x_r[n-rL]\right)*h[n] \tag{6.86}$$

由于线性卷积是一种线性时不变运算，故式(6.86)可表示为

$$y[n]=\sum_{r=0}^{\infty} x_{\mathrm{r}}[n-rL] * h[n] \tag{6.87}$$

即

$$y[n]=\sum_{\mathrm{r}=0}^{\infty} y_{\mathrm{r}}[n-rL] \tag{6.88}$$

式(6.88)表明：输出信号 $y[n]$ 等于每个分段卷积输出信号 $y_{\mathrm{r}}[n]$ 的延迟叠加。

因为单位脉冲响应序列 $h[n]$ 的长度为 P，分段输入序列 $x_{\mathrm{r}}[n]$ 的长度为 L，因此分段卷积后的序列 $y_{\mathrm{r}}[n]$ 长度为 $L+P-1$。故利用 DFT 进行分段卷积运算时，DFT 的点数 N 取值应满足 $N \geqslant L+P-1$。

由于相邻两段输入序列 $x_{\mathrm{r}}[n]$ 与 $x_{\mathrm{r}+1}[n]$ 相隔为 L 点，而线性卷积后的序列 $y_{\mathrm{r}}[n]$ 长度为 $L+P-1$，因此两个相邻分段卷积序列 $y_{\mathrm{r}}[n]$ 与 $y_{\mathrm{r}+1}[n]$ 会重叠 $P-1$ 个点。将相邻两段的重叠部分相加便可得到线性卷积结果。该方法称为重叠相加法。如图 6.21 所示。

▶ 扫一扫 6-5 重叠保留法

2. 重叠保留法

另外一种块卷积方法通常称为重叠保留法。相对重叠相加法，它将分段序列中补零的部分不补零，而是保留原输入序列，即实现 P 点脉冲响应 $h[n]$ 与 L 点输入信号 $x[n]$ 的 L 点循环卷积($L>P$)。由线性卷积和循环卷积的关系可知，最后循环卷积结果的$(0,P-2)$位置会发生混叠，其余点与线性卷积结果已知。如图 6.22 所示。

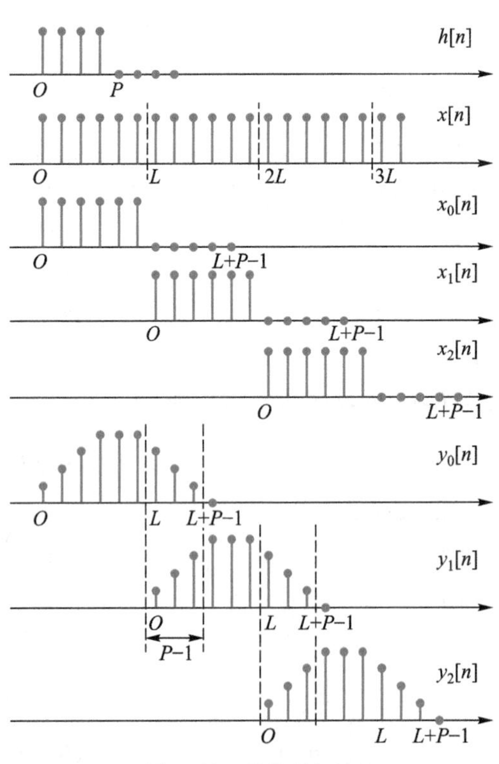

图 6.21　重叠相加法

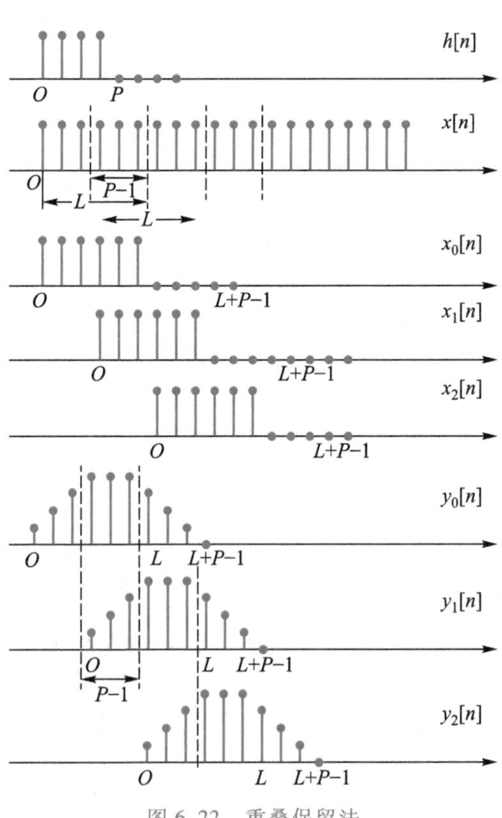

图 6.22　重叠保留法

输入信号 $x[n]$ 的分段如下式所示：

$$x_r[n]=x[n+r(L-P+1)-P+1],0\leqslant n\leqslant L-1 \tag{6.89}$$

与重叠相加法相同，每个序列段的时间原点是在该序列段的起始点处，而不是在 $x[n]$ 的原点。将每个序列段与脉冲响应 $h[n]$ 的循环卷积结果记为 $y_{rp}[n]$，表示已经产生时间混叠的循环卷积结果。每个输出序列段在区间 $0\leqslant n\leqslant P-2$ 的部分是时间重叠的，必须去掉。最后把来自后续序列段的其余样本邻接起来构成最终输出，即

$$y[n]=\sum_{r=0}^{\infty}y_r[n-r(L-P+1)+P-1] \tag{6.90}$$

其中

$$y_r=\begin{cases}y_{rp}[n], & P-1\leqslant n\leqslant L-1\\ 0, & \text{其他}\end{cases} \tag{6.91}$$

因为输入序列有重叠，所以每个接续的输入序列包括 $(L-P+1)$ 个新点和从原先序列保留下来的 $(P-1)$ 个点，因而这种方法称为重叠保留法。

6.5 小　　结

本章介绍了四种常用变换，定义了有限长序列的傅里叶变换（DFT）。由于 DFT 的时域序列 $x[n]$ 和频域序列 $X[k]$ 都是有限长的，通过离散化可在数字系统中实现，是一种非常有用的变换。

介绍了 DFT、DFS、DTFT 与 z 变换之间的关系，推导出频域采样重建方法。介绍了 DFT 的性质，其性质与 DFS 的性质类似。DFT 具有隐周期性，因此 DFT 的时域和频域序列的移位、反褶等操作均为循环操作，可用圆周表示。

介绍了 DFT 完成线性卷积的方法。当 DFT 长度 $N\geqslant L+P-1$ 时，循环卷积与线性卷积相同，即可用 DFT 来计算 LTI 系统的输出。当输入信号 $x[n]$ 过长时，还可采用重叠相加法、重叠保留法这种块卷积的方法实现线性卷积。

习　　题

6.1　已知序列 $x[n]=4\delta[n]+3\delta[n-1]+2\delta[n-2]+\delta[n-3]$，试画出以下序列的波形。

（1）$x_1[n]=x[((-n))_5]R_5[n]$

（2）$x_2[n]=x[((n-2))_5]R_5[n]$

（3）$x_3[n]=x[((3-n))_5]R_5[n]$

6.2　一个实值序列 $x[n]$ 的 8 点 DFT 的前 5 个值为 $\{0.25, 0.125-\mathrm{j}0.3, 0, 0.125-\mathrm{j}0.06, 0.5\}$，利用 DFT 的性质求以下序列的 DFT。

（1）$x_1[n]=x[((2-n))_8]$

（2）$x_2[n]=x[((n+5))_{10}]$

（3）$x_3[n]=x^2[n]$

(4) $x_5[n]=x[n]e^{j\pi n/4}$

6.3 设以下有限长序列的 DFT，其中长度 N 为偶数。

(1) $x[n]=\delta[n-n_0], 0\leqslant n_0\leqslant N-1$

(2) $x[n]=\begin{cases}1, & n\text{ 为偶数}, 0\leqslant n\leqslant N-1\\ 0, & n\text{ 为奇数}, 0\leqslant n\leqslant N-1\end{cases}$

(3) $x[n]=\begin{cases}1, & 0\leqslant n\leqslant \dfrac{N}{2}-1\\ 0, & \dfrac{N}{2}\leqslant n\leqslant N-1\end{cases}$

(4) $x[n]=\begin{cases}a^n, & 0\leqslant n\leqslant N-1\\ 0, & \text{其他}\end{cases}$

6.4 离散时间序列 $x[n]=a^n u[n]$，由 $\tilde{x}[n]=\sum_{r=-\infty}^{\infty}x[n+rN]$ 可构造周期序列 $\tilde{x}[n]$。

(1) 求 $x[n]$ 的傅里叶变换 $X(e^{j\omega})$。

(2) 求 $\tilde{x}[n]$ 的离散傅里叶级数 $\tilde{X}[k]$。

(3) 请说明 $\tilde{X}[k]$ 与 $X(e^{j\omega})$ 之间的关系。

6.5 $x[n]$ 是一个长度为 N 的有限长序列，即在 $0\leqslant n\leqslant N-1$ 之外 $x[n]=0$。设表示 $x[n]$ 的傅里叶变换为 $X(e^{j\omega})$。由 $X(e^{j\omega})$ 的 64 个等间隔样本构成的序列 $\tilde{X}[k]$，即 $\tilde{X}[k]=X(e^{j\omega})\big|_{\omega=2\pi k/64}$。已知在 $0\leqslant k\leqslant 63$ 范围内，仅 $\tilde{X}[32]=1$，而其余 $\tilde{X}[k]$ 值均为零。

(1) 如果序列 $x[n]$ 的长度 $N=64$，按照给定的信息求序列 $x[n]$。说明 $x[n]$ 是否唯一，如果唯一，请说明原因；如果不唯一，请给出第二种不同的选择。

(2) 如果序列 $x[n]$ 的长度 $N=192$，回答(1)中问题。

6.6 一个有限长序列的 DFT 对应于其 z 变换在单位圆上的样本。例如，一个 10 点长序列 $x[n]$ 的 10 点 DFT 为 $X[k]$，$x[n]$ 的 z 变换为 $X(z)$，则 $X[k]$ 为 $X(z)$ 在单位圆上的 10 个等间隔点样本，如图 P6.6(a) 所示。如果要计算如图 P6.6(b) 所示的围线上的等间隔的样本，即 $X[k]=X(z)\big|_{z=e^{j[2\pi k/10+\pi/10]}}$。请问如何修正 $x[n]$ 得到序列 $x_1[n]$，使 $x_1[n]$ 的 DFT $X_1[k]$ 为所希望的样本 $X[k]$。

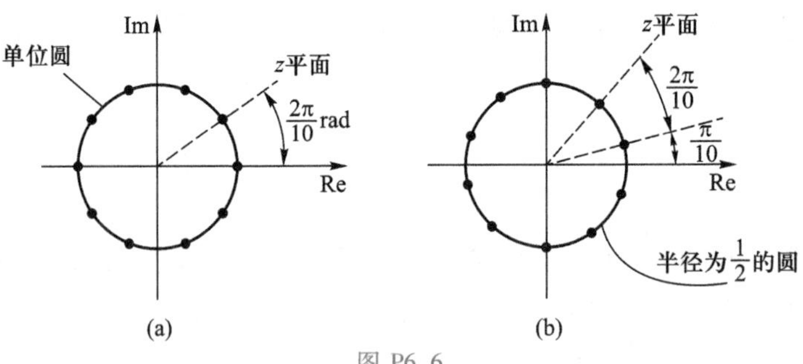

图 P6.6

6.7 如图 P6.7 所示的有限长序列 $x[n]$ 的 z 变换为 $X(z)$。如果对 $X(z)$ 按此式 $X[k]=X(z)\big|_{z=e^{j(2\pi/4)k}}(k=0,1,2,3)$ 进行采样，得到序列 $X[k]$。求 $X[k]$ 的 IDFT 离散时间序列 $x_1[n]$，并画出 $x_1[n]$ 的序列图。

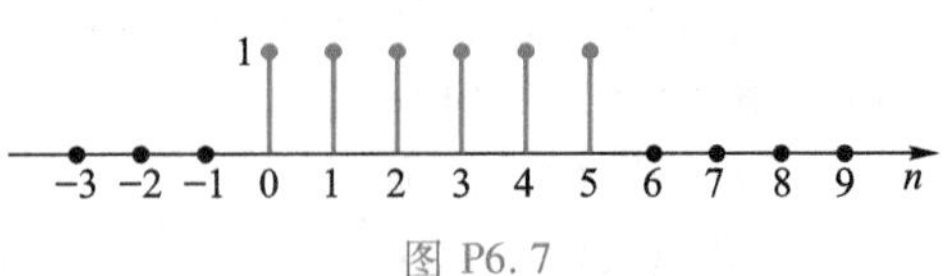

图 P6.7

6.8 长度为 N 的有限长序列 $x[n]$，如图 P6.8(a)所示（实线表明序列在 0 到 $N-1$ 之间的包络）。由 $x[n]$ 构造 P6.8(b)所示的两个长度为 $2N$ 的有限长序列 $x_1[n]$ 和 $x_2[n]$。其中 $x_1[n]=x[n]$，$x_2[n]=\begin{cases}x[n], & 0\leqslant n\leqslant N-1\\ -x[n-N], & N\leqslant n\leqslant 2N-1\\ 0, & 其他\end{cases}$。设 $x[n]$ 的 N 点 DFT 为 $X[k]$，$x_1[n]$ 和 $x_2[n]$ 的 $2N$ 点 DFT 分别为 $X_1[k]$ 和 $X_2[k]$。

(1) 如果 $X[k]$ 已知，能否确定 $X_2[k]$？请说明理由。

(2) 确定由 $X_1[k]$ 得出 $X[k]$ 最简单可行的关系式。

6.9 一长度为 20 的有限长序列 $x[n]$，在区间 $0\leqslant n\leqslant 19$ 以外 $x[n]=0$，令 $x[n]$ 的 DTFT 记作 $X(e^{j\omega})$。如果用 M 点 DFT 来计算 $\omega=4\pi/5$ 处的 $X(e^{j\omega})$，请确定 M 可能的最小值，并给出计算方法。如果用 L 点 DFT 来计算 $\omega=10\pi/27$ 处的 $X(e^{j\omega})$，请确定 L 可能的最小值，并给出计算方法。

6.10 $x_1[n]$ 和 $x_2[n]$ 为两个 8 点长序列，如图 P6.10 所示，其 DFT 分别为 $X_1[k]$ 和 $X_2[k]$，请给出 $X_1[k]$ 和 $X_2[k]$ 的关系式。

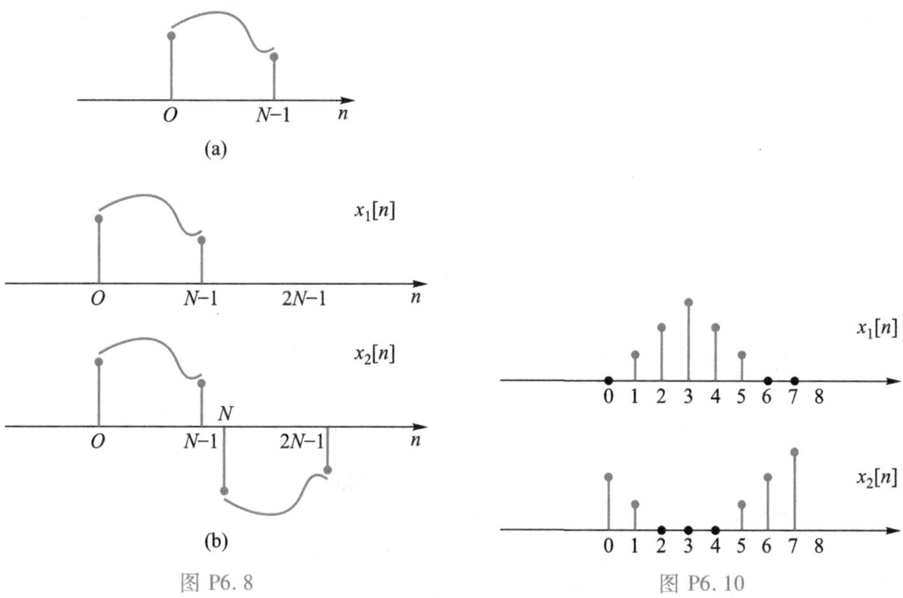

图 P6.8　　图 P6.10

6.11 某 N 点长序列 $x[n]$ 的 N 点 DFT 为 $X(k)$，请证明：

(1) 如果 $x[n]$ 满足关系式 $x[n]=-x[N-1-n]$，则 $X[0]=0$。请分 N 为偶数和奇数两种情况证明。

(2) 如果 N 为偶数，且 $x[n]=-x[N-1-n]$，则 $X[N/2]=0$。

6.12 某序列 $x[n]$ 的 DTFT 可表示为 $X(e^{j\omega})=1+A_1\cos\omega+A_2\cos 2\omega$，其中 A_1 和 A_2 为某未知常数；当 $n=2$ 时，$x[n]*\delta[n-3]$ 的值为 5；$x[n-3]$ 与如图 P6.12 所示的 3 点序列 $w[n]$ 的 8 点循环卷积所得序列在 $n=2$ 时的值为 11，即 $\sum_{m=0}^{7} w[m]x[((n-3-m))_8]\big|_{n=2}=11$。请确定序列 $x[n]$，并画出序列图。

6.13 某 6 点长离散时间序列 $x[n]$ 如图 P6.13(a)所示，图示区间外 $x[n]=0$。$x[4]$ 的值未知，记作 b。如果 $x[n]$ 的 DTFT 记作 $X(e^{j\omega})$，且 $X_1[k]$ 为 $X(e^{j\omega})$ 每隔 $\pi/2$ 的 4 个采样值，即 $X_1[k]=X(e^{j\omega})\big|_{\omega=(\pi/2)k}(0\leqslant k\leqslant 3)$。由 $X_1[k]$ 的 4 点 DFT 反变换得到的 4 点长序列 $x_1[n]$ 如图 P6.13(b)所示。根据此图，能否确定 b？如可以，请求出 b。

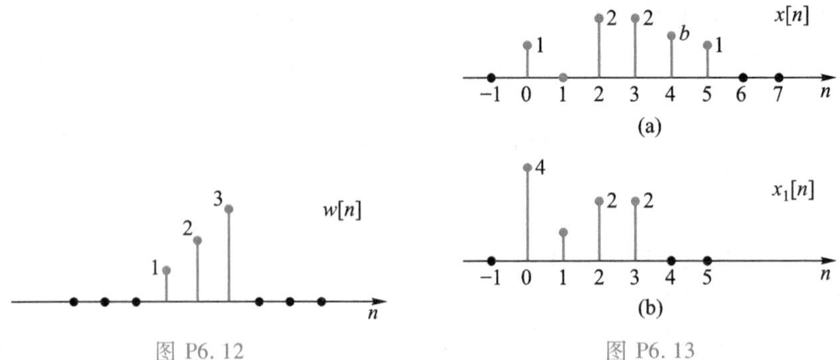

图 P6.12　　　　图 P6.13

6.14　某 5 点长离散时间序列 $x[n]$ 如图 P6.14(a)所示，图示区间外 $x[n]=0$。$x[3]$ 的值未知，记作 c。如果 $x[n]$ 的 5 点 DFT 记作 $X[k]$，且 $X_1[k]=X[k]\mathrm{e}^{\mathrm{j}6\pi k/5}$。由 $X_1[k]$ 的 5 点 DFT 反变换得到的 5 点长序列 $x_1[n]$ 如图 P6.14(b)所示。据此图，能否确定 c？如可以，请求出 c。

6.15　某有限长离散时间序列 $x[n]$ 如图 P6.15 所示，图示区间外 $x[n]=0$。如果 $x[n]$ 的 4 点 DFT 记作 $X[k]$，且 $Y[k]=W_4^{3k}X[k]$。由 $Y[k]$ 的 4 点 DFT 反变换得到 4 点长序列 $y[n]$。请确定 $y[n]$，并画出 $y[n]$。

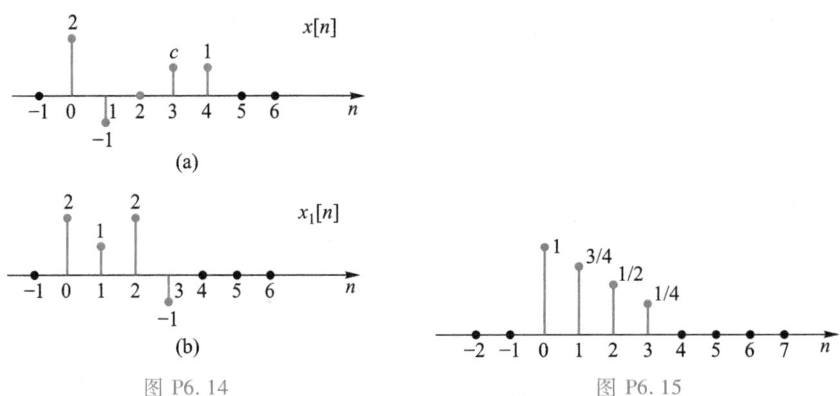

图 P6.14　　　　图 P6.15

6.16　已知复序列 $y[n]=x_1[n]+\mathrm{j}x_2[n]$ 的 8 点 DFT 为

$$Y[k]=\{1-3\mathrm{j},-2+4\mathrm{j},3+7\mathrm{j},-4-5\mathrm{j},2+5\mathrm{j},-1-2\mathrm{j},4-8\mathrm{j},6\mathrm{j}\}$$

请确定序列 $x_1[n]$ 和 $x_2[n]$ 的 8 点 DFT $X_1[k]$ 和 $X_2[k]$。

6.17　某 10 点长的序列 $x[n]=\{\underline{2},1,1,0,3,2,0,3,4,6\}$ 的 DFT 为 $X[k]$，在不计算 DFT 的情况下，确定以下表达式的值，并利用 MATLAB 计算 $x[n]$ 的 DFT 进行验证。

(1) $X[0]$

(2) $X[5]$

(3) $\sum\limits_{k=0}^{9}X[k]$

(4) $\sum\limits_{k=0}^{9}\mathrm{e}^{-\mathrm{j}(4\pi k/5)}X[k]$

(5) $\sum\limits_{k=0}^{9}|X[k]|^2$

6.18　某 12 点长序列 $x[n]$ 的 DFT 为 $X[k]$，$X[k]$ 的前 7 个点的值为 $X[0]=10$，$X[1]=-5-\mathrm{j}4$，$X[2]=3-\mathrm{j}2$，$X[3]=1+\mathrm{j}3$，$X[4]=2+\mathrm{j}5$，$X[5]=6-\mathrm{j}2$，$X[6]=12$。在不计算 IDFT 的情况下，确定以下表达式的值，

并利用 MATLAB 计算 $X[k]$的 IDFT 进行验证。

(1) $x[0]$

(2) $x[6]$

(3) $\sum_{n=0}^{11} x[n]$

(4) $\sum_{n=0}^{11} e^{j(2\pi n/3)} x[n]$

(5) $\sum_{n=0}^{11} |x[n]|^2$

6.19 某 9 点长实数序列 DFT 记作 $X[k]$,已知 $X[k]$偶数点值分别为 $X[0]=3.1$,$X[2]=2.5+j4.6$,$X[4]=-1.7+j5.2$,$X[6]=9.3+j6.3$,$X[8]=5.5-j8.0$。请确定 DFT 奇数点的值。

6.20 某 9 点长实数序列 DFT 记作 $X[k]$,已知 $X[k]$部分值分别是 $X[0]=23$,$X[1]=2.242\,6-j$,$X[4]=-6.374\,9+j4.121\,2$,$X[6]=6.5+j2.598\,1$,$X[7]=-4.152\,7+j0.264\,5$。请确定其他 4 个点的值。

6.21 如果有限长序列 $x[n]$的 DFT 为 $X[k]$,请用频移定理计算有限长序列 $x[n]\cos\left(\frac{2\pi nl}{N}\right)$ 和 $x[n]\sin\left(\frac{2\pi nl}{N}\right)$ 的 DFT。

6.22 如果 $x[n]$为有限长纯虚序列,其 DFT 为 $X[k]$。$X[k]$可表示为实部与虚部形式,即 $X[k]=X_r[k]+jX_i[k]$。请证明 $X_r[k]$是 k 的奇函数、$X_i[k]$是 k 的偶函数。

6.23 前面定义了序列 $x[n]$的共轭对称和共轭反对称序列分别为

$$x_e[n]=\frac{1}{2}(x[n]+x^*[-n])$$

$$x_o[n]=\frac{1}{2}(x[n]-x^*[-n])$$

对长度为 N 的有限长序列 $x[n]$,其周期共轭对称序列和非周期共轭反对称序列分别为

$$x_{ep}[n]=\frac{1}{2}\{x[((n))_N]+x^*[((-n))_N]\},\quad 0\leqslant n\leqslant N-1$$

$$x_{op}[n]=\frac{1}{2}\{x[((n))_N]-x^*[((-n))_N]\},\quad 0\leqslant n\leqslant N-1$$

请证明:

$$x_{ep}[n]=(x_e[n]+x_e[n-N]),\quad 0\leqslant n\leqslant N-1$$
$$x_{op}[n]=(x_o[n]+x_o[n-N]),\quad 0\leqslant n\leqslant N-1$$

6.24 对于长度为 N 的序列 $x[n]$,通常不能由 $x_{ep}[n]$得到 $x_e[n]$,也不能由 $x_{op}[n]$得到 $x_o[n]$。请证明当 $n>N/2$ 时 $x[n]=0$,则可以由 $x_{ep}[n]$得到 $x_e[n]$,且可由 $x_{op}[n]$得到 $x_o[n]$。

6.25 已知长度为偶数 N 的序列 $x[n]$的 DFT 为 $X[k]$,令

$$g_1[n]=x[N-1-n],\quad g_2[n]=(-1)^n x[n],\quad g_3[n]=\begin{cases}x[n], & 0\leqslant n\leqslant N-1\\ x[n-N], & N\leqslant n\leqslant 2N-1\\ 0, & \text{其他}\end{cases}$$

$$g_4[n]=\begin{cases}x[n]+x\left[n+\frac{N}{2}\right], & 0\leqslant n\leqslant \frac{N}{2}-1\\ 0, & \text{其他}\end{cases},\quad g_5[n]=\begin{cases}x[n], & 0\leqslant n\leqslant N-1\\ 0, & N\leqslant n\leqslant 2N-1\\ 0, & \text{其他}\end{cases}$$

$$g_6[n]=\begin{cases}x\left[\frac{n}{2}\right], & n\text{ 为偶数}\\ 0, & n\text{ 为奇数}\end{cases},\quad g_7[n]=x[2n]$$

其中 $g_1[n]$、$g_2[n]$ 为 N 点长序列，$g_3[n]$、$g_5[n]$、$g_6[n]$ 为 $2N$ 点长序列，$g_4[n]$、$g_7[n]$ 为 $N/2$ 点长序列。

（1）请用 $X[k]$ 分别表示 $g_1[n]$、$g_2[n]$、$g_3[n]$、$g_4[n]$、$g_5[n]$、$g_6[n]$ 和 $g_7[n]$ 的 DFT $G_1[k]$、$G_2[k]$、$G_3[k]$、$G_4[k]$、$G_5[k]$、$G_6[k]$ 和 $G_7[k]$。

（2）如果 $X[k]$ 如图 P6.25(a) 所示，请分别画出 $G_1[k]$、$G_2[k]$、$G_3[k]$、$G_4[k]$、$G_5[k]$、$G_6[k]$ 和 $G_7[k]$。

（3）如果 $x[n]$ 如图 P6.25(b) 所示，请分别画出 $g_1[n]$、$g_2[n]$、$g_3[n]$、$g_4[n]$、$g_5[n]$、$g_6[n]$ 和 $g_7[n]$。

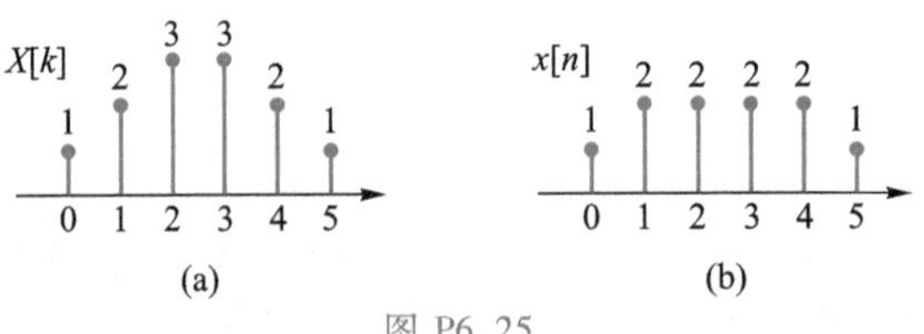

图 P6.25

6.26 设 N 点有限序列 $x[n]$ 的 DFT 为 $X[k]$，试用 $X[k]$ 表示序列 $y[n]$ 的 MN 点 DFT。其中 $y[n]=\begin{cases}x[n-iN], & iN\leqslant n\leqslant (i+1)N-1, 0\leqslant i\leqslant M-1\\ 0, & \text{其他}\end{cases}$。

6.27 有限长序列 $x[n]=\delta[n]+2\delta[n-1]-\delta[n-2]+\delta[n-3]$。

（1）请计算序列 $x[n]$ 的 4 点 DFT。

（2）请给出有限长序列 $y[n]$，其中 $y[n]$ 的 6 点 DFT 为 $x[n]$DFT 的虚部。

（3）请给出有限长序列 $\omega[n]$，其中 $\omega[n]$ 的 4 点 DFT 为 $x[n]$DFT 的虚部。

6.28 设 $x[n]$ 和 $y[n]$ 的 DTFT 分别是 $X(e^{j\omega})$ 和 $Y(e^{j\omega})$，请证明：

$$\sum_{n=-\infty}^{\infty} x[n]y^*[n]=\frac{1}{2\pi}\int_{-\pi}^{\pi} X(e^{j\omega})Y^*(e^{j\omega})d\omega$$

这一关系称为两个序列的 Parseval 定理。若 N 点序列 $x[n]$ 和 $y[n]$ 的 DFT 分别是 $X[k]$ 和 $Y[k]$，试导出类似的关系。

6.29 实序列的偶部定义为 $x_e[n]=\dfrac{x[n]+x[-n]}{2}$。如果 $x[n]$ 为有限长序列，且当 $n<0$ 和 $n\geqslant N$ 时，$x[n]=0$。$x[n]$ 的 N 点 DFT 为 $X[k]$。

（1）$\mathrm{Re}\{X[k]\}$ 是 $x_e[n]$ 的 DFT 吗？

（2）给出利用 $x[n]$ 表示 $\mathrm{Re}\{X[k]\}$ 的 IDFT 序列。

6.30 现有两个 4 点长序列 $x[n]=\cos\left(\dfrac{\pi n}{2}\right)(n=0,1,2,3)$、$h[n]=2^n(n=0,1,2,3)$。

（1）计算序列 $x[n]$ 的 4 点 DFT $X[k]$。

（2）计算序列 $h[n]$ 的 4 点 DFT $H[k]$。

（3）由循环卷积直接计算 $y[n]=x[n]*h[n]$。

（4）给出利用 $X[k]$ 和 $H[k]$ 相乘，然后求其 IDFT 计算（3）中 $y[n]$ 的方法。

6.31 考虑如图 P6.31 所示的有限长序列 $x[n]$，用 $X[k]$ 表示 $x[n]$ 的 5 点 DFT，并画出序列 $y[n]$，其 DFT 为 $Y[k]=W_5^{-2k}X[k]$。

6.32 如图 P6.32 所示的两个有限长信号 $x_1[n]$ 和 $x_2[n]$，假设 $x_1[n]$，$x_2[n]$ 在图中所示区域之外均为零。设 $x_3[n]$ 为 $x_1[n]$ 和 $x_2[n]$ 的 8 点循环卷积，即 $x_3[n]=x_1[n]*x_2[n]$，求 $x_3[2]$。

6.33 两有限长序列 $x[n]=\{1,2,3,4,5,1,2,3,4,5,\cdots,1,2,3,4,5\}_{[0,99]}$、$h[n]=\{2,-4,-1\}$，请用重叠相加法计算它们的线性卷积。

6.34 两有限长序列 $x[n]=\{1,2,3,4,5,1,2,3,4,5,\cdots,1,2,3,4,5\}_{[0,59]}$、$h[n]=\{1,0,-2,1\}$，请用重叠保留法计算它们的线性卷积。

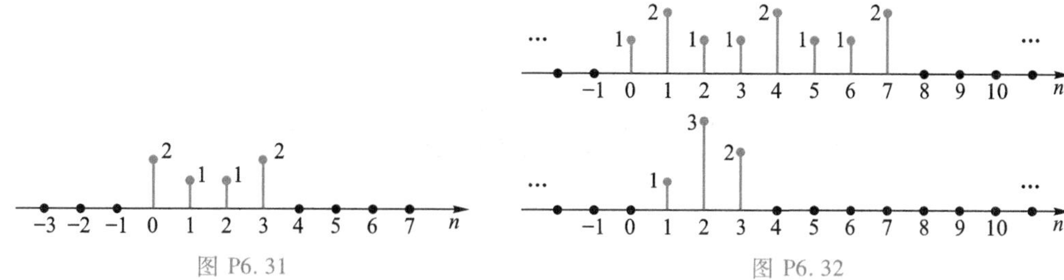

图 P6.31　　　　图 P6.32

6.35　利用 128 点的 DFT 和 IDFT 计算一个 60 点序列和一个 1 200 点序列的线性卷积。试确定利用重叠相加法计算上述线性卷积所需的最少 DFT 和 IDFT 的次数。

6.36　长度为 P 的有限长序列 $x[n]$，当 $n<0$ 和 $n>0$ 时 $x[n]=0$。如果要计算 $x[n]$ 的 DTFT $X(e^{j\omega})$ 的 N 个等间隔频率 $\omega_k=\dfrac{2\pi k}{N}(k=0,1,\cdots,N-1)$ 的样本。请给出如下两种情况下，只利用一个 N 点 DFT 得到 N 个样本的步骤。

（1）$N>P$。

（2）$N>P$（考虑将时间混叠加在 $x[n]$ 上）。

第 7 章　快速傅里叶变换

第 6 章定义了有限长序列的离散变换 DFT,该变换是对有限长序列 DTFT 变换的采样,并且 DFT 可在数字系统中实现。本章将研究 DFT 的高效实现方法,即快速傅里叶变换(fast Fourier transform,FFT)。FFT 的出现极大地推动了数字信号处理的发展,被认为是数字信号处理学科的开端。本章主要介绍按时间抽取 DIT-FFT、按频率抽取 DIF-FFT,给出 IFFT 和实序列 FFT 的实现方法,并研究 chirp-z 变换等内容。注意:FFT 并不是一种新的变换,而是 DFT 的高效、快速计算与实现。

7.1　直接 DFT 的计算量以及改善途径

1. 直接 DFT 计算量问题

长度为 N 的有限长序列 $x[n]$ 的 DFT 为

$$X[k]=\sum_{n=0}^{N-1}x[n]W_N^{kn},\quad k=0,1,\cdots,N-1 \tag{7.1}$$

其中,$W_N=\mathrm{e}^{-\mathrm{j}(2\pi/N)}$。每个 $X[k]$ 需 N 次复数乘法和 $N-1$ 次复数加法,所有 N 个 $X[k]$ 共需 N^2 次复数乘法和 N^2-N 次复数加法。即 DFT 的计算量与 N^2 成正比。例如 1 024 点 DFT 需 1 024×1 024 次复数乘法和 1 024×1 023 次复数加法,计算量巨大。为了能够在实际中应用,人们不断寻求快速算法。

2. DFT 运算改善途径

对于 DFT 快速计算的方法可以追溯到 19 世纪。Gauss(1777—1855)于 1805 年最先提出了一种 DFT 的快速计算方法,Runge(1856—1927)于 1905 年首次指出 DFT 的计算量大体上正比于 $N\log_x N$ 而不是 N^2。

随着计算机等数字运算技术的发展,1965 年库利(T. W. Cooley)和图基(J. W. Turkey)在《计算数学》(Mathematics Computation)杂志上发表了《机器计算傅里叶级数的一种算法》一文,提出了一种快速计算 DFT(fast Fourier transform,FFT)的方法,人们称作库利-图基算法,之后陆续又出现了桑德-图基算法,可以显著减少计算量。这种基 2-FFT 的计算量包含复乘 $\frac{N}{2}\log_2 N$ 次,复加 $N\log_2 N$ 次,极大地提高了计算效率,加之超大规模集成电路和计算机的飞速发展,使得数字信号处理理论在过去的近 40 年中获得飞速发展,并广泛应用于众多技术领域,显示了这一学科的巨大生命力。因此人们往往将 1965 年视为数字信号处理学科的开端。

以上对自 1965 年后的发展作了一个简要的概述,有兴趣的读者可参阅相关文献。在这 200 多年的历程中,DFT 及 FFT 经历了一个漫长而又有趣的过程,与之相关的论文就有 2 400 余篇。

如前所述 DFT 的计算量与长度 N 的平方成正比,若将其分为两个 $N/2$ 点,则计算量与 $2\left(\frac{N}{2}\right)^2=\frac{N^2}{2}$成正比。因此不断分解长度进而计算 DFT 是 FFT 的基本思路,即将一个长度为 N 的序列的 DFT 逐次分解为长度为 $N/2$ 的 DFT 进行计算,再利用旋转因子 W_N^{nk} 的特性,由子序列的 DFT 来逐次合成实现整个序列的 DFT,从而提高 DFT 计算效率。由于不断进行 $N/2$ 分解,要求长度 N 为 2 的整数幂,即 $N=2^v$。因此,该方法也称为基 2-FFT。

基 2-FFT 分为两类:一类是将时间序列 $x[n]$ 按奇偶进行分解,称为时间抽取(decimation in time,DIT)FFT 算法,另一类是将频率序列 $X[k]$ 按奇偶进行分解,称为频率抽取(decimation in frequency,DIF)FFT 算法。

7.2 按时间抽取 DIT-FFT

7.2.1 算法原理

7.2.1.1 DIT 第一级分解

将长度为 N 的输入序列 $x[n]$ 按奇偶分为长度为$\frac{N}{2}$点的两组序列 $g[n]$ 和 $h[n]$。若 $N\neq 2^v$,则补零满足其要求,然后分别计算两组$\frac{N}{2}$点序列的 DFT $G[k]$ 和 $H[k]$,再由 $G[k]$ 和 $H[k]$ 合成得到 N 点的 DFT $X[k]$,基 2-DIT 算法第一级分解如图 7.1 所示,序列分解示例如图 7.2 所示。

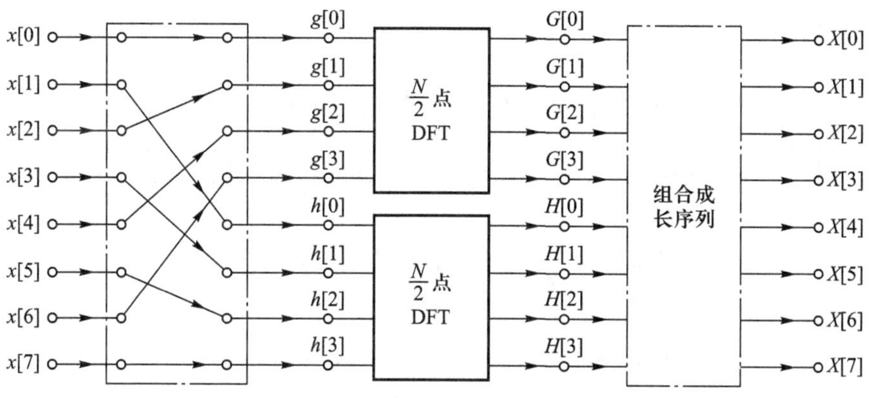

图 7.1 基 2-DIT 算法第一级分解示意图

下面根据 DFT 的定义和旋转因子的性质,推导出 $G[k]$ 和 $H[k]$ 合成 $X[k]$ 的方法。其中 $X[k]=\sum_{n=0}^{N-1}x[n]W_N^{nk}(k=0,1,\cdots,N-1)$、$H[k]=\sum_{n=0}^{N/2-1}h[n]W_{N/2}^{nk}$、$G[k]=\sum_{n=0}^{N/2-1}g[n]W_{N/2}^{nk}$,旋转

因子 $W_N^{nk}=\mathrm{e}^{-\mathrm{j}\frac{2\pi}{N}nk}$ 具有周期性 $W_N^{nk}=W_N^{k(N+n)}$、对称性 $W_N^{mk+\frac{N}{2}}=-W_N^{mk}$，$(W_N^{mk})^*=W_N^{-mk}$ 以及可约性 $W_N^{nk}=W_{mN}^{mnk}$、$W_N^{nk}=W_{N/m}^{nk/m}$。

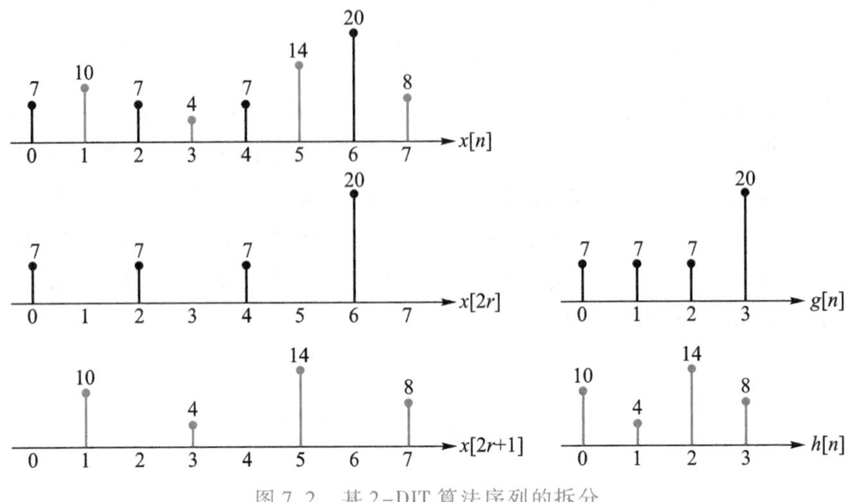

图 7.2　基 2-DIT 算法序列的拆分

将 $x[n]$ 分解成奇数和偶数部分，可得

$$X[k]=\sum_{n\text{为偶数}}x[n]W_N^{nk}+\sum_{n\text{为奇数}}x[n]W_N^{nk} \tag{7.2}$$

用变量 $n=2r$ 代替偶数 n，用变量 $n=2r+1$ 代替奇数 n，得

$$\begin{aligned}X[k]&=\sum_{r=0}^{(N/2)-1}x[2r]W_N^{2rk}+\sum_{r=0}^{(N/2)-1}x[2r+1]W_N^{(2r+1)k}\\&=\sum_{r=0}^{(N/2)-1}x[2r](W_N^2)^{rk}+W_N^k\sum_{r=0}^{(N/2)-1}x[2r+1](W_N^2)^{rk}\end{aligned} \tag{7.3}$$

由旋转因子的可约性，即 $W_N^2=W_{N/2}$，则式(7.3)可转化为

$$X[k]=\sum_{r=0}^{(N/2)-1}x[2r]W_{N/2}^{rk}+W_N^k\sum_{r=0}^{(N/2)-1}x[2r+1]W_{N/2}^{rk} \tag{7.4}$$

令 $g[n]=x[2r]\left(r=0,1,\cdots,\dfrac{N}{2}-1\right)$，$h[n]=x[2r+1]\left(r=0,1,\cdots,\dfrac{N}{2}-1\right)$，则

$$X[k]=\sum_{r=0}^{(N/2)-1}g[n]W_{N/2}^{nk}+W_N^k\sum_{r=0}^{(N/2)-1}h[n]W_{N/2}^{nk} \tag{7.5}$$

即

$$X[k]=G[k]+W_N^kH[k],\quad k=0,1,\cdots,N-1 \tag{7.6}$$

其中，$X[k]$ 为 N 点序列的 DFT，$G[k]$ 和 $H[k]$ 为 $\dfrac{N}{2}$ 点序列的 DFT，$X[k]$、$G[k]$、$H[k]$ 关系如式(7.6)所示。现将 $X[k]$ 分为 $k=0,1,\cdots,\dfrac{N}{2}-1$ 与 $k=\dfrac{N}{2},\dfrac{N}{2}+1,\cdots,N-1$ 两部分，并推导 $X[k]$ 的表达式。

当 $k=0,1,\cdots,\frac{N}{2}-1$ 时，式(7.6)可表示为

$$X[k]=G[k]+W_N^k H[k],\quad k=0,1,\cdots,\frac{N}{2}-1 \tag{7.7}$$

由 $G[k]$ 和 $H[k]$ 合成 $X[k]$ 前半部分的过程如图 7.3 所示。

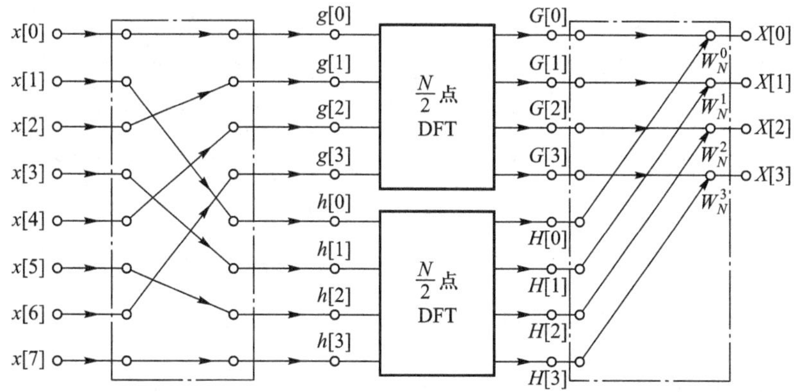

图 7.3　基 2-DIT 算法第一级分解的前 $\frac{N}{2}$ 点合成示意图

当 $k=\frac{N}{2},\frac{N}{2}+1,\cdots,N-1$ 时，式(7.6)可表示为

$$X\left[k+\frac{N}{2}\right]=G\left[k+\frac{N}{2}\right]+W_N^{k+\frac{N}{2}}H\left[k+\frac{N}{2}\right],\quad k=0,1,\cdots,\frac{N}{2}-1 \tag{7.8}$$

由于 $G[k]$ 和 $H[k]$ 都是周期为 $\frac{N}{2}$ 的周期函数，即

$$X\left[k+\frac{N}{2}\right]=G[k]+W_N^{k+\frac{N}{2}}H[k],\quad k=0,1,\cdots,\frac{N}{2}-1 \tag{7.9}$$

由 $G[k]$ 和 $H[k]$ 合成 $X[k]$ 后半部分的过程如图 7.4 所示。

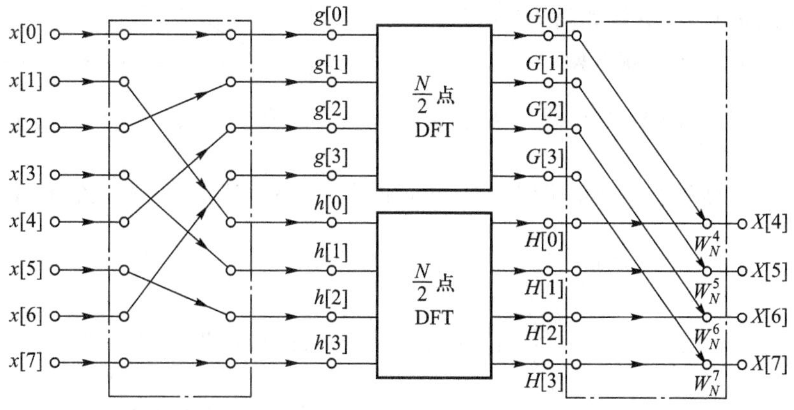

图 7.4　基 2-DIT 算法第一级分解的后 $\frac{N}{2}$ 点合成示意图

根据以上不同取值范围 k 值的推导结果，可计算得到第一级 DFT，如图 7.5 所示。其中计算 N 个输出需要 N 个旋转因子。

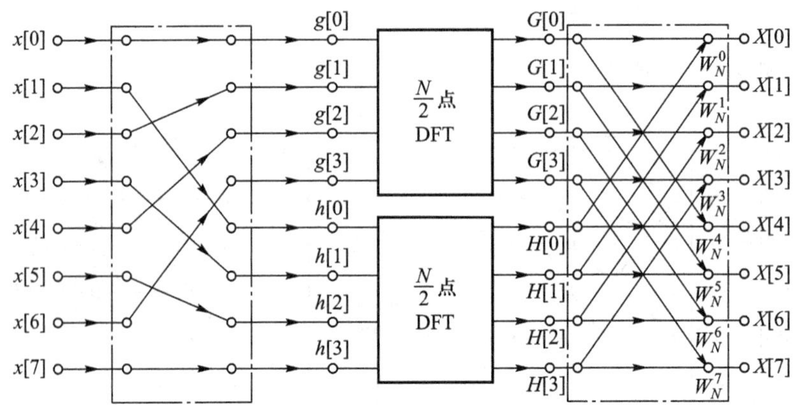

图 7.5　基 2-DIT 算法第一级分解示意图

利用旋转因子的性质，即 $W_N^{N/2}=\mathrm{e}^{-\mathrm{j}(2\pi/N)N/2}=\mathrm{e}^{-\mathrm{j}\pi}=-1$，$W_N^{k+\frac{N}{2}}=W_N^kW_N^{\frac{N}{2}}=-W_N^k$，可使图 7.5 最右边 8 个旋转因子减少到 4 个，减少了每次 DFT 的运算量。

具体的化解步骤如下：

(1) 式(7.9)可转化为

$$X\left[k+\frac{N}{2}\right]=G[k]-W_N^kH[k],\quad k=0,1,\cdots,\frac{N}{2}-1 \tag{7.10}$$

(2) 式(7.6)可分解为两个 DIT-FFT 公式：

$$X[k]=G[k]+W_N^kH[k],\quad k=0,1,\cdots,\frac{N}{2}-1 \tag{7.11}$$

$$X\left[k+\frac{N}{2}\right]=G[k]-W_N^kH[k],\quad k=0,1,\cdots,\frac{N}{2}-1 \tag{7.12}$$

且式(7.11)和(7.12)经由图 7.6 所示的蝶形进行计算，每个蝶形包含一个乘法运算。最终得到基 2-DIT 的第一级分解如图 7.7 所示。

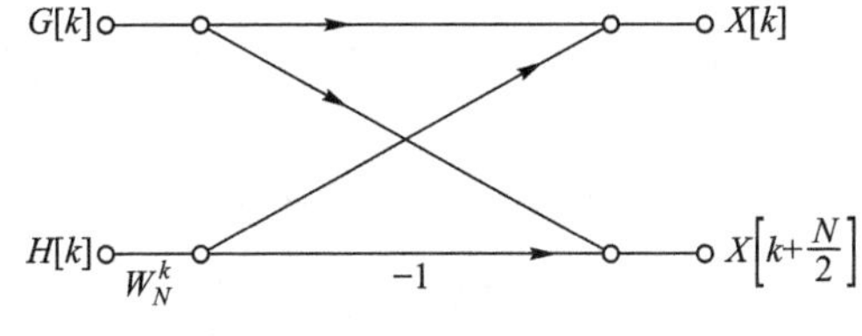

图 7.6　基 2-DIT 蝶形运算

7.2.1.2　DIT 第二级分解

继续将长度为$\frac{N}{2}$的序列 $g[n]$ 分解为两个$\frac{N}{4}$点序列，分别计算两个$\frac{N}{4}$点的 DFT，然后由这两个$\frac{N}{4}$点的 DFT 得到$\frac{N}{2}$点的 DFT $G[k]$。即

$$\begin{aligned}G[k]&=\sum_{r=0}^{(N/2)-1}g[r]W_{N/2}^{rk}\\&=\sum_{l=0}^{(N/4)-1}g[2l]W_{N/2}^{2lk}+\sum_{l=0}^{(N/4)-1}g[2l+1]W_{N/2}^{(2l+1)k}\\&=\sum_{l=0}^{(N/4)-1}g[2l]W_{N/4}^{lk}+W_{N/2}^{k}\sum_{l=0}^{(N/4)-1}g[2l+1]W_{N/4}^{lk}\end{aligned} \tag{7.13}$$

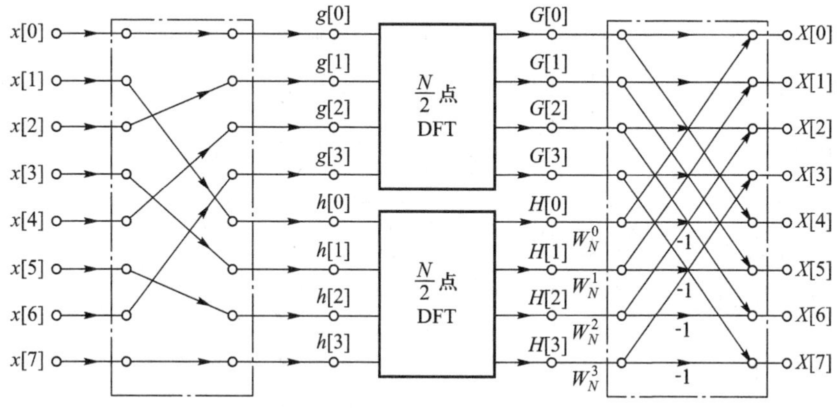

图 7.7　基 2-DIT 第一级分解最终示意图

将序列 $g[2l]$ 和 $g[2l+1]$ 的 $N/4$ 点 DFT 组合，可得 $N/2$ 点 DFT $G[k]$，即第二级分解过程如图 7.8 所示。

由于

$$W_{N/2}^{k+\frac{N}{4}}=W_{N/2}^{k}W_{N/2}^{\frac{N}{4}}=-W_{N/2}^{k} \tag{7.14}$$

图 7.8 可简化为图 7.9 所示的蝶形。

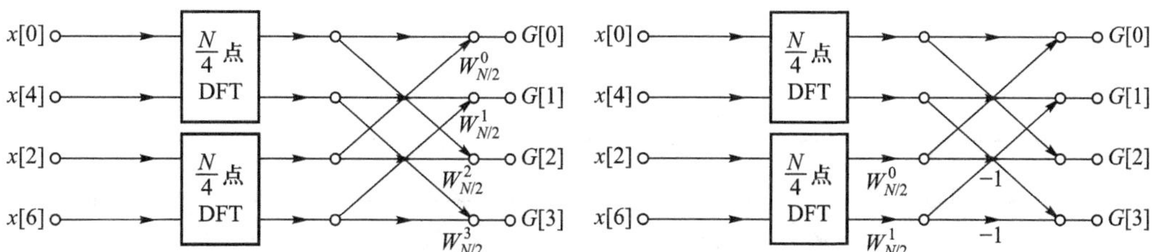

图 7.8　基 2-DIT 第二级分解示意图

图 7.9　基 2-DIT 第二级分解最终示意图

同理，$h[n]$ 的 $\frac{N}{2}$ 点的 DFT $H[k]$ 为

$$H[k]=\sum_{l=0}^{(N/4)-1}h[2l]W_{N/4}^{lk}+W_{N/2}^{k}\sum_{l=0}^{(N/4)-1}h[2l+1]W_{N/4}^{lk} \tag{7.15}$$

将序列 $h[2l]$ 和 $h[2l+1]$ 的 $N/4$ 点 DFT 组合起来，可得到 $N/2$ 点 DFT $H[k]$。经过一、二级分解后的基 2-DIT 如图 7.10 所示。

7.2.1.3　DIT 最后一级分解

基 2-DIT FFT 的最后一级为 2 点 DFT，据 DFT 的定义，得

$$X[k]=\sum_{n=0}^{1}x[n]W_N^{kn},\quad k=0,1 \tag{7.16}$$

即

$$X[0]=x[0]+x[1] \tag{7.17}$$

$$X[1]=x[0]-x[1] \tag{7.18}$$

最后一级的蝶形如图 7.11 所示。

因此，基 2-DIT FFT 的最终蝶形结构如图 7.12 所示。

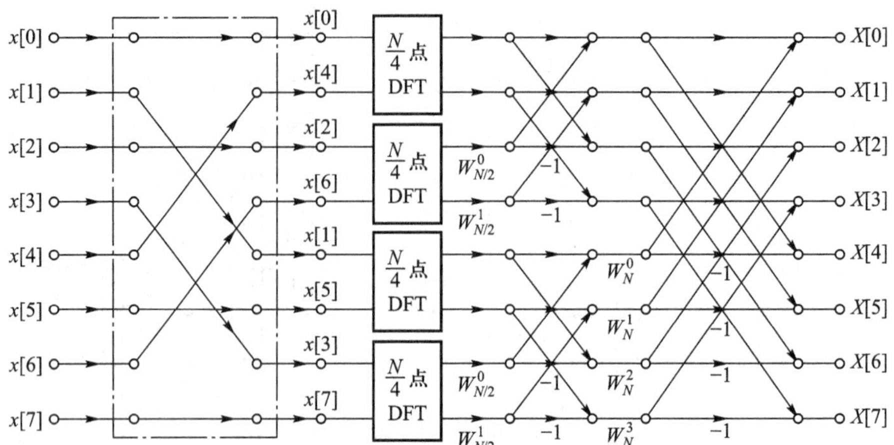

图 7.10　基 2-DIT 第一、二级分解示意图

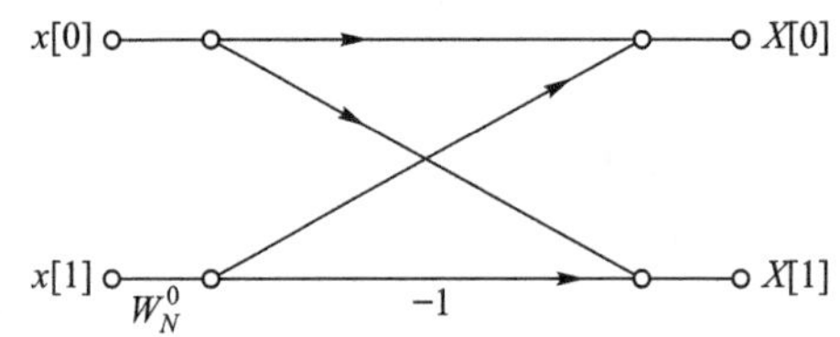

图 7.11　基 2-DIT 最后一级蝶形图

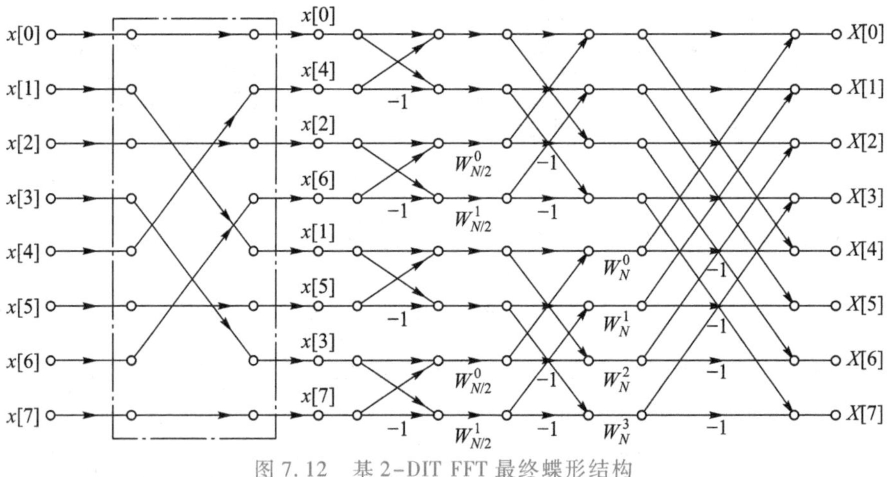

图 7.12　基 2-DIT FFT 最终蝶形结构

$N=2^v$ 点 FFT 可分为 v 级，其中 $v=\log_2 N$，每一级里面包含 $\frac{N}{2}$ 个蝶形，因此 $N=2^v$ 点 FFT 共有 $\frac{N}{2}\log_2 N$ 个蝶形。每个蝶形最多计算 1 次复数乘法、2 次复数加法。

7.2.2　算法特点

7.2.2.1　同址（原位）运算与码位倒序

从图 7.12 可以看出基 2-DIT FFT 的运算是有规律的。每一级计算都由 $N/2$ 个蝶形运算构成，每一个蝶形运算都能完成如式(7.19)所示的基本迭代运算。

$$X_m(k)=X_{m-1}(k)+X_{m-1}(j)W_N^r,\quad X_m(j)=X_{m-1}(k)-X_{m-1}(j)W_N^r \tag{7.19}$$

其中，m 代表第 m 列迭代，k,j 为数据所在行数。式(7.19)的蝶形运算图如图 7.13 所示。

所谓同址(原位)运算，就是当数据输入到存储器以后，每一级运算的结果仍然存储在这同一组存储器中，直到最后输出，中间无须其他存储器。

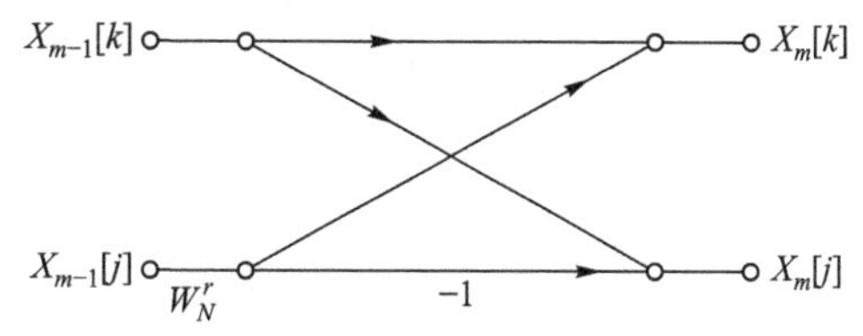

图 7.13　基 2-DIT FFT 蝶形单元

从蝶形图 7.13 中可以看出，某一列的任何两个节点 k 和 j 的节点变量进行蝶形运算后，得到的结果为下一列 k,j 两节点的节点变量，而和其他节点变量无关，因而可以采用同址(原位)运算，即某一列的 N 个数据送到存储器后，经蝶形运算，其结果为下一列数据，它们以蝶形为单位仍存储在同一组存储器中，直到最后输出，中间无须其他存储器。也就是蝶形的两个输出值仍放回蝶形的两个输入所在的存储器中。每列的 $N/2$ 个蝶形运算全部完成后，再开始下一列的蝶形运算。这样存储数据只需 N 个存储单元。下一级的运算仍采用这种同址(原位)运算方式，只不过进入蝶形结的组合关系有所不同。这种运算方式可以节省存储单元，降低成本。

按图 7.13 所示同址计算结构进行运算时，FFT 的输出 $X(k)$ 是按正常顺序排列在存储单元中，但是输入序列 $x[n]$(图 7.13 中第二列)却是按照分解过程进行了重新排列，即按 $x[0],x[4],x[2],x[6],\cdots,x[7]$ 的顺序排列，这种看起来混乱无序的排列方式实际上是有规律的，即输入、输出序号按二进制“倒序位”排列，这种排列方式被称为码位倒序(bit reverse，BR)。

已知最大值为 $N=2^v$ 的十进制数 n 可用 v bit 的二进制数表示，即 $n=(n_{v-1}\cdots n_1n_0)_2$，其码位倒序为

$$n_{BR}=(n_0n_1\cdots n_{v-1})_2 \tag{7.20}$$

3 bit 二进制的码位倒序结果如表 7.1 所示。

表 7.1　码位倒序

自然顺序	n	0	1	2	3	4	5	6	7
	$(n_2n_1n_0)_2$	**000**	**001**	**010**	**011**	**100**	**101**	**110**	**111**
码位倒序	$(n_0n_1n_2)_2$	**000**	**100**	**010**	**110**	**001**	**101**	**011**	**111**
	n_{BR}	0	4	2	6	1	5	3	7

造成码位倒序的原因是输入 $x[n]$ 按时域变量 n 的奇偶不断进行分组产生的。实际运算中，输入序列总是按自然顺序存入连续的存储单元，为了得到倒位序的排列，可以通过变址运算来完成。将输入序列 $x[n]$ 按照码位倒序重新排列，即 $x[n_{BR}]$，如图 7.14 所示。

由表 7.1 可以看出，自然顺序的次序增加是在二进制数的低位加 1，二进制数进位由低向高；比特逆序的次序增加在二进制数高位加 1，进位由高到低。因此，实际求数 $n(n=0,1,\cdots,N-1)$ 的比特逆序 n_{BR} 的步骤如下：

▶ 扫一扫
7-1 码位倒序产生方法

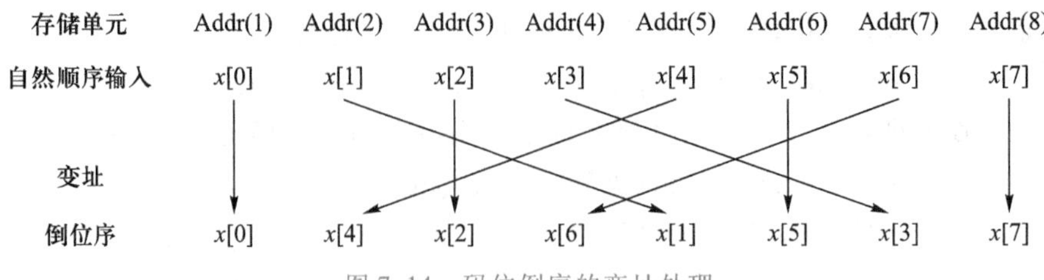

图 7.14　码位倒序的变址处理

（1）0 的码位倒序为 0，因此 $n_{BR}(0)=0$；

（2）求 $n+1$ 的逆序 $n_{BR}(n+1)$。如 $n_{BR}(n)$ 的二进制数最高位为 **0**，则将该位赋 **1**，循环结束。如 $n_{BR}(n)$ 的二进制数从高位开始数前几位均是 **1**，则把 **1** 的最低位的右边为 **0** 的位赋 **1**，同时将 **1** 的位赋 **0**，循环结束。

7.2.2.2　旋转因子变化规律

1．蝶形运算两节点的"距离"

以图 7.12 的 8 点 FFT 为例，其输入是倒位序的，输出是自然顺序的，其第一级（第一列）每个蝶形的两个节点间"距离"为 1，第二级每个蝶形的两节点"距离"为 2，第三级每个蝶形的两节点"距离"为 4，由此类推得，对 $N=2^L$ 点 FFT，当输入为倒位序，输出为正常顺序时，其第 m 级运算，每个蝶形的两节点"距离"为 2^{m-1}，用符号 d 表示。

2．W_N^r 的确定

在 FFT 运算中，旋转因子 $W_N^r=\cos(2\pi r/N)-\mathrm{j}\sin(2\pi r/N)$。由于对第 m 级运算，一个 DFT 蝶形运算的两节点"距离"为 2^{m-1}，于是式（7.19）的第 m 级的一个蝶形运算可写成

$$X_m[k]=X_{m-1}[k]+X_{m-1}[k+2^{m-1}]W_N^r \tag{7.21}$$

$$X_m[k+2^{m-1}]=X_{m-1}[k]-X_{m-1}[k+2^{m-1}]W_N^r \tag{7.22}$$

那么 W_N^r 中的 r 如何确定？

这里给出 r 的求解方法：① 把蝶形运算两节点中的第一个节点标号值（即 k 值）表示成 L 位（注意 $N=2^L$）二进制数；② 把此二进制数乘上 2^{L-m}，即将此 L 位二进制数左移 $L-m$ 位（注意 m 是第 m 级的运算），把右边空出的位置补零，此数即为所求 r 的二进制数。

3．存储单元

由于是同址（原位）运算，只需输入序列 $x[n]$（$n=0,1,\cdots,N-1$）的 N 个存储单元，加上系数 W_N^r（$r=0,1,\cdots,N/2-1$）的 $N/2$ 个存储单元。

从图 7.12 看出，W_N^r 因子最后一列有 $N/2$ 种，顺序为 $W_N^0, W_N^1, \cdots, W_N^{\left(\frac{N}{2}-1\right)}$，其余可类推。

求 W_N^r 的计算量很大，所以编程时产生旋转因子的方法直接影响运算速度。一种方法是在每级运算中直接产生；另一种方法是在 FFT 程序开始前预先计算出 W_N^r（$r=0,1,\cdots,N/2-1$），存放在数组中作为旋转因子表，在程序执行过程中直接查表得到所需旋转因子值，不再计算。这样使运算速度大大提高，其不足之处是占用内存较多。

7.2.2.3 DIT-FFT 与直接 DFT 相比的运算效率

DIT-FFT 的运算量为

$$\left.\begin{aligned}&\text{系数的复数乘法次数,}\quad \frac{N}{2}L=\frac{N}{2}\log_2 N\\&\text{系数的复数加法次数,}\quad NL=N\log_2 N\end{aligned}\right\}\qquad(7.23)$$

其中 $N=2^L$。实际运算中,由于 $W_N^0=1$,$W_N^{N/2}=-1$,$W_N^{\pm N/4}=\mp\mathrm{j}$ 等,都不需要乘法,故乘法次数还会减少。

直接 DFT 的运算量为

$$\left.\begin{aligned}&\text{系数的复数乘法次数,}\quad N^2\\&\text{系数的复数加法次数,}\quad N(N-1)\end{aligned}\right\}\qquad(7.24)$$

由于乘法运算更费时间,以复数乘法为例,满足 $\dfrac{\text{直接 DFT 复数乘法次数}}{\text{DIT-FFT 复数乘法次数}}=\dfrac{N^2}{\dfrac{N}{2}\log_2 N}=\dfrac{2N}{\log_2 N}$,因而 N 值越大,采用 FFT 算法运算效率更高,$N=2^8$ 时,此值为 64,$N=2^{10}$时,此比值为 204.8。直接计算 DFT 与 FFT 算法计算 DFT 的运算量随 N 的变化曲线如图 7.15 所示,可见二者有量级差异。

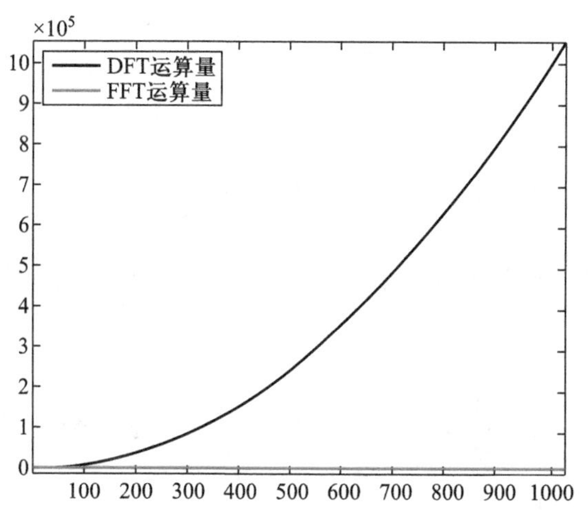

图 7.15 直接计算 DFT 与 FFT 算法所需乘法次数的比较

7.3 按频率抽取 DIF-FFT

按时间抽取的 FFT 算法是将序列 $x[n]$ 依次拆分为短序列进行计算,从而提高了计算速度。按频率抽取的 FFT 算法与按时间抽取的 FFT 类似,也是将长序列逐次分解为两个短序列,最后由短序列的 DFT 逐次组合后求得长序列的 DFT。按频率抽取 FFT 是将输出序列 $X[k]$ 按照奇偶顺序分解为越来越短的序列进行计算,而非原来的自然顺序,这就是基

2-DIF FFT 算法。

7.3.1 算法原理

7.3.1.1 DIF 第一级分解

将长度为 N 的输出序列 $X[k]$ 按奇偶分为长度为 $\frac{N}{2}$ 点的两组序列 $G[k]$ 和 $H[k]$，寻找输入序列 $x[n]$ 合适的组合序列 $g[n]$ 和 $h[n]$，分别计算两组 $\frac{N}{2}$ 点序列的 DFT $G[k]$ 和 $H[k]$，即可得到 N 点的 DFT $X[k]$，如图 7.16 所示。

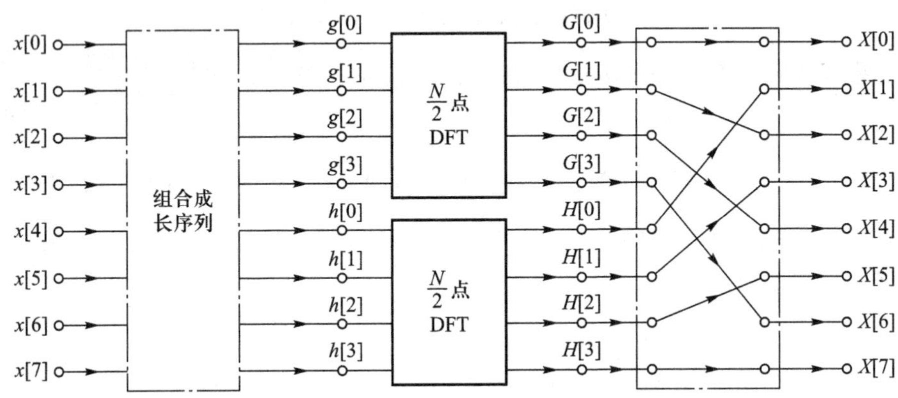

图 7.16 DIF 算法第一级分解示意图

根据 $x[n]$ 的 DFT 定义，偶数频率样本 $X[2r]$ 为

$$X[2r]=\sum_{n=0}^{N-1}x[n]W_N^{n(2r)}=\sum_{n=0}^{(N/2)-1}x[n]W_N^{2nr}+\sum_{n=N/2}^{N-1}x[n]W_N^{2nr} \tag{7.25}$$

即

$$X[2r]=\sum_{n=0}^{(N/2)-1}x[n]W_N^{2nr}+\sum_{n=0}^{(N/2)-1}x[n+(N/2)]W_N^{2r[n+(N/2)]} \tag{7.26}$$

由于 W_N^{2nr} 的周期性，即

$$W_N^{2r[n+(N/2)]}=W_N^{2rn}W_N^{rN}=W_N^{2rn} \tag{7.27}$$

又因为 $W_N^2=W_{N/2}$，则式(7.26)可进一步写为

$$X[2r]=\sum_{n=0}^{(N/2)-1}g[n]W_{N/2}^{rn} \tag{7.28}$$

其中，$g[n]=x[n]+x[n+N/2]$。

奇数频率样本 $X[2r+1]$ 为

$$X[2r+1]=\sum_{n=0}^{N-1}x[n]W_N^{n(2r+1)}=\sum_{n=0}^{N/2-1}x[n]W_N^{n(2r+1)}+\sum_{n=N/2}^{N-1}x[n]W_N^{n(2r+1)} \tag{7.29}$$

其中，$r=0,1,\cdots,N/2-1$。式(7.29)可进一步写为

$$X[2r+1]=\sum_{n=0}^{N/2-1}x[n]W_N^{n(2r+1)}+\sum_{n=0}^{N/2-1}x[n+N/2]W_N^{[n+N/2](2r+1)}$$
$$=\sum_{n=0}^{(N-1)-1}x[n]W_N^{n(2r+1)}+W_N^{(N/2)(2r+1)}\sum_{n=0}^{(N/2)-1}x[n+(N/2)]W_N^{n(2r+1)} \tag{7.30}$$

由于旋转因子具有性质：$W_N^{(N/2)2r}=1$、$W_N^{(N/2)}=-1$，则

$$X[2r+1]=\sum_{n=0}^{N/2-1}(x[n]-x[n+(N/2)])W_N^{n(2r+1)}$$
$$=\sum_{n=0}^{N/2-1}((x[n]-x[n+N/2])W_N^n)W_{N/2}^{rn} \tag{7.31}$$

式(7.31)从输入序列的前一半中减去后一半，然后乘以 W_N^n，得到序列 $N/2$ 点的 DFT。因此根据式(7.28)和(7.31)以及 $g[n]=x[n]+x[n+N/2]$ 和 $h[n]=x[n]-x[n+N/2]$ 可知，计算 N 点 DFT 首先要形成序列 $g[n]$ 和 $h[n]$，然后计算 $h[n]W_N^n$，最后分别计算这两个序列 $\frac{N}{2}$ 点的 DFT，就得到偶序号输出样本和奇序号输出样本。一个 8 点的基 2-DIF 的第一级分解最终蝶形如图 7.17 所示，$X[0]$，$X[2]$，$X[4]$，$X[6]$，$X[1]$，$X[3]$，$X[5]$，$X[7]$ 为偶序列和奇序列顺序。

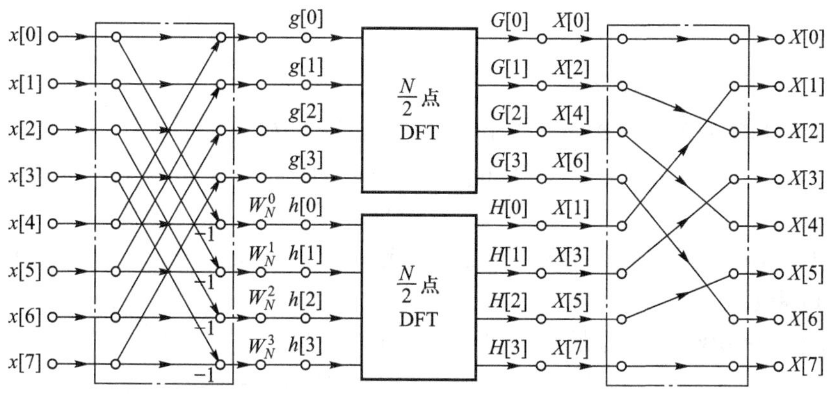

图 7.17　基 2-DIF 算法第一级分解最终蝶形图

7.3.1.2　DIF 第二级分解

继续将长度为$\frac{N}{2}$的序列 $G[k]$ 分解为两个$\frac{N}{4}$点序列，通过组合序列 $g[n]$ 得到两个$\frac{N}{4}$点的序列，然后计算这两个$\frac{N}{4}$点的 DFT，得到$\frac{N}{2}$点的 DFT $G[k]$，即

$$G[2r]=\sum_{n=0}^{(N/4)-1}(g[n]+g[n+N/4])W_{N/4}^{rn},r=0,1,\cdots,N/4-1 \tag{7.32}$$

$$G[2r+1]=\sum_{n=0}^{(N/4)-1}((g[n]-g[n+N/4])W_{N/4}^{n})W_{N/4}^{nr},r=0,1,\cdots,N/4-1 \tag{7.33}$$

用同样的方法计算 $H[k]$，则

$$H[2r]=\sum_{n=0}^{(N/4)-1}(h[n]+h[n+N/4])W_{N/4}^{rn},r=0,1,\cdots,N/4-1 \tag{7.34}$$

$$H[2r+1]=\sum_{n=0}^{(N/4)-1}((h[n]-h[n+N/4])W_{N/4}^{n})W_{N/4}^{rn},r=0,1,\cdots,N/4-1 \tag{7.35}$$

经过一、二级分解后的基 2-DIF FFT 如图 7.18 所示。

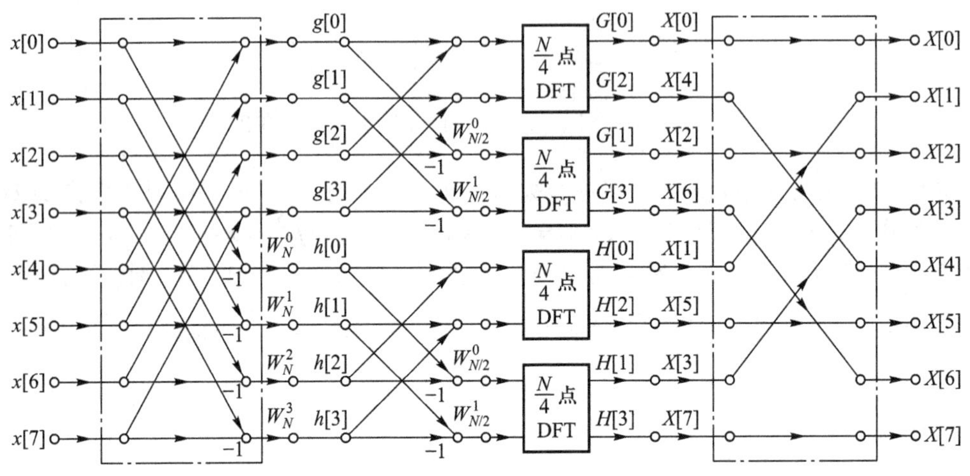

图 7.18　基 2-DIF FFT 第一、二级分解蝶形图

7.3.1.3　DIF 最后一级分解

基 2-DIF FFT 的最后一级为 2 点 DFT，据 DFT 的定义，得

$$X[0]=x[0]+x[1] \tag{7.36}$$

$$X[1]=x[0]-x[1] \tag{7.37}$$

为了基 2-DIF 蝶形的统一，最后一级蝶形表示如图 7.19 所示。

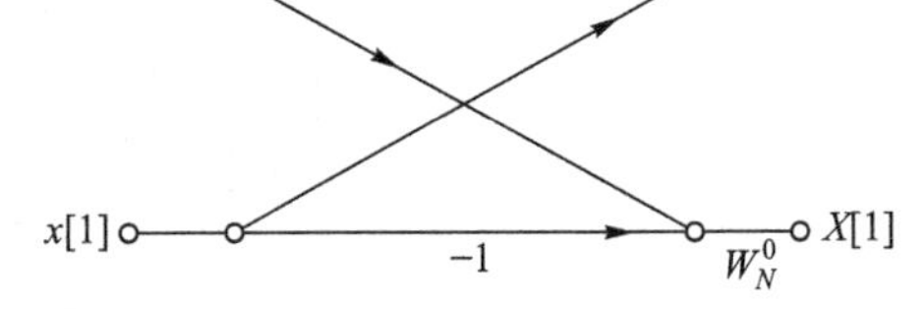

图 7.19　基 2-DIF 最后一级蝶形图

因此，基 2-DIF FFT 的最终蝶形结构如图 7.20 所示。

基 2-DIF 和基 2-DIT 的 FFT 的蝶形运算的级数和蝶形个数相同，$N=2^L$ 点 FFT 可分为 L 级，其中 $L=\log_2 N$，每一级里面包含$\frac{N}{2}$个蝶形，因此 $N=2^L$ 点 FFT 共有$\frac{N}{2}\log_2 N$ 个蝶形。每个蝶形最多计算 1 次复数乘法、2 次复数加法。

基 2-DIF 如果采用同址运算，同样会有码位倒序现象，形成原因及原理同基 2-DIT FFT 类似。

7.3.2　算法特点

7.3.2.1　蝶形运算两节点间的“距离”

从图 7.20 可以看出（注意：输入自然顺序，输出倒位序），当处于第一级蝶形（$m=1$）时，两个节点“距离”为 4；当处于第二级蝶形（$m=2$）时，两节点“距离”为 2；当处于第三级蝶形($m=3$)时,两节点"距离"为 1。由于 $N=2^L=2^3$,故可推出蝶形的两节点"距离"为 $2^{L-m}=\frac{N}{2^m}$。

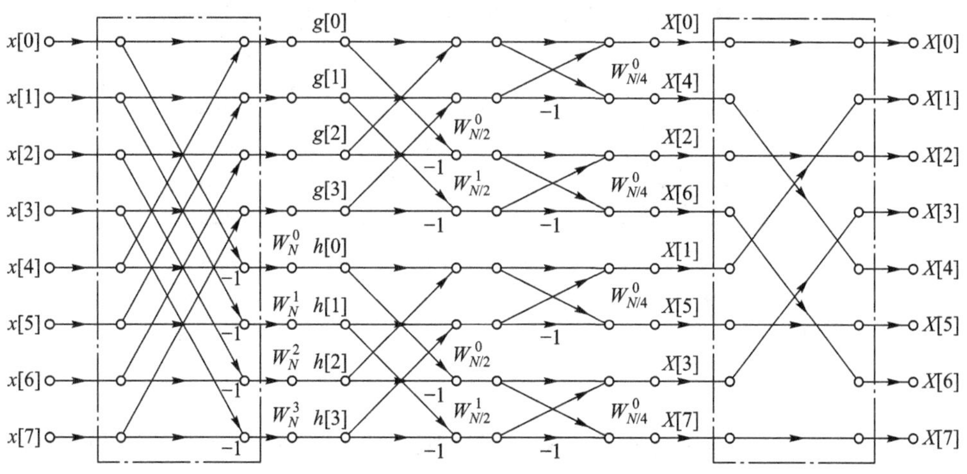

图 7.20　基 2-DIF FFT 蝶形图

从图 7.20 可以看出,其结果 W_N^r 因子的第一列有 $N/2$ 种,顺序为 $W_N^0, W_N^1, \cdots, W_N^{\frac{N}{2}-1}$,第二列有两组,每组 $N/4$ 种,顺序为 $W_N^0, W_N^2, \cdots, W_N^{\frac{N}{2}-2}$,其余可按此方法推出。

7.3.2.2　旋转因子 W_N^r 的计算

由于对第 m 级计算,一个 DIF 蝶形运算的两节点"距离"为 2^{L-m},于是第 m 级的一个蝶形运算可表示为

$$X_m[k]=X_{m-1}[k]+X_{m-1}\left[k+\frac{N}{2^m}\right] \tag{7.38}$$

$$X_m\left[k+\frac{N}{2^m}\right]=\left[X_{m-1}[k]-X_{m-1}\left[k+\frac{N}{2^m}\right]\right]W_N^r \tag{7.39}$$

那么如何求解 r 呢?

r 的求解方法如下:① 把上式中蝶形运算两节点中的第一个节点标号值(即 k 值)表示为 L 位二进制数;② 将此二进制数乘以 2^{m-1},即将其左移 $m-1$ 位,把右边空出的位置补零,那么这个数就是 r 的二进制数。

7.4　IFFT 实现方法

上面所运用的 FFT 方法同样适用于离散傅里叶反变换(IDFT)运算,即快速傅里叶反变换(IFFT)。从 IDFT 的定义出发,可以导出下列两种利用 FFT 来计算 IFFT 的方法。

1. 利用 FFT 流图计算 IFFT

(1) 把 FFT 的时间抽取法用于 IDFT 运算时,由于输入变量由时间序列 $x[n]$ 改成频率

序列 $X[k]$,原来按 $x[n]$的奇偶次序分组的时间抽取法 FFT,现在就变成了按 $X[k]$的奇偶次序抽取。

(2) 同样,频率抽取的 FFT 运算用于 IDFT 运算时,也应该变为时间抽取的 IFFT,即把 DIF-FFT 运算流图用于 IDFT 时,应改称为 DIT-IFFT 流图,如图 7.21 所示。

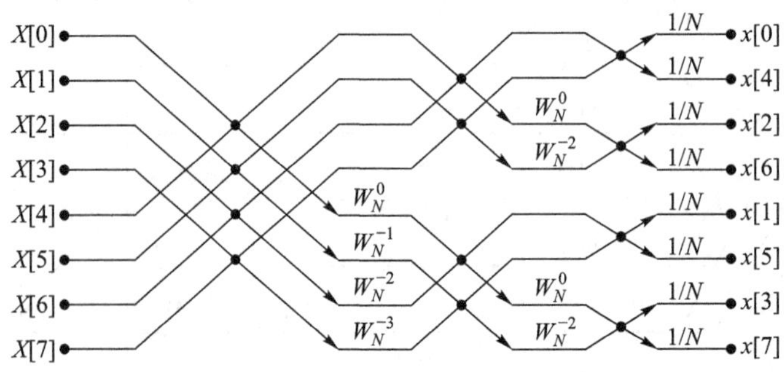

图 7.21 DIT-IFFT 运算流图

实际中,有时为防止运算过程发生溢出,常常把 $1/N$ 分解为$(1/2)^M$,则在 M 级运算中每一级运算都分别乘以 1/2 因子,这种运算结构的蝶形流图如图 7.22 所示。

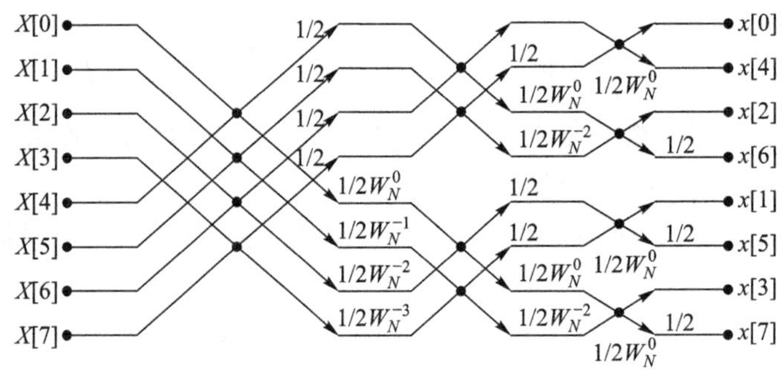

图 7.22 DIT-IFFT 运算流图(防止溢出)

2. 直接调用 FFT 子程序的方法

前面的 IFFT 算法,排列程序很方便,但要改变 FFT 的程序和参数才能实现,现在介绍第二种 IFFT 算法,这种方法完全不必改动 FFT 程序,其具体步骤为:

(1) 将 FFT 的蝶形运算中的旋转因子 W_N^k 替换为 W_N^{-k},将 $X[k]$送入改动后的蝶形运算,得到的输出序列乘以$\frac{1}{N}$,即为 IFFT 的结果 $x[n]$。

通过 DFT 和 IDFT 的定义式(7.40)和(7.41),可证明上述结论。

$$X[k]=\sum_{n=0}^{N-1}x[n]W_N^{kn},\quad k=0,1,\cdots,N-1 \tag{7.40}$$

$$x[n]=\frac{1}{N}\sum_{k=0}^{N-1}X[k]W_N^{-kn},\quad n=0,1,\cdots,N-1 \tag{7.41}$$

(2) 将 $X[k]$的共轭序列 $X^*[k]$送入 FFT 的蝶形运算,计算蝶形运算的输出序列的共轭,并乘以$\frac{1}{N}$,即为 IFFT 的结果 $x[n]$。

证明：对式(7.41)两边求共轭，得

$$(x[n])^{*}=\left(\frac{1}{N}\sum_{k=0}^{N-1}X[k]W_N^{-kn}\right)^{*}=\frac{1}{N}\sum_{k=0}^{N-1}(X[k])^{*}W_N^{kn} \tag{7.42}$$

对式(7.42)两边求共轭，得

$$x[n]=\frac{1}{N}\left\{\sum_{k=0}^{N-1}(X[k])^{*}W_N^{kn}\right\}^{*}=\frac{1}{N}\{\mathrm{DFT}[(X[k])^{*}]\}^{*} \tag{7.43}$$

7.5 实序列 FFT 实现方法

前面讨论的 FFT 和 IFFT 中，计算序列 $x[n]$ 均为复数，那么当 $x[n]$ 为实数时，可认为 $x[n]$ 是虚部为 0 的复数，仍可利用上面所提方法进行运算。也可利用实数的特点，进一步降低计算量。

1. N 点 FFT 计算 2 个 N 点实序列 FFT

设两个 N 点长实序列 $x_1[n]$、$x_2[n]$ 的 DFT 分别为 $X_1[k]$ 和 $X_2[k]$。

首先构造 N 点长复数序列 $x[n]=x_1[n]+\mathrm{j}x_2[n]$，由 N 点 FFT 计算 $x[n]$ 的 DFT $X[k]$。根据 DFT 的对称性可得

$$X_1[k]=X_{\mathrm{ep}}[k]=\begin{cases}X_{\mathrm{Re}}[0], & k=0\\ \dfrac{1}{2}(X[k]+X^{*}[N-k]), & 0<k<N\end{cases} \tag{7.44}$$

$$X_2[k]=X_{\mathrm{op}}[k]=\begin{cases}X_{\mathrm{Im}}[0], & k=0\\ -\dfrac{\mathrm{j}}{2}(X[k]-X^{*}[N-k]), & 0<k<N\end{cases} \tag{7.45}$$

2. FFT 计算 $2N$ 点实序列 FFT 的 DFT

设 $2N$ 点长实序列 $x[n]$ 的 DFT 为 $X[k]$，将 $x[n]$ 分解为奇序列 $g[n]$ 和偶序列 $h[n]$，即

$$g[n]=x[2n] \tag{7.46}$$

$$h[n]=x[2n+1] \tag{7.47}$$

按照上述方法构造 N 点的复数序列 $y[n]=g[n]+\mathrm{j}h[n]$，由 N 点 FFT 计算 $y[n]$ 的 DFT $Y[k]$。根据 DFT 的对称性可得

$$G[k]=Y_{\mathrm{ep}}[k]=\begin{cases}Y_{\mathrm{Re}}[0], & k=0\\ \dfrac{1}{2}(Y[k]+Y^{*}[N-k]), & 0<k<N\end{cases} \tag{7.48}$$

$$H[k]=Y_{\mathrm{op}}[k]=\begin{cases}Y_{\mathrm{Im}}[0], & k=0\\ -\dfrac{\mathrm{j}}{2}(Y[k]-Y^{*}[N-k]), & 0<k<N\end{cases} \tag{7.49}$$

按照基-2 DIT FFT 的方法，由 N 点 $G[k]$ 和 $H[k]$ 可得到长度为 $2N$ 点的 DFT $X[k]$，即

$$X[k]=\begin{cases}G[k]+W_{2N}^{k}H[k], & k=0,1,\cdots,N-1\\ G[k-N]-W_{2N}^{k-N}H[k-N], & k=N,N+1,\cdots,2N-1\end{cases} \tag{7.50}$$

7.6 chirp-z 变换

FFT 算法可很快计算出长度为 N 的序列 $x[n]$ 所有 N 点的 DFT 值 $X[k]$，也就是 $x[n]$ 的 z 变换 $X(z)$ 在 z 平面单位圆上的 N 个等间隔采样值 $X(z)\big|_{z=e^{j\frac{2\pi k}{N}}}$，而无法得到非单位圆上的采样。但实际应用中，有时也对非单位圆上的采样感兴趣，例如在语音信号处理中，常常需要知道 z 变换的极点所在的频率，如果极点位置离单位圆较远，则使用 FFT 算法得到其单位圆上的频谱就很平滑，很难准确地得到极点所在频率。

此外，FFT 每一次计算的输出为单位圆上 N 个采样值同时输出，无法单独计算。但实际问题中，常常只对信号的某一频段感兴趣，也就是只需要计算单位圆上某一频段的频谱值。例如窄带信号只需要对信号所在的一段频带进行分析，这时希望频谱的采样集中在这一频段内，以获得较高的分辨率，频带外则不予考虑。如果用 FFT 算法处理，则需增加频域采样点数，这无疑增加了窄带之外不需要的计算量。

再有，FFT 得到的是单位圆上为 2 的幂次方点的采样，当需计算任意点的采样（尤其 N 是大素数）时，一般采用序列补零，将其扩展为 2 的幂次方，但降低了计算效率。不同采样的比较如图 7.23 所示。

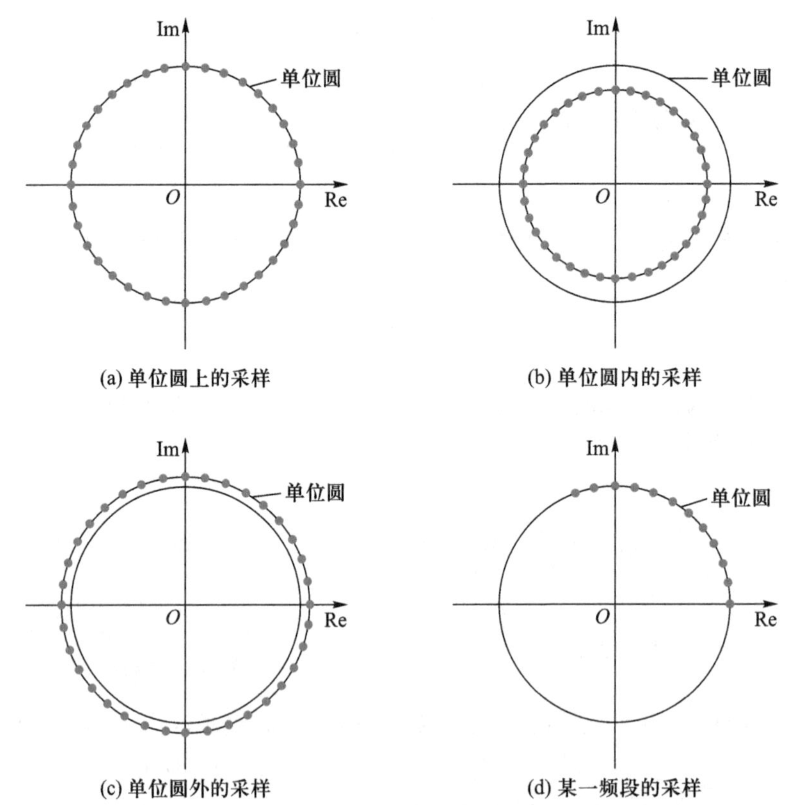

图 7.23　不同采样的比较

线性调频 z 变换(chirp-z transform,CZT)可沿 z 平面上的一段螺旋线作等分的采样,当螺旋线的矢量半径长度、伸展率以及相角等参数改变时,会产生 z 平面上不同的螺旋线轨迹,因此可方便计算 z 平面上任意点的采样。同时,chirp-z 变换可以利用 FFT 算法实现快速计算。螺旋采样如图 7.24 所示。

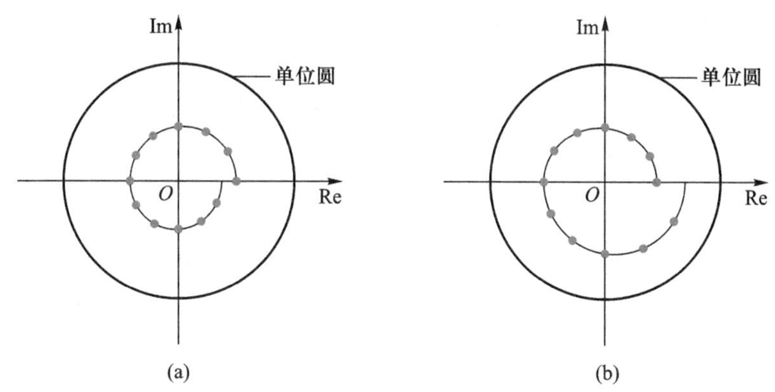

图 7.24 螺旋采样

7.6.1 chirp-z 变换原理

已知序列 $x[n]$($n\in[0,N)$)的 z 变换为

$$X(z)=\sum_{n=0}^{N-1}x[n]z^{-n} \tag{7.51}$$

z 可以沿 z 平面更一般的路径取值,沿 z 平面上的一段螺旋线做等分角的采样,采样点 z_k 可表示为

$$z_k=A_0\mathrm{e}^{\mathrm{j}\varphi_0}r^k\mathrm{e}^{\mathrm{j}k\omega_0},\quad k=0,1,\cdots,M-1 \tag{7.52}$$

其中,M 为采样点的总数,它不一定要与 $x[n]$的长度 N 相等;$A_0\mathrm{e}^{\mathrm{j}\varphi_0}$为采样轨迹的起始点位置,由它的矢量半径长度 A_0 及相角 φ_0 决定,通常 $A_0\leqslant 1$,否则 z_k 将处于单位圆 $|z|=1$ 的外部;r 表示采样螺旋线的伸展率,$r>1$ 时螺旋线随着 k 的增加外伸,$r<1$ 时螺旋线随着 k 的增加内缩;ω_0 为两相邻采样点间的角度差,$\omega_0>0$ 时 z_k 的路径是逆时针旋转,$\omega_0<0$ 时 z_k 的路径是顺时针旋转,由于 ω_0 是任意的,减小 ω_0 可以提高分辨率,这对分析具有任意起始频率的高分辨率窄带频谱是很有用的。

当 $M=N$、$A_0=1$、$r=1$、$\omega_0=\dfrac{2\pi}{N}$时,z_k 等间隔均匀分布在单位圆上,等效于求序列的 DFT。各种不同的螺旋线轨迹如图 7.25 所示。

将 z 变换的采样值 $z_k=A_0\mathrm{e}^{\mathrm{j}\varphi_0}r^k\mathrm{e}^{\mathrm{j}k\omega_0}$代入式(7.51)可得

$$\begin{aligned}X(z)\big|_{z=z_k}&=\sum_{n=0}^{N-1}x[n]A_0^{-n}\mathrm{e}^{-\mathrm{j}n\varphi_0}r^{-nk}\mathrm{e}^{-\mathrm{j}\omega_0 nk}\\&=\sum_{n=0}^{N-1}x[n]A_0^{-n}\mathrm{e}^{-\mathrm{j}n\varphi_0}(r\mathrm{e}^{\mathrm{j}\omega_0})^{-nk}\end{aligned} \tag{7.53}$$

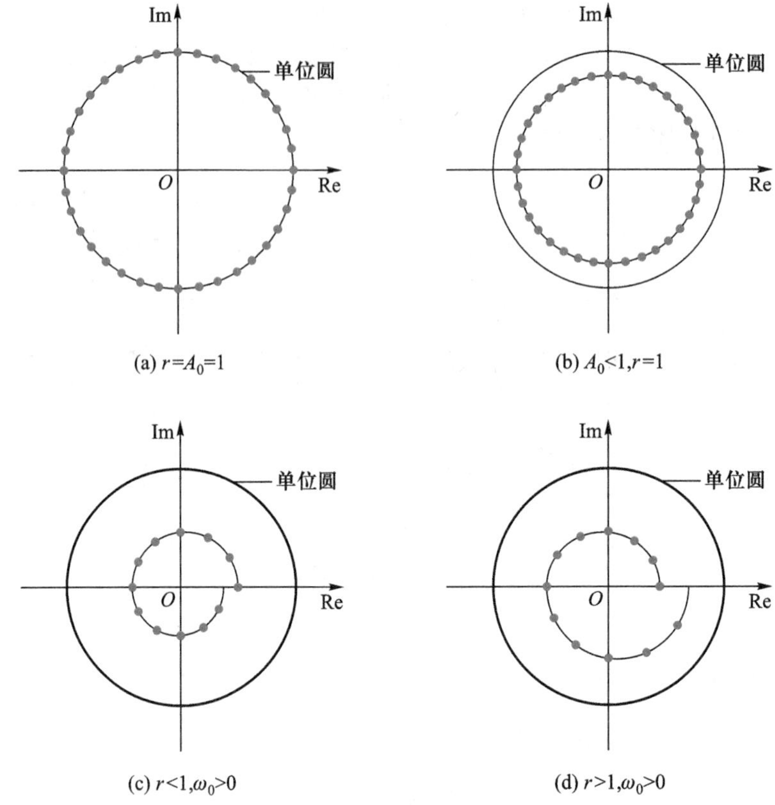

图 7.25　chirp-z 变换的一些螺旋线轨迹示例

直接计算这一公式与直接计算 DFT 相似，计算 M 个采样点需要 MN 次复数乘法与 $(N-1)M$ 次复数加法，当 N、M 很大时，这个计算量可能很大。为了减少计算量，可以通过一定的变换，将以上运算转换为卷积形式，从而可以采用 FFT 来进行，这样就可以大大提高运算速度。

为了将式(7.53)转换为卷积形式，可以利用布鲁斯坦(Bluestein)等式，即

$$nk=\frac{1}{2}[n^2+k^2-(k-n)^2] \tag{7.54}$$

将式(7.54)代入式(7.53)，可得

$$\begin{aligned} X(z)\big|_{z=z_k} &= \sum_{n=0}^{N-1}(x[n]A_0^{-n}\mathrm{e}^{-\mathrm{j}n\varphi_0})(r\mathrm{e}^{\mathrm{j}\omega_0})^{-\frac{1}{2}[n^2+k^2-(k-n)^2]} \\ &= (r\mathrm{e}^{\mathrm{j}\omega_0})^{-\frac{k^2}{2}}\sum_{n=0}^{N-1}(x[n]A_0^{-n}\mathrm{e}^{-\mathrm{j}n\varphi_0}(r\mathrm{e}^{\mathrm{j}\omega_0})^{-\frac{n^2}{2}})(r\mathrm{e}^{\mathrm{j}\omega_0})^{\frac{(k-n)^2}{2}} \end{aligned} \tag{7.55}$$

令 $g[n]=(x[n]A_0^{-n}\mathrm{e}^{-\mathrm{j}n\varphi_0}(r\mathrm{e}^{\mathrm{j}\omega_0})^{-\frac{n^2}{2}})$，$h[n]=(r\mathrm{e}^{\mathrm{j}\omega_0})^{\frac{n^2}{2}}$，其中 $n\in[0,N)$，则

$$X(z)\big|_{z=z_k}=(r\mathrm{e}^{\mathrm{j}\omega_0})^{-\frac{k^2}{2}}\sum_{n=0}^{N-1}g[n]h[k-n]=(r\mathrm{e}^{\mathrm{j}\omega_0})^{-\frac{k^2}{2}}g[k]*h[k] \tag{7.56}$$

上式表明，chirp-z 变换 $X(z)\big|_{z=z_k}$ 是序列 $g[n]$ 与 $h[n]$ 的卷积和，其中 $g[n]$ 由信号

$x[n]$进行$A_0^{-n}\mathrm{e}^{-\mathrm{j}n\varphi_0}(r\mathrm{e}^{\mathrm{j}\omega_0})^{-\frac{n^2}{2}}$加权得到，$h[n]$可认为是某离散时间 LTI 系统的单位脉冲响应，系统的前 M 点输出序列进行$(r\mathrm{e}^{\mathrm{j}\omega_0})^{-\frac{k^2}{2}}$加权即为全部 M 点的螺旋线采样值。这个过程可用图 7.26 表示。

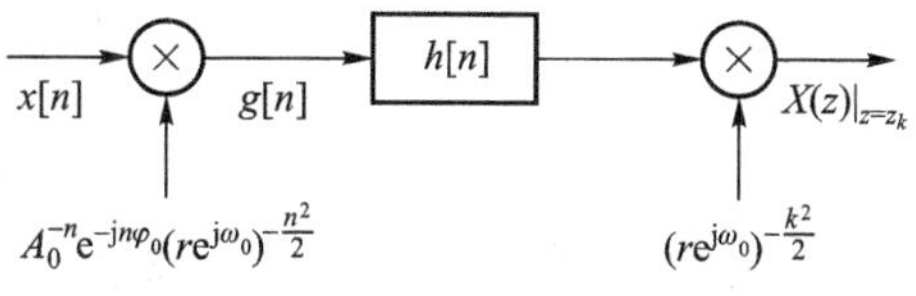

图 7.26　chirp-z 变换算法框图

由于单位脉冲响应$h[n]=(r\mathrm{e}^{\mathrm{j}\omega_0})^{\frac{n^2}{2}}$与线性调频信号(chirp signal)相似，因此将该算法称为 chirp-z 变换。

7.6.2　chirp-z 的快速实现

在式(7.56)中，序列$g[n]$的长度为 N，单位脉冲响应$h[n]$为无限长序列，而卷积输出序列$g[k]*h[k]$中前 M 个值经过$(r\mathrm{e}^{\mathrm{j}\omega_0})^{-\frac{k^2}{2}}$加权即为 chirp-$z$ 变换结果，也就是说$h[n]$对变换结果有影响的区间为$n\in(-N,M)$，如图 7.27(a)所示。

$g[k]*h[k]$的点数为$2N+M-2$，因此采用圆周卷积代替线性卷积且不产生混叠失真的条件是圆周卷积的点数应大于等于$2N+M-2$，但由于 chirp-z 变换只需要卷积输出序列的前 M 个值，对其后序列是否发生混叠失真并不关心，因此可将圆周卷积的点数缩减至$N+M-1$。同时考虑到 FFT 运算点数要求，圆周卷积的点数应满足$L\geqslant N+M-1$，且$L=2^m$。因此一般先将$h[n]$补零，使其点数等于 L，然后将此序列以 L 为周期进行周期延拓，取其主值序列，如图 7.27(b)所示。对于$g[n]$序列而言，只需要将其补零，使其序列长度为 L，如图 7.27(c)所示。chirp-z 运算的实现步骤具体如下：

(1) 选择最小的整数 L，使其满足$L\geqslant N+M-1$，且$L=2^m$。

(2) 将$g[n]=x[n]A_0^{-n}\mathrm{e}^{-\mathrm{j}n\varphi_0}(r\mathrm{e}^{\mathrm{j}\omega_0})^{-\frac{n^2}{2}}$补上零点，使序列长度等于 L，得

$$g[n]=\begin{cases}x[n]A_0^{-n}\mathrm{e}^{-\mathrm{j}n\varphi_0}(r\mathrm{e}^{\mathrm{j}\omega_0})^{-\frac{n^2}{2}}, & 0\leqslant n\leqslant N-1\\ 0, & N\leqslant n\leqslant L-1\end{cases}\tag{7.57}$$

利用 FFT 可得该序列的 L 点 DFT，即

$$G[r]=\sum_{n=0}^{N-1}g[n]\mathrm{e}^{-\mathrm{j}\frac{2\pi}{L}rn},\quad 0\leqslant r\leqslant L-1\tag{7.58}$$

(3) 将$h[n]$补零并周期延拓，取长度为 L 的主值序列，得

$$h[n]=\begin{cases}(r\mathrm{e}^{\mathrm{j}\omega_0})^{\frac{n^2}{2}}, & 0\leqslant n\leqslant M-1\\ 0(\text{或任意值}), & M\leqslant n\leqslant L-N\\ (r\mathrm{e}^{\mathrm{j}\omega_0})^{\frac{(L-n)^2}{2}}, & L-N+1\leqslant n\leqslant L-1\end{cases}\tag{7.59}$$

利用 FFT 可得该序列的 L 点 DFT，即

$$H[r]=\sum_{n=0}^{N-1}g[n]\mathrm{e}^{-\mathrm{j}\frac{2\pi}{L}rn},\quad 0\leqslant r\leqslant L-1\tag{7.60}$$

(4) 将$H[r]$与$G[r]$相乘，得$Q[r]=H[r]G[r]$。

(5) 利用 FFT 求 $Q[r]$ 的 L 点 IDFT，得 $h[n]$ 与 $g[n]$ 的圆周卷积，即

$$q[n]=\frac{1}{L}\sum_{r=0}^{L-1}H[r]G[r]\mathrm{e}^{\mathrm{j}\frac{2\pi}{L}rn} \tag{7.61}$$

其中，前 M 个值等于 $h[n]$ 与 $g[n]$ 的线性卷积结果，而 $n\geqslant M$ 的值没有意义，无须计算，结果如图 7.27(d)所示。

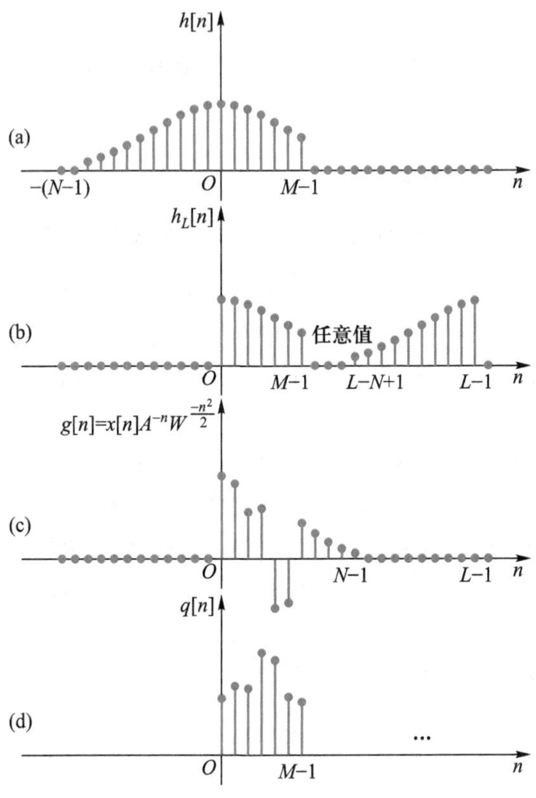

图 7.27　chirp-z 变换的圆周示意图

(6) 最后由式(7.56)可得

$$X(z)\big|_{z=z_k}=(r\mathrm{e}^{\mathrm{j}\omega_0})^{-\frac{k^2}{2}}g[k]*h[k]=(r\mathrm{e}^{\mathrm{j}\omega_0})^{-\frac{k^2}{2}}q[k],\quad 0\leqslant k\leqslant M-1 \tag{7.62}$$

综上，chirp-z 的快速实现框图如图 7.28 所示。

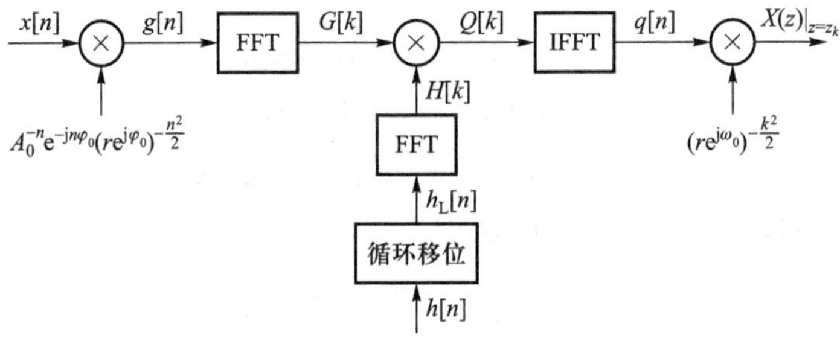

图 7.28　chirp-z 的快速实现框图

以上介绍的是 chirp-z 变换的快速实现方式。与标准 FFT 算法相比，chirp-z 变换的特点在于：输入输出序列的长度无须相同；序列长度无须是合成数；可以采样到 z 平面非单位圆上的点；采样的起始点和采样间隔可任意设置。

例 7.1 设一有限长序列 $x[n]$ 仅在区间 $n=0,\cdots,25$ 上为非零，且要计算当 $k=0,\cdots,25$ 时在频率点 $\omega_k=2\pi/27+2\pi k/1024$ 上 DTFT $X(\mathrm{e}^{\mathrm{j}\omega})$ 处的 16 个样本。我们可以利用图 7.28 所示框图选择适当参数的系统，通过与一个因果脉冲响应的卷积来计算所要求的频率样本。设所求样本个数 $M=16$ 及序列长度 $M=16$。初始样本的频率 ω_0 为 $2\pi/27$，相邻频率样本的间隔 $\Delta\omega$ 为 $2\pi/1\,024$。这样选择参数后，由 $W=\mathrm{e}^{-\mathrm{j}\Delta\omega}$ 和 $h_1[n]=\begin{cases}W^{-(n-N+1)^2/2}, & n=0,1,\cdots,M+N-2\\ 0, & \text{其他}\end{cases}$

可得出所要求的因果脉冲响应为

$$h_1=\begin{cases}\left[\mathrm{e}^{-\mathrm{j}2\pi/1\,024}\right]^{-(n-25)^2/2}, & n=0,1,\cdots,40\\ 0, & \text{其他}\end{cases}\tag{7.63}$$

对于这个因果脉冲，输出 $y_1[n]$ 就是在 $y_1[25]$ 处为起点的所要求的频率样本，即

$$y_1[n+25]=X(\mathrm{e}^{\mathrm{j}\omega_n})\big|_{\omega_n=2\pi/27+2\pi n/1\,024},\quad n=0,1,\cdots,15\tag{7.64}$$

7.7 小　　结

本章介绍了按时间抽取的 FFT，即 DIT-FFT 算法。将 N 点输入序列 $x[n]$，按奇偶分成两个 $\frac{N}{2}$ 点的序列 $g[n]$、$h[n]$；然后分别计算两个 $\frac{N}{2}$ 点的序列 $g[n]$、$h[n]$ 的 DFT 得 $G[k]$、$H[k]$；将 $G[k]$、$H[k]$ 按照蝶形运算组合为 N 点序列 $x[n]$ 的 N 点 DFT $X[k]$。把这种对 $x[n]$ 依次拆分，可得 N 点 DFT 的快速计算流图，称为 FFT 蝶形图。

本章还介绍了按频率抽取的 FFT，即 DIF-FFT 算法。将 N 点输入序列 $x[n]$，按蝶形运算组合为两个 $\frac{N}{2}$ 点序列 $g[n]$、$h[n]$；然后分别计算两个 $\frac{N}{2}$ 点序列 $g[n]$、$h[n]$ 的 DFT 得 $G[k]$、$H[k]$；$G[k]$ 即为 N 点序列 $x[n]$ 的 N 点 DFT $X[k]$ 的偶数部分，$H[k]$ 为 $X[k]$ 的奇数部分。这种依次拆分，可得 N 点 DFT 的快速计算流图，同样称为 FFT 蝶形图。

DIT 和 DIF 计算包含 $\frac{N}{2}\log_2 N$ 个蝶形，每个蝶形最多包含 1 次复数乘法、2 次复数加法。由于 FFT 对输入序列进行拆分，如果使用原位运算，便会出现码位倒序现象。

FFT 应用极其广泛，可在计算机、DSP、FPGA、专用集成电路（application specific integrated circuit，ASIC）上实现。一般在计算机上通过软件编程或调用相关库函数实现，常用的语言有 MATLAB、C 语言、Python 等；DSP 系统通过 C 语言、ASM 汇编语言编程或调用相关库函数实现；FPGA 系统通过 VHDL、VerilogHDL 编程或调用相关 IP 核实现；也可采用 FFT 专用集成电路实现。

根据 DFT 与 IDFT 定义式的差异，通过变换旋转因子或者其他简单计算，可采用 FFT

的方法实现 IFFT。

chirp-z 变换可方便计算 z 平面内螺旋线上采样点处的变换值，且可采用 FFT 快速算法实现。同时应注意到 FFT 是 chirp-z 的特例。

习　题

7.1　某数字信号处理系统一次复数乘法需 100 ns，一次复数加法需 20 ns。用该系统计算 $N=2^{10}$ 的 DFT，问直接运算和用基-2 DIT FFT 运算各需要多少时间？

7.2　利用 $N=8$ 基-2 DIT 和 DIF 的 FFT 流图计算序列 $x[n]=\{1,0,1,0,1,0,1,0\}$ 的 DFT，比较两者的异同。

7.3　若 $W_N^k=\mathrm{e}^{-\mathrm{j}2\pi k/N}$，则 $W_N^{N/4}=-\mathrm{j}$、$W_N^{N/2}=-1$、$W_N^{3N/4}=\mathrm{j}$、$W_N^N=1$，请证明：$W_N^{(i+N)k}=W_N^{ik}$、$W_N^{i+N/2}=-W_N^i$、$W_N^{2i}=W_{N/2}^i$、$W_N^*=W_N^{-1}$。

7.4　库利-图基 FFT 算法也可解释为 $\boldsymbol{W}$ 矩阵的分解简化，例如 $N=4$ 可写出

$$\begin{bmatrix} X[0] \\ X[2] \\ X[1] \\ X[3] \end{bmatrix}=\begin{bmatrix} 1 & W^0 & 0 & 0 \\ 1 & -W^0 & 0 & 0 \\ 0 & 0 & 1 & W^1 \\ 0 & 0 & 1 & -W^1 \end{bmatrix}\begin{bmatrix} 1 & 0 & W^0 & 0 \\ 0 & 1 & 0 & W^0 \\ 1 & 0 & -W^0 & 0 \\ 0 & 1 & 0 & -W^0 \end{bmatrix}\begin{bmatrix} x[0] \\ x[1] \\ x[2] \\ x[3] \end{bmatrix}$$

(1) 证明该矩阵表示式与 DFT 定义一致。

(2) 请写出 $N=8$ 的矩阵表示。

7.5　从实现某种 FFT 流图中截取的蝶形如图 P7.5 所示，请判断下述结论是否正确，并给出理由。

(1) 该蝶形是从一个 DIT-FFT 流图中截取的。

(2) 该蝶形是从一个 DIF-FFT 流图中截取的。

(3) 无法判断该蝶形取自何种 FFT 流图。

7.6　从 $N=16$ 基-2 DIT FFT 流图中取某个蝶形如图 P7.6 所示。如果流图中 4 级的序号为 $m=1,2,3,4$，则每一级蝶形 r 的可能值分别为多少？

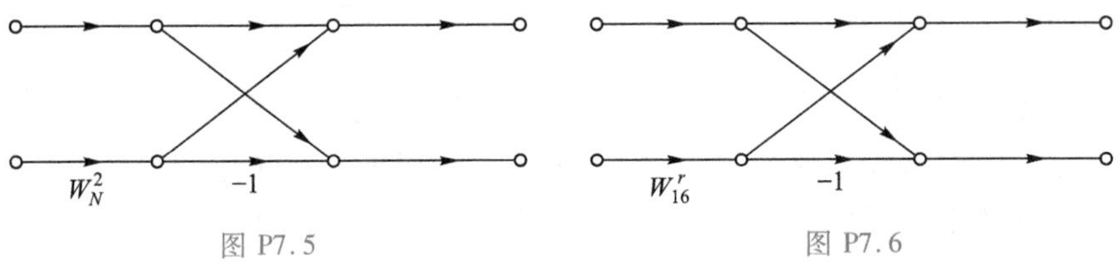

图 P7.5　　　　图 P7.6

7.7　从 $N=16$ 基-2 DIT FFT 流图中取某个蝶形如图 P7.7 所示，请判断这是哪级蝶形。

7.8　从 $N=16$ 基-2 DIF FFT 流图中取某个蝶形如图 P7.8 所示，请判断这是哪级蝶形。

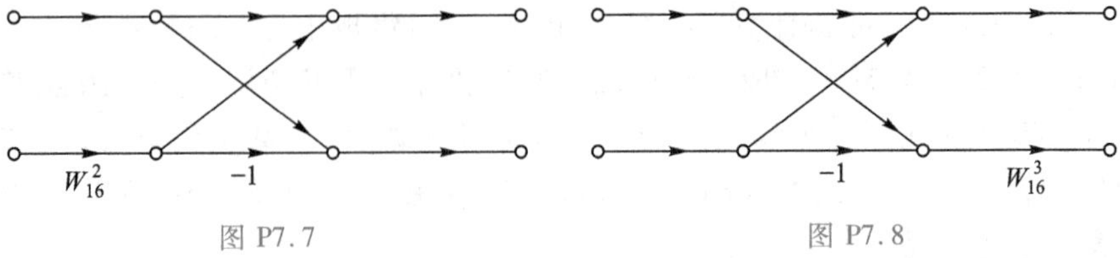

图 P7.7　　　　图 P7.8

7.9　已知某 $N=32$ 的 FFT 流图第 5 级（最后一级）蝶形的旋转因子为 W_{32}^2，请判断该 FFT 是 DIT 还是

DIF,并说明理由。

7.10 DFT 通常需计算复数乘法,$X+\mathrm{j}Y=(A+\mathrm{j}B)(C+\mathrm{j}D)=(AC-BC)+\mathrm{j}(BC+AD)$,即 1 次复数乘法需 4 次实数乘法和 2 次实数加法。利用以下操作可节省实数运算次数,请给出该操作完成 1 次复数乘法需要的实数乘法和加法的次数。

$$X=(A-B)D+(C-D)A$$
$$Y=(A-B)D+(C+D)B$$

7.11 现有程序 A 按照 DFT 求和定义式计算 DFT,计算时间为 N^2 秒。程序 B 按基-2 DIT FFT 计算 DFT,计算时间为 $10N\log_2 N$ 秒。如果 $x[n]$ 是长度为 $N=2^v$ 的有限长序列,请问序列长度 N 满足什么条件时,程序 B 快于程序 A?

7.12 设有限长序列复数 $x[n]$ 的 N 点 DFT 为 $X[k]$,如果该序列满足对称条件 $x[n]=-x[((n+N/2))_N](0\leqslant n\leqslant N-1)$。

(1) 证明:当 $k=0,2,\cdots,N-2$ 时,$X[k]=0$。

(2) 说明如何只用一个 $N/2$ 点 DFT 外加少量计算得到 $k=1,3,\cdots,N-1$ 的 DFT 值 $X[k]$。

7.13 设有限长序列复数 $x[n]$ 的 N 点 DFT 为 $X[k](k=0,1,\cdots,N-1)$,由 $x[n]$ 构成序列 $y[n]=\begin{cases}x[n]+x[n+N/2], & 0\leqslant n\leqslant N/2-1\\ 0, & \text{其他}\end{cases}$,计算 $y[n]$ 的 $N/2$ 点 DFT $Y[k]$,即可得到 $X[k]$ 偶数点的值,即 $X[k]=Y[k/2](k=0,2,\cdots,N-2)$。

(1) 证明上述做法的正确性。

(2) 如果由序列 $x[n]$ 构造一个有限长序列 $y[n]=\begin{cases}\sum\limits_{r=-\infty}^{\infty}x[n+rM], & 0\leqslant n\leqslant M-1\\ 0, & \text{其他}\end{cases}$,请确定序列 $y[n]$ 的 M 点 DFTY$[k]$与序列 $x[n]$ 的 DTFT $X(\mathrm{e}^{\mathrm{j}\omega})$之间的关系,并证明。

(3) 给出利用一个 $N/2$ 点 DFT(N 为偶数),计算 $k=1,3,\cdots,N-1$ 的 DFT 值 $X[k]$的方法,并证明。

7.14 如果某数字信号处理程序可计算 DFT,即程序的输入为序列 $x[n]$,输出为 $x[n]$的 DFT $X[k]$。请设计利用该程序计算 IDFT 的方法,即程序的输入为 $X[k]$或与 $X[k]$有简单联系的序列,输出为 $x[n]$或与 $x[n]$有简单联系的序列。

7.15 (1) 设 N 点实序列 $x[n]$的 N 点 DFT 为 $X[k]$,$X[k]$的实部和虚部记作 $X_R[k]$和 $X_I[k]$,即 $X[k]=X_R[k]+\mathrm{j}X_I[k]$。请证明 $X_R[k]=X_R[N-k]$、$X_I[k]=-X_I[N-k]$。

(2) 设两实序列 $x_1[n]$、$x_2[n]$的 DFT 分别为 $X_1[k]$、$X_2[k]$,由实序列 $x_1[n]$、$x_2[n]$构造复序列 $g[n]=x_1[n]+\mathrm{j}x_2[n]$,若 $g[n]$的 DFT 记作 $G[k]=G_R[k]+\mathrm{j}G_I[k]$。令 $G_{OR}[k]$、$G_{ER}[k]$分别表示 $G[k]$的实部的奇对称部分和偶对称部分,$G_{OI}[k]$、$G_{EI}[k]$分别表示 $G[k]$的虚部的奇对称部分和偶对称部分。即对于 $1\leqslant k\leqslant N-1$,$G_{OR}[k]=\frac{1}{2}\{G_R[k]-G_R[N-k]\}$、$G_{ER}[k]=\frac{1}{2}\{G_R[k]+G_R[N-k]\}$、$G_{OI}[k]=\frac{1}{2}\{G_I[k]-G_I[N-k]\}$、$G_{EI}[k]=\frac{1}{2}\{G_I[k]+G_I[N-k]\}$。且 $G_{OR}[0]=G_{OI}[0]=0$,$G_{ER}[0]=G_R[0]$,$G_{EI}[0]=G_I[0]$。请利用 $G_{OR}[k]$、$G_{ER}[k]$、$G_{OI}[k]$和 $G_{EI}[k]$表示 $X_1[k]$和 $X_2[k]$。

(3) 如果 $N=2^v$,且有基-2 FFT 程序可供使用。请设计一种调用一次 N 点 FFT 计算两个 N 点实序列 DFT 的方法。

(4) 如果仅有一 N 点实序列 $x[n]$,其中 N 为 2 的幂。令 $x_1[n]$和 $x_2[n]$为两个 $N/2$ 点实序列,且 $x_1[n]=x[2n]$和 $x_2[n]=x[2n+1]$,其中 $n=0,1,\cdots,N/2-1$。给出利用 $N/2$ 点 DFT $X_1[k]$、$X_2[k]$计算 $X[k]$的方法。

由(2)(3)和(4)的结果提出一种只用一次 $N/2$ 点 FFT 算法来计算 N 点实序列 $x[n]$的 DFT 的方法。

比较所提方法与将虚部置零计算实序列 DFT 方法的计算量。

7.16 已知长度为 L 的实序列 $x[n]$（即在区间 $0\leqslant n\leqslant L-1$ 之外，$x[n]=0$）和长度为 P 的实序列 $h[n]$（即在区间 $0\leqslant n\leqslant P-1$ 之外，$h[n]=0$），两序列的线性卷积为 $y[n]=x[n]*h[n]$。

（1）序列 $y[n]$ 长度是多少？

（2）直接计算线性卷积，则计算 $y[n]$ 全部非零值实数乘法的次数是多少？

（3）如果利用 DFT 计算，给出计算 $y[n]$ 全部非零值的方法，并给出 DFT、IDFT 的最小长度。

（4）如果 $L=P=N/2$，且 $N=2^{v}$，利用 FFT 计算 $y[n]$ 全部非零值。请给出该方法比（2）（3）方法实数乘法次数的减少量。

7.17 某 FIR 滤波器的单位脉冲响应 $h[n]$ 在区间 $0\leqslant n\leqslant 63$ 外为 0。输入序列 $x[n]$ 可分解为无限多个可能重叠的 128 点序列 $x_i[n]$（i 为整数），即 $x_i[n]=\begin{cases}x[n], & iL\leqslant n\leqslant iL+127\\ 0, & \text{其他}\end{cases}$（$L$ 为正整数）。每段序列送入系统 $h[n]$ 后的输出为 $y_i[n]=x_i[n]*h[n]$。请用如图 P7.17 所示模块，给出由序列 $x[n]$ 得到每段输出序列 $y_i[n]$ 的方法。每个模块可重复使用，也可不用。

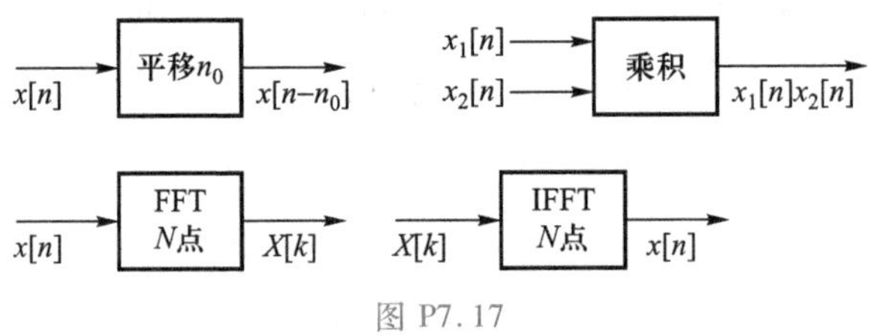

图 P7.17

7.18 设长度为 100 的序列 $x[n]$ 的 z 变换为 $X(z)$，请给出利用线性调频变换计算 z 平面上半径为 0.5、起始角为 $-\pi/6$、终止角 $2\pi/3$ 的圆弧上均匀相间的 25 点 $X(z)$ 值的方法。

7.19 已知长度为 627 的序列 $x[n]$（即当 $n<0$ 和 $n>626$ 时，$x[n]=0$），设序列 $x[n]$ 的 DTFT 为 $X(\mathrm{e}^{\mathrm{j}\omega})$，请给出计算 $\omega_k=\dfrac{2\pi}{627}+\dfrac{2\pi k}{256}$（$k=0,1,\cdots,255$）处 $X(\mathrm{e}^{\mathrm{j}\omega})$ 值的方法。现有计算任何长度为 $N=2^{v}$ 的 FFT 程序可供使用，要求 v 尽可能小。

7.20 某有限长序列 $x[n]$ 在区间 $0\leqslant n\leqslant 19$ 外序列值为零。当序列 $x[n]$ 送入如图 P7.20 所示系统，输出记作 $y[n]$。请给出序列 $y[n]$ 在区间 $n=19,\cdots,28$ 上的值，以及与序列 $x[n]$ DTFT $X(\mathrm{e}^{\mathrm{j}\omega})$ 之间的关系。其中 $h[n]=\begin{cases}\mathrm{e}^{\mathrm{j}(2\pi/21)(n-19)^2}, & n=0,1,\cdots,28\\ 0, & \text{其他}\end{cases}$。

7.21 某有限长序列 $x[n]$ 送入如图 P7.21 所示系统，输出记作 $y[n]$。当 $n=0,1,\cdots,4$ 时序列 $y[n+11]=X(\mathrm{e}^{\mathrm{j}(2\pi/19+n(2\pi/10))})$，请给出序列 $r[n]$。其中 $h[n]=\begin{cases}\mathrm{e}^{\mathrm{j}(2\pi/10)(n-11)^2}, & n=0,1,\cdots,15\\ 0, & \text{其他}\end{cases}$。

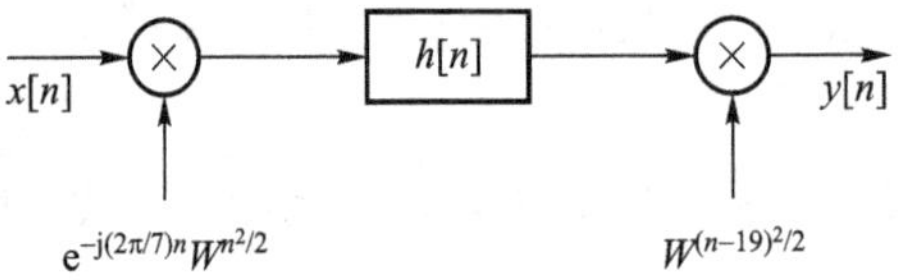

$x[n]$　$h[n]$　$y[n]$　$\mathrm{e}^{-\mathrm{j}(2\pi/7)n}W^{n^2/2}$　$W^{(n-19)^2/2}$

图 P7.20

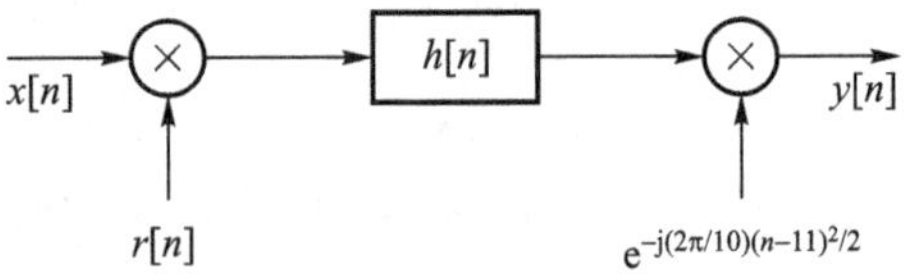

$x[n]$　$h[n]$　$y[n]$　$r[n]$　$\mathrm{e}^{-\mathrm{j}(2\pi/10)(n-11)^2/2}$

图 P7.21

7.22 某离散时间 LTI 系统的输入和输出满足差分方程 $y[n]=\sum\limits_{k=1}^{N}a_k y[n-k]+\sum\limits_{k=0}^{N}b_k x[n-k]$，其系统函数记作 $H(z)$。如果有 $N=2^{v}$ 点 FFT 程序可供使用，请给出计算 $H(\mathrm{e}^{\mathrm{j}(2\pi/512)k})$（$k=0,1,\cdots,511$）的方法。

第 8 章　数字滤波器设计方法

数字滤波器是数字信号处理中应用最为广泛的系统。广义上讲,任何对信号频率进行修正的系统都可称为滤波器。而本章只讨论具有 LTI 特性的、因果稳定的选频滤波器的设计方法。所谓选频滤波器的设计,就是根据给定的滤波器特性 $H(\mathrm{e}^{\mathrm{j}\omega})$(一般为幅频特性),利用信号处理理论和数学工具确定一个因果稳定的可实现系统函数 $H(z)$ 的过程。数字滤波器可分为 IIR 滤波器和 FIR 滤波器两类。本章介绍模拟滤波器设计方法、利用冲激响应不变法与双线性变换法设计 IIR 滤波器、利用窗函数设计法与频率采样设计法设计 FIR 滤波器。

8.1　模拟滤波器设计

典型的 IIR 数字滤波器设计方法主要有零极点位置累试法、最优化设计方法以及利用模拟滤波器的理论设计数字滤波器三种方法。在实际情况下,模拟滤波器理论已发展得相当成熟,产生了很多高效率的设计方法。常用的模拟滤波器不仅有简单而严格的设计公式,而且设计参数已经表格化,设计起来方便准确。可以借助模拟滤波器的理论和设计方法来设计数字滤波器。

滤波器是指能够使输入信号中某些频率分量充分地衰减,同时保留那些需要的频率分量的一类系统,滤波器在信号传输与信号处理中处于重要作用。根据处理信号的不同可将滤波器分为模拟滤波器和数字滤波器两种。模拟滤波器和数字滤波器的概念相同,只是信号的形式和实现滤波的方法不同。模拟滤波器要用硬件电路来实现,即用由模拟元件(比如电阻、电容、电感)组成的电路来完成滤波功能,如图 8.1 所示。

根据“信号与系统”课程的相关知识,LTI 连续时间系统的输出输入可用时域卷积表示为

$$y(t)=x(t)*h(t) \tag{8.1}$$

其中,$x(t)$ 为输入信号,$y(t)$ 为输出信号,$h(t)$ 为单位冲激响应。如图 8.1 所示,输入信号 $x(t)$ 包含低频和高频分量,模拟电路构成滤波器的单位冲激响应为 $h(t)$。输入信号 $x(t)$ 经过该系统,其高频分量被该滤波器衰减,低频分量正常通过,输出信号 $y(t)$。

根据连续时间傅里叶变换的卷积定理,如果 $x(t)\xleftrightarrow{\mathrm{FT}}X(\mathrm{j}\Omega)$、$y(t)\xleftrightarrow{\mathrm{FT}}Y(\mathrm{j}\Omega)$、$h(t)\xleftrightarrow{\mathrm{FT}}H(\mathrm{j}\Omega)$,则

$$Y(\mathrm{j}\Omega)=X(\mathrm{j}\Omega)H(\mathrm{j}\Omega) \tag{8.2}$$

由图 8.1 中可以看出,$|X(\mathrm{j}\Omega)|$ 存在两个频率分量能量较高,经过系统频率响应 $H(\mathrm{j}\Omega)$ 的作用,将 $|X(\mathrm{j}\Omega)|$ 的高频部分衰减,保留了低频部分,得到输出信号的频谱 $|Y(\mathrm{j}\Omega)|$。说明该系统对信号进行了低通滤波处理。

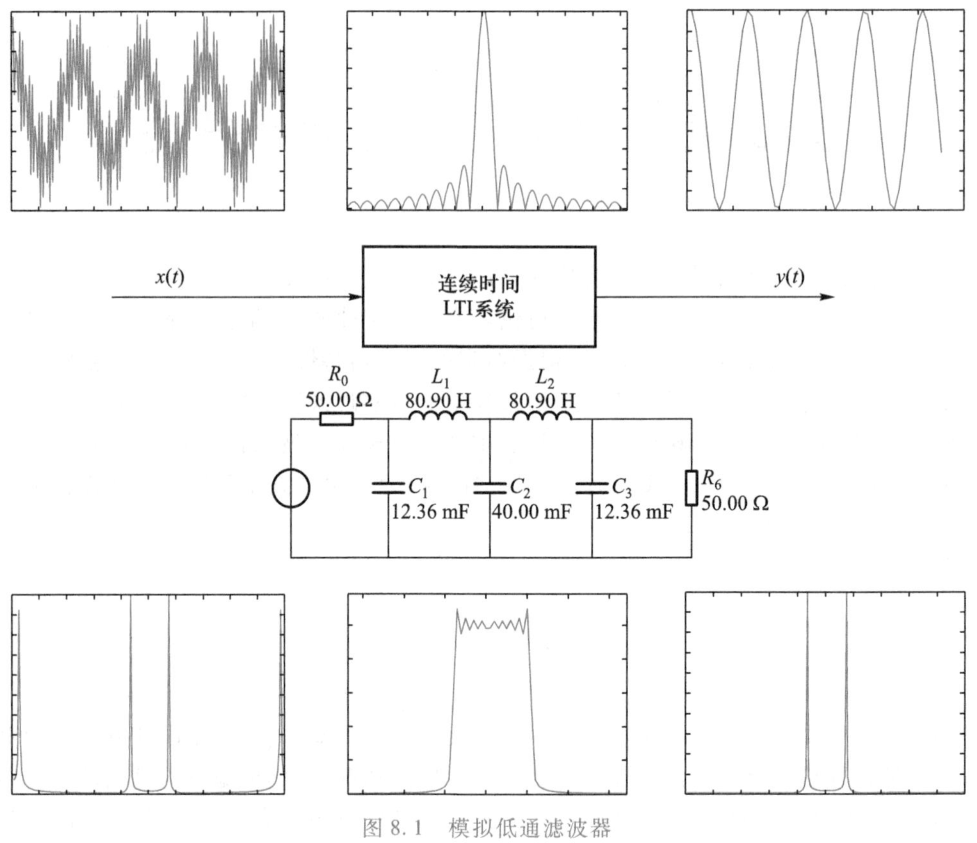

图 8.1 模拟低通滤波器

用 $H(s)$ 表示模拟滤波器的系统函数，则单位冲激响应、系统函数、频率响应函数的关系为

$$H(s)=\mathrm{LT}[h(t)]=\int_{-\infty}^{\infty}h(t)\mathrm{e}^{-st}\mathrm{d}t \tag{8.3}$$

$$H(\mathrm{j}\Omega)=\mathrm{FT}[h(t)]=\int_{-\infty}^{\infty}h(t)\mathrm{e}^{-\mathrm{j}\Omega t}\mathrm{d}t \tag{8.4}$$

当 $s=\mathrm{j}\Omega$ 时，系统函数 $H(s)$ 就是线性时不变系统的频率响应 $H(\mathrm{j}\Omega)$，即用 $h(t)$、$H(s)$、$H(\mathrm{j}\Omega)$ 均可描述模拟滤波器。

模拟滤波器设计是根据幅频响应 $|H(\mathrm{j}\Omega)|$，设计出满足要求的系统函数 $H(s)$。根据电路分析理论，由 $H(s)$ 可得该系统的实现电路。在实际设计时，为了设计方便起见，幅频响应由 $|H(\mathrm{j}\Omega)|^2$ 形式给出。因此，由 $|H(\mathrm{j}\Omega)|^2$ 求出对应的 $H(s)$ 为模拟滤波器设计的关键问题。

8.1.1 模拟滤波器的分类

模拟滤波器按频率特性可分为低通滤波器、高通滤波器、带通滤波器和带阻滤波器。图 8.2 给出了这四种模拟滤波器的频率响应。其中，低通滤波器就是通过低频，而衰减或阻止较高频率的滤波器；高通滤波器就是通过高频，而衰减或阻止较低频率的滤波器；带通滤波器就是通过某一频带范围，而衰减或阻止高于或低于所要通过的这段频带的滤波器；

带阻滤波器就是衰减或阻止某一频带范围，而通过高于或低于所要通过的这段频带的滤波器。

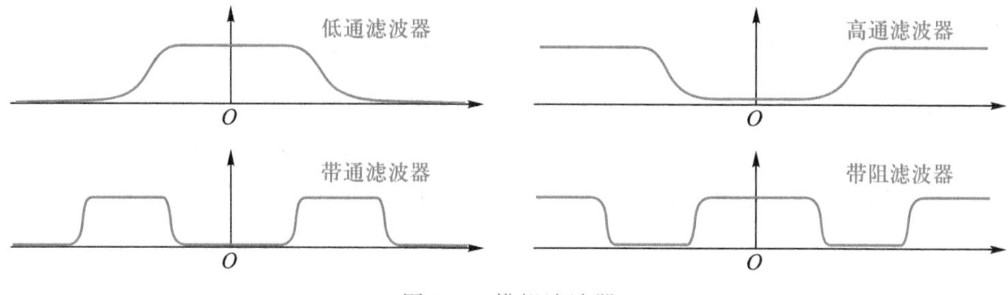

图 8.2 模拟滤波器

典型模拟滤波器可通过巴特沃思（Butterworth）、切比雪夫（Chebyshev）、椭圆（Ellips）、贝塞尔（Bessel）等多项式逼近幅频响应 $|H(\mathrm{j}\Omega)|$。其中，Butterworth 多项式具有单调下降的幅频特性，通带具有最大平坦度，但从通带到阻带衰减较慢；Chebyshev 多项式的幅频特性在通带或者阻带有等波纹特性，可以提高选择性；Bessel 多项式在通带内有较好的线性相位特性；Ellips 多项式的选择性相对前三种是最好的。可根据特定的衰减要求，选择适当的多项式类型完成滤波器设计。

8.1.2 模拟滤波器的技术指标

当进行模拟滤波器设计时，技术指标的确定是设计模拟滤波器的先决条件。以模拟低通滤波器为例，主要包括：通带截止频率 Ω_p、阻带起始频率 Ω_s、通带内最大衰减 δ_p、阻带内最小衰减 δ_s。该性能指标及其相应的含义如图 8.3 所示。

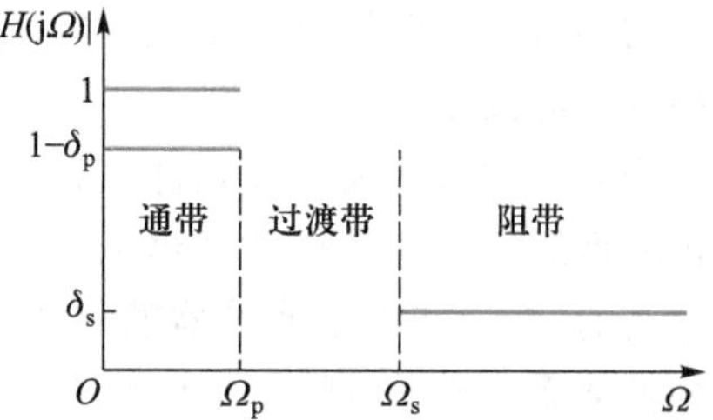

图 8.3 模拟低通滤波器的性能指标

通带及阻带衰减 δ_p、δ_s 的分贝形式为

$$\delta_p = 20\lg\frac{|H(\mathrm{j}0)|}{|H(\mathrm{j}\Omega_p)|} \tag{8.5}$$

$$\delta_s = 20\lg\frac{|H(\mathrm{j}0)|}{|H(\mathrm{j}\Omega_s)|} \tag{8.6}$$

上述参数具体含义为：要求在频率为 Ω_p 以下的信号分量都能通过滤波器，即衰减不超过 δ_p。并且在该通道内衰减是单调变化的或者是波纹状变化的。此外，要求当频率大于 Ω_s 时，衰减不小于 δ_s。

8.1.3 由幅度平方函数确定系统函数

一般情况下，模拟滤波器幅度响应常用幅度平方函数 $|H(\mathrm{j}\Omega)|^2 = H(\mathrm{j}\Omega)H^*(\mathrm{j}\Omega)$ 表示，且能够反映出该模拟滤波器的性能指标。因此，由 $|H(\mathrm{j}\Omega)|^2$ 求得系统函数 $H(s)$ 成为模拟滤波器设计的关键问题。

连续时间系统也有如 4.4.1 节所述类似的性质，即 $H(\mathrm{j}\Omega)$ 和 $H^*(\mathrm{j}\Omega)$ 的系统幅频响应相同，即

$$|H(\mathrm{j}\Omega)|=|H^*(\mathrm{j}\Omega)| \tag{8.7}$$

根据连续时间傅里叶变换的定义 $X(\mathrm{j}\Omega)=\int_{-\infty}^{\infty}x(t)\mathrm{e}^{-\mathrm{j}\Omega t}\mathrm{d}t$,如果 $h(t)$ 的傅里叶变换为$H(\mathrm{j}\Omega)$,那么 $H^*(\mathrm{j}\Omega)$ 为$-h^*(-t)$的傅里叶变换。根据拉普拉斯变换的定义 $X(s)=\int_{-\infty}^{\infty}x(t)\mathrm{e}^{-st}\mathrm{d}t$,如果 $h(t)$ 的拉普拉斯变换为 $H(s)$,那么$-h^*(-t)$的拉普拉斯变换为 $H^*(-s^*)$。

由于系统函数 $H(s)$ 和 $H^*(-s^*)$ 的幅频响应相同。如果 $H(s)$ 的零极点为 c_k、d_k,则 $H^*(-s^*)$ 的零极点为$-c_k^*$、$-d_k^*$,即 $H(s)$ 和 $H^*(-s^*)$ 的极点分别关于虚轴对称。

定义

$$C(s)=H(s)H^*(-s^*) \tag{8.8}$$

则

$$|H(\mathrm{j}\Omega)|^2=H(\mathrm{j}\Omega)H^*(\mathrm{j}\Omega)=C(s)|_{s=\mathrm{j}\Omega} \tag{8.9}$$

根据以上分析,可确定模拟滤波器具体设计步骤为:

(1) 根据所给的滤波器性能指标 $|H(\mathrm{j}\Omega)|$,利用 Butterworth、Chebyshev、Ellips、Bessel 等多项式,设计满足要求的 $|H(\mathrm{j}\Omega)|^2=H(\mathrm{j}\Omega)H^*(\mathrm{j}\Omega)$ 多项式。

(2) 根据式(8.8)得到 $C(s)=H(s)H^*(s^*)$ 多项式,并求出 $C(s)$ 多项式的零极点 c_k、$-c_k$ 和d_k、$-d_k$。

(3) 由于 $H(s)$ 必须是因果稳定的 LTI 系统,所以 $H(s)$ 极点落在复平面的左半平面。因此,需在处于左半平面的零极点中选择成对出现的情况,构成满足所给性能指标的滤波器 $H(s)$,如图 8.4 所示。

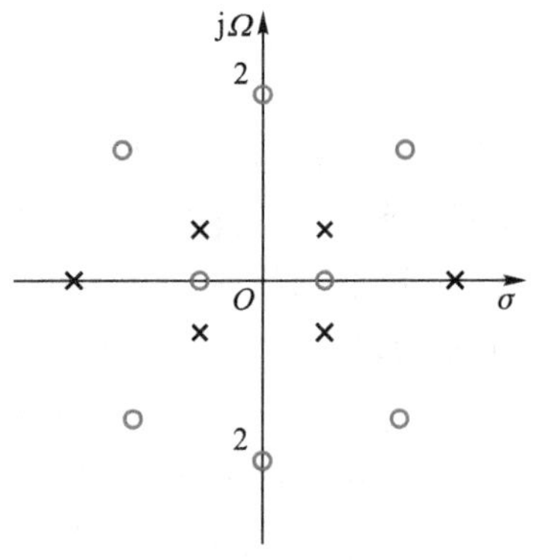

图 8.4 $H(s)H^*(s^*)$零极点分布图

经典滤波器的设计公式都是针对低通滤波器的,并提供从低通到其他各种滤波器的频率变换公式。所以,设计高通、带通和带阻滤波器的一般过程是首先设计相应的低通系统函数 $H(s)$,之后对 $H(s)$ 进行频率变换,得到希望设计的滤波器系统函数。本节首先介绍几类典型低通滤波器设计方法,并以 Butterworth、Chebyshev、Bessel、Ellips 多项式设计滤波器为例。

8.1.4 Butterworth 低通滤波器设计

Butterworth 多项式的幅度平方函数具有前 $2N-1$ 阶导数在模拟频率 $\Omega=0$ 处为零的特性。所以,通过 Butterworth 多项式设计出的滤波器在通频带内具有最平坦特性,幅度平方函数为

$$|H(\mathrm{j}\Omega)|^2=\frac{1}{1+\left(\dfrac{\Omega}{\Omega_c}\right)^{2N}} \tag{8.10}$$

其中,N 为滤波器阶数,Ω_c 为滤波器 3 dB 带宽。

根据式(8.10)定义的 Butterworth 滤波器具有以下特点:

(1) $\Omega=0$ 时,$|H(\mathrm{j}\Omega)|^2=1$。

(2) $\Omega=\Omega_c$ 时，$|H(\mathrm{j}\Omega)|^2=\frac{1}{2}$，即 3 dB。

(3) 通带内具有最大平坦的频率特性，且随着阶数的增大平滑单调下降。

(4) 阶数越高，特性越接近矩形，过渡带越窄，传递函数无零点。

不同阶数的 Butterworth 型低通滤波器幅频响应如图 8.5 所示。

以下介绍通过 Butterworth 多项式设计滤波器系统函数的推导过程。首先，幅度平方函数为

$$|H(\mathrm{j}\Omega)|^2=\frac{1}{1+\left(\frac{\Omega}{\Omega_c}\right)^{2N}} \tag{8.11}$$

当 $\Omega=\frac{s}{\mathrm{j}}$ 时，可得到满足 $|H(\mathrm{j}\Omega)|^2$ 条件的 $H(s)$，即

$$|H(\mathrm{j}\Omega)|^2_{\Omega=\frac{s}{\mathrm{j}}}=H(s)H^*(s^*)=\frac{1}{1+\left(\frac{s}{\mathrm{j}\Omega_c}\right)^{2N}} \tag{8.12}$$

求解方程 $1+\left(\frac{s}{\mathrm{j}\Omega_c}\right)^{2N}=0$，可得 $H(s)H^*(s^*)$ 的极点为

$$s_k=(-1)^{\frac{1}{2N}}(\mathrm{j}\Omega_c)=\Omega_c\mathrm{e}^{\mathrm{j}\left[\frac{1}{2}+\frac{2k-1}{2N}\right]\pi},\quad k=1,2,3,\cdots,2N \tag{8.13}$$

其中，$\mathrm{j}=\mathrm{e}^{\mathrm{j}\frac{1}{2}\pi}$，$(-1)=\mathrm{e}^{\mathrm{j}(2k-1)\pi}$，则 $H(s)H^*(s^*)$ 可表示为

$$H(s)H^*(s^*)=\frac{A_0}{\prod\limits_{k=1}^{2N}(s-s_k)} \tag{8.14}$$

三阶 Butterworth 滤波器极点分布特点如图 8.6 所示，即 $2N$ 个极点以 $\frac{\pi}{N}$ 为间隔，分布在半径为 Ω_c 的圆上（该圆称作 Butterworth 圆），且极点关于虚轴对称。此外，为了保证系统是因果稳定的，选择左半平面的 N 个极点构成 $H(s)$。

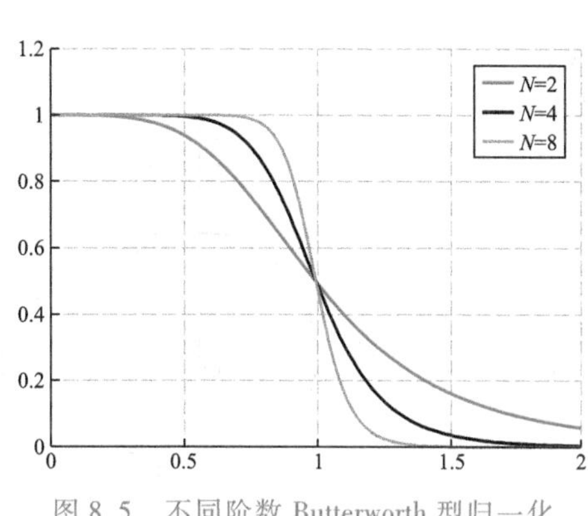

图 8.5　不同阶数 Butterworth 型归一化模拟低通滤波器的幅频响应

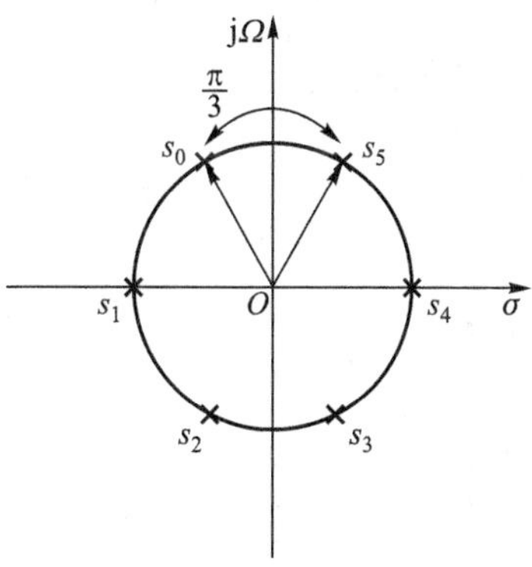

图 8.6　三阶 Butterworth 滤波器极点分布

因为 Butterworth 滤波器的幅频响应在 $\Omega=0$ 时，$|H(\mathrm{j}\Omega)|^2=1$，即 $H(s)|_{s=0}=1$。将其代入式(8.14)，得

$$H(s)\big|_{s=0}=\frac{A_0}{\prod_{k=1}^{N}(-s_k)}=1 \tag{8.15}$$

则

$$A_0=\prod_{k=1}^{N}(-s_k)=\Omega_c^N \tag{8.16}$$

所以,该滤波器的系统函数为

$$H(s)=\frac{\Omega_c^N}{\prod_{k=1}^{N}(s-s_k)},s_k=\Omega_c e^{j\left[\frac{1}{2}+\frac{2k+1}{2N}\right]\pi},\quad k=1,2,\cdots,N \tag{8.17}$$

例 8.1 请用 Butterworth 多项式设计满足式(8.18)及式(8.19)幅频特性的低通滤波器。

$$0.891\,25\leqslant|H(j\Omega)|<1,\quad |\Omega|\leqslant 2\pi\times 400\text{ Hz} \tag{8.18}$$

$$|H(j\Omega)|\leqslant 0.177\,83,\quad |\Omega|\geqslant 2\pi\times 600\text{ Hz} \tag{8.19}$$

解:滤波器性能指标如图 8.7 所示。

根据指标要求得出,通带截止频率 $f_p=400$ Hz,带起始频率 $f_s=600$ Hz,通带最大衰减和阻带最小衰减分别表示为 $\delta_p=20\lg\left(\frac{1}{0.891\,25}\right)\approx 1$ dB,$\delta_s=20\lg\left(\frac{1}{0.177\,83}\right)\approx 15$ dB。将上述指标代入式(8.10),得

$$\begin{cases}(0.891\,25)^2=\dfrac{1}{1+(400\times 2\pi/\Omega_c)^{2N}}\\[2ex](0.177\,83)^2=\dfrac{1}{1+(600\times 2\pi/\Omega_c)^{2N}}\end{cases} \tag{8.20}$$

可以求得 $N=5.885\,8$,由于 N 必须取整数,所以 $N=6$。

将 $N=6$ 代入式(8.20),求得 $\Omega_{c1}=2\,834.6$ 和 $\Omega_{c2}=1\,417.3$。选择 $\Omega_c=\Omega_{c1}=2\,834.6$,使得通带、阻带指标都超过预定要求。即 12 个极点如图 8.8 所示,以间隔为$\frac{\pi}{6}$分布在以 $\Omega_c=2\,834.6$ 为半径的圆上。

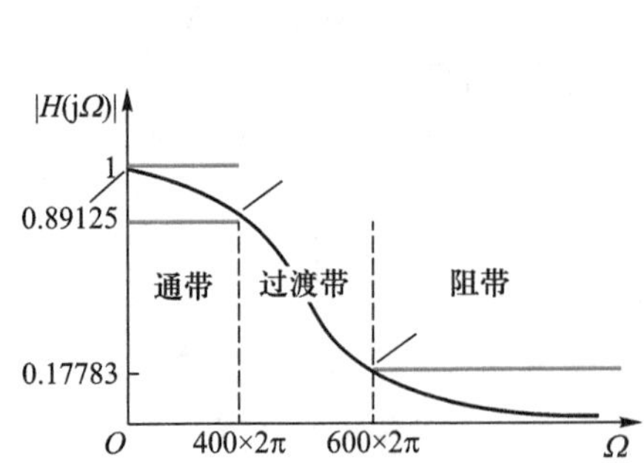

图 8.7 低通滤波器的性能指标

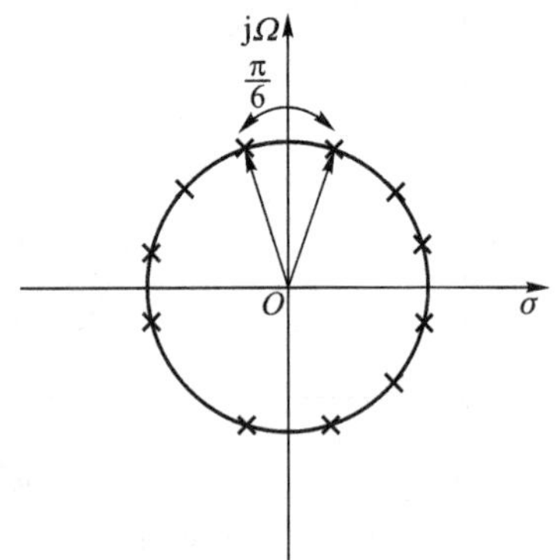

图 8.8 六阶 Butterworth 滤波器极点分布

选择左半平面极点构成因果稳定的 LTI 系统,其系统函数为

$$H(s)=\frac{(2\,834.6)^{6}}{(s-(-733.7+\mathrm{j}2\,738.0))(s-(-733.7-\mathrm{j}2\,738.0))}\cdot\frac{1}{(s-(-2\,004.4+\mathrm{j}2\,004.4))(s-(-2\,004.4-\mathrm{j}2\,004.4))}\cdot\frac{1}{(s-(-2\,738.0+\mathrm{j}733.7))(s-(-2\,738.0+\mathrm{j}733.7))} \tag{8.21}$$

由此可得六阶滤波器电路，如图 8.9 所示。

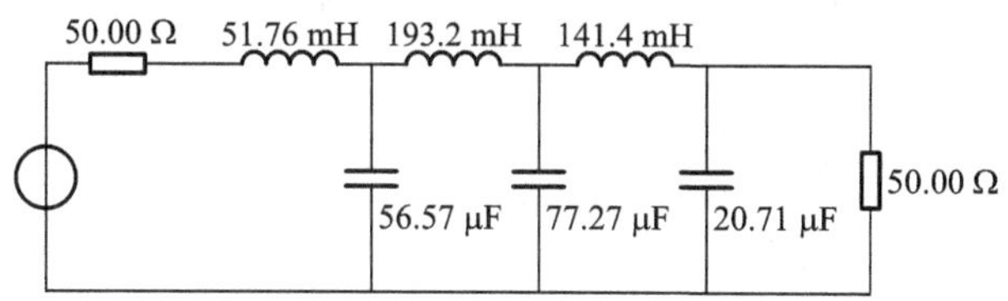

图 8.9　实现低通滤波器的模拟电路

MATLAB 提供了设计低通滤波器的函数，设计步骤如下：

(1) 由[n,Wn]=buttord(Wp,Ws,Rp,Rs,'s')确定滤波器阶数 N 和 3 dB 带宽 Ω_c。

(2) 由[B,A]=butter(n,Wn,'s')确定系统函数 $H(s)$，以分子、分母多项式系数的形式给出。

(3) 由[z,p,k]=tf2zp(B,A)确定零点、极点和系统增益。

(4) freqs(B,A,w)可以画出滤波器的幅频响应和相频响应，如图 8.10 所示。

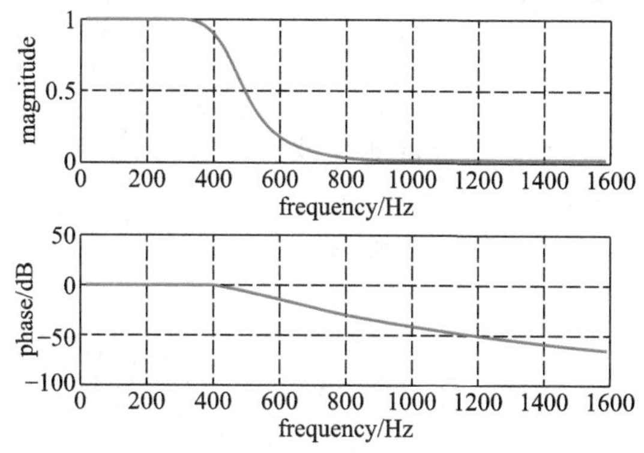

图 8.10　MATLAB 设计低通滤波器

8.1.5　Chebyshev 低通滤波器设计

由 Butterworth 多项式设计的滤波器的频率特性无论在通带与阻带都是随频率变换而单调变化，如果在通带边缘满足指标，则在通带内肯定会有富余量。而更有效的办法是将指标的精度要求均匀地分布在通带内，或均匀地分布在阻带内，或同时均匀地分布在通带与阻带内。所以，在同样通带、阻带性能要求下，就可设计出阶数较低的滤波器。这种精度均匀的分布办法可通过选择具有等波纹特性的逼近函数来实现。由 Chebyshev 多项式设计的滤波器就是具有这种特性的典型例子。由 Chebyshev Ⅰ型多项式设计的滤波器通带内是等波纹的，阻带内是单调递减的；由 Chebyshev Ⅱ型多项式设计的滤波器通带内是单调递减的，阻带内是等波纹的。

由 Chebyshev Ⅰ型多项式设计的滤波器的幅度平方函数为

$$|H(\mathrm{j}\Omega)|^2=\frac{1}{1+\varepsilon^2 C_N^2\left(\dfrac{\Omega}{\Omega_\mathrm{p}}\right)} \tag{8.22}$$

其中，N 为滤波器阶数，Ω_p 为通带截止频率，ε 为滤波器参数，$C_N(x)$ 为 N 阶 Chebyshev 多项式。

$$C_N(x)=\begin{cases}\cos[N\arccos(x)] & ,|x|\leqslant 1\\ \cos\mathrm{h}[N\operatorname{arccosh}(x)] & ,|x|>1\end{cases} \tag{8.23}$$

式(8.22)定义的 Chebyshev Ⅰ型滤波器具有以下特点：

(1) $\Omega=0$ 时，$|H(\mathrm{j}\Omega)|^2=\begin{cases}\dfrac{1}{1+\varepsilon^2} & ,N\text{ 为偶数}\\ 1 & ,N\text{ 为奇数}\end{cases}$。

(2) 幅频响应 $|H(\mathrm{j}\Omega)|$ 在 $\Omega\in[0,\Omega_\mathrm{p}]$ 区间为等波纹的，$|H(\mathrm{j}\Omega)|^2$ 在 $\left[\dfrac{1}{1+\varepsilon^2},1\right]$ 之间等幅波动，通过参数 ε 可控制通带波动的大小。

(3) 幅频响应 $|H(\mathrm{j}\Omega)|$ 在 $\Omega\in[\Omega_\mathrm{p},\infty)$ 内单调递减，且具有更大衰减特性。

(4) 阶数越高，递减速度越快，特性越接近矩形，传递函数无零点。

不同阶数的 Chebyshev Ⅰ型模拟低通滤波器幅频响应如图 8.11 所示。

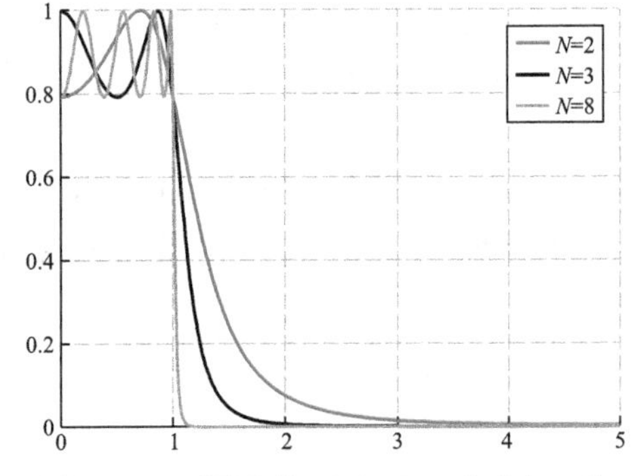

图 8.11　不同阶数 Chebyshev Ⅰ型归一化模拟低通滤波器的幅频响应

由 Chebyshev Ⅱ型多项式设计的滤波器的幅度平方函数为

$$|H(\mathrm{j}\Omega)|^2=1-\frac{1}{1+\varepsilon^2 C_N^2\left(\dfrac{\Omega_\mathrm{p}}{\Omega}\right)}=\frac{\varepsilon^2 C_N^2\left(\dfrac{\Omega_\mathrm{p}}{\Omega}\right)}{1+\varepsilon^2 C_N^2\left(\dfrac{\Omega_\mathrm{p}}{\Omega}\right)} \tag{8.24}$$

式(8.24)定义的 Chebyshev Ⅱ型滤波器具有以下特点：

(1) $\Omega=0$ 时，$|H(\mathrm{j}\Omega)|^2=1$。

(2) 幅频响应 $|H(\mathrm{j}\Omega)|$ 在 $\Omega\in[0,\Omega_\mathrm{p}]$ 内单调递减，N 越大，递减越快。通过滤波器阶数 N 可控制通带内衰减。

▶ 扫一扫
8-1 Chebyshev 型滤波器设计方法

(3) 幅频响应 $|H(\mathrm{j}\Omega)|$ 在 $\Omega\in[\Omega_\mathrm{p},\infty)$ 区间为等波纹的，$|H(\mathrm{j}\Omega)|^2$ 在 $\left[0,\dfrac{\varepsilon}{1+\varepsilon^2}\right]$ 之间等幅波动，通过参数 ε 可控制阻带波动的大小。

(4) 阶数越高，频率特性曲线越接近矩形，传递函数既有极点又有零点。

不同阶数的 Chebyshev Ⅱ型模拟低通滤波器幅频响应如图 8.12 所示。

8.1.6 Elliptic 低通滤波器设计

由 Elliptic 多项式设计的滤波器在通带和阻带内都具有等波纹幅频响应特性。因此，对于给定的技术指标，用 Elliptic 多项式设计滤波器实现时，所需要阶数一般是最低的。由 Elliptic 多项式设计的滤波器的幅度平方函数为

$$|H(\mathrm{j}\Omega)|^2=\frac{1}{1+\varepsilon^2R_N^2\left(\dfrac{\Omega}{\Omega_\mathrm{p}}\right)} \tag{8.25}$$

其中，N 为滤波器阶数，Ω_p 为通带截止频率，ε 为滤波器参数，$R_N(x)$ 为 N 阶 Jacobi Elliptic 函数。

式(8.25)定义的 Elliptic 多项式设计的滤波器具有以下特点：

(1) $\Omega=0$ 时，$|H(\mathrm{j}\Omega)|^2=\begin{cases}\dfrac{1}{1+\varepsilon^2}, & N\text{ 为偶数}\\ 1, & N\text{ 为奇数}\end{cases}$。

(2) 幅频响应 $|H(\mathrm{j}\Omega)|$ 在 $\Omega\in[0,\Omega_\mathrm{p}]$ 区间是等波纹的，$|H(\mathrm{j}\Omega)|^2$ 在 $\left[\dfrac{1}{1+\varepsilon^2},1\right]$ 等幅波动。

(3) 幅频响应 $|H(\mathrm{j}\Omega)|$ 在 $\Omega\in\left[\dfrac{\Omega_\mathrm{p}}{k},\infty\right)$ 区间是等波纹的，$|H(\mathrm{j}\Omega)|^2$ 在 $\left[0,\dfrac{1}{1+(\varepsilon/k)^2}\right]$ 等幅波动。

(4) 与上述其他滤波器原型相比，相同的性能指标所需的阶数最小，但相频响应具有明显的非线性。

不同阶数 Elliptic 型模拟低通滤波器幅频响应如图 8.13 所示。

▶ 扫一扫 8-2 Elliptic 型滤波器设计方法

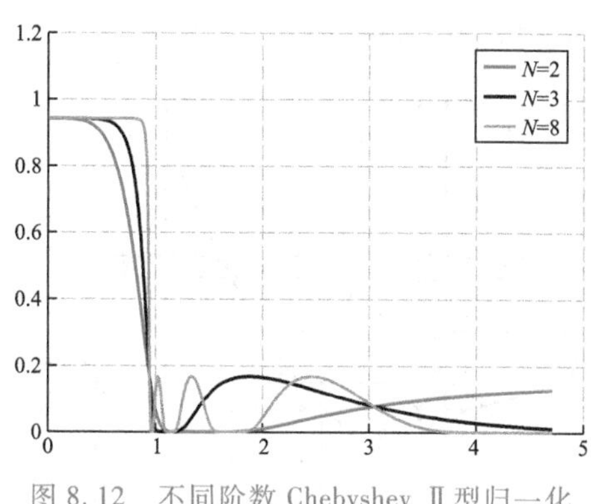

图 8.12 不同阶数 Chebyshev Ⅱ型归一化模拟低通滤波器的幅频响应

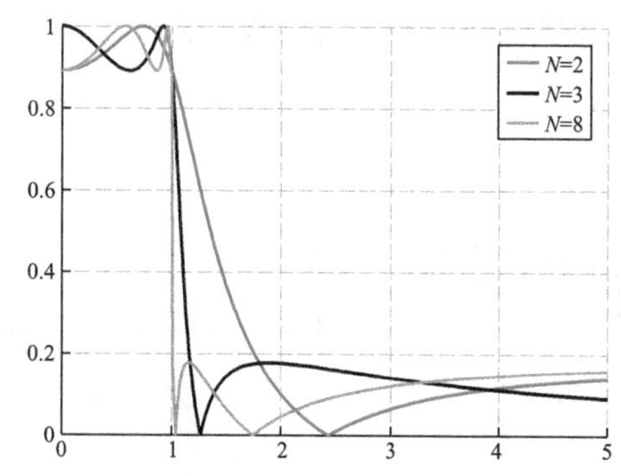

图 8.13 不同阶数 Elliptic 型归一化模拟低通滤波器的幅频响应

8.1.7 频率转换与高通、带通、带阻滤波器设计

以上章节介绍了模拟低通滤波器的设计，若需要设计幅频特性曲线如图 8.14 所示的

高通、带通及带阻等模拟滤波器,可通过频率转换的方法实现。

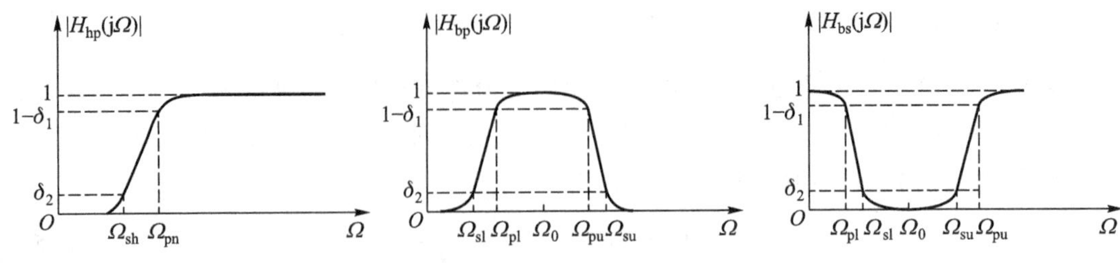

图 8.14　各种滤波器幅频特性曲线示意图

通带最大衰减和阻带最小衰减仍用 α_p 和 α_s 表示;Ω_{ph} 和 Ω_{sh} 分别表示高通滤波器的通带边界频率和阻带边界频率;Ω_{pl} 和 Ω_{pu} 分别表示带通滤波器和带阻滤波器的通带下边界频率和通带上边界频率;Ω_{sl} 和 Ω_{su} 分别表示带通滤波器和带阻滤波器的阻带下边界频率和阻带上边界频率。所谓频率转换是指各类滤波器(低通、高通、带通、带阻)和低通滤波器原型的传递函数中频率自变量之间的变换关系。通过频率变换,可从模拟低通滤波器原型获得低通滤波器、高通滤波器、带通滤波器和带阻滤波器。具体的,将需设计的技术指标 $|H(j\Omega)|$ 转换为模拟低通滤波器的技术指标 $|H_{lp}(j\bar{\Omega})|$,按照前面章节所述方法设计出低通滤波器原型 $H(\bar{s})$,其中 $\bar{s}=\bar{\sigma}+j\bar{\Omega}$,然后再通过频率转换得到满足性能指标的滤波器系统函数 $H(s)$,其中 $s=\sigma+j\Omega$。该设计过程如图 8.15 所示。

▶ 扫一扫 8-3 高通、带通、带阻滤波器设计方法

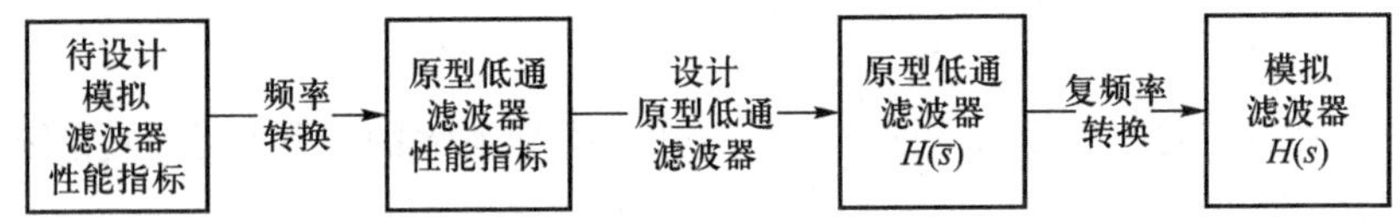

图 8.15　模拟滤波器设计流程

原型低通滤波器与其他滤波器的映射关系如图 8.16 所示。

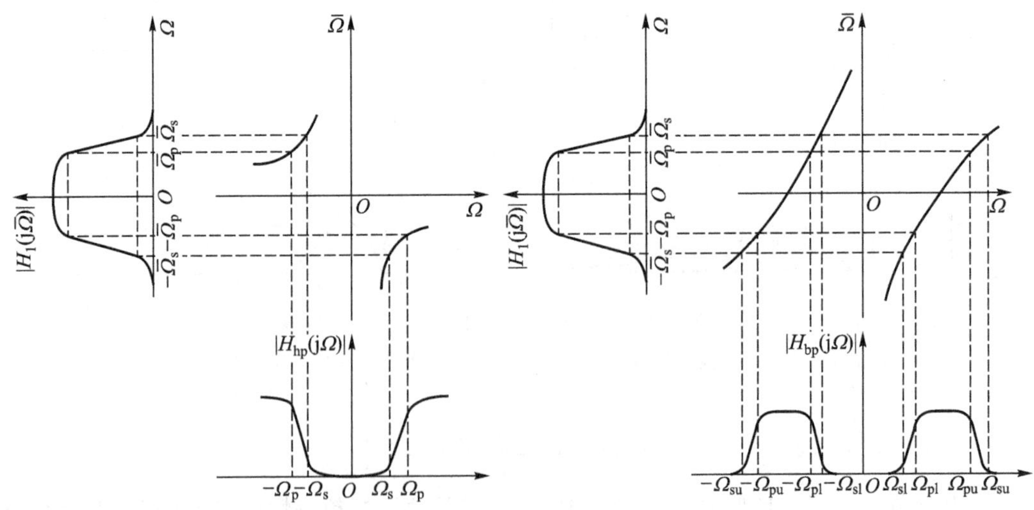

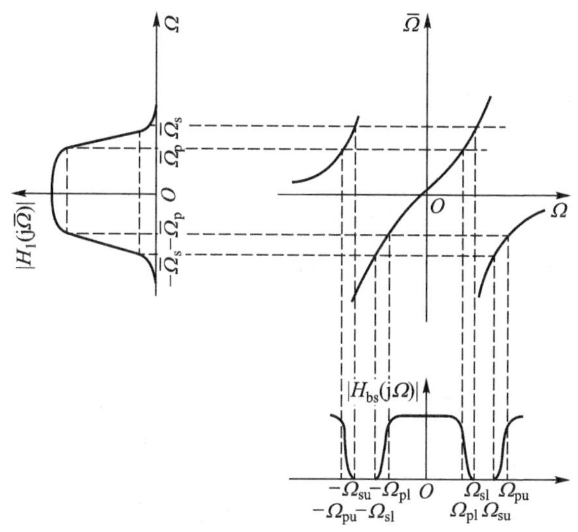

图 8.16　原型低通滤波器映射关系

为了设计时查找方便,总结上述映射关系如表 8.1 所示。

表 8.1　原型低通滤波器映射关系

类型	原型低通滤波器 $H(\bar{s})$	高通滤波器 $H_{hp}(s)$	带通滤波器 $H_{bp}(s)$	带阻滤波器 $H_{bs}(s)$
频率变换		$\bar{\Omega}=-\dfrac{\bar{\Omega}_p\Omega_p}{\Omega}$	$\bar{\Omega}=\bar{\Omega}_p\dfrac{\Omega^2-\Omega_0^2}{B\Omega}$	$\bar{\Omega}=\bar{\Omega}_s\dfrac{B\Omega}{\Omega_0^2-\Omega^2}$
复频率变换		$\bar{s}=\dfrac{\bar{\Omega}_p\Omega_p}{s}$	$\bar{s}=\bar{\Omega}_p\dfrac{s^2+\Omega_0^2}{Bs}$	$\bar{s}=\bar{\Omega}_s\dfrac{Bs}{s^2+\Omega_0^2}$
频率映射关系	$-\infty$	0	$-\infty$、0	$-\Omega_0$、Ω_0
	$\bar{\Omega}_s$	$-\Omega_s$	Ω_{su}、$-\Omega_{sl}$	Ω_{sl}、$-\Omega_{su}$
	$\bar{\Omega}_p$	$-\Omega_p$	Ω_{pu}、$-\Omega_{pl}$	Ω_{pl}、$-\Omega_{pu}$
	0	$-\infty$、∞	Ω_0	$-\infty$、0、∞
	$-\bar{\Omega}_p$	Ω_p	Ω_{pl}、$-\Omega_{pu}$	Ω_{pu}、$-\Omega_{pl}$
	$-\bar{\Omega}_s$	Ω_s	Ω_{sl}、$-\Omega_{su}$	Ω_{su}、$-\Omega_{sl}$
	∞	0	∞、0	$-\Omega_0$、Ω_0

通过频率转换方法设计的滤波器 $H(s)$ 及其原型低通滤波器 $H(\bar{s})$ 具有以下性质:

(1) $H(\bar{s})$ 和 $H(s)$ 都是有理函数。

(2) $\bar{s}$ 的左半平面映射到 s 的左半平面,$\bar{s}$ 的右半平面映射到 s 的右半平面,$\bar{s}$ 的虚轴映射到 s 的虚轴,即变换不影响系统的因果性、稳定性。

例 8.2　运用频率转换方法设计满足式(8.26)及式(8.27)要求的高通、带通滤波器,如图 8.17 所示。

$$\begin{cases}0.891\,25 \leqslant |H(\mathrm{j}\bar{\Omega})| \leqslant 1, & |\bar{\Omega}| \geqslant 2\pi\times 600 \text{ rad/s} \\ |H(\mathrm{j}\bar{\Omega})| \leqslant 0.177\,83, & |\bar{\Omega}| \leqslant 2\pi\times 400 \text{ rad/s}\end{cases} \tag{8.26}$$

$$\begin{cases}0.891\,25 \leqslant |H(\mathrm{j}\bar{\Omega})| \leqslant 1, & 2\pi\times 400 \text{ rad/s} \leqslant |\bar{\Omega}| \leqslant 2\pi\times 600 \text{ rad/s} \\ |H(\mathrm{j}\bar{\Omega})| \leqslant 0.177\,83, & 0 \leqslant |\bar{\Omega}| \leqslant 2\pi\times 300 \text{ rad/s}, \quad |\bar{\Omega}| \geqslant 2\pi\times 700 \text{ rad/s}\end{cases} \tag{8.27}$$

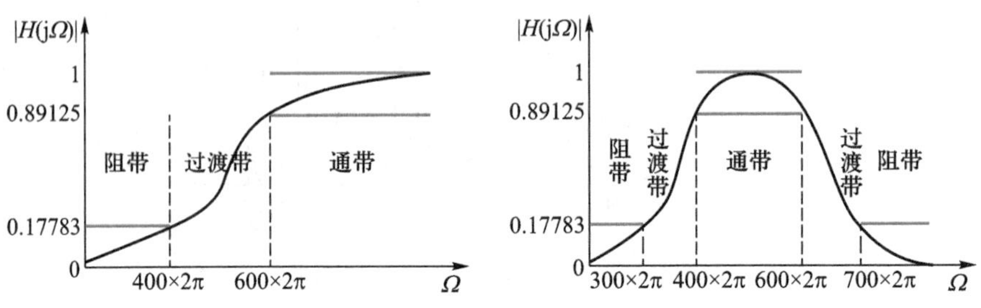

图 8.17 原型低通滤波器映射关系

解:(1) 高通滤波器设计。

通过映射关系式(8.26),将希望设计的高通滤波器的指标转换成相应的低通滤波器通过上述幅频特性可以进一步确定,要求通带截止频率 $f_p=600$ Hz,即 $\Omega_p=2\pi\times 600$ rad/s,阻带起始频率 $f_s=400$ Hz,即 $\Omega_s=2\pi\times 400$ rad/s,对应原形低通滤波器通带截止频率为 $\bar{\Omega}_p=-\Omega_p=-2\pi\times 600$ rad/s,阻带起始频率为 $\bar{\Omega}_s=-\Omega_s=-2\pi\times 400$ rad/s。通带最大衰减 $\delta_p=20\lg\left(\frac{1}{0.891\,25}\right)=1$ dB,阻带最小衰减 $\delta_s=20\lg\left(\frac{1}{0.177\,83}\right)\approx 15$ dB。为了计算简单,一般选择$H(\bar{s})$为归一化低通,即取 $H(\bar{s})$ 得通带边界频率 $\bar{\Omega}_p=1$,则可求得归一化阻带边界频率为

$$\bar{\Omega}_p=1, \bar{\Omega}_s=\frac{\Omega_p}{\Omega_s}=\frac{2\pi\times 600}{2\pi\times 400}=1.5 \tag{8.28}$$

转换得到的低通滤波器指标为:通带边界频率 $\bar{\Omega}_p=1$,阻带边界频率 $\bar{\Omega}_s=1.5$,通带最大衰减 $\delta_p=1$ dB,阻带最小衰减 $\delta_s=15$ dB。

通过上述指标,设计低通滤波器,该具体设计过程如例 8.1 所述。得到低通滤波器系统函数为

$$\begin{aligned}H(\bar{s})=&\frac{(2\pi\times 447.671)^6}{(\bar{s}-(-733.7+\mathrm{j}2\,738.0))(\bar{s}-(-733.7-\mathrm{j}2\,738.0))}\\&\frac{1}{(\bar{s}-(-2\,004.4+\mathrm{j}2\,004.4))(\bar{s}-(-2\,004.4-\mathrm{j}2\,004.4))}\\&\frac{1}{(\bar{s}-(-2\,738.0+\mathrm{j}733.7))(\bar{s}-(-2\,738.0+\mathrm{j}733.7))}\end{aligned} \tag{8.29}$$

之后,将低通滤波器的系统函数转换成高通滤波器系统函数,结果如下式所示:

$$H_{hp}(s)=H(\bar{s})\Big|_{\bar{s}=\frac{\bar{\Omega}_p\Omega_p}{s}}=H(\bar{s})\Big|_{\bar{s}=\frac{2\pi\times600}{s}}$$

$$=\frac{(2\pi\times447.671)^6}{(1\,200\pi/s-(-733.7+\mathrm{j}2\,738.0))(1\,200\pi/s-(-733.7-\mathrm{j}2\,738.0))}$$

$$\frac{1}{(1\,200\pi/s-(-2\,004.4+\mathrm{j}2\,004.4))(1\,200\pi/s-(-2\,004.4-\mathrm{j}2\,004.4))}$$

$$\frac{1}{(1\,200\pi/s-(-2\,738.0+\mathrm{j}733.7))(1\,200\pi/s-(-2\,738.0+\mathrm{j}733.7))} \tag{8.30}$$

(2) 带通滤波器设计。

通过上述幅频特性可以进一步确定，要求通带上、下截止频率为 $f_{pl}=400\ \mathrm{Hz}$，$f_{pu}=600\ \mathrm{Hz}$，阻带上、下起始频率为 $f_{sl}=300\ \mathrm{Hz}$，$f_{su}=700\ \mathrm{Hz}$，对应原形低通滤波器通带截止频率为 $\bar{\Omega}_s=\Omega_{su}=700\times2\pi\ \mathrm{rad/s}$，阻带起始频率为 $\bar{\Omega}_p=\Omega_{pu}=600\times2\pi\ \mathrm{rad/s}$，通带最大衰减 $\delta_p=20\lg\left(\frac{1}{0.891\,25}\right)\approx1\ \mathrm{dB}$，阻带最小衰减 $\delta_s=20\lg\left(\frac{1}{0.177\,83}\right)\approx15\ \mathrm{dB}$。由上述关系可得

$$f_{pl}f_{pu}=400\ \mathrm{Hz}\times600\ \mathrm{Hz}=2.4\times10^5(\mathrm{Hz})^2 \tag{8.31}$$

$$f_{sl}f_{su}=300\ \mathrm{Hz}\times700\ \mathrm{Hz}=2.1\times10^5(\mathrm{Hz})^2 \tag{8.32}$$

因为 $f_{pl}f_{pu}>f_{sl}f_{su}$，得到 $f_{pl}=\dfrac{f_{sl}f_{su}}{f_{pu}}=\dfrac{2.1\times10^5}{600}\ \mathrm{Hz}=350\ \mathrm{Hz}$。为了计算简单，一般选择 $H(\bar{s})$ 为归一化低通，即取 $H(\bar{s})$ 得通带边界频率 $\bar{\Omega}_p=1$。因为 $\bar{\Omega}=\bar{\Omega}_s$ 映射为 $-\Omega_{sl}$，可得

$$\bar{\Omega}_s=\bar{\Omega}_p\frac{-\Omega_{sl}^2-\Omega_0^2}{-B\Omega_{sl}}=\frac{-\Omega_{sl}^2-\Omega_{pu}\Omega_{pl}}{-(\Omega_{pu}-\Omega_{pl})\Omega_{sl}}=\frac{-300^2-600\times350}{-150\times300}=\frac{20}{3} \tag{8.33}$$

由 $N=\lg\sqrt{\dfrac{10^{\alpha_s/10}-1}{10^{\alpha_p/10}-1}}\Big/\lg\bar{\Omega}_s$，可以求得 $N=1.257\,9$，由于 N 必须取整数，所以 $N=2$。得 2 个极点分别为 $p_1=\mathrm{e}^{\mathrm{j}3\pi/4}$，$p_2=\mathrm{e}^{\mathrm{j}5\pi/4}$，可进一步求得

$$G_1(p)=\frac{1}{p^2-2p\cos(3\pi/4)+1}=\frac{1}{p^2+\sqrt{2}p+1} \tag{8.34}$$

$$G_2(p)=\frac{1}{p^2-2p\cos(5\pi/4)+1}=\frac{1}{p^2+\sqrt{2}p+1} \tag{8.35}$$

总的归一化转移函数为二者级联，即

$$G(p)=\frac{1}{(p^2+\sqrt{2}p+1)^2} \tag{8.36}$$

即

$$H(\bar{s})=G(p)\Big|_{p=\frac{\bar{s}}{\bar{\Omega}_p}}=G(p)\Big|_{p=s}=\frac{1}{(\bar{s}^2+\sqrt{2}\bar{s}+1)^2} \tag{8.37}$$

通过式(8.37)得到变换后的带通滤波器为

$$H_{bp}(s)=H(\bar{s})\Big|_{\bar{s}=\bar{\Omega}_p\frac{s^2+\Omega_0^2}{Bs}}=\frac{1}{(\bar{s}^2+\sqrt{2}\bar{s}+1)^2}\Bigg|_{\bar{s}=\frac{s^2+4.8\times10^5\pi}{400\pi s}}$$

$$=\frac{1}{\left[\left(\dfrac{s^2+4.8\times10^5\pi}{400\pi s}\right)^2+\sqrt{2}\left(\dfrac{s^2+4.8\times10^5\pi}{400\pi s}\right)+1\right]^2} \tag{8.38}$$

综上，运用频率转换方法设计满足要求的高通、带通滤波器，如图 8.18 所示。

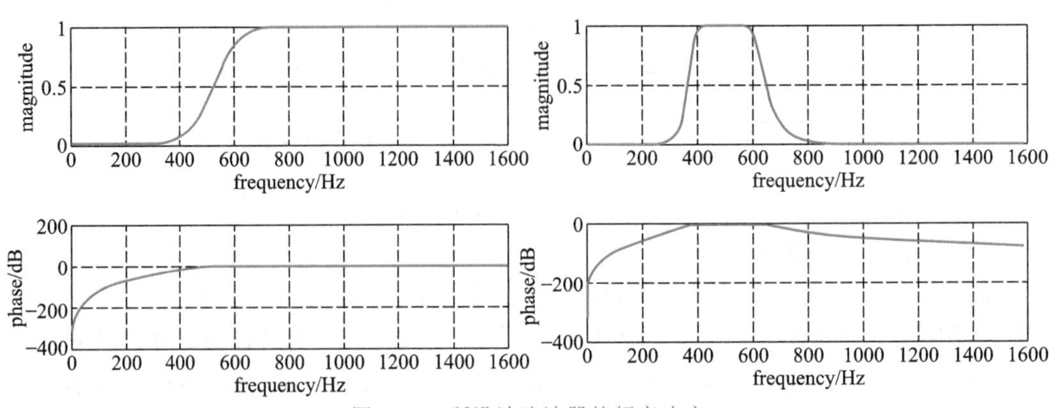

图 8.18　所设计滤波器的频率响应

8.2　离散时间系统对连续时间信号进行滤波

由 8.1 节可知，通过系统函数 $H(s)$ 即可设计出满足性能指标的模拟电路。对于 LTI 系统，如果输入的连续时间信号为 $x_c(t)$、系统的单位冲激响应为 $h_c(t)$、系统输出的连续时间信号为 $y_c(t)$，则

$$y_c(t)=x_c(t) * h_c(t) \tag{8.39}$$

根据傅里叶变换性质，得

$$Y_c(\mathrm{j}\Omega)=X_c(\mathrm{j}\Omega)H_c(\mathrm{j}\Omega) \tag{8.40}$$

即输出信号的频谱等于输入信号频谱与系统频率响应的乘积，如图 8.19 左侧所示。

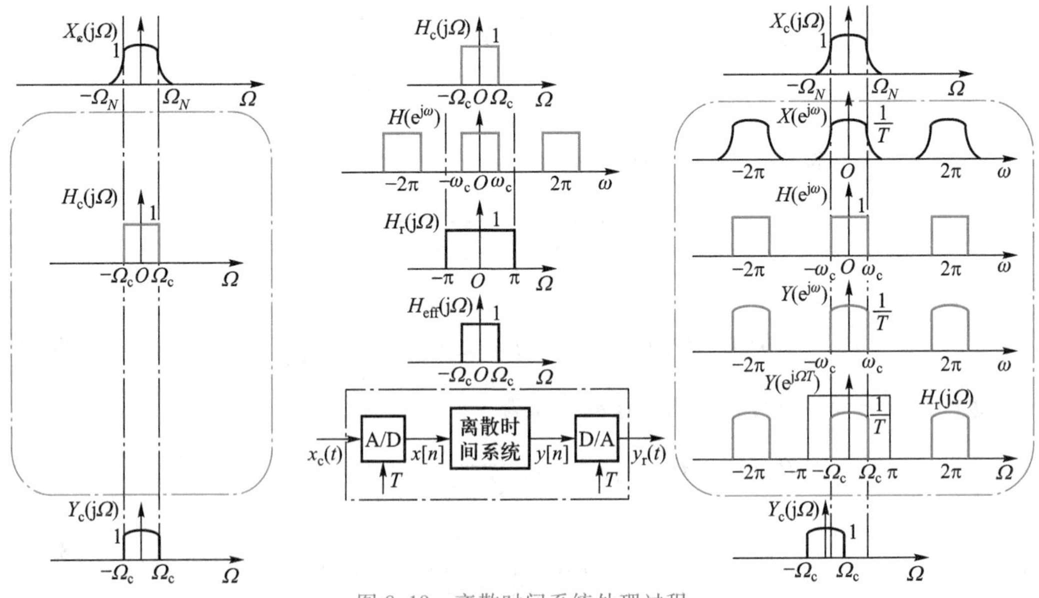

图 8.19　离散时间系统处理过程

上述处理过程也可由离散时间系统完成，如图 8.19 右侧所示。首先，对连续时间信号 $x_c(t)$ 进行采样得到数字信号 $x[n]$，$x[n]$ 的频谱函数为

$$X(e^{j\omega})=\frac{1}{T_s}\sum_{k=-\infty}^{\infty}X_c\left(j\frac{\omega}{T_s}-j\frac{2\pi k}{T_s}\right) \tag{8.41}$$

数字系统对数字信号 $x[n]$ 进行处理得到输出数字信号 $y[n]$，则 $y[n]$ 的频谱函数为

$$Y(e^{j\omega})=X(e^{j\omega})H(e^{j\omega}) \tag{8.42}$$

$$Y(e^{j\omega})=\frac{1}{T_s}\sum_{k=-\infty}^{\infty}X_c\left(j\frac{\omega}{T_s}-j\frac{2\pi k}{T_s}\right)H(e^{j\omega}) \tag{8.43}$$

将数字信号 $y[n]$ 转换为连续时间信号 $y_s(t)$，则 $y_s(t)$ 的频谱函数为

$$Y_s(j\Omega)=Y(e^{j\omega})\big|_{\omega=\Omega T_s}=Y(e^{j\Omega T_s}) \tag{8.44}$$

$$Y_s(j\Omega)=\frac{1}{T_s}\sum_{k=-\infty}^{\infty}X_c\left(j\Omega-j\frac{2\pi k}{T_s}\right)H(e^{j\Omega T_s}) \tag{8.45}$$

如果输入信号 $x_c(t)$ 是带限的，且采样率满足奈奎斯特采样定理（即当 $|\Omega|\geqslant\pi/T_s$ 时，$X_c(j\Omega)=0$），则连续时间信号 $y_s(t)$ 经增益为 T_s、通带为 $\left(-\frac{\Omega_s}{2},\frac{\Omega_s}{2}\right)$ 的重构滤波器 $h_r(t)$ 后，得到连续时间信号 $y_s(t)$，$y_s(t)$ 的频谱函数为

$$Y_r(j\Omega)=H_r(j\Omega)Y_s(j\Omega) \tag{8.46}$$

$$Y_r(j\Omega)=H_r(j\Omega)\frac{1}{T_s}\sum_{k=-\infty}^{\infty}X_c\left(j\Omega-j\frac{2\pi k}{T_s}\right)H(e^{j\Omega T_s}) \tag{8.47}$$

因为重构滤波器增益为 T_s、带宽为 $\left(-\frac{\Omega_s}{2},\frac{\Omega_s}{2}\right)$，故输出信号为

$$Y_r(j\Omega)=\begin{cases}X_c(j\Omega)H(e^{j\Omega T_s}), & |\Omega|<\Omega_s/2\\ 0, & |\Omega|\geqslant\Omega_s/2\end{cases} \tag{8.48}$$

对比式(8.40)，当离散时间系统的频率响应满足式(8.48)，则离散滤波器的输出与连续滤波器的输出相等，即满足数字滤波器的输出与模拟滤波器的输出相等，有

$$Y_r(j\Omega)=H_{\text{eff}}(j\Omega)X_c(j\Omega) \tag{8.49}$$

$$H_{\text{eff}}(j\Omega)=\begin{cases}H(e^{j\Omega T_s}), & |\Omega|<\pi/T_s\\ 0, & |\Omega|\geqslant\pi/T_s\end{cases} \tag{8.50}$$

将 $H_{\text{eff}}(j\Omega)$ 称为等效滤波器，该等效连续时间滤波器的频率响应为离散时间滤波器 $H(e^{j\omega})$ 的主值区间，且频率轴有一个 $\omega=\Omega T_s$ 的线性变化。

8.3　冲激响应不变法设计 IIR 滤波器

数字滤波器设计是根据幅频响应 $|H(e^{j\omega})|$，设计出满足要求的系统函数 $H(z)$。根据 $H(z)$ 可以画出信号流图，在数字系统中编程实现。在确定一个物理可实现的稳定的传递函数 $H(z)$ 之前，需要考虑两个问题：一是分析系统需求，确定合理的数字滤波器频率响应

的技术指标；二是选择所设计的滤波器是 FIR 系统还是 IIR 系统。以下两节主要介绍 IIR 滤波器设计方法，之后两节主要介绍 FIR 滤波器设计方法，至于是选择 FIR 滤波器还是 IIR 滤波器，将在本章最后进行分析介绍。

IIR 数字滤波器的设计，可借鉴 8.1 节中介绍的模拟滤波器设计方法，具体步骤为：

(1) 将待设计数字滤波器的性能指标 $|H(e^{j\omega})|$ 转换为模拟滤波器的性能指标 $|H(j\Omega)|$。

(2) 设计满足要求的模拟滤波器 $H(s)$。

(3) 将模拟滤波器转换为数字滤波器 $H(z)$。

该数字滤波器设计流程如图 8.20 所示。

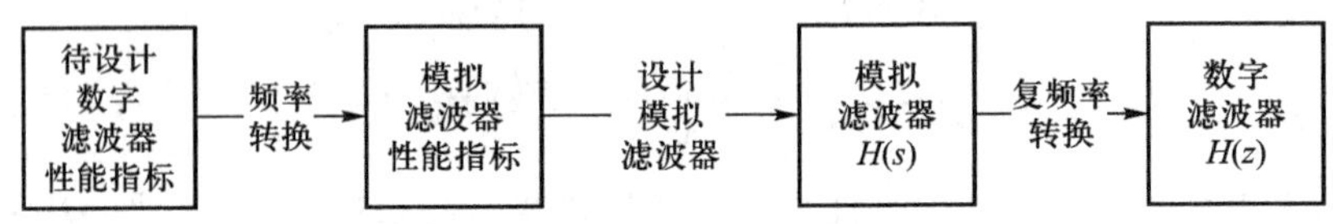

图 8.20 数字滤波器设计流程

利用模拟滤波器设计数字滤波器，就是要寻找某种映射，把 s 平面映射成 z 平面，使模拟滤波器系统函数 $H(s)$ 映射成所需的数字滤波器系统函数 $H(z)$。为了使数字滤波器与模拟滤波器频率特性之间的某种相似性是一种因果稳定的映射，这种由 s 平面到 z 平面的映射应当满足以下两个条件：① s 平面的虚轴 $j\Omega$ 必须映射为 z 平面的单位圆；② s 平面的左半平面必须映射为 z 平面的单位圆内。常用的转换方法有冲激响应不变法、双线性变换法。

8.3.1 冲激响应不变法原理

冲激响应不变法是从滤波器的冲激响应出发，使数字滤波器的单位脉冲响应序列 $h[n]$ 正好等于模拟滤波器的单位冲激响应 $h_c(t)$ 的等间隔采样，即

$$h[n]=h_c(t)\big|_{t=nT_s}=h_c(nT_s) \tag{8.51}$$

设单位冲激响应 $h_c(t)$ 的理想采样为

$$h_s(t)=h_c(t)\sum_{n=-\infty}^{\infty}\delta(t-nT_s)=\sum_{n=-\infty}^{\infty}h_c(nT_s)\delta(t-nT_s) \tag{8.52}$$

其拉普拉斯变换为

$$\begin{aligned}H_s(s)&=\int_{-\infty}^{\infty}\sum_{n=-\infty}^{\infty}h_c(nT_s)\delta(t-nT_s)e^{-st}dt=\sum_{n=-\infty}^{\infty}\int_{-\infty}^{\infty}h_c(nT_s)\delta(t-nT_s)e^{-st}dt\\&=\frac{1}{T_s}\sum_{n=-\infty}^{\infty}\int_{-\infty}^{\infty}h_c(t)e^{-\left(s-j\frac{2\pi n}{T_s}\right)t}dt\\&=\sum_{n=-\infty}^{\infty}H\left(s-j\frac{2\pi n}{T_s}\right)=\sum_{n=-\infty}^{\infty}h[n]e^{-snT_s}\end{aligned} \tag{8.53}$$

而 $h[n]$ 的 z 变换为

$$H(z)=\sum_{n=-\infty}^{\infty}h[n]z^{-n} \tag{8.54}$$

可得

$$H_s(s)=H(z)\big|_{z=e^{sT_s}}=\frac{1}{T_s}\sum_{n=-\infty}^{\infty}H\left(s-j\frac{2\pi n}{T_s}\right) \tag{8.55}$$

由式(8.55)可知，将模拟信号 $h_c(t)$ 的拉普拉斯变换 $H(s)$ 在 s 平面上沿虚轴按照周期 $\Omega_s=2\pi/T_s$ 延拓后，再按照 $z=e^{sT_s}\left(\text{或 } s=\frac{1}{T_s}\ln z\right)$ 映射关系映射到 z 平面上，就得到 $H(z)$。这就是说，$H(z)$ 与 $H(s)$ 的周期延拓相联系，而不仅仅和 $H(s)$ 相联系。

冲激响应不变法把 $H(s)$ 从 s 平面映射到 z 平面上的 $H(z)$ 时，s 与 z 的映射关系为

$$z=e^{sT_s} \tag{8.56}$$

以下讨论这种映射关系。将 s 平面用直角坐标表示为

$$s=\sigma+j\Omega \tag{8.57}$$

而 z 平面可用极坐标表示为

$$z=re^{j\omega} \tag{8.58}$$

则

$$re^{j\omega}=e^{(\sigma+j\Omega)T_s}=e^{\sigma T_s}e^{j\Omega T_s} \tag{8.59}$$

因此

$$r=e^{\sigma T_s} \tag{8.60}$$

$$\omega=\Omega T_s \tag{8.61}$$

以上两式说明 z 的模只与 s 的实部 σ 相对应，而 z 的相角 ω 只与 s 的虚部 Ω 相对应。

1\. r 与 σ 的关系

由式(8.60)可知，当 $\sigma=0$ 时，$r=1$，这表明 s 平面虚轴映射为 z 平面单位圆。

当 $\sigma<0$ 时，$r<1$，这表明 s 左半平面映射为 z 平面的单位圆内部，这样的映射可以保证稳定的模拟滤波器变换成数字滤波器后仍然是稳定的。

当 $\sigma>0$ 时，$r>1$，这表明 s 右半平面映射为 z 平面的单位圆外部，这样就使得原来不稳定的模拟滤波器变换为数字滤波器后仍不稳定。

2\. ω 与 Ω 的关系

由于 $\omega=\Omega T_s$，因此当 Ω 由 $-\pi/T_s$ 增长到 π/T_s 时，对应于 ω 由 $-\pi$ 增长到 π，即 s 平面内宽为 $2\pi/T_s$ 的一个水平条带对应于 z 平面幅角转了一周，也就是覆盖了整个 z 平面。因此，Ω 每增加一个采样角频率 $\Omega_s=2\pi/T_s$，则 ω 相应地增加一个 2π。所以 s 平面到 z 平面的映射是多值映射，s 平面和 z 平面的映射关系如图 8.21 所示，是多对一的映射关系。

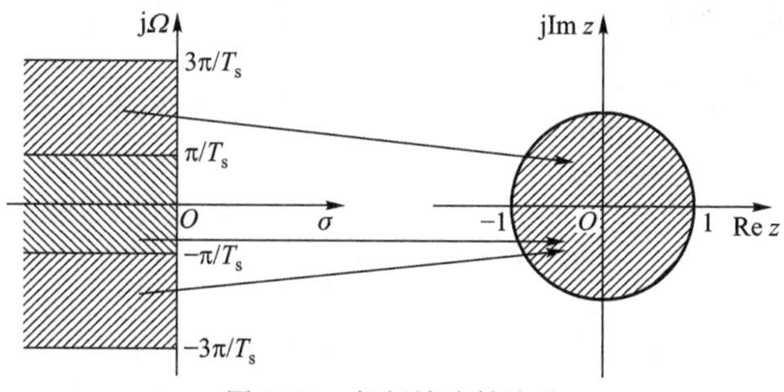

图 8.21　复频域映射关系

数字滤波器的频率响应是模拟滤波器频率响应的周期延拓，延拓周期为采样角频率。如果模拟滤波器频率响应的带宽被限定在折叠频率以内，那么数字滤波器的频率响应能够重现模拟滤波器的频率响应。然而，任何实际的模拟滤波器都不是带限的。因此，数字滤波器的频率响应必然产生混叠，如图 8.22 所示。

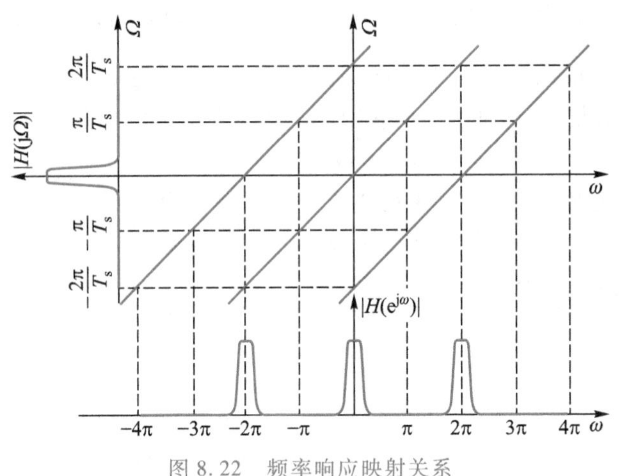

图 8.22　频率响应映射关系

为了减小混叠失真，我们可以增大采样频率，令采样周期减小，则系统频率响应各周期延拓分量之间相距更远，因而可减小混叠失真。但是，当滤波器的指标数字域频率给定时，减小采样周期的方法就不能解决混叠问题。

8.3.2　冲激响应不变法设计滤波器

如前文所述，冲激响应不变法把 $H(s)$ 从 s 平面映射到 z 平面上的 $H(z)$ 时，s 与 z 的映射关系是 $z=e^{sT_s}$。若当 $H(s)$ 为有理分式时，s 与 z 的关系相对简单。可设模拟滤波器的系统函数 $H_c(s)$ 只有单阶极点，且假定分母的阶次大于分子的阶次，即

$$H_c(s)=\sum_{k=1}^{N}\frac{A_k}{s-s_k}\tag{8.62}$$

求拉普拉斯反变换，得

$$h_c(t)=\sum_{k=1}^{N}A_k e^{s_k t}u(t)\tag{8.63}$$

根据 $h[n]=T_s h_c[nT_s]$，得

$$h[n]=\sum_{k=1}^{N}T_s A_k e^{s_k nT_s}u[n]=\sum_{k=1}^{N}T_s A_k(e^{s_k T_s})^n u[n]\tag{8.64}$$

求 z 变换，得

$$H(z)=\sum_{k=1}^{N}\frac{T_s A_k}{1-e^{s_k T_s}z^{-1}}\tag{8.65}$$

比较 $H(z)$ 与 $H_c(s)$ 可知，连续时间系统的极点 s_k 映射为离散时间系统的极点 $e^{s_k T_s}$。其一般做法是：

(1) 根据给定的数字滤波器通带截止频率 ω_p、阻带截止频率 ω_s 及 $\Omega=\dfrac{\omega}{T_s}$ 的关系求出相应的 Ω_p 和 Ω_s。

(2) 根据 Ω_p 和 Ω_s 设计模拟原型滤波器，求出系统函数 $H(s)$。

(3) 代入 $s=\ln(z)/T_s$ 求出数字滤波器的系统函数 $H(z)$。

综上，冲激响应不变法设计流程如图 8.23 所示。

图 8.23　冲激响应不变法设计流程

从以上讨论可以看出，冲激响应不变法使得数字滤波器的单位冲激响应完全模仿模拟滤波器的冲激响应，所以时域逼近良好。模拟频率 Ω 与数字频率 ω 之间呈线性关系 $\omega=\Omega T_s$，因而一个线性相位的模拟滤波器（如 Bessel 滤波器）可以映射成一个线性相位的数字滤波器。并且通过上述例题可以看出，T_s 可以任意选择。

由于频率混叠效应，冲激响应不变法只适用于带限的模拟滤波器。高通和带阻滤波器不宜采用冲激响应不变法，否则要加保护滤波器，滤掉高于折叠频率以上的频率分量。对于带通和低通滤波器，需充分的带限，阻带衰减越大，则混叠效应越小。

例 8.3　利用冲激响应不变法设计低通滤波器，其幅度函数 $|H(e^{j\omega})|$ 需满足

$$0.89125\leqslant |H(e^{j\omega})|<1,\quad |\omega|\leqslant 0.2\pi \tag{8.66}$$

$$|H(e^{j\omega})|\leqslant 0.17783,\quad 0.3\pi\leqslant |\omega|\leqslant \pi \tag{8.67}$$

解：用冲激响应不变法设计滤波器时，首先必须将离散时间滤波器的技术指标转变成连续时间滤波器的技术指标。冲激响应不变法相当于在没有混叠的情况下 Ω 和 ω 之间的线性映射。对于本例，假设混叠的影响可以忽略。

由于以上考虑，我们希望设计一个连续时间 Butterworth 滤波器，其幅度函数满足

$$0.89125\leqslant |H_c(j\omega)|<1,\quad 0\leqslant |\omega|\leqslant 0.2\pi \tag{8.68}$$

$$|H_c(j\omega)|\leqslant 0.17783,\quad 0.3\pi\leqslant |\omega|\leqslant \pi \tag{8.69}$$

因为模拟 Butterworth 滤波器的幅度响应是频率的单调函数，则要满足以上两式，需

$$\left|H_c\left(j\frac{0.2\pi}{T_s}\right)\right|\geqslant 0.89125 \tag{8.70}$$

$$\left|H_c\left(j\frac{0.3\pi}{T_s}\right)\right|\leqslant 0.17783 \tag{8.71}$$

Butterworth 滤波器的幅度平方函数为

$$|H_c(j\Omega)|^2=\frac{1}{1+(\Omega/\Omega_c)^{2N}} \tag{8.72}$$

对不等式取等号，解出 N 和 Ω_c，得

$$1+\left(\frac{0.2\pi}{T_s\Omega_c}\right)^{2N}=\left(\frac{1}{0.89}\right)^2 \tag{8.73}$$

$$1+\left(\frac{0.3\pi}{T_s\Omega_c}\right)^{2N}=\left(\frac{1}{0.178}\right)^2 \tag{8.74}$$

解出 N 为

$$N=5.8858 \tag{8.75}$$

因为 N 必须是整数，所以我们选取 $N=6$。进一步求得 $\Omega_c=0.70474$。$N=6$ 时，可以选择滤波器的参数 Ω_c，使得通带或阻带两者的指标都超过所预定的要求。若改变 Ω_c 的值，应在超过阻带指标和通带指标的数量之间选取 N。将 $N=6$ 代入上式，得 $\Omega_c=0.7032$，若取此值，则完全可满足（连续时间滤波器的）通带指标并超过（连续时间滤波器的）阻带指标。这就给离散时间滤波器的混叠留有一些余地。取 $\Omega_c=0.7032$ 和 $N=6$，则幅度平方函数的 12 个极点均匀分布在半径为 $\Omega_c=0.7032$ 的圆周上，所以

$$H_c(s)=\frac{0.12093}{(s^2+0.3640s+0.4945)(s^2+0.9945s+0.4945)(s^2+1.3585s+0.4845)} \tag{8.76}$$

如果我们把 $H_c(s)$ 表示成一个部分分式展开式，然后将所有共轭对结合在一起，则得出离散时间滤波器的系统函数为

$$\begin{aligned}H(z)&=\frac{0.2871-0.4466z^{-1}}{1-1.2971z^{-1}+0.6949z^{-2}}+\frac{-2.1428+1.1455z^{-1}}{1-1.0691z^{-1}+0.3699z^{-2}}\\&=\frac{1.8557-0.6303z^{-1}}{1-0.9972z^{-1}+0.2570z^{-2}}\end{aligned} \tag{8.77}$$

使用 MATLAB 设计滤波器，结果如图 8.24 所示。

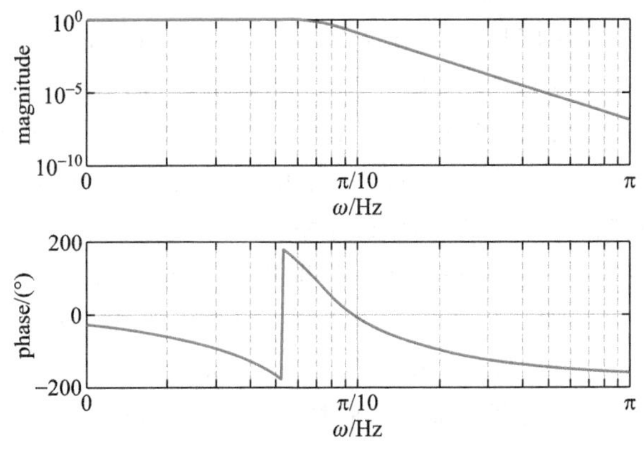

图 8.24　冲激响应不变法设计低通滤波器的频率响应数字滤波器

8.3.3　冲激响应不变法的优缺点

冲激响应不变法使得数字滤波器的单位脉冲响应完全模仿模拟滤波器的单位冲激响应，即时域逼近良好，而且模拟频率 Ω 和数字频率 ω 之间呈线性关系 $\omega=\Omega T_s$。因而，一个线性相位的模拟滤波器通过冲激响应不变法得到的仍然是一个线性相位的数字滤波器。

冲激响应不变法的最大缺点是有频率响应的混叠。所以，冲激响应不变法只适用于限带的模拟滤波器，而且高频衰减越快，混叠效应越小。

8.4　双线性变换法设计 IIR 滤波器

冲激响应不变法使数字滤波器在时域上模仿模拟滤波器,但它的缺点是产生频响的混叠失真,这是因为从 s 平面到 z 平面不是一一映射关系。实际上,只要 s 平面上的一个宽度为 $2\pi/T_s$ 的水平带状区域就足以映射成整个 z 平面了。正是由于 s 平面上许多这样的水平带状区域多次重叠映射到 z 平面,导致频响混叠。为了克服这个缺点,可以采用双线性变换法。

8.4.1　双线性变换法原理

对于任何一个实际的模拟滤波器,其频率响应不可能严格带限,冲激响应不变法将会在 z 平面产生重叠映射,即带来频谱混叠现象。为了避免这种失真,可以利用非线性频率压缩法将频率轴压缩到 s_1 平面 $\pm\pi/T_s$ 之间的水平带状区域,使得 s_1 平面与 z 平面满足单值映射关系,进而避免频谱混叠现象,如图 8.25 所示。

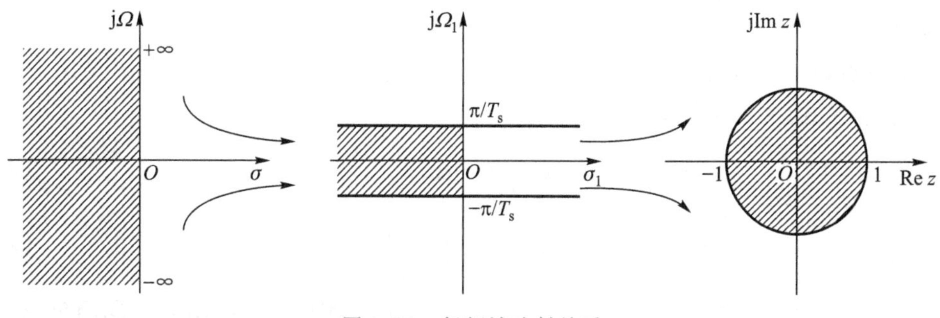

图 8.25　复频域映射关系

为了将 s 平面上的 $\mathrm{j}\Omega$ 轴压缩成 s_1 平面的 $\mathrm{j}\Omega_1$ 轴从 $-\pi/T_s$ 到 π/T_s 的一段,可以通过正切变换来实现,即

$$\Omega=c\tan\frac{\Omega_1 T_s}{2} \tag{8.78}$$

式中,c 为待定常数,一般选 $c=\frac{2}{T_s}$,c 的选择可使模拟原型滤波器的低频特性近似等于数字滤波器的低频特性。

当 Ω_1 从 $-\pi/T_s$ 经过原点变化到 π/T_s 时,Ω 就相应地由 $-\infty$ 经过原点变化到 $+\infty$。也就是说,s 平面 $\mathrm{j}\Omega$ 轴与 s_1 平面的 $\mathrm{j}\Omega_1$ 轴从 $-\pi/T_s$ 到 π/T_s 的一段互为映射。

将关系解析延拓到整个 s 平面和 s_1 平面,令 $s=\mathrm{j}\Omega$,$s_1=\mathrm{j}\Omega_1$,则

$$s=\frac{2}{T_s}\frac{\mathrm{e}^{\frac{s_1T_s}{2}}-\mathrm{e}^{-\frac{s_1T_s}{2}}}{\mathrm{e}^{\frac{s_1T_s}{2}}+\mathrm{e}^{-\frac{s_1T_s}{2}}}=\frac{2}{T_s}\frac{1-\mathrm{e}^{-s_1T_s}}{1+\mathrm{e}^{-s_1T_s}}=\frac{2}{T_s}\tan\mathrm{h}\,\frac{s_1T_s}{2} \tag{8.79}$$

再将 s_1 平面通过以下标准变换关系映射到 z 平面:

$$z=e^{s_1 T_s} \tag{8.80}$$

从而得到 s 平面和 z 平面的单值映射关系为

$$s=\frac{2}{T_s}\frac{1-z^{-1}}{1+z^{-1}} \tag{8.81}$$

或

$$z=\frac{1+(T_s/2)s}{1-(T_s/2)s} \tag{8.82}$$

由于 $z=re^{j\omega}$、$s=\sigma+j\Omega$,则

$$r=\left[\frac{(2/T_s+\sigma)^2+\Omega^2}{(2/T_s-\sigma)^2+\Omega^2}\right]^{1/2} \tag{8.83}$$

$$\omega=\arctan\frac{\Omega}{2/T_s+\sigma}+\arctan\frac{\Omega}{2/T_s-\sigma} \tag{8.84}$$

由此可以得出 s 平面与 z 平面的映射关系,即 s 平面的虚轴确实与 z 平面的单位圆相对应,当 $\sigma<0$ 时,$r<1$;当 $\sigma>0$ 时,$r>1$;当 $\sigma=0$ 时,$r=1$。因此,稳定的模拟滤波器经双线性变换法后所得的数字滤波器也一定是稳定的。这些映射关系与脉冲响应不变法类似,不同的是在双线性变换下,模拟滤波器的复频率 s 与数字滤波器的复频率 z 之间的映射是单值的对应关系,不存在频率混叠现象,但为此付出了非线性的代价。

以下重点讨论双线性变换法中,模拟频率 Ω 与数字频率 ω 之间的关系。考虑 s 平面虚轴上的变换,令式(8.84)中 $\sigma=0$,则

$$\Omega=\frac{2}{T_s}\tan(\omega/2) \tag{8.85}$$

$$\omega=2\arctan\left(\frac{\Omega T_s}{2}\right) \tag{8.86}$$

s 平面上的 Ω 与 z 平面上的 ω 呈非线性正切关系,如图 8.26 所示。由该图可以看出,当 Ω 从 0 变到 $+\infty$ 时,ω 从 0 变到 π(折叠频率)。这意味着模拟滤波器的全部频率特性被压缩成数字滤波器在 $0<\omega<\pi$ 频率范围内的特性,所以不会有高于折叠频率的分量。因此,采用双线性变换法设计数字滤波器不存在频率混叠失真的问题,克服了冲激响应不变法的缺点。

8.4.2 双线性变换法设计滤波器

双线性变换法能够克服频率响应混叠失真问题,但是非线性频率变换将导致数字滤波器的幅频响应相对于模拟滤波器的幅频响应出现畸变,必须采取频率预畸变处理进行克服。其一般做法是:

(1) 根据给定的数字滤波器通带截止频率 ω_p、阻带截止频率 ω_s 及 $\Omega=\frac{2}{T_s}\tan\frac{\omega}{2}$ 的关系求出相应的 Ω_p 和 ω_s。

(2) 根据 Ω_p 和 ω_s 设计模拟原型滤波器,求出系统函数 $H(s)$。

(3) 代入 $s=\frac{2}{T_s}\frac{1-z^{-1}}{1+z^{-1}}$ 求出数字滤波器的系统函数 $H(z)$。

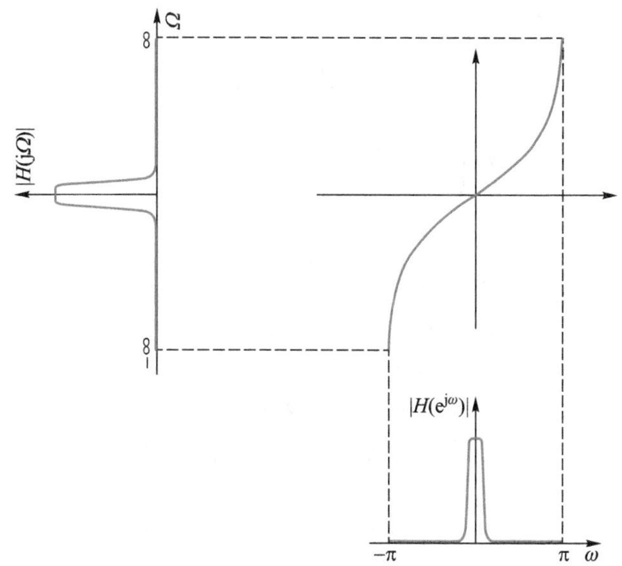

图 8.26　双线性变换法频率映射关系

双线性变换法设计滤波器的具体设计流程如图 8.27 所示。

图 8.27　双线性变换法设计流程

例 8.4　利用双线性变换法设计低通滤波器，其幅度函数 $|H(e^{j\omega})|$ 需满足

$$0.89125 \leqslant |H(e^{j\omega})| < 1, \quad |\omega| \leqslant 0.2\pi \tag{8.87}$$

$$|H(e^{j\omega})| \leqslant 0.17783, \quad 0.3\pi \leqslant |\omega| \leqslant \pi \tag{8.88}$$

解：用双线性变换法进行设计时，必须对离散时间滤波器的临界频率作预畸变处理，使其对应于连续时间滤波器的临界频率，这样双线性变换中固有的频率失真就可以将预畸变后的连续时间临界频率映射回到正确的离散时间临界频率位置上。对于本例中的滤波器，用 $|H_c(j\Omega)|$ 表示连续时间滤波器的幅度响应函数，则要求

$$0.89125 \leqslant |H_c(j\Omega)| < 1, \quad 0 \leqslant \Omega \leqslant \frac{2}{T_s}\tan\left(\frac{0.2\pi}{2}\right) \tag{8.89}$$

$$|H_c(j\Omega)| \leqslant 0.17783, \quad \frac{T_s}{2}\tan\left(\frac{0.3\pi}{2}\right) \leqslant |\Omega| \tag{8.90}$$

为了方便起见，取 $T_s=1$，因为连续时间 Butterworth 滤波器具有单调的幅度响应，要求

$$|H_c(j2\tan(0.1\pi))| \geqslant 0.89125 \tag{8.91}$$

$$|H_c(j2\tan(0.15\pi))| \leqslant 0.17783 \tag{8.92}$$

Butterworth 滤波器的幅度平方函数为

$$|H_c(j\Omega)|^2 = \frac{1}{1+(\Omega/\Omega_c)^{2N}} \tag{8.93}$$

对不等式取等号，解出 N 和 Ω_c，得

$$1+\left(\frac{2\tan(0.1\pi)}{\Omega_c}\right)^{2N}=\left(\frac{1}{0.89}\right)^2 \tag{8.94}$$

$$1+\left(\frac{2\tan(0.15\pi)}{\Omega_c}\right)^{2N}=\left(\frac{1}{0.178}\right)^2 \tag{8.95}$$

解出 N 为

$$N=\frac{\lg\left[\left(\left(\frac{1}{0.178}\right)^2-1\right)\Big/\left(\left(\frac{1}{0.89}\right)^2-1\right)\right]}{2\lg[\tan(0.15\pi)/\tan(0.1\pi)]}=5.305 \tag{8.96}$$

因为 N 必须是整数，所以我们选取 $N=6$。进一步求得 $\Omega_c=0.766$。若用 Ω_c 的这个值，则可超过通带指标并完全满足阻带指标。对于双线性变换法这是合理的，因为我们不必担心混叠问题。这样，经过适当的预畸变处理后，所得出的离散时间滤波器在要求的阻带边缘处将完全满足技术指标。

在 s 平面中，幅度平方函数的 12 个极点均匀分布在半径为 0.766 的一个圆周上。选取左半平面的极点，得到的连续时间滤波器的系统函数为

$$H_c(s)=\frac{0.20238}{(s^2+0.3996s+0.5871)(s^2+1.0836s+0.5871)(s^2+1.4802s+0.5871)} \tag{8.97}$$

离散时间滤波器的系统函数是将双线性变换法用于 $H_c(s)$，并取 $T_s=1$，可得

$$H(z)=\frac{0.0007378(1+z^{-1})^6}{(1-1.2686z^{-1}+0.7051z^{-1})(1-1.0106z^{-1}+0.3583z^{-2})}\times\frac{1}{(1-0.9044z^{-1}+0.2155z^{-2})} \tag{8.98}$$

MATLAB 设计滤波器的步骤为：

(1) 由 Wps=2/Ts*tan(Wps*Ts/2)函数转换模拟滤波器的频率。

(2) 由 buttord(Wp,Ws,Ap,As,'s')函数计算滤波器阶数 N 和极点 Ω_c。

(3) 由 butter(N,Ap,As,Wc,'s')函数计算拉普拉斯变换的分子和分母的系数。

(4) 由 bilinear(B,A,2*pi/Ts)函数转换为数字滤波器。

(5) 由 freqs(B,A)函数可以画出高通滤波器的幅频响应及相频响应，如图 8.28 所示。

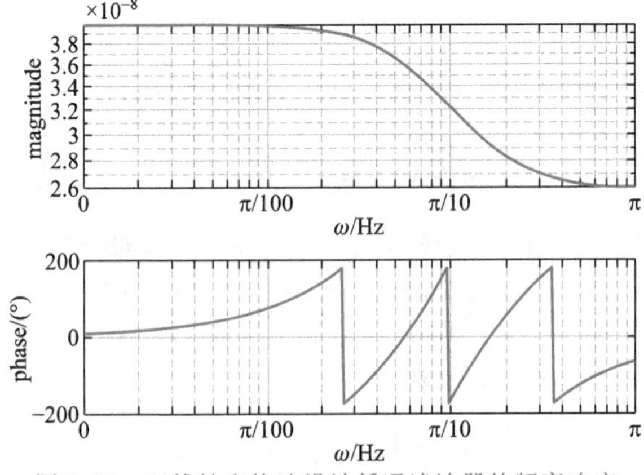

图 8.28　双线性变换法设计低通滤波器的频率响应

双线性变换法是目前最普遍采用的设计方法。一般来说，当着眼于滤波器的稳态响应时，采用冲激响应不变法较好，而在其他情况下，大多采用双线性变换法。而且双线性变换法对进行变换的滤波器类型没有限制，能直接用于低通、高通、带阻、带通等各种类型的滤波器设计。

8.4.3 双线性变换法的优缺点

双线性变换法与冲激响应不变法相比，其主要的优点是避免了频率响应的混叠现象。这是因为 s 平面与 z 平面是单值的一一对应关系。但是，双线性变换的这个特点是靠频率的严重非线性关系得到的。由于这种频率之间的非线性变换关系，产生了新的问题。首先，一个线性相位的模拟滤波器经过双线性变换后得到非线性相位的数字滤波器，不再保持原有的线性相位了；其次，这种非线性关系要求模拟滤波器的幅频响应必须是分段常数型的，即某一滤波段的幅频响应近似等于某一常数，否则变换所产生的数字滤波器幅频响应相对于原模拟滤波器的幅频响应会有畸变。对于分段常数的滤波器，双线性变换后仍得到幅频特性为分段常数的滤波器，但是各个分段边缘的临界频率点产生了畸变，这种频率畸变可以通过频率的预畸变处理来加以校正。

8.5 窗函数法设计 FIR 滤波器

IIR 滤波器设计方法借鉴了模拟滤波器设计的理论和方法，但在设计的时候仅考虑了幅频响应，没有考虑相频响应。而 FIR 滤波器设计方法可设计出满足幅频响应和相频响应(一般为线性相位)要求的滤波器。

FIR 滤波器可在满足幅度特性设计的同时，保证精确、严格的线性相位。FIR 滤波器的单位脉冲响应 $h[n]$ 为有限长序列，其 z 变换在整个有限 z 平面上收敛，因此 FIR 滤波器一定是稳定的。又因为非因果有限长序列可以通过一定的延迟转变为因果序列，所以 FIR 滤波器可以用因果系统实现。FIR 滤波器还可以采用快速傅里叶变换的方法来过滤信号，从而大大提高了运算效率。这些特点使 FIR 滤波器得到越来越广泛的应用。针对 FIR 滤波器的设计任务，即选择有限长度的单位脉冲响应 $h[n]$，使系统频率响应 $H(e^{j\omega})$ 满足技术要求。

8.5.1 窗函数法设计滤波器原理

窗函数法是在时域上设计 FIR 滤波器，如果待设计的滤波器频率响应为 $H_d(e^{j\omega})$，可以利用 IDTFT 推导出该滤波器的单位脉冲响应 $h_d[n]$，即

$$h_d[n]=\frac{1}{2\pi}\int_{-\pi}^{\pi}H_d(e^{j\omega})e^{j\omega n}d\omega \tag{8.99}$$

当仅考虑幅频响应，不考虑相频响应，即频率响应 $H_d(e^{j\omega})$ 为零相位系统时，$H_d(e^{j\omega})$ 为实数，则 $h_d[n]$ 为对称函数。

例如，若 $H_d(e^{j\omega})$ 是截止频率为 ω_c 的理想低通滤波器，如图 8.29 所示，则其单位脉冲响应 $h_d[n]$ 为对称的无限长序列。

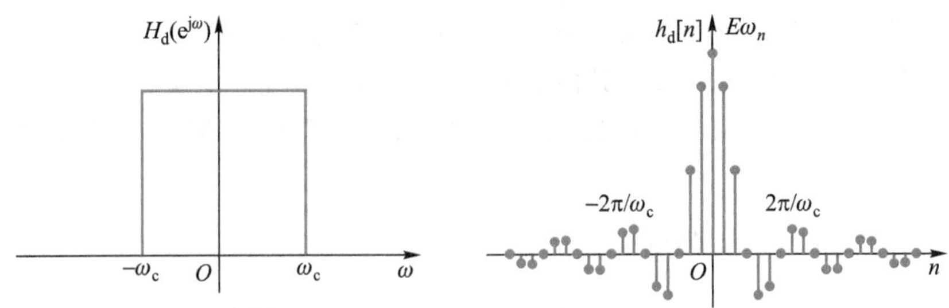

图 8.29　理想低通滤波器的频率响应和单位脉冲响应

可通过移位和加窗的方法，把理想滤波器的单位脉冲响应 $h_d[n]$ 变成一个有限长的因果序列 $h[n]$，如图 8.30 所示。首先将序列 $h_d[n]$ 进行移位转换为 $h_d[n-M/2]$，然后经过加窗处理将 $h_d[n-M/2]$ 截断成有限长因果序列 $h[n]$，即

$$h[n]=h_d[n-M/2]w[n] \tag{8.100}$$

其中，窗函数为 $w[n]=R_M[n]$。

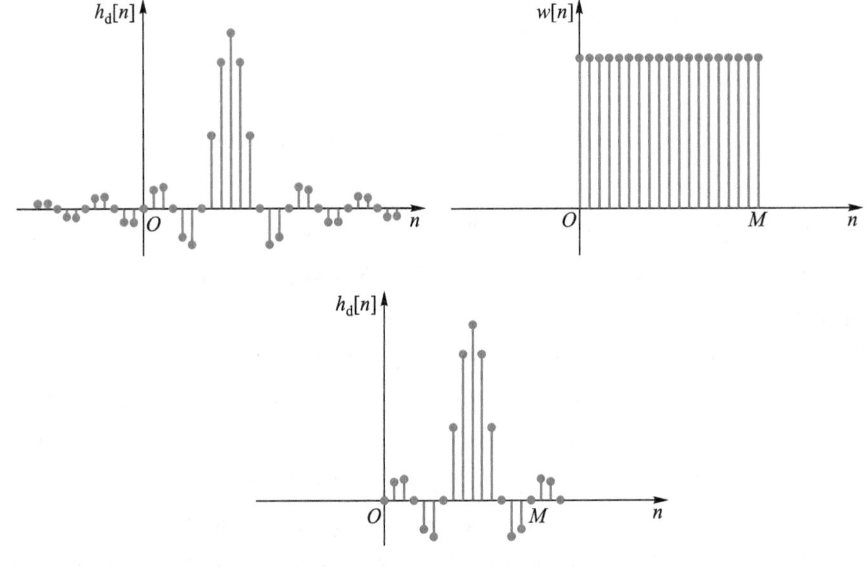

图 8.30　窗函数截断

根据 DTFT 的时域移位性质可知，$h_d[n-M/2]$ 的频率响应为 $H_d(e^{j\omega})e^{-j\omega M/2}$，即 $h_d[n]$ 移位会引起系统频率响应的线性变化。

窗函数 $w[n]=R_M[n]$ 的频谱函数为

$$W(e^{j\omega})=\sum_{n=0}^{M}e^{-jn\omega}=\frac{1-e^{-j\omega(M+1)}}{1-e^{j\omega}}=e^{-j\frac{\omega M}{2}}\frac{\sin[\omega(M+1)/2]}{\sin(\omega/2)} \tag{8.101}$$

将上式记作 $W(e^{j\omega})=e^{-j\frac{\omega M}{2}}W_g(e^{j\omega})$，其中 $W_g(e^{j\omega})=\dfrac{\sin[\omega(M+1)/2]}{\sin(\omega/2)}$ 为窗函数的幅度函数，其主瓣宽度为 $\dfrac{4\pi}{M+1}$，过零点为 $\dfrac{2k\pi}{M+1}(k\in\mathbf{Z},k\neq 0)$。根据 DTFT 的调制定理，因果可实现

系统 $h[n]$ 的频率响应 $H(e^{j\omega})$ 可表示为 $H_d(e^{j\omega})e^{-j\omega M/2}$ 与 $W(e^{j\omega})$ 的卷积，即

$$H(e^{j\omega})=\frac{1}{2\pi}\int_{-\pi}^{\pi}(H_d(e^{j\theta})e^{-j\theta M/2})W_g(e^{j(\omega-\theta)})e^{-j\frac{(\omega-\theta)M}{2}}d\theta \tag{8.102}$$

$$H(e^{j\omega})=\frac{e^{-j\frac{\omega M}{2}}}{2\pi}\int_{-\pi}^{\pi}H_d(e^{j\theta})W_g(e^{j(\omega-\theta)})d\theta \tag{8.103}$$

即因果可实现的 FIR 系统 $h[n]$ 的幅度函数 $|H(e^{j\omega})|$ 可以表示为理想滤波器的幅度函数 $|H_d(e^{j\omega})|$ 与窗函数 $w[n]$ 的幅度函数 $W_g(e^{j\omega})$ 的卷积，卷积过程如图 8.31 所示。

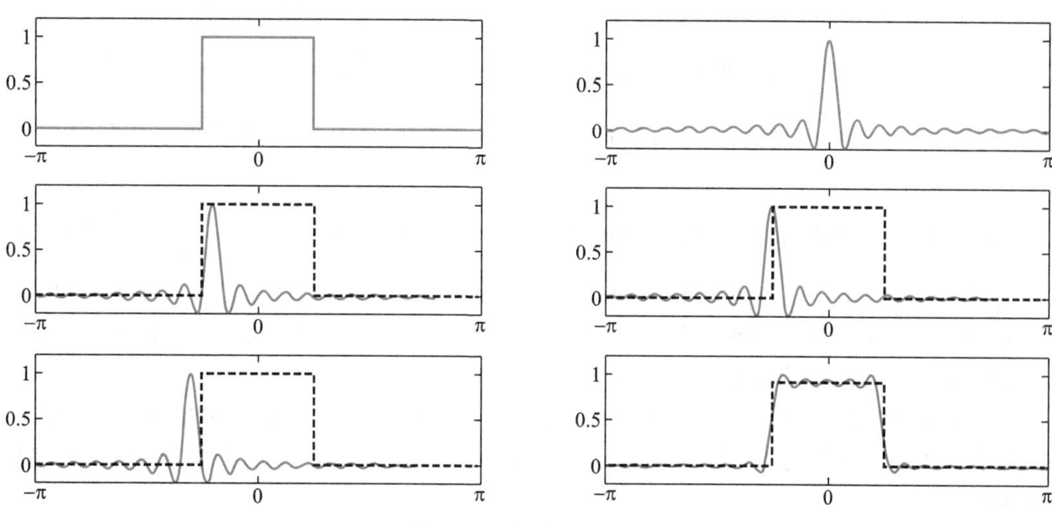

图 8.31　频域卷积过程

(1) 当 $\omega=0$ 时，$|H(e^{j\omega})|$ 为窗函数 $w[n]$ 的幅度函数 $W_g(e^{j\omega})$ 在 $[-\omega_c,\omega_c]$ 区间的积分，当 $\omega_c\gg\frac{2\pi}{M+1}$ 时，近似为 $[-\pi,\pi]$ 区间的积分。

(2) 当 $\omega=-\omega_c+\frac{2\pi}{M+1}$ 或 $\omega=\omega_c-\frac{2\pi}{M+1}$ 时，$W_g(e^{j\omega})$ 的主瓣在积分区间 $[-\omega_c,\omega_c]$ 内，而第一旁瓣在积分区间 $[-\omega_c,\omega_c]$ 外，此时的积分值为最大的正值(正肩峰)。

(3) 当 $\omega=\pm\omega_c$ 且 $\omega_c\gg\frac{2\pi}{M+1}$ 时，积分值近似为 $|H(e^{j0})|$ 的一半(6 dB)，即 $H(e^{j\omega_c})\approx 0.5\times H(e^{j0})$。

(4) 当 $\omega=-\omega_c-\frac{2\pi}{M+1}$ 或 $\omega=\omega_c+\frac{2\pi}{M+1}$ 时，$W_g(e^{j\omega})$ 的主瓣在积分区间 $[-\omega_c,\omega_c]$ 外，而第一旁瓣在积分区间 $[-\omega_c,\omega_c]$ 内，此时的积分值为最小的负值(负肩峰)。

(5) 当 $-\omega_c+\frac{2\pi}{M+1}\leqslant\omega\leqslant\omega_c-\frac{2\pi}{M+1}$ 时，$W_g(e^{j\omega})$ 的主瓣在积分区间 $[-\omega_c,\omega_c]$ 内，即积分值主要由主瓣的面积确定。由于 $W_g(e^{j\omega})$ 的旁瓣大小不尽相同，$[-\omega_c,\omega_c]$ 范围内旁瓣积分值不相同，这种起伏表现为通带内的纹波，即窗函数旁瓣影响通带内纹波。

(6) 当$-\pi \leqslant \omega \leqslant -\omega_c - \frac{2\pi}{M+1}$或$\omega_c + \frac{2\pi}{M+1} \leqslant \omega \leqslant \pi$时，$W_g(e^{j\omega})$的主瓣在积分区间$[-\omega_c, \omega_c]$外，积分值完全由旁瓣的面积确定。由于$W_g(e^{j\omega})$的旁瓣大小不尽相同，$[-\omega_c, \omega_c]$范围内旁瓣积分值不相同，这种起伏表现为阻带内的纹波，即窗函数旁瓣影响阻带内纹波。

利用窗函数截断理想滤波器得到有限长 FIR 滤波器，由于理想滤波器在截止频率处存在不连续点，FIR 滤波器的幅度函数表现出起伏现象，这就是傅里叶级数中非一致收敛的吉布斯现象。截断后得到的 FIR 滤波器的幅度函数，在不连续点$\omega=\omega_c$附近的ω_p和ω_s处分别出现正负肩峰，其中肩峰幅度取决于旁瓣大小，肩峰位置取决于主瓣宽度。在正肩峰和负肩峰之间，形成了 FIR 滤波器的过渡带，根据正负肩峰的对称性可得理想滤波器的截止频率为$\omega_c=\frac{\omega_p+\omega_s}{2}$。窗函数旁瓣面积影响 FIR 滤波器通带和阻带内的纹波，且通带和阻带内的纹波起伏是一致的，用窗函数设计 FIR 滤波器时不能单独控制通带和阻带内的纹波。

随着长度M的增加，窗函数$w[n]=R_M[n]$的幅度函数$W_g(e^{j\omega})=\frac{\sin[\omega(M+1)/2]}{\sin(\omega/2)}$的主、旁瓣宽度会减小，但主、旁瓣幅值的相对比例保持不变，即通过增加窗函数长度，可以减小主瓣宽度，从而缩小过渡带，但不会改变肩峰的相对值，因此只会加快通带和阻带内的纹波振荡，对振荡幅度没有影响。

根据傅里叶级数理论，将窗函数两端平滑地减小到零，可以减小旁瓣的幅度，但同时会使主瓣及过渡带加宽，因此可以根据不同的设计指标选择不同的窗函数进行滤波器设计。

8.5.2 常用窗函数

8.5.1 节分析了窗函数主瓣和旁瓣对滤波器性能的影响，在设计滤波器时，要根据滤波器过渡带、纹波等要求选择合适的窗函数。常用的窗函数有矩形窗、Bartlett 窗、Hanning 窗、Hamming 窗、Blackman 窗、Kaiser 窗等。

1. 矩形窗

矩形窗的窗函数时域、频域表达式分别如式(8.104)和式(8.105)所示。

$$w[n]=\begin{cases}1, & 0\leqslant n\leqslant M\\0, & \text{其他}\end{cases} \tag{8.104}$$

$$W(e^{j\omega})=W_R(e^{j\omega})=e^{-j\frac{\omega M}{2}}\frac{\sin(\omega(M+1)/2)}{\sin(\omega/2)} \tag{8.105}$$

矩形窗的窗函数时域、频域波形及由矩形窗设计的滤波器如图 8.32 所示。

矩形窗的主瓣宽度为$\frac{4\pi}{M+1}$，旁瓣峰值为-13 dB；过渡带宽度近似为$\frac{1.8\pi}{M+1}$，通带和阻带内纹波的最大起伏约为-21 dB。

为表述方便，在后续内容中将矩形窗的窗函数频域表达式表示为$W_R(e^{j\omega})$。

2. Bartlett 窗

Bartlett 窗的窗函数时域、频域表达式分别如式(8.106)和式(8.107)所示。

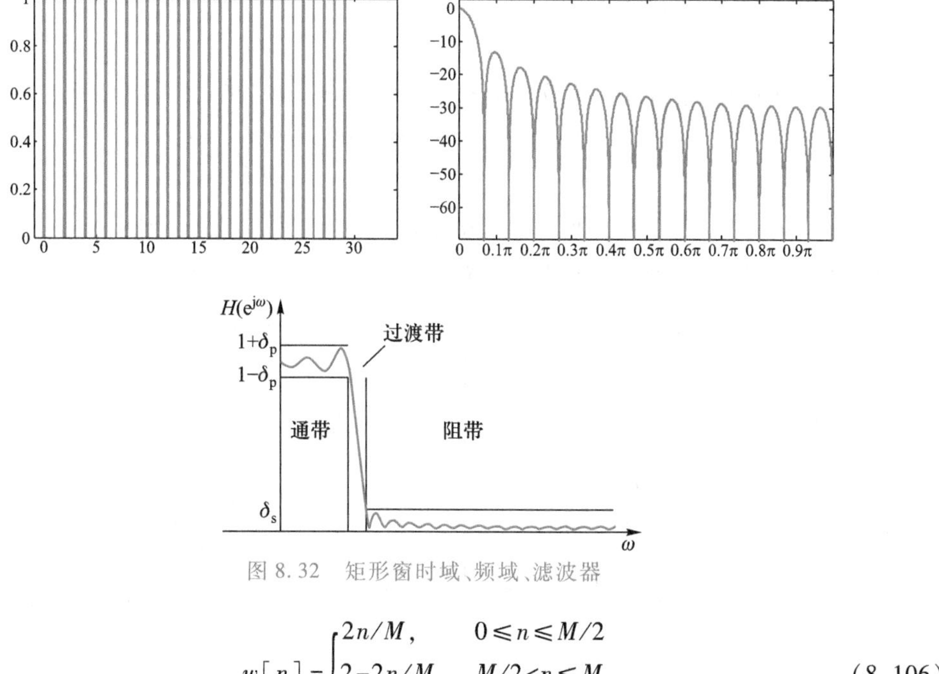

图 8.32 矩形窗时域、频域、滤波器

$$w[n]=\begin{cases}2n/M, & 0\leqslant n\leqslant M/2\\ 2-2n/M, & M/2<n\leqslant M\\ 0, & \text{其他}\end{cases} \tag{8.106}$$

$$W(\mathrm{e}^{\mathrm{j}\omega})=\mathrm{e}^{-\mathrm{j}\frac{\omega M}{2}}\frac{2}{M+1}\left(\frac{\sin(\omega(M+1)/4)}{\sin(\omega/2)}\right)^2 \tag{8.107}$$

Bartlett 窗的窗函数时域、频域波形及由 Bartlett 窗设计的滤波器如图 8.33 所示。

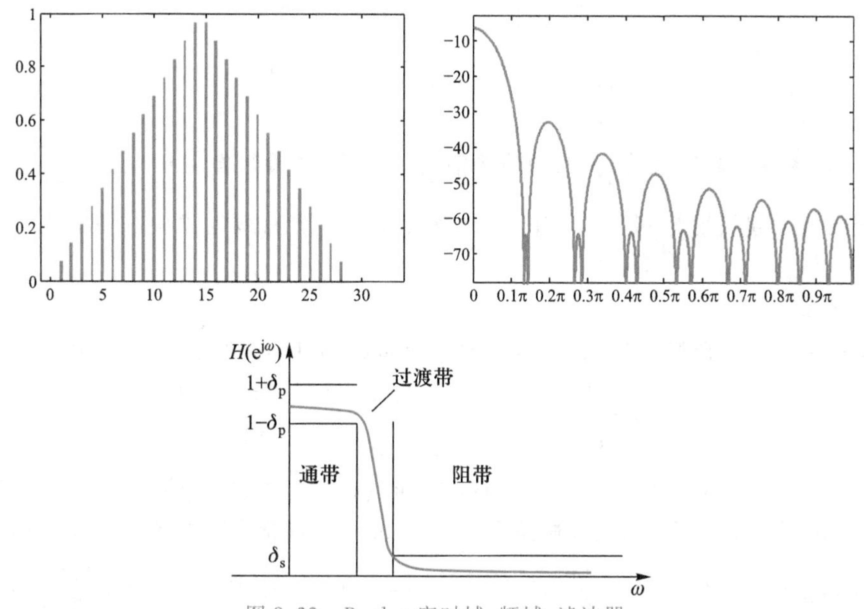

图 8.33 Bartlett 窗时域、频域、滤波器

Bartlett 窗的主瓣宽度为$\frac{8\pi}{M+1}$,旁瓣峰值为-25 dB;过渡带宽度近似为$\frac{4.1\pi}{M+1}$,通带和阻

带内纹波的最大起伏约为-25 dB。

3. Hanning 窗

Hanning 窗的窗函数时域、频域表达式分别如式(8.108)和式(8.109)所示。

$$w[n]=\begin{cases}0.5-0.5\cos(2\pi n/M), & 0\leqslant n\leqslant M\\ 0, & \text{其他}\end{cases} \tag{8.108}$$

$$W(e^{j\omega})=e^{-j\frac{\omega M}{2}}\left(0.5W_R(e^{j\omega})+0.25\left(W_R\left(e^{j\left(\omega-\frac{2\pi}{M}\right)}\right)+W_R\left(e^{j\left(\omega+\frac{2\pi}{M}\right)}\right)\right)\right) \tag{8.109}$$

Hanning 窗的窗函数时域、频域波形及由 Hanning 窗设计的滤波器如图 8.34 所示。

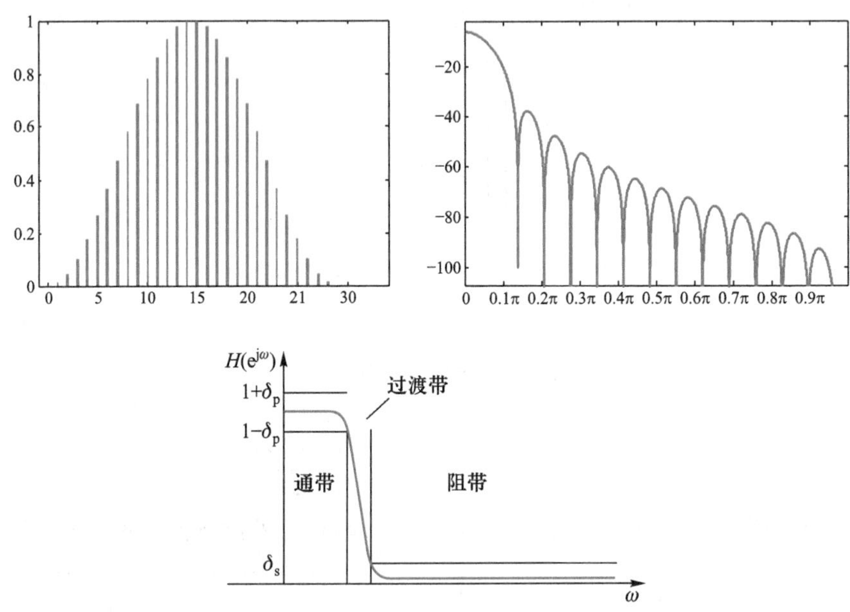

图 8.34　Hanning 窗时域、频域、滤波器

Hanning 窗的主瓣宽度为$\frac{8\pi}{M+1}$,旁瓣峰值为-31 dB;过渡带宽度近似为$\frac{6.2\pi}{M+1}$,通带和阻带内纹波的最大起伏约为-44 dB。Hanning 窗能使能量更有效地集中在主瓣内,但主瓣宽度增加了一倍。

4. Hamming 窗

Hamming 窗的窗函数时域、频域表达式分别如式(8.110)和式(8.111)所示。

$$w[n]=\begin{cases}0.54-0.46\cos(2\pi n/M), & 0\leqslant n\leqslant M\\ 0, & \text{其他}\end{cases} \tag{8.110}$$

$$W(e^{j\omega})=e^{-j\frac{\omega M}{2}}\left(0.54W_R(e^{j\omega})+0.23\left(W_R\left(e^{j\left(\omega-\frac{2\pi}{M}\right)}\right)+W_R\left(e^{j\left(\omega+\frac{2\pi}{M}\right)}\right)\right)\right) \tag{8.111}$$

Hamming 窗的窗函数时域、频域波形及由 Hamming 窗设计的滤波器如图 8.35 所示。

Hamming 窗的主瓣宽度为$\frac{8\pi}{M+1}$,旁瓣峰值为-41 dB;过渡带宽度近似为$\frac{6.6\pi}{M+1}$,通带和阻带内纹波的最大起伏约为-53 dB。Hamming 窗使更高的能量集中在主瓣内,在与 Hanning 窗相同的主瓣宽度下,能够更好地抑制旁瓣。

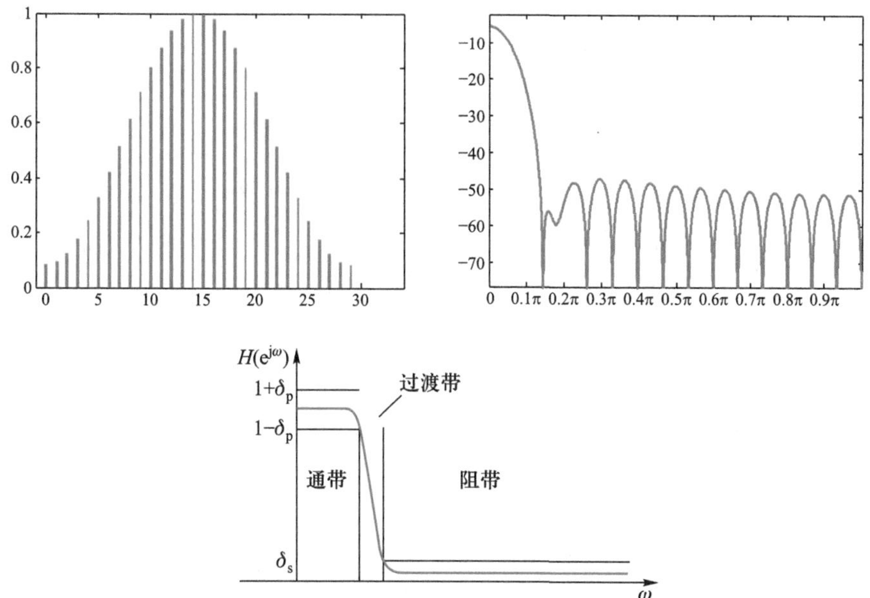

图 8.35　Hamming 窗时域、频域、滤波器

5. Blackman 窗

Blackman 窗的窗函数时域、频域表达式分别如式(8.112)和式(8.113)所示。

$$w[n]=\begin{cases}0.42-0.5\cos\left(\dfrac{2\pi n}{M}\right)+0.08\cos\left(\dfrac{4\pi n}{M}\right), & 0\leqslant n\leqslant M\\ 0, & \text{其他}\end{cases} \tag{8.112}$$

$$W(e^{j\omega})=e^{-j\frac{\omega M}{2}}\left(0.42W_R(e^{j\omega})+0.25\left(W_R\left(e^{j\left(\omega-\frac{2\pi}{M}\right)}\right)+W_R\left(e^{j\left(\omega+\frac{2\pi}{M}\right)}\right)\right)+\right.$$
$$\left.0.04\left(W_R\left(e^{j\left(\omega-\frac{2\pi}{M}\right)}\right)+W_R\left(e^{j\left(\omega+\frac{2\pi}{M}\right)}\right)\right)\right) \tag{8.113}$$

Blackman 窗的窗函数时域、频域波形及由 Blackman 窗设计的滤波器如图 8.36 所示。

Blackman 窗的主瓣宽度为$\dfrac{12\pi}{M+1}$,旁瓣峰值为-57 dB;过渡带宽度近似为$\dfrac{11\pi}{M+1}$,通带和阻带内纹波的最大起伏约为-74 dB。Blackman 窗在 Hanning 窗上又加入了一个二次谐波的余弦分量,可以得到更低的旁瓣,但其主瓣加宽矩形窗的三倍。

6. Kaiser 窗

Kaiser 窗的窗函数时域表达式如式(8.114)所示。

$$w[n]=\begin{cases}\dfrac{I_0[\beta(1-[(n-\alpha)/\alpha]^2)^{\frac{1}{2}}]}{I_0(\beta)}, & 0\leqslant n\leqslant M\\ 0, & \text{其他}\end{cases} \tag{8.114}$$

$$\beta=\begin{cases}0.1102(A-8.7), & A>50\\ 0.5842(A-21)^{0.4}+0.07886(A-21), & 21\leqslant A\leqslant 50\\ 0, & A<21\end{cases} \tag{8.115}$$

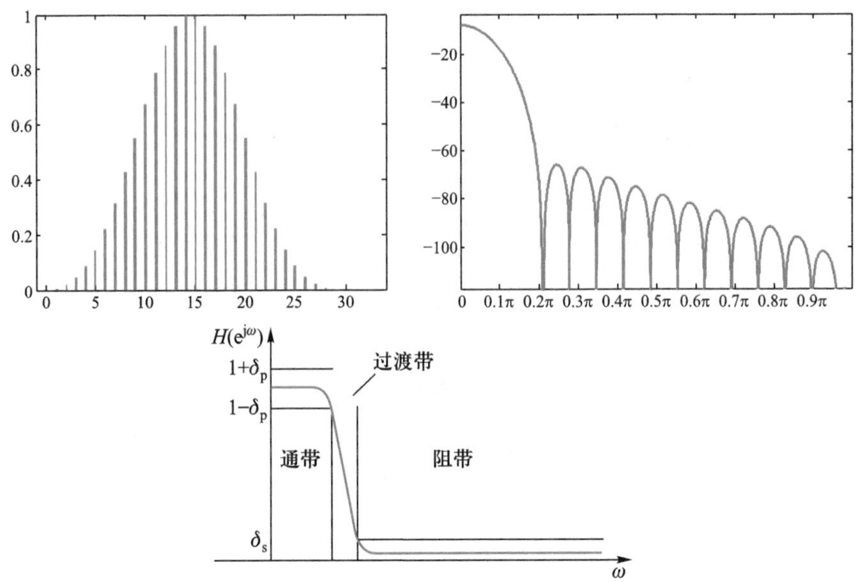

图 8.36 Blackman 窗时域、频域、滤波器

$$\alpha=\frac{M}{2} \tag{8.116}$$

$$M=\frac{A-8}{2.285\Delta\omega} \tag{8.117}$$

其中，$\Delta\omega=\omega_s-\omega_p$，$A=-20\lg\delta$，$I_0(\cdot)$表示第一类零阶修正的 Bessel 函数。

Kaiser 窗的窗函数频域表达式如式(8.118)所示。

$$W(e^{j\omega})=e^{-j\frac{\omega M}{2}}(0.42W_R(e^{j\omega})+0.25(W_R(e^{j(\omega-\frac{2\pi}{M})})+W_R(e^{j(\omega+\frac{2\pi}{M})}))+ \\ 0.04(W_R(e^{j(\omega-\frac{2\pi}{M})})+W_R(e^{j(\omega+\frac{2\pi}{M})}))) \tag{8.118}$$

Kaiser 窗有两个参数：滤波器长度 $M+1$ 和形状参数 β。改变可调参数 β 可以调整窗函数的形状，从而达到通带和阻带内纹波要求。当 $\beta=0$ 时，Kaiser 窗就是矩形窗。随着 β 的增加，Kaiser 窗旁瓣逐渐减小，设计出滤波器的通带和阻带内纹波的起伏逐渐减小。β 值可由式(8.115)进行估算。当 Kaiser 窗的形状确定，即 β 值确定时，随着 Kaiser 窗长度 $M+1$ 的增加，Kaiser 窗的主瓣减小，但旁瓣基本保持不变。窗长度 $M+1$ 的取值由式(8.117)进行估算。不同参数下的 Kaiser 窗如图 8.37 所示。

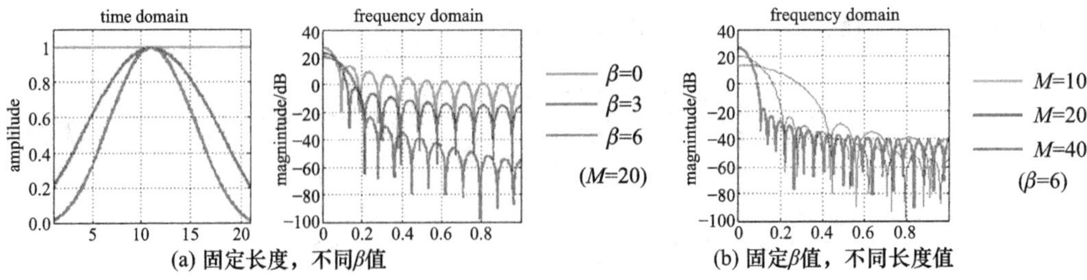

图 8.37 不同参数下的 Kaiser 窗形状

五种常用窗函数的性能参数如表 8.2 所示。

表 8.2　常用窗函数性能比较

名称	最大旁瓣幅度/dB	阻带最小衰减/dB	等效 Kaiser 窗 β	主瓣宽度	过渡带宽度
矩形窗	-13	-21	0	$\frac{4\pi}{M+1}$	$\frac{1.8\pi}{M+1}$
Bartlett 窗	-25	-25	1.33	$\frac{8\pi}{M+1}$	$\frac{4.1\pi}{M+1}$
Hanning 窗	-31	-44	3.86	$\frac{8\pi}{M+1}$	$\frac{6.2\pi}{M+1}$
Hamming 窗	-41	-53	4.86	$\frac{8\pi}{M+1}$	$\frac{6.6\pi}{M+1}$
Blackman 窗	-57	-74	7.04	$\frac{12\pi}{M+1}$	$\frac{11\pi}{M+1}$

8.5.3　窗函数法设计滤波器

由上述小节的分析可知：窗函数的旁瓣大小由窗函数的形状决定，窗函数的主瓣宽度由其形状和长度共同决定。而窗函数的旁瓣会影响截断后滤波器通带和阻带内的纹波，主瓣会影响滤波器的过渡带。使用窗函数法设计滤波器的一般步骤为：

（1）根据滤波器纹波特性选择合适的窗函数形状。

（2）根据过渡带要求确定窗函数的长度 $M+1$。

（3）构造对应的理想滤波器频率响应 $H_d(e^{j\omega})$，并求其 IDTFT 得到理想滤波器的单位脉冲响应 $h_d[n]$。

（4）经过窗函数截断和移位得到因果可实现的 FIR 滤波器的单位脉冲响应 $h[n]=h_d[n-M/2]w[n]$。

窗函数法设计滤波器的具体设计流程如图 8.38 所示。

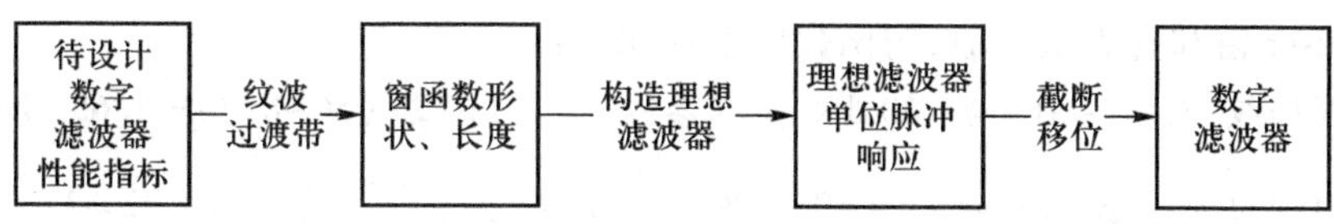

图 8.38　窗函数法设计流程

例 8.5　设计一通带截止频率 $\omega_p=0.4\pi$ 和 $\omega_s 0.6\pi$，通带纹波 $\delta_1=0.01$，阻带纹波 $\delta_2=0.001$ 的低通滤波器。

解：理想低通滤波器的幅频响应 $H_{lpd}(e^{j\omega})$ 为

$$H_{lpd}(e^{j\omega})=\begin{cases}e^{-j\omega M/2}, & |\omega|<\omega_c\\ 0, & \omega_c<|\omega|\leqslant\pi\end{cases} \tag{8.119}$$

求其傅里叶逆变换可得单位脉冲响应 $h_{lpd}[n]$ 为

$$h_{\mathrm{lpd}}[n]=\frac{1}{2\pi}\int_{-\omega_c}^{\omega_c}\mathrm{e}^{-\mathrm{j}\omega M/2}\mathrm{e}^{\mathrm{j}\omega n}\mathrm{d}\omega=\frac{\sin[\omega_c(n-M/2)]}{\pi(n-M/2)} \tag{8.120}$$

利用窗函数截断理想滤波器的单位脉冲响应，得到因果滤波器为

$$h_{\mathrm{lpd}}[n]=\frac{\sin[\omega_c(n-M/2)]}{\pi(n-M/2)}w[n] \tag{8.121}$$

确定滤波器参数 $\omega_c=\frac{\omega_p+\omega_s}{2}$、窗函数 $w[n]$ 和窗长 $M+1$，即可完成滤波器的设计，具体设计步骤如下：

（1）首先根据纹波选择窗形状。为同时满足通带纹波 $\delta_1=0.01$，阻带纹波 $\delta_2=0.001$，选择纹波为 $\delta_2=0.001$，从表 8.2 所描述的窗函数性能，依据 $A=-20\lg\delta=60$ dB，只有 Blackman 窗满足要求。

（2）窗函数确定后，选择满足过渡带要求的窗长度。过渡带宽度 $\Delta\omega=\omega_s-\omega_p=0.2\pi$。Blackman 窗的过渡带为 $\frac{11\pi}{M+1}\leqslant\Delta\omega$，因此 $M+1\geqslant\frac{11\pi}{0.2\pi}=55$，即窗函数长度为 55。

（3）确定参数 $\omega_c=\frac{\omega_p+\omega_s}{2}=0.5\pi$。

（4）Blackman 窗函数为 $w[n]=\begin{cases}0.42-0.5\cos\left(\frac{2\pi n}{M}\right)+0.08\cos\left(\frac{4\pi n}{M}\right), & 0\leqslant n\leqslant M\\ 0, & 其他\end{cases}$。

滤波器单位脉冲响应为

$$h_{\mathrm{lp}}[n]=\frac{\sin[0.5\pi(n-27)]}{\pi(n-27)}\left(0.42-0.5\cos\left(\frac{2\pi(n)}{54}\right)+0.08\cos\left(\frac{4\pi(n)}{54}\right)\right)R_{55}[n] \tag{8.122}$$

其中，M 为偶数，即该滤波器为第Ⅰ类广义线性相位系统。理想滤波器、窗函数、可实现因果滤波器及其频率响应如图 8.39 所示。

例 8.6 采用 Kaiser 窗设计满足例 8.5 要求的低通滤波器。

解：Kaiser 窗和查表法类似，窗函数的选择如下：

（1）根据纹波 $A=-20\lg\delta=60$ dB，确定参数 $\beta=0.1102\times(60-8.7)=5.65326$。

（2）根据过渡带 $\Delta\omega=\omega_s-\omega_p=0.2\pi$，确定参数 $M=\frac{60-8}{2.285\times0.2\pi}=36.22=37$。

（3）确定群延迟 $a=\frac{M}{2}=18.5$，上述三个参数确定后，窗函数 $w[n]$ 即可确定。

（4）计算截止频率 $\omega_c=\frac{\omega_p+\omega_s}{2}=0.5\pi$。

最终设计的滤波器的脉冲响应为

$$h_{\mathrm{lp}}[n]=\frac{\sin[\omega_c(n-M/2)]}{\pi(n-M/2)}w[n]=\frac{\sin[0.5\pi(n-18.5)]}{\pi(n-18.5)}w[n] \tag{8.123}$$

其中，

$$w[n]=\begin{cases}\dfrac{I_0[5.65326\times(1-[(n-18.5)/18.5]^2)^{\frac{1}{2}}]}{I_0(5.65326)}, & 0\leqslant n\leqslant 37\\ 0, & \text{其他}\end{cases} \tag{8.124}$$

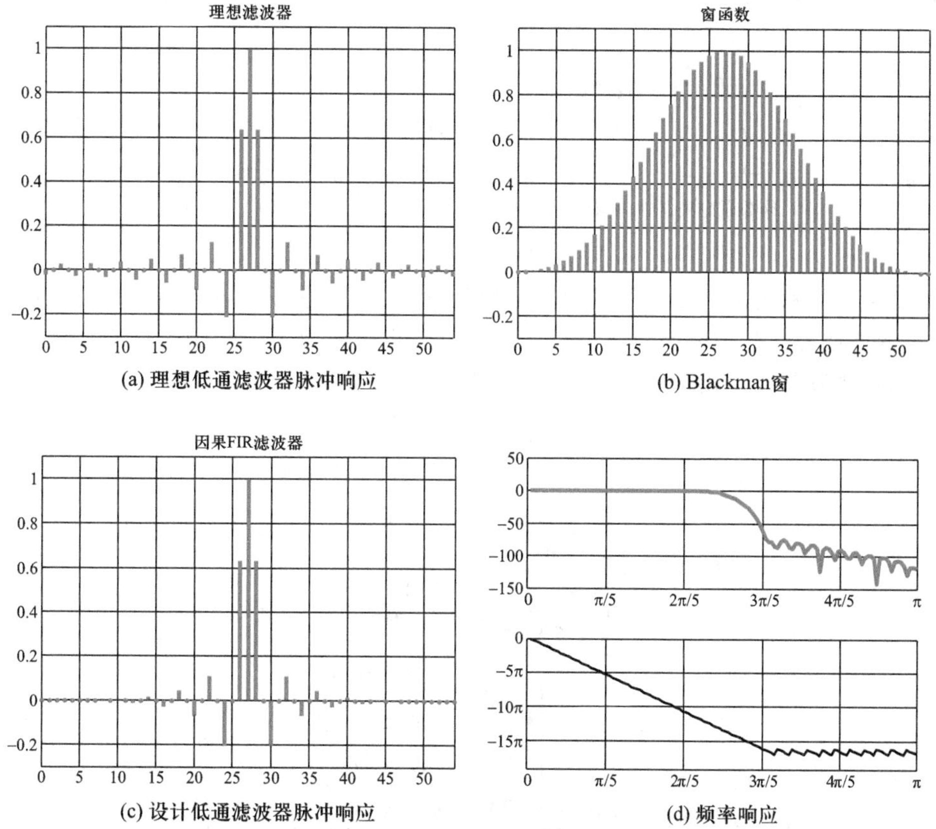

理想滤波器

(a) 理想低通滤波器脉冲响应

窗函数

(b) Blackman窗

因果FIR滤波器

(c) 设计低通滤波器脉冲响应

(d) 频率响应

图 8.39 设计低通滤波器

式中 M 为奇数，即该滤波器为第Ⅱ类广义线性相位系统。理想滤波器、窗函数、因果可实现滤波器、频率响应如图 8.40 所示。

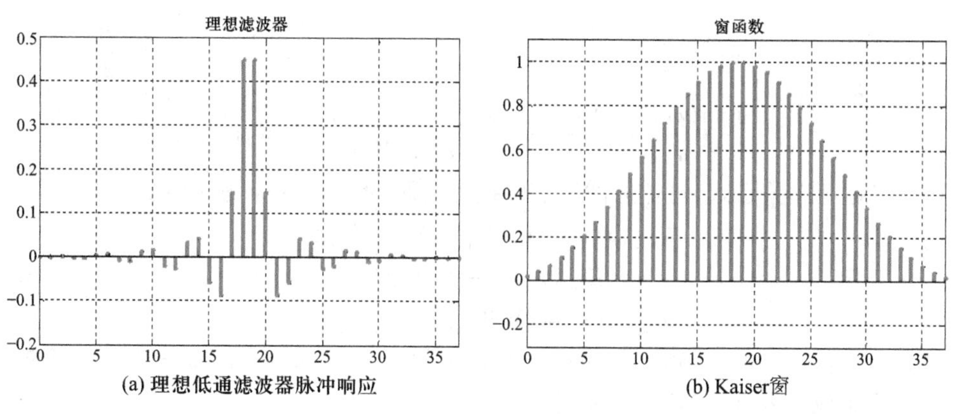

(a) 理想低通滤波器脉冲响应

(b) Kaiser窗

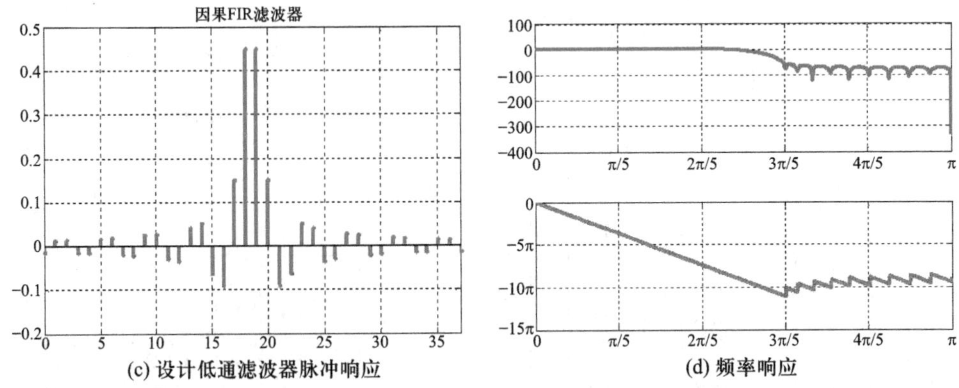

图 8.40 设计低通滤波器

上例给出了利用窗函数设计低通滤波器的方法，同理也可采用窗函数法设计高通、带通、带阻等滤波器。利用窗函数法设计高通、带通、带阻滤波器的步骤与低通滤波器类似，其各自理想滤波器的幅频响应和对应的单位脉冲响应如下所示：

$$H_{\mathrm{hpd}}(\mathrm{e}^{\mathrm{j}\omega})=\begin{cases}0, & |\omega|<\omega_{\mathrm{c}}\\ \mathrm{e}^{-\mathrm{j}\omega M/2}, & \omega_{\mathrm{c}}<|\omega|\leqslant\pi\end{cases}\tag{8.125}$$

$$h_{\mathrm{hpd}}[n]=\begin{cases}1-\dfrac{\omega_{\mathrm{c}}}{\pi}, & n=\dfrac{M}{2}\\ \dfrac{\sin(\omega_{\mathrm{c}}(n-M/2))}{\pi(n-M/2)}R_M[n], & \text{其他}\end{cases}\tag{8.126}$$

$$H_{\mathrm{bpd}}(\mathrm{e}^{\mathrm{j}\omega})=\begin{cases}0, & |\omega|<\omega_{\mathrm{c1}}\\ \mathrm{e}^{-\mathrm{j}\omega M/2}, & \omega_{\mathrm{c1}}<|\omega|\leqslant\omega_{\mathrm{c2}}\\ 0, & \omega_{\mathrm{c2}}<|\omega|\leqslant\pi\end{cases}\tag{8.127}$$

$$h_{\mathrm{bpd}}[n]=\left(\frac{\sin(\omega_{\mathrm{c2}}(n-M/2))}{\pi(n-M/2)}-\frac{\sin(\omega_{\mathrm{c1}}(n-M/2))}{\pi(n-M/2)}\right)R_M[n]\tag{8.128}$$

$$H_{\mathrm{bsd}}(\mathrm{e}^{\mathrm{j}\omega})=\begin{cases}\mathrm{e}^{-\mathrm{j}\omega M/2}, & |\omega|<\omega_{\mathrm{c1}}\\ 0, & \omega_{\mathrm{c1}}<|\omega|\leqslant\omega_{\mathrm{c2}}\\ \mathrm{e}^{-\mathrm{j}\omega M/2}, & \omega_{\mathrm{c2}}<|\omega|\leqslant\pi\end{cases}\tag{8.129}$$

$$h_{\mathrm{bsd}}[n]=\begin{cases}1-\dfrac{\omega_{\mathrm{c2}}-\omega_{\mathrm{c1}}}{\pi}, & n=\dfrac{M}{2}\\ \left(\dfrac{\sin(\omega_{\mathrm{c1}}(n-M/2))}{\pi(n-M/2)}-\dfrac{\sin(\omega_{\mathrm{c2}}(n-M/2))}{\pi(n-M/2)}\right)R_M[n], & \text{其他}\end{cases}\tag{8.130}$$

也可以据下述关系式，将低通滤波器转换为高通、带通和带阻滤波器。

$$H_{\mathrm{hpd}}(z)=(-1)^nH_{\mathrm{lpd}}(z)=1-H_{\mathrm{lpd}}(z)\tag{8.131}$$

$$H_{\mathrm{bpd}}(z)=(-\mathrm{j})^nH_{\mathrm{lpd}}(z)\tag{8.132}$$

$$H_{\mathrm{bsd}}(z)=(-1)^nH_{\mathrm{bpd}}(z)=1-H_{\mathrm{bpd}}(z)\tag{8.133}$$

例 8.7 采用 Kaiser 窗设计一个通带截止频率 $\omega_{\mathrm{p}}=0.6\pi$ 和 $\omega_{\mathrm{s}}=0.4\pi$，通带纹波 $\delta_1=0.01$，阻带纹波 $\delta_2=0.001$ 的高通滤波器。

解：利用理想高通滤波器与理想低通滤波器的关系 $H_{hp}(e^{j\omega})=1-H_{lp}(e^{j\omega})$，求其 IDTFT 可得高通滤波器的单位脉冲响应：

$$h_{hp}[n]=\delta[n-M/2]-\frac{\sin[\omega_c(n-M/2)]}{\pi(n-M/2)}w[n] \tag{8.134}$$

该窗函数与例 8.6 相同，滤波器长度为 $M=37$，属于第Ⅱ类广义线性相位系统。其理想高通滤波器、窗函数、可实现因果高通滤波器、及其频率响应如图 8.41 所示。

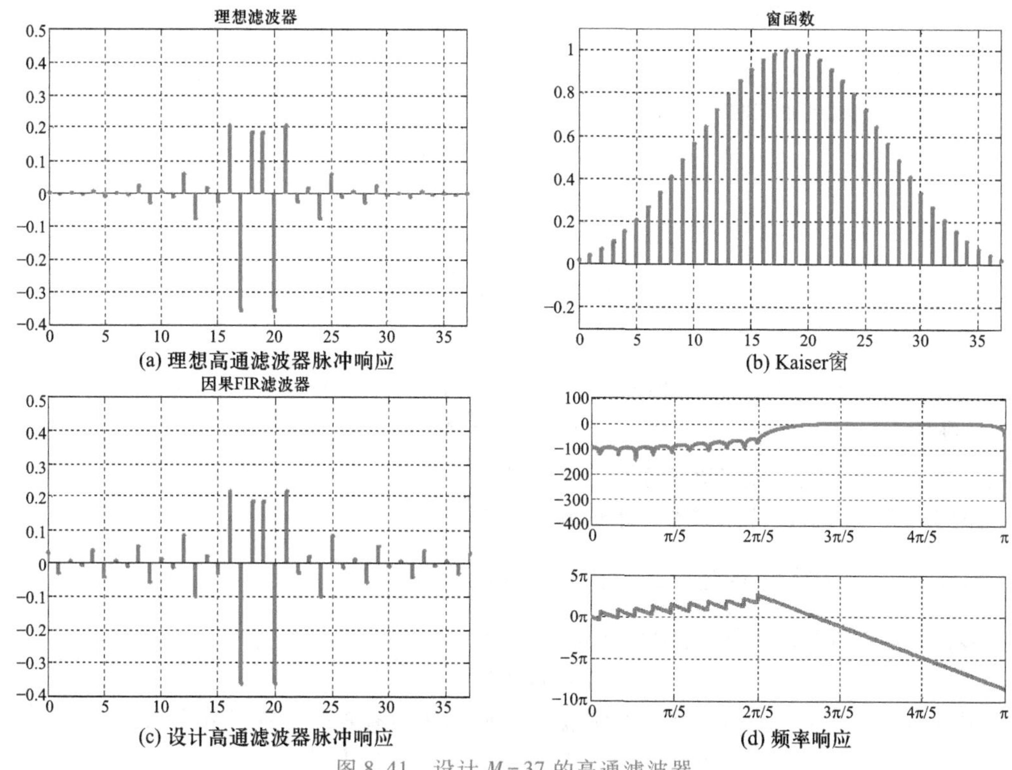

图 8.41 设计 $M=37$ 的高通滤波器

第Ⅱ类广义线性相位系统 $z=\pi$ 处为系统零点，因此该系统并不适合用作高通滤波器。此时需选取 $M=38$，即设计为第Ⅰ类广义线性相位系统。其理想高通滤波器、窗函数、可实现因果高通滤波器、及其频率响应如图 8.42 所示。

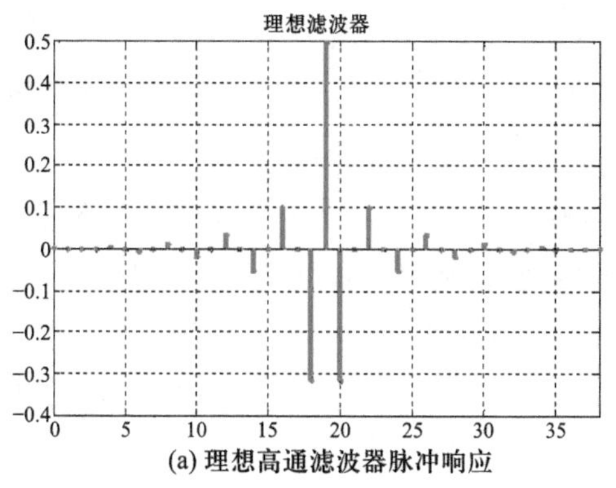

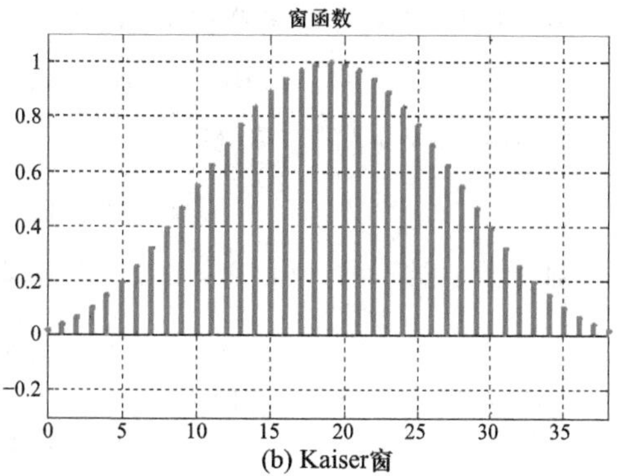

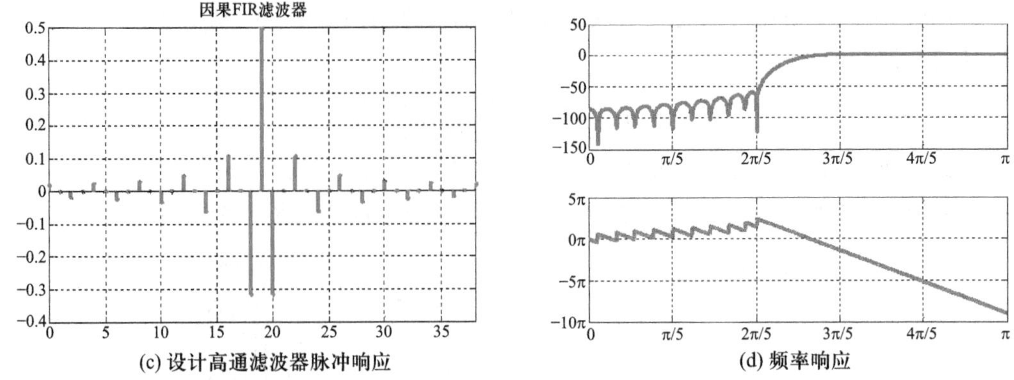

图 8.42 设计 $M=38$ 的高通滤波器

8.6 频率采样法设计 FIR 滤波器

假设某 FIR 系统的单位脉冲响应为 $h[n]$，$h[n]$ 的 DTFT 为 $H(e^{j\omega})$，$h[n]$ 的 DFT 为 $H[k]$，则 $H[k]=H(e^{j\omega})\big|_{\omega=\frac{2\pi k}{N}}$，即 $H[k]$ 为系统频率响应 $H(e^{j\omega})$ 的等间隔采样。因此，根据给定的滤波器的系统性能可确定系统频率响应 $H(e^{j\omega})$，进而计算出其采样值 $H[k]$，然后由 $H[k]$ 的 IDFT 得到所设计滤波器的单位脉冲响应 $h[n]$。

8.6.1 广义线性相位 FIR 滤波器的特点

根据 DTFT 的对称性可知，实数序列的 DTFT 呈共轭对称关系，即

$$H(e^{j\omega})=H^*(e^{-j\omega}) \tag{8.135}$$

根据 DFT 的对称性可知，有限长实数序列的 DFT 为有限长共轭对称序列，即

$$H[k]=H^*[M+1-k],\quad k\in[0,M] \tag{8.136}$$

因为第Ⅰ、Ⅱ、Ⅲ、Ⅳ类广义线性相位系统的单位脉冲响应均为实系数序列，所以其频率响应在 $k\in[M/2+1,M]$ 区间的采样值可由 $k\in[1,M/2]$ 区间的采样值 $H[k]$ 确定。

广义线性相位系统的频率响应为

$$H(e^{j\omega})=A(e^{j\omega})e^{j(\beta-\alpha\omega)}=|H(e^{j\omega})|e^{j\angle H(e^{j\omega})} \tag{8.137}$$

频率响应 $H(e^{j\omega})$ 的采样值 $H[k]$ 为

$$H[k]=H(e^{j\omega})\big|_{\omega=\frac{2\pi k}{M+1}}=A(e^{j\frac{2\pi k}{M+1}})e^{j\left(\beta-\alpha\frac{2\pi k}{M+1}\right)} \tag{8.138}$$

令 $A[k]=A(e^{j\omega})\big|_{\omega=\frac{2\pi k}{M+1}}$，即

$$H[k]=A[k]e^{j\beta}e^{-j\alpha\frac{2\pi k}{M+1}}=A[k]e^{j\beta}e^{-j\frac{M\pi k}{M+1}} \tag{8.139}$$

对于第Ⅰ类广义线性相位系统，M 为偶数，$\beta=0$ 或 π，则 $H[k]=A[k]e^{-j\frac{M\pi k}{M+1}}$，即

$$H[k]=\begin{cases}A[k]e^{-j\frac{M\pi k}{M+1}}, & k\in\left[0,\dfrac{M}{2}\right]\\ H^*[M+1-k], & k\in\left[\dfrac{M}{2}+1,M\right]\end{cases} \tag{8.140}$$

对于第Ⅱ类广义线性相位系统，M 为奇数，$\beta=0$ 或 π，则 $H[k]=A[k]\mathrm{e}^{-\mathrm{j}\frac{M\pi k}{M+1}}$，且 $z=-1$ 为零点，即

$$H[k]=\begin{cases}A[k]\mathrm{e}^{-\mathrm{j}\frac{M\pi k}{M+1}}, & k\in\left[0,\dfrac{M-1}{2}\right]\\ 0, & k=\dfrac{M+1}{2}\\ H^{*}[M+1-k], & k\in\left[\dfrac{M+3}{2},M\right]\end{cases}\tag{8.141}$$

对于第Ⅲ类广义线性相位系统，M 为偶数，$\beta=\dfrac{\pi}{2}$ 或 $\dfrac{3\pi}{2}$，则 $H[k]=\mathrm{j}A[k]\mathrm{e}^{-\mathrm{j}\frac{M\pi k}{M+1}}$，且 $z=\pm1$ 为零点，即

$$H[k]=\begin{cases}0, & k=0\\ \mathrm{j}A[k]\mathrm{e}^{-\mathrm{j}\frac{M\pi k}{M+1}}, & k\in\left[1,\dfrac{M}{2}\right]\\ H^{*}[M+1-k], & k\in\left[\dfrac{M}{2}+1,M\right]\end{cases}\tag{8.142}$$

对于第Ⅳ类广义线性相位系统，M 为奇数，$\beta=\dfrac{\pi}{2}$ 或 $\dfrac{3\pi}{2}$，则 $H[k]=\mathrm{j}A[k]\mathrm{e}^{-\mathrm{j}\frac{M\pi k}{M+1}}$，且 $z=1$ 为零点，即

$$H[k]=\begin{cases}0, & k=0\\ \mathrm{j}A[k]\mathrm{e}^{-\mathrm{j}\frac{M\pi k}{M+1}}, & k\in\left[1,\dfrac{M+1}{2}\right]\\ H^{*}[M+1-k], & k\in\left[\dfrac{M+3}{2},M\right]\end{cases}\tag{8.143}$$

8.6.2 频率采样法设计滤波器的性能指标

例 8.8 采用频率采样法设计截止频率 $|\omega_c|=0.4\pi$，长度 $M=10$ 的低通滤波器。

解：低通滤波器可选用第Ⅰ、Ⅱ类线性相位 FIR 滤波器，当 M 为偶数时，选用第Ⅰ类滤波器，即

$$A(\mathrm{e}^{\mathrm{j}\omega})=\begin{cases}1, & |\omega|\leqslant0.4\pi\\ 0, & \text{其他}\end{cases},\quad \mathrm{e}^{\mathrm{j}(\beta-\alpha\omega)}=\mathrm{e}^{-\mathrm{j}\frac{M}{2}\omega}\tag{8.144}$$

滤波器的 $M+1$ 个采样值 $H[k]$ 为

$$H[k]=\begin{cases}A[k]\mathrm{e}^{-\mathrm{j}\frac{M\pi k}{M+1}}, & k\in\left[0,\dfrac{M}{2}\right]\\ H^{*}[M+1-k], & k\in\left[\dfrac{M}{2}+1,M\right]\end{cases}\tag{8.145}$$

计算 $H[k]$ 的 $M+1$ 点 IDFT，即可得到 $h[n]$ 为

$$h[n]=\frac{1}{M+1}\sum_{k=0}^{M}H[k]\mathrm{e}^{\mathrm{j}\frac{2\pi}{M+1}nk},\quad n=0,1,\cdots,M\tag{8.146}$$

频率采样法设计的滤波器的频率响应，在采样点 $H[k]$ 处完全等于给定的理想滤波器

的频率响应 $H_d(e^{j\omega})=A(e^{j\omega})e^{j(\beta-\alpha\omega)}$，而采样点之间的值是通过插值得到的，因而有一定的逼近误差，在理想频率响应的不连续点附近产生肩峰和起伏。理想滤波器的频率响应 $H_d(e^{j\omega})$、频域采样值 $H[k]$ 及所设计滤波器的频率响应 $H(e^{j\omega})$ 如图 8.43 所示。

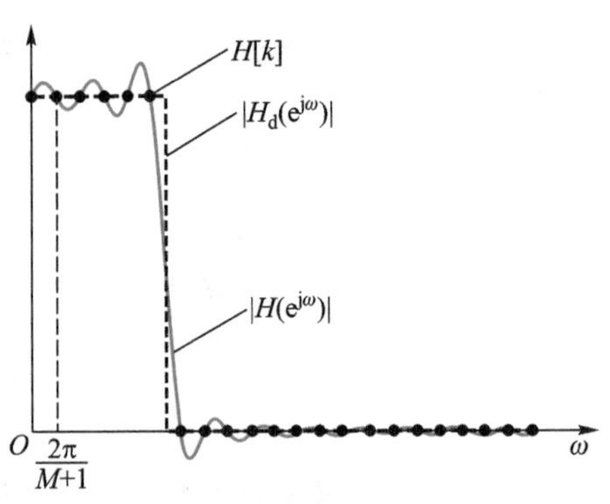

图 8.43　频率采样的频率响应

用窗函数法设计滤波器时，只能通过选择不同的窗来减小纹波的起伏，但同时会使过渡带加宽，因此可参照窗函数设计法，在确定滤波器频率响应时通过增加过渡带宽度（采样点数）来减少纹波的起伏。过渡带采样点数和滤波器阻带衰减的关系如表 8.3 所示。

表 8.3　过渡带采样点数与阻带衰减的关系

过渡带采样点数 m	1	2	3
阻带衰减	44 ~ 54 dB	65 ~ 75 dB	85 ~ 95 dB

8.6.3　频率采样法设计 FIR 滤波器

频率采样法设计 FIR 滤波器的步骤如下：

（1）根据阻带最小衰减选择过渡带采样点数 m。

（2）根据过渡带宽度即过渡带采样点数，确定滤波器长度 $M+1$。根据频域采样关系 $\omega=\frac{2\pi k}{M+1}$，可以推导出过渡带宽 $\Delta\omega=\frac{2\pi(m+1)}{M+1}$，因此在设计时需要满足 $\Delta\omega\geqslant\frac{2\pi(m+1)}{M+1}$，即 $M+1\geqslant\frac{2\pi(m+1)}{\Delta\omega}$。

（3）根据待设计滤波器的性能指标，确定线性相位滤波器的类型（第Ⅰ、Ⅱ、Ⅲ、Ⅳ类）。

（4）确定理想滤波器的幅度函数 $A(e^{j\omega})$。

（5）确定理想滤波器的相位 $e^{j(\beta-\alpha\omega)}$。

（6）确定滤波器频率响应 $H(e^{j\omega})=A(e^{j\omega})e^{j(\beta-\alpha\omega)}$ 的 $M+1$ 点采样值 $H[k]$。

（7）求 $H[k]$ 的 $M+1$ 点 IDFT，得到长度为 $M+1$ 的线性相位 FIR 滤波器的单位脉冲响应 $h[n]$。

（8）验证所设计滤波器的性能指标。如果纹波未达到指标要求，修改过渡带采样点数及滤波器长度；如果边界频率未达到指标要求，调整 $H(e^{j\omega})=A(e^{j\omega})e^{j(\beta-\alpha\omega)}$ 的边界频率，直至满足要求。

（9）由 $h[n]$ 的 z 变换可得系统函数 $H(z)$。也可采用频域采样重构公式，由 $H[k]$ 直接得到系统函数：

$$H(z)=\frac{1-z^{-N}}{N}\sum_{k=0}^{N-1}\frac{H[k]}{1-e^{j\frac{2\pi k}{N}}z^{-1}}\tag{8.147}$$

频率采样法设计滤波器的具体设计流程如图 8.44 所示。

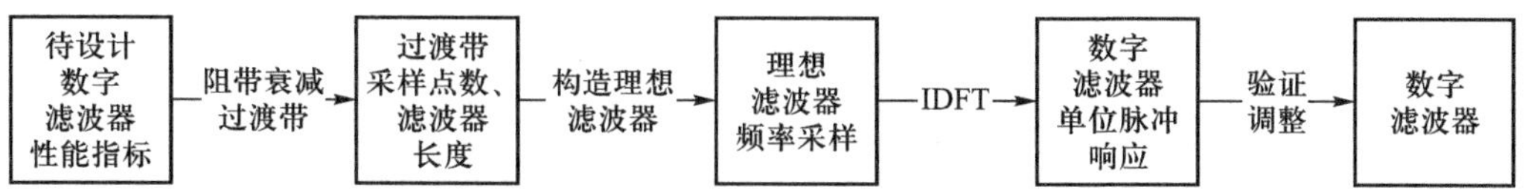

图 8.44　频率采样法设计流程

例 8.9　利用频率采样法设计一个通带截止频率 $\omega_p=0.4\pi$ 和 $\omega_s=0.6\pi$，通带纹波 $\delta_1=0.01$，阻带纹波 $\delta_2=0.001$ 的低通滤波器。

解：(1) 首先根据纹波确定过渡带点数。为同时满足通带纹波 $\delta_1=0.01$，阻带纹波 $\delta_2=0.001$，选择纹波为 $\delta_2=0.001$，则 $A=-20\lg\delta=60$ dB，根据表 8.3 中纹波与过渡带点数的关系，并使滤波器长度尽量短，因此选取 $m=2$。

(2) 确定滤波器的长度。过渡带宽度 $\Delta\omega=\omega_s-\omega_p=0.2\pi$，根据关系式 $\Delta\omega\geqslant\dfrac{2\pi(2+1)}{M+1}$，可得 $M\geqslant\dfrac{6\pi}{0.2\pi}-1=29$，选取 $M=29$，即滤波器长度为 $M+1=30$。

(3) 确定线性相位滤波器的类型。低通滤波器可选用第Ⅰ、Ⅱ类线性相位 FIR 滤波器，又因为 $M=29$ 为奇数，因此选用第Ⅱ类线性相位 FIR 滤波器，其频率响应为

$$A(e^{j\omega})=\begin{cases}1, & |\omega|\leqslant 0.4\pi\\ 0, & 其他\end{cases},\quad e^{j(\beta-\alpha\omega)}=e^{-j\frac{M}{2}\omega} \tag{8.148}$$

(4) 确定参数 $\omega_c=\dfrac{\omega_p+\omega_s}{2}=0.5\pi$。

(5) 因为 M 为奇数，选用第Ⅱ类滤波器，滤波器的 $M+1$ 点采样值 $H[k]$ 为

$$H[k]=\begin{cases}A[k]e^{-j\frac{M\pi k}{M+1}}, & k\in\left[0,\dfrac{M-1}{2}\right]\\ 0, & k=\dfrac{M+1}{2}\\ H^*[M+1-k], & k\in\left[\dfrac{M+3}{2},M\right]\end{cases} \tag{8.149}$$

(6) 求 $H[k]$ 的 $M+1$ 点 IDFT，即可得到 $h[n]$：

$$h[n]=\frac{1}{M+1}\sum_{k=0}^{M}H[k]e^{j\frac{2\pi}{M+1}nk},\quad n=0,1,\cdots,M \tag{8.150}$$

窗函数法和频率采样法简便易行，但存在以下缺点：

(1) 滤波器边界频率不易精确控制。

(2) 通带和阻带内纹波相同，无法单独控制。

(3) 在阻带频率边沿衰减最小。

为了克服上述问题，人们采用优化理论，提出了等波纹逼近等 FIR 滤波器设计方法。Chebyshev 和 Remez 对解决该问题做出了巨大的贡献，因此又称作 Chebyshev 逼近或 Remez 逼近。MATLAB 提供了 remez 和 remezord 函数，可设计满足等波纹最佳逼近准则的 FIR 滤波器。

8.7 小结

本章首先介绍了模拟滤波器的设计方法。模拟滤波器设计是根据滤波器幅频响应 $|H(\mathrm{j}\Omega)|$ 与系统函数 $H(s)$ 之间的关系，利用 Butterworth、Chebyshev 等多项式函数得到系统函数 $H(s)$，完成滤波器设计。另外频率转换法可将高通、带通、带阻滤波器转换为低通滤波器，便于统一设计。

其次介绍了离散时间 IIR 滤波器设计法。IIR 滤波器设计是将离散时间滤波器幅频响应 $|H(\mathrm{e}^{\mathrm{j}\omega})|$ 转换为对应的模拟滤波器幅频响应 $|H(\mathrm{j}\Omega)|$，利用模拟滤波器设计法设计模拟滤波器系统函数 $H(s)$，依据 $H(s)$ 与 $H(z)$ 的对应关系得到离散时间系统传递函数 $H(z)$，完成滤波器设计。IIR 滤波器设计法有冲激响应不变法、双线性变换法两种设计方法。冲激响应不变法的频率转换关系为 $\Omega=\dfrac{\omega}{T_{\mathrm{s}}}$、$z=\mathrm{e}^{sT_{\mathrm{s}}}$，双线性变换法的频率转换关系为 $\Omega=\dfrac{2}{T_{\mathrm{s}}}\tan(\omega/2)$、$z=\dfrac{1+(T_{\mathrm{s}}/2)s}{1-(T_{\mathrm{s}}/2)s}$。由于冲激响应不变法存在频率的混叠，只可设计低通、带通滤波器，不能设计带阻、高通滤波器。双线性变化法可设计低通、带阻、带通、高通滤波器。

最后介绍了离散时间 FIR 滤波器设计法，包括窗函数法、频率采样法。窗函数法是依据离散时间滤波器性能指标 $|H(\mathrm{e}^{\mathrm{j}\omega})|$ 来构造相频响应为 0 的理想滤波器 $H_{\mathrm{d}}(\mathrm{e}^{\mathrm{j}\omega})=|H(\mathrm{e}^{\mathrm{j}\omega})|$，利用 DTFT 逆变换得到理想滤波器的时域表示 $h_{\mathrm{d}}[n]$，采用移位和窗函数 $w[n]$ 截断 $h_{\mathrm{d}}[n]$ 得到因果可实现的 FIR 离散时间滤波器 $h[n]=h_{\mathrm{d}}[n-M/2]w[n-M/2]$。频率采样法是依据 $h[n]$ 的 DFT 变换 $H[k]$ 为频率响应 $H(\mathrm{e}^{\mathrm{j}\omega})$ 的等间隔采样，即 $H[k]=H(\mathrm{e}^{\mathrm{j}\omega})\big|_{\omega=\frac{2\pi k}{N}}$。依据离散时间滤波器性能指标 $|H(\mathrm{e}^{\mathrm{j}\omega})|$ 和相位要求构造 $H[k]$，利用 IDFT 得到因果可实现的 FIR 离散时间滤波器的单位脉冲响应 $h[n]$。窗函数法和频率采样法均可设计具有线性相位的低通、带阻、带通、高通的各种滤波器。

习题

8.1 多径信道的简单模型如图 P8.1(a)所示，如果 $s_{\mathrm{c}}(t)$ 为带限连续时间信号 $\left(\text{即 } |\Omega|\geqslant\dfrac{\pi}{T_{\mathrm{s}}} \text{ 时，} S_{\mathrm{c}}(\mathrm{j}\Omega)=0\right)$。以采样周期 T_{s} 采样 $x_{\mathrm{c}}(t)$，可得离散时间序列 $x[n]=x_{\mathrm{c}}(nT_{\mathrm{s}})$。

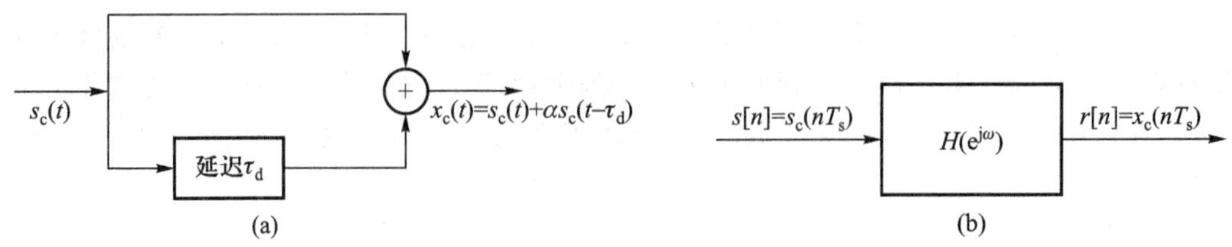

图 P8.1

（1）请用 $S_c(j\Omega)$ 分别表示 $x_c(t)$ 和 $x[n]$ 的频谱函数。

（2）现用一离散时间系统仿真图 P8.1(a) 所示的多径系统，如图(b)所示。请给出离散时间系统函数 $H(e^{j\omega})$，使得当输入序列为 $s[n]=s_c(nT_s)$ 时，输出序列 $r[n]=x_c(nT_s)$。

（3）求 τ_d 为 T_s、$T_s/2$ 时，该离散时间系统的单位脉冲响应 $h[n]$。

8.2 如图 P8.2 所示的系统，其离散时间系统是截止频率为 $\pi/8$ 的理想低通滤波器。

（1）如果 $x_c(t)$ 的最高频率为 5 kHz，为避免 C/D 转换发生混叠，T_s 最大选多少？

（2）如果 $1/T_s=10$ kHz，等效滤波器的截止频率为多少？

（3）如果 $1/T_s=20$ kHz，等效滤波器的截止频率为多少？

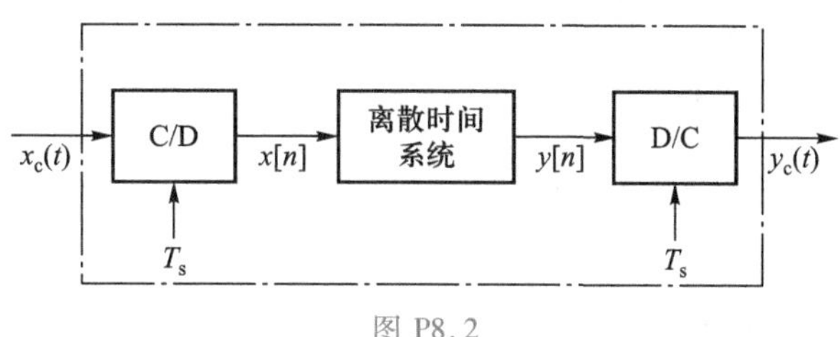

图 P8.2

8.3 如图 P8.3 所示的系统，输入信号 $x_c(t)$ 为带限信号，当 $|\Omega|\geqslant 2\,000\pi$ 时，$X_c(j\Omega)=0$。离散时间系统是一个平方器，即 $y[n]=x^2[n]$。若要系统总响应为 $y_c(t)=x^2(t)$，请问 T_s 最大为多少？

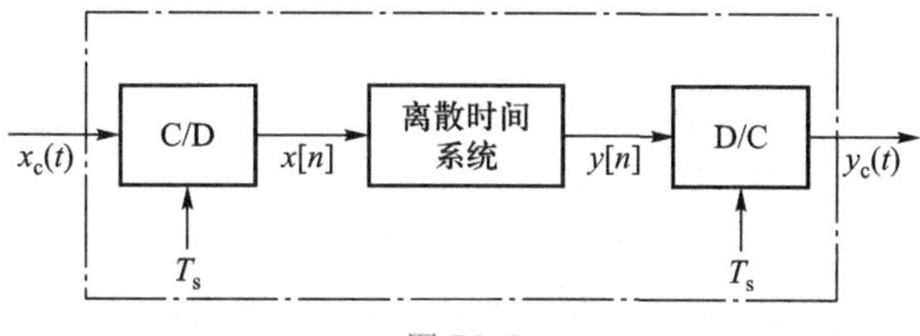

图 P8.3

8.4 如图 P8.4 所示的系统，输入信号 $x_c(t)$ 为带限信号，当 $|\Omega|\geqslant 4\,000\pi$ 时，$X_c(j\Omega)=0$。该系统为离散时间 LTI 系统。请选择最大可能的 T_s，并设计离散时间系统频率响应 $H(e^{j\omega})$，使得输出信号 $y_c(t)$ 的频谱满足 $Y_c(j\Omega)=\begin{cases}|\Omega|X_c(j\Omega), & 1\,000\pi<|\Omega|<2\,000\pi \\ 0, & \text{其他}\end{cases}$。

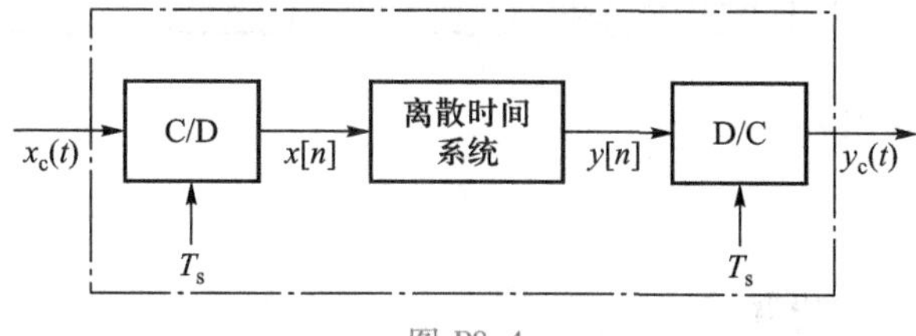

图 P8.4

8.5 如图 P8.5 所示的系统及 $X_c(j\Omega)$、$H(e^{j\omega})$，请画出下列情况下 $y_c(t)$ 的 DTFT。

（1）$1/T_1=1/T_2=10^4$ Hz

（2）$1/T_1=1/T_2=2\times10^4$ Hz

（3）$1/T_1=2\times10^4$ Hz，$1/T_2=10^4$ Hz

（4）$1/T_1=10^4$ Hz，$1/T_2=2\times10^4$ Hz

8.6 如图 P8.6 所示的系统，输入信号 $x_c(t)$ 为带限信号，当 $|\Omega| \geqslant 2\pi\times 10^4$ 时，$X_c(j\Omega)=0$。离散时间系统响应为 $y[n]=T_s\sum_{k=-\infty}^{n}x[k]$。

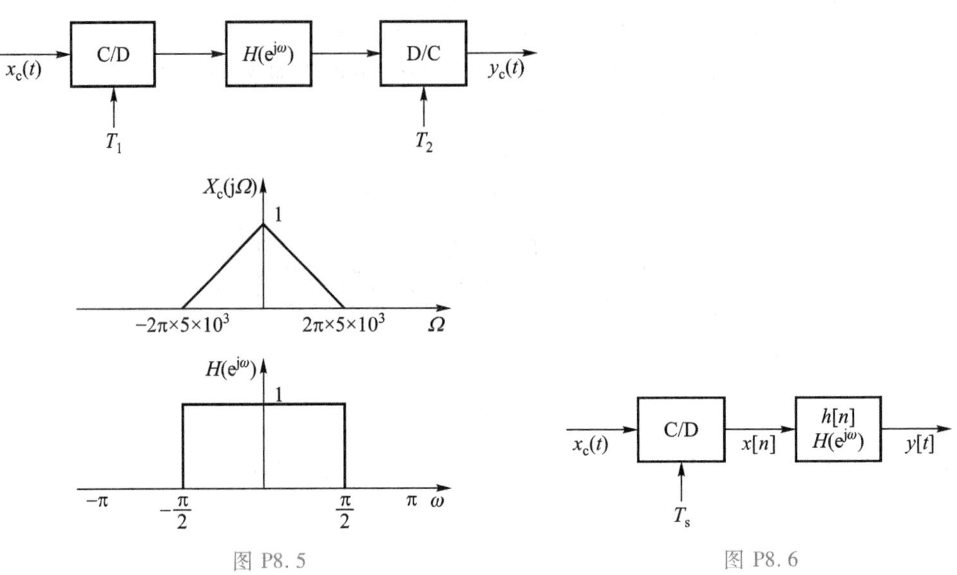

图 P8.5

图 P8.6

(1) 如果要避免混叠，即从 $x[n]$ 中恢复出 $x_c(t)$，求 T_s 的最大值。

(2) 求离散时间系统的单位脉冲响应 $h[n]$。

(3) 利用 $x[n]$ 的 DTFT $X(e^{j\omega})$ 计算 $n=\infty$ 时 $y[n]$ 的值。

(4) 是否存在某一 T_s 值，使 $y[n]\Big|_{n=\infty}=\int_{-\infty}^{\infty}x_c(t)\,dt$。如有，请给出 T_s 的最大值；如没有，请说明原因。

8.7 如图 P8.7(a)所示的系统，其重构滤波器 $H_r(j\Omega)$ 和离散滤波器 $H(e^{j\omega})$ 的频率响应如图(b)所示。

(1) 当采样频率 $\frac{1}{T_s}=20$ kHz，输入信号 $x_c(t)$ 的频谱 $X_c(j\Omega)$ 如图 P8.7(c) 所示时，请画出 $X_s(j\Omega)$ 和 $H(e^{j\omega})$。

(a)

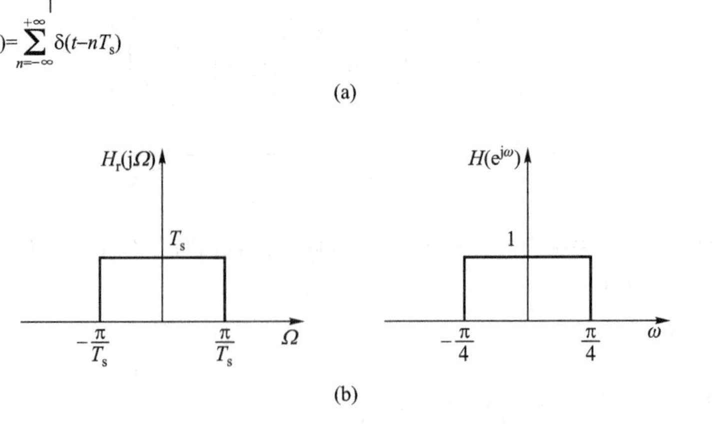

(b)

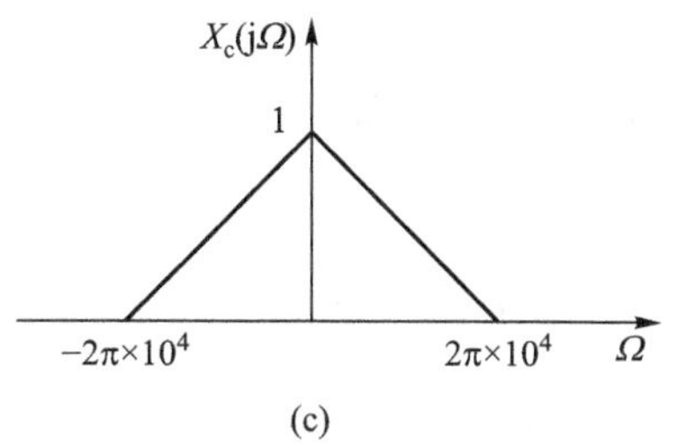

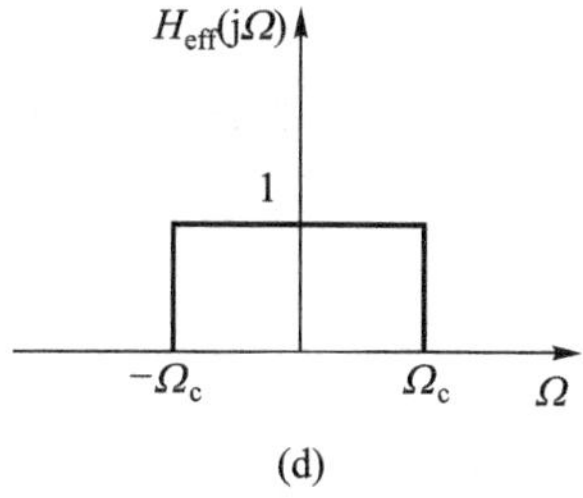

图 P8.7

(2) 要使系统等效响应 $H_{eff}(j\Omega)$ 如图 P8.7(d)所示，请确定 T_s 的范围。

(3) 给出 $H_{eff}(j\Omega)$ 截止频率 Ω_c 与采样频率$\dfrac{1}{T_s}$之间的关系，并作图(即在不改变离散时间滤波器的情况下，可通过采样率变化调节连续滤波器的机制频率)。

8.8 某连续滤波器的幅频响应为 $|H_c(j\Omega)|=\begin{cases}|\Omega|, & |\Omega|\leqslant10\pi\\0, & |\Omega|\geqslant10\pi\end{cases}$，以该滤波器为原型设计离散时间滤波器 $H_1(z)$ 和 $H_2(z)$，分别用于图 P8.8 所示的系统。

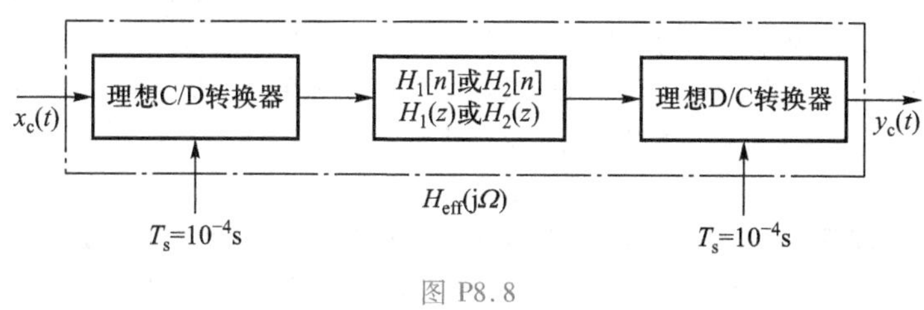

图 P8.8

(1) 若采用冲激响应不变法设计离散滤波器 $h_1[n]$，取 $T_s=0.01$ s，则 $h_1[n]=0.01h_c(0.01n)$。其中 $h_c(t)$为连续系统的单位冲激响应。请给出图 P8.8 所示系统的有效频率响应 $H_{eff}(j\Omega)$。

(2) 若采用双线性变换设计离散滤波器 $h_2[n]$，取 $T_s=2$ s，则 $H_2(z)=H_c(s)\big|_{s=\frac{1-z^{-1}}{1+z^{-1}}}$。其中 $H_c(s)$为连续系统的系统函数。请给出图 P8.8 所示系统的有效频率响应 $H_{eff}(j\Omega)$。

8.9 离散时间系统的系统函数 $H(z)=\dfrac{2}{1-e^{-0.2}z^{-1}}+\dfrac{1}{1-e^{-0.4}z^{-1}}$。

(1) 如果 $H(z)$是由冲激响应不变法设计的，且 $T_s=2$ s，即 $h[n]=2h_c(2n)$。其中 $h_c(t)$为连续系统的单位冲激响应，且为实函数。求 $h_c(t)$的系统函数 $H_c(s)$。$H_c(s)$唯一吗？如不唯一，请给出另一系统函数 $H_c(s)$。

(2) 假设 $H(z)$是由双线性变换法设计的，且 $T_s=2$ s。求 $h_c(t)$的系统函数 $H_c(s)$。$H_c(s)$唯一吗？如不唯一，请给出另一系统函数 $H_c(s)$。

8.10 理想低通离散时间滤波器的频率响应为 $H(e^{j\omega})=\begin{cases}1, & |\omega|<\pi/4\\2, & \pi/4<|\omega|<0\end{cases}$，其单位脉冲响应记作 $h[n]$。

(1) 如系统 1 的单位脉冲响应为 $h_1[n]=h[2n]$，请绘制出系统 1 的频率响应 $H_1(e^{j\omega})$。

(2) 如系统 2 的单位脉冲响应为 $h_2[n]=\begin{cases}h[n/2], & n=0,\pm2,\pm4,\cdots\\0, & \text{其他}\end{cases}$，请绘制出系统 2 的频率响应 $H_2(e^{j\omega})$。

(3) 如系统 3 的单位脉冲响应为 $h_3[n]=(e^{j\pi})^nh[n]=(-1)^nh[n]$，请绘制出系统 3 的频率响应

$H_3(\mathrm{e}^{\mathrm{j}\omega})$。

8.11 请用冲激响应不变法设计满足如下技术指标的离散时间低通滤波器，现有巴特沃思多项式 $|H_c(\mathrm{j}\Omega)|^2=\dfrac{1}{1+(\Omega/\Omega_c)^{2N}}$可供使用。

$$0.891\,25\leqslant|H(\mathrm{e}^{\mathrm{j}\omega})|\leqslant1,\quad 0\leqslant|\omega|\leqslant0.2\pi$$
$$|H(\mathrm{e}^{\mathrm{j}\omega})|\leqslant0.177\,83,\quad 0.3\pi\leqslant|\omega|\leqslant\pi$$

（1）画出满足离散滤波器性能指标的连续时间巴特沃思滤波器频率响应 $|H_c(\mathrm{j}\Omega)|$的幅度的容限界。

（2）求滤波器的阶次 N 和 $T_s\Omega_c$。注意：T_s 的取值并不影响系统函数 $H(z)$。

8.12 由连续时间原型低通滤波器，选择 $T_s=0.1$ ms，并采用冲激响应不变法设计理想离散时间低通滤波器。如果离散时间滤波器的截止频率 $\omega_c=\pi/2$，请确定连续时间原型滤波器的截止频率 Ω_c。

8.13 由截止频率为 $\Omega_c=2\pi(300)$ rad/s 的连续时间原型低通滤波器，采用双线性法设计截止频率为 $\omega_c=3\pi/5$ 的理想离散时间低通滤波器。请确定 T_s 的值。此值是否唯一？如果不唯一，请给出另一个符合要求的值。

8.14 冲激响应不变法和双线性变换法是设计离散时间滤波器的两种方法，这两种方法都是将连续时间系统函数 $H_c(s)$变换成离散时间系统函数 $H(z)$。

（1）最小相位连续时间系统的所有极点和零点均在 s 平面的左半平面，如将最小相位连续时间系统转换为离散时间系统，请问哪种方法得到的离散时间系统仍然是最小相位系统？

（2）连续时间全通系统的零极点关于虚轴对称，也就是说，如果极点在左半平面 s_k 处，则零点将在右半平面 $-s_k$ 处。请问哪种方法得到的离散时间系统仍然是全通系统？

（3）哪种方法可保证$H(\mathrm{e}^{\mathrm{j}\omega})|_{\omega=0}=H_c(\mathrm{j}\Omega)|_{\Omega=0}$？

（4）如果连续时间系统是带阻滤波器，哪种方法可用来设计离散时间带阻滤波器？

（5）如果 $H_1(z)$、$H_2(z)$、$H(z)$分别由 $H_{c1}(s)$、$H_{c2}(s)$、$H_c(s)$设计得到，且 $H_c(s)=H_{c1}(s)H_{c2}(s)$，请问哪种设计方法可使 $H(z)=H_1(z)H_2(z)$？

（6）如果 $H_1(z)$、$H_2(z)$、$H(z)$分别由 $H_{c1}(s)$、$H_{c2}(s)$、$H_c(s)$设计得到，且 $H_c(s)=H_{c1}(s)+H_{c2}(s)$，请问哪种设计方法可使 $H(z)=H_1(z)+H_2(z)$？

（7）如果 $H_1(z)$、$H_2(z)$分别由 $H_{c1}(s)$、$H_{c2}(s)$设计得到，且$\dfrac{H_{c1}(\mathrm{j}\Omega)}{H_{c2}(\mathrm{j}\Omega)}=\begin{cases}\mathrm{e}^{-\mathrm{j}\pi/2}, & \Omega>0\\ \mathrm{e}^{\mathrm{j}\pi/2}, & \Omega<0\end{cases}$，请问哪种设计方法可使$\dfrac{H_1(\mathrm{e}^{\mathrm{j}\omega})}{H_2(\mathrm{e}^{\mathrm{j}\omega})}=\begin{cases}\mathrm{e}^{-\mathrm{j}\pi/2}, & 0<\omega<\pi,\\ \mathrm{e}^{\mathrm{j}\pi/2}, & -\pi<\omega<0\end{cases}$（此类系统被称为“90°分相器”）？

8.15 如果 $H(z)$由 $H_c(s)$设计得到，如要求$H(\mathrm{e}^{\mathrm{j}\omega})|_{\omega=0}=H_c(\mathrm{j}\Omega)|_{\Omega=0}$问：

（1）若用冲激响应不变法设计该滤波器，上述条件能成立吗？如果能，$H_c(\mathrm{j}\Omega)$必须满足什么条件？

（2）若用双线性变换法设计该滤波器，上述条件能成立吗？如果能，$H_c(\mathrm{j}\Omega)$必须满足什么条件？

8.16 用冲激响应不变法，将以下因果的连续时间系统函数转换为离散时间系统函数，其中 $T_s=0.3$ s。

（1）$H_a(s)=\dfrac{4(3s+7)}{(s+2)(s^2+4s+5)}$

（2）$H_b(s)=\dfrac{8s^2+37s+56}{(s^2+2s+10)(s+4)}$

（3）$H_c(s)=\dfrac{s^3+s^2+6s+14}{(s^2+2s+5)(s^2+s+4)}$

8.17 某连续时间低通滤波器 $H_c(s)$的性能指标为

$$\begin{cases}1-\delta_1\leqslant|H_c(\mathrm{j}\Omega)|\leqslant1+\delta_1, & |\Omega|\leqslant\Omega_p\\ |H_c(\mathrm{j}\Omega)|\leqslant\delta_2, & \Omega_s\leqslant|\Omega|\leqslant\pi\end{cases}$$

用 $H_1(z)=H_c(s)\big|_{s=(1-z^{-1})/(1+z^{-1})}$ 变换，将这个滤波器变换成一个离散时间低通滤波器 $H_1(z)$。用 $H_2(z)=H_c(s)\big|_{s=(1+z^{-1})/(1-z^{-1})}$ 变换，将这个滤波器变换成一个离散时间高通滤波器 $H_2(z)$。

（1）确定连续时间低通滤波器 $H_c(s)$ 的通带截止频率 Ω_p 和离散时间低通滤波器 $H_1(z)$ 的通带截止频率 ω_{p1} 之间的关系。

（2）确定连续时间低通滤波器 $H_c(s)$ 的通带截止频率 Ω_p 和离散时间高通滤波器 $H_2(z)$ 的通带截止频率 ω_{p2} 之间的关系。

（3）确定离散时间低通滤波器 $H_1(z)$ 的通带截止频率 ω_{p1} 和离散时间高通滤波器 $H_2(z)$ 的通带截止频率 ω_{p2} 之间的关系。

（4）$H_1(z)$ 的流图如图 P8.17 所示，其中系数 A,B,C 和 D 均为实数。如何修改这些系数，使得图 P8.17 成为 $H_2(z)$ 的离散时间高通滤波器的流图？

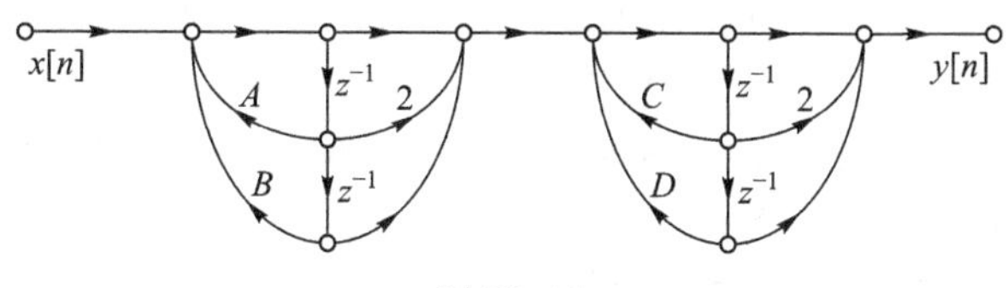

图 P8.17

8.18 用 $H(z)=H_c(s)\big|_{s=\frac{1+z^{-1}}{1-z^{-1}}}$ 变换，可将连续时间低通滤波器 $H_c(s)$ 变换成离散时间高通滤波器 $H(z)$。

（1）请证明：上述变换将 s 平面的 $\mathrm{j}\Omega$ 轴映射成 z 平面的单位圆。

（2）请证明：如果 $H_c(s)$ 为极点均在左半 s 平面的有理函数，则 $H(z)$ 为极点均在 z 平面单位圆内的有理函数。

（3）如果离散时间高通滤波器的技术指标为 $\begin{cases}|H(\mathrm{e}^{\mathrm{j}\omega})|\leqslant 0.01, & |\omega|\leqslant\pi/3\\ 0.95\leqslant|H(\mathrm{e}^{\mathrm{j}\omega})|\leqslant 1.05, & \pi/2\leqslant|\omega|\leqslant\pi\end{cases}$，求连续时间低通滤波器的技术指标。

8.19 根据以下滤波器设计指标，利用冲激响应不变法和双线性变换法设计 IIR 滤波器，并用 MATLAB 画出其幅度响应，比较异同。

（1）$\omega_p=0.47\pi,\quad \omega_s=0.59\pi,\quad \delta_p=0.001,\quad \delta_s=0.007$

（2）$\omega_p=0.61\pi,\quad \omega_s=0.78\pi,\quad \delta_p=0.001,\quad \delta_s=0.002$

8.20 由连续时间原型滤波器，选择 $T_s=5$ ms，采用冲激响应不变法设计理想离散时间带通滤波器。离散时间带通滤波器性能指标如下，请确定连续时间原型滤波器的技术指标。

$$-0.02<|H(\mathrm{e}^{\mathrm{j}\omega})|<0.02,\quad 0\leqslant\omega\leqslant 0.2\pi$$
$$0.95<|H(\mathrm{e}^{\mathrm{j}\omega})|<1.05,\quad 0.3\pi\leqslant|\omega|\leqslant 0.7\pi$$
$$-0.001<|H(\mathrm{e}^{\mathrm{j}\omega})|<0.001,\quad 0.7\pi\leqslant|\omega|\leqslant\pi$$

8.21 某理想低通滤波器的频率响应为 $H_d(\mathrm{e}^{\mathrm{j}\omega})=\begin{cases}\mathrm{e}^{-\mathrm{j}\alpha\omega}, & |\omega|\leqslant\omega_c\\ 0, & \omega_c<|\omega|<\pi\end{cases}$，其中 ω_c 为截止频率，α 为群延迟。

（1）求该理想低通滤波器的单位脉冲响应 $h_d[n]$。

（2）确定并画出脉冲响应 $h[n]=\begin{cases}h_d[n], & 0\leqslant n\leqslant N-1\\ 0, & \text{其他}\end{cases}$，其中 $N=41$、$\alpha=20$、$\omega_c=0.5\pi$。

（3）确定并画出频率响应 $H(\mathrm{e}^{\mathrm{j}\omega})$，对比理想低通滤波器频率响应 $H_d(\mathrm{e}^{\mathrm{j}\omega})$，给出差别。

8.22 某理想高通滤波器的频率响应为 $H_d(\mathrm{e}^{\mathrm{j}\omega})=\begin{cases}\mathrm{e}^{-\mathrm{j}\alpha\omega}, & \omega_c<|\omega|\leqslant\pi\\ 0, & |\omega|\leqslant\omega_c\end{cases}$，其中，$\omega_c$ 为截止频率，α 为群

延迟。

(1) 求该理想高通滤波器的单位脉冲响应 $h_d[n]$。

(2) 确定并画出脉冲响应 $h[n]=\begin{cases}h_d[n], & 0\leqslant n\leqslant N-1\\ 0, & 其他\end{cases}$，其中 $N=31$、$\alpha=15$、$\omega_c=0.5\pi$。

(3) 确定并画出频率响应 $H(e^{j\omega})$，对比理想低通滤波器频率响应 $H_d(e^{j\omega})$，给出差别。

8.23 希尔伯特变换器的理想频率响应为 $H_d(e^{j\omega})=\begin{cases}-j, & 0<\omega<\pi\\ 0, & \omega=0,\pm\pi\\ j, & -\pi<\omega<0\end{cases}$，请给出其理想单位脉冲响应 $h_d[n]$。

8.24 微分器的理想频率响应为 $H_d(e^{j\omega})=\begin{cases}j\omega, & |\omega|<\pi\\ 0, & \omega=0,\pm\pi\end{cases}$，请给出其理想单位脉冲响应 $h_d[n]$。

8.25 截止频率为 $\omega_c=\pi/2$ 的理想低通滤波器的单位脉冲响应记作 $h_{lp}[n]$，请证明理想希尔伯特变换器的单位脉冲响应为 $h_{ht}[n]=(-1)^n 2h_{lp}[2n]$。

8.26 据以下滤波器设计指标，利用窗函数法设计 FIR 滤波器，并用 MATLAB 画出其幅度响应。

(1) $\omega_p=0.47\pi$, $\omega_s=0.59\pi$, $\delta_p=0.001$, $\delta_s=0.007$

(2) $\omega_p=0.61\pi$, $\omega_s=0.78\pi$, $\delta_p=0.001$, $\delta_s=0.002$

8.27 理想离散时间希尔伯特变换器的频率响应为 $H_d(e^{j\omega})=\begin{cases}-j, & 0<\omega<\pi\\ 0, & \omega=0,\pm\pi\\ j, & -\pi<\omega<0\end{cases}$，在区间 $0<\omega<\pi$ 引入 $-\pi/2$ rad 的相移，在区间 $-\pi<\omega<0$ 引入 $\pi/2$ rad 的相移，其幅频响应为 1。这类系统也称为"理想 90°移相器"。

(1) 该变换器包括稳定的(非零)群延迟，画出该系统在区间 $-\pi<\omega<\pi$ 的相频响应。

(2) 确定第Ⅰ、Ⅱ、Ⅲ或Ⅳ类 FIR 滤波器，哪一个可逼近理想离散时间希尔伯特变换器。

(3) 利用窗函数截断理想希尔伯特变换器，即 $n<0$ 和 $n>M$ 时 $h_d[n]=0$，请给出 $H_d(e^{j\omega})$ 的理想冲激响应 $h_d[n]$。

(4) 当 $M=21$ 时该系统的延迟是多少？若采用矩形窗，画出 FIR 逼近的幅频响应曲线。

(5) 当 $M=20$ 时该系统的延迟是多少？若采用矩形窗，画出 FIR 逼近的幅频响应曲线。

8.28 常用窗函数均可由矩形窗来表示。

(1) Bartlett 窗可表示为两个较短矩形窗的卷积，请证明 $M+1$ 点 Bartlett 窗的频谱函数为 $W_B(e^{j\omega})=$

$$\begin{cases}e^{-j\omega M/2}\left(\dfrac{\sin(\omega M/4)}{\sin(\omega/2)}\right)^2, & M 为偶数\\ e^{-j\omega M/2}\left\{\dfrac{\sin[\omega(M+1)/4]}{\sin(\omega/2)}\right\}\left\{\dfrac{\sin[\omega(M-1)/4]}{\sin(\omega/2)}\right\}, & M 为奇数\end{cases}。$$

(2) 升余弦窗均可表示为 $w[n]=(A+B\cos(2\pi n/M)+C\cos(4\pi n/M))R_{M+1}[n]$，请画出 $M+1$ 点升余弦窗的频谱函数，并证明。

(3) 请给出 Hanning 窗与矩形窗的关系，写出 Hanning 窗的频谱函数，并证明。

8.29 请用 Kaiser 窗法设计满足以下性能指标的 FIR 滤波器。

$$\begin{cases}0.98<H(e^{j\omega})<1.02, & 0\leqslant|\omega|\leqslant 0.63\pi\\ -0.15<H(e^{j\omega})<0.15, & 0.65\pi\leqslant|\omega|\leqslant\pi\end{cases}$$

8.30 某含有 60 Hz 分量的带限连续时间信号 $x_c(t)$，经过图 P8.30 所示的系统，其中 $T_s=10^{-4}$ s。

(1) 如要避免混叠，则连续时间信号的最高频率分量应小于多少？

(2) 如果离散时间系统频率响应为 $H(e^{j\omega})=\dfrac{1}{2}\dfrac{(1-e^{-j(\omega-\omega_0)})(1-e^{-j(\omega+\omega_0)})}{(1-0.9e^{-j(\omega-\omega_0)})(1-0.9e^{-j(\omega+\omega_0)})}$，请画出 $H(e^{j\omega})$ 的幅

频响应和相频响应。

（3）为了消除 60 Hz 分量，ω_0 应选多少？

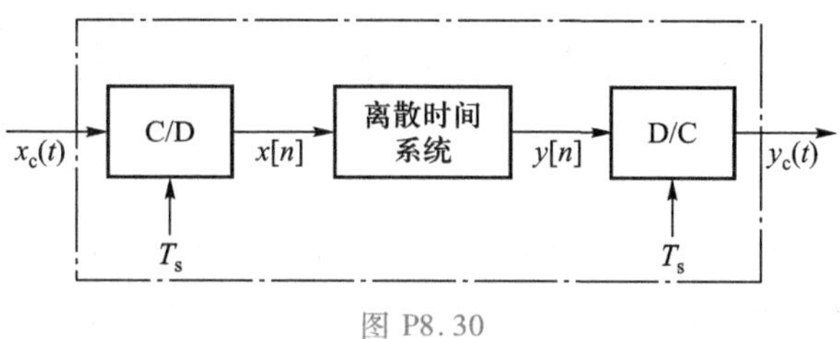

图 P8.30

8.31 如果某理想低通滤波器的单位脉冲响应记作 $h_{lp}[n]$，系统频率响应 $H(e^{j\omega})$ 如图 P8.31(a)所示，带内增益为 1，截止频率为 $\omega_c=\pi/4$。请给出图(b)中各系统的频率响应 $H(e^{j\omega})$、单位脉冲响应，并判断滤波器类型（低通、高通、带通、带阻、多频带）。

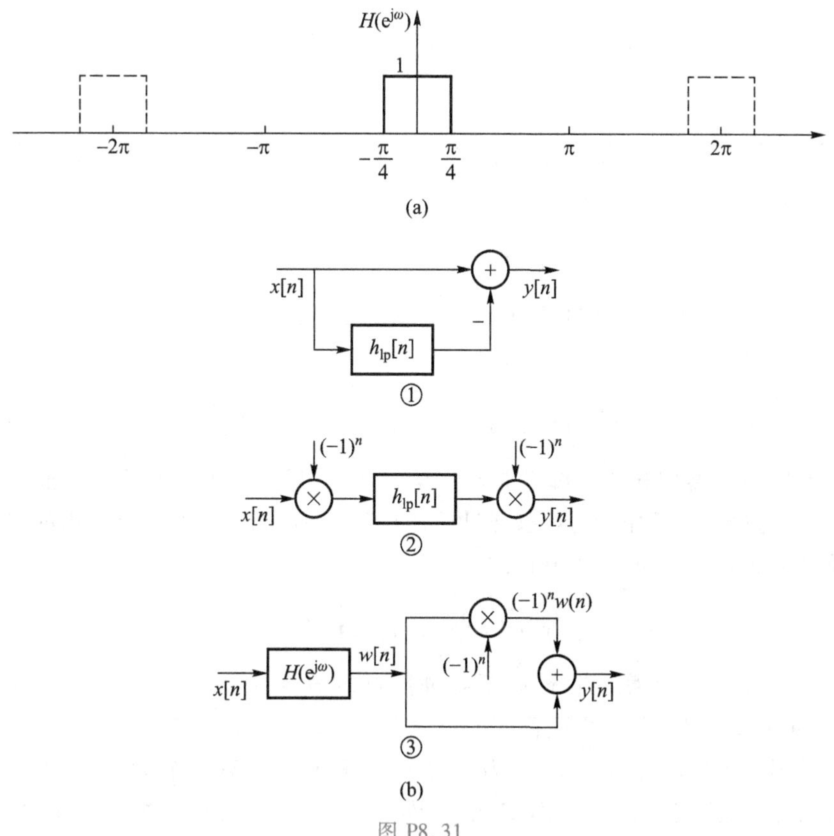

图 P8.31

第 9 章　数字滤波器实现方法

第 8 章介绍了 FIR、IIR 数字滤波器设计方法，可设计出滤波器的系统函数 $H(z)$。根据 LTI 系统理论可知，该滤波器可由卷积和差分方程实现。本章将研究如何利用加法、乘法和延迟等基本操作，高效实现系统。首先介绍 IIR 滤波器直接型、级联型、并联型的流图表示方法，给出流图的转置型，接着介绍 FIR 滤波器直接型、级联型、广义线性相位、频率采样型滤波器的流图表示方法，最后给出数字滤波器的有限字长效应等内容。

9.1　IIR 滤波器流图表示

如前章节所述，LTI 系统输入输出关系可由卷积和、零状态的线性常系数差分方程描述。LTI 系统的卷积和描述如式(9.1)所示。

$$y[n]=x[n]*h[n]=\sum_{k=-\infty}^{\infty}x[n-k]h[k] \tag{9.1}$$

对具有有理系统函数的 LTI 系统，可用式(9.2)所示零状态的线性常系数差分方程描述。

$$y[n]=\sum_{k=1}^{N}a_k y[n-k]+\sum_{k=0}^{M}b_k x[n-k] \tag{9.2}$$

由式(9.1)可知卷积和的计算范围为$(-\infty,+\infty)$。因此该方法不适用于描述无限长脉冲响应(IIR)滤波器，仅适用于有限长脉冲响应(FIR)滤波器。如第 4 章给出的线性相位系统，$h[n]$非零值的区间为 $n\in[0,M]$，即

$$y[n]=\sum_{k=0}^{M}h[k]x[n-k] \tag{9.3}$$

利用卷积和方法每计算一个 $y[n]$需要进行 $M+1$ 次乘法和 M 次加法运算，如图 9.1 中左图所示。在第 6 章中，给出了利用 DFT 快速实现 FIR 滤波器的方法。

IIR 滤波器的单位脉冲响应 $h[n]$为无穷项，卷积和每计算一个 $y[n]$需要进行无穷次乘法和加法，这在实际系统中是不可实现的，故 IIR 滤波器不可用卷积和来描述。IIR 滤波器一般采用线性差分方程描述，如图 9.1 中右图所示，经过 $N+M+1$ 次乘法和 $N+M$ 次加法运算，可得到输出序列 $y[n]$的一个采样值。

对比 IIR 滤波器的差分描述式(9.2)与 FIR 滤波器的卷积描述式(9.3)，当式(9.2)中的系数 $a_k=0$、$b_k=h[k]$时，式(9.2)与式(9.3)等价，即卷积和也可表示为差分方程形式。也就是说，FIR 滤波器的卷积和描述是 IIR 滤波器的差分方程描述的特例。因此可以从分析 IIR 滤波器入手。

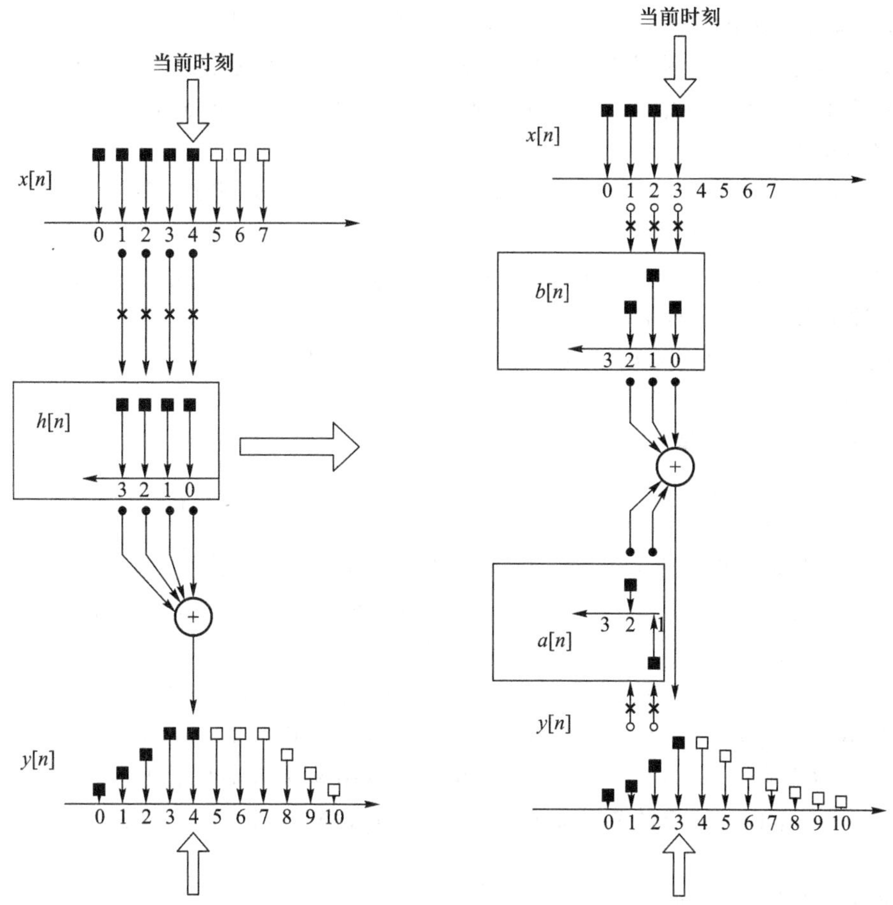

图 9.1　卷积与差分方程

FIR、IIR 数字滤波器这种典型的数学信号处理系统在实际系统中通常有两种实现办法：一种是通过软件编程在计算机上实现；另一种是利用 FPGA/DSP/ASIC 等硬件设计系统，然后通过编程的方法实现。这两种实现办法都完成了差分方程的功能，一般是根据差分方程画出系统的信号流图，设计系统结构，最终通过编程实现。

实现过程中，考虑的主要影响因素包括：

（1）计算复杂度。指乘法、加法次数，读内存次数，存储的次数，对每个输出进行比较的次数。计算复杂度会影响计算速度。

（2）内存需求。指用来存储系统参数、过去的输入、过去的输出和计算过程中的任意中间值的内存空间的数量。

（3）有限字长效应或有限精度效应。由于输入输出信号、系统参数、运算过程都受到二进制编码长度限制，就会带来各种量化（有限字长）效应产生的误差。因此需要研究不同网络结构对有限字长效应的敏感程度，研究需要多少位字长才能达到一定的精度。

（4）频率响应调节的方便程度。差分方程表现了系统特征。由差分方程可得系统函

数 $H(z)$ 及系统频率响应 $H(e^{j\omega})$。差分方程的系数决定了零极点的位置,不同的零极点位置决定系统结构。因此在滤波器实现中,差分方程的系数发生变化将影响零极点的位置及系统的频率响应。因此频率响应调节的方便程度主要体现在差分方程的系数能否独立地调整零极点位置。

除以上四个主要因素外,其他因素也产生一定影响,例如实现方式能否进行并行处理、是否能使用流水线结构等。

根据引言所述,FIR 和 IIR 系统均可由零状态的线性常系数差分方程描述,如式(9.2)所示。表明数字信号处理可由三种基本的运算单元,即乘法器、加法器和单位延迟器来实现。这三种基本运算单元可构成各种复杂的信号流图。基本运算单元的常用表示方法如图 9.2 所示。

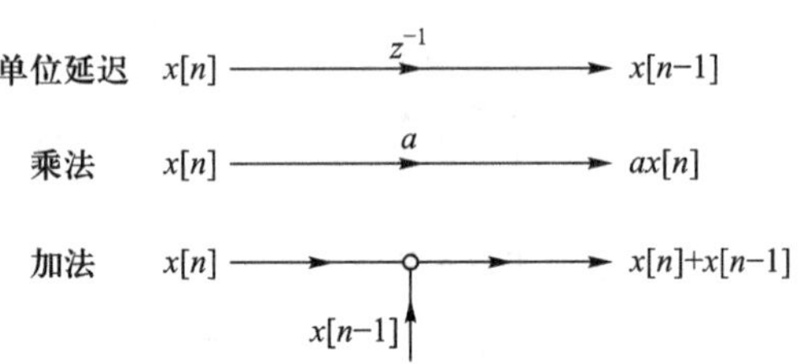

图 9.2　基本运算单元的表示

以上三种基本运算单元可组成信号流图,由节点和有向支路构成。每个节点表示一个信号,该信号称作节点变量。节点变量等于所有输入该节点的支路信号之和。有向支路表示信号的流向和操作,有向支路分为节点的输入支路和输出支路。支路箭头上标出的 z^{-1} 与系数常数 a 称为支路增益,z^{-1} 代表单位延迟,没有标注系数代表单位增益 1。没有输入支路的节点称为输入节点(源节点),源节点表示外界输入流图的信号源。没有输出支路的节点称为输出节点(汇节点),汇节点表示流图输出外界的信号。包含一个输入支路、一个或一个以上输出的节点称为分支节点,包含两个或两个以上输入的节点称为相加节点。

例 9.1　给出如下二阶差分方程的流图。

$$y[n]=a_1y[n-1]+a_2y[n-2]+b_0x[n] \tag{9.4}$$

解:该差分方程对应的系统函数为

$$H(z)=\frac{b_0}{1-a_1z^{-1}-a_2z^{-2}} \tag{9.5}$$

根据上式,该系统流图如图 9.3 所示。

输出序列 $y[n]$ 经过单位延迟得到 $y[n-1]$;$y[n-1]$ 再经过单位延迟得到 $y[n-2]$;$y[n-2]$ 与 a_2 相乘得到 $a_2y[n-2]$;$y[n-1]$ 与 a_1 相乘得到 $a_1y[n-1]$;$x[n]$ 与 b_0 相乘得到 $b_0x[n]$;$a_1y[n-1]$ 与 $a_2y[n-2]$ 相加后,再与 $b_0x[n]$ 相加,即为输出序列 $y[n]$ 的采样值。共需 3 个乘法单元、2 个单位延迟单元(存储单元)、2 个加法单元。流图简洁地描绘出了差分方程实现的复杂性、步骤以及所需硬件数。

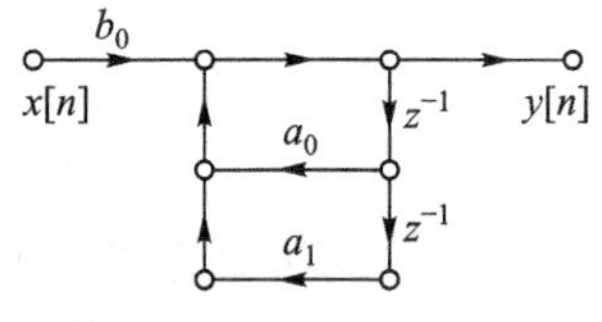

图 9.3　系统流图

9.1.1　直接型

如式(9.2)所示,对具有有理系统函数的 LTI 系统,可用零状态的线性常系数差分方程描述。求其 z 变换,差分方程变换为式(9.6)所示的有理系统函数。

$$H(z)=\frac{Y(z)}{X(z)}=\frac{\sum_{k=0}^{M} b_k z^{-k}}{1-\sum_{k=0}^{N} a_k z^{-k}} \tag{9.6}$$

该系统函数可表示为两子系统级联的形式：

$$H(z)=H_1(z)H_2(z) \tag{9.7}$$

其中，$H_1(z)=\sum_{k=0}^{M} b_k z^{-k}$、$H_2(z)=\dfrac{1}{1-\sum_{k=0}^{N} a_k z^{-k}}$。

$H_1(z)=\sum_{k=0}^{M} b_k z^{-k}$仅包含非零的零点，对应于式(9.2)中的$\sum_{k=0}^{M} b_k x[n-k]$。系统输入$x[n]$依次经$M$阶延迟链结构得到各阶延迟$x[n-1]$，$x[n-2]$，…，$x[n-M]$，各阶延迟项分别乘以对应系数$b_k$，累加得到$\sum_{k=0}^{M} b_k x[n-k]$，其流图表示如图9.4所示。

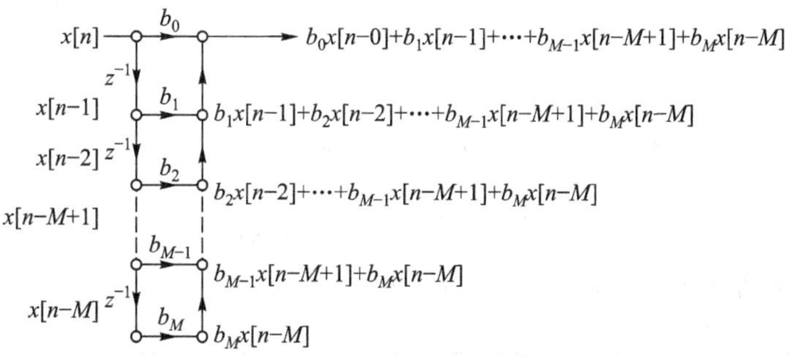

图9.4 $H_1(z)$流图

$H_2(z)=\dfrac{1}{1-\sum_{k=0}^{N} a_k z^{-k}}$仅包含非零的极点，对应于式(9.2)中的$\sum_{k=1}^{N} a_k y[n-k]$。系统输出$y[n]$依次经$N$阶延迟链结构得到各阶延迟$y[n-1]$，$y[n-2]$，…，$y[n-N]$，各阶延迟项分别乘以对应系数$a_k$，累加得到$\sum_{k=0}^{N} a_k y[n-k]$，其流图表示如图9.5所示。

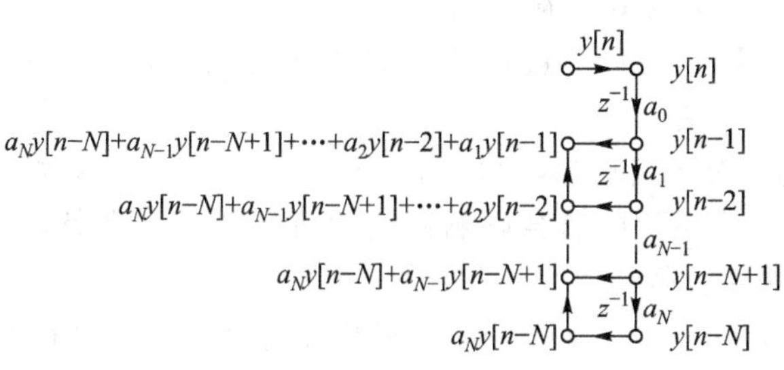

图9.5 $H_2(z)$流图

$H_1(z)$、$H_2(z)$级联后即为$H(z)$的流图，称作直接Ⅰ型流图，如图9.6所示。直接Ⅰ型

流图共需 $M+N$ 个单位延迟、$M+N+1$ 个乘法器、$M+N$ 个加法器。

根据 LTI 系统卷积交换原理，交换 $H_1(z)$、$H_2(z)$ 两系统级联顺序不会影响系统的传输效果，即 $H(z)=H_1(z)H_2(z)=H_2(z)H_1(z)$。共用 $H_1(z)$、$H_2(z)$ 系统的延迟单元，这种结构称作直接Ⅱ型流图，如图 9.7 所示。直Ⅱ型流图共需 $\max(N,M)$ 个单位延迟、$M+N+1$ 个乘法器、$M+N$ 个加法器。

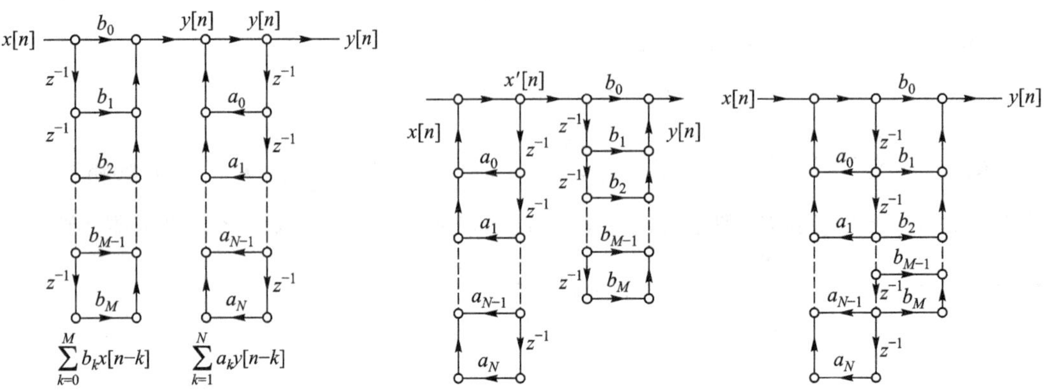

图 9.6　直接Ⅰ型流图　　　　图 9.7　直接Ⅱ型流图

例 9.2　给出如下系统的直接Ⅰ型和直接Ⅱ型流图。

$$H(z)=\frac{1+2z^{-1}+z^{-2}}{1-0.75z^{-1}+0.125z^{-2}} \tag{9.8}$$

解：该系统的直接Ⅰ型和直接Ⅱ型流图如图 9.8 所示。

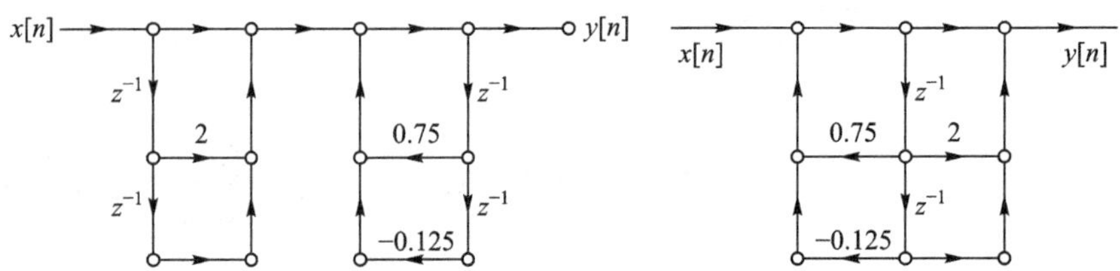

图 9.8　直接Ⅰ型、直接Ⅱ型流图

以上两种结构都被称作直接型实现，因为它们都是直接由系统函数得到，没有经过任何重新排列。直接Ⅰ、Ⅱ型流图结构的特点如下：

(1) 直接Ⅱ型延迟个数 $\max(N,M)$ 是滤波器所需最少的延迟单元，存储空间最小化，因此也将直接Ⅱ型称作规范型。

(2) 这两种结构调节零极点都相对困难。改变 a_k 中任一个系数的值会影响系统的所有极点，改变 b_k 中任一个系数的值会影响系统的所有零点。改变系数对零极点位置的控制不明显，调节频率响应较困难。

(3) 这两种结构的零极点对系数的量化效应非常敏感。当 N 很大时，系数量化导致系统零极点位置有很大改变。因此频率响应会因为系数量化产生比其他结构更大的偏差。

(4) 相比其他结构，由差分方程式(9.2)或系统函数式(9.6)可更简单、直观地画出滤波器的结构流图。

因此对于三阶以上的 IIR 系统很少采用直接型结构，一般多采用级联型、并联型等其他结构。

9.1.2 级联型

对有理系统函数 $H(z)$ 按零点和极点进行因式分解，表示为各多项式的乘积，即将 $H(z)$ 表示为 $H_1(z)$、$H_2(z)$、…、$H_N(z)$ 的乘积，如式(9.9)所示，可得到 IIR 滤波器级联型结构，如图 9.9 所示。

$$H(z)=H_1(z)H_2(z)\cdots H_N(z) \tag{9.9}$$

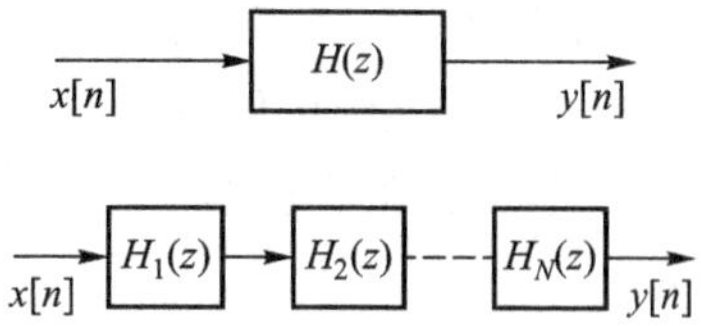

图 9.9 系统级联

当 $H(z)$ 的系数 a_k、b_k 为实数时，$H(z)$ 的分子、分母都是实系数多项式，而实系数多项式的根只有实根和共轭复根两种情况。因此 $H(z)$ 可表示为

$$H(z)=\frac{\sum_{i=0}^{M} b_k z^{-i}}{1-\sum_{k=1}^{N} a_k z^{-k}}=A\frac{\prod_{i=1}^{M_1}(1-p_i z^{-1})\prod_{i=1}^{M_2}(1-q_i z^{-1})(1-q_i^* z^{-1})}{\prod_{k=1}^{N_1}(1-c_k z^{-1})\prod_{k=1}^{N_2}(1-d_k z^{-1})(1-d_k^* z^{-1})} \tag{9.10}$$

其中，p_i 为实零点，c_k 为实极点，q_i，q_i^* 表示复共轭零点，d_k，d_k^* 表示复共轭极点，$M=M_1+2M_2$，$N=N_1+2N_2$。

将每一对共轭零点(极点)合并可构成一个实系数的二阶因子，则可将 $H(z)$ 表示成多个实系数二阶子系统的连乘积形式，即

$$H(z)=\frac{\sum_{i=0}^{M} b_k z^{-i}}{1-\sum_{k=1}^{N} a_k z^{-k}}=A\frac{\prod_{i=1}^{M_1}(1-p_i z^{-1})\prod_{i=1}^{M_2}(1+\beta_{1i} z^{-1}+\beta_{2i} z^{-2})}{\prod_{k=1}^{N_1}(1-c_k z^{-1})\prod_{k=1}^{N_2}(1-\alpha_{1k} z^{-1}-\alpha_{2k} z^{-2})} \tag{9.11}$$

其中，β_{1i}，β_{2i}，α_{1k}，α_{2k} 表示二阶子系统的分子、分母多项式系数。

将两个一阶因子组合成二阶因子，则 $H(z)$ 就可以完全分解成实系数的二阶因子的形式。当 $M=N$ 时共有 $\left[\frac{N+1}{2}\right]$ 个二阶节，如式(9.12)所示。

$$H(z)=A\prod_{i=1}^{\frac{N+1}{2}}\frac{1+\beta_{1i}z^{-1}+\beta_{2i}z^{-2}}{1-\alpha_{1i}z^{-1}-\alpha_{2i}z^{-2}}=A\prod_{i=1}^{\frac{N+1}{2}}H_i(z) \tag{9.12}$$

其中，$H_i(z)$ 为滤波器的实系数二阶子系统。图 9.10 所示即为 IIR 滤波器的实系数二阶子系统直接Ⅱ型级联型结构。

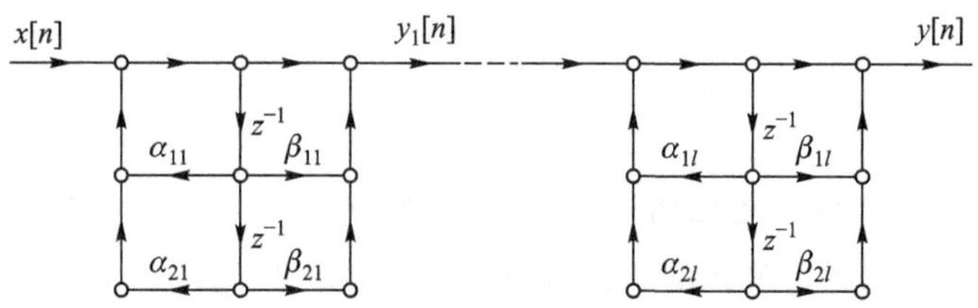

图 9.10 二阶子系统直接Ⅱ型级联型结构

IIR 级联型结构在零极点的调节、结构网络多样化、对系数量化效应的敏感度等方面具有如下显著特点：

（1）级联型结构调整零极点相对直接型较为简单。级联型结构中每一级一阶子系统可独立地确定一个实极点及一个实零点，每一级二阶子系统可独立地确定一对共轭极点及一对共轭零点。各子系统的系数 β_{1k}，β_{2k} 仅影响各子系统的零点，α_{1k}，α_{2k} 仅影响各子系统的极点，因此改变系数可单独调节各子系统的零极点，调节频率响应相对简单。

（2）一个系统的级联型结构网络并不唯一。可调整不同子系统的级联顺序，优化滤波器特性，提高滤波器性能。采用有限字长实现时，不同结构导致不同误差，因此存在最优化方案。

（3）级联型结构中，后面网络的输出不会流到前面的网络，因此其运算误差的累积比直接型小。

（4）相比直接型结构，级联型结构对系数量化（有限字长）效应的敏感度要低。有限字长造成的系数量化误差会逐级累积。

（5）级联型结构在系统实现时，便于采用流水线结构，方便利用编程实现，提高系统执行效率。

例 9.3 给出例 9.2 所示系统的实系数级联型结构。

解：将 $H(z)$ 表示成一阶因子乘积的形式，即

$$H(z)=\frac{1+2z^{-1}+z^{-2}}{1-0.75z^{-1}+0.125z^{-2}}=\frac{(1+z^{-1})(1+z^{-1})}{(1-0.5z^{-1})(1-0.25z^{-1})} \tag{9.13}$$

其中，零极点均为实数，故一阶子系统级联型结构具有实系数。

直接Ⅰ型子系统级联如图 9.11 所示。

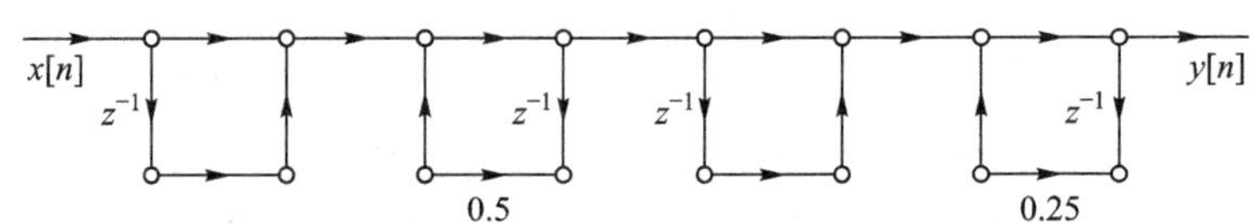

图 9.11　直接Ⅰ型子系统级联型结构

直接Ⅱ型子系统级联如图 9.12 所示。

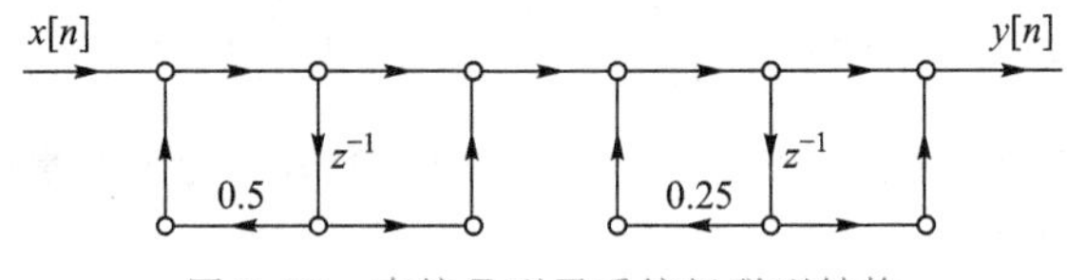

图 9.12　直接Ⅱ型子系统级联型结构

9.1.3 并联型

IIR 系统的一种并联实现可以通过对 $H(z)$ 进行部分分式展开得到。将有理系统函数 $H(z)$ 因式分解并展开成部分分式的形式，即将 $H(z)$ 表示为 $H_1(z)$、$H_2(z)$、…、$H_N(z)$ 的累加和，如式(9.14)所示。

$$H(z)=H_1(z)+H_2(z)+\cdots+H_N(z) \tag{9.14}$$

进而可得到 IIR 滤波器的并联型结构，如图 9.13 所示。

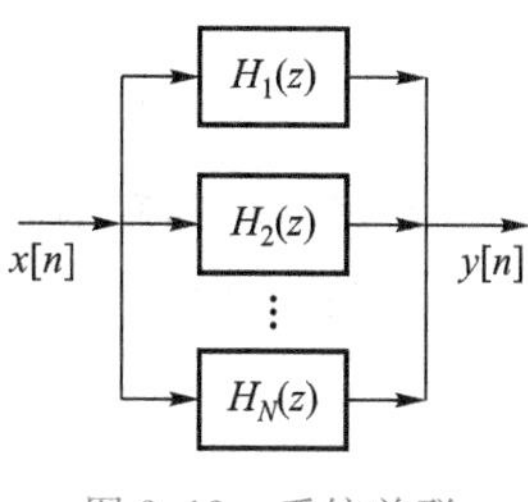

图 9.13　系统并联

如式(9.10)所示的有理系统函数，利用长除法和部分分式分解，可将其表示为

$$H(z)=\sum_{k=0}^{M-N}G_k z^{-k}+\sum_{k=1}^{N_1}\frac{A_k}{1-c_k z^{-1}}+\sum_{k=1}^{N_2}\frac{(g_{0k}-g_{1k}z^{-1})}{(1-\alpha_{1k}z^{-1}-\alpha_{2k}z^{-2})} \tag{9.15}$$

其中，c_k、α_{1k}、α_{2k}均为实数，可证明 G_k、A_k、g_{0k}、g_{1k}也为实数。当 $M<N$ 时，不存在 $\sum\limits_{k=0}^{M-N}G_k z^{-k}$项；当 $M=N$ 时，该项为 G。

将一阶系统看作二阶系统的特例，即

$$H(z)=\sum_{k=0}^{M-N}G_k z^{-k}+\sum_{k=1}^{N_1+N_2}\frac{(g_{0k}-g_{1k}z^{-1})}{(1-\alpha_{1k}z^{-1}-\alpha_{2k}z^{-2})}=\sum_{k=0}^{M-N}G_k z^{-k}+\sum_{k=1}^{N_1+N_2}H_k(z) \tag{9.16}$$

可以得到 IIR 滤波器的实系数二阶子系统直接Ⅱ型并联型结构，如图 9.14 所示。

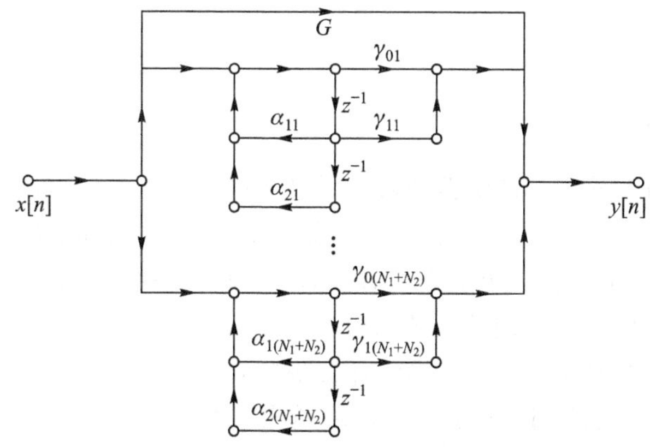

图 9.14　二阶子系统直接Ⅱ型并联型结构

IIR 并联型结构与级联型、直接型结构相比，在极点控制、量化误差、运算速度方面具有以下特点：

(1) 并联型结构调节极点方便。并联型可以通过调整 α_{1k}，α_{2k}来单独调整一对极点的位置，但不能像级联型那样单独调整零点的位置。调节频率响应较简单。

(2) 由于网络并联，各子系统的量化误差不会相互影响，没有误差累积，故相比级联型误差较小。

(3) 和级联型结构的原理相同，并联型结构对系数量化误差的敏感度也较低。但没有累积量化误差。

(4) 在系统实现时，便于采用并行处理，提高运算速度。与直接型和级联型比较，并联型结构运算速度最高。

例 9.4　给出例 9.2 所示系统的实系数并联型结构。

解：由 z 变换章节可知，经长除法，可得

$$H(z)=\frac{1+2z^{-1}+z^{-2}}{1-0.75z^{-1}+0.125z^{-2}}=8+\frac{-7+8z^{-1}}{1-0.75z^{-1}+0.125z^{-2}} \tag{9.17}$$

二阶子系统并联型结构如图 9.15 所示。

进行部分分式分解,得

$$H(z)=8+\frac{18}{1-0.5z^{-1}}-\frac{25}{1-0.25z^{-2}} \tag{9.18}$$

一阶子系统并联型结构如图 9.16 所示。

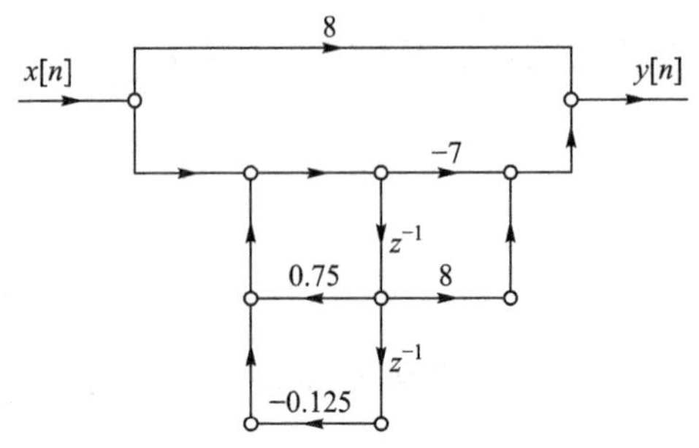

图 9.15　二阶子系统直接Ⅱ型并联型结构

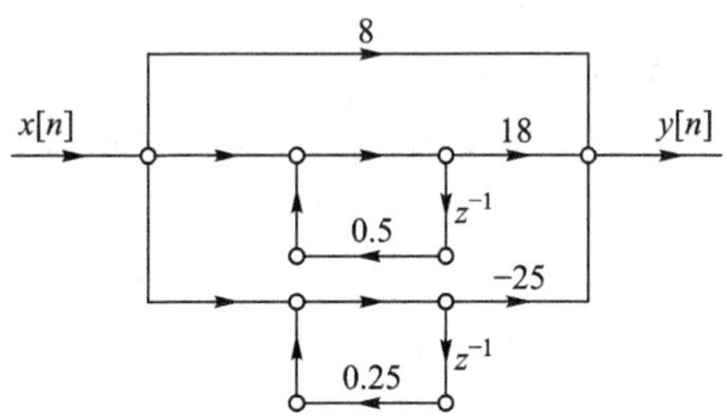

图 9.16　一阶子系统直接Ⅱ型并联型结构

9.1.4　转置型

本节要介绍的方法称为流图倒置或转置,用它可以导出一组转置系统结构。转置过程将网络中所有支路的方向颠倒,但保持支路增益不变,并将输入和输出也颠倒过来,以使得源节点变成汇节点,汇节点变成源节点。对单输入单输出系统,若输入和输出节点也互换,那么所得流图与原流图具有相同的系统函数。

流图转置实现方法分为三步:① 将所有支路方向颠倒,支路增益不变;② 输入输出互换,源节点和汇节点互换;③ 调整为输入在左,输出在右。

例 9.5　画出图 9.17 所示的一阶系统的转置型。

解:系统函数为

$$H(z)=\frac{1}{1-az^{-1}} \tag{9.19}$$

将所有支路箭头方向颠倒,原输入节点为输出节点,原输出节点为输入节点,如图 9.18 中左图所示。通常习惯输入在左、输出在右,如图 9.18 中右图所示。转置型和原图的唯一区别在于:原图是先将 $y[n]$ 延迟得到 $y[n-1]$,然后乘以系数 a,得到 $ay[n-1]$;转置后系统是先将 $y[n]$ 乘以 a,然后延迟得到 $ay[n-1]$。很容易看出,转置前后系统函数相同。

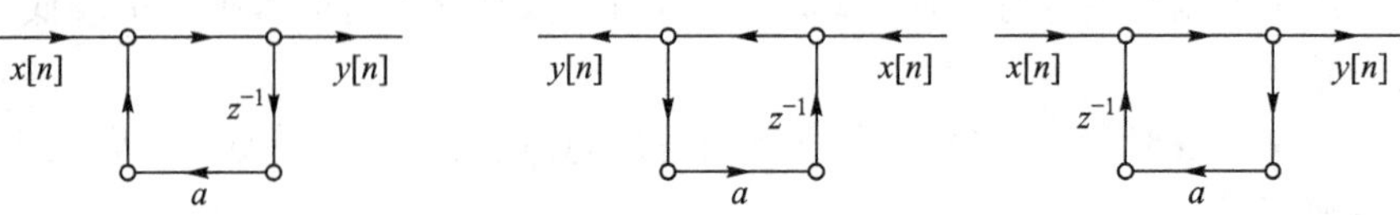

图 9.17　一阶系统流图　　　　图 9.18　系统转置形式

例 9.6　画出图 9.19 所示的二阶子系统的转置型。

解：该二阶子系统的转置型结构如图 9.20 所示。

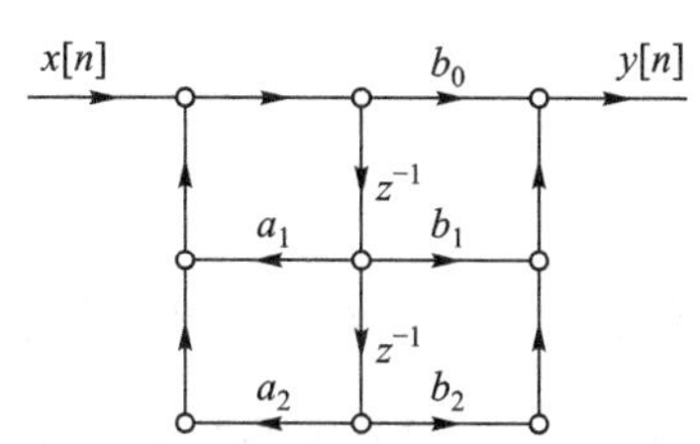

图 9.19 直接Ⅱ型结构

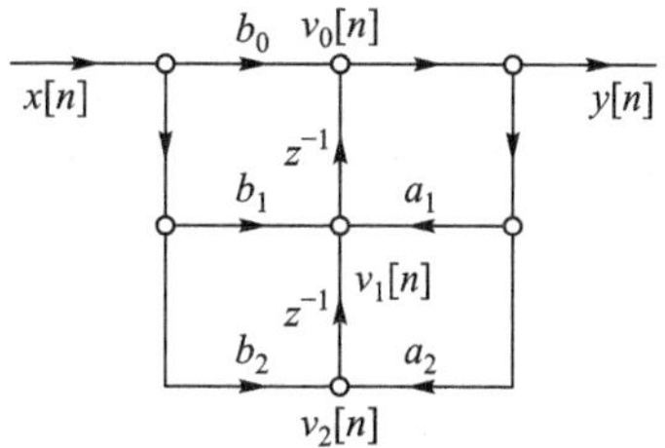

图 9.20 直接Ⅱ型的转置型结构

由流图可得差分方程为

$$v_0[n]=b_0x[n]+v_1[n-1] \tag{9.20}$$

$$y[n]=v_0[n] \tag{9.21}$$

$$v_1[n]=a_1y[n]+b_1x[n]+v_2[n-1] \tag{9.22}$$

$$v_2[n]=a_2y[n]+b_2x[n] \tag{9.23}$$

求解可得转置后的差分方程为

$$y[n]=a_1y[n-1]+a_2y[n-2]+b_0x[n]+b_1x[n-1]+b_2x[n-2] \tag{9.24}$$

由图 9.19 可知原系统差分方程也为式(9.24)，故转置前后两系统差分方程相同。

直接Ⅰ型和直接Ⅱ型的转置如图 9.21 所示。直接Ⅰ型转置后先实现零点，再实现极点。直接Ⅱ型转置后先实现极点，再实现零点。

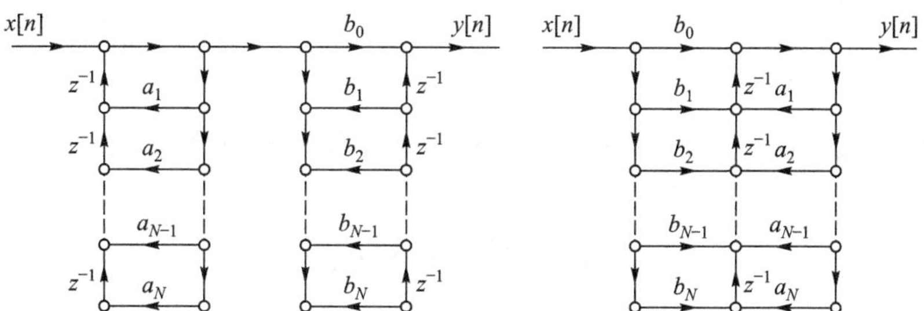

图 9.21 直接Ⅰ型、直接Ⅱ型的转置型结构

9.1.5 IIR 系统中的反馈

反馈回路是指在信号流图中从某一节点出发，以箭头方向穿过某些支路又回到该节点的路径，也叫作闭合路径。

IIR 系统中一定存在反馈回路，反之不一定成立。这是因为 IIR 系统存在非零的极点，该极点对应的系统流图为闭合回路。例如，单位脉冲响应为 $h[n]=Ae^{j\varphi}r^ne^{j\omega n}u[n]$ 的 IIR 系统，其系统函数为 $H(z)=\dfrac{Ae^{j\varphi}}{1-az^{-1}}$，流图中一定存在反馈回路。但是，流图存在反馈回路的系统不一定是 IIR 系统，例如图 9.22 所示的 FIR 系统中即包含反馈回路。

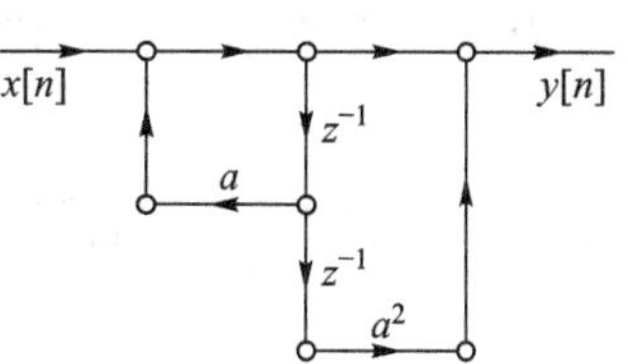

图 9.22 具有反馈回路的 FIR 系统

根据流图可写出其系统函数为

$$H(z)=\frac{1-a^{2}z^{-2}}{1-az^{-1}}=\frac{(1-az^{-1})(1+az^{-1})}{1-az^{-1}}=1+az^{-1} \tag{9.25}$$

进而由系统函数得到该系统的单位脉冲响应，即

$$h[n]=\delta[n]+a\delta[n-1] \tag{9.26}$$

由图 9.22 和式(9.26)可知，系统流图中包含反馈回路，但该系统为 FIR 系统。这是因为图 9.22 所示的流图来自非最简系统函数 $H(z)=\dfrac{1-a^{2}z^{-2}}{1-az^{-1}}$。其最简系统函数 $H(z)=1+az^{-1}$，显然不包含反馈回路。

9.2 FIR 滤波器流图表示

FIR 滤波器的单位脉冲响应 $h[n]$ 为有限长，根据 z 变换的定义 $H(z)=\sum_{n=-\infty}^{\infty}h[n]z^{-n}$，可知其系统函数 $H(z)$ 除了 $z=0$ 和 $z=\infty$ 外，没有其他极点。当 $h[n]$ 为因果系统时，$H(z)$ 只包含 $z=0$ 处的极点。即 FIR 滤波器是 IIR 滤波器的特例，系统函数如式(9.7)中的 $H_1(z)=\sum_{k=0}^{M}b_k z^{-k}$，仅包含零点部分。

9.2.1 直接型

根据 $H(z)$ 或者卷积公式可直接画出 FIR 滤波器的直接型网络结构。FIR 滤波器系统函数为

$$H(z)=\frac{Y(z)}{X(z)}=\sum_{k=0}^{M}b_k z^{-k} \tag{9.27}$$

对应的差分方程表示为

$$y[n]=\sum_{k=0}^{M}b_k x[n-k] \tag{9.28}$$

由式(9.27)可知，FIR 滤波器没有非零的极点，其流图仅为 IIR 滤波器流图的零点部分，即 $H_1(z)=\sum_{k=0}^{M}b_k z^{-k}$，如图 9.4 所示。一般将其表示为图 9.23 所示的横向滤波器形式，也称为抽头延迟线结构。FIR 滤波器 $(N-1)$ 阶横向结构共有 N 次乘法，$(N-1)$ 次加法。

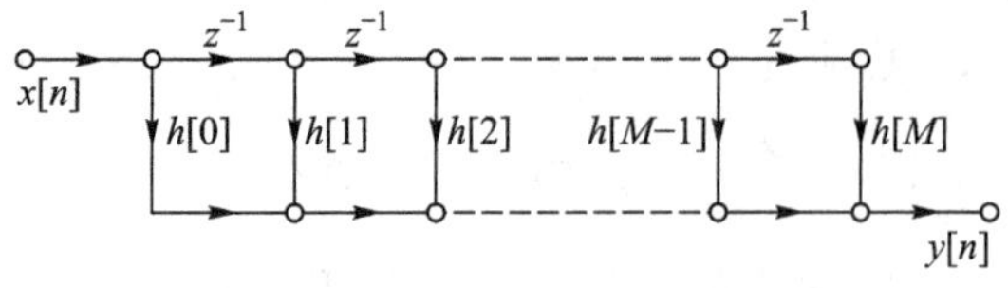

图 9.23 FIR 的直接型流图结构

式(9.27)所示系统函数的单位脉冲响应为

$$h[n]=\begin{cases}b_n, & n=0,1,\cdots,M\\0, & \text{其他}\end{cases} \tag{9.29}$$

根据 LTI 系统的卷积定理可知,FIR 滤波器输出 $y[n]$ 可表示为输入序列 $x[n]$ 和单位脉冲响应 $h[n]$ 的卷积,即

$$y[n]=\sum_{k=0}^{M}h[k]x[n-k] \tag{9.30}$$

由式(9.28)和式(9.30)可知,FIR 滤波器差分方程与卷积运算相同,故 FIR 直接型也称为卷积型。

根据图 9.23 可以画出 FIR 滤波器的转置型,如图 9.24 所示。

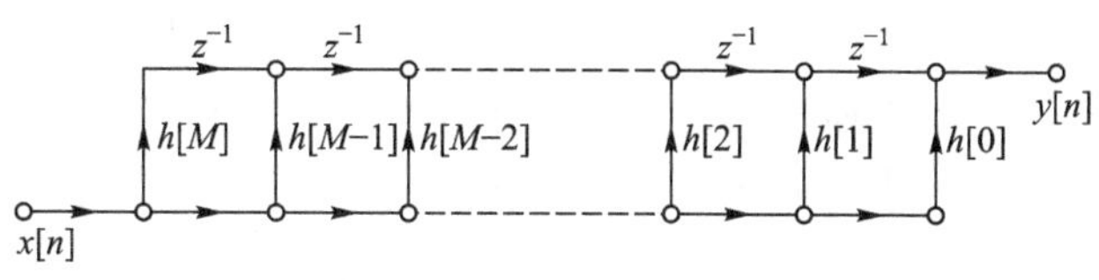

图 9.24　FIR 的转置型流图结构

9.2.2　级联型

当需要控制系统传输零点时,将系统函数 $H(z)$ 分解为二阶实系数因子的乘积形式,如式(9.31)所示,这样的级联型网络结构就是由一阶或二阶因子构成的级联结构,其中每一个因式都用直接型实现。

$$H(z)=\sum_{n=0}^{M}h[n]z^{-n}=\prod_{k=1}^{M_s}(b_{0k}+b_{1k}z^{-1}+b_{2k}z^{-2}) \tag{9.31}$$

其中,$M_s=\left[\dfrac{M+1}{2}\right]$ 是不大于 $(M+1)/2$ 的最大整数。

由式(9.31)可以画出 FIR 滤波器的实系数二阶子系统级联型结构,如图 9.25 所示。

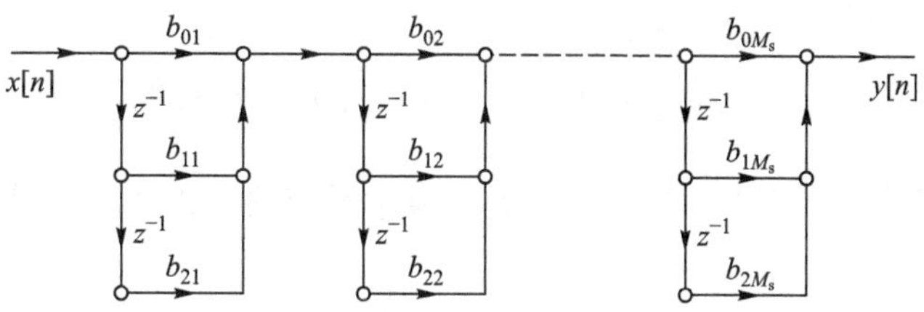

图 9.25　FIR 的级联型结构

FIR 系统的级联型结构在对零点位置控制、计算复杂度(乘法器次数)方面,有以下显著特点:

(1) 级联型结构调整零点位置方便。级联型结构每一个一阶因子控制一个零点,每一个二阶因子控制一对共轭零点。

(2) 级联型结构所需乘法次数比直接型结构多,运算时间较直接型长。因此,对 FIR

系统普遍应用的是直接型结构。

9.2.3 广义线性相位 FIR 系统的结构

线性相位结构是 FIR 系统的直接型结构的简化网络结构，特点是网络具有线性相位特性，比直接型结构节约了近一半的乘法器，广义线性相位系统的单位脉冲响应具有式(9.32)所示的特点。

$$h[n]=\pm h[M-n] \tag{9.32}$$

1. 第Ⅰ类广义线性相位系统

第Ⅰ类广义线性相位系统满足 $h[n]=h[M-n]$（M 为偶数），其差分方程为

$$y[n]=\sum_{n=0}^{\frac{M}{2}-1}h[k](x[n-k]+x[n-(M-k)])+h\left[\frac{M}{2}\right]x\left[n-\frac{M}{2}\right] \tag{9.33}$$

根据对称性，首先实现对应输入序列相加，即($x[n-k]+x[n-(M-k)]$)，然后实现相乘，即 $h[k](x[n-k]+x[n-(M-k)])$，从而减少乘法器的个数。

第Ⅰ类广义线性相位系统如图 9.26 所示，其信号流图共需 M 个延迟单元、$\frac{M}{2}+1$ 个乘法器、M 个加法器。

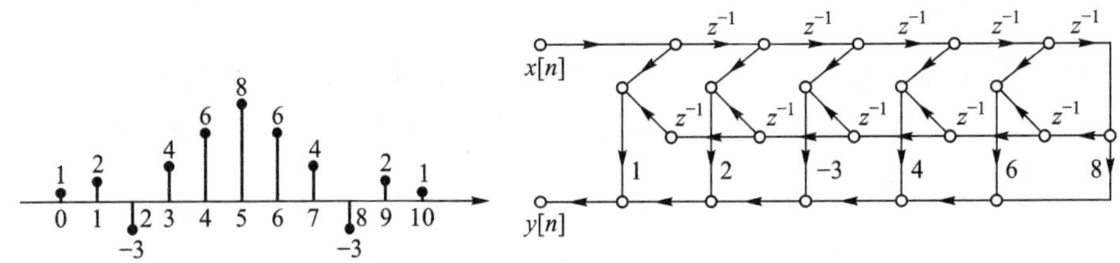

图 9.26　第Ⅰ类广义线性相位滤波器直接型结构

2. 第Ⅱ类广义线性相位系统

第Ⅱ类广义线性相位系统满足 $h[n]=h[M-n]$（M 为奇数），其差分方程为

$$y[n]=\sum_{n=0}^{\frac{M-1}{2}}h[k](x[n-k]+x[n-(M-k)]) \tag{9.34}$$

第Ⅱ类广义线性相位系统如图 9.27 所示，其信号流图共需 M 个延迟单元、$\frac{M+1}{2}$ 个乘法器、M 个加法器。

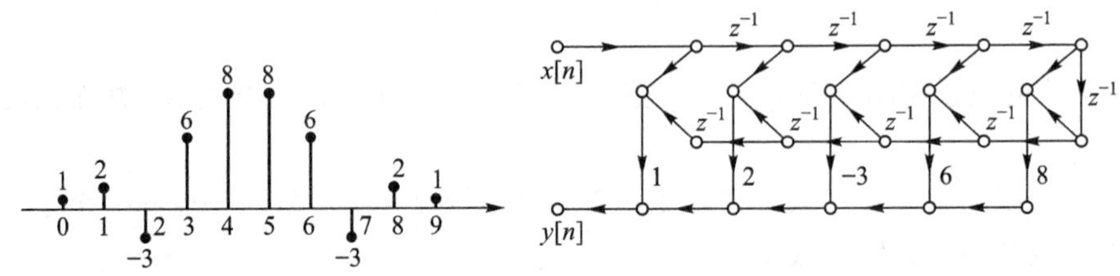

图 9.27　第Ⅱ类广义线性相位滤波器直接型结构

3. 第Ⅲ类广义线性相位系统

第Ⅲ类广义线性相位系统满足 $h[n]=-h[M-n]$，且 $h\left[\frac{M}{2}\right]=0$，$M$ 为偶数，其差分方程为

$$y[n]=\sum_{n=0}^{\frac{M}{2}-1}h[k](x[n-k]-x[n-(M-k)]) \tag{9.35}$$

第Ⅲ类广义线性相位系统如图 9.28 所示，其信号流图共需 M 个延迟单元、$\frac{M}{2}$ 个乘法器、$M-1$ 个加法器。

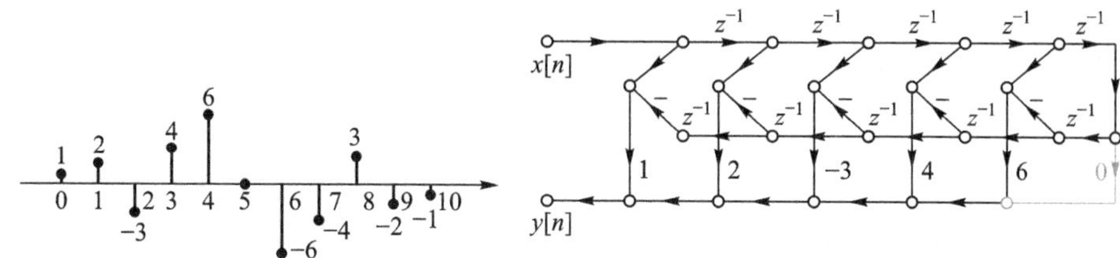

图 9.28　第Ⅲ类广义线性相位滤波器直接型结构

4. 第Ⅳ类广义线性相位系统

第Ⅳ类广义线性相位系统满足 $h[n]=-h[M-n]$（M 为奇数），其差分方程为

$$y[n]=\sum_{n=0}^{\frac{M-1}{2}}h[k](x[n-k]-x[n-(M-k)]) \tag{9.36}$$

第Ⅳ类广义线性相位系统如图 9.29 所示，其信号流图共需 M 个延迟单元、$\frac{M+1}{2}$ 个乘法器、M 个加法器。

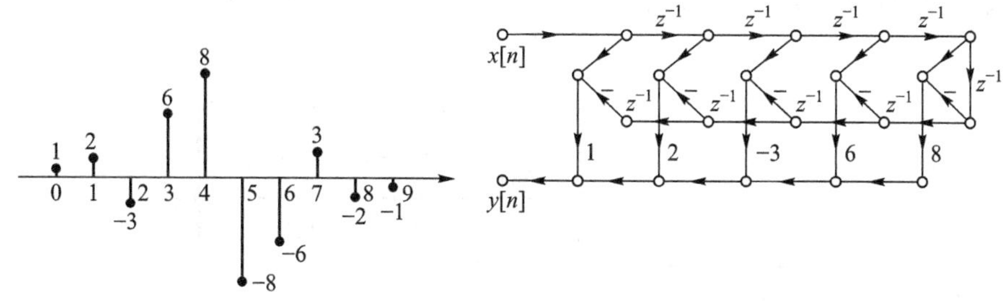

图 9.29　第Ⅳ类广义线性相位滤波器直接型结构

四类广义线性相位系统所需资源的比较如表 9.1 所示。

▶ 扫一扫 9-1 广义线性相位系统实例

表 9.1　广义线性相位系统所需资源

类型	延迟单元	乘法	加法
Ⅰ类	M	$\frac{M}{2}+1$	M

续表

类型	延迟单元	乘法	加法
Ⅱ类	M	$\frac{M+1}{2}$	M
Ⅲ类	M	$\frac{M}{2}$	$M-1$
Ⅳ类	M	$\frac{M+1}{2}$	M

与直接型结构相比，广义线性相位系统利用对称性可减少乘法运算的个数，节省约一半数量的乘法器。有利于提高计算机、DSP、FPGA 等数字系统的实现效率，提高数字信号处理的实时性。

9.2.4 FIR 频率采样型滤波器结构

已知频率域等间隔采样，相应的时域信号会以采样点数为周期进行周期性延拓。如果在频率域采样点数 N 大于或等于原序列的长度，则不会引起信号失真，根据以上频率采样法重构公式，可得 FIR 滤波器的系统函数为

$$H(z)=\frac{1-z^{-N}}{N}\sum_{k=0}^{N-1}\frac{H[k]}{1-e^{j\frac{2\pi k}{N}}z^{-1}} \tag{9.37}$$

令 $H_c(z)=1-z^{-N}$、$H_k(z)=\frac{H[k]}{1-e^{j\frac{2\pi k}{N}}z^{-1}}$，则

$$H(z)=\frac{1}{N}H_c(z)\sum_{k=0}^{N-1}H_k(z) \tag{9.38}$$

由式(9.38)可得 FIR 滤波器的频率采样型结构，如图 9.30 所示。

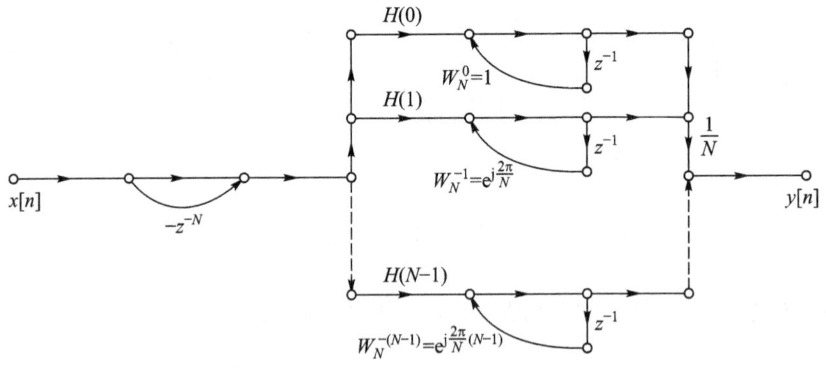

图 9.30 FIR 滤波器频率采样型结构

$H_c(z)=1-z^{-N}$ 为 N 阶延迟构成的梳状滤波器，该滤波的 N 个零点 $z=e^{j\frac{2\pi k}{N}}(k\in[0,N-1])$，分布在单位圆上。其滤波器结构如图 9.31(a)所示，幅频响应如图(b)所示。

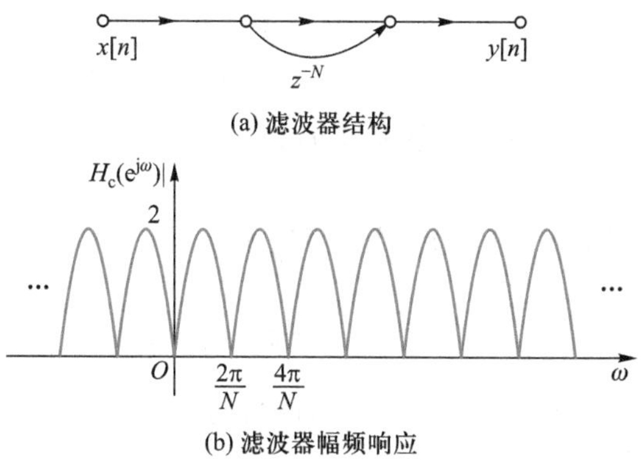

图 9.31　$H_c(z)=1-z^{-N}$ 滤波器结构及幅频响应

$H_k(z)=\dfrac{H[k]}{1-e^{j\frac{2\pi k}{N}}z^{-1}}$的极点为 $z=e^{j\frac{2\pi k}{N}}$，即该滤波器在频率 $\omega=\dfrac{2\pi k}{N}$处幅频响应为无穷大，故等效于一个谐振频率为 $\omega=\dfrac{2\pi k}{N}$的无损耗谐振器。频率采样结构共包括 N 个并联的谐振器，N 个谐振器的极点刚好与梳状滤波器的零点对消，如图 9.32 所示。因此，频率 $\omega=\dfrac{2\pi k}{N}$ $(k\in[0,N-1])$的幅频响应分别等于 N 个 $H[k]$的值。

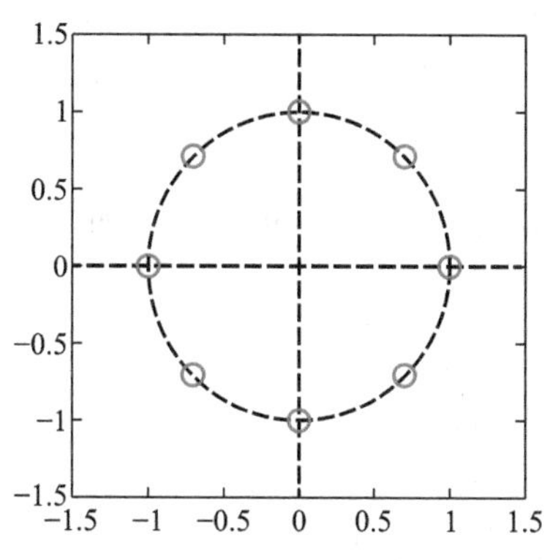
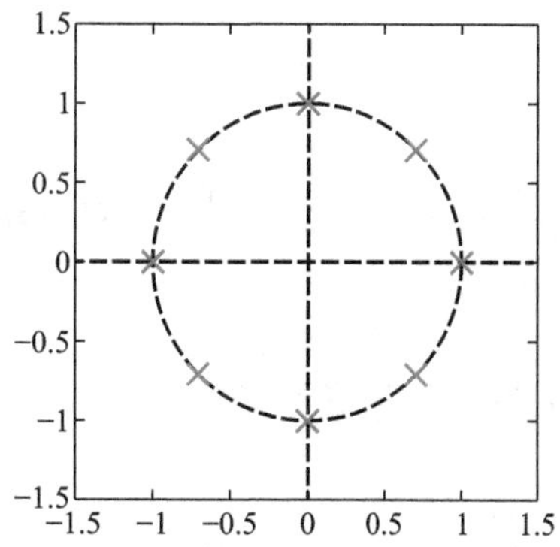

图 9.32　$H_c(z)$和 $\sum\limits_{k=0}^{N-1}H_k(z)$的零极点图

FIR 滤波器的频率采样型结构存在以下优点：① 可以直接控制滤波器的响应，系数 $H[k]$直接就是滤波器在 $\omega=\dfrac{2\pi k}{N}$处的响应值；② 频率采样型结构便于标准化、模块化，只要滤波器的 N 阶数相同，对于任何频响形状，其梳状滤波器部分的机构完全相同，N 个一阶网络部分的结构也完全相同，只是各支路的 $H[k]$不同。

FIR 滤波器的频率采样型结构也存在以下缺点：① 滤波器系数 $H[k]$、$e^{j\frac{2\pi k}{N}}$均为复数，增加了乘法次数和存储量；② 所有极点都在单位圆上，有限精度数字系统实现滤波器时，量化会引起极点位置移动，而零点是由延迟产生的，不受量化的影响，也就是说不会产生零极点对消;另外,如果极点移动到单位圆外,会造成系统不稳定。

为克服上述问题,人们提出了修正结构的频率采样型滤波器结构:① 将所有的零极点搬移到单位圆内 $r<1$ 的圆上,解决系统稳定问题;② 将一阶子系统合并为实系数二阶子系统。

首先,将零极点搬移到 $r<1$ 的圆上,得到系统函数为

$$H(z)=\frac{1-r^{N}z^{-N}}{N}\sum_{k=0}^{N-1}\frac{H[k]}{1-re^{j\frac{2\pi k}{N}}z^{-1}} \tag{9.39}$$

因为 $e^{j\frac{2\pi k}{N}}=(e^{j\frac{2\pi(N-k)}{N}})^{*}$、$H[k]=H^{*}[N-k]$,故可将第 k 个和第 $N-k$ 个谐振器合并为一个实系数二阶子系统,即

$$H_k(z)=\frac{H[k]}{1-re^{j\frac{2\pi k}{N}}z^{-1}}+\frac{H[N-k]}{1-re^{j\frac{2\pi(N-k)}{N}}z^{-1}} \tag{9.40}$$

$$H_k(z)=\frac{\beta_{0k}+\beta_{1k}z^{-1}}{1-2r\cos\left(\frac{2\pi k}{N}\right)z^{-1}+r^{2}} \tag{9.41}$$

其中,$\beta_{0k}=2\mathrm{Re}[H[k]]$、$\beta_{1k}=-2r\mathrm{Re}[H[k]e^{-j\frac{2\pi k}{N}}]$。

(1) 当 N 为偶数时,有两个实极点 $z=\pm r$,即 $H_0(z)=\frac{H[0]}{1-rz^{-1}}$、$H_{\frac{N}{2}}(z)=\frac{H\left[\frac{N}{2}\right]}{1-rz^{-1}}$,则

$$H(z)=(1-r^{N}z^{-N})\frac{1}{N}\left(H_0(z)+H_{\frac{N}{2}}(z)+\sum_{k=1}^{\frac{N}{2}-1}H_k(z)\right) \tag{9.42}$$

其中,$H_k(z)\left(k=1,2,3,\cdots,\frac{N}{2}-1\right)$ 的结构如图 9.33(a)所示,$H_0(z)$ 和 $H_{\frac{N}{2}}(z)$ 如图 9.33(b)所示。

(2) 当 N 为奇数时,有一个实极点 $z=r$,即 $H_0(z)=\frac{H[0]}{1-rz^{-1}}$,则

$$H(z)=(1-r^{N}z^{-N})\frac{1}{N}\left(H_0(z)+\sum_{k=1}^{\frac{N-1}{2}}H_k(z)\right) \tag{9.43}$$

其中,$H_k(z)\left(k=1,2,3,\cdots,\frac{N-1}{2}\right)$ 的结构如图 9.33(a)所示,$H_0(z)$ 如图 9.33(b)所示。

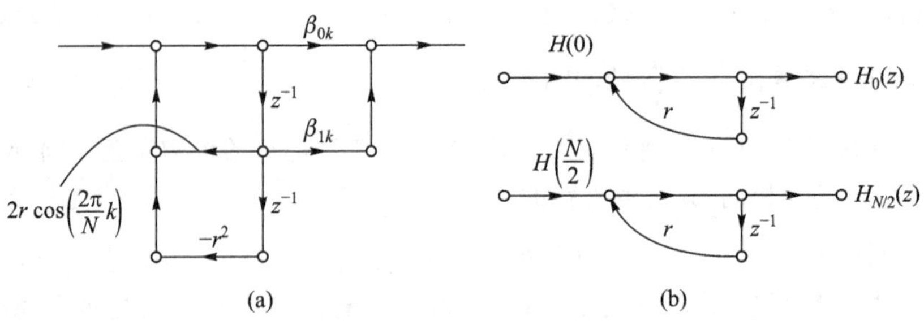

图 9.33 二阶谐振器和一阶网络结构

显然,N 为奇数时的频率采样型修正结构由一个一阶网络和$\frac{N-1}{2}$个二阶网络组成,而 N 为偶数时的频率采样型修正结构由两个一阶网络和$\left(\frac{N}{2}-1\right)$个二阶网络组成,结构如图 9.34 所示。

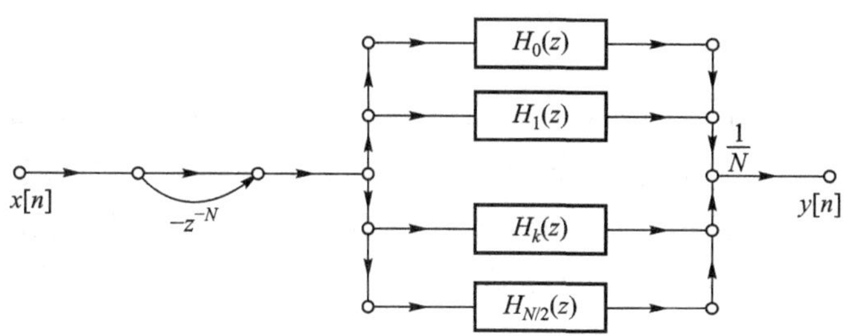

图 9.34　修正的频率采样型结构 FIR 滤波器

9.3　数字滤波器的有限字长效应

9.3.1　数字系统的数制

利用 CPU、DSP、FPGA 等数字系统实现滤波器时,由于数字系统的字长有限(常用的有 8 bit、16 bit、32 bit、64 bit 等),会产生有限字长效应。因系统采用的数制不同,产生的有效字长效应也不相同。常用的数制包括定点数、浮点数,也有采用块浮点数的系统。

1. 定点数

定点数指在数字处理系统中所有数的小数点位置固定不变。小数点位置可以在二进制数的任何两个比特之间,但是并不占用任何比特。定点数分有符号数和无符号数,有符号数的最高位为符号位,如图 9.35 所示。

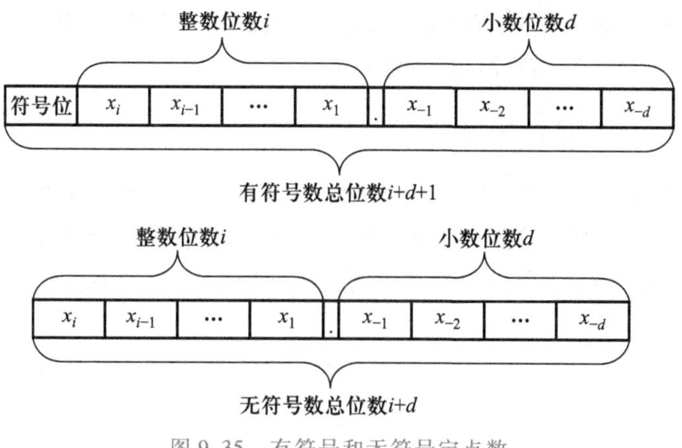

图 9.35　有符号和无符号定点数

对于有 i 个整数位、d 个小数位的定点数,表示无符号数时,其数值大小为

$$X=\sum_{n=0}^{i-1}2^{n}+\sum_{m=0}^{d-1}2^{-m} \tag{9.44}$$

定点数表示有符号数时,其数值大小为

$$X=(-1)^{S}\left(\sum_{n=0}^{i-1}2^{n}+\sum_{m=0}^{d-1}2^{-m}\right),\quad S\text{ 为符号位} \tag{9.45}$$

2. 浮点数

浮点数指在数字处理系统中小数点位置是浮动变化的。Bbit 字长的浮点数和定点数所表示的数字个数均为 2^B 个,但是 2^B 个浮点数所表示数值的动态范围远大于 2^B 个定点数。

IEEE 754 标准规定了三种用二进制表示浮点数值的格式:单精度、双精度与扩展精度。其中最常用的单精度浮点数为 32 bit 字长,如图 9.36 所示,包括 1 bit 符号位、8 bit 指数位、23 bit 底数位。

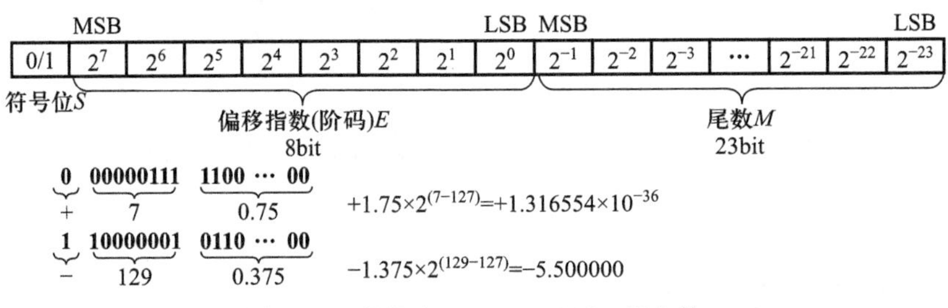

图 9.36 单精度 IEEE 754 32 bit 浮点数

其中,S 为符号位;M 为规格化底数,代表的数值大小为 1. M;E 为偏移指数,代表的数值大小为 $E-127$。

浮点数所表示数值大小为

$$v=(-1)^{S}\times 1.M\times 2^{(E-127)} \tag{9.46}$$

3. 块浮点数

块浮点数指在数字处理系统中每一批数据的小数点位置固定,但不同批次数据之间的小数点位置可以浮动变化。

相同字长情况下,浮点数的动态范围大,定点数的动态范围小,块浮点数居中;浮点数计算相对复杂,定点数计算相对简单,块浮点数居中。

9.3.2 滤波器系数量化效应

由于实际中滤波器的存储器字长是有限的,因此滤波器的所有系数必须以有限长的二进制码形式进行存储。因而需要对滤波器的系数进行量化,从而会产生量化效应。

式(9.47)表示滤波器的系统函数,系统的零极点由分子、分母多项式的系数 a_k、b_k 确定。

$$H(z)=\frac{\sum_{k=0}^{M}b_kz^{-k}}{1-\sum_{k=1}^{N}a_kz^{-k}} \tag{9.47}$$

对系数进行量化后，会产生量化误差 Δa_k、Δb_k，量化后的系数 $\widehat{a}_k$、$\widehat{b}_k$ 为

$$\widehat{a}_k = a_k + \Delta a_k,\quad \widehat{b}_k = b_k + \Delta b_k \tag{9.48}$$

则量化后的系统函数为

$$\widehat{H}(z) = \frac{\sum_{k=0}^{M} \widehat{b}_k z^{-k}}{1 - \sum_{k=1}^{N} \widehat{a}_k z^{-k}} \tag{9.49}$$

分子、分母多项式系数的量化会引起系统零、极点位置的变化，而极点位置的变化会影响系统的稳定性。为了衡量系数量化对极点位置的影响，定义每个极点位置对各系数偏差 Δa_k 的灵敏程度为极点位置灵敏度，它可反映系数量化对系统稳定性的影响。另外，系统结构也会对极点位置灵敏度产生影响。

1. 系统极点（零点）位置灵敏度

如式（9.47）所示的数字滤波器系统函数 $H(z)$，其分母多项式 $A(z)$ 的 N 个根，即为 $H(z)$ 的 N 个极点 $d_k(k \in [0, N-1])$。对分母多项式 $A(z)$ 进行因式分解，得

$$A(z) = 1 - \sum_{k=1}^{N} a_k z^{-k} = \prod_{k=1}^{N} (1 - d_k z^{-1}) \tag{9.50}$$

设量化后系统 $\widehat{H}(z)$ 的极点为 $\widehat{d}_k(k \in [0, N-1])$，则有

$$\widehat{d}_k = d_k + \Delta d_k \tag{9.51}$$

其中，Δd_k 表示第 k 个极点的位置偏差。

Δd_k 与 $A(z)$ 各系数量化误差 Δa_k 的关系为

$$\Delta d_k = \sum_{i=1}^{N} \frac{\partial d_k}{\partial a_i} \Delta a_i \tag{9.52}$$

▶ 扫一扫 9-2 极点位置灵敏度的证明

其中，$\frac{\partial d_k}{\partial a_i}$ 称作极点 d_k 对系数 a_i 变化的灵敏度，表示第 i 个系数量化误差 Δa_i 对第 k 个极点位置偏差 Δd_k 的影响程度。显然 $\frac{\partial d_k}{\partial a_i}$ 越大，Δa_i 对 Δd_k 的影响越大。

第 k 个极点 d_k 对第 i 个系数 a_i 的极点位置灵敏度为

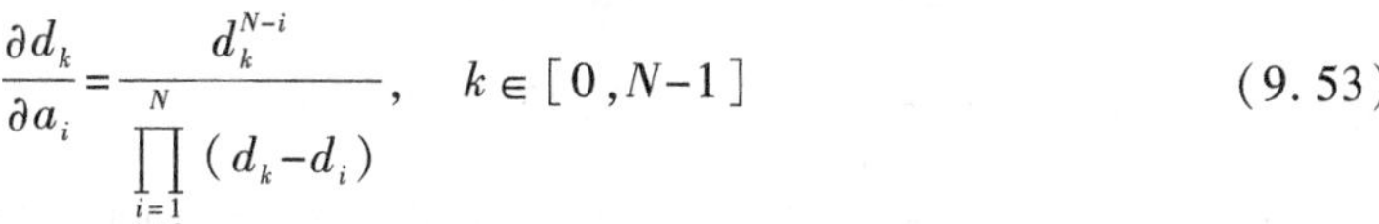

$$\frac{\partial d_k}{\partial a_i} = \frac{d_k^{N-i}}{\prod_{\substack{i=1 \\ i \neq k}}^{N} (d_k - d_i)},\quad k \in [0, N-1] \tag{9.53}$$

二维码所示的推导只对一阶极点有效，对多重极点可进行类似的推导。

将式（9.53）带入式（9.52），可得各系数 a_i 量化误差 Δa_i 对第 k 个极点 d_k 位置偏差的影响，即

$$\Delta d_k = \sum_{i=1}^{N} \frac{d_k^{N-i}}{\prod_{\substack{i=1 \\ i \neq k}}^{N} (d_k - d_i)} \Delta a_i,\quad k \in [0, N-1] \tag{9.54}$$

由式（9.54）可知，系数量化引起的极点改变量 Δd_k 的值取决于以下几个因素：

（1）极点的分布情况。式（9.54）中分母的因子 $(d_k - d_i)$ 为极点 d_k 指向极点 d_i 的矢量，

整个分母是所有除 d_i 以外的极点指向极点 d_i 的矢量积。这些矢量越长,即极点越稀疏,Δd_k 的值越小,极点位置灵敏度越低;反之,极点越密集,Δd_k 的值越大,极点位置灵敏度越高。

(2) 滤波器系数的量化误差 Δa_i。系数的量化误差越大,极点的改变量就越大。在量化方式确定的情况下,增加寄存器的长度可以减小系数的量化误差。

(3) 滤波器的阶数 N。阶数越高,极点的位置偏差 Δd_k 越大,极点的位置灵敏度也越高。通常来说,高阶滤波器的极点数目多而密集,低阶滤波器的数目少而稀疏,因此前者对量化误差更为敏感。

在级联、并联系统中,由于各子系统的量化仅影响本子系统的极点,不会影响其他子系统的极点,而且每个子系统的极点比较稀疏。因此级联、并联系统系数量化对极点位置的影响比直接型小得多。

2. 二阶系统极点位置灵敏度

级联、并联型的基本子系统为二阶子系统,下面分析一下二阶子系统极点位置灵敏度及其改进措施。

若仅考虑极点,二阶子系统可表示为

$$H(z)=\frac{1}{1-\alpha_1 z^{-1}-\alpha_2 z^{-2}} \tag{9.55}$$

设 $H(z)$ 的共轭复极点为 $z=r\mathrm{e}^{\pm\mathrm{j}\theta}$,则

$$H(z)=\frac{1}{(1-r\mathrm{e}^{\mathrm{j}\theta}z^{-1})(1-r\mathrm{e}^{-\mathrm{j}\theta}z^{-1})}=\frac{1}{1-2r\cos\theta z^{-1}+r^2z^{-2}} \tag{9.56}$$

其中,$r^2=-\alpha_2$,$r\cos\theta=\frac{\alpha_1}{2}$。该二阶子系统的流图如图 9.37 所示。

系数量化就是对 α_1、α_2 进行量化。由于 $\alpha_2=-r^2$,故 α_1 决定了极点半径 r;$\frac{\alpha_1}{2}=r\cos\theta$,故 α_2 决定了极点在实轴上的投影值。下面以字长 3 bit(不包含符号位)为例,说明量化对极点位置的影响。3 bit 量化表明 $\frac{\alpha_1}{2}=r\cos\theta$、$\alpha_2=-r^2$ 各有 8 种值可以选择。

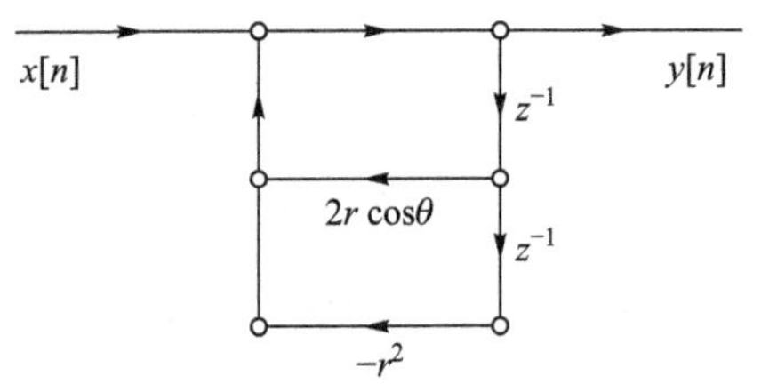

图 9.37　二阶子系统的流图

这样 3 bit 量化系数所能表示的极点位于 8 个同心圆(对应 $\alpha_2=-r^2$)和 8 个垂直线$\left(对应\frac{\alpha_1}{2}=r\cos\theta\right)$的交点上,如图 9.38 所示。

从图中可以看出极点位置分布很不均匀,实轴附近分布稀疏,虚轴附近分布密集,在半径大的地方分布密集,在半径小的地方分布稀疏。如果所需极点不在网格节点上,只能选取最靠近的节点替代,这样就会引入量化误差。部分情况可能导致共轭极点成为实极点(因为实极点子系统一般可由一阶子系统实现,此时 3 bit 量化就是垂直线和实轴的交点)。这就使得实轴附近的极点量化误差较大,虚轴附近量化误差较小。

由雷德(Rader)和戈尔德(Gold)提出的二阶子系统对偶结构如图 9.39 所示。

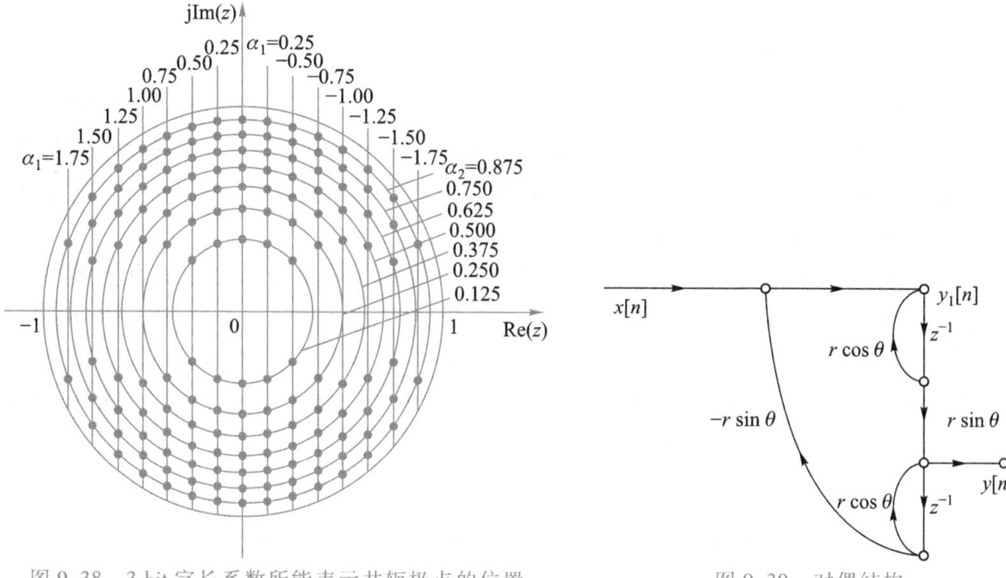

图 9.38　3 bit 字长系数所能表示共轭极点的位置

图 9.39　对偶结构

二阶子系统对偶结构的差分方程为

$$\begin{cases} y_1[n]=r\cos\theta y_1[n-1]-r\sin\theta y[n-1]+x[n] \\ y[n]=r\sin\theta y_1[n-1]+r\cos\theta y[n-1] \end{cases} \tag{9.57}$$

系统函数为

$$H(z)=\frac{r\sin\theta z^{-1}}{1-2r\cos\theta z^{-1}+r^2z^{-2}} \tag{9.58}$$

采用图 9.39 所示对偶结构实现时，将对 $r\cos\theta$、$r\sin\theta$ 进行量化，即对极点在实轴和虚轴上的投影进行量化，因此其分布是均匀的，如图 9.40 所示。

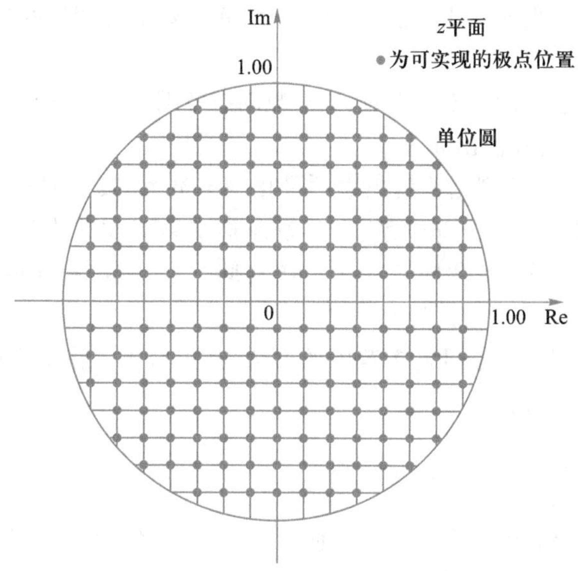

图 9.40　对偶结构 3 bit 量化后极点可能位置

▶ 扫一扫 9-3 量化对极点位置的影响

9.3.3 滤波器运算中的有限字长效应

数字滤波器的实现包含三种运算：加法、乘法和延迟运算，其中延迟不会造成字长的变化。在数字系统中，两个 Bbit 定点数相加，有可能产生溢出，需要进行溢出饱和处理；两个 Bbit 定点数相乘的结果可能为 $2B$bit，需要截尾或舍入处理。这些处理都会引入量化和溢出误差，从而会影响滤波器的性能。

这里仅简单讨论乘法运算的舍入误差对滤波器性能影响的分析方法。由于乘法运算中的截尾和舍入都是非线性处理的过程，直接分析会十分麻烦。因此采用统计分析的方法，将每一支路的舍入误差用 $\varepsilon(n)$ 来表示，作为独立噪声叠加在信号上，得到一个支路的定点相乘运算的算法流图，如图 9.41 所示。图 9.41(a)中，$v(n)=a\mu(n)$；图 9.41(b)中，$\hat{v}(n)=Q[a\mu(n)]$；图 9.41(c)中，$\varepsilon(n)=\hat{v}(n)-v(n)$。

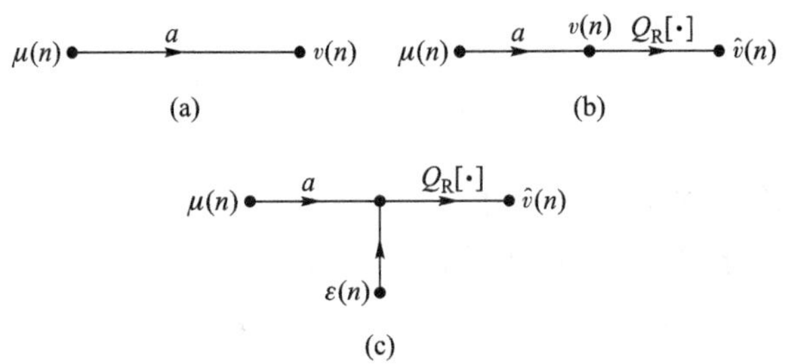

图 9.41 定点相乘运算的算法流图

可借助随机信号处理理论对误差具体分析，在此不再赘述，只给出下述几个有用的结论：

(1) 浮点数运算产生的量化误差小于定点数，定点数运算产生的量化误差随着定点数位数的增加而减小。

(2) 浮点数的动态范围大于定点数，定点数动态范围随着位长的增加而增加。动态范围越大，越不容易产生运算溢出。

(3) IIR 滤波器的直接型结构输出端的量化噪声最大，级联型次之，并联型最小。这是因为直接型量化噪声通过全部子系统，经过反馈支路有积累作用；级联型仅一部分噪声通过全部子系统；并联型量化噪声在子系统之间不会传输，量化噪声由各子系统直接输出。

(4) 一般采用限制输入信号动态范围的方法，减少溢出。在实际应用中，浮点数动态范围大，一般不会产生溢出。

9.3.4 IIR 滤波器的零输入极限环

数字系统的有限字长效应会使 IIR 这种带有反馈回路的系统产生不稳定现象。往往在零输入或常量输入等特定信号输入时，产生周期振荡的信号，这种现象称作极限环。极限环出现后，会持续振荡，直到有一个足够大振幅的输入使得 IIR 系统进入正常状态。极限环包括粒状极限环和溢出极限环。

1. 粒状极限环

差分方程实现 IIR 系统时，由于乘积运算和舍入操作，往往会引起零输入情况下的极限环。下面以一个一阶系统为例，说明这一现象。

例 9.7 如式(9.59)所示差分方程表征的一阶系统，其系统流图如图 9.42(a)所示。

$$y[n]=ay[n-1]+x[n] \tag{9.59}$$

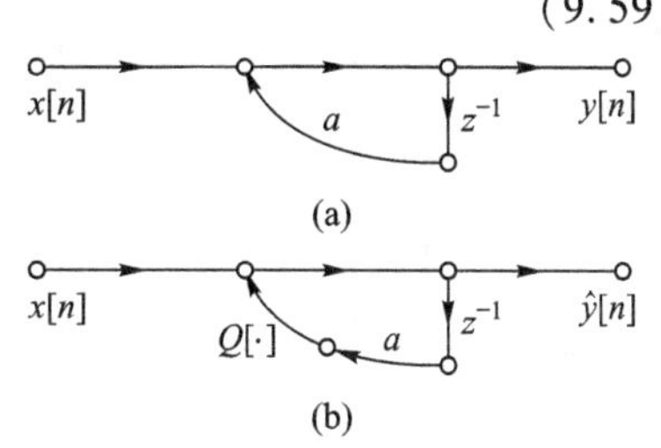

图 9.42 一阶系统的量化效应

如果给一阶系统的存储位长为 4 bit(包括 1 bit 符号位)，则 4 bit 的系数 a 和 4 bit 的输出序列 $y[n-1]$ 的乘积需要舍入或截短为 4 bit。设该系统采用舍入操作，记作 $Q[\cdot]$，则系统流图如图 9.42(b)所示，差分方程为

$$\hat{y}[n]=Q[a\hat{y}[n-1]]+x[n] \tag{9.60}$$

对输入序列为 $x[n]=\frac{7}{8}\delta[n]=\mathbf{0\diamond111}\delta[n]$，初始条件为 $\hat{y}[n-1]=0$，$a=\frac{1}{2}=\mathbf{0\diamond100}$ 或 $a=-\frac{1}{2}=\mathbf{1\diamond100}$ 时的输出序列 $\hat{y}[n]$，如表 9.2 所示。

表 9.2 一阶 IIR 数字滤波器极限环

初始条件	$a=\frac{1}{2}=\mathbf{0\diamond100}$	$\mathbf{0\diamond111}\delta[n]$	$a=-\frac{1}{2}=\mathbf{1\diamond100}$	$\mathbf{0\diamond111}\delta[n]$
n	$a\hat{y}[n-1]$	$\hat{y}[n]$	$a\hat{y}[n-1]$	$\hat{y}[n]$
1	**0◇011100**	**0◇100**	**1◇100100**	**1◇100**
2	**0◇010000**	**0◇010**	**0◇010000**	**0◇010**
3	**0◇001000**	**0◇001**	**1◇110000**	**1◇111**
4	**0◇000100**	**0◇001**	**0◇000100**	**0◇001**
5	**0◇000100**	**0◇001**	**1◇110000**	**1◇111**
6	**0◇000100**	**0◇001**	**0◇000100**	**0◇001**
7	**0◇000100**	**0◇001**	**1◇110000**	**1◇111**
8	**0◇000100**	**0◇001**	**0◇000100**	**0◇001**

系统响应如图 9.43 所示。

第一种情况系统稳态输出为一非零常数，即周期为 1 的周期序列。第二种情况系统稳态输出为周期为 2 的周期序列。上述输出振荡称为零输入零极限环，振荡的振幅范围称为死带。死带的范围和量化的间隔成正比，也就是说，随着字长的增加极限环振荡减弱。

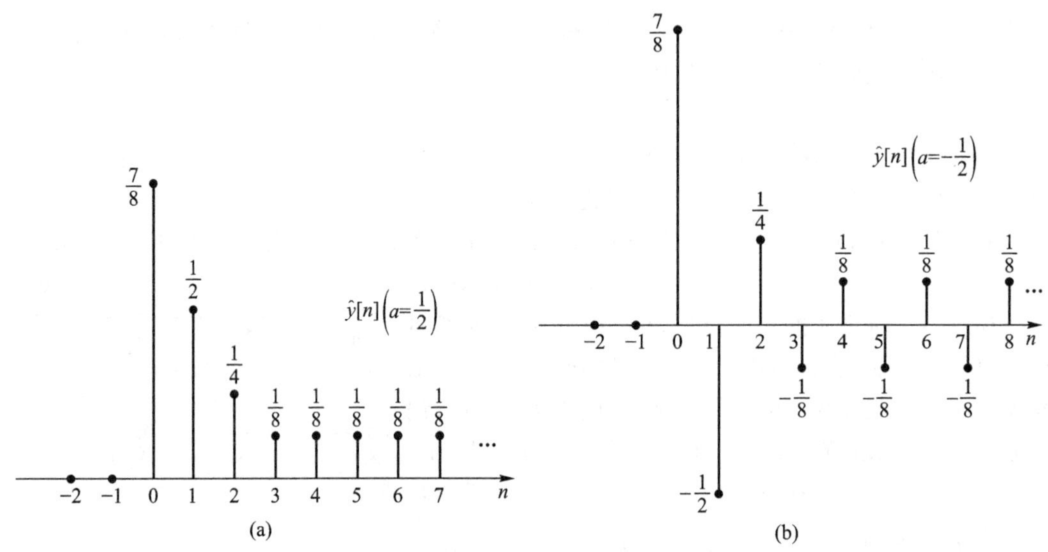

图 9.43　系统响应

2. 溢出极限环

有限精度数字系统实现 IIR 系统时，由于计算溢出产生的极限环称作溢出极限环。溢出极限环的振幅可能占据到寄存器的全部动态取值范围，因此溢出极限环的振幅大。

例 9.8　对下式所示差分方程表征的二阶系统，其系统流图如图 9.44(a) 所示。

$$y[n]=a_1y[n-1]+a_2y[n-2]+x[n] \tag{9.61}$$

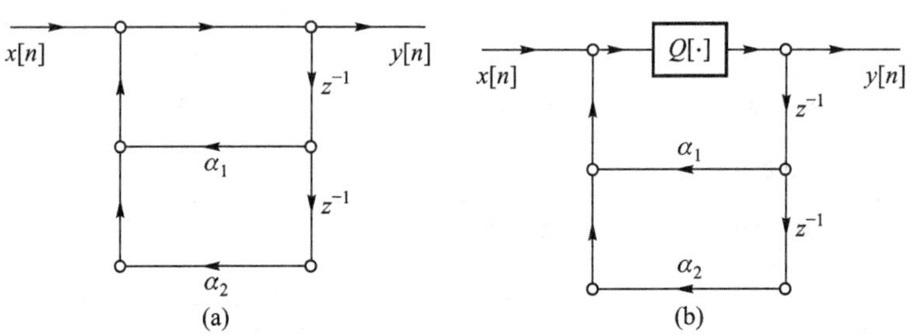

图 9.44　二阶系统的量化效应

如果给二阶系统的存储位长为 4 bit(包括 1 bit 符号位)，设该系统采用舍入操作，记作 $Q[\cdot]$，则系统流图如图 9.44(b) 所示，差分方程为

$$\hat{y}[n]=Q[a_1\hat{y}[n-1]+a_2\hat{y}[n-2]+x[n]] \tag{9.62}$$

如果输入序列为 $x[n]=0$，初始条件 $\hat{y}[n-1]=3/4=\mathbf{0\diamond110}$、$\hat{y}[n-2]=-3/4=\mathbf{1\diamond010}$，$a_1=3/4=\mathbf{0\diamond110}$、$a_2=-3/4=\mathbf{1\diamond010}$，则输出 $\hat{y}[0]$ 为

$$\begin{aligned}\hat{y}[0]&=\mathbf{0\diamond110\times0\diamond110+1\diamond010\times1\diamond010}\\&=\mathbf{0\diamond100100+0\diamond100100}\end{aligned} \tag{9.63}$$

采用舍入法进位取高 4 bit，两者相加，进位溢出到符号位，得

$$\hat{y}[0]=\mathbf{0}\diamond\mathbf{101}+\mathbf{0}\diamond\mathbf{101}=\mathbf{1}\diamond\mathbf{010}=-3/4 \tag{9.64}$$

重复这一过程，可得

$$\hat{y}[1]=\mathbf{1}\diamond\mathbf{011}+\mathbf{1}\diamond\mathbf{011}=\mathbf{0}\diamond\mathbf{110}=3/4 \tag{9.65}$$

很明显，$\hat{y}[n]$将一直在$-3/4$和$3/4$之间振荡，即产生了溢出极限环，如图9.45所示。

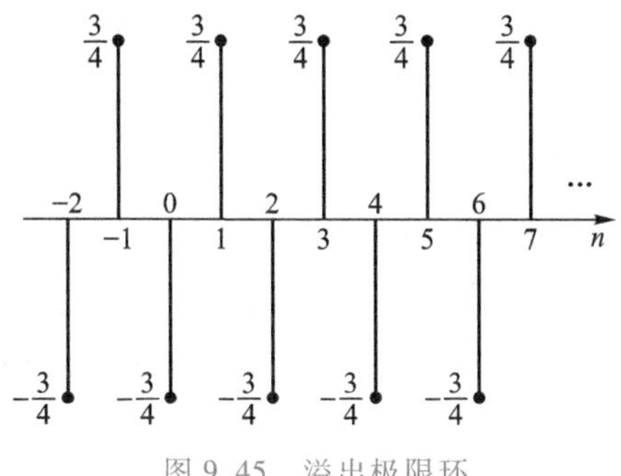

图9.45　溢出极限环

9.4　小　　结

本章介绍了信号流图表示。将线性常系数差分方程分解成加法、乘法和延迟等基本单元组成的实现结构，称为信号流图。常用的流图包括：直接Ⅰ型、直接Ⅱ型、级联型、并联型。其中直接Ⅱ型流图所需要的存储单元的个数少于直接Ⅰ型。有理分式型系统函数分解为连乘形式可得到级联型实现，分解为累加形式可得到并联型实现。

本章还介绍了流图中的反馈和LTI系统具有转置不变性。离散时间LTI系统输入输出之间的关系可由差分方程、卷积和、z变换、傅里叶变换等方法描述。对差分方程求z变换可得到系统函数的有理分式型，将该有理分式最简化，若存在极点则为IIR滤波器，否则为FIR滤波器。

本章介绍了FIR滤波器流图。FIR滤波器是IIR滤波器的特例，FIR只有零点部分，一般用横向滤波器表示。同时结合线性相位滤波器的对称性，可进一步降低乘法的个数。FIR滤波器差分方程与单位脉冲响应直接对应。

本章介绍了利用数字系统实现滤波器时，由于字长有限产生的有限字长效应，并讨论了IIR系统由于有限字长产生的不稳定现象，包括粒状极限环和溢出极限环。

习　　题

9.1　画出以下差分方程描述系统的流图，并求系统函数$H(z)$及单位脉冲响应$h[n]$。

(1) $3y[n]-6y[n]=x[n]$

(2) $y[n]=x[n]-5x[n-1]+8x[n-3]$

(3) $y[n]-\frac{1}{2}y[n-1]=x[n]$

(4) $y[n]-3y[n-1]+3y[n-2]-y[n-3]=x[n]$

9.2 已知系统函数 $H(z)=\dfrac{z}{z-k}$(k 为常数)。

(1) 写出对应的差分方程。

(2) 画出系统流图。

(3) 求系统的频率响应,并画出 $k=0,0.5,1$ 三种情况下系统的幅度响应和相位响应。

9.3 已知某因果离散系统的差分方程如下:

$$y[n]-\frac{3}{4}y[n-1]+\frac{1}{8}y[n-2]=x[n]+\frac{1}{3}x[n-1]$$

(1) 求该系统函数 $H(z)$ 和单位脉冲响应 $h[n]$。

(2) 画出系统函数 $H(z)$ 的零极点分布图。

(3) 粗略画出系统幅频响应曲线。

(4) 画出系统的直接Ⅱ型流图。

9.4 某线性常系数差分方程的信号流图如图 P9.4 所示,请给出该差分方程。

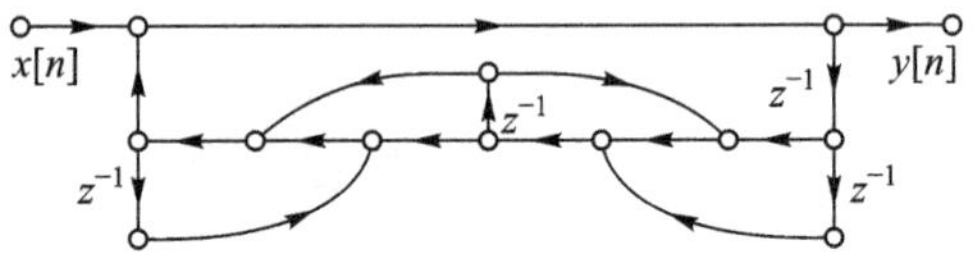

图 P9.4

9.5 某因果离散时间 LTI 系统的系统函数如下:

$$H(z)=\frac{1+\frac{1}{5}z^{-1}}{\left(1-\frac{1}{2}z^{-1}+\frac{1}{3}z^{-2}\right)\left(1+\frac{1}{4}z^{-1}\right)}$$

(1) 画出如下形式的系统流图。

(i) 直接Ⅰ型

(ii) 直接Ⅱ型

(iii) 用一阶和二阶直接Ⅱ型的级联型

(iv) 用一阶和二阶直接Ⅱ型的并联型

(v) 转置直接Ⅱ型

(2) 写出转置直接Ⅱ型的差分方程,并证明该转置系统与原系统具有相同的系统函数。

9.6 请画出 $H(z)=\dfrac{1+2z^{-1}+z^{-2}}{1-\frac{3}{4}z^{-1}+\frac{1}{8}z^{-2}}$ 所有可能的一阶级联型流图。

9.7 系统函数为 $H(z)=\dfrac{0.2(1+z^{-1})^{6}}{\left(1-2z^{-1}+\frac{7}{8}z^{-2}\right)\left(1+z^{-1}+\frac{1}{2}z^{-2}\right)\left(1-\frac{1}{2}z^{-1}+z^{-2}\right)}$ 的离散时间 LTI 系统,如用图 P9.7 所示流图结构实现。

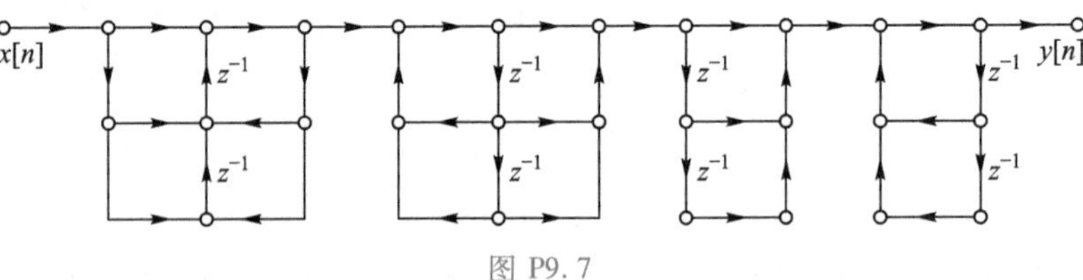

图 P9.7

(1) 请填入全部系数。答案是否唯一?请解释原因。

(2) 选定合适的节点变量,写出该流图所表示的差分方程。

9.8 图 P9.8 为一离散时间 LTI 系统的流图。

（1）写出该流图所代表的差分方程。

（2）求其系统函数。

（3）如果 $x[n]$ 是实数，且乘 1 不计在乘法的总次数中。请给出图 P9.8 所示流图实现中，每个输出样本所需的实数乘法和实数加法的次数。

（4）图 P9.8 所示流图需要四个存储寄存器（延迟单元），请画出减少存储寄存器的流图。

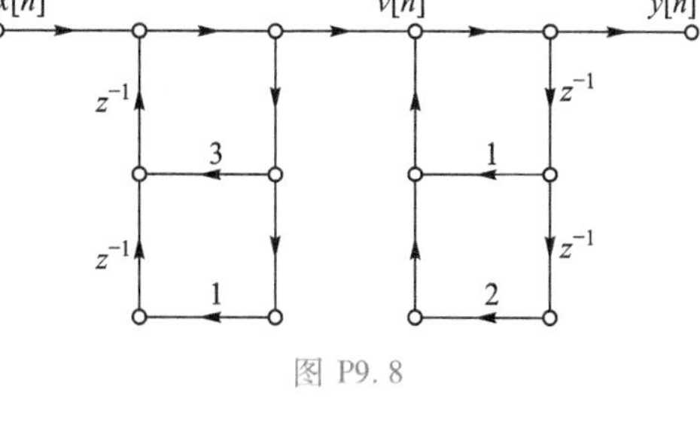

图 P9.8

9.9 一个离散时间系统的极点位于 $z=\pm0.5$，零点位于 $z=\pm\mathrm{j}2$，系统的直流增益是 20。

（1）求该系统的系统函数 $H(z)$。

（2）求系统的单位脉冲响应 $h[k]$。

（3）求描述系统的差分方程。

（4）给出直接Ⅱ型流图。

9.10 系统函数为 $H(z)=\dfrac{5+11.2z^{-1}+5.44z^{-2}-0.384z^{-3}-2.3552z^{-4}-1.2288z^{-5}}{1+0.8z^{-1}-0.512z^{-3}-0.4096z^{-4}}$ 的离散时间 LTI 系统，如用图 P9.10 所示的流图实现，请填出图中的全部系数。

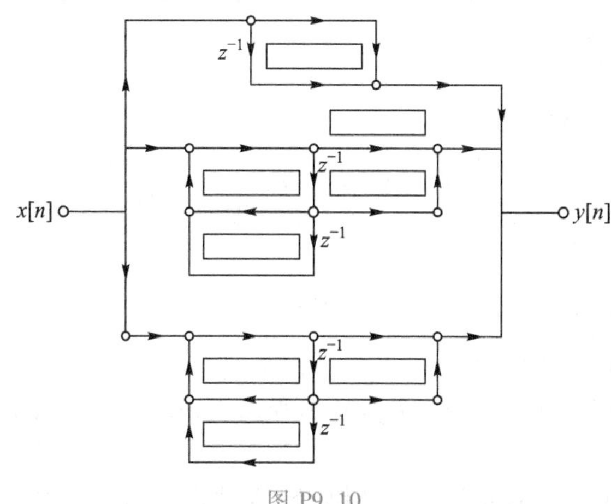

图 P9.10

9.11 某 IIR 滤波器的系统函数为 $H(z)=\left(\dfrac{-14.75-12.9z^{-1}}{1-\dfrac{7}{8}z^{-1}+\dfrac{3}{32}z^{-2}}\right)+\left(\dfrac{24.5+26.82z^{-1}}{1-z^{-1}+\dfrac{1}{2}z^{-2}}\right)$，请写出如下流图的系统函数，并画对应流图。

（1）直接Ⅰ型。

（2）直接Ⅱ型。

（3）包含二阶直接Ⅱ型节的级联型。

（4）包含二阶直接Ⅱ型节的并联型。

9.12 某离散时间 LTI 系统的流图如图 P9.12 所示。

（1）求该系统的系统函数 $H(z)=Y(z)/X(z)$。

（2）写出该系统的差分方程。

（3）请画出一种具有最少延迟单元个数的信号流图。

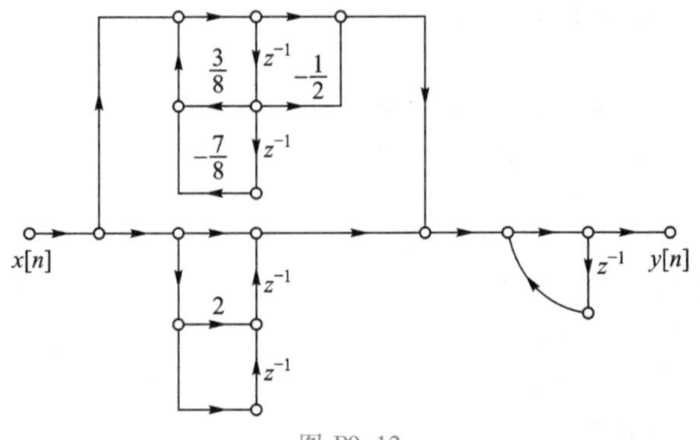

图 P9.12

9.13 现有三个因果的一阶离散时间 LTI 系统：$H_1(z)=\frac{2-0.3z^{-1}}{1+0.5z^{-1}}$、$H_2(z)=\frac{0.4+z^{-1}}{1+0.4z^{-1}}$、$H_3(z)=\frac{3}{1+0.5z^{-1}}$。三个系统级联得到如图 P9.13 所示的离散时间 LTI 系统。

（1）请给出级联系统的传递函数 $H(z)$。

（2）确定描述整个系统的差分方程。

（3）画出系统的级联型流图。

（4）画出系统的并联型流图。

（5）给出系统的单位脉冲响应。

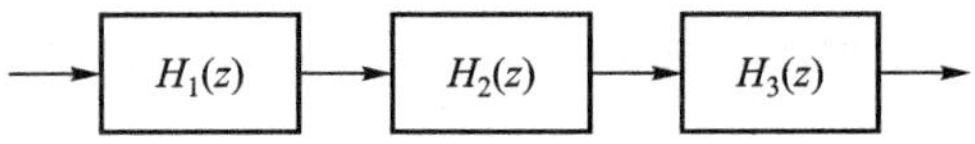

$H_1(z)$ → $H_2(z)$ → $H_3(z)$

图 P9.13

9.14 某离散时间 LTI 系统的单位脉冲响应为 $h[n]=\begin{cases}a^n, & 0\leqslant n\leqslant 7\\ 0, & \text{其他}\end{cases}$。

（1）画出该系统的直接型 FIR 实现流图。

（2）证明对应的系统函数为 $H(z)=\frac{1-a^8z^{-8}}{1-az^{-1}}(|z|>|a|)$。

（3）画出由 FIR 和 IIR 系统级联的流图（设 $|a|<1$）。

（4）请判断哪种实现方法的存储器（延迟单元）最少，哪种的运算次数（每个输出样本的乘法和加法次数）最少。

9.15 请给出图 P9.15 中各流图的转置型流图，并证明原流图和转置型流图的系统函数相同。

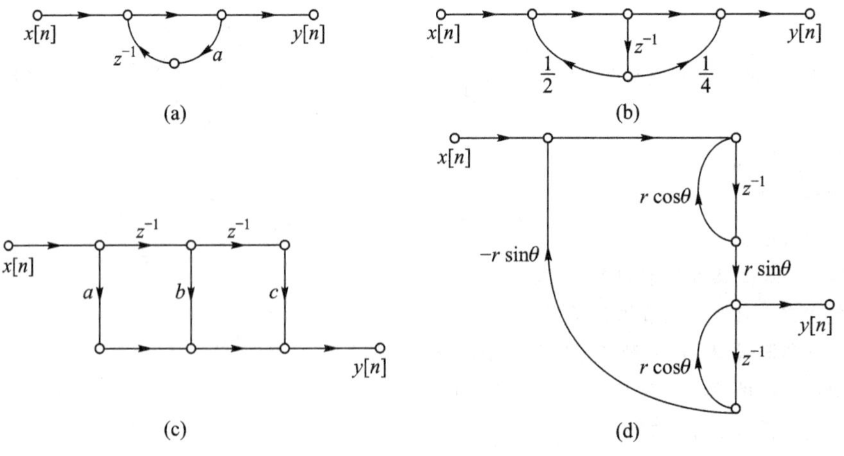

图 P9.15

9.16 求图 P9.16 中两个流图的系统函数,并证明两个系统具有相同的极点。

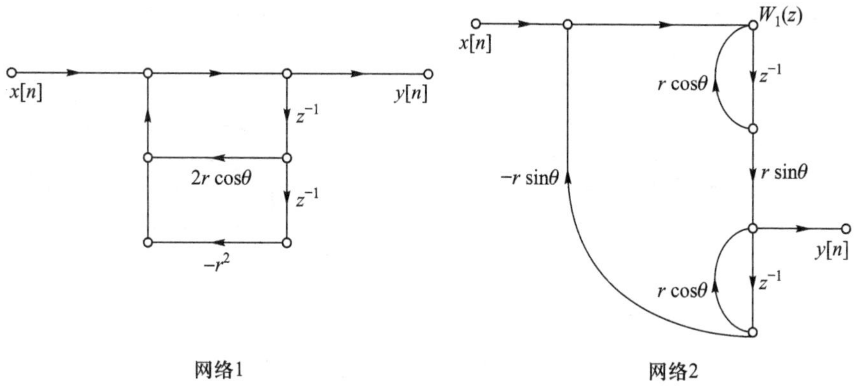

图 P9.16

9.17 请给出图 P9.17 所示流图的系统函数,哪两个流图的系统函数相同?

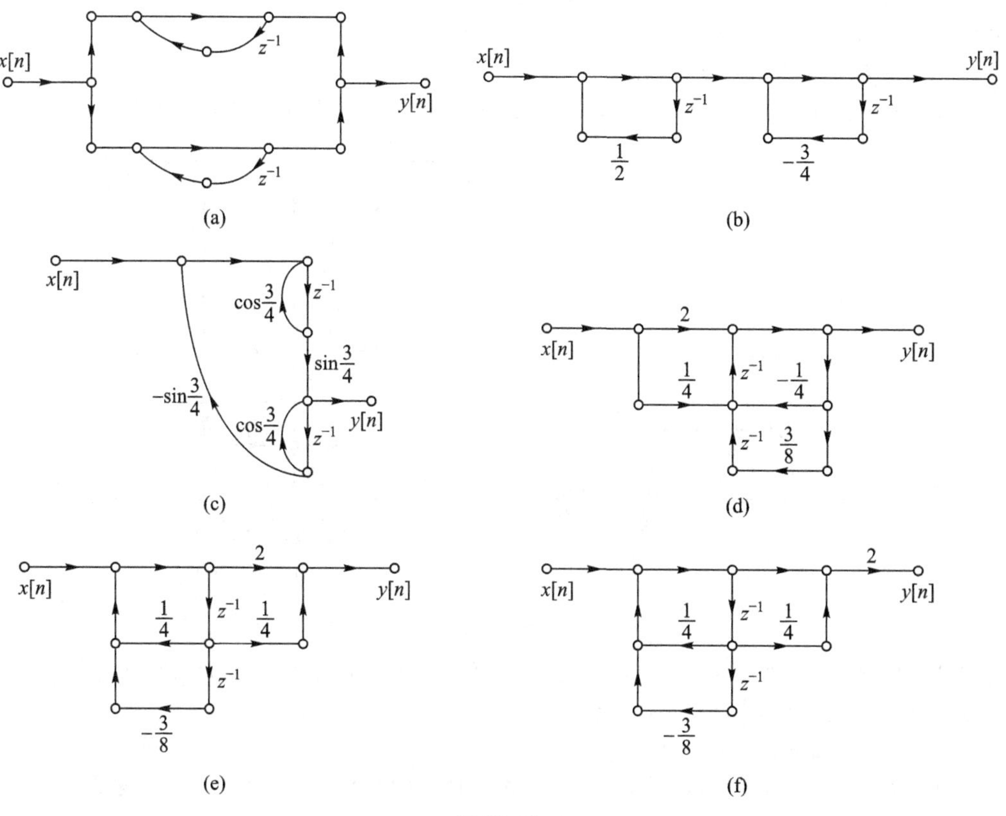

图 P9.17

9.18 请给出图 P9.18 所示流图的系统函数。

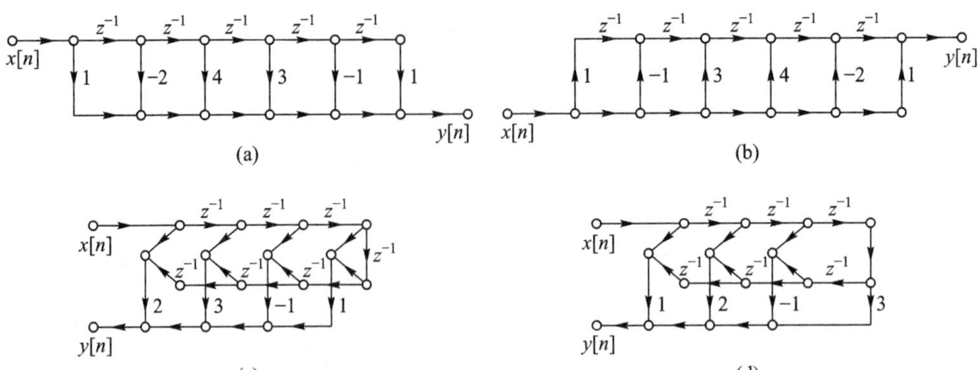

图 P9.18

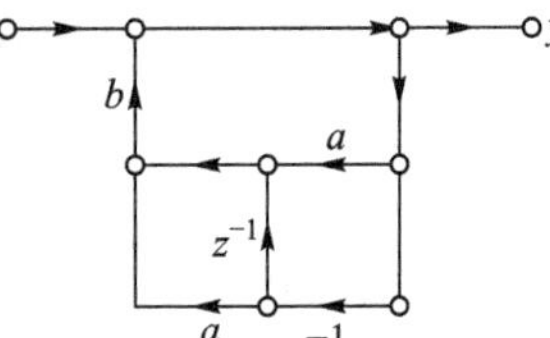

图 P9.19

9.19 图 P9.19 所示流图,包含一个没有延迟单元的闭合回路,是不可计算的。

(1) 请给出该流图的差分方程,并求系统函数。

(2) 请给出一个可计算的系统流图。

9.20 设某离散时间 LTI 系统的单位脉冲响应记作 $h[n]$,频率响应记作 $H(e^{j\omega})$,流图为 A。如果另一离散时间系统的单位脉冲响应 $h_1[n]=(-1)^n h[n]$,频率响应记作 $H_1(e^{j\omega})$,流图为 A_1。

(1) 请用 $H(e^{j\omega})$ 表示 $H_1(e^{j\omega})$。若 $H(e^{j\omega})$ 如图 P9.20(a)所示,请画出 $H_1(e^{j\omega})$。

(2) 如何修订流图 A,使其成为流图 A_1。若流图 A 如图 P9.20(b)所示,请画出流图 A_1。

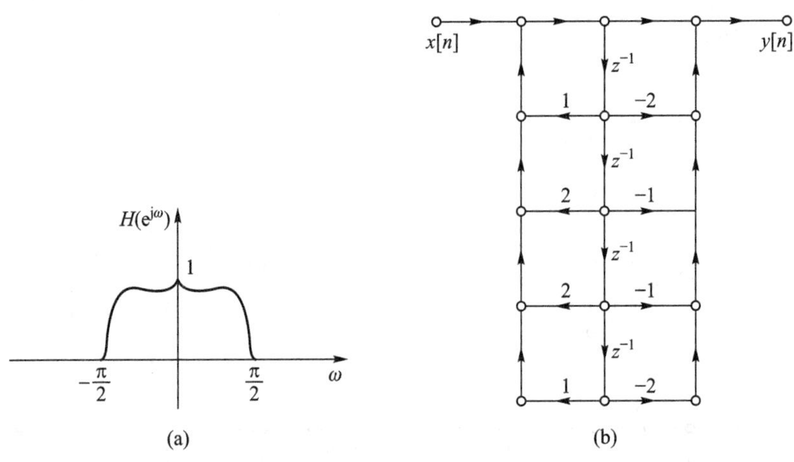

图 P9.20

9.21 常用单位脉冲响应为 $h[n]=e^{j\omega_0 n}u[n]$ 的系统产生正余弦信号,即 $h[n]$ 的实部和虚部分别为 $h_r[n]=\cos(\omega_0 n)u[n]$ 和 $h_i[n]=\sin(\omega_0 n)u[n]$。

(1) 请写出上述系统的差分方程。

(2) 将差分方程分为实部和虚部,画出实现该系统的流图(注意:所画流图中只能有实系数)。该实现也称为**耦合型振荡器**,因为当输入是冲激激励时,输出是正弦序列。

9.22 频率采样滤波器的系统函数为 $H(z)=(1-z^{-N})\sum_{k=0}^{N-1}\frac{\tilde{H}[k]/N}{1-z_k z^{-1}}$,其中 $z_k=e^{j(2\pi/N)k}(k=0,1,\cdots,$

$N-1$)。

(1) N 个一阶 IIR 系统并联后,与($1-z^{-N}$)级联,即为 $H(z)$。请画出该实现的信号流图。

(2) 请证明 $H(z)$ 为一个($N-1$)阶的 z^{-1} 多项式。为此需证明 $H(z)$ 除 $z=0$ 外没有任何极点,也没有高于($N-1$)次的 z^{-1} 项。该系统单位脉冲响应长度意味着什么?

(3) 请证明其单位脉冲响应为 $h[n]=\left(\dfrac{1}{N}\sum_{k=0}^{N-1}\tilde{H}[k]\mathrm{e}^{\mathrm{j}(2\pi/N)kn}\right)(\mathrm{u}[n]-\mathrm{u}[n-N])$。

9.23 频率采样法设计的 FIR 滤波器的单位脉冲响应为

$$h[n]=\begin{cases}\dfrac{1}{15}\left(1+\cos\left(\dfrac{2\pi}{15}(n-n_0)\right)\right), & 0\leqslant n\leqslant 14\\ 0, & \text{其他}\end{cases}$$

(1) 对 $n_0=0$ 和 $n_0=7$,画出该系统的冲激响应。

(2) 证明系统函数为 $H(z)=\dfrac{1}{15}(1-z^{-15})\left[\dfrac{1}{1-z^{-1}}+\dfrac{\frac{1}{2}\mathrm{e}^{-\mathrm{j}2\pi n_0/15}}{1-\mathrm{e}^{\mathrm{j}2\pi/15}z^{-1}}+\dfrac{\frac{1}{2}\mathrm{e}^{\mathrm{j}2\pi n_0/15}}{1-\mathrm{e}^{-\mathrm{j}2\pi/15}z^{-1}}\right]$,并画出系统流图。

(3) 证明 $n_0=7$ 时,频率响应 $H(\mathrm{e}^{\mathrm{j}\omega})=\dfrac{1}{15}\mathrm{e}^{-7\mathrm{j}\omega}\left(\dfrac{\sin\dfrac{15\omega}{2}}{\sin\dfrac{\omega}{2}}+\dfrac{1}{2}\dfrac{\sin\dfrac{15\omega-2\pi}{2}}{\sin\dfrac{\omega-\frac{2\pi}{15}}{2}}+\dfrac{1}{2}\dfrac{\sin\dfrac{15\omega+2\pi}{2}}{\sin\dfrac{\omega+\frac{2\pi}{15}}{2}}\right)$。画出 $n_0=7$ 时,系统幅频响应。当 $n_0=0$ 时,求类似表达式,画出系统幅频响应。该系统是广义线性相位系统吗?

9.24 图 P9.24(a)为某系统流图,系统函数记作 $H_1(z)$。将 P9.24(a)所示流图中的延迟单元移到顶部支路,并改变部分支路的流向,得到 P9.24(b)所示流图,系统函数记作 $H_2(z)$。

(1) 请给出系统函数 $H_1(z)$ 及对应的差分方程。

(2) 如果 $-1<r<1$,请给出 $H_1(z)$ 的极点。

(3) 请给出 $H_1(z)$ 与 $H_2(z)$ 的关系。

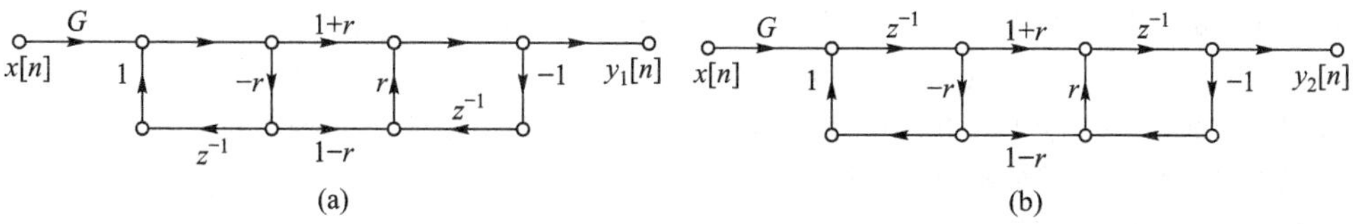

图 P9.24

9.25 全通系统 $H(z)=\dfrac{z^{-1}-0.54}{1-0.54z^{-1}}$ 的流图如图 P9.25 所示。

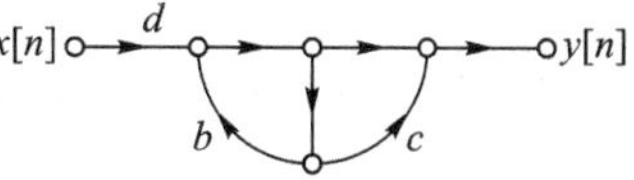

图 P9.25

(1) 请确定系数 b,c 和 d 的值。

(2) 如果系数 b,c 和 d 量化后,保留小数点后 1 位(例如 0.54 舍入到 0.5,1.851 8 舍入到 1.9),该流图所示系统还是全通系统吗?

(3) 如果该系统的差分方程记作 $y[n]=0.54(y[n-1]-x[n])+x[n-1]$,仅用一次乘法、两个延迟单元画出该系统流图。采用(2)中的量化方法后,该流图所示系统仍为全通系统吗?该流图比(1)中流图的延迟单元多吗?

(4) 画出全通系统 $H(z)=\left(\dfrac{z^{-1}-a}{1-az^{-1}}\right)\left(\dfrac{z^{-1}-b}{1-bz^{-1}}\right)$ 的级联实现,采用(3)中所述方法实现一阶全通系统流图。注意,两个一阶系统可共用一个延迟单元,即系统级联节省了延迟单元。

(5) 如果系数 a 和 b 采用(2)中的量化方法,该流图所示系统还是全通系统吗?

9.26 图 P9.26 中三个流图具有相同的系统函数，如果计算中量化位数为$(B+1)$，执行舍入运算。

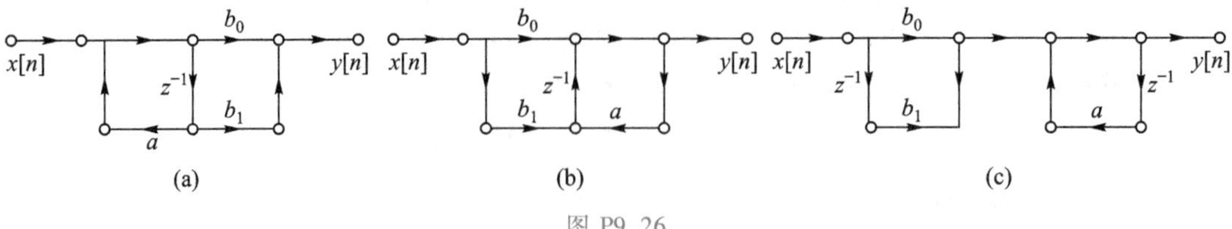

图 P9.26

（1）画出三个系统的线性噪声模型。

（2）运算舍入将产生输出噪声功率，其中两个流图具有相同的输出噪声功率。不用明确地计算输出噪声功率，确定哪两个系统有相同的输出噪声功率。

（3）求每个流图的输出噪声功率，并用单一舍入噪声源功率 σ_B^2 来表示。

9.27 如果输入序列 $x[n]=\begin{cases}\dfrac{1}{2}, & n\geqslant 0\\ 0, & n<0\end{cases}$ 通过图 P9.27(a)所示的系统，则

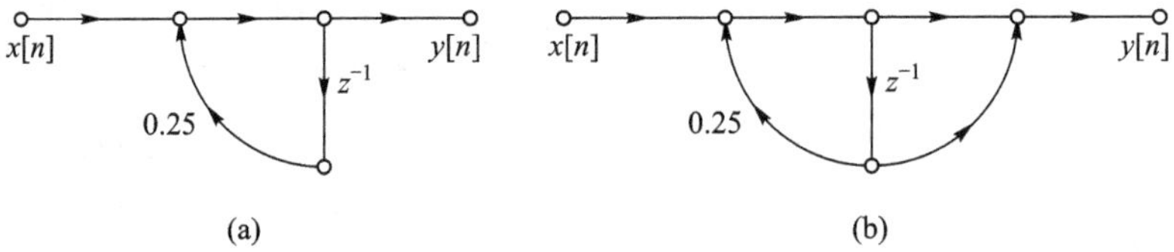

图 P9.27

（1）若系统为无限精度，求输入序列为 $x[n]$ 时系统的响应。

（2）若系统用 5 bit 有符号数原码表示，即包括符号位和 4 位有效位。求量化后，系统的响应。

（3）如果输入序列 $x[n]=\begin{cases}\dfrac{1}{2}(-1)^n, & n\geqslant 0\\ 0, & n<0\end{cases}$ 通过图 P9.27(b)的系统，重做(1)(2)。

9.28 如图 P9.28 所示的一阶系统，该系统的存储位长为 Bbit（包括 1 bit 符号位），对 Bbit 的系数 a 和 Bbit 的输出序列 $y[n-1]$ 的乘积进行舍入操作。

（1）请用 a 和 B 表示死带的 A 值范围。

（2）如果 $B=6$ 和 $A=1/16$，画出 $a=\dfrac{15}{16}$ 和 $a=-\dfrac{15}{16}$ 两种情况下，系统的输出 $y[n]$。

（3）如果 $B=6$ 和 $A=1/2$，画出 $a=-\dfrac{15}{16}$ 时，系统的输出 $y[n]$。

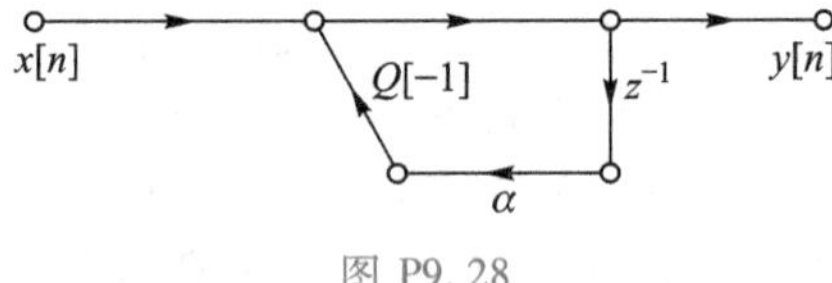

图 P9.28

第 10 章　信号的频域分析方法

第 3、6、7 章学习了 DTFT、DFS、DFT 和 FFT 等重要变换，本章将研究利用 FFT 进行频谱分析的方法和流程，讨论加窗、频域采样对信号分析的影响，介绍短时傅里叶变换等内容。本章学习中需清楚掌握 DTFT、DFS、DFT 和 FFT 之间的关系。

10.1　DFT 分析信号频域

信号与系统的分析方法有两种，即时域分析和频域分析。对信号在时域进行分析比较直观，容易理解，但工程应用信号大多是含有多种频率成分的复杂信号，仅在时域进行分析会很困难，因此需要将信号变换到频域，分析其频域特性，以降低分析的复杂度。

如果已知信号的数学解析式，就可根据傅里叶变换的定义计算该信号的频谱函数。但在大多数实际应用中，很难得到信号的数学解析式，一般可由数字处理系统采用数值方法近似计算信号的频谱函数。

利用 DFT 进行连续信号频域分析的流程如图 10.1 所示。连续时间信号 $s_c(t)$ 经过抗混叠滤波器 $H_{aa}(\mathrm{j}\Omega)$，以消除或降低混叠产生的影响，得到带限信号 $x_c(t)$；对 $x_c(t)$ 信号进行周期采样，得到离散时间序列 $x[n]=x_c(t)\big|_{t=nT_s}$（由于实际抗混叠滤波器在阻带内不可能是无限衰减的，因此得到的采样序列 $x[n]$ 是有混叠的）；由长为 L 的窗信号 $w[n]$ 截取，得到有限长离散序列 $v[n]=x[n]w[n]$；求 $v[n]$ 的 N 点 DFT，得到 $V[k]$。$V[k]$ 为截断后序列 $v[n]$ 的 DTFT $V(\mathrm{e}^{\mathrm{j}\omega})$ 的等间隔采样。而 DFT 运算可采用 FFT 这种快速算法提高计算效率，是分析离散信号与系统的强有力工具。

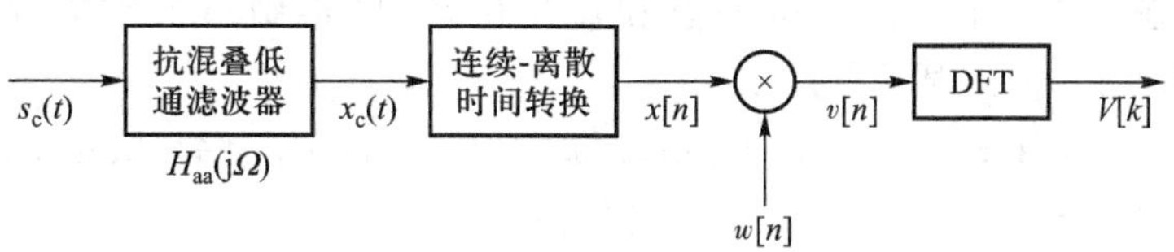

图 10.1　DFT 分析流程

下面通过具体计算分析以上连续时间信号的 DFT 过程。

如果连续时间信号 $x_c(t)$ 的傅里叶变换为 $X_c(\mathrm{j}\Omega)$，离散时间序列 $x[n]$ 的 DTFT 为 $X(\mathrm{e}^{\mathrm{j}\omega})$，则

$$X(\mathrm{e}^{\mathrm{j}\omega})=\frac{1}{T_s}\sum_{k=-\infty}^{\infty}X_c\left(\mathrm{j}\frac{\omega}{T_s}-\mathrm{j}k\frac{2\pi}{T_s}\right) \tag{10.1}$$

将离散时间序列 $v[n]$ 的 DTFT 记作 $V(\mathrm{e}^{\mathrm{j}\omega})$、窗函数 $w[n]$ 的 DTFT 记作 $W(\mathrm{e}^{\mathrm{j}\omega})$，根据

DTFT 的频域卷积定理，可得

$$V(\mathrm{e}^{\mathrm{j}\omega})=\frac{1}{2\pi}\int_{-\pi}^{\pi}X(\mathrm{e}^{\mathrm{j}\theta})W(\mathrm{e}^{\mathrm{j}(\omega-\theta)})\mathrm{d}\theta \tag{10.2}$$

将离散时间序列 $v[n]$ 的 DFT 记作 $V[k]$，根据 DTFT 与 DFT 之间的关系，可得

$$V[k]=V(\mathrm{e}^{\mathrm{j}\omega})\big|_{\omega=\frac{2\pi k}{N}} \tag{10.3}$$

综上所述，经过 DFT 计算得到的 $V[k]$ 是 $V(\mathrm{e}^{\mathrm{j}\omega})$ 的等间隔采样。通过 $V(\mathrm{e}^{\mathrm{j}\omega})$、$X(\mathrm{e}^{\mathrm{j}\omega})$、$X_c(\mathrm{j}\Omega)$ 之间的关系，即可由 $V[k]$ 近似得到 $X_c(\mathrm{j}\Omega)$。以上过程中的序列和频谱之间的关系如图 10.2 所示。

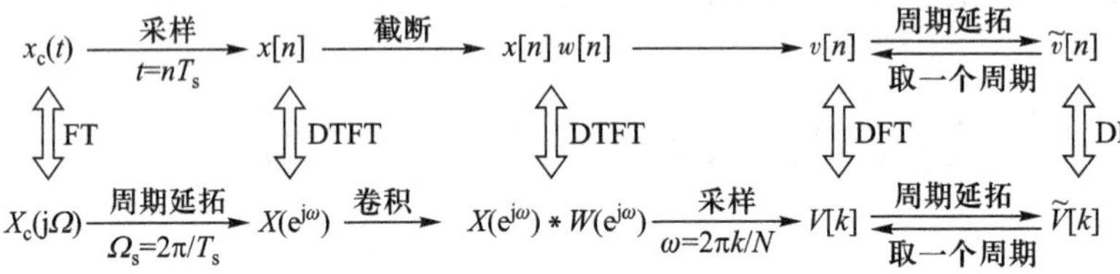

$x_c(t)$ —采样 $t=nT_s$→ $x[n]$ —截断→ $x[n]w[n]$ → $v[n]$ ⇄（周期延拓 / 取一个周期）$\tilde{v}[n]$

FT　DTFT　DTFT　DFT　DFS

$X_c(\mathrm{j}\Omega)$ —周期延拓 $\Omega_s=2\pi/T_s$→ $X(\mathrm{e}^{\mathrm{j}\omega})$ —卷积→ $X(\mathrm{e}^{\mathrm{j}\omega})*W(\mathrm{e}^{\mathrm{j}\omega})$ —采样 $\omega=2\pi k/N$→ $V[k]$ ⇄（周期延拓 / 取一个周期）$\tilde{V}[k]$

图 10.2　连续信号的 DFT 分析过程

10.2　正弦信号的 DFT 分析

正弦信号在自然界和工程应用中广泛存在，如光、工频交流电和简谐振动等都为正弦信号，一些复杂的周期信号也可以看成是一系列正弦波的叠加。下面以正弦信号 $x_c(t)=A_0\cos(\Omega_0 t)+A_1\cos(\Omega_1 t)$ 为例进行分析。

两个正弦分量之和 $x_c(t)=A_0\cos(\Omega_0 t)+A_1\cos(\Omega_1 t)$ 是时域无限长、频域带限的连续信号，其傅里叶变换为

$$X_c(\mathrm{j}\Omega)=A_0\pi\delta(\mathrm{j}(\Omega+\Omega_0))+A_0\pi\delta(\mathrm{j}(\Omega-\Omega_0))+A_1\pi\delta(\mathrm{j}(\Omega+\Omega_1))+A_1\pi\delta(\mathrm{j}(\Omega-\Omega_1)) \tag{10.4}$$

如果为理想采样，即采样没有混叠和量化误差，则得到离散时间序列为 $x[n]=A_0\cos(\omega_0 n)+A_1\cos(\omega_1 n)$，其 DTFT 为

$$X(\mathrm{e}^{\mathrm{j}\omega})=A_0\pi\delta(\omega+\omega_0)+A_0\pi\delta(\omega-\omega_0)+A_1\pi\delta(\omega+\omega_1)+A_1\pi\delta(\omega-\omega_1) \tag{10.5}$$

可得加窗序列 $v[n]=x[n]w[n]$ 的傅里叶变换为

$$V(\mathrm{e}^{\mathrm{j}\omega})=\frac{A_0}{2}W(\mathrm{e}^{\mathrm{j}(\omega+\omega_0)})+\frac{A_0}{2}W(\mathrm{e}^{\mathrm{j}(\omega-\omega_0)})+\frac{A_1}{2}W(\mathrm{e}^{\mathrm{j}(\omega+\omega_1)})+\frac{A_1}{2}W(\mathrm{e}^{\mathrm{j}(\omega-\omega_1)}) \tag{10.6}$$

其 DFT 为 $V[k]$，是 $V(\mathrm{e}^{\mathrm{j}\omega})$ 的等间隔采样。

$$V[k]=\sum_{n=0}^{N-1}\left(\frac{A_0}{2}W(\mathrm{e}^{\mathrm{j}\left(\frac{2\pi(k+n)}{N}\right)})+\frac{A_0}{2}W(\mathrm{e}^{\mathrm{j}\left(\frac{2\pi(k-n)}{N}\right)})+\frac{A_1}{2}W(\mathrm{e}^{\mathrm{j}\left(\frac{2\pi(k+n)}{N}\right)})+\frac{A_1}{2}W(\mathrm{e}^{\mathrm{j}\left(\frac{2\pi(k-n)}{N}\right)})\right) \tag{10.7}$$

图 10.3 为正弦离散时间序列 $x[n]$ 及其 DTFT 表示、窗函数的时域和频域表示、加窗序列 $v[n]$ 的 DTFT 和 DFT 的时域及频域表示。

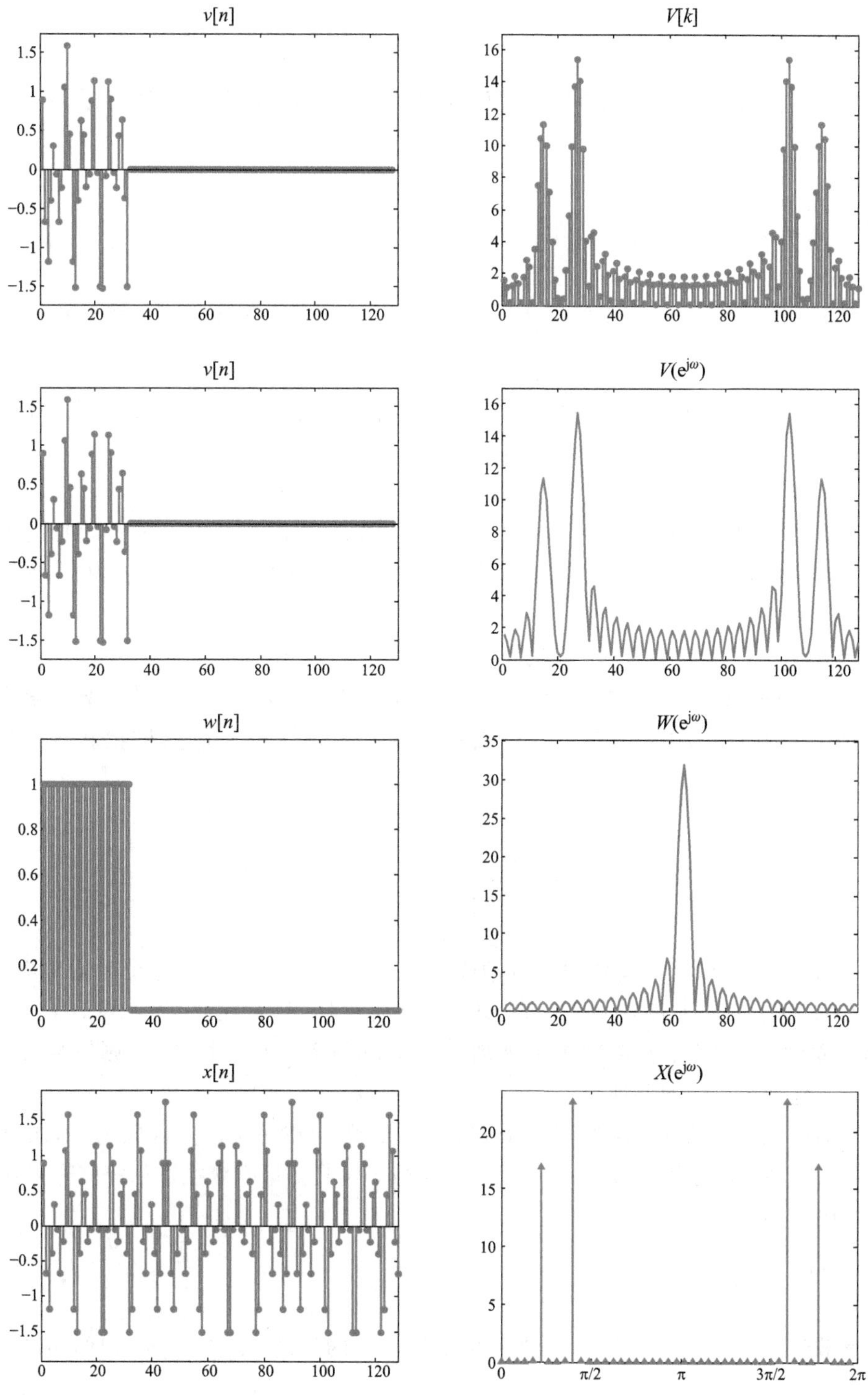

图 10.3　正弦信号的 DFT 分析

通过上面的过程,对正弦信号进行了 DFT 分析,但对结果进行解读时需要注意以下三个问题。

1. 采样率

通过 DFT 逼近连续时间信号的傅里叶变换时,为避免混叠失真,需要满足奈奎斯特采样定理,即

$$f_s \geqslant 2f_{max} \tag{10.8}$$

其中,f_s 为采样率,f_{max}为信号的最高频率。

2. 幅度

▶ 扫一扫 10-1 正弦信号 DFT 的幅度分析

$v[n]$的 DFT 结果为复数序列 $V[k]=V_R[k]+jV_I[k]$,则其输出的幅度可表示为

$$|V[k]|=\sqrt{V_R^2[k]+V_I^2[k]} \tag{10.9}$$

由 $V[k]$确定序列 $v[n]$的幅度时,需注意 $V[k]$的模与频谱分量成正比,但与幅度的实际大小并不相等,其模值为信号幅度实际大小的 $N/2$ 倍。

3. 频率

对于 DFT 的计算结果 $V[k](k=0,1,2,\cdots,N-1)$,其中的 k 并不表示实际的频率,而是 $V[k]$的取样值的序号,且 k 所对应的 DFT 分析频率点并不意味着信号的实际频率中一定包含这些频率。

在分析 DFT 的计算结果时,首先要计算出每个 k 值代表的绝对频率。由于 $V[k]=V(e^{j\omega})|_{\omega=\frac{2\pi k}{N}}$,可以得到 DFT 对应的数字域频率间隔 $\Delta\omega=2\pi/N$,且模拟频率 Ω 和数字频率 ω 间的关系为 $\omega=\Omega T_s=2\pi f T_s$,所以离散频率函数第 k 点对应的模拟频率和频率分别为

$$\Omega_k=\frac{\omega}{T_s}=\frac{2\pi k}{NT_s} \tag{10.10}$$

$$f_k=\frac{k}{NT_s} \tag{10.11}$$

由式(10.11)可以看出离散频率点的间隔为 $F=1/NT_s=f_s/N$,则每个 k 值对应的绝对频率为 $f=kf_s/N$。对于实序列 $v[n]$,其 DFT 具有对称性,只有在 $0\leqslant k\leqslant N/2-1$ 的范围内 $V[k]$是独立的,所以只需要在这个范围内计算绝对频率。对于复序列,则需要计算整个 $0\leqslant k\leqslant N-1$ 范围内的绝对频率。

由于 DFT 计算的需要,需把时域离散信号 $x[n]$限制在一定时间区间内,即加窗处理,得到有限长离散时间序列 $v[n]$,$v[n]$的 DFT 相当于对其傅里叶变换进行等间隔采样,下面分析加窗的影响。

10.2.1 加窗影响

对离散时间序列 $v[n]$加窗的频域影响可用 $x[n]$的频谱 $X(e^{j\omega})$与 $w[n]$的频谱 $W(e^{j\omega})$的卷积表示,即 $V(e^{j\omega})=X(e^{j\omega})*W(e^{j\omega})=\frac{1}{2\pi}\int_{-\pi}^{\pi}X(e^{j\theta})W(e^{j(\omega-\theta)})d\theta$,如图 10.3 所示。卷积结果 $V(e^{j\omega})$与原来信号的频谱 $X(e^{j\omega})$相比有失真。窗函数的频谱 $W(e^{j\omega})$包括主瓣和旁

瓣，均会影响 $V(e^{j\omega})$，下面介绍主瓣的影响。

1. 窗函数主瓣影响

无限长正弦序列 $x[n]$ 的频谱 $X(e^{j\omega})$ 为冲激串，即线谱。加窗后序列 $v[n]$ 的频谱 $V(e^{j\omega})$ 为具有一定宽度的谱峰，谱峰与窗函数主瓣相关。当信号中两个不同频率分量 ω_0，ω_1 的频率差 $\Delta\omega=|\omega_0-\omega_1|$ 小于谱峰有效宽度 $\Delta\omega_w$ 时，频谱 $V(e^{j\omega})$ 将无法分辨。

例 10.1 离散时间序列 $x[n]=A_0\cos(\omega_0 n)+A_1\cos(\omega_1 n)$，其中 $A_0=0.75$、$A_1=1$，由长度 $L=32$ 的矩形窗截取 $x[n]$ 得到 $v[n]$，计算 $v[n]$ 的 128 点 DFT。试分析当 $\omega_0=4\pi/18$、$\omega_1=4\pi/10$，$\omega_0=4\pi/18$、$\omega_1=4\pi/12$，$\omega_0=4\pi/18$、$\omega_1=4\pi/14$，$\omega_0=4\pi/18$、$\omega_1=4\pi/16$ 时，上述频域分析法能否分辨这两个频率分量。

解：长度 $L=32$ 的矩形窗的主瓣宽度为 $\Delta\omega_m=4\pi/L=0.125\pi$，如图 10.4 所示。

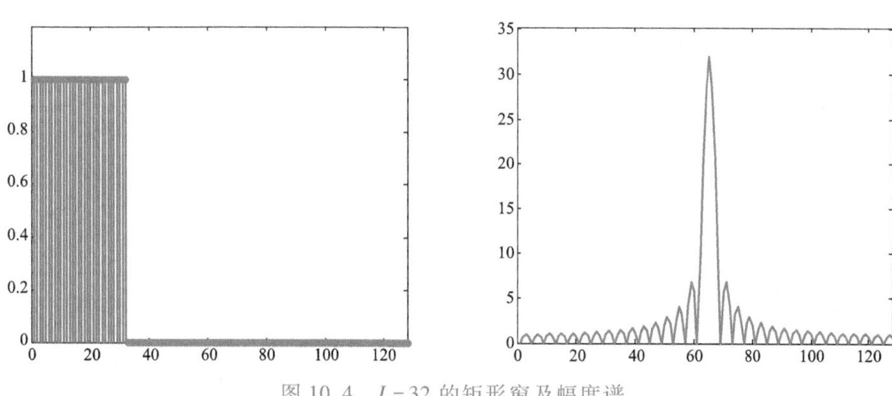

图 10.4 $L=32$ 的矩形窗及幅度谱

当 $\omega_0=4\pi/18$，$\omega_1=4\pi/10$ 时，即 $\Delta\omega=|\omega_0-\omega_1|=0.178\pi$，$\Delta\omega>\Delta\omega_m$。频率差大于主瓣宽度，则两信号频率可分辨，如图 10.5 所示。

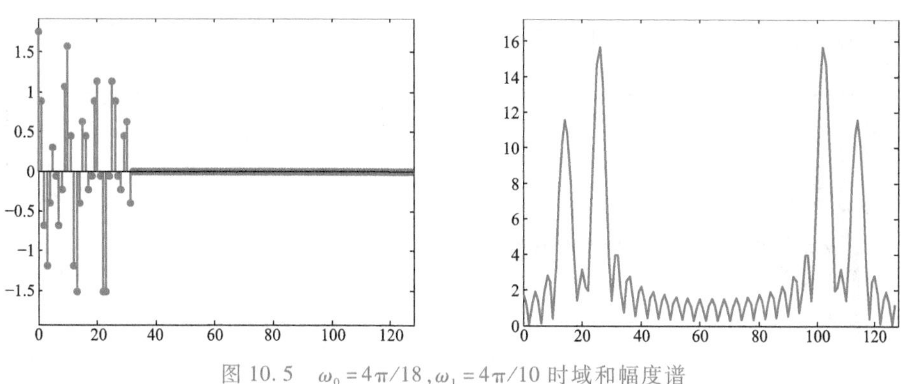

图 10.5 $\omega_0=4\pi/18$，$\omega_1=4\pi/10$ 时域和幅度谱

当 $\omega_0=4\pi/18$，$\omega_1=4\pi/12$ 时，$\Delta\omega=|\omega_0-\omega_1|=0.111\pi$。$\Delta\omega<\Delta\omega_m$，$\Delta\omega>\dfrac{\Delta\omega_m}{2}$。频率差小于主瓣宽度，但大于主瓣宽度的一半，则两信号频率仍然可分辨，如图 10.6 所示。

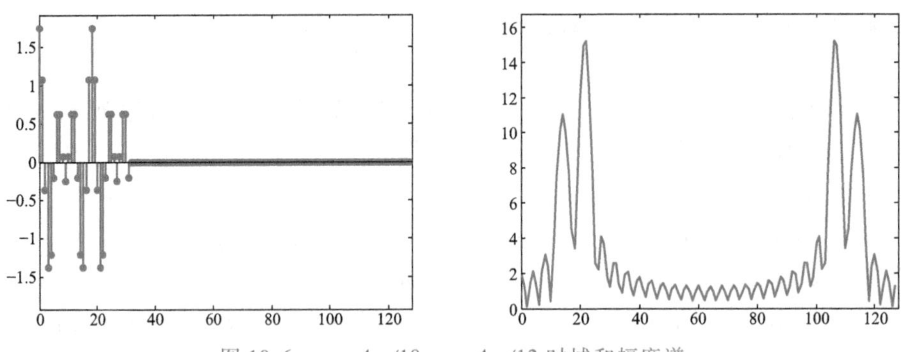

图 10.6　$\omega_0=4\pi/18,\omega_1=4\pi/12$ 时域和幅度谱

当 $\omega_0=4\pi/18,\omega_1=4\pi/14$ 时，$\Delta\omega=|\omega_0-\omega_1|=0.063\pi,\Delta\omega<\Delta\omega_m,\Delta\omega>\dfrac{\Delta\omega_m}{2}$。频率差小于主瓣宽度，但大于主瓣宽度的一半，则两信号频率仍然可分辨，如图 10.7 所示。

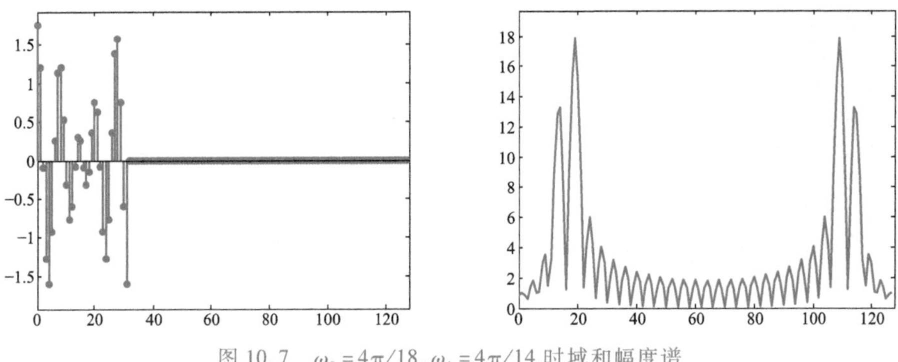

图 10.7　$\omega_0=4\pi/18,\omega_1=4\pi/14$ 时域和幅度谱

当 $\omega_0=4\pi/18,\omega_1=4\pi/16$ 时，$\Delta\omega=|\omega_0-\omega_1|=0.027\pi,\Delta\omega<\dfrac{\Delta\omega_m}{2}$。频率差小于主瓣宽度的一半，则两信号频率已经不可分辨，如图 10.8 所示。

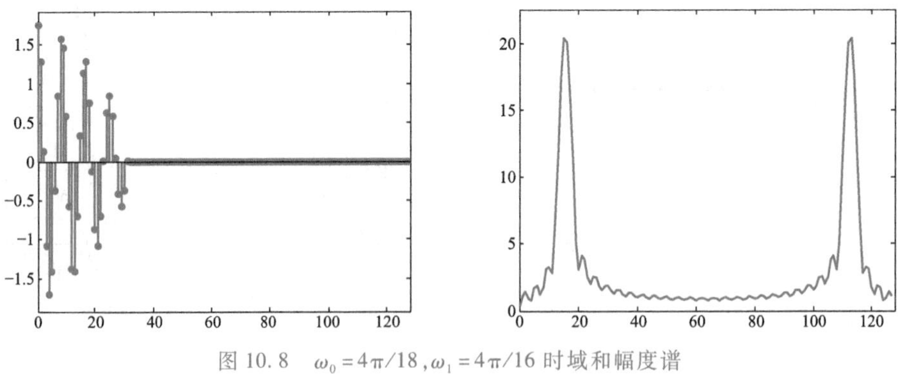

图 10.8　$\omega_0=4\pi/18,\omega_1=4\pi/16$ 时域和幅度谱

上例说明，矩形窗的有效宽度为主瓣宽度的一半，即 $\Delta\omega_w=\dfrac{\Delta\omega_m}{2}$，$\Delta\omega_w$ 称作矩形窗的频

率分辨率，窗函数的主瓣宽度决定了相邻两频率的分辨能力。可选择主瓣宽度较窄的窗或增加窗的长度，来减小窗函数主瓣宽度，以提高频率分辨率。

上例中矩形窗是主瓣最窄的窗，只能通过增加窗长提高频率分辨率。将窗函数的长度增加为 $L=80$，两频率分量可分辨，如图 10.9 和图 10.10 所示。

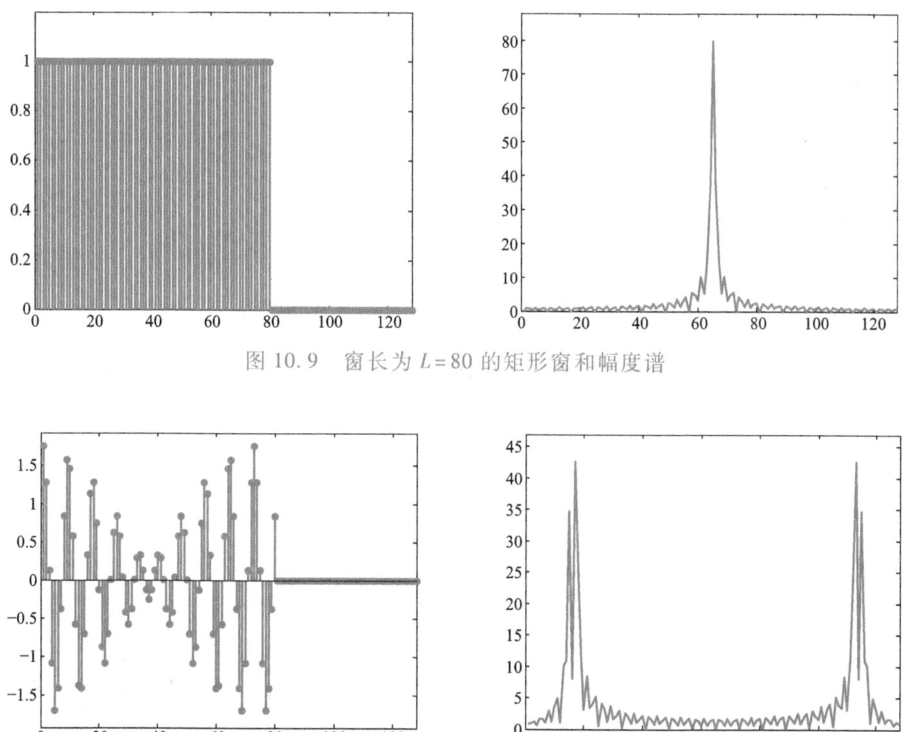

图 10.9 窗长为 $L=80$ 的矩形窗和幅度谱

图 10.10 $\omega_0=4\pi/18, \omega_1=4\pi/16$（窗长 $L=80$）时域和幅度谱

例 10.2 有三个不同的信号 $x_i[n]$，即 $x_1[n]=\cos(\pi n/4)+\cos(17\pi n/64)$，$x_2[n]=\cos(\pi n/4)+0.8\cos(21\pi n/64)$，$x_3[n]=\cos(\pi n/4)+0.001\cos(21\pi n/64)$，如果利用一个加有 64 点的矩形窗 $\omega[n]$ 的 64 点 DFT 来估计每个信号的谱。指出哪一个信号的 64 点 DFT 在加窗后会有两个可分辨的谱峰。

解：矩形窗的主瓣宽度为 $\Delta\omega_m=\dfrac{4\pi}{L}=\dfrac{4\pi}{64}$，信号中两个频率分量的频率差值需要大于主瓣宽度的一半，很明显 $x_1[n]$ 中两个频率分量太近，$x_3[n]$ 中一个频率分量太低会被窗函数的旁瓣抑制而看不到，因此只有 $x_2[n]$ 的 64 点 DFT 在加窗后会有两个可分辨的谱峰。

2. 窗函数旁瓣影响

在第 8 章滤波器设计中讲过主瓣影响过渡带，旁瓣影响通带和阻带的纹波。在信号分析时一个频率处的频率分量散布到其他频率的位置，强信号的旁瓣掩盖弱信号的主瓣，造成频谱泄漏。频谱泄漏会导致频谱的展宽，从而使最高频率有可能会超过 $f_s/2$，造成频率响应的混叠失真现象。对于频谱泄漏，可以采用旁瓣幅度更小的窗函数减少泄漏。

例 10.3 离散时间序列 $x[n]=A_0\cos(\omega_0 n)+A_1\cos(\omega_1 n)$，其中 $A_1=1, \omega_0=4\pi/18, \omega_1=$

$4\pi/6$，由长度 $L=32$ 的矩形窗截取 $x[n]$ 得到 $v[n]$，计算 $v[n]$ 的 128 点 DFT。试分析当 $A_0=0.75$、$A_0=0.5$、$A_0=0.25$、$A_0=0.01$ 时，上述频域分析法能否分辨这两个频率分量。

解：长度 $L=32$ 的矩形窗的最大旁瓣为 -13.2 dB，如图 10.11 所示。

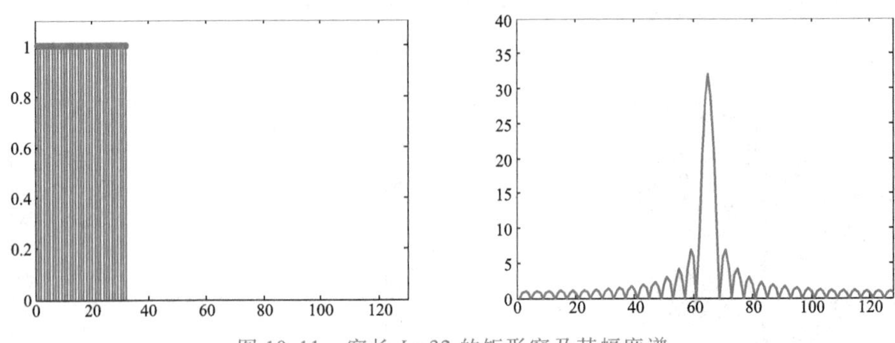

图 10.11　窗长 $L=32$ 的矩形窗及其幅度谱

当 $A_0=0.75$，$A_1=1$ 时，可明显看到两个谱峰，两频率分量可分辨，如图 10.12 所示。

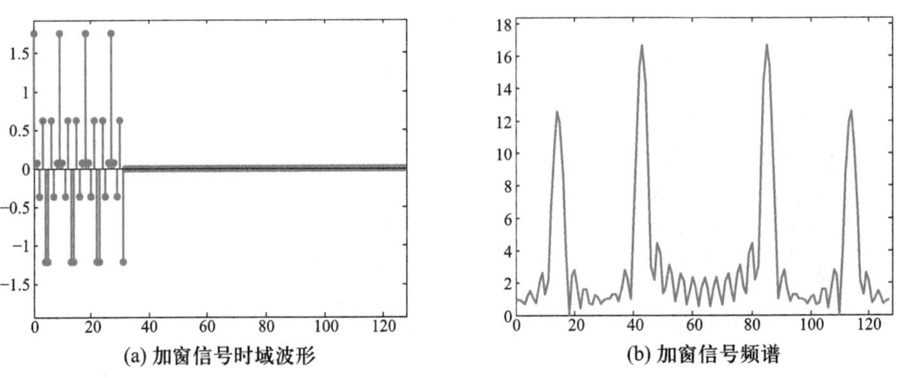

图 10.12　矩形窗旁瓣影响（$A_0=0.75$，$A_1=1$，$\omega_0=4\pi/18$，$\omega_1=4\pi/6$）

当 $A_0=0.5$，$A_1=1$ 时，A_0 减小，对应谱峰降低，但两频率分量仍可分辨，如图 10.13 所示。

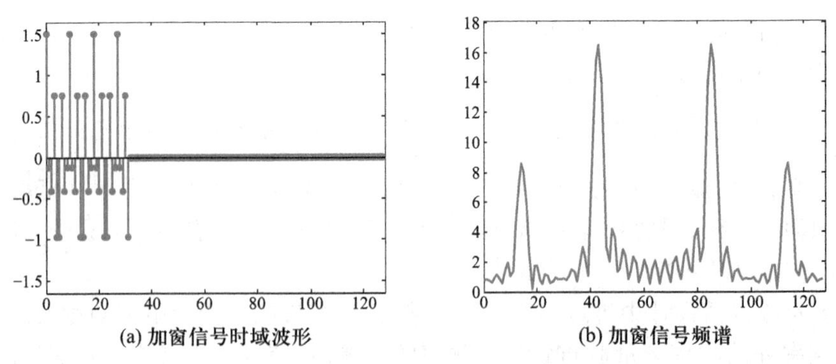

图 10.13　矩形窗旁瓣影响（$A_0=0.5$，$A_1=1$，$\omega_0=4\pi/18$，$\omega_1=4\pi/6$）

当 $A_0=0.25$，$A_1=1$ 时，A_0 继续减小，对应谱峰也继续降低，但两频率分量仍可分辨，如图 10.14 所示。

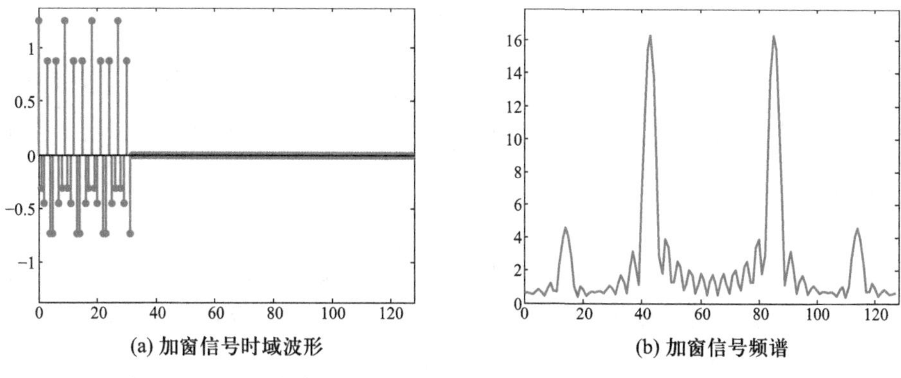

(a) 加窗信号时域波形　　(b) 加窗信号频谱

图 10.14　矩形窗旁瓣影响（$A_0=0.25, A_1=1, \omega_0=4\pi/18, \omega_1=4\pi/6$）

当 $A_0=0.01, A_1=1$ 时，对应谱峰已经在 ω_1 泄漏的旁瓣内，两频率分量不可分辨，如图 10.15 所示。

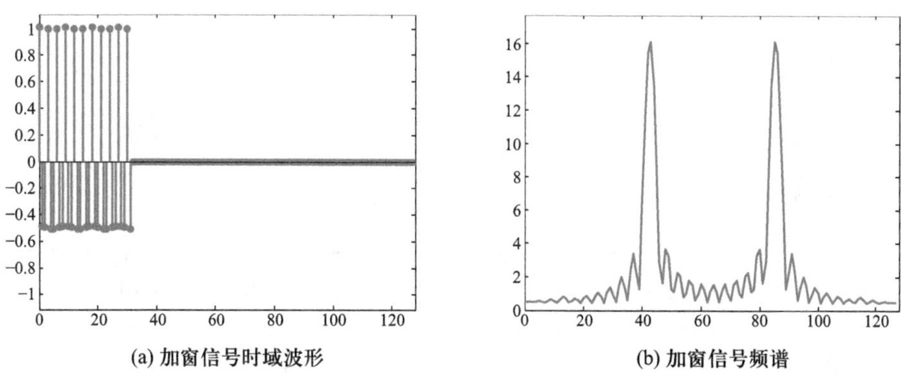

(a) 加窗信号时域波形　　(b) 加窗信号频谱

图 10.15　矩形窗旁瓣影响（$A_0=0.01, A_1=1, \omega_0=4\pi/18, \omega_1=4\pi/6$）

不同形状窗函数的旁瓣不同，因此可选择合适的窗函数减少频谱泄漏。注意，增加窗函数的长度，不会影响窗函数频谱的旁瓣，因此不会减少频谱泄漏。

选择 $\beta=0.5$ 的 Kaiser 窗对以上信号进行处理，该窗函数频谱的旁瓣小于矩形窗频谱的旁瓣，减少了频谱泄漏，但是仍然不能区分两个频率分量，如图 10.16 所示（为方便观察，频谱图用 dB 表示）。

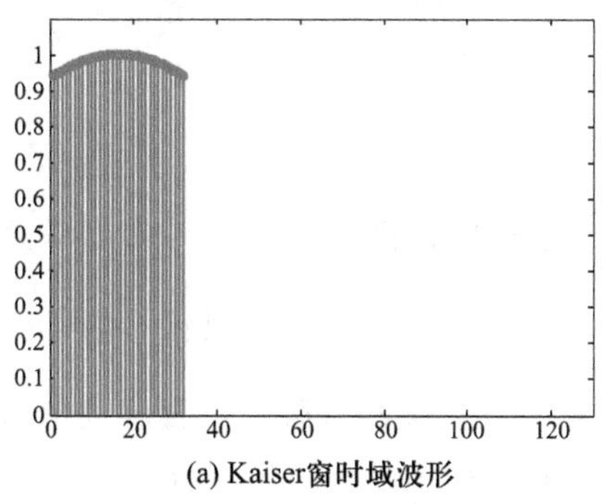

(a) Kaiser窗时域波形

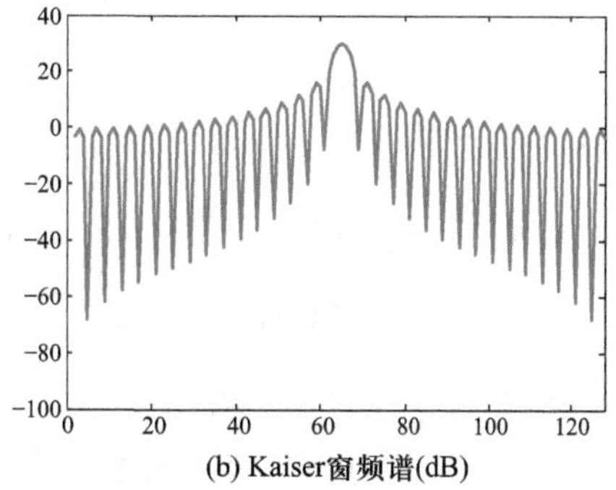

(b) Kaiser窗频谱(dB)

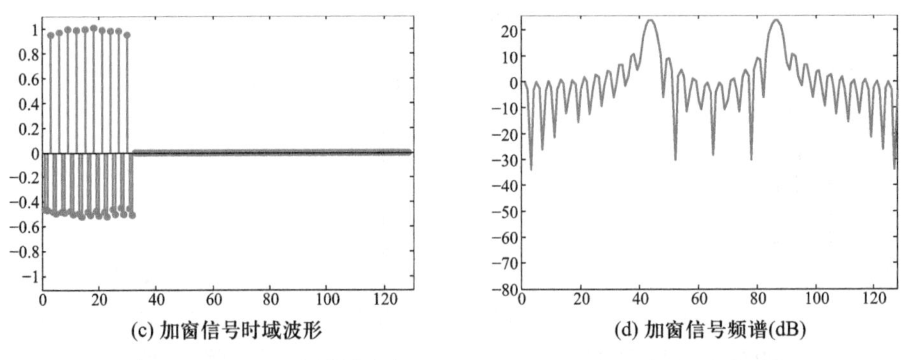

(c) 加窗信号时域波形　　(d) 加窗信号频谱(dB)

图 10.16　Kaiser 旁瓣影响($A_0=0.01, A_1=1, \omega_0=4\pi/18, \omega_1=4\pi/6$)

选择旁瓣更小的 Hanning 窗进行处理，该窗函数频谱的旁瓣更小，所以频谱泄漏更少，可以区分两个频率分量，如图 10.17 所示。

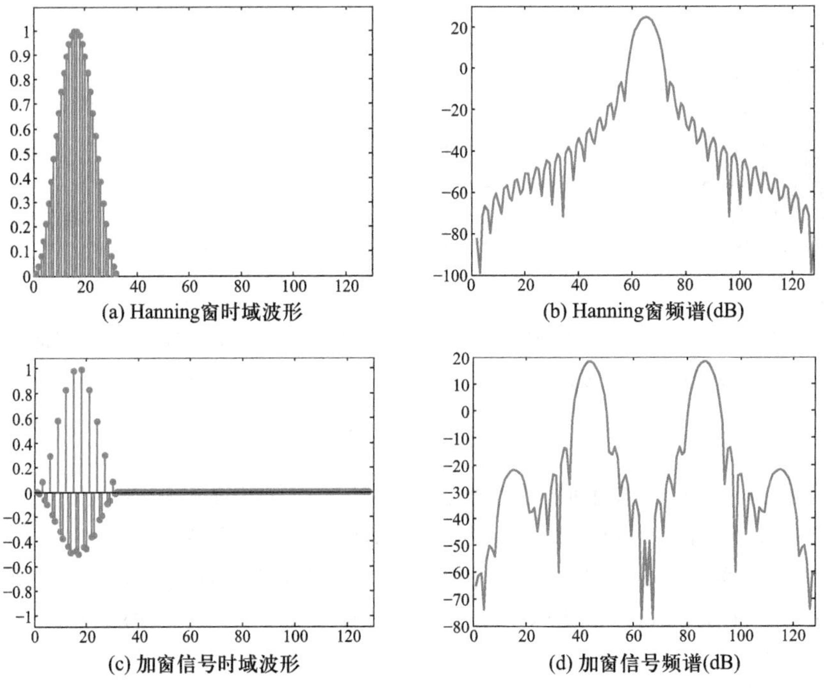

(a) Hanning窗时域波形　　(b) Hanning窗频谱(dB)

(c) 加窗信号时域波形　　(d) 加窗信号频谱(dB)

图 10.17　Hanning 窗旁瓣影响($A_0=0.01, A_1=1, \omega_0=4\pi/18, \omega_1=4\pi/6$)

10.2.2　频域采样影响

计算 $v[n]$ 的 N 点 DFT 可得 $V[k]$，$V[k]$ 是对 $v[n]$ 频谱函数 $V(e^{j\omega})$ 的等间隔采样，即 $V[k]=V(e^{j\omega})\big|_{\omega=\frac{2\pi k}{N}}$，由于只计算了 $\omega=\dfrac{2\pi k}{N}(k=0,1,2,\cdots,N-1)$ 处的频谱值，而不能得到连续频谱函数，就像是通过一个栅栏来观看信号频谱，只能在某些有限的位置看到信号频谱，故称为栅栏效应。这时如果两个离散的谱线之间有一个特别大的频谱分量，就无法检测

出来。

减小栅栏效应的一个方法是增加频域采样点数 N，两个相邻采样点之间的谱线间隔为 $\Delta\omega=\dfrac{2\pi}{N}$。增加 N 能使样点间距更近，谱线更密，减少栅栏效应，但不会提高分辨率，提高频率分辨率的唯一方法是增加数据的有效长度，即增加窗函数的长度。

例 10.4　对于 $x[n]=A_0\cos(\omega_0 n)+A_1\cos(\omega_1 n)$，其中 $A_0=0.75$，$A_1=1$，$\omega_0=4\pi/18$，$\omega_1=4\pi/12$，由长度 $L=12$ 的矩形窗截取 $x[n]$ 得到 $v[n]$，分别计算 $v[n]$ 的 $N=64,128,256$ 点 DFT，请对计算结果进行比较分析。

解：$v[n]$ 的 $N=64,128,256$ 点 DFT $V[k]$ 分别如图 10.18、图 10.19、图 10.20 所示，其中 $V[k]$ 为 $V(e^{j\omega})$ 在 0 到 2π 区间内的 N 点采样。

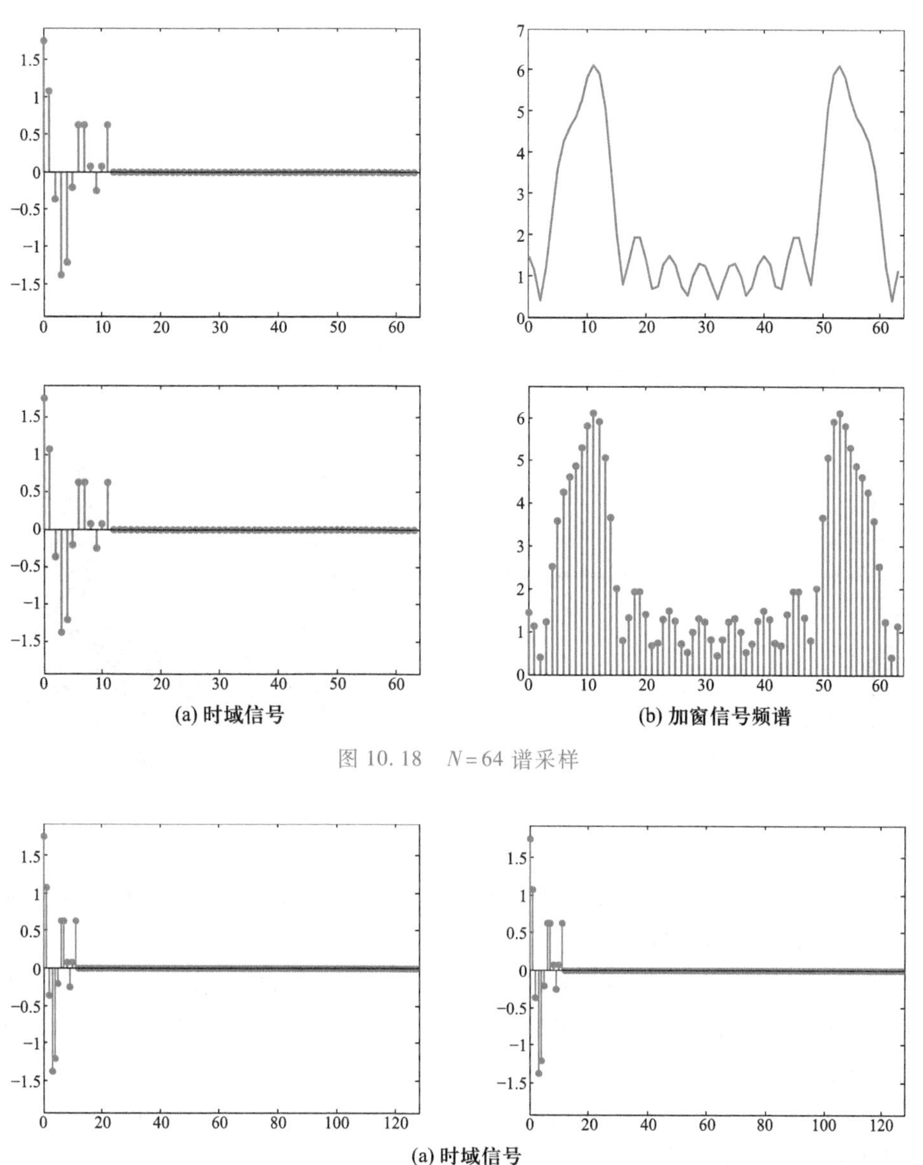

(a) 时域信号　　(b) 加窗信号频谱

图 10.18　$N=64$ 谱采样

(a) 时域信号

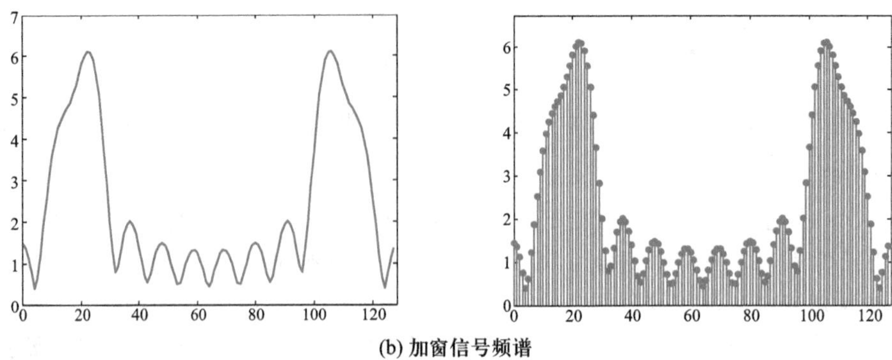

图 10.19　$N=128$ 谱采样

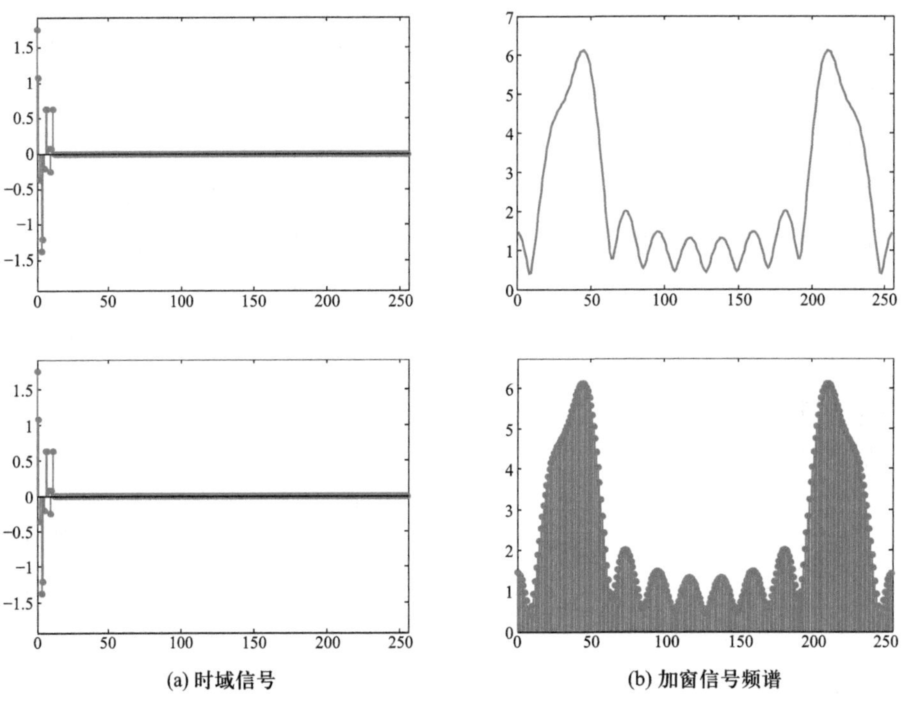

图 10.20　$N=256$ 谱采样

可以看出,在窗长 L 保持不变的情况下,增加 DFT 的点数 N 并不会改变频率分辨率,但会缩小谱线间距,减少了栅栏效应。

例 10.5　对于 $x[n]=A_0\cos(\omega_0 n)+A_1\cos(\omega_1 n)$,其中 $A_0=0.75$,$A_1=1$,$\omega_0=4\pi/18$,$\omega_1=4\pi/12$,由长度为 $L=12,18,32,64$ 矩形窗截取 $x[n]$ 得到 $v[n]$,计算 $v[n]$ 的 $N=128$ 点 DFT,请对计算结果进行比较分析。

解:计算长度为 $L=12,18,32,64$ 矩形窗截取的 $v[n]$ 的 $N=128$ 点 DFT,结果分别如图 10.21、图 10.22、图 10.23、图 10.24 所示。

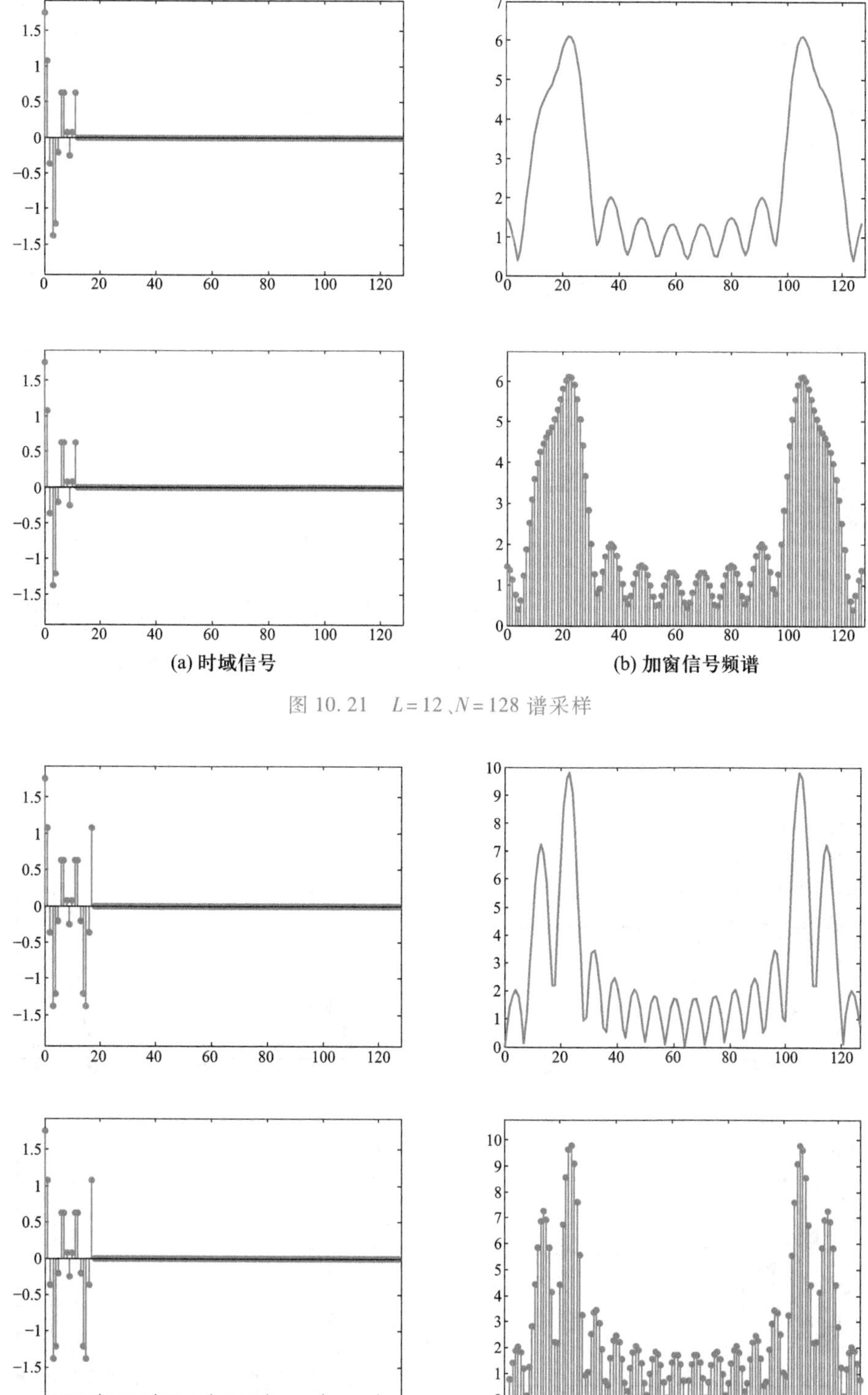
(a) 时域信号　　(b) 加窗信号频谱

图 10.21　$L=12$、$N=128$ 谱采样

(a) 时域信号　　(b) 加窗信号频谱

图 10.22　$L=18$、$N=128$ 谱采样

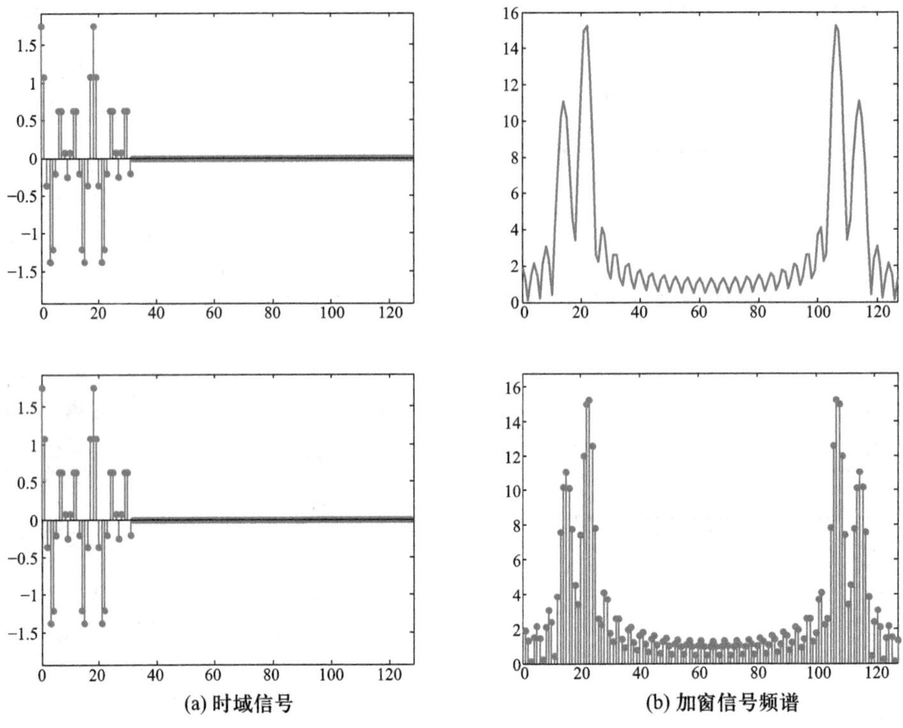

图 10.23 $L=32$、$N=128$ 谱采样

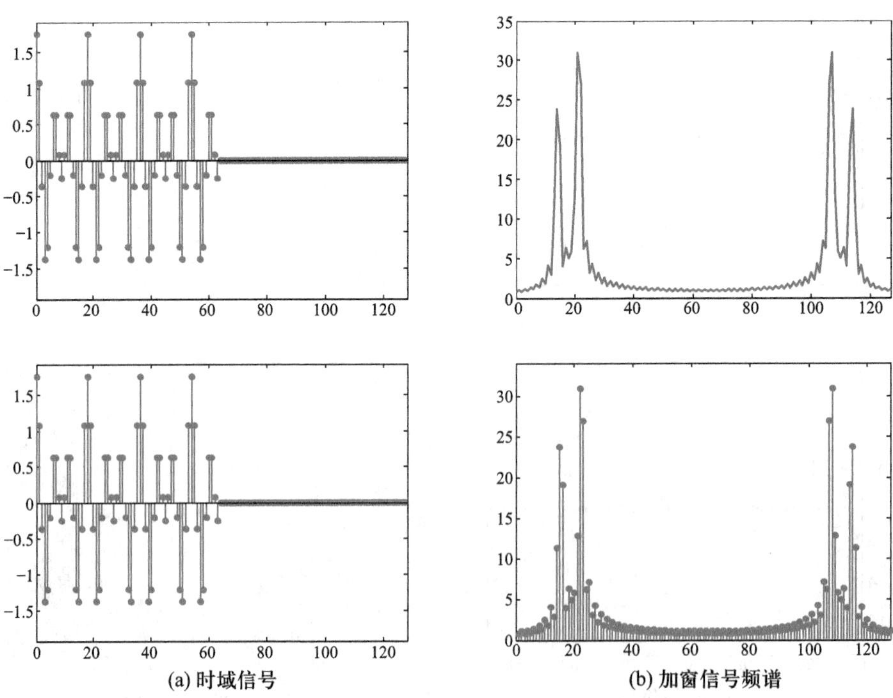

图 10.24 $L=64$、$N=128$ 谱采样

可以看出，在 DFT 点数 N 保持不变的情况下，增加窗长度 L 能够提高频谱的分辨率。

10.2.3 频域分析的参数选择

利用 DFT 进行连续时间信号频域分析时，需考虑采样的频谱混叠、窗函数的分辨率和频谱泄漏、DFT 的栅栏效应。

如果待分析的连续时间信号的最高频率为 $f_{\max}$，为避免频谱混叠，对连续时间信号的采样频率应满足时域采样定理，即采样率 f_s 满足下式：

$$f_s \geqslant 2f_{\max} \tag{10.12}$$

根据频谱泄漏要求，选择合适形状的窗函数。

根据频率分辨率要求，由 $\Delta f_w=\dfrac{\Delta f_m}{2}$确定所选窗函数的长度 L。其中，Δf_w 为频率分辨率，Δf_m 为窗函数主瓣宽度。例如矩形窗的主瓣宽度 $\Delta\omega_m=\dfrac{4\pi}{L}$，根据数字频率与连续频率的关系 $\omega=\Omega T_s$、角频率与频率之间的关系 $\Omega=2\pi f$、频率与周期的关系 $f=\dfrac{1}{T}$，可得 $L=\dfrac{f_s}{\Delta f_w}$，即当 $L\geqslant\dfrac{f_s}{\Delta f_w}$时，满足矩形窗分辨要求。

根据谱线间隔 Δf_d 要求，确定 DFT 的点数 $N\geqslant\dfrac{f_s}{\Delta f_d}$。$N$ 一般取 2 的幂，便于采用 FFT 运算。

例 10.6 某连续时间信号 $x_c(t)$ 的最高频率分量 $f_{\max}=1$ GHz，采用 DFT 方法进行频谱分析时，如果要求频率分辨率 $\Delta f_w\leqslant 2$ Hz，谱线间隔 $\Delta f_d\leqslant 0.5$ Hz，计划采样基 2-FFT 实现 DFT 运算。试确定最大采样周期 T_s、最小信号持续时间、FFT 计算的最小点数 N。

解：由 $f_s\geqslant 2f_{\max}$，可得 $f_s\geqslant 2f_{\max}=2$ GHz，选取 $f_s=2$ GHz，即 $T_s=\dfrac{1}{f_s}=0.5\times10^{-9}$ s。

没有频谱泄漏要求，为了减少信号持续时间，故选择矩形窗。

由 $L\geqslant\dfrac{f_s}{\Delta f_w}$，可得 $L\geqslant\dfrac{f_s}{\Delta f_w}=\dfrac{2\times10^9}{2}=1\times10^9$，信号持续时间为 $LT_s=L\dfrac{1}{f_s}\geqslant\dfrac{f_s}{\Delta f_w}\dfrac{1}{f_s}=\dfrac{1}{\Delta f_w}$，即使用矩形窗时，信号持续时间与分辨率之间的关系为 $LT_s\geqslant\dfrac{1}{\Delta f_w}$。本例中 $LT_s\geqslant 0.5$ s。

由 $N\geqslant\dfrac{f_s}{\Delta f_d}$，可得 $N\geqslant\dfrac{2\times10^9}{0.5}=4\times10^9$，选取 2 的幂 $N=4\times2^{20}$。

例 10.7 已知离散时间序列 $x[n]=A_0\cos(\omega_0 n)+A_1\cos(\omega_1 n)$，试分析当 $\omega_0=\dfrac{2\pi m}{N}$和 $\omega_1=\dfrac{2\pi n}{N}$（$m$ 和 n 为整数）时，有限长时间序列 $v[n]=x[n]w[n]$的频谱。

解：参考 10.2 节分析，对于无限长序列 $x[n]=A_0\cos(\omega_0 n)+A_1\cos(\omega_1 n)$，其傅里叶变换为 $X(e^{j\omega})=A_0\pi\delta(\omega+\omega_0)+A_0\pi\delta(\omega-\omega_0)+A_1\pi\delta(\omega+\omega_1)+A_1\pi\delta(\omega-\omega_1)$，从频谱上看，只在 $2k\pi\pm\omega_0$ 和 $2k\pi\pm\omega_1$ 处有冲激响应。

窗函数 $w[n]$ 的 DTFT 为 $W(\mathrm{e}^{\mathrm{j}\omega})$，加窗处理后的有限长序列 $v[n]$ 的傅里叶变换为 $V(\mathrm{e}^{\mathrm{j}\omega})=\frac{A_0}{2}W(\mathrm{e}^{\mathrm{j}(\omega+\omega_0)})+\frac{A_0}{2}W(\mathrm{e}^{\mathrm{j}(\omega-\omega_0)})+\frac{A_1}{2}W(\mathrm{e}^{\mathrm{j}(\omega+\omega_1)})+\frac{A_1}{2}W(\mathrm{e}^{\mathrm{j}(\omega-\omega_1)})$，$v[n]$ 的 DFT $V[k]$ 是 $V(\mathrm{e}^{\mathrm{j}\omega})$ 的等间隔采样，即 $V[k]=V(\mathrm{e}^{\mathrm{j}\omega})\big|_{\omega=\frac{2\pi k}{N}}$。当 $\omega_0=\frac{2\pi m}{N}$ 和 $\omega_1=\frac{2\pi n}{N}$（$m$ 和 n 为整数）时，对 $V(\mathrm{e}^{\mathrm{j}\omega})$ 进行间隔为 $\frac{2\pi}{N}$ 的等间隔采样，则除了 $\omega=\omega_0$ 和 $\omega=2\pi-\omega_0$ 以及 $\omega=\omega_1$ 和 $\omega=2\pi-\omega_1$ 外，其余采样值均为零。此时称 $V[k]$ 为单谱线，如图 10.25 所示。

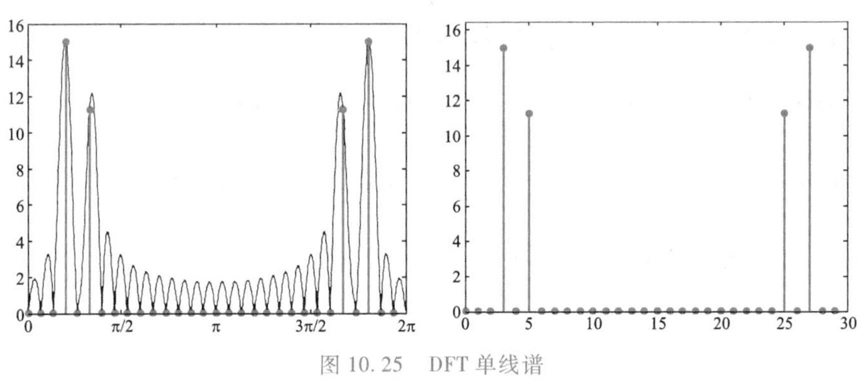

图 10.25　DFT 单线谱

需要注意的是，此时 DFT 点数需要和信号长度相等，若 DFT 点数大于信号的长度，即使满足以上条件，$V[k]$ 也不是单线谱。

10.3　短时傅里叶变换

在传统的信号分析中，傅里叶分析揭示了时间函数和频谱函数之间的内在关系，反映了信号在整个时间范围内的所有频谱成分，但不能准确地指出信号中频率成分出现的时间位置。信号在时域内的局部变换会影响信号的整个频谱，当信号非平稳时，傅里叶分析不能反映信号的瞬时频率随时间的变化规律，不能告诉人们在某段时间内信号发生了什么变化。但在很多情况下，人们需要知道信号在某个时刻的频谱分布情况，需要结合时域和频域观察信号特征，这就用到了时频分析。常用的时频分析方法有短时傅里叶变换（short-time Fourier transform，STFT）、Gabor 变换和小波变换（wavelet transform，WT）等，其中短时傅里叶变换是小波变换的基础。

10.3.1　短时傅里叶变换的定义

短时傅里叶变换是进行非平稳信号分析的一种常用方法，其基本思想是对时域信号进行加窗分段处理，利用 DFT 获取窗内信号段的频谱特征，并通过窗的滑动覆盖整个信号。每个窗内的信号段可以近似认为是平稳的，从而通过这种局部的频域分析来获得整个信号在时域和频域上的联合分布。

对于给定的非平稳信号 $s(t)\in L^2(R)$，信号 $s(t)$ 的短时傅里叶变换定义为

$$STFT_s(t,\omega)=\int_{-\infty}^{+\infty}s(\tau)h(\tau-t)\mathrm{e}^{-\mathrm{j}\omega t}\mathrm{d}\tau \tag{10.13}$$

其中 $h(t)$ 称为窗函数。

从定义式可以看出，在短时傅里叶变换中，为了研究信号在时间 t 的特性，通过用中心在 t 处的窗函数 $h(t)$ 与信号相乘来实现，即

$$s_t(\tau)=s(\tau)h(\tau-t) \tag{10.14}$$

然后对该段信号 $s_t(\tau)$ 进行傅里叶变换。

10.3.2 短时傅里叶变换的性质

性质 1 特征函数

在短时傅里叶变换中，其频谱图的特征函数为

$$\begin{aligned}M_{STFT_s}(\theta,\tau)&=\iint_{-\infty}^{+\infty}P_{STFT_s}(t,\omega)\mathrm{e}^{\mathrm{j}\theta t+\mathrm{j}\omega t}\mathrm{d}\omega\mathrm{d}t\\&=\frac{1}{2\pi}\iint_{-\infty}^{+\infty}|STFT_s(t,\omega)|^2\mathrm{e}^{\mathrm{j}\theta t+\mathrm{j}\omega t}\mathrm{d}\omega\mathrm{d}t\\&=A_s(\theta,\tau)A_h(-\theta,\tau)\end{aligned} \tag{10.15}$$

其中

$$A_s(\theta,\tau)=\int_{-\infty}^{+\infty}s^*\left(t-\frac{\tau}{2}\right)s\left(t+\frac{\tau}{2}\right)\mathrm{e}^{\mathrm{j}\theta t}\mathrm{d}t \tag{10.16}$$

$$A_h(\theta,\tau)=\int_{-\infty}^{+\infty}h^*\left(t-\frac{\tau}{2}\right)h\left(t+\frac{\tau}{2}\right)\mathrm{e}^{\mathrm{j}\theta t}\mathrm{d}t \tag{10.17}$$

式(10.16)和式(10.17)分别称为信号 $s(t)$ 和窗函数 $h(t)$ 的模糊函数，并且满足

$$A_s(-\theta,\tau)=A_s^*(\theta,-\tau),\quad A_h(-\theta,\tau)=A_h^*(\theta,-\tau) \tag{10.18}$$

因此从式(10.15)可以得到，短时傅里叶变换频谱图的特征函数为信号模糊函数与在频率延迟分量上取反向的窗函数模糊函数之积。

性质 2 总能量

利用联合分布 $P_{STFT_s}(t,\omega)$，可以通过在全部时间和频率范围内积分求得短时傅里叶变换的总能量，如下式所示：

$$E_{STFT_s}=\iint_{-\infty}^{+\infty}P_{STFE_s}(t,\omega)\mathrm{d}t\mathrm{d}\omega \tag{10.19}$$

或利用特征函数，在零点计算总能量，即

$$E_{STFT_s}=M_{STFT_s}(0,0)=A_s(0,0)A_h(0,0)=\int_{-\infty}^{+\infty}|s(t)|^2\mathrm{d}t\int_{-\infty}^{+\infty}|h(t)|^2\mathrm{d}t \tag{10.20}$$

因此，如果窗的能量取 1，则频谱图的总能量等于信号能量，即满足时频分布的总能量要求。

性质 3 边缘特性

在频率范围内积分，就可得到时间边缘，即

$$P(t)=\int_{-\infty}^{+\infty}P_{STFT_s}(t,\omega)=\frac{1}{2\pi}\int_{-\infty}^{+\infty}|STFT_s(t,\omega)|^2\mathrm{d}\omega$$

$$=\frac{1}{2\pi}\int_{-\infty}^{+\infty} s(\tau)h(\tau-t)s^*(\tau')h^*(\tau'-t)\mathrm{e}^{-\mathrm{j}\omega(\tau-\tau')}\mathrm{d}\tau\mathrm{d}\tau'\mathrm{d}\omega$$

$$=\frac{1}{2\pi}\int_{-\infty}^{+\infty} s(\tau)h(\tau-t)s^*(\tau')h^*(\tau'-t)2\pi\delta(\tau-\tau')\mathrm{d}\tau\mathrm{d}\tau'$$

$$=\int_{-\infty}^{+\infty} |s(\tau)|^2 |h(\tau-t)|^2\mathrm{d}\tau \tag{10.21}$$

同理可得频率边缘为

$$P(\omega)=\frac{1}{2\pi}\int_{-\infty}^{+\infty} |STFT_s(t,\omega)|^2\mathrm{d}t=\frac{1}{2\pi}\int_{-\infty}^{+\infty} |\hat{s}(\theta)|^2 |\hat{h}(\omega-\theta)|^2\mathrm{d}\theta \tag{10.22}$$

由式(10.21)和式(10.22)可以看出,时间边缘由信号和窗函数的幅度决定,而不由它的相位决定;频率边缘由傅里叶变换的幅度决定。在通常情况下,短时傅里叶变换没有真边缘,即 $P(t)\neq|s(t)|^2$,$P(\omega)\neq\frac{1}{2\pi}|\hat{s}(\omega)|^2$,原因在于频谱图使信号的能量分布扰乱了窗的能量分布。

性质 4　有限支撑性

对一个有限持续时间的信号 $s(t)$,要求信号在开始之前和结束以后分布为零,该特性叫作有限支撑性。但在窗函数的作用下,$s(\tau)h(\tau-t)$ 对于接近开始或结束的某时刻可能不为零,从而其傅里叶变换就不一定为零,在频域也有类似的现象。因此频谱图在时间和频率上不具有有限支撑性。

性质 5　平移性

短时傅里叶变换不具有时域移位性质,但具有频域移位性质,即

$$s(t)\to STFT_s(t,\omega)\Rightarrow s(t-t_0)\to \mathrm{e}^{-\mathrm{j}\omega t_0}STFT_s(t-t_0,\omega) \tag{10.23}$$

$$s(t)\to STFT_s(t,\omega)\Rightarrow \mathrm{e}^{\mathrm{j}\omega_0 t}s(t)\to STFT_s(t,\omega-\omega_0) \tag{10.24}$$

10.3.3　短时傅里叶变换的应用

▶ 扫一扫 10-2 短时傅里叶变换的应用

与傅里叶变换相比,短时傅里叶变换获得的是信号在时频域上的分布。由于自然信号大多是非平稳的,在对这些信号进行分析时,仅仅应用傅里叶变换得到它们的频率信息是不够的,还需要得到信号的时频联合分布,因此短时傅里叶变换在信号分析中具有广泛的应用。下面列举几个短时傅里叶变换的应用实例。

短时傅里叶变换可用于直升机螺旋桨的回波处理,如图 10.26 所示。

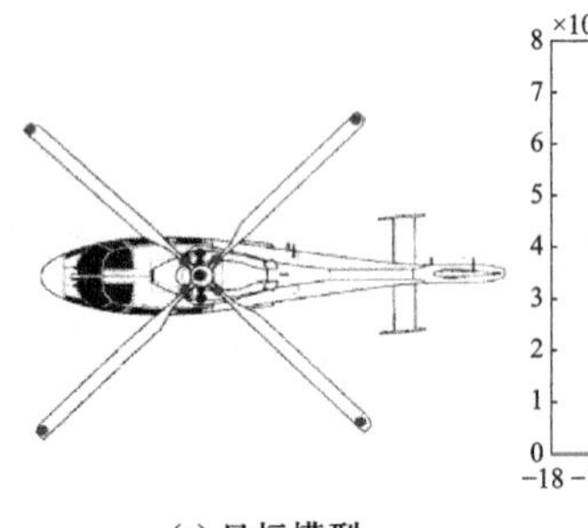

(a) 目标模型

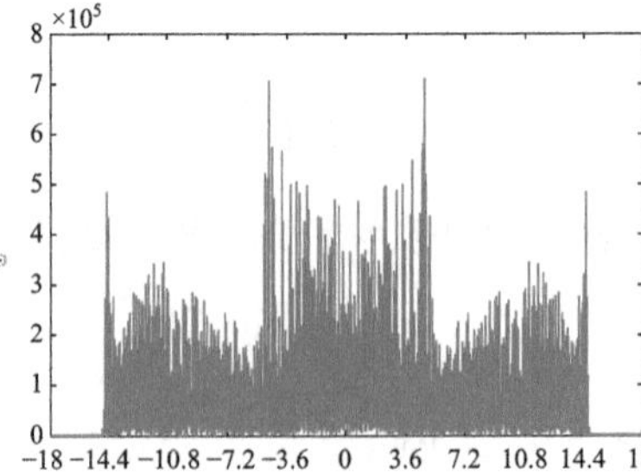

(b) 傅里叶变换

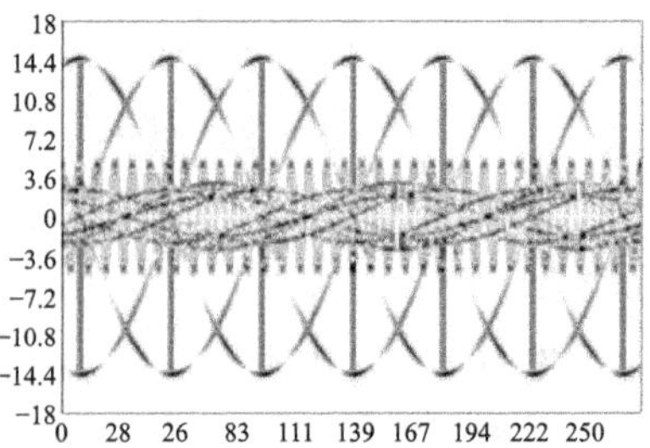

(c) 短时傅里叶变换

图 10.26　直升机回波处理

电话拨号的音频信号可用短时傅里叶变换来分析,如图 10.27 所示。

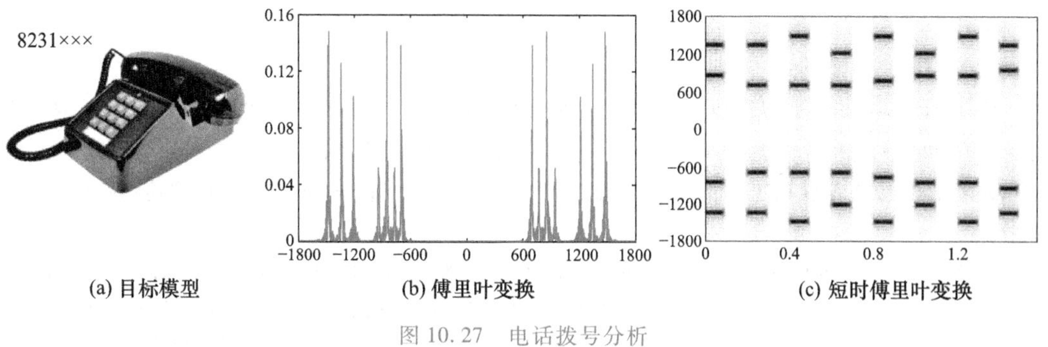

图 10.27 电话拨号分析

同样,人体行走模型也可用短时傅里叶变换分析,如图 10.28 所示。

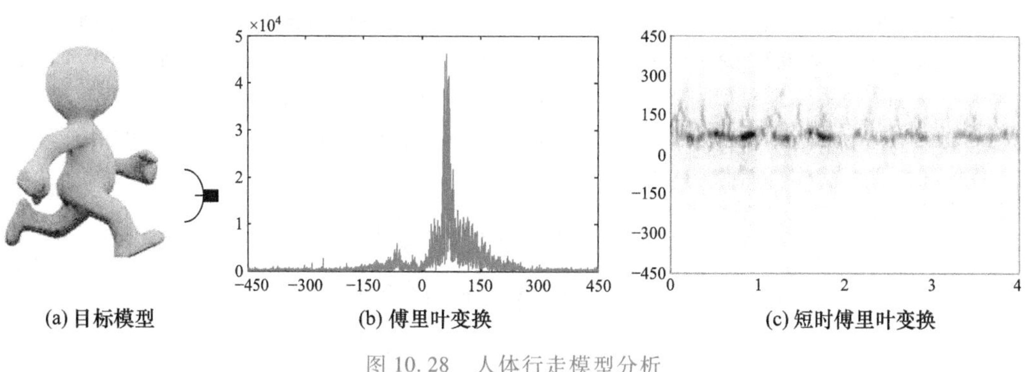

图 10.28 人体行走模型分析

10.4 小 结

本章首先分析了加窗对信号分析的影响。带限连续时间信号 $x_c(t)$ 经采样得到离散时间序列 $x[n]$,其频谱关系为 $X(\mathrm{e}^{\mathrm{j}\omega})=\frac{1}{T_s}\sum_{k=-\infty}^{\infty}X_c\left(\mathrm{j}\frac{\omega}{T_s}-\mathrm{j}k\frac{2\pi}{T_s}\right)$。利用窗函数 $w[n]$ 截断信号,得到有限长时间信号 $v[n]=x[n]w[n]$。截断后信号 $v[n]$ 的频谱为 $V(\mathrm{e}^{\mathrm{j}\omega})=X(\mathrm{e}^{\mathrm{j}\omega})*W(\mathrm{e}^{\mathrm{j}\omega})$。窗函数的主瓣宽度影响分辨率,选主瓣宽度较窄的窗、增加窗的长度均可提高分辨率。窗函数的旁瓣会产生频谱泄漏,选旁瓣较低的窗可减少频谱泄漏。

接着讲解了谱采样对信号分析的影响。对有限长序列 $v[n]$ 计算 N 点长 DFT 得到 $V[k]$,即 $V[k]=V(\mathrm{e}^{\mathrm{j}\omega})\big|_{\omega=\frac{2\pi k}{N}}$。增加 DFT 的点数 N 可缩小谱线间距、减少栅栏效应,但不会提高分辨率。

最后介绍了短时傅里叶变换在频谱分析中的应用。

习　　题

10.1　已知连续时间实信号 $x_c(t)$ 的最高频率在 5 kHz 以下，即 $|\Omega|>2\pi(5\,000)$ rad/s 时 $X_c(j\Omega)=0$。以每秒 10 000 个采样点（即 $T_s=10^{-4}$ Hz）采样 $x_c(t)$，得离散时间序列 $x[n]=x_c(nT_s)$。取 $x[n]$ 的 $N=1\,000$ 个连续采样点，计算 N 点 DFT 得 $X[k]$。请确定 $X[k]$ 中，$k=150$ 和 $k=800$ 分别对应的连续频率为多少赫兹。

10.2　已知连续时间实信号 $x_c(t)$ 的最高频率为 $\Omega_N=200$ rad/s。以 $\Omega_s=500$ rad/s 采样 $x_c(t)$。对采样序列做 1 024 点 DFT。请确定 $X[k]$ 中，$k=128$ 和 $k=768$ 点分别对应的原连续信号的频点 Ω_1 和 Ω_2。

10.3　用 $f_s=8$ kHz 对最高频率为 $f_m=3.4$ kHz 的连续信号 $x(t)$ 进行采样，对采样序列做 $N=1\,600$ 点 DFT 得到 $X[k]$。请确定 $X[k]$ 中 $k=600$ 和 $k=1\,200$ 对应的连续频率分别为多少赫兹。

10.4　已知连续时间信号 $x_c(t)$ 的最高频率为 4 kHz，以采样率 10 kHz 采样 $x_c(t)$。计算 1 024 个采样值的 DFT。请确定谱线间隔 Δf_d，第 129 根谱线 $X[128]$ 对应连续信号频谱的哪个频率点值？

10.5　已知连续时间信号 $x_c(t)$ 为实的带限信号，即 $|\Omega|\geqslant 2\pi(5\,000)$ 时 $X_c(j\Omega)=0$。以采样率 $f_s=10$ kHz 采样 $x_c(t)$，得离散时间序列 $x[n]=x_c(nT)$。如 $n<0, n>999$ 时序列 $x[n]=0$。$x[n]$ 的 1 000 点 DFT 记作 $X[k]$。已知 $X[900]=1, X[420]=5$，请确定区间 $|\Omega|<2\pi(5\,000)$ 内尽可能多 $X_c(j\Omega)$ 值。

10.6　如下 3 个离散时间序列 $x_i[n]$，加 64 点矩形窗 $w[n]$，计算所得序列的 64 点 DFT 估计信号频谱。请指出该方法可分辨哪些信号的频谱。

$$x_1[n]=\cos\left(\frac{\pi n}{4}\right)+\cos\left(\frac{17\pi n}{64}\right)$$

$$x_2[n]=\cos\left(\frac{\pi n}{4}\right)+0.8\cos\left(\frac{21\pi n}{64}\right)$$

$$x_3[n]=\cos\left(\frac{\pi n}{4}\right)+0.001\cos\left(\frac{21\pi n}{64}\right)$$

10.7　已知连续时间实信号 $x_c(t)$ 的最高频率在 5 kHz 以下，即 $|\Omega|>2\pi(5\,000)$ rad/s 时 $X_c(j\Omega)=0$。以周期 T 采样 $x_c(t)$，得离散时间序列 $x[n]=x_c(nT_s)$。现有程序可计算 $N=2^v$（v 为整数）点 FFT。若要使谱线间隔小于 5 Hz，请确定 N 最小值及采样率范围 $F_{\min}<\frac{1}{T_s}<F_{\max}$。

10.8　已知连续时间实信号 $x_c(t)$ 的持续时间为 100 ms，$|\Omega|\geqslant 2\pi(10\,000)$ rad/s 时 $x_c(t)$ 的频谱函数 $X_c(j\Omega)=0$。如要计算 $X_c(j\Omega)$ 在区间 $0\leqslant\Omega<2\pi(10\,000)$ 每间隔 5 Hz 的样本，即 $X_c(j2\pi\cdot 5\cdot k)$（$k=0,1,\cdots,1\,999$）。现有如下三种方法。

方法 1：以采样周期 $T_s=25$ μs 采样 $x_c(t)$，得到长度为 4 000 的序列 $x_1[n]=\begin{cases}x_c(nT_s), & n=0,1,2,\cdots,3\,999\\ 0, & \text{其他}\end{cases}$。计算序列 $x_1[n]$ 的 4 000 点 DFT，得 $X_1[k]$。

方法 2：以采样周期 $T_s=50$ μs 采样 $x_c(t)$，得到长度为 2 000 的序列 $x_2[n]=\begin{cases}x_c(nT_s), & n=0,1,2,\cdots,1\,999\\ 0, & \text{其他}\end{cases}$。补零后，计算 $x_2[n]$ 的 4 000 点 DFT，得 $X_2[k]$。

方法 3：由 2 000 点序列 $x_2[n]$ 构成 4 000 点序列 $x_3[n]=\begin{cases}x_c(nT_s), & 0\leqslant n\leqslant 1\,999\\ x_c((n-2\,000)T_s), & 2\,000\leqslant n\leqslant 3\,999\\ 0, & \text{其他}\end{cases}$。计算

序列 $x_3[n]$ 的 4 000 点 DFT，得 $X_3[k]$。

(1) 请用 $X_c(j\Omega)$ 表示 $X_1[k]$、$X_2[k]$、$X_3[k]$。

(2) 当 $X_c(j\Omega)$ 在 $0\leqslant\Omega<2\pi(10\ 000)$ 呈矩形分布时，请画出 $X_1[k]$、$X_2[k]$、$X_3[k]$。

(3) 请问哪种方法可得到所希望的 $X_c(j\Omega)$ 样本。

10.9 离散时间序列 $x[n]=\cos(n\pi/6)R_N[n]$。如果在 $x[n]$ 后补 N 个零，得 $x_1[n]$。$x_1[n]$ 为 $2N$ 点序列，求 $x_1[n]$ 的 $2N$ 点 DFT，得 $X_1[k]$。

(1) 求 $x[n]$ 的 DTFT $X(e^{j\omega})$。

(2) 求 $x[n]$ 的 N 点 DFT $X[k]$。

(3) 求 $x[n]$ 的 $2N$ 点 DFT $X_1[k]$。

(4) 请给出 $X(e^{j\omega})$、$X[k]$、$X_1[k]$ 之间的关系。

10.10 在 1 s 时间内对某连续时间信号采样 1 024 点，计算其 1 024 点的 DFT。

(1) DFT 相邻频率分量的间隔是多少弧度/秒？

(2) 若要频谱不混叠，则连续时间信号中的频率分量最高不得超过多少弧度/秒？

10.11 已知连续时间信号 $x(t)=\cos(2\pi f_1 t)+0.15\cos(2\pi f_2 t)$，其中 $f_1=100$ Hz，$f_2=120$ Hz。以采样率 $f_s=600$ Hz 采样 $x_c(t)$，得离散时间序列 $x[n]=x_c(nT_s)$。请利用 DFT 分析频谱，并确定能够分辨两分量所需的最少样本点数。

10.12 已知序列 $x[n]=\cos\Omega_0 n+0.75\cos\Omega_1 n(0\leqslant n\leqslant 63)$，其中 $\Omega_0=2\pi/15$，$\Omega_1=2.3\pi/15$。计算 $x[n]$ 的 64 点 DFT，得 $X[k]$。

(1) 请判断从 $X[k]$ 中能否分辨这两个频率分量。

(2) 如果不能分辨，补 64 个 0，做 128 点 DFT 能否分辨？

10.13 用 DFT 分析连续时间信号 $x(t)=e^{-3t}u(t)$ 的频谱，若要求频率分辨率为 1 Hz，请确定采样频率 f_s、采样点数 N 及持续时间 T_p。

10.14 已知离散时间序列 $x[n]=\sin\left(\dfrac{\omega_0}{10}n\right)+\sin\left(\left(\dfrac{\omega_0}{10}+\dfrac{\omega_0}{100}\right)n\right)$。

(1) 如果取 64 点 $x[n]$，计算 64 点 DFT，能否分辨两个正弦分量？

(2) 如果在 64 点 $x[n]$ 后补 64 个 0，计算 128 点 DFT，能否分辨两个正弦分量？

(3) 如果取 128 点 $x[n]$，计算 128 点 DFT，能否分辨两个正弦分量？

(4) 如果在 128 点序列 $x[n]$ 后补充 384 个 0，计算 512 点 DFT，能否分辨两个正弦分量？

10.15 已知离散时间信号 $x[n]=\cos\dfrac{2\pi F_0 n}{f_s}(0\leqslant n<N)$，其中 $F_0=330.5$ Hz、$f_s=1\ 024$ Hz、$N=256$。在序列 $x[n]$ 后补充 $7N$ 个 0，计算 $8N$ 点 DFT。请分析补零前后的频谱。

10.16 用 DFT 分析最高频率 $f_m=1\ 000$ Hz 连续信号的频谱，要求频率分辨率 $\Delta f\leqslant 2$ Hz、谱线间隔 $\Delta f_d\leqslant 0.5$ Hz、DFT 点数为 2 的整数次幂次。请确定最大采样间隔、信号最少持续时间、DFT 最小点数。

10.17 已知连续时间实信号 $x(t)=3\cos(6\pi t)$，从 $t=0$ 开始，以采样周期 0.1 s 采样 128 个样本的离散时间序列 $x[n]$。用 MATLAB 完成以下操作：

(1) 计算序列 $x[n]$ 的 128 点 FFT。

(2) 计算序列 $x[n]$ 与 128 点 Hanning 窗相乘后序列的 128 点 FFT。

(3) 计算序列 $x[n]$ 与 128 点 Hamming 窗相乘后序列的 128 点 FFT。

(4) 比较以上三种计算结果的差异，并与 $x(t)$ 的频谱比较。

10.18 以周期 T_s 采样连续时间信号 $x_c(t)=\cos(\Omega_0 t)$ 得序列 $x[n]=x_c(nT_s)$，对 $x[n]$ 加 N 点矩形窗 $w[n]$ 得 $v[n]=x[n]w[n]$，求 $v[n]$ 所得序列的 DFT $V[k]$。如果 Ω_0、N、k_0 为定值，要使 $V[k]$ 除 $k=k_0$、$k=N-k_0$ 外的值均为 0。

（1）请确定采样周期 T_s。

（2）T_s 的选择唯一吗？如果不是，请给出其他 T_s 值。

10.19 已知连续时间带限信号 $x_c(t)$，以每秒 10 000 个样本采样 $x_c(t)$，得 $L=500$ 的有限长离散时间序列 $x[n]=x_c(nT_s)$，且当 $n<0$、$n>L-1$ 时 $x[n]=0$。$x[n]$的 z 变换记作 $X(z)$。若要计算 z 平面上 N 个等间隔点 $z_k=0.8e^{j2\pi k/N}(0\leqslant k\leqslant N-1)$处样本值，其中频率间隔应小于 50 Hz。

（1）若 $N=2^v$，确定 N 的最小值。

（2）当 N 为(1)所求出的值时，求一个长度为 N 的序列 $y[n]$，使得其 DFT $Y[k]$等于所要求 $x[n]$的 z 变换样本。

10.20 已知连续时间信号 $x_c(t)=\sin(2\pi f_0 t)$，其中 $f_0=50$ Hz。对连续时间信号 $x_c(t)$采样 $N=16$ 点，得离散时间序列 $x[n]$。而连续时间正弦信号 $x_c(t)$的频谱函数 $X_c(j\Omega)$为$\pm f_0$ 处的 δ 函数。如采样率和长度 N 选择合适，则序列 $x[n]$的 DFT $X[k]$可采样到 $X_c(j\Omega)$在± 50 Hz 处的值。由 Parseval 定理可得 $\sum_{n=0}^{N-1}x^2[n]=\frac{2}{N}|X_{50}|^2$，其中 X_{50}表示 $x[n]$的 DFT $X[k]$在 50 Hz 处的谱线。如果上式不成立，则说明 $X[k]$在频域有泄漏。请用 MATLAB 计算采样频率分别为 $f_s=100$ Hz、$f_s=150$ Hz、$f_s=200$ Hz 时 $x[n]$的 DFT $X[k]$，并用 Parseval 定理研究其泄漏情况，总结正弦信号采样的原则。

第 11 章　多速率信号处理方法

前面章节中采样频率为固定值,但在许多应用场合会同时存在多种采样率,这就是多速率信号。本章首先介绍多速率信号中的采样率转换(抽取和插值),讨论滤波器的多相分解,研究抽取插值中相关滤波器的高效实现等内容。本章学习中,可参照第 5 章采样和重建相关内容。

11.1　采样率转换

在前面的学习中,均将数字系统作为单速率系统,即采样频率 f_s 为一固定值。但是,有时会遇到采样频率的转换问题,即要求一个系统能工作在多种采样频率下,如手机既可传输语音信号,也可传输文本、图像、视频等信号,又如数字电视既要传输图像信号又要传输语音信号。对这些不同种类信号的采样频率是不相同的。这种在同一系统中传输多种不同带宽的信号,并采用多种采样率对信号进行处理的方法,就是多速率信号处理技术。例如,将宽带信号分解为几个互不重叠的窄带信号,只要每个窄带信号的采样率满足其奈奎斯特采样率,采用多速率信号处理技术对每个窄带信号进行采样就可以降低每一路信号的采样率。多速率信号处理在音频信号处理、视频信号处理、通信系统、雷达系统、导航系统,尤其是子带编码压缩、多载波数据传输、软件无线电等方面应用广泛。

目前,多速率信号处理已经成为数字信号处理学科中的一个重要内容。在进行多速率信号处理时,往往需要进行采样率转换。

实现采样率转换有两种方法:① 将数字信号 $x[n]$经 D/A 转换为模拟信号 $x_c(t)$,再以另一种采样率对 $x_c(t)$重新采样;② 直接在数字域对信号进行采样频率的转换,即基于原数字序列,用信号处理的方法实现采样率转换。第一种方法容易引入量化误差和失真,所以在实际应用中人们选择第二种方法,即直接在数字域进行采样率转换。采样率转换包括:抽样(decimation)和插值(interpolation)。假设转换前采样率为 f_{s1},转换后采样率为 f_{s2},当采样率 $f_{s2}<f_{s1}$时,为信号抽样;当采样率 $f_{s2}>f_{s1}$时,为信号插值,下面分别进行介绍。

11.1.1　整数倍抽样

令转换后采样率减小为原来的$\dfrac{1}{D}$(D 为大于 1 的整数),即转换后采样率 $f_{s2}=\dfrac{1}{D}f_{s1}$,则称为整数倍抽样。从数字域来看,抽样就是将序列 $x[n]$的值每隔 $D-1$ 个采样点抽样 1 个采样点,构成新的序列,记作 $x_D[n]$,如式(11.1)所示,实现框图如图 11.1 所示。

$$x_D[n]=x[Dn] \tag{11.1}$$

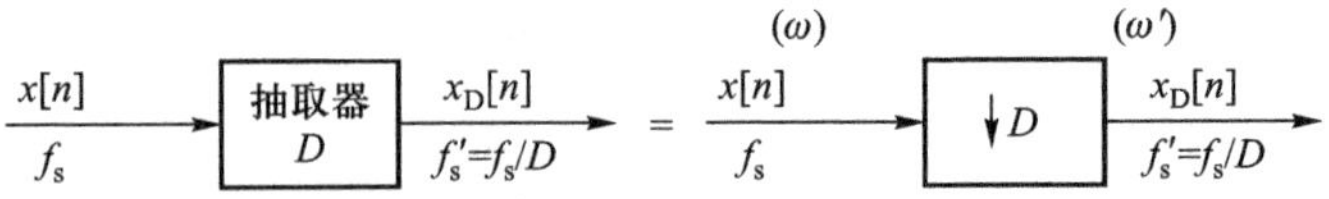

$$x[n] \xrightarrow[f_s]{} \boxed{\text{抽取器}\ D} \xrightarrow[f_s'=f_s/D]{x_D[n]} \quad = \quad x[n] \xrightarrow[f_s]{(\omega)} \boxed{\downarrow D} \xrightarrow[f_s'=f_s/D]{(\omega')\ x_D[n]}$$

图 11.1 抽样处理的框图表示

为了分析离散序列 $x[n]$ 与 $x_D[n]$ 频域之间的关系，引入一个中间序列 $x_p[n]$，即

$$x_p[n]=\begin{cases}x[n], & n=0,\pm D,\pm 2D,\cdots \\ 0, & \text{其他}\end{cases} \tag{11.2}$$

$x_p[n]$ 可表示为离散序列 $x[n]$ 与周期为 D 的单位脉冲串 $\tilde{p}[n]$ 的乘积，即

$$x_p[n]=x[n]\tilde{p}[n]=x[n]\sum_{i=-\infty}^{\infty}\delta[n-iD] \tag{11.3}$$

$$x_D[n]=x_p[Dn]=x[Dn] \tag{11.4}$$

图 11.2 给出了 $D=2$ 时各序列之间的时域关系。

如果 $x[n]$ 的 DTFT 为 $X(\mathrm{e}^{\mathrm{j}\omega})$，$x_p[n]$ 的 DTFT 为 $X_p(\mathrm{e}^{\mathrm{j}\omega})$，$x_D[n]$ 的 DTFT 为 $X_D(\mathrm{e}^{\mathrm{j}\omega})$，由于周期为 D 的单位脉冲串 $\tilde{p}[n]$ 的 DTFT 为

$$\tilde{P}(\mathrm{e}^{\mathrm{j}\omega})=\frac{2\pi}{D}\sum_{i=-\infty}^{\infty}\delta\left(\omega-\frac{2\pi i}{D}\right) \tag{11.5}$$

根据 DTFT 的频域卷积定理，得

$$X_p(\mathrm{e}^{\mathrm{j}\omega})=\frac{1}{2\pi}\int_0^{2\pi}X(\mathrm{e}^{\mathrm{j}\theta})\tilde{P}(\mathrm{e}^{\mathrm{j}(\omega-\theta)})\,\mathrm{d}\theta=\frac{1}{2\pi}\int_0^{2\pi}X(\mathrm{e}^{\mathrm{j}\theta})\frac{2\pi}{D}\sum_{i=-\infty}^{\infty}\delta\left((\omega-\theta)-\frac{2\pi i}{D}\right)\mathrm{d}\theta \tag{11.6}$$

频域卷积的积分限为 $[-\pi,\pi)$，对应 $\tilde{P}(\mathrm{e}^{\mathrm{j}\omega})$ 中 i 的取值范围为 $[0,D)$，即

$$X_p(\mathrm{e}^{\mathrm{j}\omega})=\frac{1}{D}\sum_{i=0}^{D-1}\int_{-\pi}^{\pi}X(\mathrm{e}^{\mathrm{j}\theta})\delta\left((\omega-\theta)-\frac{2\pi i}{D}\right)\mathrm{d}\theta=\frac{1}{D}\sum_{i=0}^{D-1}X(\mathrm{e}^{\mathrm{j}\left(\omega-\frac{2\pi i}{D}\right)}) \tag{11.7}$$

$$X_p(\mathrm{e}^{\mathrm{j}\omega})=\frac{1}{D}\sum_{i=0}^{D-1}X(\mathrm{e}^{\mathrm{j}\left(\omega-\frac{2\pi i}{D}\right)}) \tag{11.8}$$

$x_D[n]$ 的 DTFT 为 $X_D(\mathrm{e}^{\mathrm{j}\omega})$，即

$$X_D(\mathrm{e}^{\mathrm{j}\omega})=\sum_{n=-\infty}^{\infty}x_D[n]\mathrm{e}^{-\mathrm{j}\omega n}=\sum_{n=-\infty}^{\infty}x_p[Dn]\mathrm{e}^{-\mathrm{j}\omega n} \tag{11.9}$$

令 $Dn=m$，则上式为

$$X_D(\mathrm{e}^{\mathrm{j}\omega})=\sum_{m=-\infty}^{\infty}x_p[m]\mathrm{e}^{-\mathrm{j}\frac{\omega m}{D}} \tag{11.10}$$

即

$$X_D(\mathrm{e}^{\mathrm{j}\omega})=X_p(\mathrm{e}^{\mathrm{j}\frac{\omega}{D}}) \tag{11.11}$$

根据式(11.8)、式(11.11)，得

$$X_D(\mathrm{e}^{\mathrm{j}\omega})=\frac{1}{D}\sum_{i=0}^{D-1}X(\mathrm{e}^{\mathrm{j}\frac{\omega-2\pi i}{D}}) \tag{11.12}$$

即抽样后序列 $x_D[n]$ 的 DTFT $X_D(\mathrm{e}^{\mathrm{j}\omega})$ 等效于抽样前序列 $x[n]$ 的 DTFT $X(\mathrm{e}^{\mathrm{j}\omega})$ 的 ω 扩展 D 倍，然后分别移位 $0,2\pi,\cdots,(D-1)\pi$ 再叠加，并且幅度乘以 $\frac{1}{D}$，如图 11.3 所示。

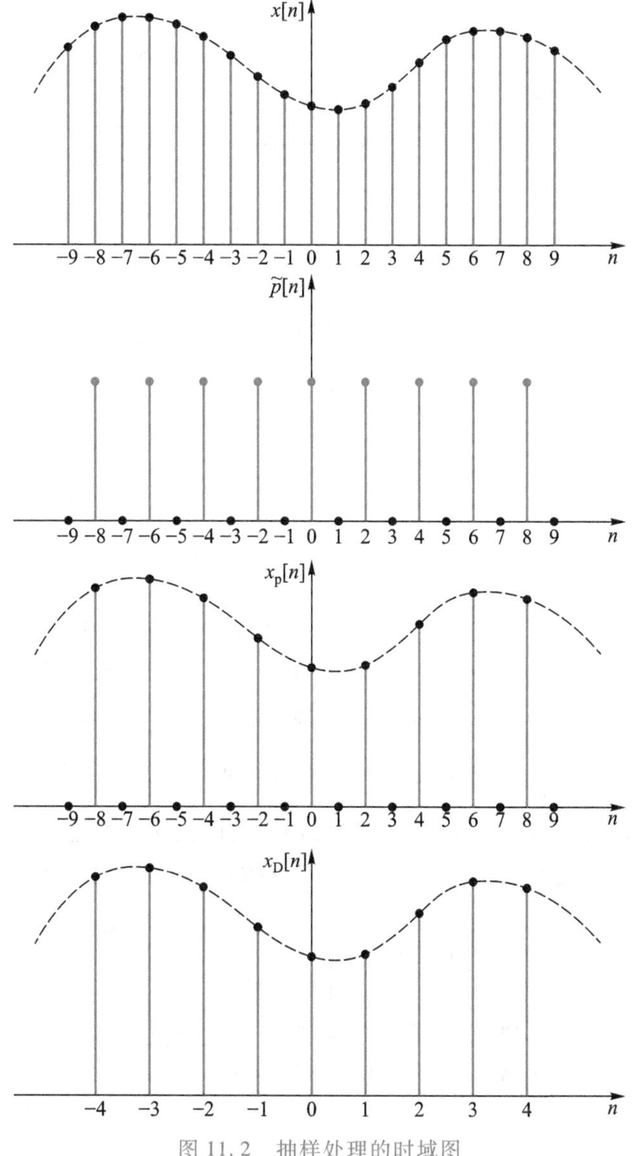

图 11.2　抽样处理的时域图

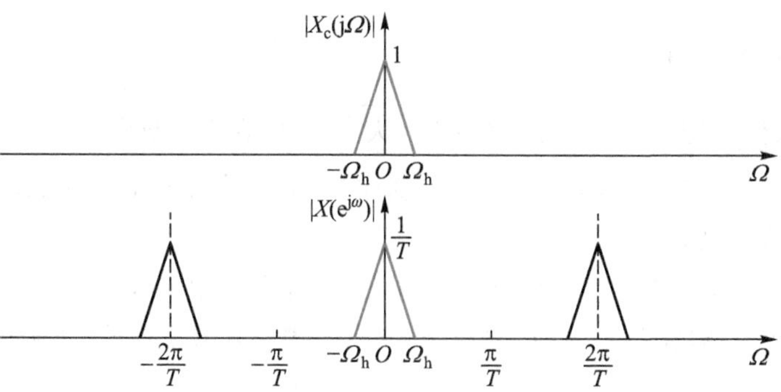

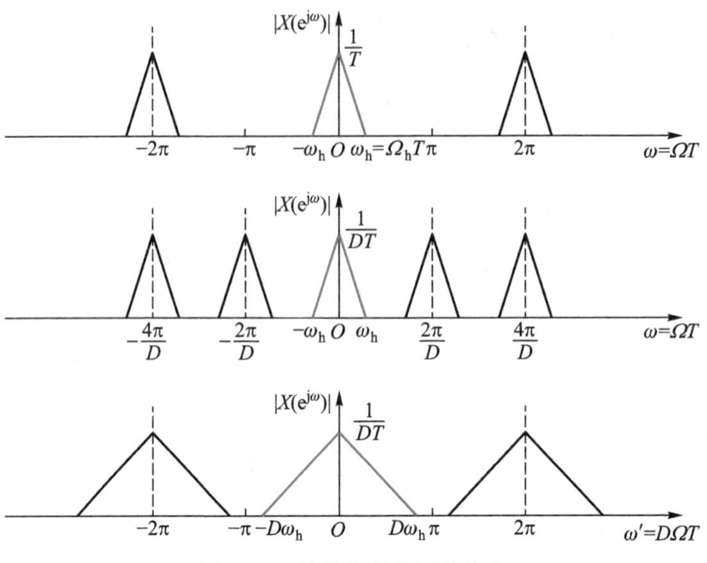

图 11.3　抽样处理的频谱关系

由于 $f_{s2} \leqslant f_{s1}$，抽样后降低了采样频率，因此转换前的离散时间信号 $x[n]$ 的频谱 $X(\mathrm{e}^{\mathrm{j}\omega})$ 没有混叠，并不能保证转换后序列的频谱不会混叠。只有转换前后采样频率 f_{s1}、f_{s2} 均满足奈奎斯特采样定理时，信号才不会混叠。进一步分析，当做 D 倍抽样时，只要原序列的一个周期的频谱限制在 $|\omega| \leqslant \frac{\pi}{D}$，则抽取后信号 $x_D[n]$ 的频谱不会发生混叠。但由于 D 是可变的，很难要求在不同的 D 下都能满足上述频谱要求，因此为了防止混叠，在抽样器前增加式(11.13)所示的抗混叠数字滤波器 $H_D(\mathrm{e}^{\mathrm{j}\omega})$，以压缩其频带来满足上述频谱要求。

$$|H_D(\mathrm{e}^{\mathrm{j}\omega})| = \begin{cases} 1, & |\omega| \leqslant \dfrac{\pi}{D} \\ 0, & \text{其他} \end{cases} \tag{11.13}$$

由上述分析过程可知，抽样系统的结构框图如图 11.4所示，则抽样后的序列 $x_D[n]$ 如式(11.14)所示。

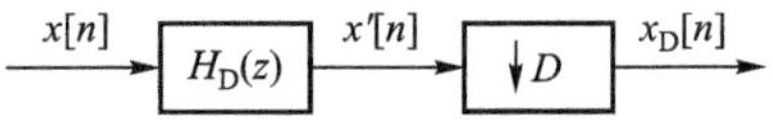

x[n] → $H_D(z)$ → x'[n] → ↓D → $x_D[n]$

图 11.4　抽样系统结构

$$x_D[n] = x'[Dn] = \sum_{k=-\infty}^{\infty} x[k]h[Dn-k] \tag{11.14}$$

11.1.2　整数倍插值

令转换后采样率增大为原来的 I 倍（I 为大于 1 的整数），即转换后采样率 $f_{s2} = If_{s1}$，则称为整数倍插值。从数字域来看，插值就是在序列 $x[n]$ 的每两个采样点之间，插入 $I-1$ 个采样值，构成新的序列，记作 $x_I[n]$。

为了分析序列 $x[n]$ 与 $x_I[n]$ 频域之间的关系，首先在原有序列 $x[n]$ 的每两个采样点之间，插入 $I-1$ 个 0，构成新的序列，记作 $x'[n]$，如式(11.15)所示，其实现框图如图 11.5 所示。

$$x'[n]=\begin{cases} x\left[\dfrac{n}{I}\right], & n=0,\pm I,\pm 2I,\cdots \\ 0, & \text{其他} \end{cases} \tag{11.15}$$

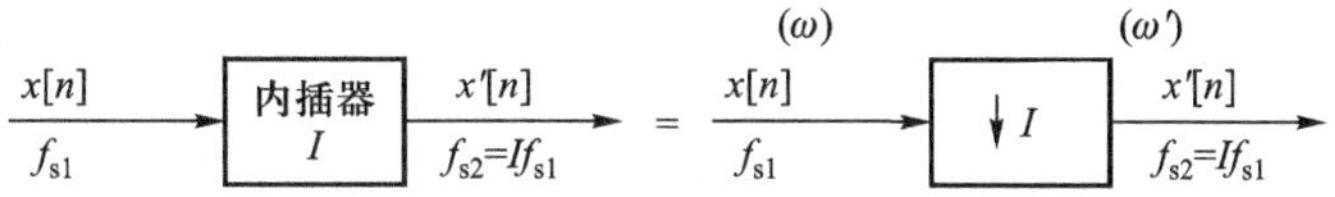

图 11.5　插值处理的框图表示

图 11.6 给出了 $I=2$ 时的插值过程。

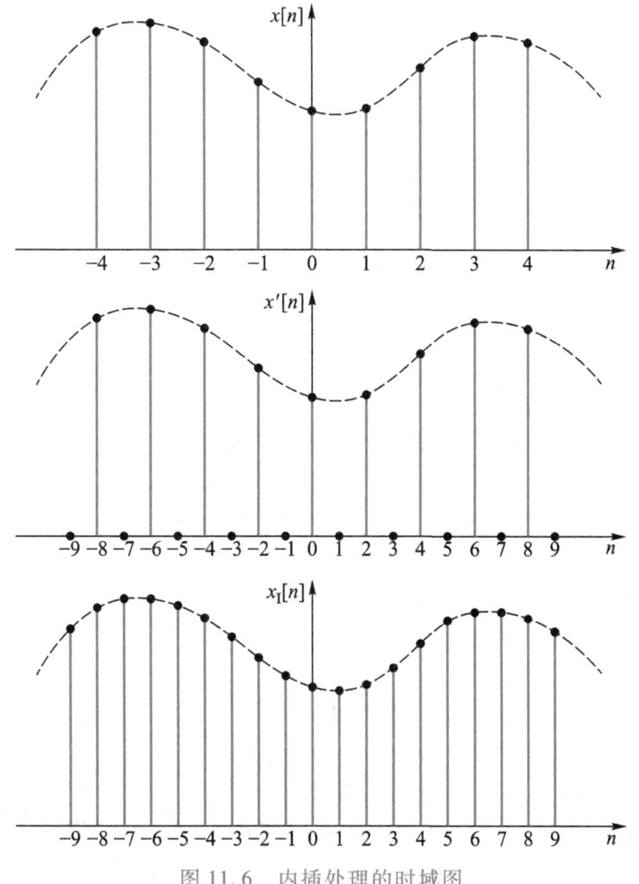

图 11.6　内插处理的时域图

如果 $x[n]$的 DTFT 为 $X(\mathrm{e}^{\mathrm{j}\omega})$，$x'[n]$的 DTFT 为 $X'(\mathrm{e}^{\mathrm{j}\omega})$，$x_{\mathrm{I}}[n]$的 DTFT 为 $X_{\mathrm{I}}(\mathrm{e}^{\mathrm{j}\omega})$。

$$X'(\mathrm{e}^{\mathrm{j}\omega})=\sum_{n=-\infty}^{\infty}x'[n]\mathrm{e}^{-\mathrm{j}\omega n}=\sum_{n=-\infty}^{\infty}x\left[\frac{n}{I}\right]\mathrm{e}^{-\mathrm{j}\omega n} \tag{11.16}$$

令$\dfrac{n}{I}=m$，则式(11.16)为

$$X'(\mathrm{e}^{\mathrm{j}\omega})=\sum_{n=-\infty}^{\infty}x[m]\mathrm{e}^{-\mathrm{j}I\omega n} \tag{11.17}$$

即

$$X'(\mathrm{e}^{\mathrm{j}\omega}) = X(\mathrm{e}^{\mathrm{j}I\omega}) \tag{11.18}$$

由于 $f_{s2} \geqslant f_{s1}$，因此转换前的离散时间信号 $x[n]$ 的频谱 $X(\mathrm{e}^{\mathrm{j}\omega})$ 没有混叠，则转换后序列的频谱也不会混叠。由图 11.7 可知，频谱 $X'(\mathrm{e}^{\mathrm{j}\omega})$ 中不仅包含 $|\omega| \leqslant \frac{\pi}{I}$ 的频率分量（基带频谱），而且还包含基带频谱的镜像频谱，这些镜像频谱出现在 $\pm\frac{2\pi}{I}, \pm 2\frac{2\pi}{I}, \cdots, (I-1)\frac{2\pi}{I}$。滤除这些镜像频谱后即为插值后信号 $x_{\mathrm{I}}[n]$ 的频谱 $X_{\mathrm{I}}(\mathrm{e}^{\mathrm{j}\omega})$。

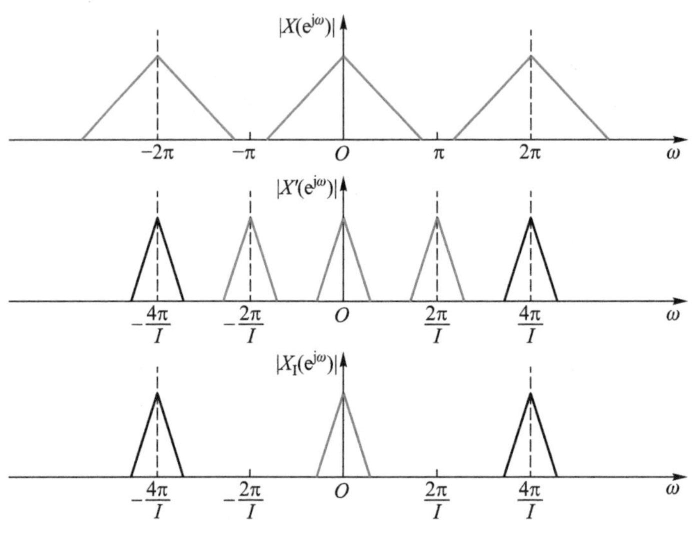

图 11.7　内插处理的频谱关系

利用式(11.19)所示的数字低通滤波器 $H_{\mathrm{I}}(\mathrm{e}^{\mathrm{j}\omega})$，滤除镜像频谱分量，去除镜像的目的实质上是解决所插值为零的点的问题。

$$|H_{\mathrm{I}}(\mathrm{e}^{\mathrm{j}\omega})| = \begin{cases} I, & |\omega| \leqslant \dfrac{\pi}{I} \\ 0, & \text{其他} \end{cases} \tag{11.19}$$

由上述分析过程可知，插值系统的结构框图如图 11.8 所示。

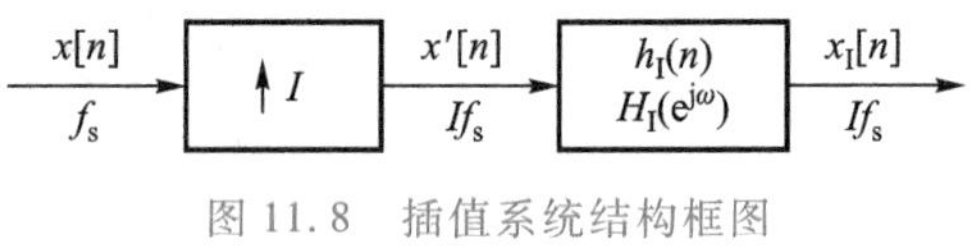

可获得采样频率 $f_{s2} = If_{s1}$ 的离散时间序列 $x_{\mathrm{I}}[n]$，如式(11.20)所示。

(ω)　(ω′)　(ω′)

$x[n]$，f_s → ↑I → $x'[n]$，If_s → $h_{\mathrm{I}}(n)$，$H_{\mathrm{I}}(\mathrm{e}^{\mathrm{j}\omega})$ → $x_{\mathrm{I}}[n]$，If_s

图 11.8　插值系统结构框图

$$x_{\mathrm{I}}[n] = \sum_{k=-\infty}^{\infty} x'[k]h[n-k] \tag{11.20}$$

即插值后序列 $x_{\mathrm{I}}[n]$ 的频谱 $X_{\mathrm{I}}(\mathrm{e}^{\mathrm{j}\omega})$，等效于插值前序列 $x[n]$ 的 DTFT $X(\mathrm{e}^{\mathrm{j}\omega})$ 的 ω 缩减 I 倍，滤除 $I-1$ 个镜像频谱，且幅度乘以 I。

常用的其他插值方法还有零阶保持和线性插值。对于 $I=2$ 的内插，该两种方法的示意图如图 11.9 所示。

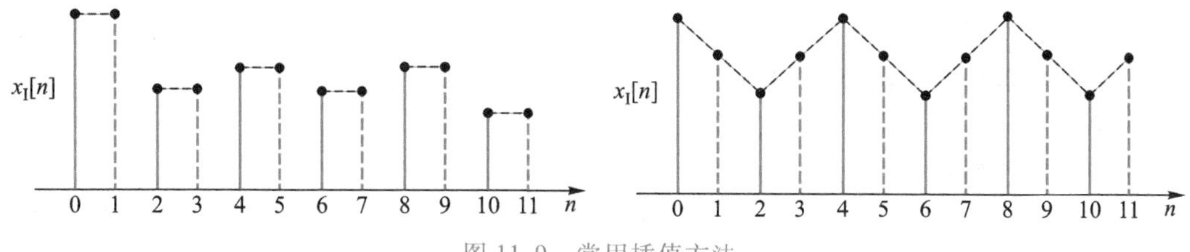

图 11.9　常用插值方法

零阶保持的差分方程为 $x[2n+1]=x[2n]$，系统函数为 $H(z)=1+z^{-1}$。线性插值的差分方程为 $x[2n+1]=\frac{1}{2}(x[2n]+x[2(n+1)])$，即 $H_I(z)=\frac{1}{2}(z+2+z^{-1})$。

11.1.3　非整数倍采样率转换

前面讨论的抽样和插值实际上是采样率转换的一种特殊情况，即整数倍转换的情况，然而在实际应用中往往会碰到非整数 $\frac{I}{D}$ 倍采样率转换的情况。将整数倍抽样和插值相结合，即可完成 $\frac{I}{D}$ 倍的采样率转换。一般采用先插值后抽样的办法，这是因为先抽样会使 $x[n]$ 的数据点减少，产生数据的丢失，还可能产生频谱混叠。非整数倍采样率转换的结构如图 11.10(a)所示，将插值器和抽取器级联。

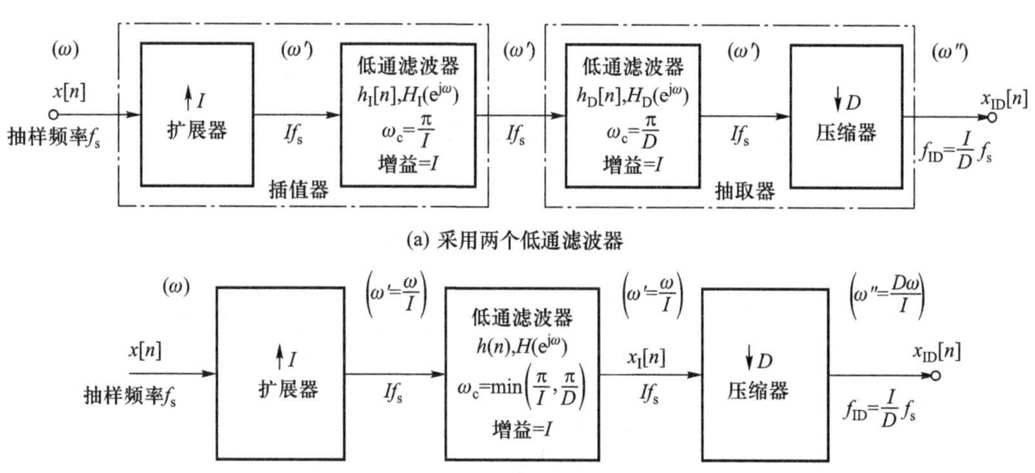

图 11.10　采样率有理倍数转换方法

两个级联的低通滤波器 $H_{lp1}(e^{j\omega})$、$H_{lp2}(e^{j\omega})$ 工作的采样率均为 If_s，可用一个组合滤波器来代替，结构如图 11.10(b)所示。组合滤波器 $H(e^{j\omega})$ 的频率特性应满足式(11.21)。

$$|H(e^{j\omega})|=\begin{cases}I, & |\omega|\leqslant\min\left(\frac{\pi}{I},\frac{\pi}{D}\right)\\0, & 其他\end{cases}\tag{11.21}$$

也就是说，组合滤波器的截止频率应取 $H_{lp1}(e^{j\omega})$、$H_{lp2}(e^{j\omega})$ 两个滤波器截止频率的较小值，而此滤波器幅度和插值滤波器的幅度一样为 I。可以证明，无论是抽样或插值，其输入到输出的转换都相当于经过一个线性移变（时变）系统。

下面用一个简单实例来说明非整数倍的采样率转换。

例 11.1 对连续时间信号 $x_c(t)$ 进行采样频率为 3 kHz 的采样，得到离散时间序列 $x[n]$，试确定图 11.10 中的 I、D 和 $H(z)$ 的幅频响应，使得输出序列 $y[n]$ 的采样率为 2 kHz。

解：输出序列和输入序列采样率之比为$\dfrac{2\ \text{kHz}}{3\ \text{kHz}}=\dfrac{2}{3}$，即 $I=2$、$D=3$。

$x[n]$经过 $I=2$ 插值后的频谱如图 11.11 所示，故 $H(z)$ 的频谱响应为

$$|H(e^{j\omega})|=\begin{cases}2, & |\omega|\leqslant\dfrac{\pi}{3}\\0, & \text{其他}\end{cases} \tag{11.22}$$

输出序列的频谱如图 11.11 所示。

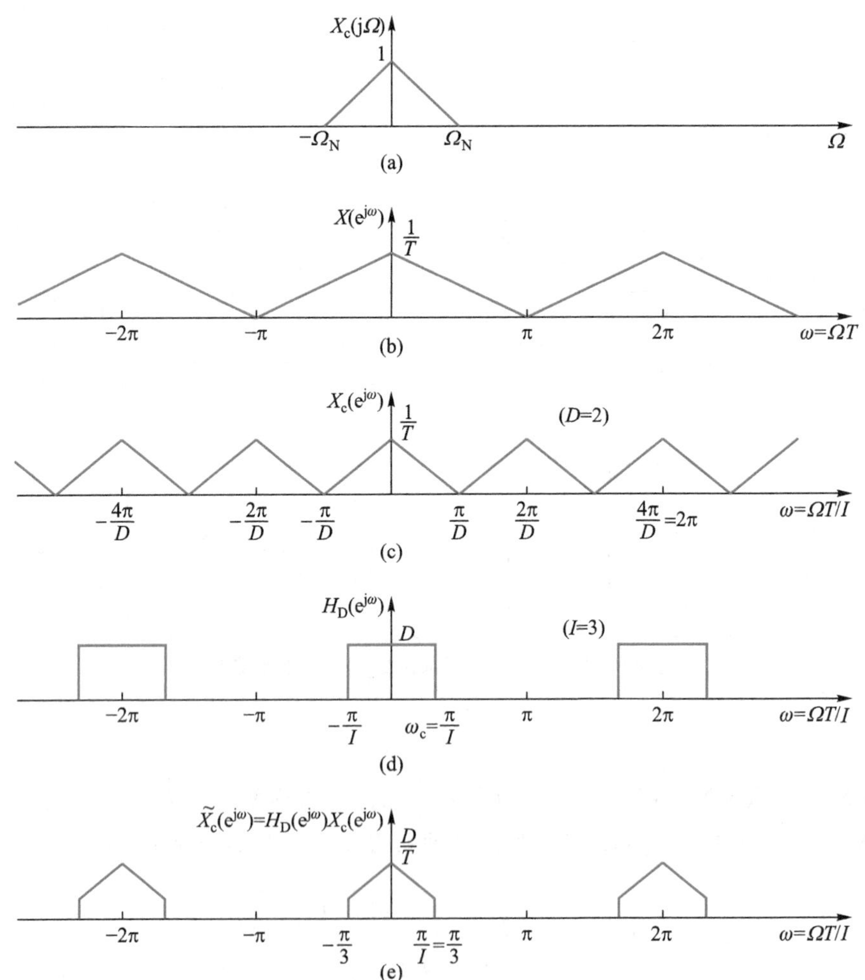

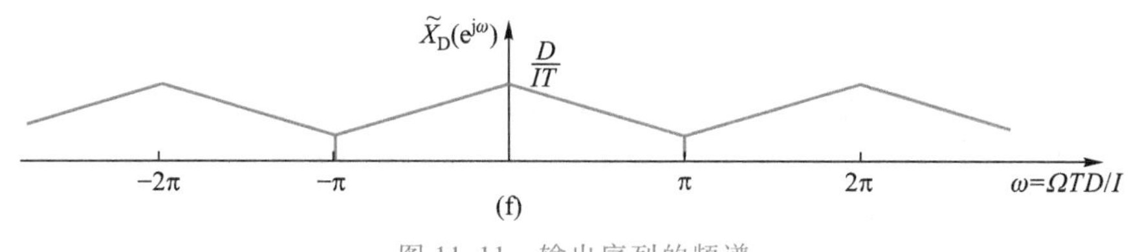

图 11.11 输出序列的频谱

11.1.4 多采样率转换滤波器的 MATLAB 实现

在 MATLAB 信号处理工具箱中,还提供了专门的抽取函数 decimate( )、内插函数 interp( )。

抽取函数 decimate

格式:y=decimate(x,r)。

功能:对离散时间信号向量 $\boldsymbol{x}$ 按抽取因子 r 抽取,得到信号向量 $\boldsymbol{y}$,相当于降低了采样率 r 倍。向量 $\boldsymbol{y}$ 的长度是原信号向量 $\boldsymbol{x}$ 长度的 $1/r$ 倍。

内插函数 interp

格式:y=interp(x,r)。

功能:对离散时间信号向量 $\boldsymbol{x}$ 按内插因子 r 内插,得到信号向量 $\boldsymbol{y}$,相当于提高了采样率 r 倍。向量 $\boldsymbol{y}$ 的长度是原信号向量 $\boldsymbol{x}$ 长度的 r 倍。

11.2 多相分解

抽样和插值是多速率信号处理系统中的两个最基本的运算,图 11.4 和图 11.8 所示分别为实现抽样和插值的系统结构模型。但是,这两种模型对运算速度和资源的要求相当高。

在抽样模型中,低通滤波器 $H_D(e^{j\omega})$ 位于抽取算子 D 之前,也就是说低通滤波器是在降速之前实现的,这要求系统有较高的处理速度;而且在最后的抽取过程中,滤波器的每 D 个输出值中只有一个有用,即有 $D-1$ 个输出样值的计算是无用的,造成了资源浪费,如图 11.12 所示。由图可知,虽然 $h[n-1]$、$h[n-2]$ 等均与 $x[n]$ 进行了相乘,但是在抽取时将其丢弃,这样不仅产生计算量的冗余,同时也造成资源的浪费。

对于插值模型,低通滤波器 $H_I(e^{j\omega})$ 位于提速之后,即在输入序列 $x[n]$ 的相邻样值之间插入 $I-1$ 个零值之后,这同样要求系统有较高的处理速度;当 I 值较大时,进入滤波器的信号大部分为零,其乘法运算的结果也大部分为零,造成许多无效的运算,降低了处理器的资源利用率,如图 11.13 所示。由图可知,在 $x[n]$ 的相邻样值之间插入了 2 个零值,导致 $h[-n]$ 的一系列移位序列与 $x[n]$ 相乘时产生了很多的零值,这造成了很多无效的运算,降低了处理器的资源利用率。

因此,无论是抽样还是插值,滤波都在高采样率的条件下进行,这无疑提高了对运算速度的要求,对实时处理不利,而且导致资源的利用率很低。多相分解是多速率信号处理中的一种基本方法,它可以减少采样率转换中不必要的计算,从而提高计算效率和资源利用率。

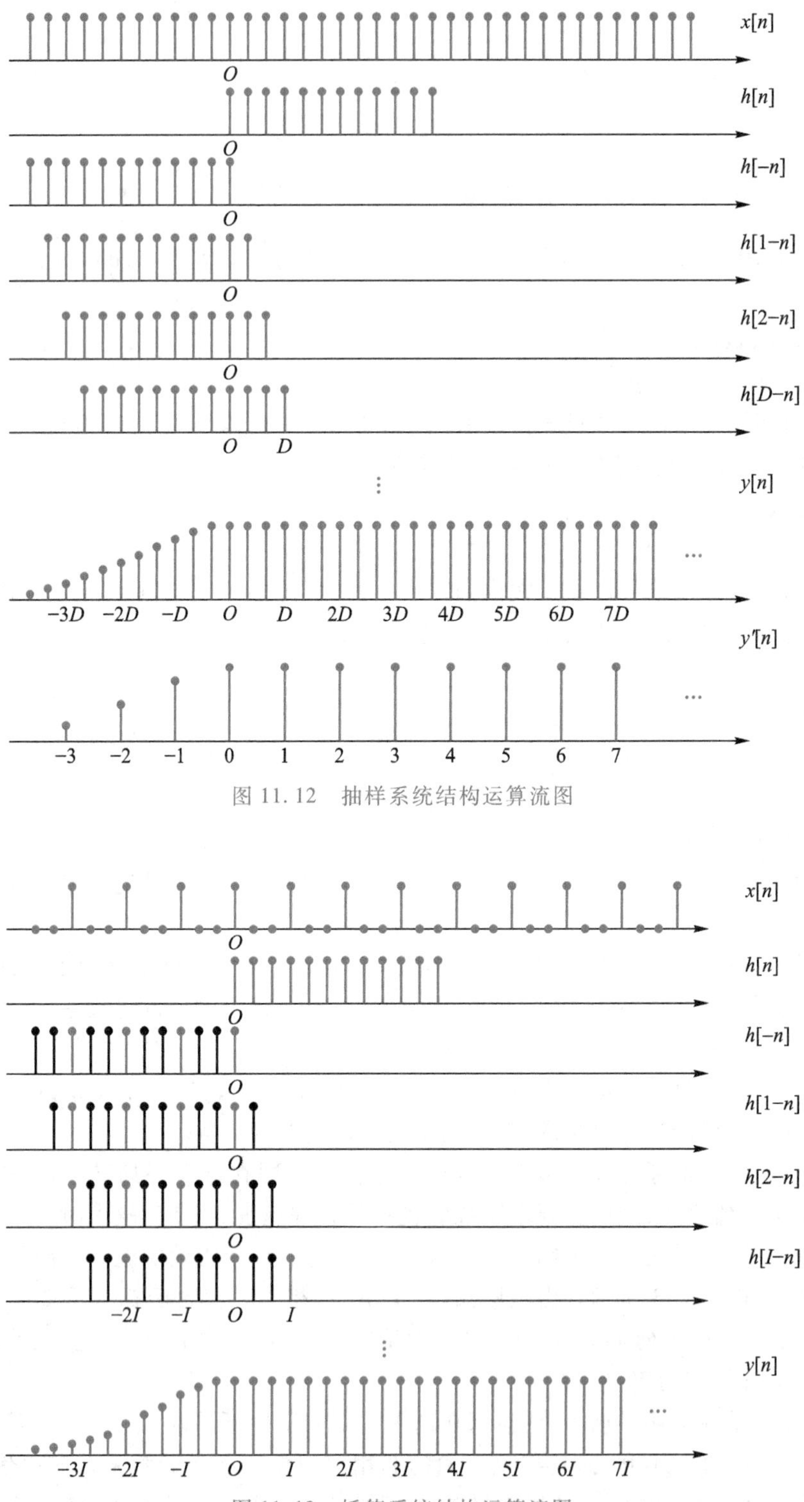

图 11.12　抽样系统结构运算流图

图 11.13　插值系统结构运算流图

11.2.1 多相分解表示

如图 11.14 所示,数字信号 $x[n]$可分解为 D 个 D 倍抽样序列 $x_k[n]$的叠加,即

$$x[n]=\sum_{k=0}^{D-1}x_k[n] \tag{11.23}$$

其中,$x_k[n]=x[Dn+k]$($k\in[0,D-1]$)。

如果 $x[n]$的 z 变换为

$$X(z)=\sum_{n=-\infty}^{\infty}x[n]z^{-n} \tag{11.24}$$

将式(11.23)带入式(11.24),得

$$X(z)=\sum_{m=-\infty}^{\infty}x[Dm]z^{-Dm}+\sum_{m=-\infty}^{\infty}x[Dm+1]z^{-(Dm+1)}+\cdots+\sum_{m=-\infty}^{\infty}x[Dm+D-1]z^{-(Dm+D-1)} \tag{11.25}$$

即

$$X(z)=\sum_{k=0}^{D-1}\sum_{m=-\infty}^{\infty}x[Dm+k]z^{-(Dm+k)}=\sum_{k=0}^{D-1}z^{-k}\sum_{m=-\infty}^{\infty}x_k[n]z^{-Dm} \tag{11.26}$$

如果 $x_k[n]=x[Dn+k]$的 z 变换为 $X_k(z)$,则

$$X(z)=\sum_{k=0}^{D-1}z^{-k}X_k(z^D) \tag{11.27}$$

称 $x_k[n]$为原序列 $x[n]$的多相分量,$X_k(z)$为原序列 z 变换 $X(z)$的多相分量。

对系统函数 $H(z)$的多项分解如下:

$$H(z)=\sum_{k=0}^{D-1}z^{-k}E_k(z^D) \tag{11.28}$$

式(11.28)称为 I 型分解,如图 11.15 所示。如果 $H(z)$是 FIR 滤波器,则多相分量 $E_k(z^D)$($k\in[0,D-1]$)也是 FIR 滤波器;如果 $H(z)$是 IIR 滤波器,则多相分量 $E_k(z^D)$($k\in[0,D-1]$)也是 IIR 滤波器。

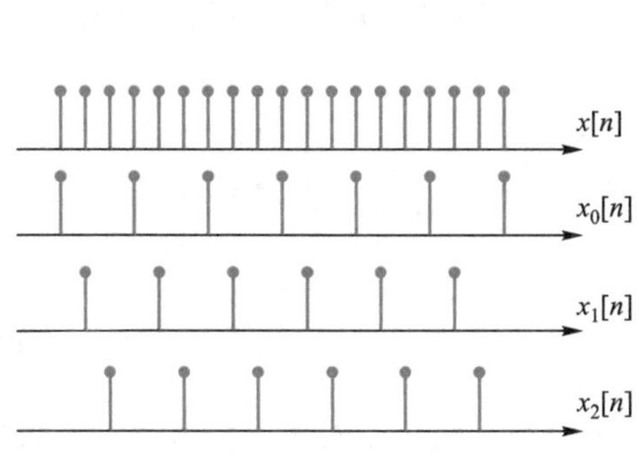

图 11.14 序列分解

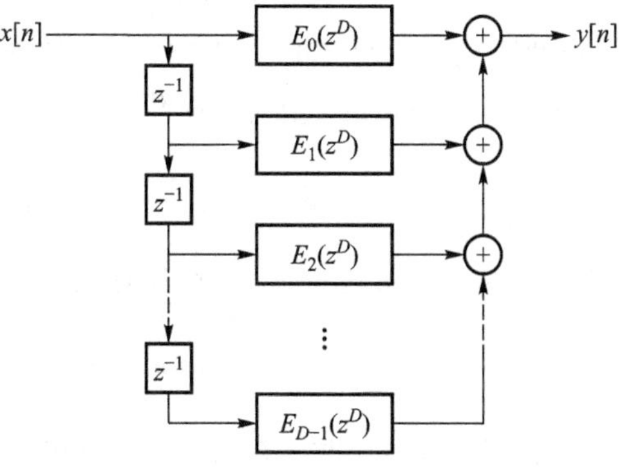

图 11.15 滤波器 I 型多相分解

令 $R_k(z^D)=E_{D-1-k}(z^D)$，则

$$H(z)=\sum_{k=0}^{D-1} z^{-(D-1-k)} R_k(z^D) \tag{11.29}$$

式(11.29)称为Ⅱ型分解，如图 11.16 所示。

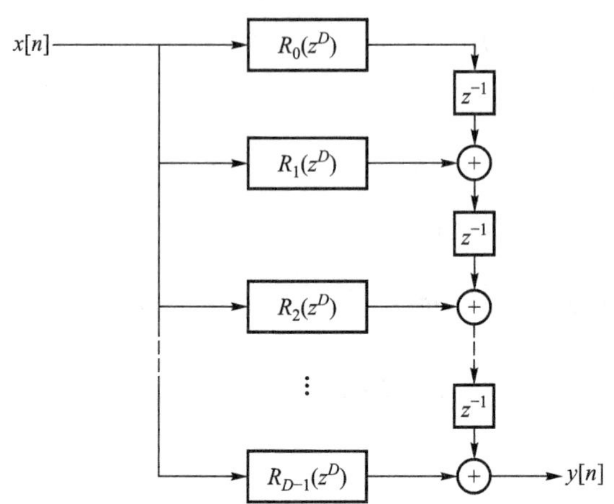

图 11.16　滤波器Ⅱ型多相分解

11.2.2　抽样和插值的多相结构

1. 采样率转换性质

在讨论抽样和插值的多相滤波结构之前，本节首先给出采样率转换的性质，这些性质对于多速率信号处理理论的研究具有重要作用。如图 11.17 和图 11.18 所示，左右流图是对等的。为便于后续讨论，下面证明两个非常重要的等式，以加深对这两个等式的印象和理解，有兴趣的读者可以尝试对其他等式的证明。

图 11.17(a)中左边的 $y[m]$ 可表示为

$$y[m]=y'[m-1]=x[(m-1)D] \tag{11.30}$$

图 11.17(a)中右边的 $y[m]$ 可表示为

$$y[m]=y'[mD]=x[mD-D]=x[(m-1)D] \tag{11.31}$$

由此可见，式(11.30)与式(11.31)完全相等，因此这两个等式是对等的。同样，对于图 11.18(a)中左边的 $y[m]$ 可简化表示为

$$y[m]=y'\left[\frac{m}{I}\right]=x\left[\frac{m}{I}-1\right] \tag{11.32}$$

图 11.18(a)中右边的 $y[m]$ 也可简化表示为

$$y[m]=y'[m-I]=x\left[\frac{m-I}{I}\right]=x\left[\frac{m}{I}-1\right] \tag{11.33}$$

由此可见，式(11.32)与式(11.33)完全相等，因此这两个等式也是对等的。这两个等式在后面介绍抽取和内插的多相滤波结构时会经常用到。

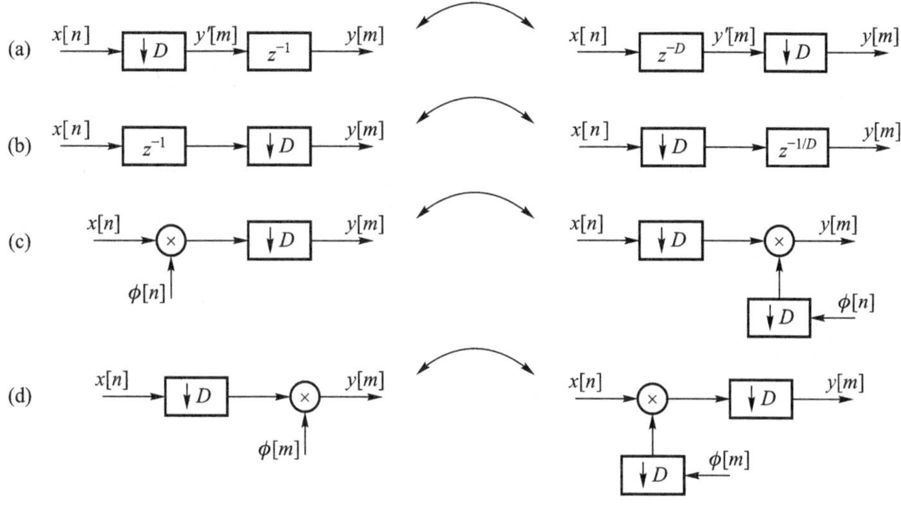

图 11.17　抽取器的对等关系

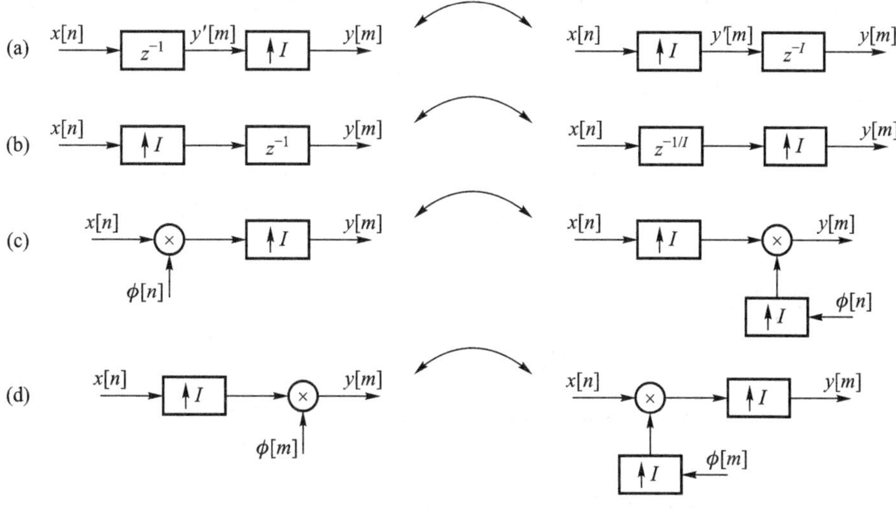

图 11.18　内插器的对等关系

2. 抽样的多相滤波实现

图 11.4 所示的抽样系统，低通滤波器 $h_{\mathrm{D}}[n]$ 采用式(11.28)的形式，则图 11.4 所示的抽样系统可表示为图 11.19(a)的形式。输入序列 $x[n]$ 经过数字低通滤波器 $h_{\mathrm{D}}[n]$，滤波后序列为 $x'[n]$，然后对 $x'[n]$ 做抽样。$x'[n]$ 中仅当 $n=iD(i\in\mathbf{Z})$ 时，计算的值为抽样值 $x_{\mathrm{D}}[n]=x'[Dn]$，接下来的 $D-1$ 个计算值 $x'[Dn+1],x'[Dn+2],\cdots,x'[Dn+D-1]$ 将被舍弃掉。也就是说，该方法进行了大量不必要的运算。

结合前一小节讲述的采样率转换性质，可将图 11.19(a)所示系统结构转换成图 11.19(b)所示的形式，即先抽样，然后进行滤波处理。由于滤波是在抽样后进行的，避免了不必要的运算，不仅可以提高计算效率，还可以大大降低对处理速度的要求，提高实时处理能力。

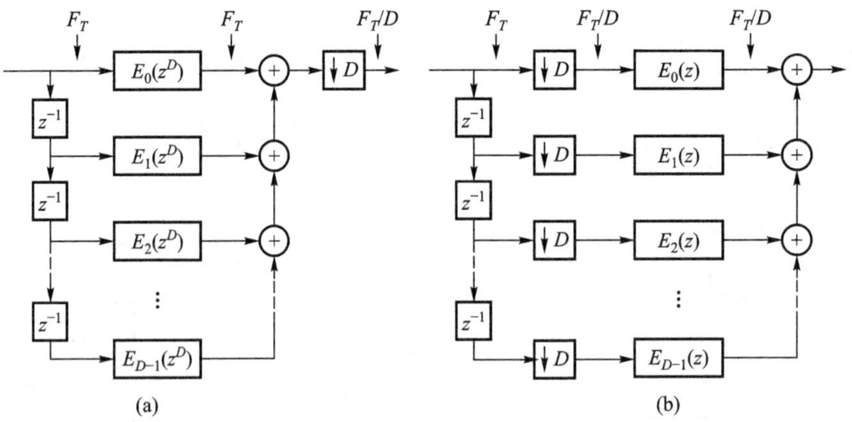

图 11.19　抽样系统多相滤波实现框图

下面举例来说明。

例 11.2　如果 3 倍抽样系统的抗混叠滤波器 $h[n]$ 为第二类广义线性相位系统滤波器,其中 $D=3$。请分别画出图 11.19 所示两种实现方法的流图,分析系统实现过程及所需计算量。

解:抽样率 $D=3$,则抗混叠滤波器表示为

$$\begin{aligned} h[n]=&(h[0]+h[3]z^{-3}+h[6]z^{-6}+h[9]z^{-9})+\\ &z^{-1}(h[1]+h[4]z^{-3}+h[7]z^{-6}+h[10]z^{-9})+\\ &z^{-2}(h[2]+h[5]z^{-3}+h[8]z^{-6}+h[11]z^{-9}) \end{aligned} \tag{11.34}$$

(1) 第一种结构。

$$H(z)=\sum_{k=0}^{2} z^{-k}E_k(z^3) \tag{11.35}$$

$$E_0(z^3)=h[0]+h[3]z^{-3}+h[6]z^{-6}+h[9]z^{-9} \tag{11.36}$$

$$E_1(z^3)=h[1]+h[4]z^{-3}+h[7]z^{-6}+h[10]z^{-9} \tag{11.37}$$

$$E_2(z^3)=h[2]+h[5]z^{-3}+h[8]z^{-6}+h[11]z^{-9} \tag{11.38}$$

输入 $E_0(z^3)$ 的序列为

$$x_0[n]=x[n] \tag{11.39}$$

输入 $E_1(z^3)$ 的序列为

$$x_1[n]=x[n-1] \tag{11.40}$$

输入 $E_2(z^3)$ 的序列为

$$x_2[n]=x[n-2] \tag{11.41}$$

$E_0(z)$ 的输出序列为

$$y_0[n]=h[0]x_0[n]+h[3]x_0[n-1]+h[6]x_0[n-2]+h[9]x_0[n-3] \tag{11.42}$$

$$y_0[n]=h[0]x[n]+h[3]x[n-1]+h[6]x[n-2]+h[9]x[n-3] \tag{11.43}$$

$E_1(z)$ 的输出序列为

$$y_1[n]=h[1]x_1[n]+h[4]x_1[n-1]+h[7]x_1[n-2]+h[10]x_1[n-3] \tag{11.44}$$

$$y_1[n]=h[1]x[n-1]+h[4]x[n-2]+h[7]x[n-3]+h[10]x[n-4] \tag{11.45}$$

$E_2(z)$的输出序列为

$$y_2[n]=h[2]x_2[n]+h[5]x_2[n-1]+h[8]x_2[n-2]+h[11]x_2[n-3] \tag{11.46}$$

$$y_2[n]=h[2]x[n-2]+h[5]x[n-3]+h[8]x[n-4]+h[11]x[n-5] \tag{11.47}$$

则抽样系统输出序列为

$$\begin{aligned} y[n]=&(h[0]x[n]+h[3]x[n-3]+h[6]x[n-6]+h[9]x[n-9])+\\ &(h[1]x[n-1]+h[4]x[n-4]+h[7]x[n-7]+h[10]x[n-10])+\\ &(h[2]x[n-2]+h[5]x[n-5]+h[8]x[n-8]+h[11]x[n-11]) \end{aligned} \tag{11.48}$$

每$\frac{1}{f_{s1}}$时间内,需要计算 12 次乘法、11 次加法。当 $n=iD(i\in\mathbf{Z})$时,系统输出为抽样值 $x_D[n]=x'[Dn]$。接下来的$\frac{D-1}{f_{s1}}$时间内,计算出的值会被舍弃掉。

该结构的实现流图如图 11.20 所示。

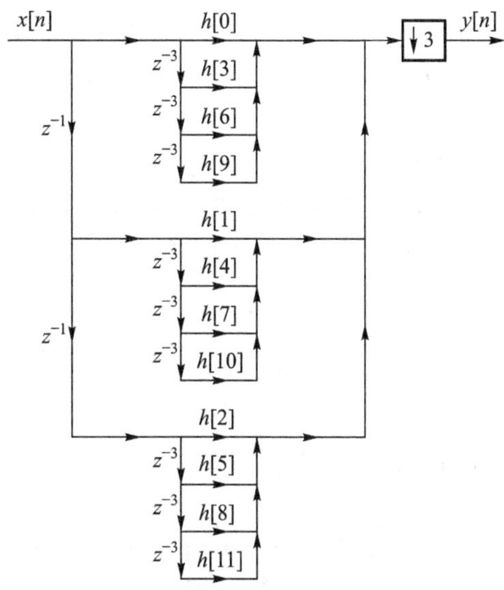

图 11.20 抽样滤波器多相实现

(2) 第二种结构。

$$H(z)=\sum_{k=0}^{2}z^{-k}E_k(z) \tag{11.49}$$

$$E_0(z)=h[0]+h[3]z^{-1}+h[6]z^{-2}+h[9]z^{-3} \tag{11.50}$$

$$E_1(z)=h[1]+h[4]z^{-1}+h[7]z^{-2}+h[10]z^{-3} \tag{11.51}$$

$$E_2(z)=h[2]+h[5]z^{-1}+h[8]z^{-2}+h[11]z^{-3} \tag{11.52}$$

输入 $E_0(z)$的序列为

$$x_0[n]=x[Dn]=\cdots,x[-D],x[0],x[D],x[2D],\cdots \tag{11.53}$$

输入 $E_1(z)$的序列为

$$x_1[n]=x[Dn+1]=\cdots,x[-D+1],x[1],x[D+1],x[2D+1],\cdots \tag{11.54}$$

输入 $E_2(z)$ 的序列为

$$x_2[n]=x[Dn+2]=\cdots,x[-D+2],x[2],x[D+2],x[2D+2],\cdots \tag{11.55}$$

$E_0(z)$ 的输出序列为

$$y_0[n]=h[0]x_0[n]+h[3]x_0[n-1]+h[6]x_0[n-2]+h[9]x_0[n-3] \tag{11.56}$$

$$y_0[n]=h[0]x[Dn]+h[3]x[D(n-1)]+h[6]x[D(n-2)]+h[9]x[D(n-3)] \tag{11.57}$$

$E_1(z)$ 的输出序列为

$$y_1[n]=h[1]x_1[n]+h[4]x_1[n-1]+h[7]x_1[n-2]+h[10]x_1[n-3] \tag{11.58}$$

$$\begin{aligned}y_1[n]=&h[1]x[Dn+1]+h[4]x[D(n-1)+1]+\\&h[7]x[D(n-2)+1]+h[10]x[D(n-3)+1]\end{aligned} \tag{11.59}$$

$E_2(z)$ 的输出序列为

$$y_2[n]=h[2]x_2[n]+h[5]x_2[n-1]+h[8]x_2[n-2]+h[11]x_2[n-3] \tag{11.60}$$

$$\begin{aligned}y_2[n]=&h[2]x[Dn+2]+h[5]x[D(n-1)+2]+\\&h[8]x[D(n-2)+2]+h[11]x[D(n-3)+2]\end{aligned} \tag{11.61}$$

则抽样系统输出序列为

$$\begin{aligned}y[n]=&(h[0]x[Dn]+h[3]x[D(n-1)]+h[6]x[D(n-2)]+h[9]x[D(n-3)])+\\&(h[1]x[Dn+1]+h[4]x[D(n-1)+1]+h[7]x[D(n-2)+1]+h[10]x[D(n-3)+1])+\\&(h[2]x[Dn+2]+h[5]x[D(n-1)+2]+h[8]x[D(n-2)+2]+h[11]x[D(n-3)+2])\end{aligned} \tag{11.62}$$

每 $\dfrac{D}{f_{s1}}$ 时间内，需要计算 12 次乘法、11 次加法，输出为抽样值 $x_D[n]=x'[Dn]$。这是一种高效运算方式。

该结构的实现流图如图 11.21 所示。

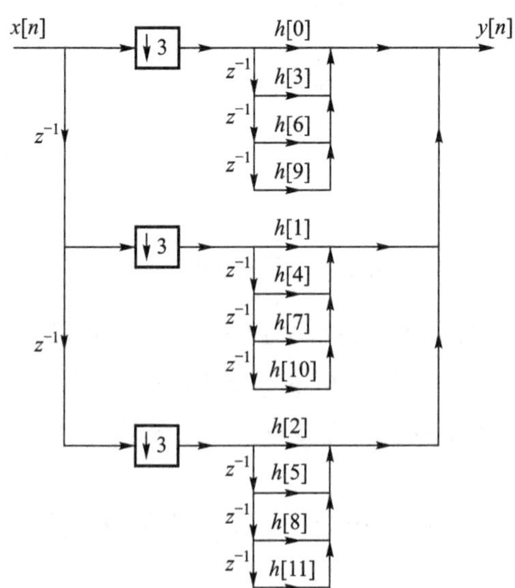

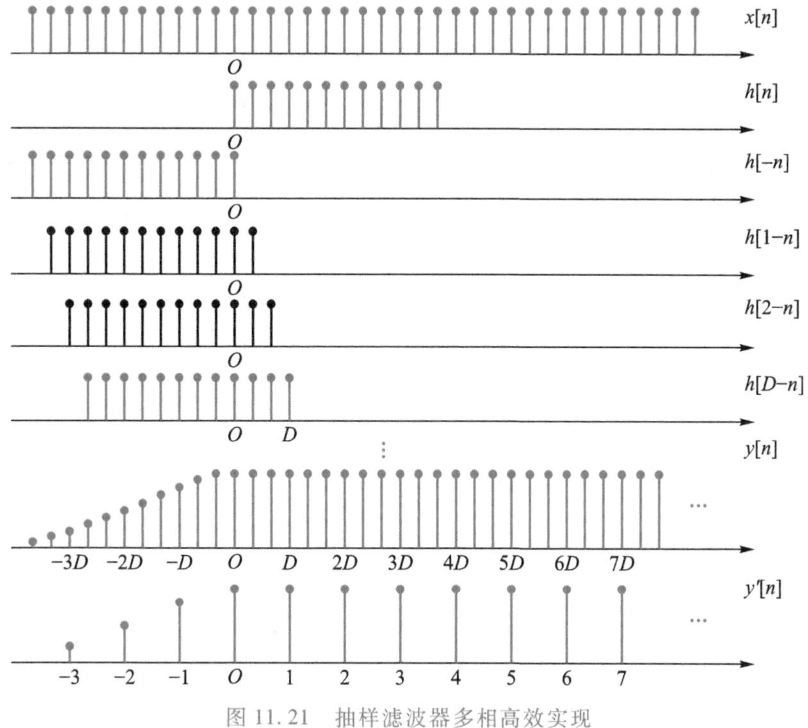

图 11.21　抽样滤波器多相高效实现

3. 插值的多相滤波实现

图 11.8 所示的插值系统，低通滤波器 $h_I[n]$ 采用式(11.29)的形式，则图 11.8 所示的抽样系统可表示为图 11.22(a)的形式。输入序列 $x[n]$ 的每两个采样点之间插入 $I-1$ 个 0 得到序列 $x'[n]$，$x'[n]$ 经过数字低通滤波器 $h_I[n]$，滤波后序列为 $x_I[n]$。注意，滤波器 $h_I[n]$ 的每 I 个输入采样中，有 $I-1$ 个不需要运算的 0，该方法也进行了大量的不必要运算。

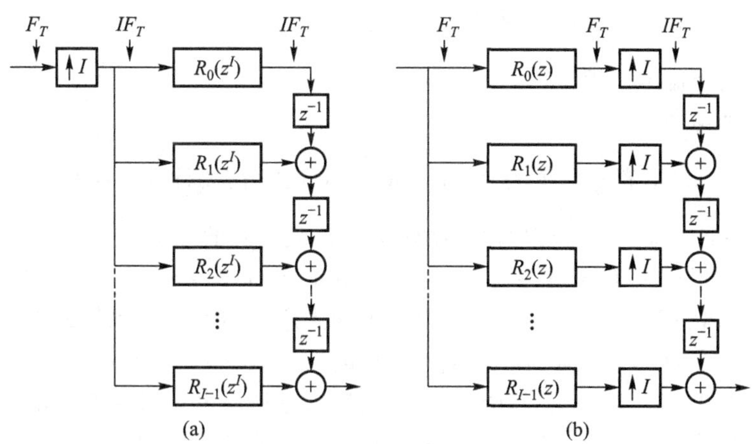

图 11.22　插值系统多相滤波实现框图

根据采样率转换性质，可将图 11.22(a)所示系统结构转换成图 11.22(b)所示的形式，即先进行滤波处理，后插值。该结构中的滤波是在插值前进行的，避免了不必要的运算，不仅可以提高计算效率，还可以大大降低对处理速度的要求，提高实时处理能力。

例 11.3　如果 3 倍插值系统的滤波器 $h[n]$ 为第二类广义线性相位系统滤波器，其中 $I=3$。请分别画出图 11.22 所示两种实现方法的流图，分析系统实现过程及所需计算量。

解：插值率 $I=3$，即插值后输入滤波器的序列 $x''[n]=\begin{cases}x\left[\dfrac{n}{I}\right], & n=0,\pm I,\pm 2I,\cdots\\ 0, & 其他\end{cases}$，则滤波器表示为

$$h[n]=(h[0]+h[3]z^{-3}+h[6]z^{-6}+h[9]z^{-9})+\\ z^{-1}(h[1]+h[4]z^{-3}+h[7]z^{-6}+h[10]z^{-9})+\\ z^{-2}(h[2]+h[5]z^{-3}+h[8]z^{-6}+h[11]z^{-9}) \tag{11.63}$$

(1) 第一种结构。

$$H(z)=\sum_{k=0}^{2}z^{-k}E_k(z^3) \tag{11.64}$$

$$E_0(z^3)=h[0]+h[3]z^{-3}+h[6]z^{-6}+h[9]z^{-9} \tag{11.65}$$

$$E_1(z^3)=h[1]+h[4]z^{-3}+h[7]z^{-6}+h[10]z^{-9} \tag{11.66}$$

$$E_2(z^3)=h[2]+h[5]z^{-3}+h[8]z^{-6}+h[11]z^{-9} \tag{11.67}$$

输入 $E_0(z)$、$E_1(z)$、$E_2(z)$ 的序列均为

$$x''[n]=\begin{cases}x\left[\dfrac{n}{I}\right], & n=0,\pm I,\pm 2I,\cdots\\ 0, & 其他\end{cases} \tag{11.68}$$

则滤波器的输出为

$$y[n]=(h[0]x''[n]+h[3]x''[n-3]+h[6]x''[n-6]+h[9]x''[n-9])+\\ (h[1]x''[n-1]+h[4]x''[n-4]+h[7]x''[n-7]+h[10]x''[n-10])+\\ (h[2]x''[n-2]+h[5]x''[n-5]+h[8]x''[n-8]+h[11]x''[n-11]) \tag{11.69}$$

每 $\dfrac{1}{If_{s1}}$ 时间内，需要计算 12 次乘法、11 次加法。

该结构的实现流图如图 11.23 所示。

(2) 第二种结构。

由于序列 $x''[n]$ 中有 $\dfrac{2}{3}$ 的值为 0，因此每 $\dfrac{1}{If_{s1}}$ 时间内，需要计算 4 次乘法、3 次加法。当 $n=0,\pm I,\pm 2I,\cdots$ 时，$E_1(z)$、$E_2(z)$ 的输入序列均为 0，故系统的输出为

$$y[n]=(h[0]x[n]+h[3]x[n-1]+h[6]x[n-2]+h[9]x[n-3]) \tag{11.70}$$

当 $n=1,\pm I+1,\pm 2I+1,\cdots$ 时，$E_0(z)$、$E_2(z)$ 的输入序列均为 0，故系统的输出为

$$y[n]=(h[1]x[n]+h[4]x[n-1]+h[7]x[n-2]+h[10]x[n-3]) \tag{11.71}$$

当 $n=2,\pm I+2,\pm 2I+2,\cdots$ 时，$E_0(z)$、$E_1(z)$ 的输入序列均为 0，故系统的输出为

$$y[n]=(h[2]x[n]+h[5]x[n-1]+h[8]x[n-2]+h[11]x[n-3]) \tag{11.72}$$

由此可得滤波器的第二种结构为

$$H(z)=\sum_{k=0}^{2}z^{-k}E_k(z) \tag{11.73}$$

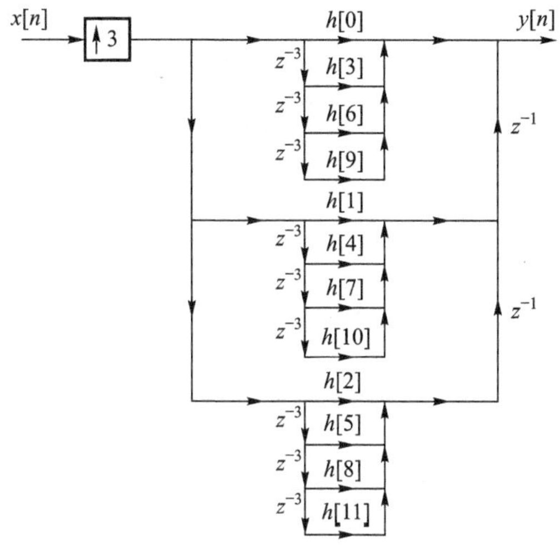

图 11.23 插值滤波器多相实现

$$E_0(z)=h[0]+h[3]z^{-1}+h[6]z^{-2}+h[9]z^{-3} \tag{11.74}$$

$$E_1(z)=h[1]+h[4]z^{-1}+h[7]z^{-2}+h[10]z^{-3} \tag{11.75}$$

$$E_2(z)=h[2]+h[5]z^{-1}+h[8]z^{-2}+h[11]z^{-3} \tag{11.76}$$

输入 $E_0(z)$、$E_1(z)$、$E_2(z)$的序列均为 $x[n]$。

每$\frac{1}{f_{s1}}$时间内计算 12 次乘法、9 次加法，$\frac{1}{f_{s1}}$的第一个$\frac{1}{If_{s1}}$时间间隔为 $E_0(z)$的输出；第二个间隔为 $E_1(z)$的输出；第三个间隔为 $E_2(z)$的输出。即每$\frac{1}{If_{s1}}$时间仅需要计算 4 次乘法、3 次加法。

该结构的实现流图如图 11.24 所示。

对于广义线性相位系统，根据 $h[n]$的对称性，其可采用如图 11.25 所示的多相实现。

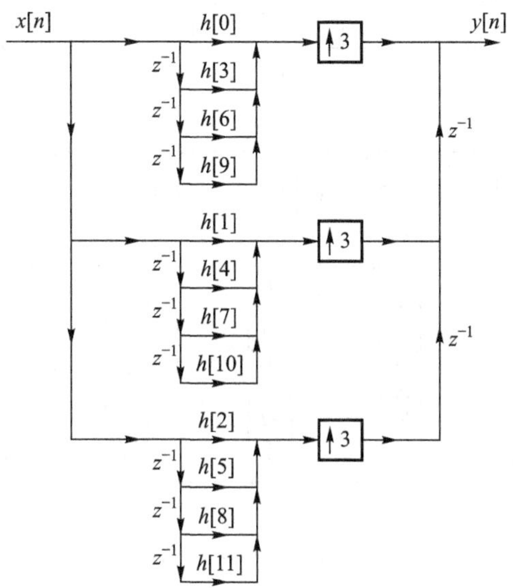

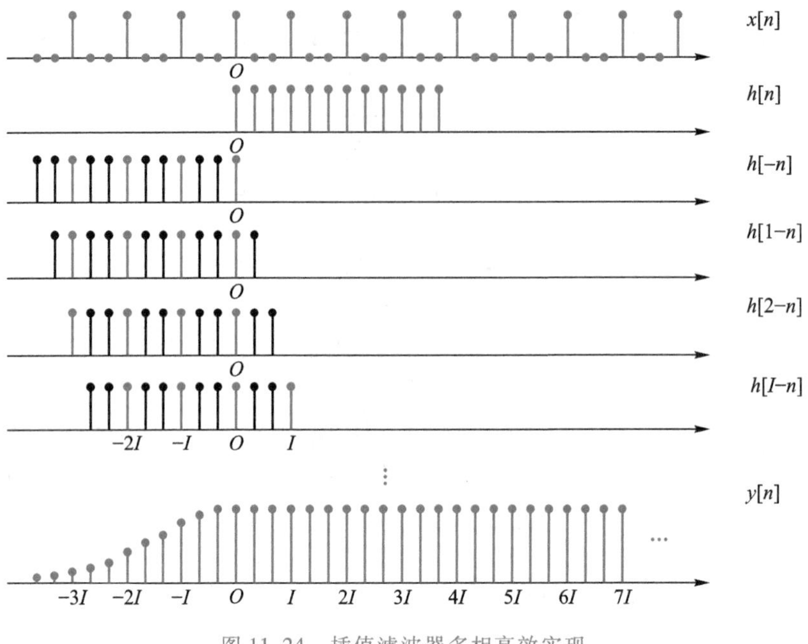

图 11.24　插值滤波器多相高效实现

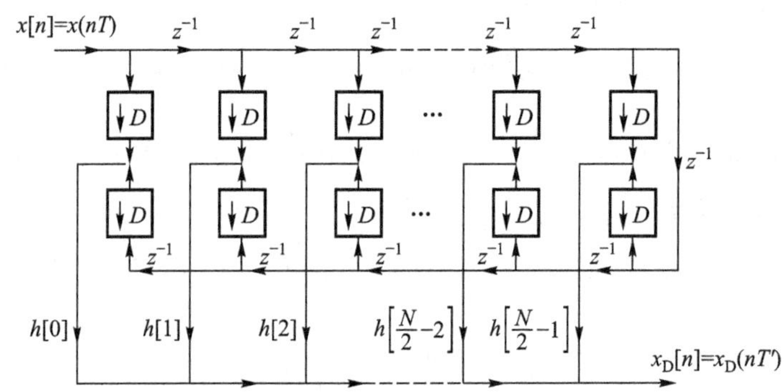

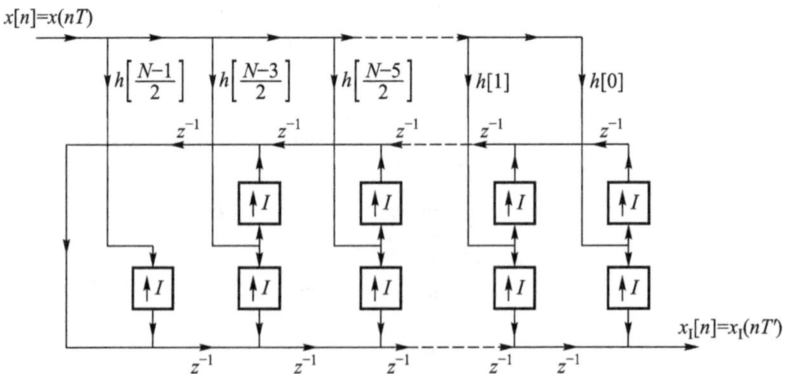

图 11.25　广义线性相位抽样、插值滤波器多相实现

11.3 应用实例

11.3.1 抗混叠滤波

数字信号处理系统处理连续时间信号的流程如图 11.26 所示。连续时间信号 $s_c(t)$ 经过抗混叠滤波器 $H_{aa}(j\Omega)$，以消除或降低混叠产生的影响，得到带限信号 $x_c(t)$；ADC 对 $x_c(t)$ 进行周期采样后得到数字信号 $x[n]$；$x[n]$ 经数字信号处理后得到离散时间序列 $y[n]$；数字信号 $y[n]$ 经 DAC 转换为模拟信号 $y_s(t)$；$y_s(t)$ 经重构滤波器后得到模拟信号 $y_r(t)$。

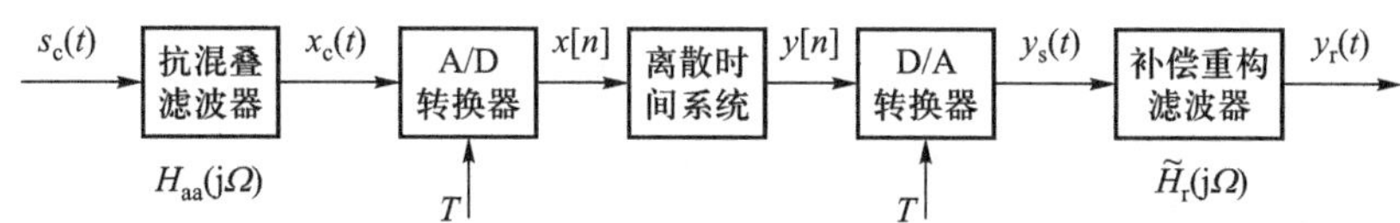

图 11.26　数字系统处理模拟信号方法

抗混叠滤波器属于模拟电路，可由电阻、电容、电感等无源器件实现，也可由有源网络集成电路实现。前者结构简单、成本低，但是过渡带较大。

如图 11.27(a)和(b)所示，经过抗混叠滤波器后的信号 $x_c(t)$，其有用信号的最高频率为 Ω_N，此外还包括最高频率为 Ω_c 的噪声。采样率选择 $\Omega_s \geqslant \Omega_c+\Omega_N$，则采样后数字信号$x[n]$的频谱 $\hat{X}(e^{j\omega})$ 如图 11.27(c)所示。虽然噪声混叠了，但有用信号并没有混叠。利用一个窄过渡带的数字滤波器处理数字信号 $x[n]$，然后采用采样率转换方法，降低 $x[n]$的采样率，得到采样信号 $x_D[n]$，其频谱如图 11.27(d)所示。其中采样率转换因子为 $\dfrac{\Omega_s}{2\Omega_N}$。

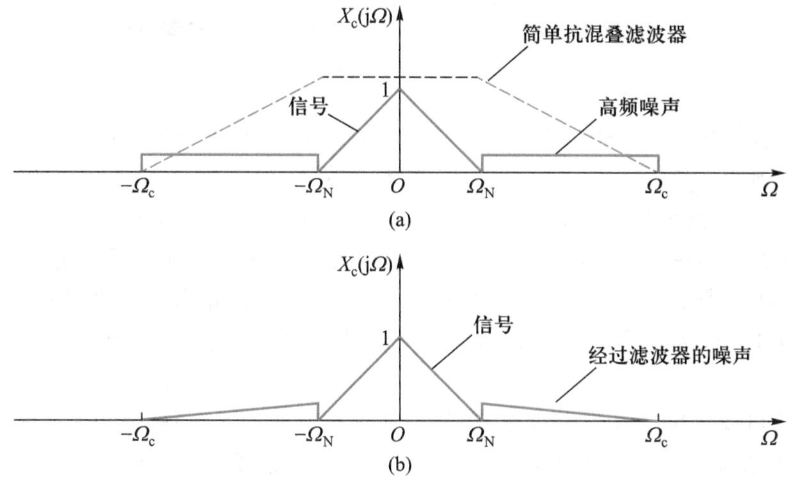

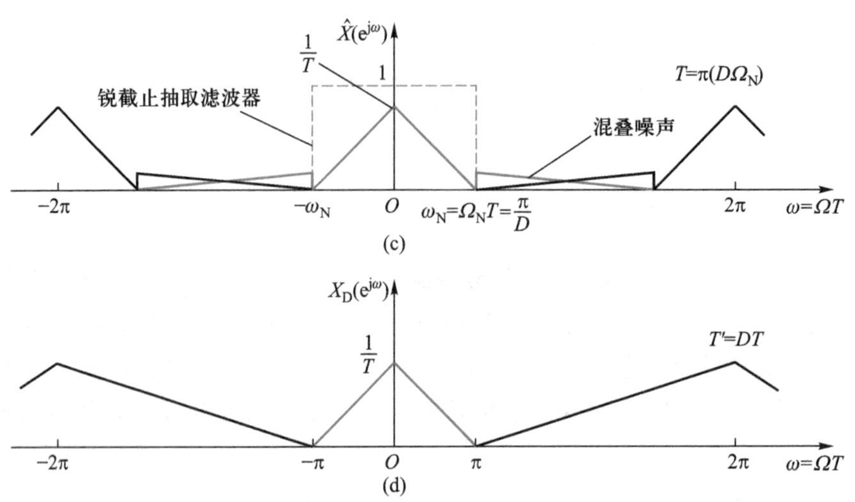

图 11.27 采样率转换在系统采样中的应用

11.3.2 数字滤波器组

在通信、导航、雷达等系统中，有一种处理称为子带信号处理。子带信号处理是将信号分解成一系列频带互不重叠的子带信号，各子带信号分别处理，处理后的子带信号也可再次合成为整带信号，这些处理可以通过数字滤波器组来实现。

1. 滤波器组

滤波器组是指有共同输入或共同输出的一组数字滤波器，如图 11.28 所示。

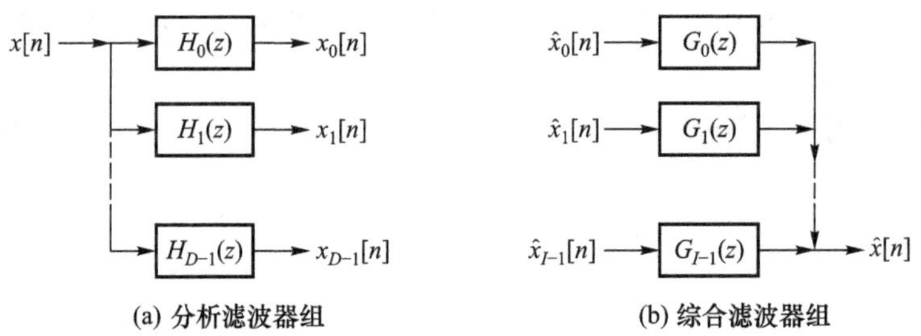

图 11.28 滤波器组示意图

假设滤波器$\{H_k(z)\mid k=0,1,\cdots,D-1\}$的频率特性如图 11.29(a)所示，$x[n]$通过这些滤波器后，得到的$\{x_k(z)\mid k=0,1,\cdots,D-1\}$将是 $x[n]$的一个个子带信号，它们的频谱相互之间没有交叠。若滤波器$\{H_k(z)\mid k=0,1,\cdots,D-1\}$的频率特性如图 11.29(b)所示，那么$\{x_k(z)\mid k=0,1,\cdots,D-1\}$的频谱相互之间将有少许的混叠。由于该滤波器组将输入信号$x[n]$分解为 D 个子带信号 $x_k[n]$，因此称图 11.28(a)为 D 带分析滤波器组，其子滤波器$\{H_k(z)\mid k=0,1,\cdots,D-1\}$称为分析滤波器。每个子带信号 $x_k[n]$的频谱是原来信号频谱的一部分。

同理，图 11.28(b)为 I 带综合滤波器组，其子滤波器$\{G_k(z)\mid k=0,1,\cdots,I-1\}$称为综合滤波器。该滤波器组将输入的 I 个子带信号 $\hat{x}_k[n]$信号合成为一个信号 $\hat{x}[n]$。

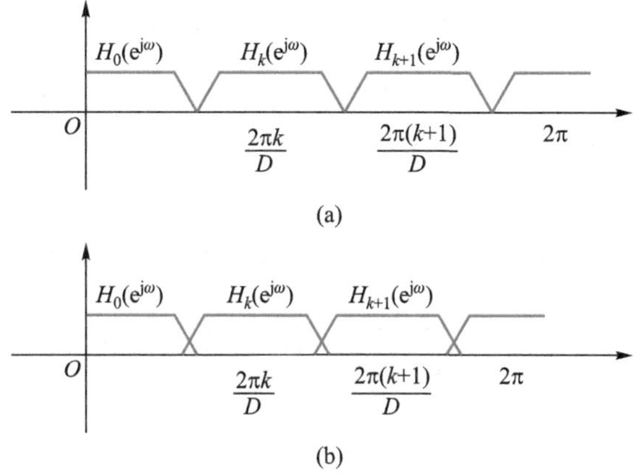

图 11.29　分析滤波器组频率响应

2. 多通带滤波器组

将 D 带分析滤波器组和 D 带综合滤波器组级联，便可构成如图 11.30 所示的 D 通道滤波器组。输入信号 $x[n]$ 经分析滤波器后，每个子带信号 $x_k[n]$ 的带宽为原信号的 $\frac{1}{D}$，因此采样率可降低为原来的 $\frac{1}{D}$。如图 11.30 所示，可在分析滤波器组后，增加 D 倍抽样器得到抽样后的信号 $v_k[n]$。由 $v_k[n]$ 恢复原信号时，首先经 D 倍插值器得到 D 个子带信号 $u_k[n]$，然后经综合滤波器组合成为一个信号 $\hat{x}[n]$。

多通道滤波器组中，分析滤波器 $\{H_k(z)\mid k=0,1,\cdots,D-1\}$ 起到了子带分解和抗混叠滤波作用，综合滤波器 $\{G_k(z)\mid k=0,1,\cdots,D-1\}$ 起到了子带合成和插值镜像频谱滤波作用。

采用多通道滤波器组，将信号 $x[n]$ 通过分解、处理和综合后得到 $\hat{x}[n]$，可实现信号低采样率、并行处理。我们希望 $\hat{x}[n]=x[n]$，例如在通信中，总希望接收到的信号和发送的信号完全一样。当然，要求 $\hat{x}[n]=x[n]$ 是非常困难的，也几乎是不可能的。如果 $\hat{x}[n]=cx[n-n_0]$，式中 c 和 n_0 是常数，即 $\hat{x}[n]$ 是 $x[n]$ 纯延迟后的信号，则称 $\hat{x}[n]$ 是 $x[n]$ 的准确重建。

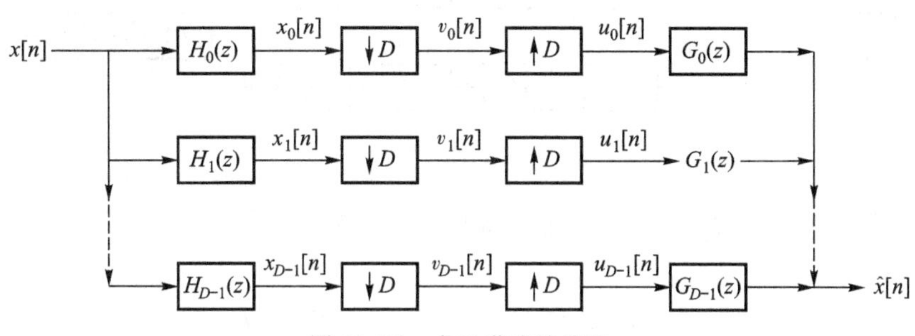

图 11.30　多通道滤波器组

3. 常用滤波器组

(1) 双通道滤波器组。图 11.31 给出了一个双通道滤波器组。当子滤波器 $H_0(z)$ 和

$H_1(z)$的频率响应关于$\frac{\pi}{2}$对称，且两者频谱响应不重叠时，称该双通道滤波器组为正交镜像滤波器组(quadrature mirror filter bank，QMFB)。由于实际滤波器存在过渡带，当$H_0(z)$和$H_1(z)$存在少量混叠时，也可称为 QMFB。

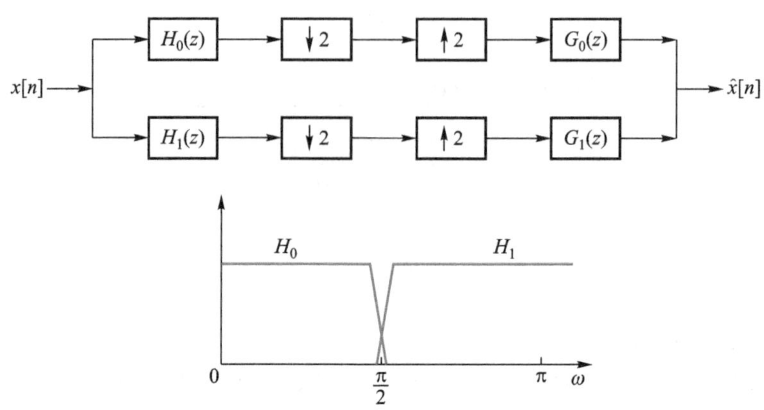

图 11.31　QMFB 结构与频谱响应

(2) 树形结构滤波器组。在实际工作中，当需要将信号进行多层次的分解，或者希望所分解的信号占有不同的频带时，可以考虑使用树状滤波器。利用双通道 QMFB 可构成不同类型滤波器组。

① 图 11.32 给出了两层四通道 QMFB 结构。

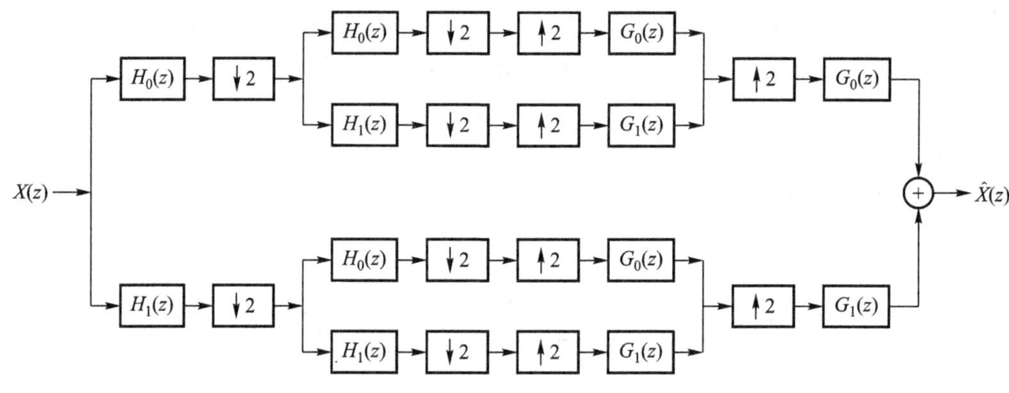

图 11.32　两层四通道 QMFB 结构

该滤波器组的等效结构和其通带宽度如图 11.33 所示。

其中

$$H_{00}(z)=H_0(z)H_0(z^2),\quad H_{01}(z)=H_0(z)H_1(z^2) \tag{11.77}$$

$$H_{10}(z)=H_1(z)H_0(z^2),\quad H_{11}(z)=H_1(z)H_1(z^2) \tag{11.78}$$

$$G_{00}(z)=G_0(z)G_0(z^2),\quad G_{01}(z)=G_0(z)G_1(z^2) \tag{11.79}$$

$$G_{10}(z)=G_1(z)G_0(z^2),\quad G_{11}(z)=G_1(z)G_1(z^2) \tag{11.80}$$

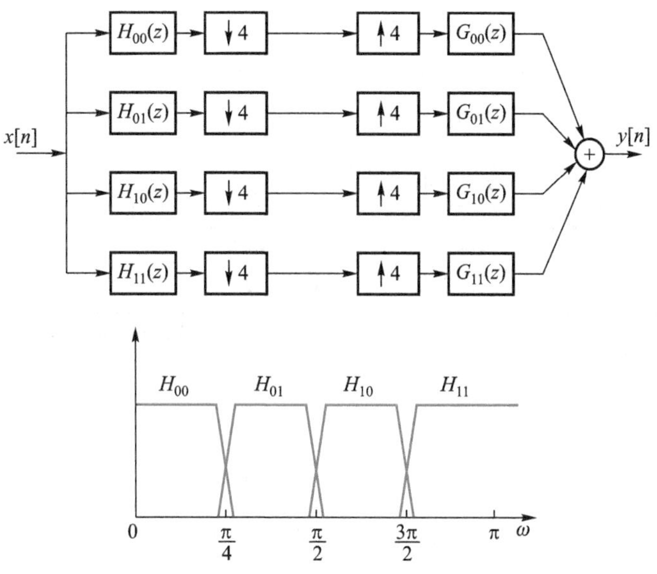

图 11.33　等效结构与频谱响应

② 图 11.34 给出了两层三通道 QMFB 结构。

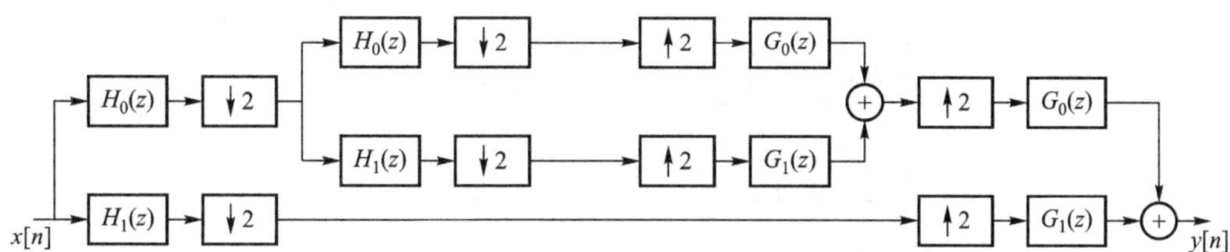

图 11.34　两层三通道 QMFB 结构

该滤波器组的等效结构和其通带宽度如图 11.35 所示。

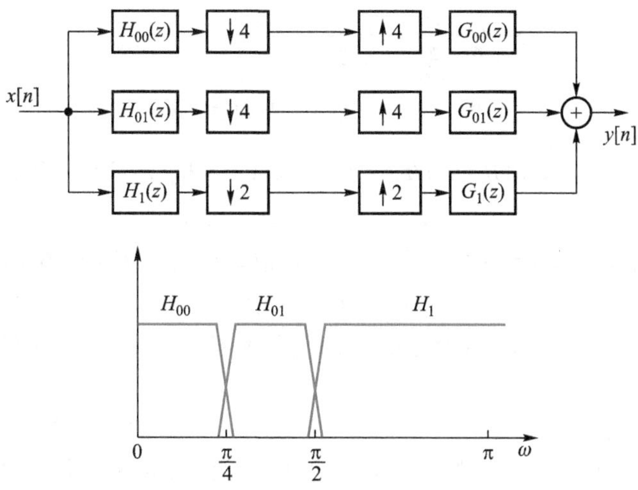

图 11.35　等效结构与频谱响应

$$H_{00}(z)=H_0(z)H_0(z^2),\quad H_{01}(z)=H_0(z)H_1(z^2) \tag{11.81}$$

$$G_{00}(z)=G_0(z)G_0(z^2),\quad G_{01}(z)=G_0(z)G_1(z^2) \tag{11.82}$$

③ 图 11.36 给出了三层四通道 QMFB 结构。

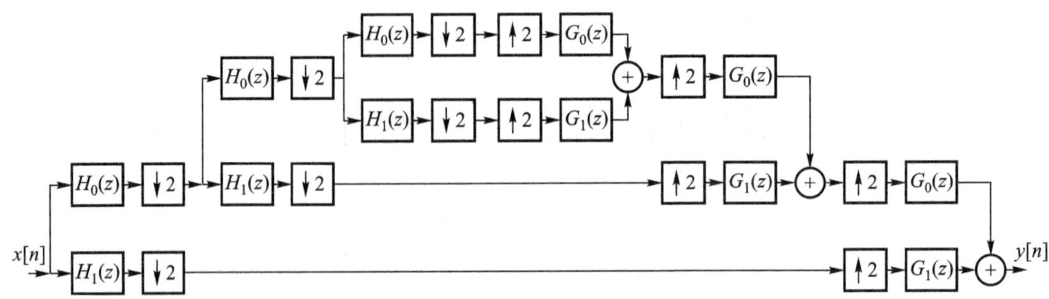

图 11.36　三层四通道 QMFB 结构

该滤波器组的等效结构和其通带宽度如图 11.37 所示。

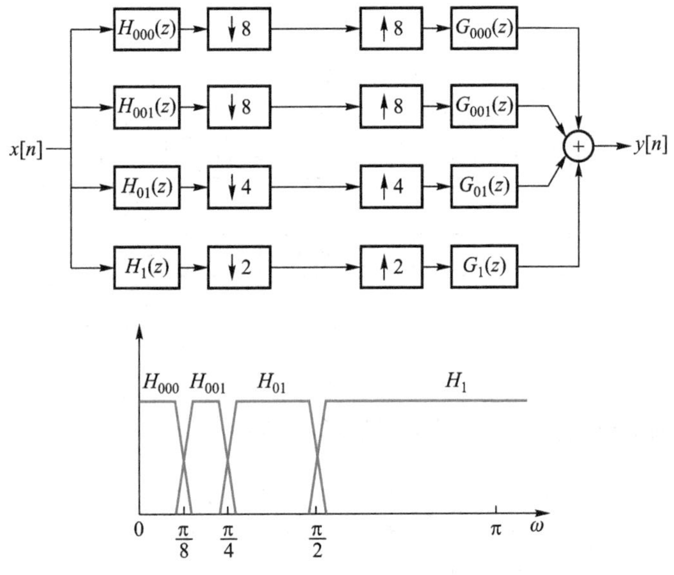

图 11.37　等效结构与频谱响应

$$H_{000}(z)=H_0(z)H_0(z^2)H_0(z^4),\quad H_{001}(z)=H_0(z)H_0(z^2)H_1(z^4) \tag{11.83}$$

$$H_{01}(z)=H_0(z)H_1(z^2) \tag{11.84}$$

$$G_{000}(z)=G_0(z)G_0(z^2)G_0(z^4),\quad G_{001}(z)=G_0(z)G_0(z^2)G_1(z^4) \tag{11.85}$$

$$G_{01}(z)=G_0(z)G_1(z^2) \tag{11.86}$$

树状结构滤波器组在语音、图像、雷达、通信等系统的子带处理、编码压缩等方面有着广泛的应用。

小波变换也是通过滤波器组来实现多分辨率分析的。图 11.32 的两层四通道 QMFB 结构为两层小波包变换分解和重构的滤波器组结构；图 11.34 的两层三通道 QMFB 结构为两层离散小波变换分解和重构的滤波器组结构；图 11.36 的三层四通道 QMFB 结构为三层离散小波变换分解和重构的滤波器组结构。

11.4 小　　结

本章首先介绍了离散时间序列采样率整数倍、非整数倍转换的方法、流程、原理及其频谱转换规律。接着介绍了多相分解的原理与实现框图。多相分解可提高采样率转换的计算效率，抽样、插值实现一般采用多相分解。在抗混叠滤波、子带信号处理、数字滤波器组等方面应用广泛。

习　　题

11.1　离散时间序列 $x[n]$ 的 DTFT 记作 $X(e^{j\omega})$，$y_s[n]=\begin{cases}x[n], & n\text{ 为偶数}\\ 0, & n\text{ 为奇数}\end{cases}$ 称作采样器，$y_D[n]=x[2n]$ 称作压缩器，$y_I[n]=\begin{cases}x\left[\dfrac{n}{2}\right], & n\text{ 为偶数}\\ 0, & n\text{ 为奇数}\end{cases}$ 称作扩展器。提示：$y_s[n]=\dfrac{x[n]+(-1)^n x[n]}{2}$，而 $-1=e^{j\pi}$。

（1）请用 $X(e^{j\omega})$ 表示 $y_s[n]$、$y_D[n]$、$y_I[n]$ 的 DTFT。

（2）如果 $X(e^{j\omega})$ 如图 P11.1 所示，请画出 $y_s[n]$、$y_D[n]$、$y_I[n]$ 的 DTFT。

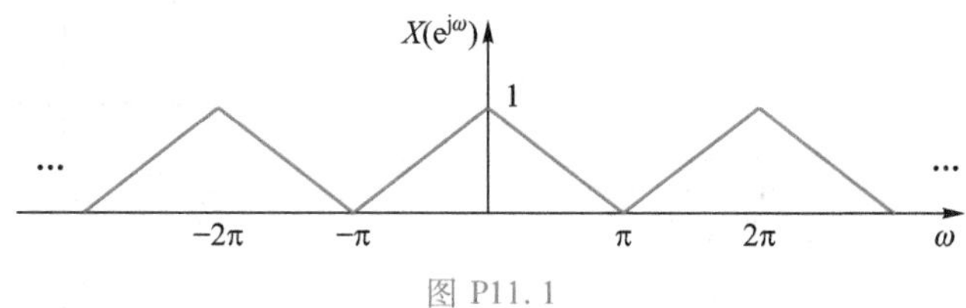

图 P11.1

11.2　理想低通滤波器的单位脉冲响应为 $h_{lp}[n]$，其频率响应 $H_{lp}(e^{j\omega})$，其带内增益为 1，截止频率 $\omega_c=\pi/4$。请用 $H_{lp}(e^{j\omega})$ 表示图 P11.2 所示各系统的频率响应，并判断各系统的特性（低通、高通、带通、带阻、多频带）。

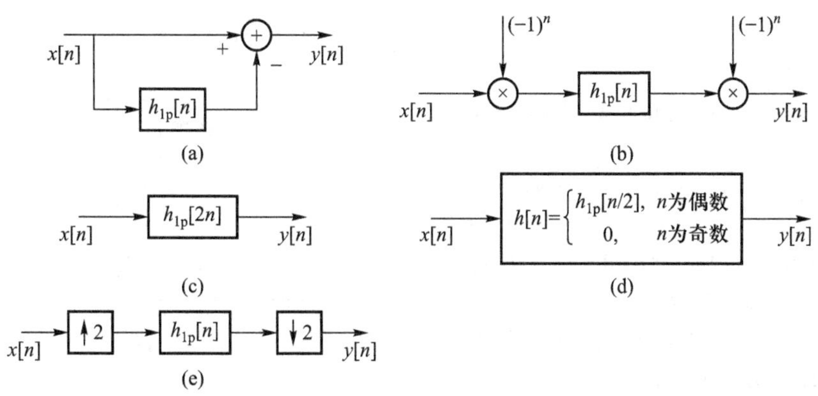

图 P11.2

11.3 连续时间语音信号 $s_c(t)$ 经截止频率为 5 kHz 的连续时间低通滤波器后，以 10 kHz 采样 $s_c(t)$，得到离散时间序列 $s[n]=s_c(nT)$，如图 P11.3(a)所示。随后发现应按照图(b)所示流程处理。请给出由 $s[n]$ 得到 $s_1[n]$ 的方法。如果用到离散时间滤波器，请给该滤波器的频率响应。

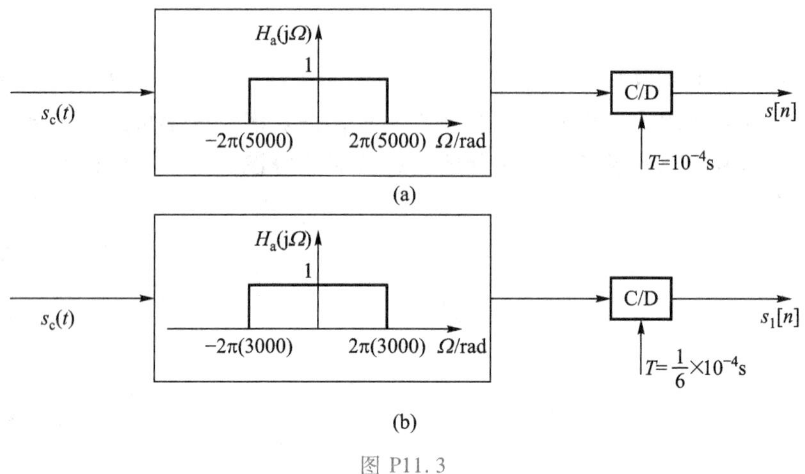

图 P11.3

11.4 为了防止连续时间信号采样时的频率混叠，一般会经过一个抗混叠滤波器，如图 P11.4 所示。但理想抗混叠滤波器 $H_{ideal}(j\Omega)$ 是无法实现的，在实际系统中一般采用非理想滤波器 $H_{aa}(j\Omega)$，然后由离散时间系统进行补偿，使得 $x[n]=w[n]$。请给出此时离散时间系统的频率响应 $H(e^{j\omega})$。

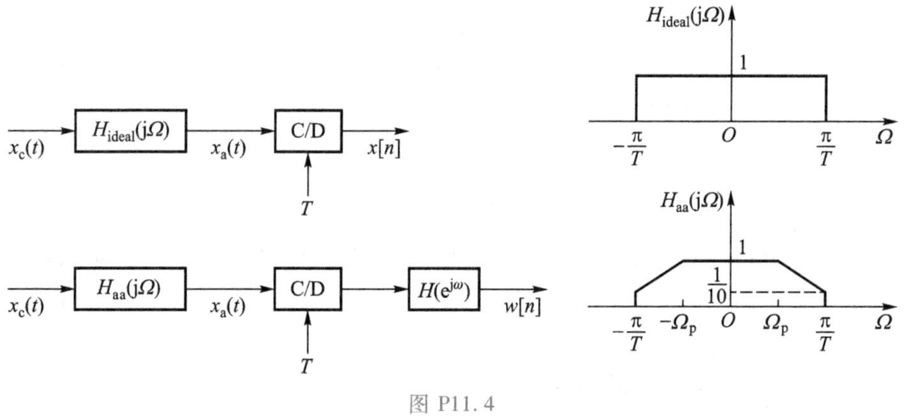

图 P11.4

11.5 设信号 $x[n]$ 的频谱 $X(e^{j\omega})$ 如图 P11.5 所示。

(1) 构造 $x_1[n]=\begin{cases}x[n], & n=0,\pm2,\pm4,\cdots \\ 0, & n=\pm1,\pm2,\pm3,\cdots\end{cases}$，计算 $x_1[n]$ 的傅里叶变换，并绘图表示，判断能否由 $x_1[n]$ 恢复 $x[n]$，如果能，给出恢复方法。

(2) 若按因子 $D=3$ 对 $x[n]$ 抽取，得 $y[n]=x[3m]$，说明抽取过程是否丢失信息。

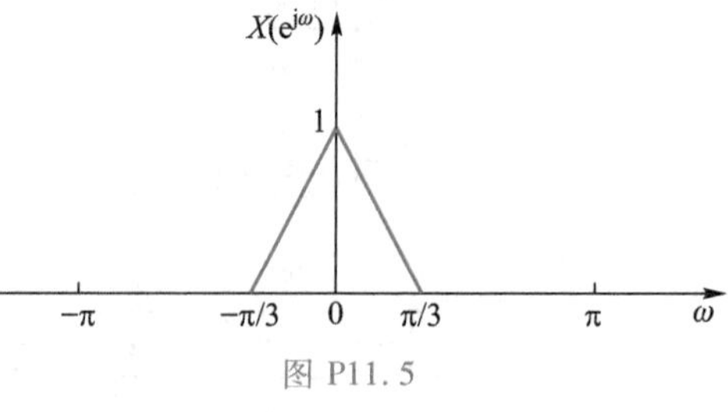

图 P11.5

11.6 如图 P11.6 所示系统的输入为 $x[n]$，输出 $y[m]$，零值插入系统在序列 $x[n]$ 值之间插入两个零，抽取系统可定义为 $y[n]=w[5m]$，其中 $w[k]$ 是抽取系统的输入序列。若 $x[n]=\dfrac{\sin\omega_0 n}{\pi n}$，确定下列 ω_0 值时的输出 $y[m]$。

（1）$\omega_0<3\pi/5$。

（2）$\omega_0\geqslant 3\pi/5$。

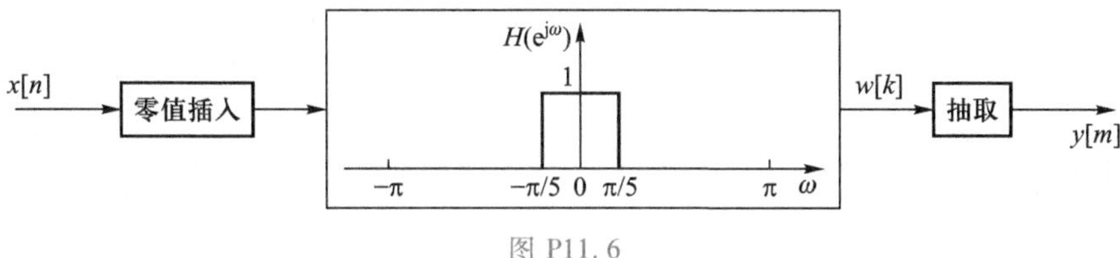

图 P11.6

11.7 用两个离散时间系统 T_1 和 T_2 来实现理想低通滤波器（截止频率为 $\pi/4$）。系统 T_1 如图 P11.7(a) 所示，系统 T_2 如图(b)所示，其中 T_A 表示一个零值插入系统，它在每一个输入样本后插入一个零；T_B 表示一个抽取系统，它在每两个输入中抽取一个。

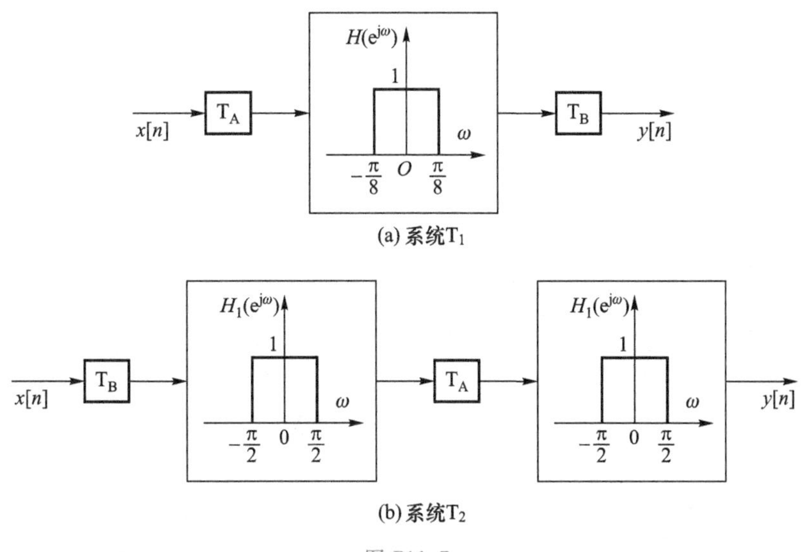

(a) 系统T_1

(b) 系统T_2

图 P11.7

（1）系统 T_1 是否相当于所要求的理想低通滤波器？为什么？

（2）系统 T_2 是否相当于所要求的理想低通滤波器？为什么？

11.8 用有理数因子 I/D 作为采样率转换的两个系统如图 P11.8 所示。

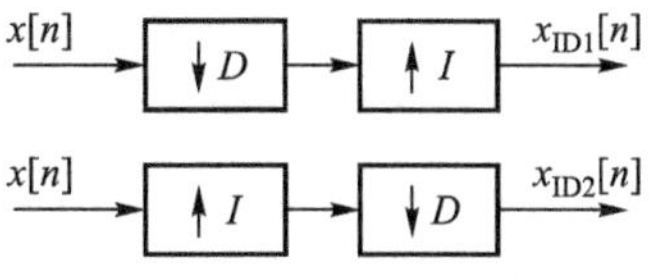

x[n] → ↓D → ↑I → $x_{ID1}[n]$

x[n] → ↑I → ↓D → $x_{ID2}[n]$

图 P11.8

（1）写出 $X_{ID1}(z)$、$X_{ID2}(z)$、$X_{ID1}(e^{j\omega})$、$X_{ID2}(e^{j\omega})$ 的表达式。

（2）若 $I=D$，试分析这两个系统是否有 $x_{ID1}[n]=x_{ID2}[n]$，说明理由。

（3）若 $I\neq D$，试分析这两个系统是否有 $x_{ID1}[n]=x_{ID2}[n]$，说明理由。

11.9 对二阶 IIR 系统

$$H(z)=\frac{1+z^{-1}}{1+0.7z^{-1}+0.8z^{-2}}$$

求 $D=2$ 的多相分量 $E_0(z)$ 和 $E_1(z)$。

11.10 试求图 P11.10 所示多速率系统的输入输出关系。

11.11 设信号 $x[n]$ 的频谱 $X(e^{j\omega})$ 如图 P11.11 所示，画出以 $D=2$ 对 $x[n]$ 进行抽取后的频谱和以 $I=3$ 对 $x[n]$ 进行插零后的频谱。

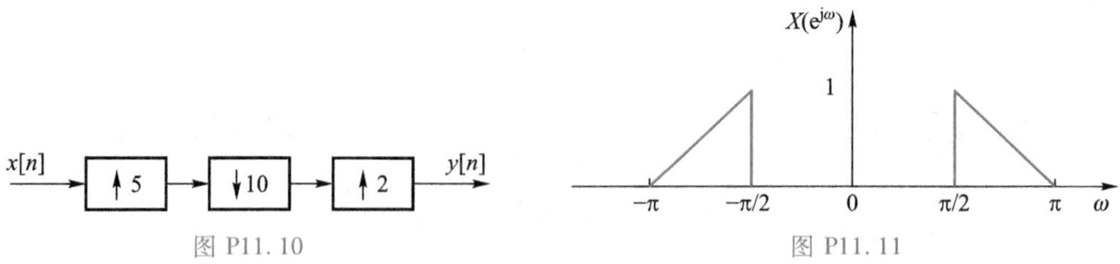

图 P11.10　　图 P11.11

参考文献

[1] 黄建国,刘树棠,张国梅.离散时间信号处理[M].3版.西安:西安交通大学出版社,2015.

[2] 陈后金,薛健,胡健.数字信号处理[M].3版.北京:高等教育出版社,2018.

[3] 王艳芬,王刚,张晓光,等.数字信号处理原理及实践[M].3版.北京:清华大学出版社,2017.

[4] 高西全,丁玉美.数字信号处理[M].3版.西安:西安电子科技大学出版社,2008.

[5] 刘顺兰,吴杰.数字信号处理[M].3版.西安:西安电子科技大学出版社,2015.

[6] 朱冰莲,方敏.数字信号处理[M].2版.北京:电子工业出版社,2014.

[7] 李力利,刘兴钊.数字信号处理[M].2版.北京:电子工业出版社,2016.

[8] 郑君里,应启珩,杨为里.信号与系统引论[M].北京:高等教育出版社,2009.

[9] 郑君里,应启珩,杨为里.信号与系统(下册)[M].3版.北京:高等教育出版社,2011.

[10] 程乾生.数字信号处理[M].2版.北京:北京大学出版社,2010.

[11] 吴瑛,等.数字信号处理教程[M].西安:西安电子科技大学出版社,2009.

[12] 万永革.数字信号处理的MATLAB实现[M].2版.北京:科学出版社,2012.

[13] 程佩青.数字信号处理教程[M].4版.北京:清华大学出版社,2015.

[14] 刘树棠,陈志刚.数字信号处理(MATLAB版)[M].3版.西安:西安交通大学出版社,2013.

[15] Sanjit K Mitra. Digital Signal Processing A Computer-Based Approach[M]. 4th ed. New York:The McGraw-Hill Companies,2011.

[16] 林永照,等.数字信号处理实践与应用[M].北京:电子工业出版社,2015.

[17] 胡广书.数值信号处理导论[M].北京:清华大学出版社,2005.

[18] 郭永彩,廉飞宇,林晓钢.数字信号处理[M].重庆:重庆大学出版社,2009.

[19] 宿富林,季振元,赵雅琴,等.数字信号处理[M].哈尔滨:哈尔滨工业大学出版社,2012.

[20] 王俊,张玉玺,杨彬.DSP/FPGA嵌入式实时处理技术及应用[M].北京:电子工业出版社,2015.